电动机维修从入门到精通

DIANDONGJI

WEIXIU CONG RUMEN DAO JINGTONG

张伯龙　主编

化学工业出版社

·北京·

本书全面介绍了电动机维修必备的电路识图、检修的各项知识和技能要点，书中从最基本的电动机修理基础知识着手，讲解电动机的绕组与拆装、绕组重绕、计算方法及改制，单相异步电动机、三相异步电动机、直流电动机嵌线与维修技术，电子调速直流电机、罩极式电动机及同步电机维修技术，潜水泵维修技术、电动机维修常用工具和材料、电动机常见故障与检修、绕组的浸漆与烘干、电动机的检查与试验等内容。在绕组重绕计算中采用较简易的实用计算方法；对各类电动机绕组的分布和接线，采用展开图和简易圆图进行介绍，维修技能部分配合二维码看视频，易学、易懂。

本书可供电气技术人员、电气工人、维修电工人员、工厂及农村电工以及电气爱好者阅读，也可作为再就业培训、高职高专和中等教育以及维修短训班教材使用。

图书在版编目（CIP）数据

电动机维修从入门到精通/张伯龙主编. —北京：化学工业出版社，2017.12（2024.1重印）

ISBN 978-7-122-30660-9

Ⅰ. ①电… Ⅱ. ①张… Ⅲ. ①电机-安装②电机-检修 Ⅳ. ①TM3

中国版本图书馆 CIP 数据核字（2017）第 232047 号

责任编辑：刘丽宏　　装帧设计：刘丽华

责任校对：宋　夏

出版发行：化学工业出版社（北京市东城区青年湖南街13号　邮政编码100011）

印　　装：涿州市般润文化传播有限公司

850mm × 1168mm　1/32　印张18½　字数532千字　2024年1月北京第1版第8次印刷

购书咨询：010-64518888　　售后服务：010-64518899

网　　址：http://www.cip.com.cn

凡购买本书，如有缺损质量问题，本社销售中心负责调换。

定　　价：78.00元

版权所有　违者必究

前言

Foreword

电动机广泛应用于工农业生产、国防建设、科学研究和日常生活等各个方面。目前，在我国电网的总负荷中，电动机的用电量约占60%，充分说明电动机在我国国民经济生产和人们生活中所起的作用非同一般。由于电动机的控制系统千差万别，在使用和运行过程中，电动机不可避免地会出现各种各样的故障，要求电工及电气维修人员全面了解电动机的控制系统及原理，掌握维修方法，及时排除故障，使设备尽快正常运行。为了能使学习者全面、快速掌握电动机控制电路及维修相关的知识和技能，组织编写了本书。

本书结合笔者多年的工作实际，以师傅带徒弟的方式，从最基本的电动机修理基础知识着手，讲解电动机的绕组与拆装、绕组重绕、计算方法及改制，单相异步电动、三相异步电动机、直流电动机嵌线与维修技术，电子调速直流电机、罩极式电动机及同步电机维修技术，电动机维修常用工具和材料、电动机常见故障与检修、绕组的浸漆与烘干、电动机的检查与试验等内容。在绕组重绕计算中采用较简易的实用计算方法；对各类电动机绕组的分布和接线，采用展开图和简易圆图进行介绍，直观、易懂。

全书内容特点：

❖ 内容全面，覆盖面广：帮助读者全面精通电动机维修与控制技术，既说明了电机安装、检修、绕线、布线、接线的各项技能、技巧，又用图解形式直观展示和分析了各类型电动机控制系统和电路，给出了广大电工、电动机维修工和爱好者学习的全方位解决方案。

❖ 通俗易懂，实用性强：书中内容从初学者学习实用技术和知识的需要出发，尽可能地把复杂的基础知识和理论通俗化和实用化，将繁琐的公式简易化，再辅以简明的分析；技能的操作附有大量的图片和典型电路说明，读者零基础就能学会。

❖ 配套视频资源：通过书中二维码扫描可以直观地学习电机绕组布线接线、安装维修等各项要领。

本书由张伯龙主编，参加编写的还有张伯虎、曹振华、张振文、赵书芬、曹祥、孔凡桂、张胤涵、王桂英、张校珩、张校铭、曹振宇、曹铮、蔺书兰、张书敏、焦凤敏等。

由于水平所限，书中不足之处难免，恳请广大读者批评指正。

编者

目录
CONTENTS

第1章 电机检修基础

8,16

第2章 电动机基本原理与维修技术

第3章 电动机绕组连接嵌入与改制

视频页码 127,181

第4章 三相电动机绕组绕制与修理

第5章 单相电动机绕组及检修技术

第6章 直流电动机及维修

第7章 同步电动机与发电机维修

第8章 潜水电泵电机维修

视频页码
398,418
419,423
424,425

第9章 单相电动机控制电路

第10章 三相交流电动机控制电路

视频页码
426,428
435,443

第11章 直流电动机控制电路

第12章 电动机变频器控制电路

第13章 电机维修实例图解

附录

第1章 电机检修基础

1.1 认识电动机及产品型号

电机的类型很多，但其工作原理都基于电磁感应定律和电磁力定律。根据应用的不同，电动机有好多种类，如图1-1所示。

电机的分类方法很多，按其功能来看，可分为：

① 发电机：把机械能转换成电能。

② 电动机：把电能转换成机械能。

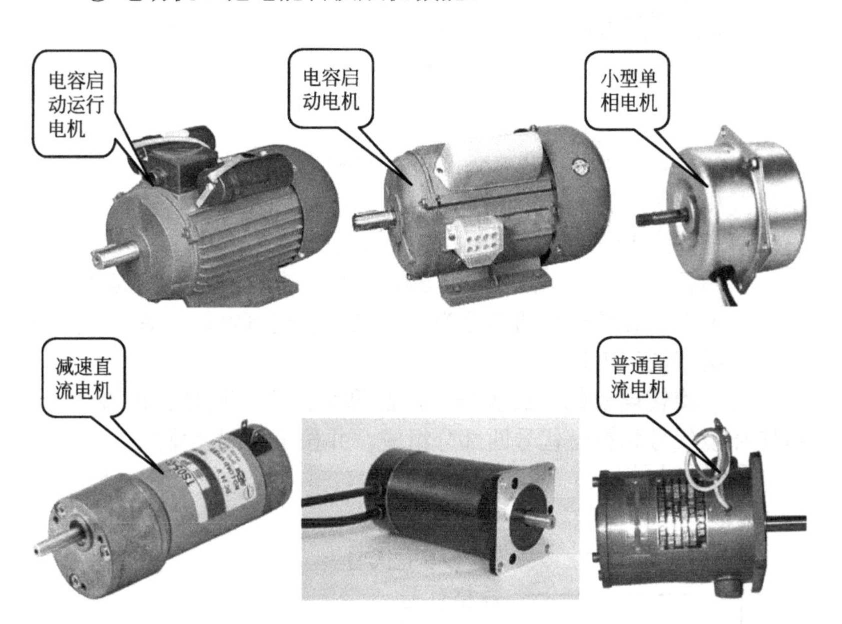

图1-1

图1-1　形形色色的电机

③ 变压器：变频机、交流机、移相器。分别用于改变电压、电流及相位等。

④ 控制机电：作为控制系统中的元件。

上述各种电机中，除了变压器是静止的电气设备外，其余的均为旋转电机。旋转电机通常分为直流电机和交流电机，后者又分为异步电机和同步电机。

（1）旋转电机的产品型号　产品型号由产品代号、规格代号、特殊环境代号和补充代号四部分组成，并按下列顺序排列：

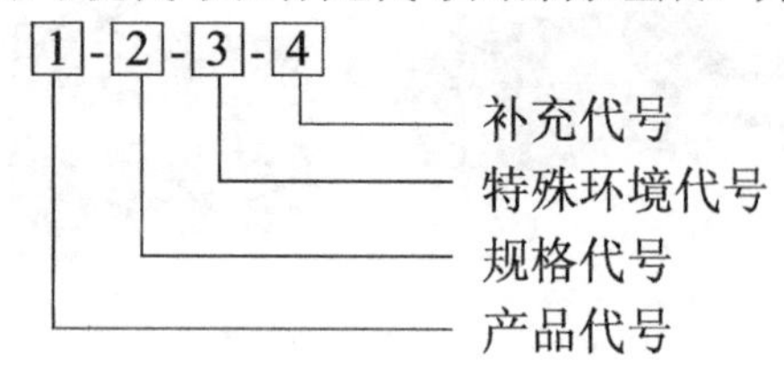

在产品铭牌较小而型号又较长的情况下，如产品代号、规格代号、特殊环境代号和补充代号的数字和字母之间不会引起混淆时，可省去中间的短划线。

① 电机产品代号　电机产品代号由电机类型代号、电机特点代号、设计序号和励磁方式代号四个小节顺序组成。电机类型代号是表征电机的各种类型而采用的汉语拼音字母，按表1-1的规定。

表1-1　电机类型代号

序号	电机类型	代号
1	异步电动机（笼型及绕线转子型）	Y
2	同步电动机	T
3	同步发电机（除汽轮发电机、水轮发电机外）	TF
4	直流电动机	Z
5	直流发电机	ZF
6	汽轮发电机	QF
7	水轮发电机	SF
8	测功机	C
9	交流换向器电动机	H
10	潜水电泵	Q
11	纺织用电机	F

特点代号表征电机的性能、结构或用途，采用汉语拼音字母表示。设计序号指电机产品设计的顺序，用阿拉伯数字表示。对于第一次设计的产品，不标注序号。励磁方式代号分别用字母S表示3次谐波励磁、J表示晶莹剔透闸管励磁、X表示相复励磁。

② 电机的规格代号　电机的规格代号用中心高、铁芯外径、机座号、机壳外径、轴伸直径、凸缘代号、机座长度、铁芯长度、功率、电流等级、转速度或极数等来表示。主要系列产品的规格代号按表1-2的规定来选取。

表1-2　系列产品规格代号

序号	系列产品	规格代号
1	小型异步电动机	中心高（mm）-机座长度（字母代号）-铁芯长度（数字代号）-极数

续表

序号	系列产品	规格代号
2	中大型异步电动机	中心高（mm）-铁芯长度（数字代号）-极数
3	小型同步电机	中心高（mm）-机座长度（字母代号）-铁芯长度（数字代号）-极数
4	中大型同步电机	中心高（mm）-铁芯长度（数字代号）-极数
5	小型直流电机	中心高（mm）-机座长度（字母代号）
6	中型直流电机	中心高（mm）或机座号（数字代号）-铁芯长度（数字代号）-电流等级（数字代号）
7	大型直流电机	电枢铁芯外径（mm）-铁芯长度（mm）
8	汽轮发电机	功率（MW）-极数
9	中小型水轮发电机	功率（kW）-极数/定子铁芯外径（mm）
10	大型水轮发电机	功率（MW）-极数/定子铁芯外径（mm）
11	测功机	功率（kW）-转速（仅对直流测功机）
12	分马力电动机（小功率电动机）	中心高或机壳外径（mm）-（或/）机座长度（字母代号）-铁芯长度，电压、转速（均用数字代号）
13	交流换向器电机	中心高或机壳外径（mm）-（或/）铁芯长度、转速（均用数字代号）

机座长度用国标通用字母符号来表示：S表示短机座，M表示中机座，L表示长机座。铁芯长度按由短至长顺序用数字1、2、3……表示。

③ 电机特殊环境代号　电机的特殊环境代号按表1-3的规定选用，如同时适用于一个以上的特殊环境，则按表中的顺序排列。

表1-3　电机的特殊环境代号

序号	特殊环境	代号	序号	特殊环境	代号
1	“高”原用	G	5	“热”带用	T
2	“船”（海）用	H	6	“湿热”带用	TH
3	户“外”用	W	7	“干热”带用	TA
4	化中防“腐”用	F			

④ 电机的补充代号　电机的补充代号仅适用于有此要求的电

机，补充代号用汉语拼音字母或阿拉伯数字表示。补充代号所代替的内容，应在产品标准中规定。

（2）异步电动机

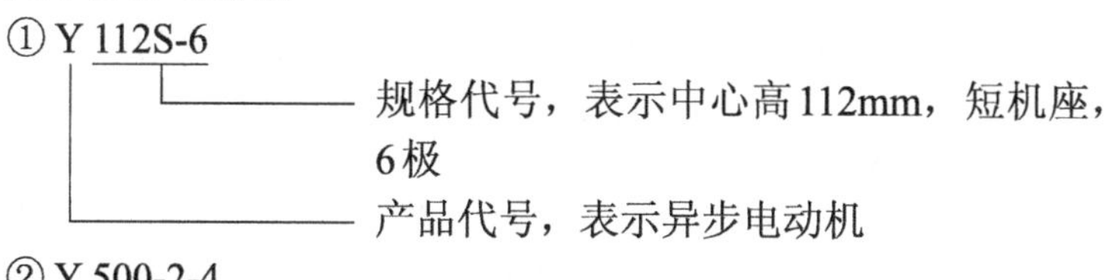

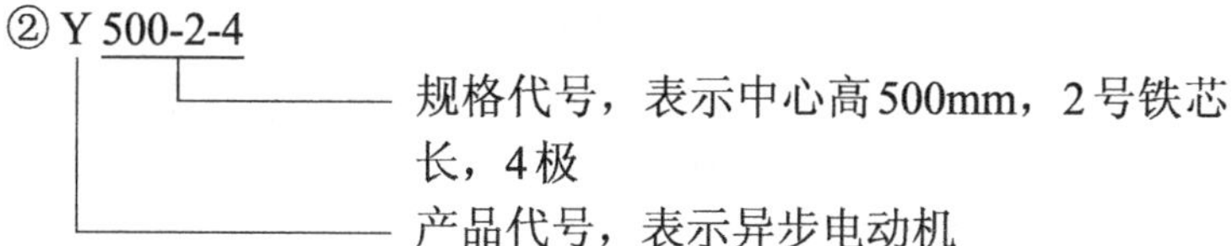

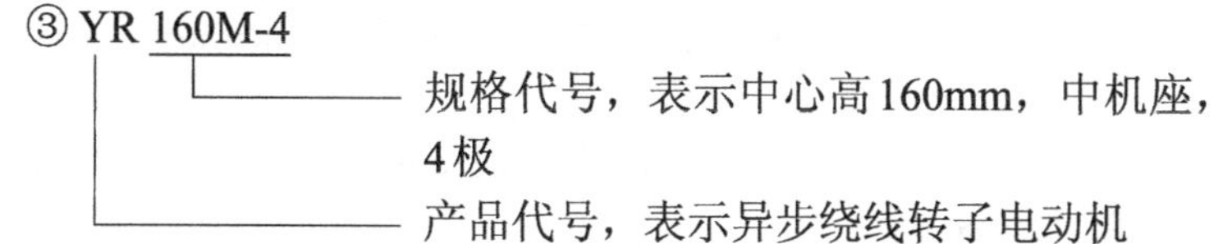

（3）同步电动机

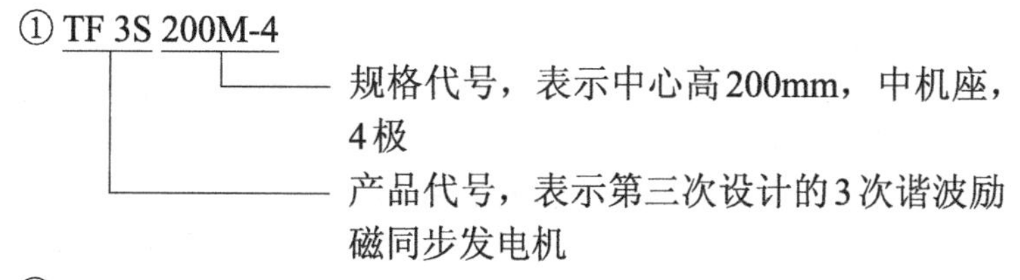

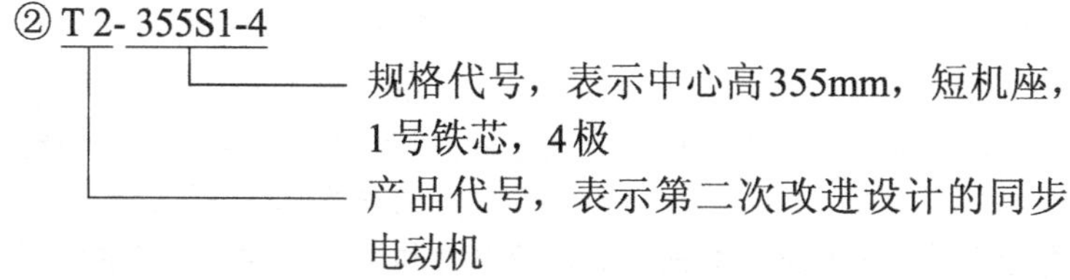

（4）直流电机

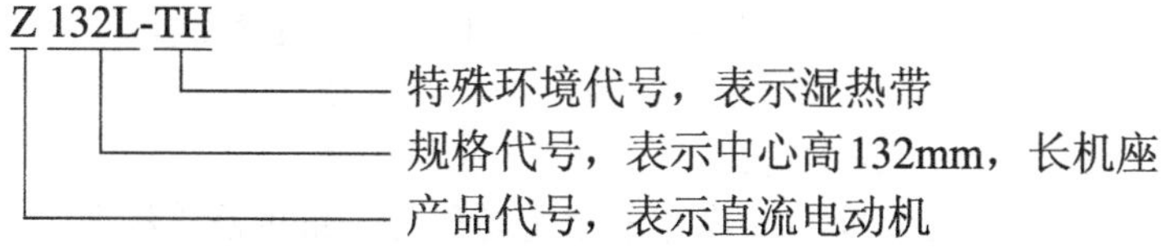

（5）小功率电动机

① YS2-71-1-4

- YS2：产品代号，表示YS系列小功率三相异步电动机，第二次改进设计
- 71-1-4：规格代号，表示中心高71mm，1号铁芯长，4极

② HC 45-28

- HC：产品代号，表示单相率励交流换向器电动机
- 45-28：规格代号，表示中心高45mm，2号铁芯长，转速代号为8（转速为8000r/min）

③ YC 90S 2

- YC：产品代号，表示单相电容启动异步电动机
- 90S 2：规格代号，表示中心高90mm，短机座，2极

常用电机术语

（1）星形联结 指所有的相具有一个共同的节点的联结。用符号“Y”表示。

（2）三角形联结 指三相连接成一个三角形的联结，其各边的顺序即是各相的顺序。三相变压器绕组的三角形联结用符号“D”或“d”表示；三相异步电动机绕组的三角形联结用符号“△”表示。

（3）额定电流（电机或电器的） 在电机或电器的技术条件中，并据以计算电机或电器的温升和运行情况的电流数值。

（4）额定电压（电机或电器的） 在电机或电器的技术条件中，并由之计算电机或电器所用的试验条件和运行时的电压限度的电压。

（5）额定频率（电机或电器的） 在电机或电器的技术条件中，并由之计算电机或电器所用的试验条件和运行时的频率限度的频率。

（6）额定转速 额定工况时的转速。

（7）温升 某一点的温度与参比（基准）温度之差。

（8）匝、线匝 组成一圈的一根或一组导线。

（9）线圈 通常是同轴的一组串联的线匝。

（10）绕组 电气设备中有规定功能的一组线匝或线圈。

（11）分布绕组 其绕组边在每极下占用若干个槽的绕组。

（12）集中绕组　凸极电机的励磁绕组，或其线圈边在每极下只占用一个槽的线圈。

（13）单层绕组　一种分布绕组，沿槽深方向每槽只有一个线圈边。

（14）双层绕组　一种分布绕组，沿槽深方向每槽有两个线圈边。

（15）成形绕组　线圈在嵌线前已预先成形的规则绕组。

（16）散嵌绕组　一个绕组，各导体在线圈边内无规定的位置。

（17）同心绕组　一种分布绕组，其各个极相组的各个线圈同心式布置，具有不同的节距。

（18）链式绕组　一种单层分布绕级，各线圈的形状和节距都相同，每极每相槽数为2。

（19）换向器　由若干彼此绝缘的导电件构成的组件，相对于此组件设置有电刷，经滑动接触使电流在旋转绕组和电路的静止部分中流通，并可以使旋转绕组中某些线圈换接。

（20）换向片　换向器的导电件，与绕组上相应的线圈单元之间的公共端相连接。

（21）电机　将电能转换成机械能或将机械能转换成电能的电能转换器。

（22）发电机　将机械能转换成电能的电机。

（23）电动机　将电能转换成机械能的电机。

（24）变压器　传递电能而不改变其频率的静止的电能转换器。

（25）直流电机　一种电机，其电枢绕组经过换向器连接到直流系统，磁极为直流或波动电流励磁或永久磁铁。

（26）同步电机　一种交流电机。其电动势的频率与电机转速之比为恒定值。

（27）异步电机　一种交流电机，其负载时的转速与所接电网频率之比不是恒定值。

（28）直流发电机　产生直流电压及电流的发电机。

（29）交流发电机　产生交流电压及电流的发电机。

（30）直流电动机　依靠直流电源运行的电动机。

（31）交流电动机　依靠交流电源运行的电动机。

（32）同步电动机　作为电动机运行的同步电机

（33）异步电动机　作为电动机运行的异步电机。

（34）笼型异步电动机　次级绕组为笼型绕组的异步电动机。

（35）绕线转子异步电动机　一种异步电动机，通常定子上的初级绕组连接于电源，转子上具有集电环连接的多相绕组。

（36）交流换向器式电动机　一种交流电动机，其电枢绕组与换向器相连接并接入交流电路。

（37）调速电动机　在指定负载下，转子速度可在规定范围内调节到任何数值的电动机。

（38）中心高　指转子的中心线与底座支承面之间的垂直距离。

（39）小型交流电机（同步电机和异步电机）　指中心高为315～560mm及以下的电机。

（40）中型交流电机（同步电机和异步电机）　指中心高大于315～630mm或定子铁芯外径大于560～990mm的电机。

（41）大型交流电机（同步电机和异步电机）　指中心高大于630mm或定子铁芯外径在990mm以上的电机。

（42）小型直流电机　指中心离为400mm及以下或电枢铁芯外径为368mm及以下的电机。

（43）中型直流电机　指中心高为400～1000mm或电枢铁芯外径为368～990mm的电机。

（44）大型直流电机　指中心高大于1000mm或电枢铁芯外径为990mm以上的电机。

（45）分马力电动机　指折算至1000r/min时连续额定功率不超过745.7W（1马力）的电动机。

（46）小功率电动机　指折算至1500r/min时连续额定功率不超过1.1kW（1马力）的电动机。

1.2　电机检修工具与仪表

1.2.1　常用的工具

电工常用工具的使用方法可扫二维码学习。

（1）试电笔 用来测试导线和电气设备是否具有较高对地电压，是安全用电必备的工具。如图1-2所示。

图1-2 试电笔

（2）钢丝钳 由钳头和钳柄两部分组成。钳口用来弯绞或钳夹导线线头，齿口用来紧固或起松螺母，刀口用来剪切导线或剖切软导线绝缘层，铡口用来铡切电线线心和钢丝、铝丝等较硬金属材料。如图1-3所示。

（3）螺丝刀 又称为改锥，紧固和拆卸螺钉用。主要有平口和十字口两种。如图1-4所示。

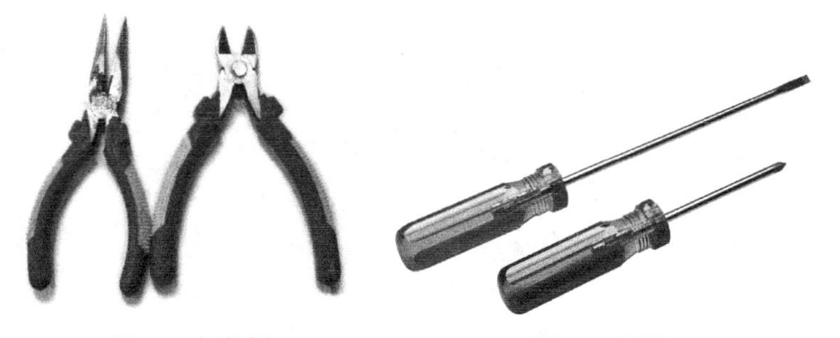

图1-3 钢丝钳　　图1-4 螺丝刀

（4）扳手 主要有活络扳手、开口扳手、内六角扳手、外六角扳手、梅花扳手等，如图1-5所示，用于紧固和拆卸电动机的螺钉和螺母。

（5）电工刀 用来切削的常用工具，图1-6所示为其外形及电工刀的使用：在切削导线时，刀口必须朝人身外侧。

（6）扒子 分两爪或三爪两种。外形及使用如图1-7所示。

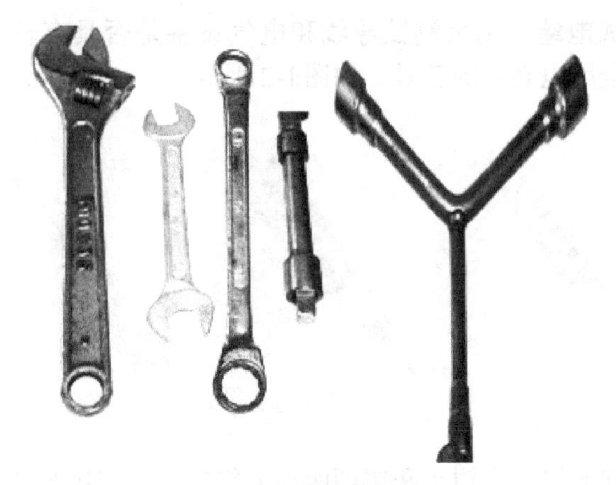

图1-5　常见的扳手

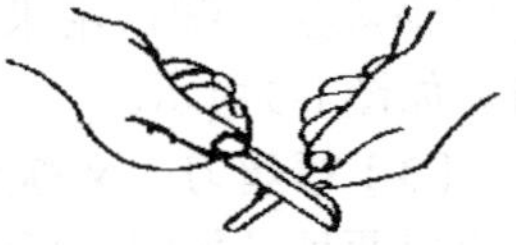

图1-6　电工刀及使用

图1-7　扒子的外形及使用

（7）錾子　由优质钢材制成，在拆除线圈时，可利用錾子切断电磁线圈，以拆除绕组（图1-8）。

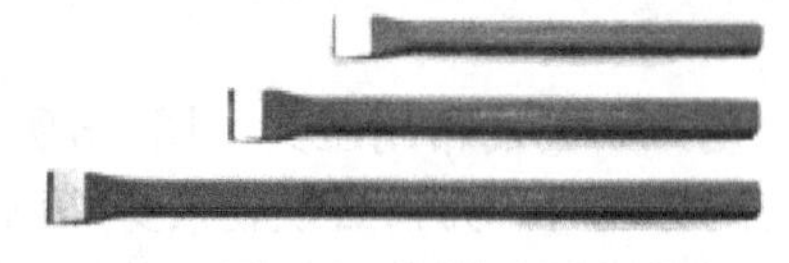

图1-8　錾子

（8）压线角和划线板　如图1-9所示，划线片由竹片或塑料，以及不锈钢和铁板磨制而成。用于在嵌线时将导线划入铁芯线槽和整理槽内的导线。

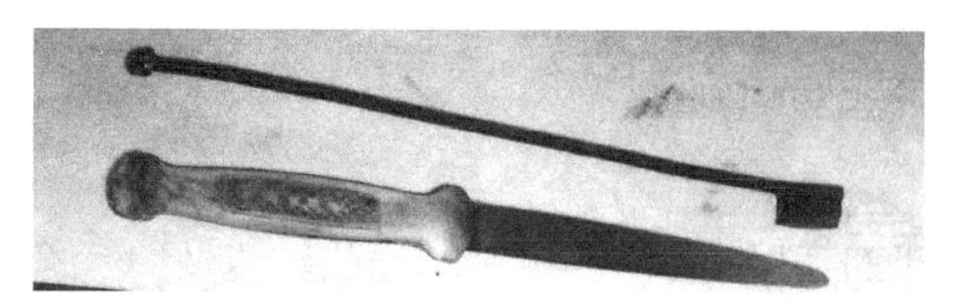

图1-9　压线角和划线板

压线板多由金属材料制成，可以压紧槽内的线圈，把高于线圈槽口的绝缘材料平整地覆盖在线圈上部，以便穿入槽楔。

（9）绕线机和绕线模　绕线机主要用于绕制各种电磁线圈，绕线机上配有读数盘和变速齿轮，分电动和手动两种。某些绕线机上配用数字读数装置。

绕线模有成套的标准绕线模，用塑料或木板制成，也可以自行制作。绕线机和绕线模如图1-10所示。

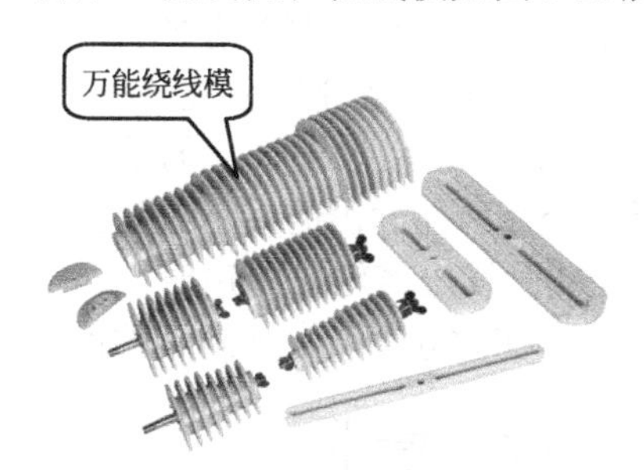

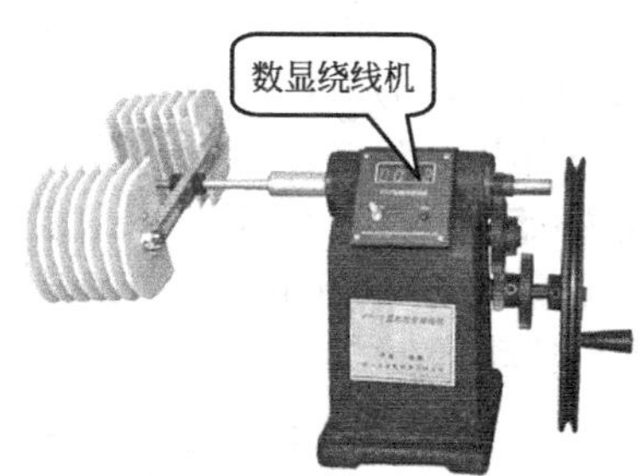

图1-10　绕线机和绕线模

第1章　电机检修基础

（10）螺旋千分尺 千分尺有多种类型，常用的是外径千分尺（简称千分尺，又叫百分尺或分厘卡）。电机修理中，千分尺主要用于测量漆包线的线径，一般选用测量范围为0～25mm的千分尺，其结构如图1-11所示。

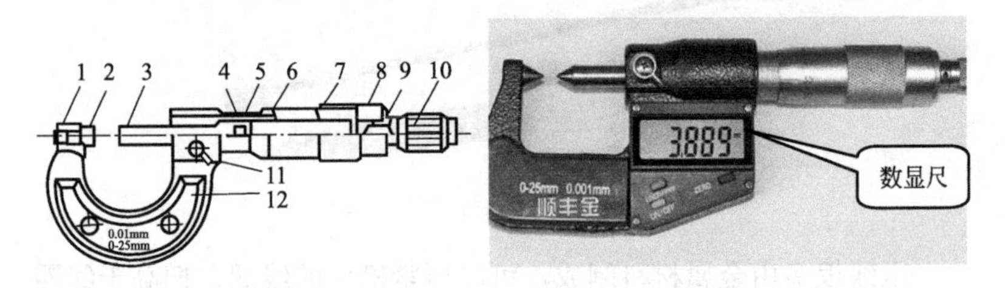

图1-11 0～25mm的千分尺的结构

1—尺框；2—固定砧；3—测微螺杆；4—螺纹轴套；5—固定套筒；6—微分筒；7—调节器；8—圆锥接头；9—垫片；10—测力装置；11—制动器；12—绝热板

千分尺的测微原理主要是螺旋读数机构。它包括一对精密的螺纹副（测微螺杆和螺纹轴套）；一对读数套筒（固定套筒和微分筒），当测量尺寸时，把被测零件（如漆包线）置于测量杆与固定砧之间，然后顺时针旋转测力装置。每旋转一周，测微螺杆就前进0.5mm，被测尺寸就缩小0.5mm；与此同时，微分筒也旋转一周，一周斜度为50格。所以，微分筒每前进一格，被测尺寸的缩小距离为0.5mm÷50=0.01mm，这就是千分尺所能读出的最小数值，故其测量精度为0.01mm。当旋转测力装置发出棘轮打滑声时，即可停止转动。在固定套筒上读出整数值，在微分套筒上读出小数值。

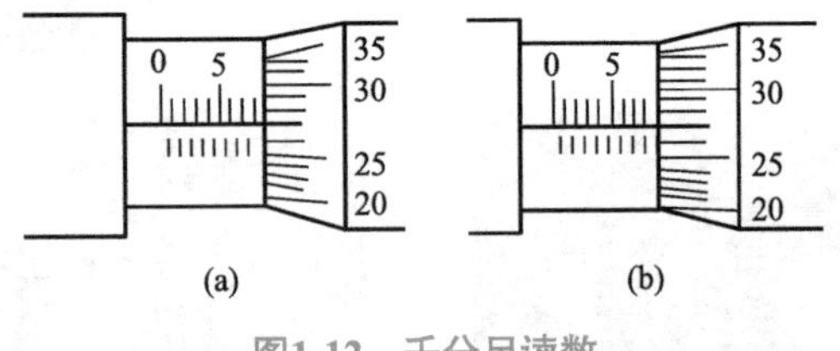

图1-12 千分尺读数

固定套筒上刻有轴向中心，作为微分筒的基准线。同时，在轴向中线上下还刻有两排刻线，间距为1mm，且上排与下排错开0.5mm。上排刻有0～25mm整数尺寸字码，下排不刻数字。

千分尺的读数，以图1-12为例，先在固定套筒上读出整数值为8mm（8个格），在微分筒上读出整数值为27格（27×0.01mm=0.27mm），两者相加即为被测尺寸值（8+0.27=8.27mm）。

在图1-12中，整数位仍为8mm（8个格），固定筒的中线（基准线）正好也对准微分筒上的第27格，但从固定筒下排刻线就不难发现，被测尺寸值已经超过了8.5mm，表明微分筒从8 mm之后，又向前转了一周又27格，故小数部分为0.01×(50+27) mm=0.77mm，被测尺寸=8+0.77=8.77mm。

【注意】 测量时不要少数0.5mm。千分尺的测量精度（即微分筒上每小格对应的数值）0.01mm已标在千分尺上，注意观察。

（11）电烙铁 主要用于焊接各种导线接头。外形如图1-13所示。

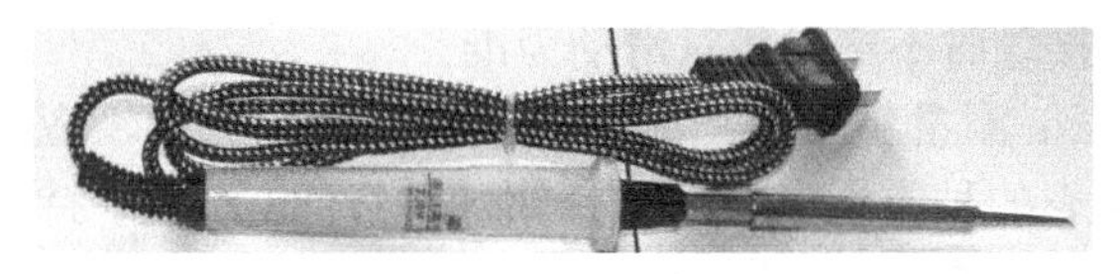

图1-13 电烙铁

1.2.2 常用仪表

（1）转速表 转速表根据其结构原理的不同，可分为离心式转速表、数字式转速表。

① 离心式转速表：是一种机械式仪表，由机心、变速度器和指示器三个部分组成，外形如图1-14所示。通常转速 表制成多量程的，即装有变速器，以改变测速范围。如LZ-60型离心转速表具有以下量程：60 ～ 240r/min；200 ～ 800r/min；600 ～ 2400r/min；2400 ～ 8000r/min；6000 ～ 24000r/min。在这种转速表的表盘上通常有两列刻度，分别适用于两组量程。离心式转速表使用时将表轴顶在被测转轴的轴心上，即可测出转速。

【注意】 测量时不能用低速挡测高转速，应根据被测转轴的转速选择调速盘的挡位，若不知被测轴的转速范围时，应将调速盘由高速挡向低速挡逐挡测试，以找到合适的转速挡，注意在测试过程

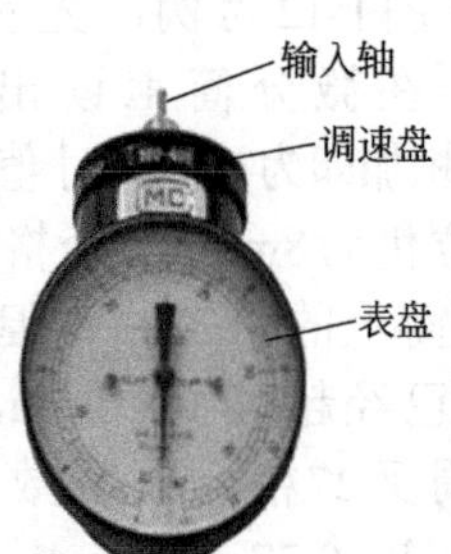

图1-14 转速表与的使用

中不可进行换挡，否则会损坏测量机构。

测量时，表针偏转与被测转轴的转向无关。表轴与被测转轴的两轴心应对准，并保持两轴线在同一直线上。表轴与被测转轴间不要顶得过紧，以两轴接触时不产生相对滑动为准。

② 数字式转速表：测量精度高，测量范围宽，使用方便，应用广泛，数字式转速表的种类很多，下面介绍一种DT832C型手持式数字式转速表，其外形如图1-15所示。

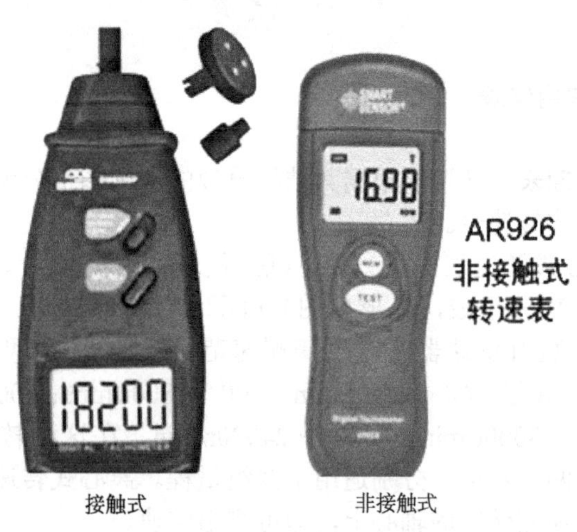

图1-15 数字转速表

DT-832C型数字式转速表由检测头、液晶显示器及内部的大规模集成电路组成。测量时，在被测转轴的表面贴一窄条反光纸，将数字式转速表的检测头对准被测转轴，按下电源开关，由检测头发射出的光线经反光纸反射后，再由检测头内的传感器接收，最后由显示器读出稳定显示的转速值，所测得的转速将寄存在数字式转速表内，如需查看刚才所测得的转速值，只需按下记忆按钮即可。寄存器只存储最后一次所测得的转速值。

使用数字式转速表时应注意如下事项：测量时，转速表的被测轴面要保持垂直状态，要保证由反光纸反射的光线能被检测头中的传感器所接收。当液晶显示屏显示的数字暗淡、时有时无或显示数字“LO”时，表明转速表内的电池电压不足，需要更换电池后再测量。数字式转速表不能长期直接承受紫外线辐射，以免液晶显示屏加速老化。

（2）兆欧表 又叫摇表，是一种测量高电阻的仪表，在电动机维修过程中，主要测量电动机的绝缘电阻和绝缘材料的漏电阻值。兆欧表的外形及使用方法如图1-16所示。

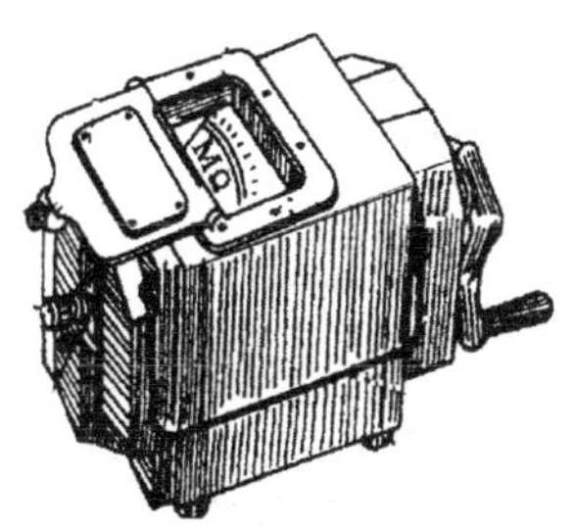

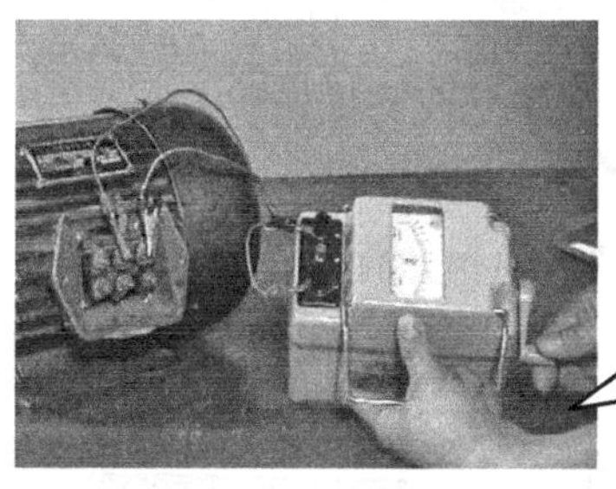

图1-16 兆欧表的外形及应用

（3）钳形电流表 由电流表头和电流互感线圈等组成。外形及使用方法如图1-17所示。

（4）万用表 普通万用表主要用来检测电压、电流及电阻等物理量，通常在表盘上用A、V、Ω等符号来表示；有些万用表还能够测量音频、电平。万用表的种类很多，按结构可分为两种：机械式万用表和数字万用表。如图1-18所示，在维修电动机中，主要测量线路电压及导线电阻、绕组的漏电电阻。万用表使用可扫16页二维码学习。

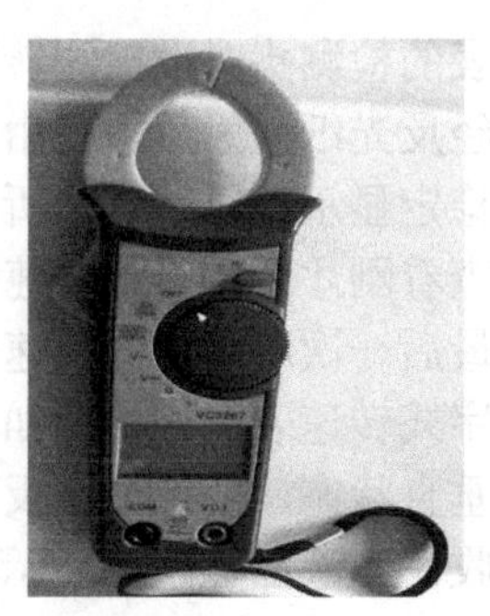

(a) 数字钳形表

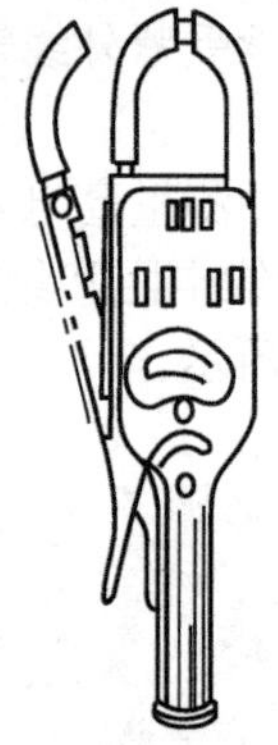

(b) 指针式钳形表

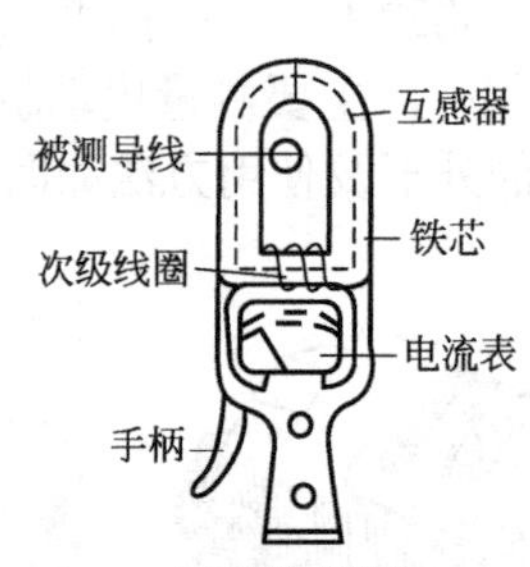

(c) 钳形表结构

图1-17　钳形电流表外形及使用

(a) 机械式万用表

(b) 数字万用表

图1-18　万用表

（5）电工钳工常用工具 有台虎钳、手工钢锯、锤子、丝锥、板牙、冲击钻、各式钢锉（图1-19）。

（6）常用测量工具 有卷尺、板尺、90° 角尺等（图1-19）。

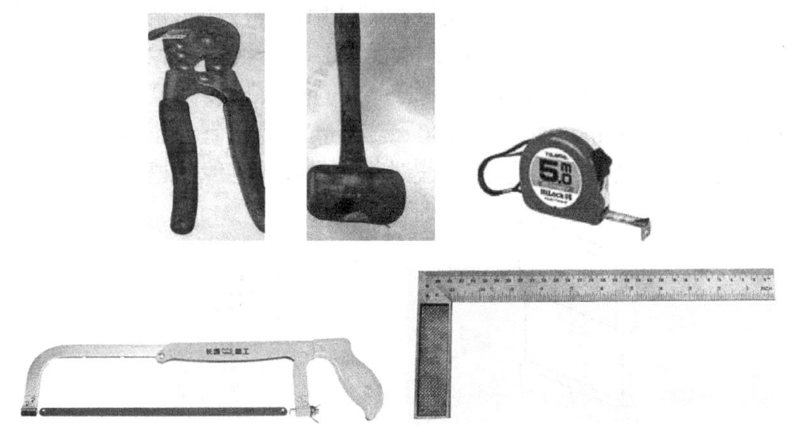

图1-19 电工常用工具

1.2.3 电动机维修专用工具

（1）划线板 又称刮板，小型电动机嵌线时使用。划线板一般采用硬质竹片、层压塑料板或玻璃布板等制成，其形状如图1-20所示。它的大小可根据电动机定子铁芯槽口大小随意制作，厚度*a*要适合，以划线板的头部能深入到槽内2/3处为宜，太薄了容易划伤槽底的绝缘层，而宽度*b*以20～30mm较为适宜，划线的部分要用锉刀倒圆，并用砂纸打光，以免划线时划破导线表面的绝缘层。

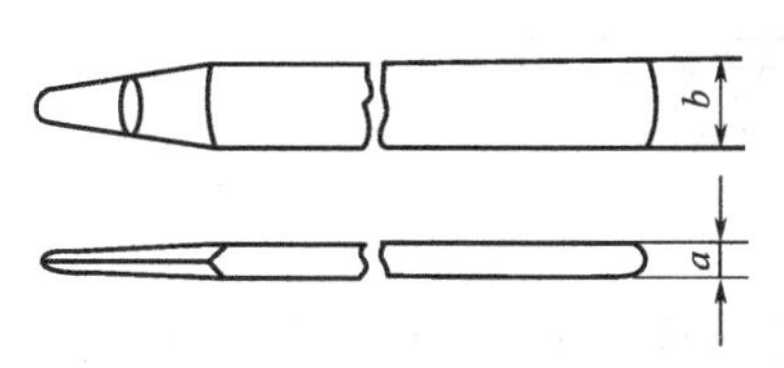

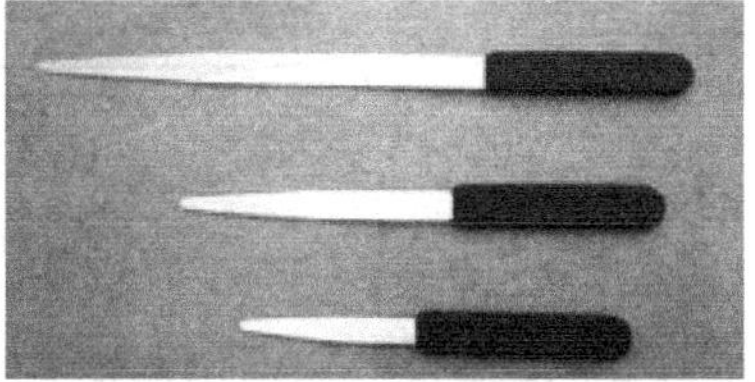

图1-20 划线板

划线板的作用是可用它分开槽口的绝缘纸；用它把堆积在槽口的导线理齐，槽内的导线理顺，并推向槽内两侧，方便后续导线的入槽。

（2）压线板　小型电动机嵌线时使用，一般用黄铜或低碳钢制成，使其能承受嵌线过程中木榧的锤击，形状如图1-21所示。它的大小可根据槽形来确定。压线部分的宽度t一般比槽形顶部的尺寸小0.6～1.0mm，而长度以30～60mm较为适宜，压线板的边缘要圆滑并用砂纸打光，以免压线时损伤导线的绝缘和槽绝缘。

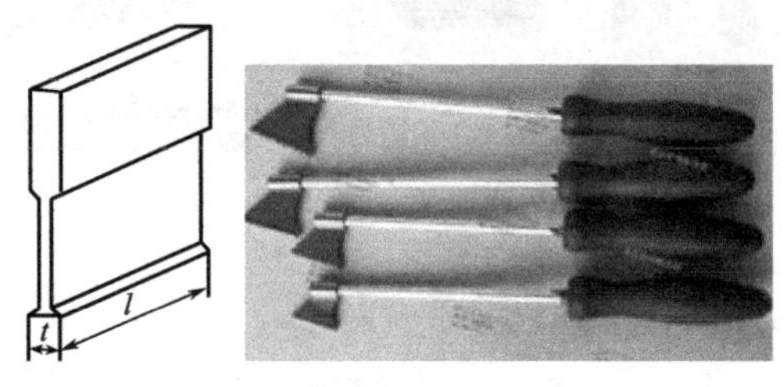

图1-21　压线板

压线板的作用是将嵌在槽内的蓬松的导线压紧在一起，以便槽绝缘封口和槽楔能顺利地打入槽内。

（3）通针　又称撑棒，小型电动机嵌线时使用。一般采用粗钢丝（如8号钢丝）制成，制作时将钢丝锉成半圆形截面，并将头部锉成楔形，其形状如图1-22所示。通针的作用是将槽绝缘折合、封口，利用楔形头部将槽内导线压紧，便于插入槽楔。

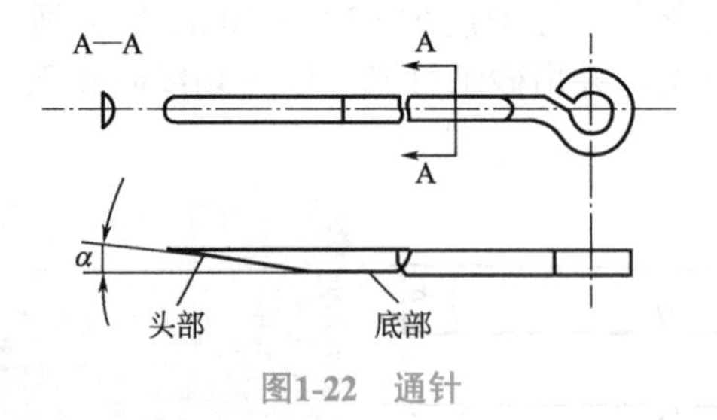

图1-22　通针

（4）清槽片　通常用断锯条来制成，在一截断锯条一端缠上木条或用木板等夹紧固定即可（图1-23所示），这样通过锯条就可清理铁芯槽。

电动机修理拆除槽内的线圈后，需要用清槽片来清除铁芯槽内残留的绝缘物、锈斑等杂物，以保证不会损伤新的槽绝缘，以及有足够的空间容纳所有的导线，另外还可用来修齐、换绝缘。

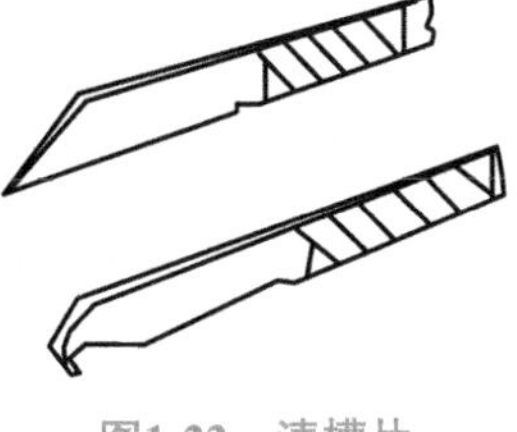

图1-23　清槽片

1.3　电机常用电工材料

1.3.1　电磁线

按绝缘层的特点和用途不同，常用的电磁线可分为漆包线和绕包线两类。

（1）漆包线　漆包线的绝缘层是漆膜，它是在导线心上涂覆绝缘漆后经烘干而成。其特点是漆膜均匀、光滑，漆膜较薄，既有利于线圈的绕制，又可提高绝缘槽的利用率，因此广泛用于中小型电机及各种电器的线圈中。常用的漆包线的品种、型号和用途见表1-4，漆包线型号中的汉语拼音的含义见表1-5。

表1-4　漆包线的品种、型号和用途

类别	产品名称	型号	规格/mm	耐温等级/℃	主要用途
油性漆包线	油性漆包圆铜线	Q	0.02～2.50	A（105）	中、高频线圈及仪表电器的线圈
缩醛漆包线	缩醛漆包圆铜线	QQ-1 QQ-2	0.02～2.50	E（120）	普通中小电机、微电机绕组和油浸变压器的线圈、电器仪表用线圈
	缩醛漆包圆铝线	QQL-1 QQL-2	0.06～2.50		
	彩色缩醛漆包圆铜线	QQS-1 QQS-2	0.02～2.50		
	缩醛漆包扁铜线	QQB	*a*边0.8～5.6 *b*边2.0～18.0		
	缩醛漆包扁铝线	QQLB	*a*边0.8～5.6 *b*边2.0～18.0		

续表

类别	产品名称	型号	规格/mm	耐温等级/℃	主要用途
聚氨酯漆包线	聚氨酯漆包圆铜线	QA-1	0.015～1.00	E（120）	要求Q值稳定的高频线圈，电视线圈和仪表用的微细线圈
	彩色聚氨酯漆包圆铜线	QA-2			
聚酯漆包线	聚酯漆包圆铜线	QZ-1 QZ-2	0.02～2.50	B（130）	中小电机的绕组、干式变压器和电器仪表的线圈
	聚酯漆包圆铝线	QZL-1 QZL-2	0.06～2.50		
	聚酯漆包扁铜线	QZB	a边0.8～5.6 b边2.0～18.0		
	聚酯漆包扁铝线	QZLB	a边0.8～5.6 b边2.0～18.0		
聚酰亚胺漆包线	聚酰亚胺漆包圆铜线	QY-1 QY-2	0.02～2.50	C（≥180）	耐高温电机、干式变压器、密封式继电器及电子元件
	聚酰亚胺漆包扁铜线	QYB	a边0.8～5.6 b边2.0～18.0		

注：圆线的规格以线心直径表示，扁线以线中窄边（a）及宽边（b）长度表示。

表1-5　漆包线型号中的汉语拼音含义

绝缘层				导体		派生
绝缘漆	绝缘纤维	其他绝缘层	绝缘特征	导体材料	导体特征	
Q油性漆	M棉纱	V聚氯乙烯	B编织	L铝线	B扁线	-1薄漆层
QA聚氨酯漆	SB玻璃丝	YM氧化膜	C醇酸胶粘漆浸渍	TWC无磁性铜	D带（箔）	-2厚漆层
QG硅有机漆	SR人造丝		E双层		J绞制	
QH环氧漆	ST天然丝		G硅有机胶粘漆浸渍		R柔软	
QQ缩醛漆	Z纸		J加厚			

续表

绝缘层				导体		派生
绝缘漆	绝缘纤维	其他绝缘层	绝缘特征	导体材料	导体特征	
QXY聚酰胺酰亚胺漆			N自粘性			
QY聚酰亚胺漆			F耐致冷性			
QZ聚酯漆			S彩色			
QZY聚酯亚胺漆						

注：例如QZL-1（聚酯漆、铝线薄膜层）薄漆层聚酯漆包铝线；QZJBSB（聚酯漆、绞制、编织、下班丝）中频绕组线；SBELCB（玻璃丝、双层、铝线、醇酸胶粘漆浸渍、扁线）双玻璃丝包扁铝线。

（2）绕包线 绕包线是用玻璃丝、绝缘纸或合成树脂薄膜等紧密绕包在导线上形成绝缘层。也有的在漆包线上再绕包绝缘层的。除薄膜绝缘层外，其他绝缘层均需经胶粘浸渍处理，以提高其电性能和防潮性能，它们实际上是组合绝缘，绕包线的特点是绝缘层比漆包线厚，能较好地承受过电压和过电流。它一般用于大中型电机、变压器及电焊机等。根据绕包线的绝缘结构不同，可分为纸包线、薄膜绕包线、玻璃线包线及玻璃丝包漆包线。

在电机修理中最好采用与原来规格型号相同的电磁线，不要轻易变动，因为不同的电工产品对电磁线有不同的性能要求。如果没有原规格型号的电磁线，可根据其性能、耐热等级选择合适的电磁线。

1.3.2 电机的引出线

由于电机品种、绝缘等级、电压电流等的不同，电机引出线的电气性能必须与其相适应，绝缘电阻要求高而且稳定，一般可选用JXHQ、JVR、JBX型引出线，三相异步电动机电源引出线的规格如表1-6所示。

表1-6 三相异步电动机电源引出线截面的选择

电流/A	引出线截面积/mm²	电流/A	引出线截面积/mm²
6以下	1	61～90	16
6～10	1.5	91～120	25
11～20	2.5	121～150	35
21～30	4	151～190	50
31～45	6	191～240	70
46～60	10	241～290	95

1.3.3 电机用电刷

电机的电刷，主要用于各种电机的换向器或集电环上，作为传导电流的滑动接触件，它是用石墨粉末或石墨粉末与金属粉末混合而制成的。按其材质不同，电刷可分为石墨电刷、电化石墨电刷和金属石墨电刷三类。

选择电刷时，要考虑电刷的技术特性和运行条件，要求电刷具有磨损小、功率损耗和机械损耗小、噪音小、使用寿命长等性能，因此选择电刷时主要考虑以下几个因素，接触电压降、摩擦因数、电流密度、圆周速度、施加于电刷上的单位压力。常用电刷的型号、性能和主要应用范围见表1-7。

表1-7 常用电刷的型号、性能和主要应用范围

类别	型号	基本特性	主要应用范围
石墨电刷	S-3	硬度较低，润滑性较好	换向正常，负荷均匀，电压为80～120V的直流电动机
	S-4	以天然石墨为基体，树脂为黏结剂的高阻石墨电刷，硬度和摩擦因数较低	换向困难的电动机，如换向器式调速异步电动机、高速微型直流电动机
	S-6	多孔、软质石墨电刷，硬度低	汽轮发电机的集电环，80～230V的直流电动机
电化石墨电刷	D104	硬度低，润滑性好，换向性能好	一般用于0.4～200kW直流电动机，充电用直流发电机、轧钢用直流发电机、汽轮发电机，绕线转子异步电动机集电环、电焊直流发电机等

续表

类别	型号	基本特性	主要应用范围
电化石墨电刷	D172	润滑性好，换向性能好，摩擦因数低	大型汽轮发电机的集电环、励磁机，水轮发电机的集电环、换向正常的直流电动机
	D202	硬度和机械强度较高，润滑性好，耐冲击振动	电力机车用牵引电动机，电压为120～400V的直流发电机
	D207	硬度和机械强度较高，润滑性好，换向性能好	大型轧钢直流电动机，矿用直流电动机
	D213	硬度和机械强度较D214高	汽车、拖拉机的发电机，具有机械振动的牵引电动机
	D214 D215	硬度和机械强度较高，润滑、换向性能好	汽轮发电机的励磁机，换向困难、电压在200V以上，带有冲击性负荷的直流电动机，如牵引电动机、轧钢电动机
	D252	硬度中等，换向性能好	换向困难、电压为120～440V的直流电动机，牵引电动机，汽轮发电机的励磁机
	D308	质地硬，电阻系数较高，换向性能好	换向困难的直流牵引电动机，角速度较高的小型直流电动机，以及电动机扩大机
	D309		
	D373		电力机车用直流牵引电动机
	D374	多孔，电阻系数高，换向性能好	换向困难的高速直流电动机，牵引电动机，汽轮发电机的励磁机，轧钢电动机
	D479		换向困难的直流电动机
金属石墨电刷	J101 J102 J164	高含铜量，电阻系数小，允许电流密度大	低电压、大电流直流发电机，如：电解、电镀、充电用直流发电机，绕线转子异步电动机的集电环
	J104 J104A		低电压、大电流直流发电机，汽车、拖拉机用发电机
	J201	中含铜量，电阻系数较大，含铜量较高，允许电流密度较大	60V以下的低电压、大电流直流发电机，如：汽车发电机、直流电焊机、绕线转子异步电动机的集电环
	J204		40V以下的低电压、大电流直流电机，汽车辅助电动机，绕线转子异步电动机的集电环
	J205		60V以下的直流发电机，汽车、拖拉机用直流启动电动机，绕线转子异步电动机的集电环
	J206		电压为25～80V的小型直流电动机
	J203 J220	低含铜量，与高、中含铜量电刷相比，电阻系数较大，允许电流密度较小	电压在80V以下的大电流充电发电机，小型牵引电动机，绕线转子异步电动机的集电环

电刷的正确使用，与电机的正常运行有着密切的关系，在更换电机时，最好采用原规格型号的，不要轻易改变。

1.3.4 绝缘材料

绝缘材料的主要作用是在电气设备中把不同部分的导电体隔离开来，使电流能按预定的方向流动。由于绝缘材料是电气设备中最薄弱的环境，许多故障发生在绝缘部分，因此绝缘材料应具有良好的介电性能、较高的绝缘耐压强度，且耐热性要好，不至于因长期受热而引起性能变化，还应有良好的防潮、防雷电、防霉和较高的机械强度，以及易于加工等特点。

绝缘材料在长期使用中，在温度、电、机械等各方面的理化作用下，绝缘性能逐渐变差，称之为绝缘老化，温度对绝缘材料的使用寿命和绝缘老化有很大的影响，因此为确保电工产品能够长期安全运行，对绝缘材料的耐热等级以及极限工作温度作了明确规定(表1-8)，如果电工产品的工作温度超过其使用的绝缘材料的极限工作温度，就会缩短绝缘材料的使用寿命，一般每超过6℃绝缘材料的使用寿命就会缩短一半左右。

表1-8 常用绝缘材料的耐热等级

等级代号	耐热等级	绝缘材料	极限工作温度/℃
0	Y	木材、棉花、纸、纤维等天然的纺织品，以醋酸纤维和聚酰胺为基础的纺织品，以及易于热分解和熔化点较低的塑料(脲醛树脂)	90
1	A	工作于矿物油中和用油或油树脂复合胶浸过的Y级材料，漆包线、漆布、漆丝的绝缘及油性漆、沥青漆等	105
2	E	聚酯薄膜和A级材料复合，玻璃布，油性树脂漆、聚乙烯醇缩醛高强度漆包线，乙酸乙烯耐热漆包线	120
3	B	聚酯薄膜，经合适树脂粘合式浸渍涂覆的云母，玻璃纤维，石棉等，聚酯漆聚酯漆包线	130
4	F	以有机纤维材料补强和布带补强的云母片制品，玻璃丝和石棉，玻璃漆布，以玻璃丝布和石棉纤维为基础的层压制品，以无机材料作补强和石带补强的云母粉制品，化学热稳定性较好的聚酯和醇酸类材料，复合硅有机聚酯漆	155

续表

等级代号	耐热等级	绝缘材料	极限工作温度/℃
5	H	无补强或以无机材料为补强的云母制品，加厚的F级材料，复合云母，有机硅云母制品，硅有机漆，硅有机橡胶聚酰亚胺复合玻璃布，复合薄膜，聚酰亚胺漆等	180
6	C	不采用任何有机粘合剂及浸渍剂的无机物如石英、石棉、云母、玻璃和电瓷材料等	180以上

电机常用的绝缘材料有如下几种。

（1）浸渍漆　主要用于浸渍电机、电器的线圈和绝缘零部件，它分为溶剂和无溶剂两种浸渍漆。有溶剂浸渍漆的特点是渗透透性好、储存期长、使用方便，但是浸渍和烘干时间长，需要使用溶剂；无溶剂浸渍漆的特点是固化快、黏度随温度变化迅速、流动性和渗透性好，绝缘整体性好，固化过程挥发少等。

常用的有溶剂的绝缘浸渍漆的型号、特性及用途见表1-9，无溶剂的绝缘浸渍漆的型号见表1-10。

表1-9　常用绝缘浸渍漆的型号、特性及用途

名称	型号	耐热等级	颜色	特性和用途
沥青绝缘漆	1010（L30-10）	A	黑	耐潮湿，并具有良好的电气性能，但不耐油。适用于浸渍A级绝缘电动机线圈和绕组及不要求耐油的电器部件
三聚氢胺醇酸浸渍漆	1032（A30-1）	B	黄褐色	耐潮、耐油和内干性较好。机械强度较高，耐电弧和附着力好。适用于浸渍湿热带地区电动机、电器线圈和绕组
环氧酯绝缘浸渍漆	1033（H30-2）	B	黄褐色	耐油、耐潮、耐热，漆膜光滑、有弹性，机械强度高。适用于浸渍湿热带地区电动机、电器线圈和绕组及电器零部件
聚酯绝缘浸渍漆	155 6301 （Z30-2）	F	棕褐色	有较好的耐热性和机电性能，绝缘的粘结力强。适用于浸渍F级电动机线圈或绕组浸渍及导线粘结
聚酰亚胺环氧浸渍漆	D205	F	棕褐色	具有良好的机电性能，黏度低，固体含量高，粘结力强。适用于绕组的浸渍

续表

名称	型号	耐热等级	颜色	特性和用途
聚酯改性有机硅浸渍漆	931（W30-9）	H	淡黄	粘结力较强，电性能和耐潮性好，烘干温度较W30低。适用于高温电机、电器线圈及绝缘零部件浸渍

注：括号内的型号为化工部牌号。

表1-10 常用的几种无溶剂浸渍漆名称、特性及用途

名称	型号	耐热等级	特性
环氧无溶剂漆	110	B	黏度低，击穿强度高，贮存稳定性好。适用于低压电动机绕组浸浸
环氧聚酯酚醛无溶剂漆	5152-2	B	性能和用途同型号110
环氧聚酯无溶剂漆	EIV	F	黏度低，挥发物少，击穿强度高，贮存期较长。适用于沉浸中小型低压电动机、变压器绕组
酚醛环氧硼胺无溶剂漆	9105	F	黏度较低，体积电阻高，机电性能好，贮存期较长。适用于高压电机绕组浸浸

（2）覆盖漆 覆盖漆用于浸漆处理后的线圈和绝缘零部件表面的涂覆，以形成一层连续而厚度均匀的表面漆膜，作为绝缘保护层，以防止机械损伤及大气油污和化学物质的侵蚀，提高表面放电电压，另外还可作为电机修理中用于加强局部的绝缘能力。

覆盖漆中不含填料和颜料的为绝缘清漆，否则为绝缘磁漆，绝缘清漆多用于绝缘零部件的表面和电器内的涂覆，绝缘磁漆多用于线圈和金属表面涂覆。

覆盖漆可烘干和晾士，晾干漆的性能差些，贮存不稳定，适用于不宜烘干的部件的覆盖。常用的覆盖漆的型号、特性及用途见表1-11。目前环氧型覆盖漆的应用更广泛，与氨水型覆盖漆、醇酸型覆盖漆相比较，具有更好的耐潮性、防霉性、内干性和较强的漆膜附着力等优点。

（3）浸渍纤维制品 浸渍纤维制品以棉布、棉纤维和薄膜玻璃纤维布或管，以及玻璃纤维与合成纤维交织物为底材浸以绝缘漆制成，有绝缘漆布、绝缘漆管和绑扎带三种。

表1-11　常用覆盖漆的型号、特性和用途

名称	型号	耐热等级	特性和用途
晾干醇酸灰磁漆	1321（C32-9）	B	晾干或低温干燥，漆膜硬度高，耐电弧、耐油性好。适用于覆盖电机、电器线圈及绝缘零部件表面修饰
环氧酯灰磁漆	8363	B	烘干漆、漆膜硬度高，耐潮、耐霉、耐油性好。适用于湿热带地区电机、电器线圈表面修饰
灰环氧酯绝缘磁漆	1361（H31-2）	B	晾干或低温干燥，漆膜坚硬，耐潮、耐油性好。适用于电机、电器线圈表面修饰
环氧酯红磁漆	162	B	烘干漆，漆膜光滑，强度高，色泽鲜艳，具有较高的介电性能。适用于出口电机、电器绕组（或线圈）表面修饰
晾干环氧酯漆	1504 9120 （H31-3）	B	晾干或低温干燥清漆，干燥快，漆膜耐着力好，耐潮、耐油、耐气候性好，漆膜有弹性。适用于电机线圈表面修饰
聚酯铁红磁漆	183	F	晾干或低温干燥，漆膜色泽鲜艳，有较高的介电性能和耐热性及防潮性。可用作F级湿热带地区电机、电器线圈表面修饰
有机硅绝缘红磁漆	1350（W32-3）	H	烘干漆，漆膜耐热性高，并有好的电气性能。适用于覆盖H级电机、电器线圈和绝缘零部件表面修饰

① 绝缘漆布。它主要用作电机线圈的对地绝缘、槽绝缘和衬垫绝缘，常用的绝缘漆布品种、组成和用途见表1-12。

表1-12　绝缘漆布的品种、组成和用途

名称	型号	组成		耐热等级	特性及用途
		底材	浸渍漆		
油性漆布（黄漆布）	2010 2012	白细布	油性漆	A	2010不耐油，2012耐油性较好。适用于一般电动机等电器设备的衬垫或绕组绝缘
沥青漆布（黑漆布）	2110	白细布	沥青漆	A	介电性能较2010好。适用于一般低压电机、电器线圈的绝缘
油性漆绸（黄漆绸）	2210 2212	薄绸	油性漆	A	柔软性及介电性能良好，2210适用于电机，电器的薄层衬垫或线圈绝缘。2212耐油性较好，适用于在矿物油侵蚀环境中工作的电机、电器的薄层衬垫或线圈绝缘

续表

名称	型号	组成		耐热等级	特性及用途
		底材	浸渍漆		
沥青醇酸玻璃漆布	2430	无碱玻璃布	沥青醇酸漆	B	耐潮性较好，但耐汽油、变压器油性差。适用于一般电机、电器的衬垫或线圈绝缘
醇酸玻璃漆布	2432	无碱玻璃布	醇酸三聚氰胺漆	B	耐油性较好，并有一定防霉性，可用作较高温度下使用的电机、电器的衬垫或绝缘及变压器的线圈绝缘
环氧玻璃漆布	2433	无碱玻璃布	环氧酯漆	B	具有较高的电气性能、力学性能，良好的耐化学药品性和耐湿热性能。适用于耐化学腐蚀的电机、电器的槽绝缘、衬垫绝缘和线圈绝缘
有机硅玻璃漆布	2450	无碱玻璃布	有机硅漆	H	具有较高的耐热性、耐霉、耐油和耐寒性。适用于H级电机、电器的包扎绝缘
硅橡胶玻璃漆布	2550	无碱玻璃布	甲基硅橡胶磁漆	H	具有较高的耐热性，良好的柔软性和耐寒性。适于特种用途的低压电机端部绝缘和导线绝缘
有机硅防电晕玻璃漆布	2650	无碱玻璃布	有机硅防电晕磁漆	H	具有稳定的低电阻率。适用于高压定子线圈槽口处的防电晕材料
聚酰亚胺玻璃漆布	2560	无碱玻璃布	聚酰亚胺漆	C	高耐热性及介电性能，优良的防潮性、耐辐射性、耐溶剂性。适用于在220℃以上温度的电机槽绝缘和端部衬垫绝缘

② 绝缘漆管　它是由相应的纤维管作底材，浸以不同的绝缘漆，经烘干制成的棉漆管、涤纶漆管和玻璃丝管，适用于电机、电器线圈的引出线和绕组连接线的绝缘套管，常用的绝缘漆管型号、组成和特性见表1-13。

表1-13　出绝缘漆管的品种、组成、特性和用途

名称	型号	组成		耐热等级	特性和用途
		底材	浸渍漆		
油性棉漆管 油性玻璃漆管	2710 2724	棉纱管 无碱玻璃丝管	油性漆	A E	具有良好的电性能和弹性，但耐热性、耐潮性和耐霉性差。可做电机、电器和仪表等设备引出线和连接线绝缘

续表

名称	型号	组成		耐热等级	特性和用途
		底材	浸渍漆		
醇酸玻璃漆管	2730	无碱玻璃丝管	醇酸漆	B	具有良好的电性能和力学性能，耐热性和耐油性好，但弹性稍差。可代替油性棉漆管做电机、电器和仪表等设备引出线和连接线绝缘
聚氯乙烯玻璃漆管	2731	无碱玻璃丝管	改性聚氯乙烯树脂	B	具有优良的弹性和一定的电气性能、力学性能和耐化学性能。适于作电机、电器和仪表等设备引出线和连接线绝缘
有机硅玻璃漆管	2750	无碱玻璃丝管	有机硅漆	H	具有较高的耐热性和耐潮性，良好的电气性能。适于作H级电机、电器等设备的引出线和连接线绝缘
硅橡胶玻璃漆管	2751	无碱玻璃丝管	硅橡胶	H	具有优良的弹性、耐热性和耐寒性，电气性能和力学性能良好。适于用在−60～180℃温度下工作的电机、电器和仪表等设备的引出线和连接线绝缘

③ 绑扎带。又称无绑带，是由长玻璃纤维经过硅烷处理和整纱后，再浸以热固性树脂制成的B阶段或全固化的带状材料，目前应用最广泛的是环氧型无绑带。主要用来绑扎电机转子绕组的端部，替代无磁性合金钢丝、钢带等金属。

（4）非浸渍纤维制品 包括无碱玻璃纤维布、无碱玻璃纤维带、无碱玻璃纤维套管、无碱玻璃纤维绳等，其制品具有耐热性高、吸水性小、柔软、抗拉强度高、电气性能好等特点。

（5）电工用薄膜及复合制品 电工用薄膜是指用树脂制成的薄膜，如聚丙烯薄膜、聚酯薄膜等，其厚度约为0.006～0.5mm，可用作电机电器线圈的绝缘，具有质地柔软、耐潮和良好的机电性能。

复合制品是在薄膜的一面或两面粘合一层纤维材料（如绝缘纸、漆布等）组成的一种复合材料，纤维材料的主要作用是加强薄膜的力学性能，提高抗拉强度和表面平整度。它主要用于中小型电机的槽绝缘、线圈的端部绝缘等。常用的电工薄膜及复合制品的组成、特性和用途见表1-14、表1-15。

表1-14 常用的电工薄膜的特性和用途

名称	型号	耐热等级	特性和用途
聚酯薄膜（定向）	6020	E～B	具有较高的抗张强度、绝缘电阻和击穿强度，耐有机溶剂、耐碱性好，但耐电晕性差。可用作低压电机线圈的槽绝缘和对地绝缘以及绕组线绝缘、复合制品绝缘
聚萘酯薄膜（定向）	—	F	耐热性好，弹性模数高，断裂伸长率小，有较好的化学稳定性，但在高温下易水解。可用作F级电机的槽绝缘和绕组线绝缘及复合绝缘制品
聚酰亚胺薄膜（不定向）	6050	＞H	具有优异的耐高温和低温的耐寒性，并具有高的辐射特性，可用作H级电机的槽绝缘、绕组线绝缘及复合绝缘制品
聚四氟乙烯薄膜（定向）	SFM	＞H	具有很高的耐热性、耐寒性，优良的介电性能和化学稳定性。可用作工作温度-60～260℃特殊电工绝缘，也可用作线圈烘干绝缘时的脱模材料

表1-15 常用复合材料的组成和用途

名称	型号	组成	耐热等级	用途
聚酯薄膜绝缘纸复合箔	6520	一层聚酯薄膜、一层绝缘纸	E	主要用作低压电机绕组的槽绝缘、层间绝缘
聚酯薄膜玻璃漆布复合箔	6530	一层聚酯薄膜、一层玻璃漆布	B	主要用作低压电机绕组的槽绝缘、层间绝缘
聚酯薄膜聚酯纤维纸复合箔	DMD	一层聚酯薄膜、两层聚酯纤维纸	B	适用于B级电机绕组的槽绝缘、层间绝缘及衬垫绝缘等
聚酯薄膜芳香族聚酰胺纤维纸复合箔	NMN641	一层聚酯薄膜、两层芳香族聚酰胺纤维纸	F	适用于F级电机绕组的槽绝缘、层间绝缘及衬垫绝缘等
聚酰亚胺薄膜、芳香族聚酰胺纤维纸复合箔	NHN651	一层聚酰亚胺薄膜、两层芳香族聚酰胺纤维纸	H	适用于H级电机绕组的槽绝缘、层间绝缘及衬垫绝缘等

（6）粘带 是指在常温或一定温度和压力下能自粘成型的带状材料，分薄膜粘带、织物粘带和无底材料粘带三类。粘带的绝缘性能好、使用方便，适用于电机电器线圈绝缘、包扎固定等。常用粘带的组成、特性和用途见表1-16。

表1-16 常用粘带组成、特性和用途

名称	厚度/mm	组成	耐热等级	特性和用途
聚酯薄膜粘带	0.055～0.17	聚酯薄膜、橡胶型或聚丙烯酸酯胶黏剂	E～B	耐热性较低，但机电性能好，可用作电机线圈绝缘密封和对地绝缘
环氧玻璃粘带	0.14～0.17	无碱玻璃布、环氧树脂胶黏剂	B	具有较高的机电性能，可供电机绕组绑扎绝缘
聚酰亚胺薄膜粘带（J-6250）	0.045～0.07	聚酰亚胺薄膜、聚胺酰亚胺树脂胶粘剂	H	具有高的机电性能和耐热性，用作H级电机线圈绝缘
有机硅玻璃粘带（6350）	0.15	无碱玻璃布、有机硅树脂胶黏剂	H	具有高的耐热性、耐寒性和防潮性，可用作H级电机线圈绝缘
硅橡胶玻璃粘带	—	无碱玻璃布、硅橡胶胶黏剂	H	具有高的耐热性、耐寒性和防潮性，可用作H级电机线圈绝缘
自粘性硅橡胶三角粘带	—	硅橡胶、填料硫化剂	H	具有耐热、耐潮、抗振动、耐化学腐蚀等特性，但抗张强度低，可作特殊电机对地绝缘

电机修理时，一般应选用与原来相同的绝缘材料，如果没有合适的绝缘材料或无法弄清时，则可选用与原来材料相似的绝缘材料或根据电机铭牌上注明的绝缘等级进行选择。绝缘材料选择不当会影响电机的修理质量，缩短修理后的电机使用寿命。

（7）绝缘层压制品 又称积层制品（积层板、棒、管等）或积层塑料，绝缘层压制品是以有机纤维或无机纤维或布作底材，浸除不同的胶黏剂，经热压（或卷制）而制成的层状结构的绝缘材料。电机电器中使用层压制品，主要用作绝缘结构件，如绕组的支架、垫条、垫块、槽楔等，常用的层压板见表1-17。

表1-17　层压板的品种、组成、特性和用途

名称	型号	组成		特性和用途
		底材	胶粘型	
酚醛层压纸板	3020	浸渍纸	苯酚甲醛树脂	具有较高的电气性能，耐油性好。适用于对电气性能要求较高的电机、电器设备中作绝缘结构零部件，并可在变压器油中使用
	3021	浸渍纸	苯酚成甲酚甲醛树脂	具有较高的机械强度，耐油性好。适用于对机械强度要求高的电机、电器设备中作绝缘结构零部件，并可在变压器油中使用
	3022	浸渍纸	苯酚甲醛树脂	具有较高的耐湿性能。适用于在潮湿条件下工作的电工设备中作绝缘结构零部件
	3023	浸渍纸	苯酚甲醛树脂	具有低的介质损耗角正切。适用于无线电、电器设备中作绝缘结构零部件
酚醛层压布板	3025	棉布	苯酚甲醛树脂	具有较高的力学性能。适用于电机、电器设备中作绝缘结构零部件，并可在变压器油中使用
	3027	棉布	苯酚甲醛树脂加甲酚甲醛树脂	具有一定的电气性能。适用于电机、电器设备中作绝缘结构零部件，并可在变压器油中使用
酚醛层压玻璃布板	3230	无碱玻璃布	苯酚甲醛树脂	力学性能、耐水和耐热性能比层压纸、布板好，但粘合强度低。适用于电机、电器设备中作绝缘结构零部件，并可在变压器油中使用
苯胺酚醛层压玻璃布板	3231	沃蓝处理玻璃布	苯胺甲醛树脂	电气性能和力学性能比酚醛玻璃布板好，粘合强度与棉布板相近。可代替棉布板，用作电机、电器设备中的绝缘结构零部件，并可在调整环境及变压器油中使用
环氧酚醛层压玻璃布板	3240	无碱玻璃布	环氧酚醛树脂	具有较高的电气性能和力学性能，耐热性和耐水性较好。适用于电机、电器设备中作绝缘结构零部件，并可在潮湿环境条件下和变压器油中使用

第2章 电动机基本原理与维修技术

2.1 三相异步电动机的机构及工作原理

2.1.1 三相电动机的结构

三相异步电动机由两个基本组成部分：静止部分即定子，旋转部分即转子。在定子和转子之间有一很小的间隙，称为气隙。图2-1所示为封闭式三相笼型异步电动机的外形和内部结构图。

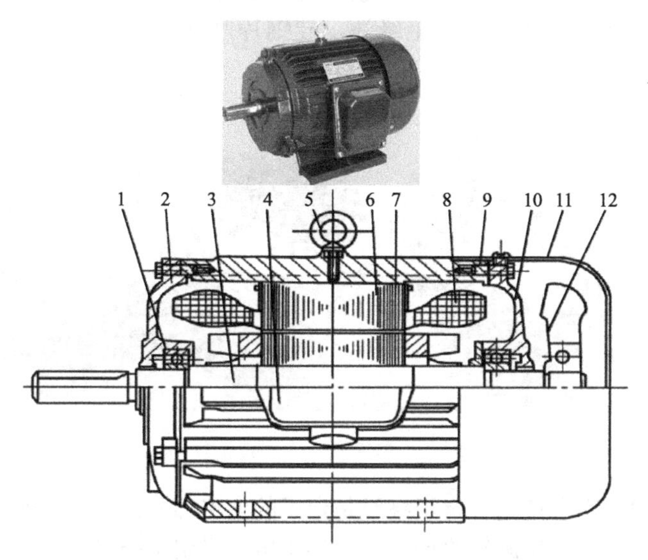

图2-1 封闭式三相笼型异步电动机外形及内部结构图

1—轴承；2—前端盖；3—转轴；4—接线盒；5—吊环；6—定子铁芯；7—转子；8—定子绕组；9—机座；10—后端盖；11—风罩；12—风扇

2.1.1.1 定子

三相异步电动机的定子由机座、定子铁芯和定子绕组等组成。

（1）机座 如图2-2所示，机座的主要作用是固定和支撑定子铁芯，所以要求有足够的机械强度和刚度，还要满足通风散热的需要。

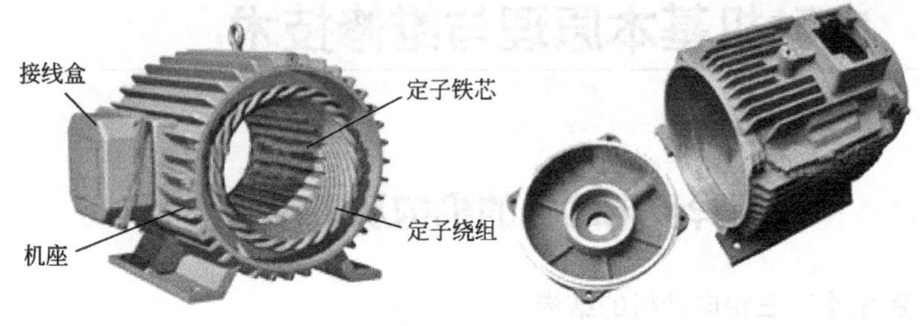

图2-2 机座

（2）定子铁芯 如图2-3所示。定子铁芯的作用是作为电动机中磁路的一部分和放置定子绕组。为了减少磁场在铁芯中引起的涡流损耗和磁滞损耗，铁芯一般采用导磁性良好的硅钢片叠装压紧而成，硅钢片两面涂有绝缘漆，硅钢片厚度一般在0.35～0.5mm之间。

图2-3 定子铁芯及冲片示意图

（3）定子绕组 定子绕组是定子的电路部分，其主要作用是接三相电源，产生旋转磁场。三相异步电动机定子绕组有三个独立的绕组组成，三个绕组的首端分别用A_1、V_1、W_1表示，其对应的末端分别用A_2、V_2、W_2表示，6个端点都从机座上的接线盒中引出。

2.1.1.2 转子

三相异步电动机的转子主要由转子铁芯、转子绕组和转轴组成。

（1）转子铁芯 如图2-4所示。转子铁芯也是作为主磁路的一部分，通常由0.5mm厚的硅钢片叠装而成。转子铁芯外圆周上有许多均匀分布的槽，槽内安放转子绕组。转子铁芯为圆柱形，固定在转轴或转子支架上。

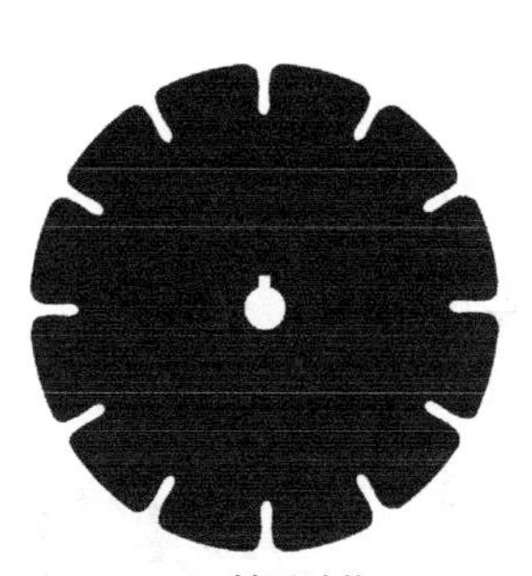

转子冲片

转子铁芯

图2-4 转子铁芯

（2）转子绕组 转子绕组的作用是产生感应电流以形成电磁转矩，它分为笼形和绕线式两种结构。

① 笼形转子 如图2-5所示。在转子的外圆上有若干均匀分布的平行斜槽，每个转子槽内插入一根导条，在伸出铁芯的两端，分别用两个短路环将导条的两端联结起来，若去掉铁芯，整个绕组的

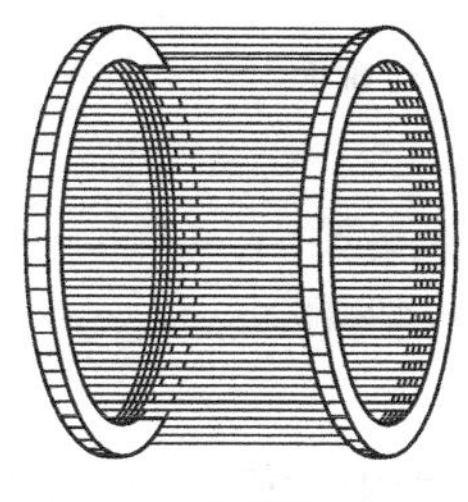

(a) 铜排转子

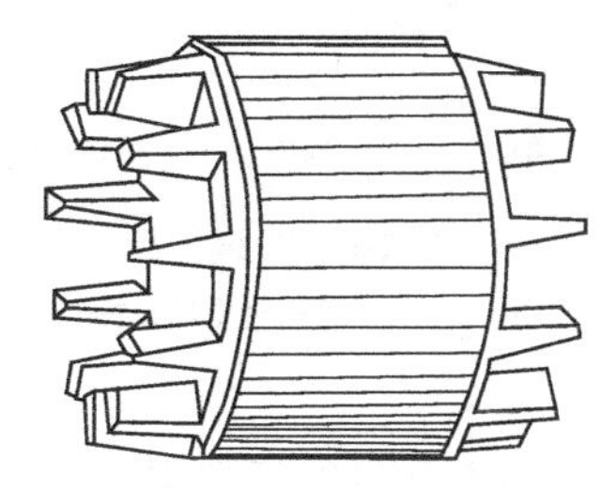

(b) 铸铝转子

图2-5 笼形转子绕组

外形就像一个笼，故称笼形转子。笼形转子的导条的材料可用铜或铝。

② 绕线式转子　如图2-6所示。它和定子绕组一样，也是一个对称三相绕组，这个三相对称绕组接成星形，然后把三个出线端分别接到转子轴上的三个集电环上，再通过电刷把电流引出来，使转子绕组与外电路接通。绕线式转子的特点是可以通过集电环和电刷在转子绕组回路中接入变阻器，用以改善电动机的启动性能，或者调节电动机的转速。

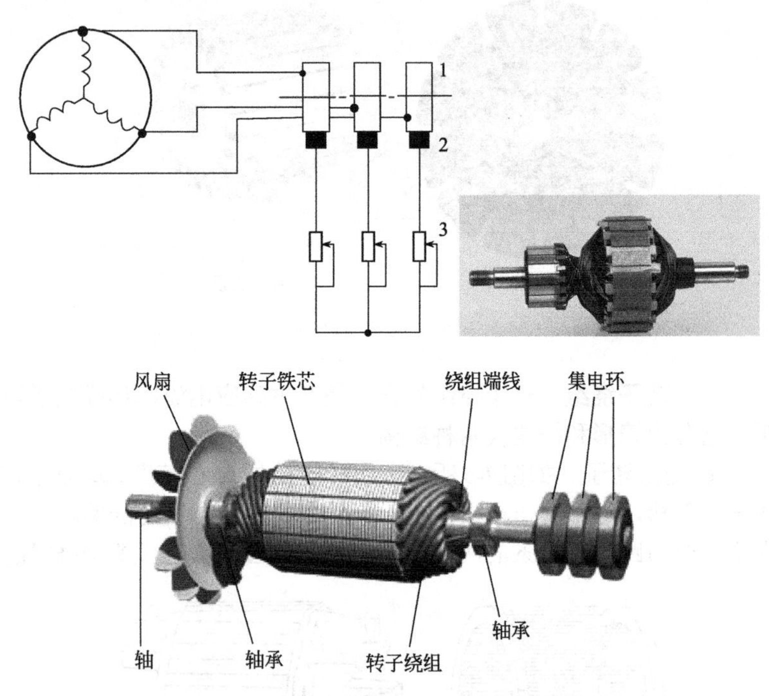

图2-6　绕线式转子与外加变阻器的连接

1—集电环；2—电刷；3—变阻器

2.1.1.3　气隙

三相异步电动机的气隙很小，中小型电动机一般为0.2~21mm。气隙的大小与异步电动机的性能有很大的关系，为了降低空载电流、提高功率因数和增强定子与转子之间的相互感应作用，三相异步电动机的气隙应尽量小，但是，气隙也不能过小，不然会造成装配困难和运行不安全。

2.1.2 三相交流异步电动机的工作原理

三相异步电动机是利用定子绕组中三相交流电所产生的旋转磁场与转子绕组内的感应电流相互作用而工作的。

三相交流电的旋转磁场

所谓旋转磁场就是一种极性和大小不变，且以一定转速旋转的磁场。由理论分析和实践证明，在对称的三相绕组中通入对称的三相交流电流时会产生旋转磁场。如图2-7所示为三相异步电动机最简单的定子绕组，每相绕组只用一匝线圈来表示。三个线圈在空间位置上相隔120°，作星形连接。

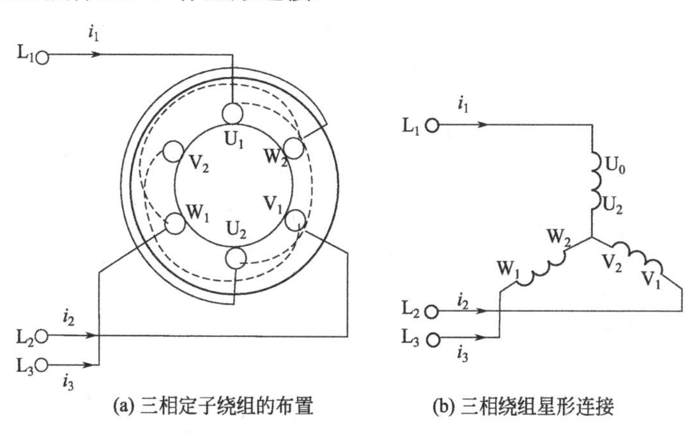

图2-7 三相定子绕组

把定子绕组的三个首端A_1、V_1、W_1同三相电源接通，这样，定子绕组中便有对称的三相电流i_1，i_2，i_3流过，其波形如图2-8所示。规定电流的参考方向由首端A_1、V_1、W_1流进，从末端A_2、V_2、W_2流出。

为了分析对称三相交流电流产生的合成磁场，可以通过研究几个特定的瞬间来分析整个过程。

当t=0°时，i_1=0，第一相绕组（即A_1、A_2绕组）此时无电流；

i_2为负值，第二相绕组（即V_1、V_2绕组）中的实际的电流方向与规定的参考方向相反，也就是说电流从末端V_2流入，从首端V_1流出；i_3为正值，第三相绕组（即W_1、W_2绕组）中的实际电流方向与规定的参考方向一致，也就是说电流是从首端W_1流入，从末端W_2流出，如图2-8（a）所示。运用右手螺旋定则，可确定这一瞬间的合成磁场。从磁力线图来看，这一合成磁场和一对磁极产生的磁场一样，相当于一个N极在上、S极在下的两极磁场，合成磁场的方向此刻是自上而下。

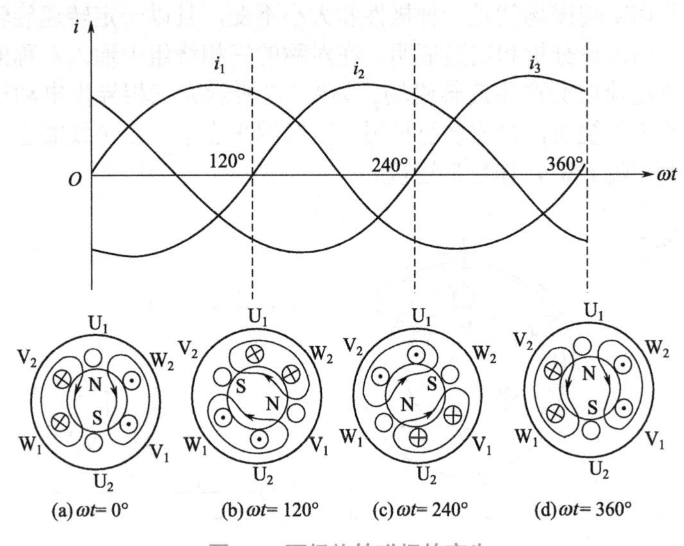

图2-8　两极旋转磁场的产生

当$\omega t=120°$时，i_1为正值，电流从A_1流进，从A_2流出；$i_2=0$，i_3为负值，电流从W_2流进，从W_1流出。用同样的方法可画出此时的合成磁场，如图2-8（b）所示。可以看出，合成磁场的方向按顺时针方向旋转了120°。

当$\omega t=240°$时，i_1为负值；i_2为正值；$i_3=0$。此时的合成磁场又顺时针方向旋转了120°，如图2-8（c）所示。

当$\omega t=360°$时，$i_1=0$；i_2为负值；i_3为正值。其合成磁场又顺时针方向旋转了120°，如图2-8（d）所示。此时电流流向与$\omega t=0°$时一样，合成磁场与$\omega t=0°$相比，共转了360°。

由此可见，随着定子绕组中三相电流的不断变化，它所产生的合成磁场也不断地向一个方向旋转，当正弦交流电变化一周时，合成磁场在空间也正好旋转一周。

上述电动机的定子每相只有一个线圈，所得到的是两极旋转磁场，相当于一对N、S磁极在旋转。如果想得到四极旋转磁场，可以把线圈的数目增加1倍，也就是每相有两个线圈串联组成，这两个线圈在空间相隔180°，这样定子各线圈在空间相隔60°。当这6个线圈通入三相交流电时，就可以产生具有两对磁极的旋转磁场。

具有p对磁极时，旋转磁场的转速为：

$$n_1=\frac{60f_1}{p}$$

式中　n_1——旋转磁场的转速（又称同步转速），r/min;

f_1——定子电流频率，即电源频率，Hz；

p——旋转磁场的磁极对数。

国产三相异步电动机的定子电流频率都为工频50Hz。同步转速n_1与磁极对数p的关系，见表2-1。

表2-1　同步转速与磁极对数的关系

磁极对数p	1	2	3	4	5
同步转速n_1/（r/min）	3000	1500	1000	750	600

2.1.3　三相异步电动机的铭牌

2.1.3.1　三相异步电动机的铭牌标注

三相异步电动机的铭牌标注如图2-9所示。在接线盒上方，散热片之间有一块长方形的铭牌，电动机的一些数据一般都在电动机铭牌上标出。在修理时可以从铭牌上参考这些数据。

型号：Y-200L6-6	防护等级：**54DF35**	
功率：10kW	电压：380V	电流：19.7A
频率：50Hz	接法：△	工作制：M
重量：72kg	绝缘等级：E	
噪声限值：72dB	出厂编号：1568324	

图2-9　三相异步电动机的铭牌

2.1.3.2 铭牌上主要内容意义

（1）型号 型号：Y-200L6-6：Y表示异步电动机，200表示机座的中心高度，L表示机座（M表示中机座、S表示短机座），6表示6极2号铁芯。电动机产品名称代号见表2-2。

表2-2 电动机产品名称代号

产品名称	新代号	汉字意义	老代号
异步电动机	Y	异	J、JO、JS、JK
绕线式异步电动机	YR	异绕	JR、JRO
防爆型异步电动机	YB	异爆	JK
高启动转矩异步电动机	YQ	异启	JQ、JGQ
高转差率滑差异步电动机	YH	异滑	JH、JHO
多速异步电动机	YD	异多	JD、JDO

在电机机座标准中，电机中心高和电机外径有一定对应关系，而电机中心高或电机外径是根据电机定子铁芯的外径来确定。当电机的类型、品种及额定数据选定后，电机定子铁芯外径也就大致定下来，于是电机外形、安装、冷却、防护等结构均可选择确定了。为了方便选用，在表2-3、表2-4中列出了中、小型三相异步电动机的机座号与定子铁芯外径及中心高度的关系。

表2-3 小型异步三相电动机

机座号	1	2	3	4	5	6	7	8	9
定子铁芯外径/mm	120	145	167	210	245	280	327	368	423
中心高度/mm	90	100	112	132	160	180	225	250	280

表2-4 中型异步三相电动机

机座号	11	12	13	14	15
定子铁芯外径/mm	560	650	740	850	990
中心高度/mm	375	450	500	560	620

（2）额定功率 额定功率是指在满载运行时三相电动机轴上所输出的额定机械功率，用P表示，以千瓦（kW）或瓦（W）为单位。是电动机工作的标准，当负载小于等于10kW时电动机才能正常工作。大于10kW时电动机比较容易损坏。

（3）额定电压 额定电压是指接到电动机绕组上的线电压，用U_N表示。三相电动机要求所接的电源电压值的变动一般不应超过额定电压的±5%。电压高于额定电压时，电动机在满载的情况下会引起转速下降，电流增加使绕组过热电动机容易烧毁；电压低于额定电压时，电动机最大转矩也会显著降低，电动机难以启动即使启动后电动机也可能带不动负载，容易烧坏。额定电压380V是说明该电动机为三相交流电380V供电。

（4）额定电流 额定电流是指三相电动机在额定电源电压下，输出额定功率时，流入定子绕组的线电流，用I_N表示，以安（A）为单位。若超过额定电流过载运行，三相电动机就会过热乃至烧毁。

三相异步电动机的额定功率与其他额定数据之间有如下关系式

$$P_N=\sqrt{3}U_N I_N \cos\varphi_N \eta_N$$

式中 $\cos\varphi_N$——额定功率因数；

η_N——额定效率。

另外，三相电动机功率与电流的估算可用“1kW电流为2A”的估算方法。例：功率为10kW，电流为20A（实际上略小于20A）。

由于定子绕组的连接方式的不同，额定电压不同电动机的额定电流也不同。例：一台额定功率为10kW的三相电动机，其绕组作三角形连接时，额定电压为220V，额定电流为70A；其绕组作星形连接时额定电压为380V，额定电流为72A。也就是说铭牌上标明：接法——三角形/星形；额定电压——220/380V；额定电流——70/72A。

（5）额定频率 额定频率是指电动机所接的交流电源每秒钟内周期变化的次数，用f表示。我国规定标准电源频率为50Hz。频率降低时转速降低定子电流增大。

（6）额定转速 额定转速表示三相电动机在额定工作情况下运行时每分钟的转速，用n_N表示，一般是略小于对应的同步转速n_1。如$n_1=1500r/min$，则$n_N=1440r/min$。异步电动机的额定转速略低于同步电动机。

（7）接法 接法是指电动机在额定电压下定子绕组的连接方法。三相电动机定子绕组的连接方法有星形（Y）和三角形（△）两种。定子绕组的连接只能按规定方法连接，不能任意改变接法，否则会损坏三相电动机。一般在3kW以下的电动机为星形（Y）接法；在4kW以上的电动机为三角形（△）接法。

（8）防护等级 防护等级表示三相电动机外壳的防护等级，其中IP是防护等级标志符号，其后面的两位数字分别表示电机防固体和防水能力。数字越大，防护能力越强，如IP44中第一位数字“4”表示电机能防止直径或厚度大于1mm的固体进入电机内壳。第二位数字“4”表示能承受任何方向的溅水。见表2-5。

表2-5 防护等级

IP后面第二位数	防护等级	
	简 述	含 义
0	无防护电动机	无专门防护
1	防滴电动机	垂直滴水应无有害影响
2	15°防滴电动机	当电动机从正常位置向任何方向倾斜15°以内任何角度时，垂直滴水没有有害影响
3	防淋水电动机	与垂直线成60°角范围以内的淋水应无有害影响
4	防溅水电动机	承受任何方向的溅水应无有害影响
5	防喷水电动机	承受任何方向的喷水应无有害影响
6	防海浪电动机	承受猛烈的海浪冲击或强烈喷水时，电动机的进水量应不达到有害的程度
7	防水电动机	当电动机没入规定压力的水中规定时间后，电动机的进水量应不达到有害的程度
8	潜水电动机	电动机在制造厂规定条件下能长期潜水。电动机一般为潜水型，但对某些类型电动机也可允许水进入，但应达不到有害的程度

续表

IP后面第一位数	防护等级	
	简　述	含　义
0	无防护电动机	无专门防护的电动机
1	防护大于12mm固体的电动机	能防止大面积的人体（如手）偶然或意外地触及或接近壳内带电或转动部件（但不能防止故意接触）； 能防止直径大于50mm的固体异物进入壳内
2	防护大于20mm固体的电动机	能防止手指或长度不超过80mm的类似物体触及或接近壳内带电或转动部件； 能防止直径大于12mm的固体异物进入壳内
3	防护大于2.5mm固体的电动机	能防止直径大于2.5mm的工件或导线触及或接近壳内带电或转动部件； 能防止直径大于2.5mm的固体异物进入壳内
4	防护大于1mm固体的电动机	能防止直径或厚度大于1mm的导线或片条触及或接近壳内带电或转动部件； 能防止直径大于1mm的固体异物进入壳内
5	防尘电动机	能防止触及或接近壳内带电或转动部件，进尘量不足以影响电动机的正常运行

（9）绝缘等级　绝缘等级是根据电动机的绕组所用的绝缘材料，按照它的允许耐热程度规定的等级。绝缘材料按其耐热程度可分为：A、E、B、F、H等级。其中A级允许的耐热温度最低60℃，极限温度是105℃。H等级允许的耐热温度最高为125℃，极限温度是150℃，见表2-6。电动机的工作温度主要受到绝缘材料的限制。若工作温度超出绝缘材料所允许的温度，绝缘材料就会迅速老化使其使用寿命将会大大缩短。修理电动机时所选用的绝缘材料应符合铭牌规定的绝缘等级。根据统计我国各地的绝对最高温度一般在35～40℃之间，因此在标准中规定+40℃作为冷却介质的最高标准。温度的测量主要包括以下三种。

①冷却介质温度测量　所谓冷却介质是指能够直接或间接地把定子和转子绕组、铁芯以及轴承的热量带走的物质；如空气、水和油类等。靠周围空气来冷却的电机，冷却空气的温度（一般指环境温度）可用放置在冷却空气进放电机途径中的几只膨胀式温度计（不少于2只）测量。温度计球部所处的位置，离电机1～2m，并不受外来辐射热及气流的影响。温度计宜选用分度为0.2℃或

表2-6 三相异步电动机的最高允许温升

电机部位 \ 测试方法 \ 绝缘等级		A级		E级		B级		F级		H级	
		温度计法	电阻法	温度计法	电阻法	温度计法	电阻法	温度计法	电阻法	温度计法	电阻法
定子绕组		55	60	65	75	70	80	85	100	102	125
转子绕组	绕组式	55	60	65	75	70	80	85	100	102	125
	鼠笼式										
定子铁芯		60		75		80		100		125	
滑环		60		70		80		90		100	
滑动轴承		40		40		40		40		40	
滚动轴承		55		55		55		35		55	

0.5℃、量程为0～50℃为适宜。

② 绕组温度的测量　电阻法是测定绕组温升公认的标准方法。1000kW以下的交流电机几乎都只用电阻法来测量。电阻法是利用电动机的绕组在发热时电阻的变化，来测量绕组的温度，具体方法是利用绕组的直流电阻，在温度升高后电阻值相应增大的关系来确定绕组的温度，其测得是绕阻温度的平均值。冷态时的电阻（电机运行前测得的电阻）和热态时的电阻（运行后测得的电阻）必须在电机同一出线端测得。绕组冷态时的温度在一般情况下，可以认为与电机周围环境温度相等。这样就可以计算出绕组在热态的温度了。

③ 铁芯温度的测量　定子铁芯的温度可用几只温度计沿电机轴向贴附在铁芯轭部测量，以测得最高温度。对于封闭式电机，温度计允许插在机座吊环孔内。铁芯温度也可用放在齿底部的铜-康铜热电偶或电阻温度计测量。

对于正常运行的电机，理论上在额定负荷下其温升应与环境温度的高低无关，但实际上还是受环境温度等因素影响的。

① 当气温下降时，正常电机的温升会稍许减少。这是因为绕组电阻r下降，铜耗减少。温度每降1℃，r约降0.4%。

② 对自冷电机，环境温度每增10℃，则温升增加1.5～3℃。这是因为绕组铜损随气温上升而增加。所以气温变化对大型电机和

封闭电机影响较大。

③ 空气湿度每高10%，因导热改善，温升可降0.07～0.38℃，平均为0.19℃。

④ 海拔以1000m为标准，每升100m，温升增加温升极限值的1%。

电机其他部位的温度限度如下。

① 滚动轴承温度应不超过95℃，滑动轴承的温度应不超过80℃。因温度太高会使油质发生变化和破坏油膜。

② 机壳温度实践中往往以不烫手为准。

③ 鼠笼转子表面杂散损耗很大，温度较高，一般以不危及邻近绝缘为限。可预先刷上不可逆变色漆来估计。

（10）工作定额 工作定额指电动机的工作方式，即在规定的工作条件下持续时间或工作周期。电动机运行情况根据发热条件分为三种基本方式：连续运行（S1）、短时运行（S2）、断续运行（S3）。

连续运行（S1）——按铭牌上规定的功率长期运行，但不允许多次断续重复使用如水泵、通风机和机床设备上的电动机使用方式都是连续运行。

短时运行（S2）——每次只允许规定的时间内按额定功率运行（标准的负载持续时间为10分钟、30分钟、60分钟和90分钟），而且再次启动之前应有符合规定的停机冷却时间，待电动机完全冷却后才能正常工作。

断续运行（S3）——电动机以间歇方式运行，标准负载持续率分为4种：15%、25%、40%、60%。每周期为10分钟（例如25%为2分钟半工作，7分钟半停车）。如吊车和起重机等设备上用的电动机就是断续运行方式。

（11）噪声限值 噪声指标是Y系列电动机的一项新增加的考核项目。电动机噪声限值分为N级（普通级）、R级（一级）、S级（优等级）和E级（低噪声级）4个级别。R级噪声限值比N级低5dB（分贝），S级噪声限值比N级低10dB，E级噪声限值比N级低15dB，表2-7中列出了N级的噪声限值。

表2-7 Y系列三相异步电动机N级噪声限值

转速/（r/min）	960及以下	>960～1320	>1320～1900	>1900～2360	>2360～3150	3150～3750
功率/kW	声音功率级别dB（A）					
1.1及以下	76	78	80	82	84	88
1.1～2.2	79	80	83	86	88	91
2.2～5.5	82	84	87	90	92	95
5.5～11	85	88	91	94	96	99
11～22	88	91	95	98	100	102
22～37	91	94	97	100	103	104
37～55	93	97	99	102	105	106
55～110	96	100	103	105	107	108

（12）标准编号 标准编号表示电动机所执行的技术标准。其中“GB”为国家标准，“JB”为机械部标准，后面的数字是标准文件的编号。各种型号的电动机均按有关标准进行生产。

（13）出厂编号及日期 这是指电动机出厂时的编号及生产日期。据此可以直接向厂家索要该电动机的有关资料，以供使用和维修时做参考。

2.2 单相异步电动机的结构与工作原理

2.2.1 单相异步电动机的结构

如图2-10所示，单相异步电动机的结构与小功率三相异步电动机相似，由机壳、转子、定子、端盖、轴承等部分组成，定子部分由机座、端盖、轴承、定子铁芯和定子绕组组成。

由于单相电动机种类不同，定子结构可分为凸极式及隐极式。凸极式主要应用于罩极式电动机，而分相式电动机主要应用隐极结构。

图2-10　单相异步电动机外形

2.2.1.1　罩极电动机的定子

（1）凸极式罩极电动机的定子　如图2-11所示。凸极式罩极电动机的定子是由凸出的磁极铁芯和激磁主绕组线包以及罩极短路环组成的。这种电动机的主绕组线包都绕在每个凸出磁极的上面。每个磁极极掌的一端开有小槽，将一个短路环或者几匝短路线圈嵌入小槽内，用其罩住磁极的1/3左右的极掌。这个短路环又称为罩极圈。

（2）隐极式罩极电动机的定子　如图2-12所示。

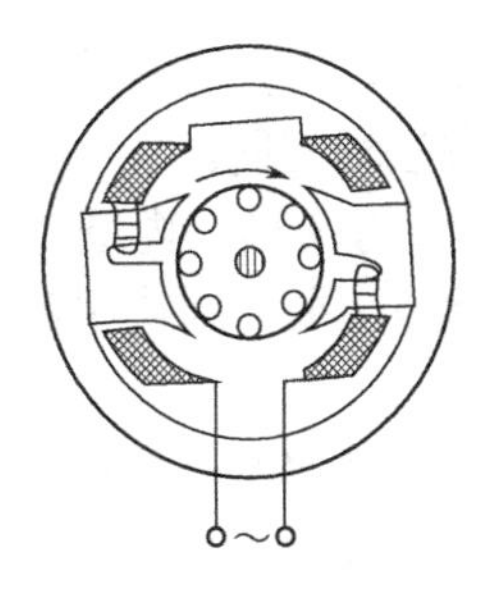
图2-11　凸极式罩极电动机的定子示意图

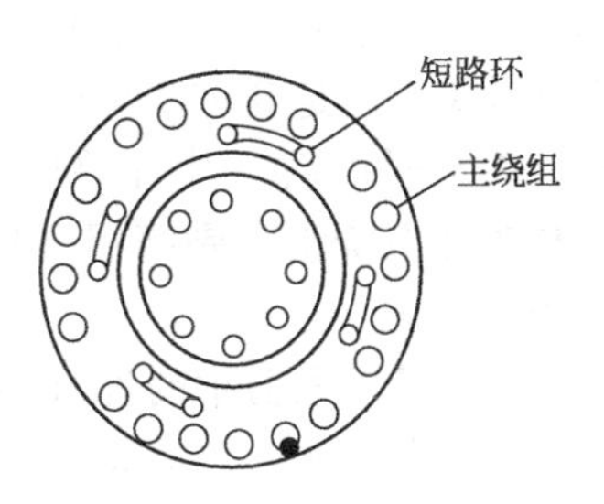

图2-12　隐极式罩极电动机的定子示意图

隐极式罩极电动机的定子由圆形定子铁芯、主绕组以及短路绕组（短路线圈）组成，用硅钢片叠成的隐极式罩极电动机的圆形定子铁芯，上面有均匀分布的槽。有主绕组和短路绕组嵌在槽内。在定子铁芯槽内分散嵌着隐极式罩极电动机的主绕组。它置于槽的底层有很多匝数。罩极短路线圈嵌在铁芯槽的外层匝数较少，线径较粗（常用1.5mm左右的高强度漆包线）。它嵌在铁芯槽的外层。短路线圈只嵌在部分铁芯定子槽内。

在嵌线时要特别注意两套绕组的相对空间位置，主要是为了保证短路线圈有电流时产生的磁通在相位上滞后于主绕组磁通一定角度（一般约为45°），以便形成电动机的旋转气隙磁场，如图2-13所示。

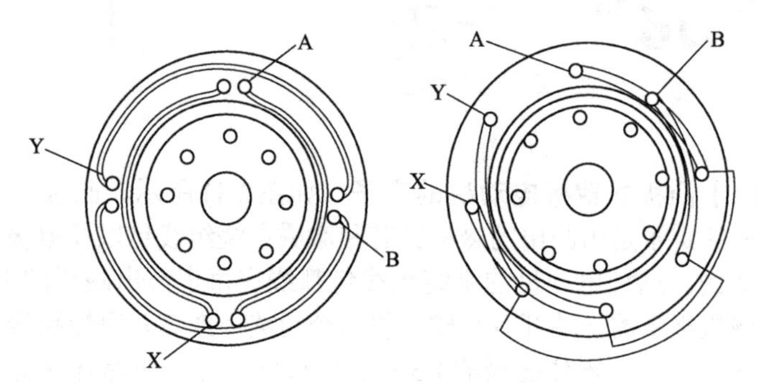

图2-13　分相式单相电动机的定子

A—X主绕组；B—Y副绕组

2.2.1.2　分相式单相电动机的定子（如图2-13所示）

分相式单相电动机，虽然有电容分相式、电阻分相式、电感分相式三种形式，但是其定子结构、嵌线方法均相同。

分相式定子铁芯一片片叠压而成，且为圆形，内圆开成隐极槽；槽内嵌有主绕组和副绕组（启动绕组），主、副绕组的相对位置相差90°。

【提示】家用电器中的洗衣机电动机主绕组与副绕组匝数、线径、在定子腔内分布、占的槽数均相同。主绕组与副绕组在空间互相差90°电角度。电风扇电动机和电冰箱电动机的主绕组和副绕组匝数、线径及占的槽数都不相同。但是主绕组与副绕组在空间的相对位置互相也差90°电角度。

2.2.1.3 单相异步电动机的转子（如图2-14所示）

转子是电动机的旋转部分，它是由电机轴、转子铁芯以及鼠笼组成。

单相异步电动机大多采用斜槽式鼠笼转子，主要是为了改善启动性能。转子的鼠笼导条两端，一般相差一个定子齿距。鼠笼导条和端环多采用铝材料一次铸造成形。鼠笼端环的作用是将多条鼠笼导条并接起来，形成环路，以便在导条产生感应电动势时，能够在导条内部形成感应电流。电动机的转子铁芯为硅钢片冲压成形后，再叠制而成。这种鼠笼式转子结构比较简单，不仅造价低，而且运行可靠；因此应用十分广泛。

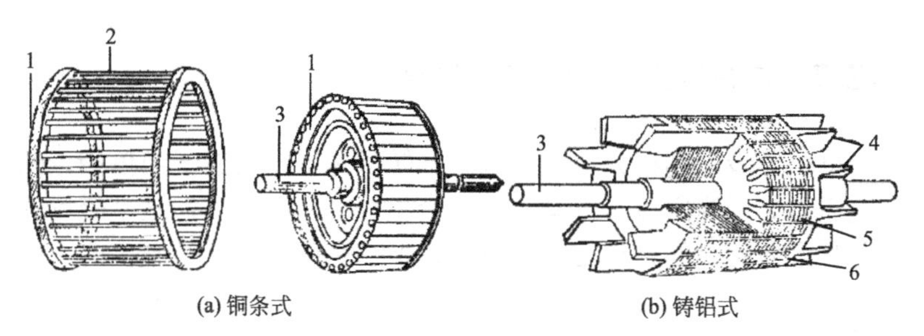

(a) 铜条式　　(b) 铸铝式

图2-14 鼠笼转子示意图

1—端环；2—铜鼠笼条；3—转轴；4—风叶；5—压铸鼠笼；6—端环

2.2.1.4 其他

电动机除定、转子外，风扇及风扇罩，还有外壳、端盖，由铸铁（或铝合金）制成，用来固定定、转子，并在端盖加装轴承，装配好后电机轴伸在外边，这样电机通电可旋转。

电动机装配好之后，在定、转子之间有0.2～0.5mm的工作间隙，产生旋转磁场使转子旋转。

（1）机座 机座结构随电动机冷却方式、防护型式、安装方式和用途而异。按其材料分类，有铸铁、铸铝和钢板结构等几种。

铸铁机座，带有散热筋。机座与端盖连接，用螺栓紧固。铸铝机座一般不带有散热筋。钢板结构机座，是由厚为1.5～2.5mm的薄钢板卷制、焊接而成，再焊上钢板冲压件的底脚。

【提示】有的专用电动机的机座相当特殊，如电冰箱的电动机，它通常与压缩机一起装在一个密封的罐子里。而洗衣机的电动机，包括甩干机的电动机，均无机座，端盖直接固定在定子铁芯上。

（2）铁芯 铁芯由磁钢片冲槽叠压而成，槽内嵌装两套互隔90°电角度的主绕组（运行绕组）和副绕组（启动绕组）。

铁芯包括定子铁芯和转子铁芯，作用与三相异步电动机一样，用来构成电动机的磁路。

（3）端盖 相应于不同的机座材料，端盖也有铸铁件、铸铝件和钢板冲压件。

（4）轴承 轴承是支撑转子的重量，传递转矩，输出机械功率的主要部件。轴承有滚珠轴承和含油轴承。

2.2.2 单相异步电动机的工作原理

单相异步电动机只有一个绕组，转子是鼠笼式的。当单相正弦电流通过定子绕组时，电动机就会产生一个交变磁场，这个磁场的强弱和方向随时间作正弦规律变化，但在空间方位上是固定的，所以又称这个磁场是交变脉动磁场。当电流正半周时磁场方向垂直向上［如图2-15（a）所示］，当电流负半周时磁场方向垂直向下［如图2-15（b）所示］。这个交变脉动磁场可分解为两个大小一样、转速相同、旋转方向互为相反的旋转磁场，当转子静止时，这两个旋转磁场在转子中产生两个大小相等、方向相反的转矩，使得合成转

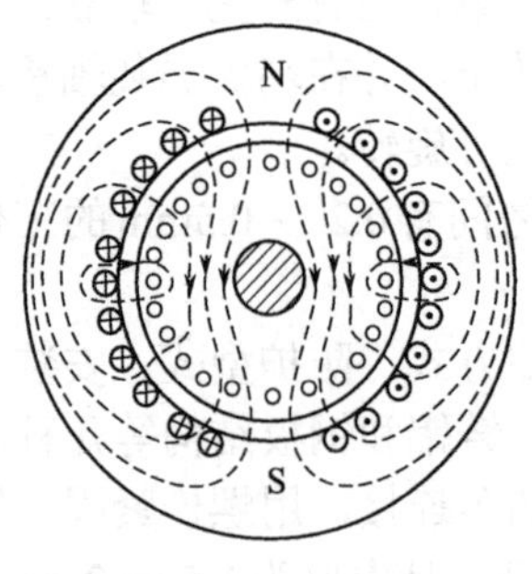

(a) 电流正半周产生的磁场

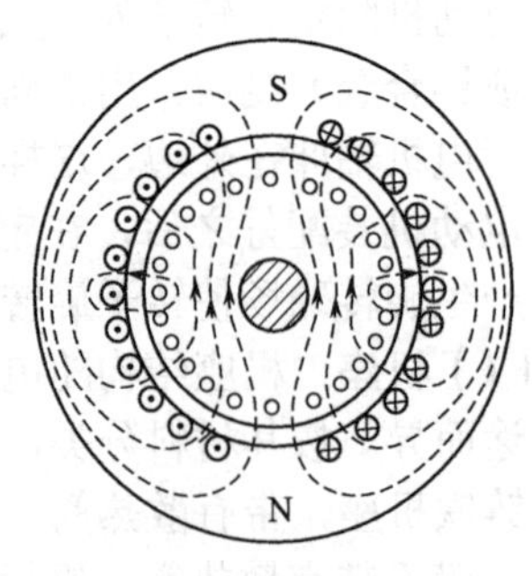

(b) 电流负半周产生的磁场

图2-15　电流产生的磁场

矩为零，所以电动机无法旋转。当我们用外力使电动机向某一方向旋转时（如顺时针方向旋转），转子与顺时针旋转方向的旋转磁场间的切割磁力线运动变小；转子与逆时针旋转方向的旋转磁场间的切割磁力线运动变大。这样平衡就打破了，转子所产生的总的电磁转矩将不再是零，转子将顺着推动方向旋转起来。

通过上述分析可知：单相异步电动机转动的关键是产生一个启动转矩，各种单相异步电动机产生启动转矩的方法也不同。

要使单相电动机能自动旋转起来，可在定子中加上一个副绕组，副绕组与主绕组在空间上相差90°，副绕组要串接一个合适的电容，使得与主绕组的电流在相位上近似相差90°的空间角，即所谓的分相原理。这样两个在时间上相差90°的电流通入两个在空间上相差90°的绕组，将会在空间上产生（两相）旋转磁场，如图2-16所示。

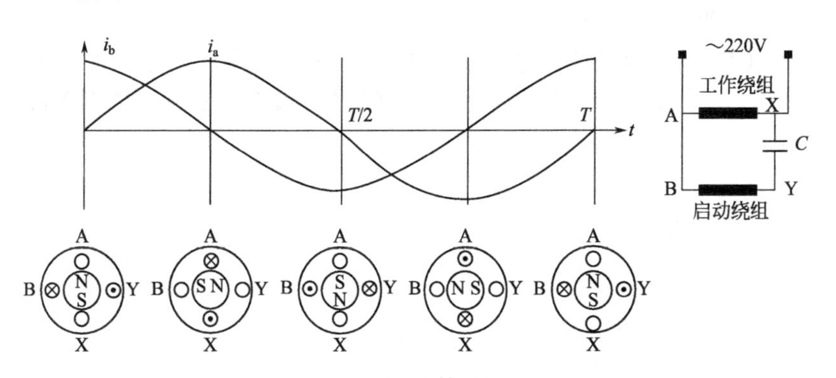

图2-16 旋转磁场

在这个旋转磁场作用下，转子就能自动启动，启动后，待转速升到一定时，借助于一个安装在转子上的离心开关或其他自动控制装置将启动绕组断开，正常工作时只有主绕组工作。因此，启动绕组可以做成短时工作方式。但有很多时候，启动绕组并不断开，我们称这种电动机为电容式单相电动机，要改变这种电动机的转向，可由改变电容器串接的位置来实现。

在单相电动机中，产生旋转磁场的另一种方法称为罩极法，又称单相罩极式电动机。此种电动机定子做成凸极式的，有两极和四极两种。每个磁极在1/4-1/4全极面处开有小槽，把磁极分成两个部分，在小的部分上套装上一个短路铜环，好像把这部分磁极罩起来一样，所以叫罩极式电动机。单相绕组套装在整个磁极上，每个极的线圈是串联的，连接时必须使其产生的极性依次按N、S、N、S排列。当定子绕组通电后，在磁极中产生主磁通，根据楞次定律，其中穿过短路铜环的主磁通在铜环内产生一个在相位上滞后90°的感应电流，此电流产生的磁通在相位上也滞后于主磁通，它的作用与电容式电动机的启动绕组相当，从而产生旋转磁场使电动机转动起来。

2.3 电动机的拆卸与安装

2.3.1 电动机的拆卸

电动机拆卸步骤如下：

（1）拆卸皮带轮 拆卸皮带轮的方法有两种，一是用两爪或三爪扒子拆卸，二是用锤子和铁棒直接敲击皮带轮拆卸，如图2-17所示。

图2-17 拆卸皮带轮

（2）拆卸风叶罩 用改锥或扳手卸下风叶罩的螺钉，取下风叶罩，如图2-18所示。

（3）拆卸风扇 用扳手取下风扇螺钉，拆下风扇，如图2-19所示。

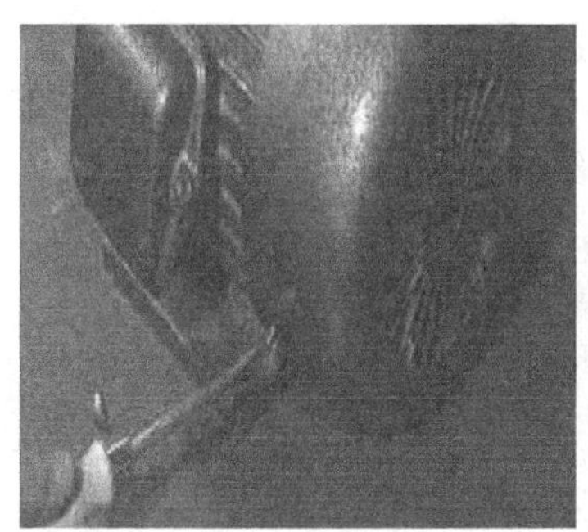

(a) 取下螺钉

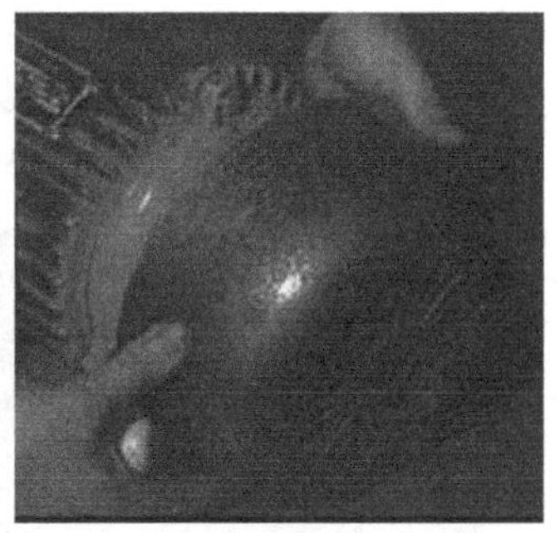

(b) 取下风叶罩

图2-18　拆卸风叶罩

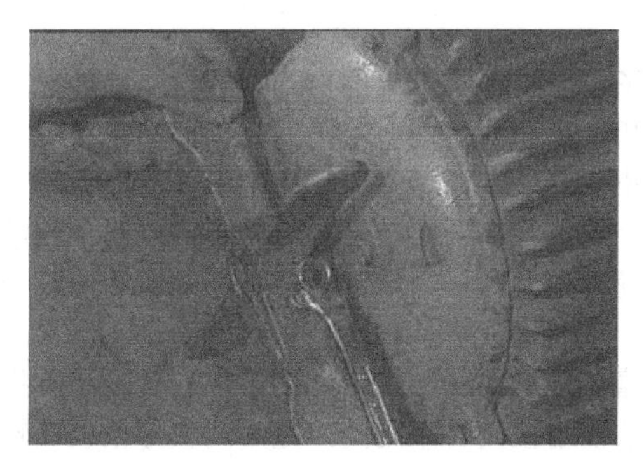

图2-19　拆卸风扇

（4）拆卸后端盖　取下后端盖的固定螺钉（当前、后端盖都有轴承端盖固定螺钉时，应将轴承端盖固定螺钉同时取下），用锤子敲击电机轴，取下后端盖（也可以将电机立起，拖开电动机转子，取下端盖），如图2-20所示。

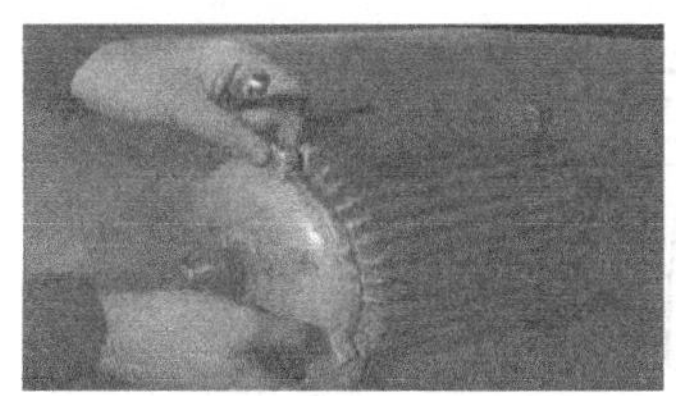

图2-20　拆卸后端盖

（5）取出转子 当拆掉后端盖后，可以将转子慢慢抽出来（体积较大时，可以用吊制法取出转子），为了防止抽取转子时损坏绕组，应当在转子与绕组之间加垫绝缘纸，如图2-21所示。

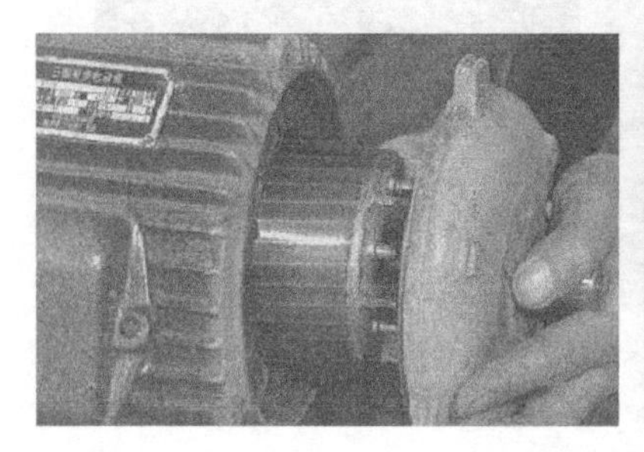

图2-21 取出转子

（6）转子轴承拆卸 轴承的拆卸一般有两种情况：一种是在电动机轴上拆卸，另一种是在电动机端盖上拆卸。

在电动机轴上拆卸轴承的方法有3种：第一种方法是用拉具，拆卸时，拉具的爪钩应固定在轴承内圈子，以避免轴承破损。第二种方法是在没有拉具时，用端部为扁铲形的铜棒，以一定的角度顶住轴承内圈，用锤敲打铜棒的另一端，将轴承拆下。在敲打过程中，要使铜棒在轴承内圈上均匀移动，以避免轴承破损。第三种方法也是在无法使用拉具时采用的，是用两块厚钢板在轴承内圈下夹住转轴，钢板用一套在转子上的圆铁筒支住，在转轴上端面垫上厚木板或铜板，用铁锤敲打厚木板或铜板，将轴承拆下。用铁板圆筒支撑敲打轴端拆卸轴承方法如图2-22所示。

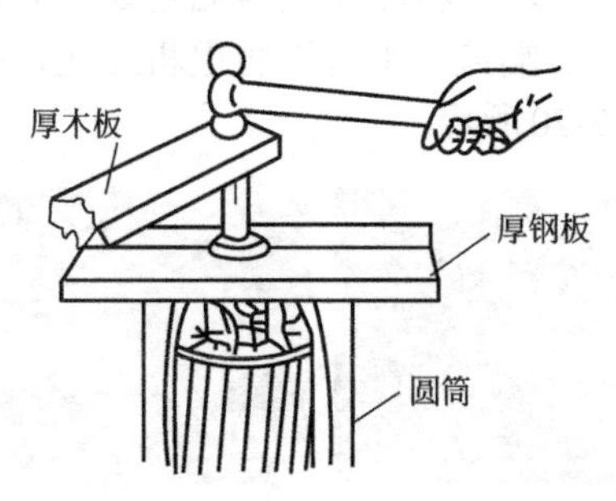

图2-22 用铁板圆筒支撑敲打轴端拆卸轴承方法

2.3.2 电动机的安装

电动机所有零部件如图2-23所示。电动机安装的步骤如下：

图2-23　电动机零部件图

（1）安装轴承　将轴承装入转子轴上，给轴承和端盖涂抹润滑油，如图2-24所示。

图2-24　安装轴承及涂抹润滑油

（2）安装端盖　将转子立起，装入端盖，用锤子在不同部位敲击端盖，直至轴承进入槽内为止，如图2-25所示。

图2-25　安装端盖

（3）安装轴承端盖螺钉 将轴承端盖螺钉安装并紧固，如图2-26所示。

图2-26 装好轴承端盖

（4）装入转子 装好轴承端盖后，将转子插入定子中，并装好端盖螺钉，如图2-27所示。在装入转子过程中，应注意转子不能碰触绕组，以免造成绕组损坏。

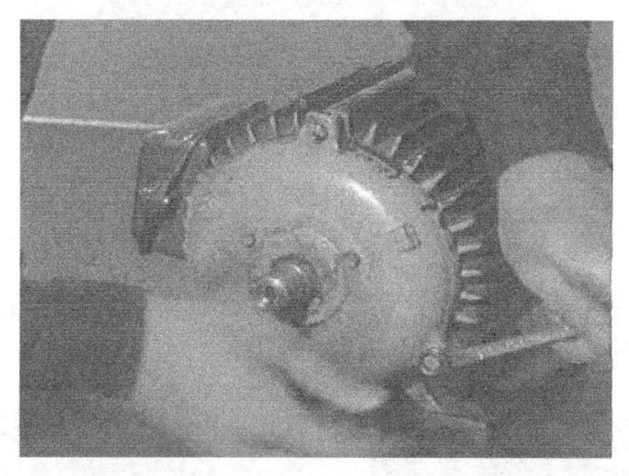

图2-27 装入转子紧固端盖螺钉

（5）装入前端盖

① 首先用三根硬导线将端部折成90°弯，插入轴承端盖三个孔中，如图2-28（a）所示。

② 将三根导线插入端盖轴承孔，如图2-28（b）所示。

③ 将端盖套入转子轴，如图2-28（c）所示。

④ 向外拽三根硬导线，并取出其中一根导线，装入轴承端盖螺钉，如图2-28（d）所示。

⑤ 用锤子敲击前端盖，装入端盖螺钉，如图2-28（e）所示。

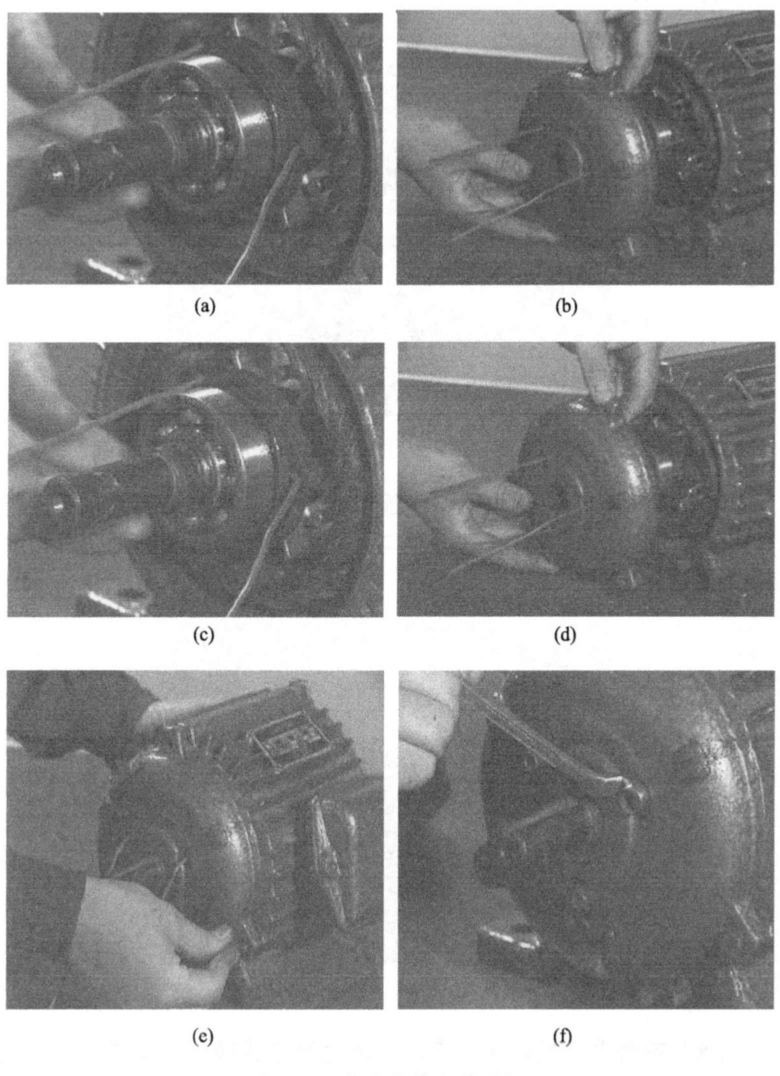

(a) (b) (c) (d) (e) (f)

图2-28 前端盖的安装过程

⑥ 取出另外两根硬导线，装入轴承端盖螺钉，并装入端盖固定螺钉，将螺钉全部紧固，如图2-28（f）所示。

（6）安装扇叶及扇罩 首先安装好扇叶，再紧固螺钉，然后将扇罩装入机身，如图2-29所示。

图2-29 安装扇叶和扇罩

（7）用兆欧表检测电动机绝缘电阻 将电动机组装完成后，用万用表检测绕组间的绝缘及绕组与外壳的绝缘，判断是否有短路或漏电现象，如图2-30所示。

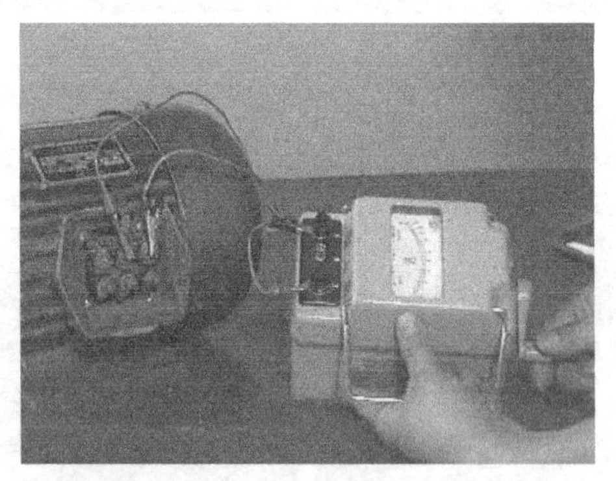

图2-30 用兆欧表检测电动机绝缘

（8）安装电动机接线 将电动机绕组接线接入接线柱，并用扳手紧固螺钉，如图2-31所示。

图2-31　将绕组接线接入接线柱

（9）通电试转　接好电源线，接通空气断路器（或普通刀开关），给电动机接通电源，电动机应能正常运转（此时可以应用转速表测量电动机的转速，电动机应当以额定转速内的速度旋转），如图2-32所示。

图2-32　接电源线

2.4　电动机应用检验

（1）使用前的准备和检查

① 检查电动机及启动设备的接地装置是否可靠和完整，接线是否正确，接触是否良好。

② 新出厂的、新修复的或较长时间停和不用的电动机，使用

前都应测量电动机的绕组之间和绕组对地的绝缘电阻，要求每1kV工作电压（额定电压），绝缘电阻不得小于1MΩ，对绕线转子电动机，除检查定子绝缘外，同时还应检查转子绕组及滑环对地和滑环之间的绝缘电阻，额定电压500V以下的电动机用500V兆欧表测量，500～3000V的用1000V兆欧表，3000V以上的用2500V兆欧表。一般额定电压500V以下的电动机，要求常温下绝缘电阻应大于0.5MΩ。只有绝缘电阻满足要求才可通电使用。

③ 应详细核对电动机铭牌上所载型号以及各项数据，如额定功率、电压、频率、负载持续率等，必须与实际要求相符，并检查接线是否正确。

④ 对绕线转子异步电动机，还应检查滑环上电刷表面是否全部贴紧滑环，电刷提升机构是否灵活，电刷的压力是否适当。

⑤ 检查电动机轴承的润滑脂（油）是否正常，转动电动机的转轴。看是否能灵活旋转，对不可逆转的电动机，须检查电动机的运转方向是否与其指示的转向相同。

⑥ 检查电动机内部有无杂物，清扫电动机内外部灰尘、电刷粉末及油污。

⑦ 检查电动机各部位紧固螺钉是否拧紧。检查传动装置，如皮带轮或联轴器等有无破损，是否完好。

（2）启动时的注意事项

① 合闸后，若电动机不转，应迅速果断地拉闸，以免烧坏电动机，并详细查明原因，及时解决。

② 电动机启动后，应注意观察电动机、传动装置、生产机械及线路电压表、电流表、若有异常现象，应立即停机，待排除故障后，再重新合闸启动。

（3）运行中的监视和维护

① 在运行中，经常注意电动机的电压、电流值，电源电压与额定电压的误差不得超过±5%。三相异步电动机的三相电压不平衡度不得超过1.5%。正常情况下，负载电流不应超过额定值，同时还应检查三相电流是否平衡。三相电流中的任何一相与其三相电流的平均值相差不允许超过±10%。

② 应经常清洁，不允许水滴、油污及杂物等落入电动机内部，

电动机的进风口与出风口必须保持畅通，使其通风良好。

③ 运行中应监视电动机各部分的温度、振动、气味（绝缘枯焦味）、声音（不正常碰擦声、定转子相擦及其他声音）。电动机各部分的允许温升应根据电机绝缘等级和类型而定。

④ 经常检查电刷的磨损及火花情况。如磨损过多应更换电刷，更换时新电刷牌号必须与原来电刷相同，新电刷应用砂布研磨，使它与滑环表面的接触良好，再用轻负载旋转到其表面光滑为止。

⑤ 经常检查轴承发热、漏油情况。轴承使用一段时间后，应该清洗，并更换润滑脂或润滑油。清洗和换油的时间应根据电动机的工作环境、清洁程度、润滑剂种类不同而定。

⑥ 经常检查出线盒的密封情况、电源电缆在出线盒入口处的固定和密封情况、电源接头与接线柱接触是否良好，是否有烧伤的现象。

⑦ 经常检查电动机的接地是否良好。

第3章 电动机绕组连接嵌入与改制

3.1 电动机绕组与连接

3.1.1 电动机绕组及线圈

（1）线圈 线圈是由带绝缘皮的铜线（简称漆包线）按规定的匝数绕制而成的。线圈的两边叫有效边，是嵌入定子铁芯槽内作为电磁能量转换的部分，两头伸出铁芯在槽外有弧形的部分叫端部。端部是不能直接转换的部分，仅起连接两个有效边的桥梁作用，端部越长，能量浪费越大。引线是引入电流的连接线。

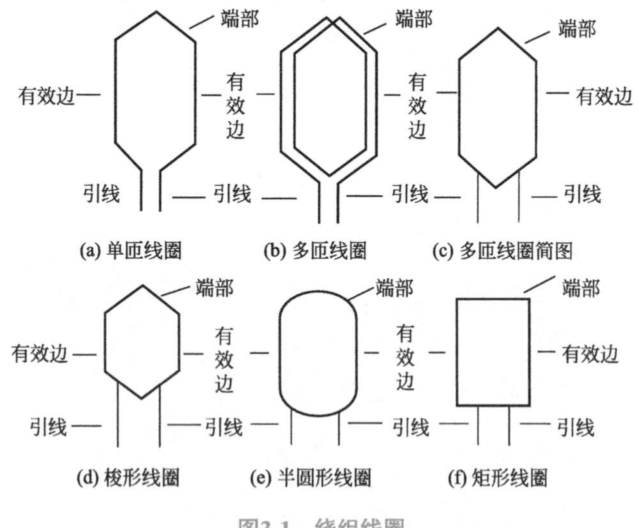

图3-1 绕组线圈

每个线圈所绕的圈数称为线圈匝数。线圈有单个的也有多个连在一起的，多个连在一起的又分同心式和叠式两种。双层绕组线圈基本上都是叠式的。

图3-1中所示线圈直的部分是有效边，圆弧形的为端部。

（2）绕组 绕组是由若干个线圈按一定规律放在铁芯槽内而组成的。每槽只嵌放一个线圈的称为单层绕组；每槽嵌放两个线圈（上层和下层）的称为双层绕组。单层绕组分为链式、交叉式、同心式等；双层绕组一般为叠式。三相电动机共有三相绕组即A相、B相和C相。每相绕组的排列都相同，只是空间位置上依次相差120°（这里指2极电动机绕组）。

（3）节距 指单元绕组的跨距。同一单元绕组的两个有效边相隔的槽数，一般称为绕组的节距，用字母Y表示。如图3-2所示，节距是最重要的，它决定了线圈的大小。当节距Y等于极距时线圈称为整距线圈；当节距Y小于极距时称为短距线圈；当节距Y大于极距时称为长距线圈。电动机的定子绕组多采用短距线圈，特别是双层绕组电动机。虽然短距线圈与长距线圈的电气性能相同，但是短距线圈比长距线圈要节省端部铜线从而降低成本，改善感应电动势波形及磁动式空间分布波形。例如，Y=5时，槽习惯上用1～6槽的方式表示，即线圈的有效边相隔5槽，分别嵌于第一槽和第六槽。

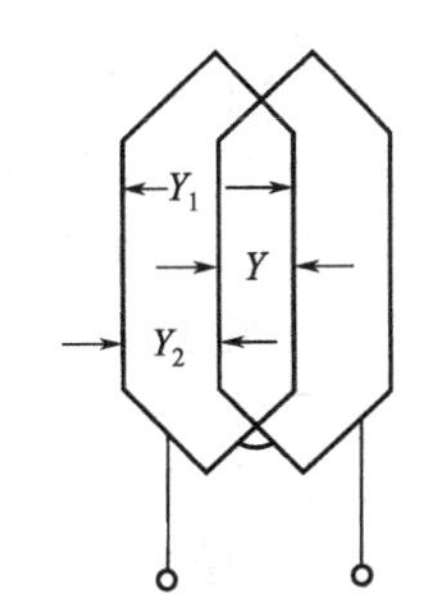

图3-2 线圈节距示意图

（4）极距 极距是指相邻磁极之间的距离，用字母τ表示。在绕组分配和排列中极距用槽数表示，即：

$$\tau=Z/(2p)$$

式中 Z——定子铁芯总槽数；

p——磁极对数；

τ——极距。

例如：6极24槽电机绕组，$p=3$，$Z=24$，那么$\tau=Z/2p=24/(2\times3)=4$（1～5槽），表示极距为4，从第1槽至第5槽。

极距τ也可以用长度表示，就是每个磁极沿定子铁芯内圆所占的弦长：

$$\tau=\pi D/（2p）$$

式中 D——定子铁芯内圆直径；

p——磁极对数；

π——圆周率（3.142）。

（5）机械角度与电角度 电动机的铁芯内腔是一个圆。绕组的线圈必须按一定规律分布排列在铁芯的内腔，才能产生有规律的磁场，从而才能使电动机正常运行。为表明线圈排列的顺序规律，必须引用“电角度”来表示绕组线圈之间相对的位置。

在交流电中对应于一个周期的电角度是360°，在研究绕组布线的技术上不论电动机的极数多少，都把三相交流电所产生的旋转磁场经过一个周期所转过的角度作360°电角度。根据这一规定，在不同极数的电动机里旋转磁场的机械角度与电角度在数值上的关系就不相同了。

在2极电动机中：经过一个周期磁场旋转一周机械角度为360°，而电角度也为360°。在4极电动机中：磁场一个周期中旋转1/2周，机械角度是180°，电角度是360°。在6极电动机中：磁场在一个周期中旋转1/3周，机械角度是120°，电角度也是360°。

根据上述原理可知：不同极数的电动机的电角度与机械角度之间的关系可以用下列公式表示：

$$a_{电}=pQ_{机}$$

式中 $a_{电}$——对应机械角的角度；

$Q_{机}$——机械角度；

p——磁极对数。

表3-1列出了两对磁极的电动机其电角度与机械角度的关系。

表3-1 两对磁极的电动机其电角度与机械角度的关系

极数	2	4	6	8	10	12
极对数	1	2	3	4	5	6
电角度	360°	720°	1080°	1440°	1800°	2160°

（6）槽距角 电动机相邻两槽间的距离，用槽距角，可以用以下公式计算：

$$a=p\times 360°/Q$$

式中　a——槽距角；

　　　p——磁极对数；

　　　Q——铁芯槽数。

（7）每极每相槽数　每极每相槽数用q表示。公式如下：

$$q=Q/(2pm)$$

式中　p——磁极对数；

　　　Q——铁芯槽数；

　　　m——相数。

q可以是整数也可以是分数。若q为整数，则该绕组称为整数槽绕组；若q为分数则称为分数槽绕组；若$q=1$即每个极下每相绕组只占一个槽，称为集中绕组；若$q>1$则称为分布绕组。

（8）极相组　在定子绕组中将同一个磁极的线圈定为一组称为极相组。极相组可以由一个或多个线圈组成（多个线圈一次连绕而成）。极相组之间的连接线称为跨接线。在三相绕组中每相都有一头一尾，三个头依次为U1、V1、W1；三尾依次为U2、V2、W2。

3.1.2　绕组的连接方式

（1）三相绕组首尾端的判断方法

① 用万用表电阻挡测量确定每相绕组的两个线端　电阻值近似为零时，两表笔所接为一组绕组的两个线端，依次分清三个绕组的各两端，如图3-3所示。

② 用万用表检查的第一种检查方法

a. 万用表置mA挡，按图3-4所示进行接线。假设一端接线为头（U1、Vl、W1），另一端接线为尾（U2、V2、W2）。

b. 用手转动转子，如万用表指针不动，则表明假设正确；如万用表指针摆动，则表明假设错误，应对调其中一相绕组头、尾端后重试，直至万用表不摆动时，即可将连在一起的3个线头确定为头或尾。

③ 用万用表检查的第二种检查方法

a. 万用表置mA挡，按图3-5所示进行接线。

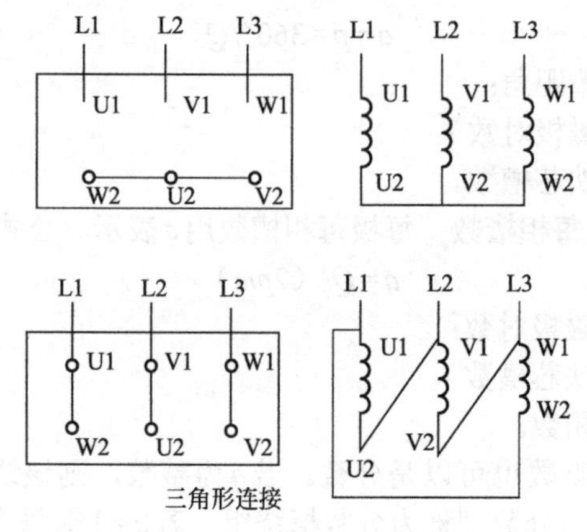

图3-3 三相绕组的接线

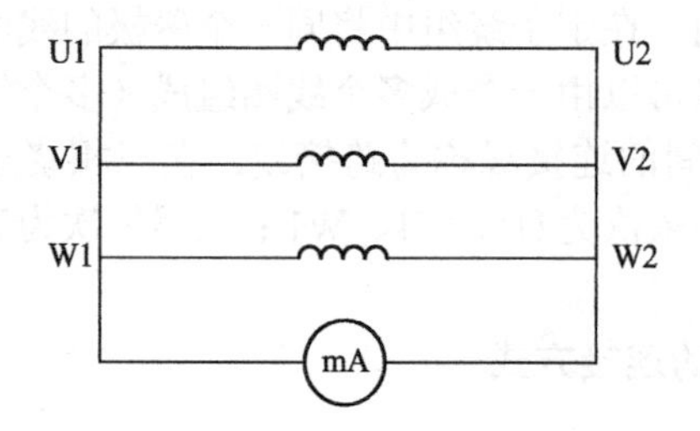

图3-4 用万用表检查的第一种检查法

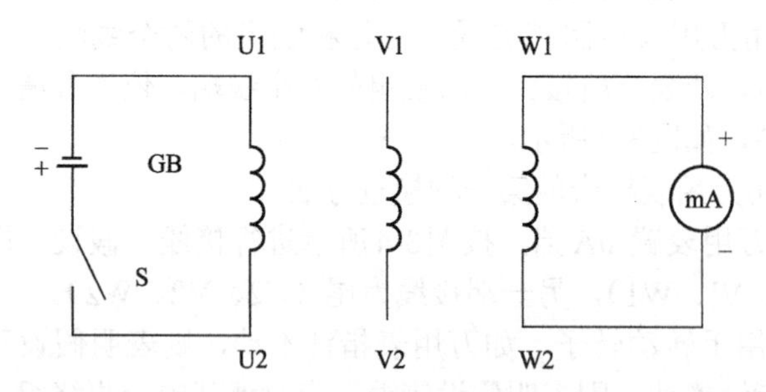

图3-5 用万用表检查的第二种检查法

b. 闭合开关S，瞬间万用表指针向右摆动，则表明电池正极所接线头与万用表负表笔所接线头同为头或尾；如指针向左反摆，则表明电池正极所接线头与万用表正表笔所接线头同为头或尾。

c．将电池（或万用表）改接到第三相绕组的两个线头上重复以上试验，确定第三相绕组的头、尾，以此确定三相绕组各自的头和尾。

④ 用灯泡检查的第一种方法

a．准备一台220V/36V降压变压器并按图3-6所示进行接线（小容量电动机可直接接220V交流电源）。

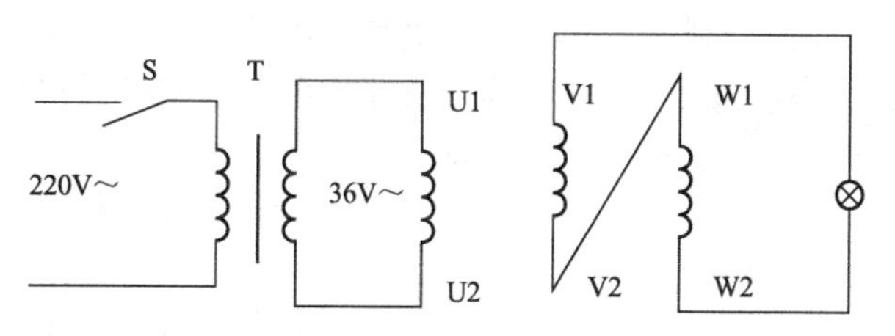

图3-6　用灯泡检查的第一种检查方法

b．闭合开关S，如灯泡亮，则表明两相绕组为头、尾串联，作用在灯泡上的电压是两相绕组感应电动势的矢量和；如灯泡不亮，则表明两组绕组为尾、尾串联或头、头串联，作用在灯泡上的电压是两相绕组感应电动势矢量差。

c．将检查确定的线头做好标记，将其中一相与接36V电源一相对调重试，以此确定三相绕组所有头、尾端。

⑤ 用灯泡检查的第二种检查方法

a．按图3-7所示进行接线。

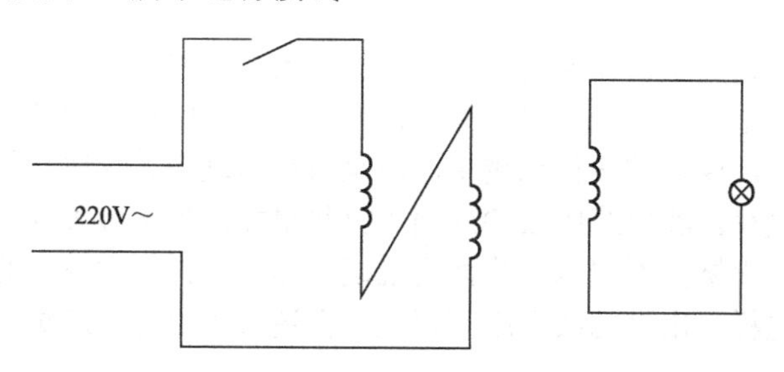

图3-7　用灯泡检查的第二种检查方法

b．闭合开关S，如36V灯泡亮，则表示接220V电源的两相绕组为头、尾串联；如灯泡不亮，则表示两相绕组为头、头串联或尾、尾串联。

c．将检查确定的线头做好标记，将其中一相与接灯泡一相对调重试，以此确定三相绕组所有头、尾端。

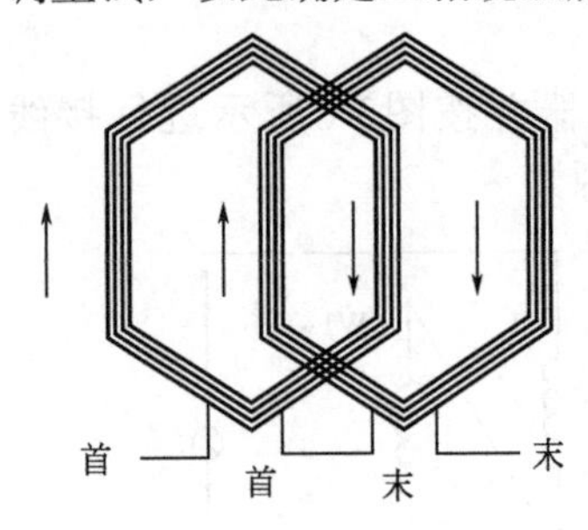

图3-8 极相组内的连接

在中小型电动机中，极相组内的线圈通常是连续绕制而成的，如图3-8所示。

极相组内的连接属于同一相，且同一支路内各个极相组通常有两种连接方法。

① 正串连接：即极相组的尾端接首端，首端接尾端，如图3-9所示。

② 反串连接：即极相组的尾端接尾端，首端接首端，如图3-10所示。

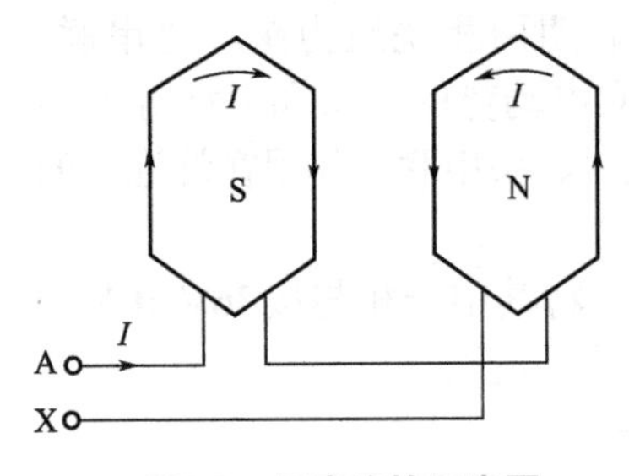

图3-9 正串连接示意图

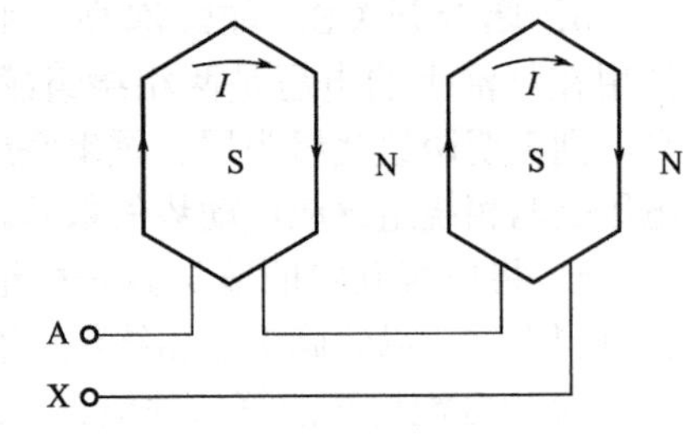

图3-10 反串连接示意图

（2）线圈匝数和导线直径 线圈匝数和导线直径是原先设计决定的，在重绕时应根据原始的数据进行绕制，电动机的功率越大电流也越大，要求的线径也越粗，而匝数反而越少。导线直径是指裸铜线的直径。漆包线应去漆后用千分尺量才能量出准确的直径。去漆可采用火烧，不但速度快而且准确；如果用刀刮则不小心会刮伤铜线，这样量出来的数据就有误差，会造成不必要的麻烦，有时还会造成返工。

（3）并绕根数 功率较大的电动机因电流较大，故要用较粗的线径。直径在1.6mm以上的漆包线硬而难绕，设计时就采用几根较细的漆包线并绕来代替。在拆绕组的时候务必要弄清并绕的根数，以便于复原。在平时修理电动机时如果没有相同的线径的漆包线，也可以采用几根较细的漆包线并绕来代替，但要注意代替线的接法，截面积的和要等于被代替的截面积。

（4）并联支路 功率较大的电动机所需要的电流较大，因此在设计绕组时往往把每一相的线圈平均分成多串，各串里的极相组依次串联后再按规定的方式并联起来。这一种连接方式称为并联支路。

（5）相绕组引出线的位置 三相绕组在空间分布上是对称的，相与相之间相隔的电角度为120°，那么相绕组的引出线U1、V1、W1之间以及U2、V2、W2之间相隔的电角度也应该为120°。但从实际出发，只要各线圈边电源方向不变。

（6）气隙 异步电动机气隙的大小及对称性，集中反映了电动机的机械加工质量和装配质量，对电动机的性能和运转可靠性有重大影响。对于气隙对称性可以调整的中、大型电动机，每台都要检查气隙大小及其对称性。对于采用端盖既无定位又无气隙探测孔的小型电机，试验时也要在前、后端盖钻孔探测气隙对称性。

① 测量方法 中、小型异步电动机的气隙，通常在转子静止时沿定子圆周大约各相隔120°处测量三点；大型座式轴承电机的气隙，须在上、下、左、右测量四点，以便在装配时调整定子的位置。电动机的气隙须在铁芯两端分别测量，封闭式电机允许只测量一端。

塞尺（厚薄规）是测量气隙的工具，其宽度一般为10～15mm，长度视需要而定，一般在250mm以上，测量时宜将不同厚度的塞尺逐个插入电机定、转子铁芯的齿部之间，如恰好松紧程度适宜，则塞尺的厚度就作为气隙大小。塞尺须顺着电机转轴方向插入铁芯，左右偏斜会使测量值偏小。塞尺插入铁芯的深度不得少于30mm，尽可能达到两个铁芯段的长度。由于铁芯的齿胀现象，插得太深会使测量值偏大。对于采用开口槽铁芯的电机，塞尺不得插在线圈的槽楔上。

由于塞尺不成弧形，故气隙测量值都比实际值小几忽米（1忽米=0.01mm）。在小型电动机中，由于塞尺与定子铁芯内圆的强度差得较多，加之铁芯表面的漆膜也有一定厚度，气隙测量误差较大，且随测量者对塞尺松紧的感觉不同而有差别，因此对于小型电机，一般只用塞尺来检查气隙对称性，气隙大小按定子铁芯内径与转子铁芯外径之差来确定。

② 对气隙大小及对称性的要求　11号机座以上的电动机，气隙实测平均值（铁芯表面喷漆者再加0.05mm）与设计值之差，不得超过设计值的±（5%～10%）。气隙过小，会影响电动机的安全运转；气隙过大，会影响电机的性能和温升。

大型座式轴承电动机的气隙不均匀度按下式计算：

$$\text{气隙不均匀度}=\frac{\text{气隙（最大值或最小值）}-\text{气隙（平均值）}}{\text{气隙（平均值）}}\times 100\%$$

大型电动机的气隙对称性可以调整，所以对基本要求较高，铁芯任何一端的气隙不均匀度不超过5%～10%，同一方向铁芯两端气隙之差不超过气隙平均值的5%。

3.2　绕组重绕

3.2.1　数据记录

电动机最常见的故障是绕组短路或烧损，需要重新绕制绕组，绕组重绕的步骤如下。

如图3-11所示，拆卸电动机并详细记录电动机的原始数据。

① 启用记录：

送机者姓名________　　单位________

日期　年____月____日____　　损坏程度________

所差件______　　应修部位________

初定价______　　取机日期______

其他事项______　　维修人员______

② 铭牌数据：

型号______　极数______　转速______r/min

功率______W　电压______V　电流______A

电容器容量______μF　电动机启动运转方式______式

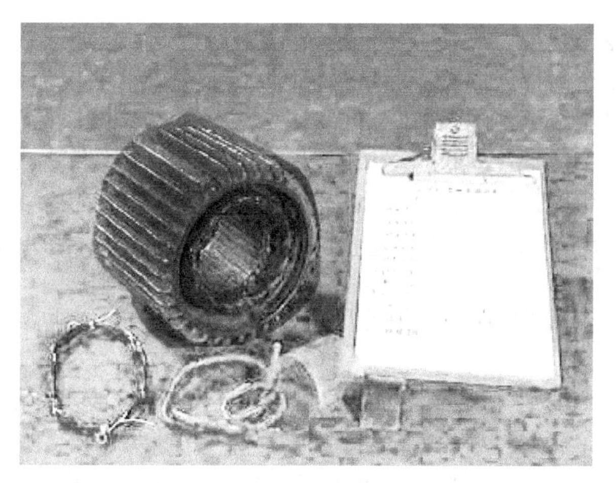

图3-11　测量各项数据并记录

其他______

③ 定子铁芯及绕组数据。

④ 铁芯数据：

定子外径____mm	定子内径____mm
定子有效长度____mm	转子外径____mm
定子轭高____mm	定子铁芯外径____mm
内径____mm	长度____mm
定槽数____	导线直径____mm
空气隙宽度____mm	转子槽数____

⑤ 定子绕组：

导线规格______	每槽导线数______
线圈匝数______	并绕根数______
并联支路数______	绕组形式______
每极每相槽数______	节距______
绕组形式______式	线把组成______

若是单相电机正旋选波绕组还应记录：

第1个线把（从小线把开始），周长____mm，匝数____匝，绕线模标记____。

第2个线把，周长____mm，匝数____匝，绕线模标记____。
第3个线把，周长____mm，匝数____匝，绕线模标记____。
第4个线把，周长____mm，匝数____匝，绕线模标记____。
第5个线把，周长____mm，匝数____匝，绕组模标记____。
第6个线把，周长____mm，匝数____匝，绕线模标记____。
启动绕组记录，周长____mm，导线由____个线把组成，匝数____匝等。
第1个线把（从小线把开始），周长____mm，匝数____匝，绕线模标记____。
第2个线把，周长____mm，匝数____匝，绕线模标记____。
第3个线把，周长____mm，匝数____匝，绕线模标记____。
第4个线把，周长____mm，匝数____匝，绕线模标记____。
第5个线把，周长____mm，匝数____匝，绕线模标记____。
第6个线把，周长____mm，匝数____匝，绕线模标记____。
每个启动线圈____圈，长度____mm，导线直径____mm。
运转绕线旧线质量____kg，用新线____kg，
启动绕线旧线质量____kg，用新线质量____kg，
其他____。
⑥ 转子绕组（绕线式）：
导线规格______　每槽导线数______　线圈匝数______
并绕根数______　并联去路数______　绕组形式______
每极每相槽数______
⑦ 绝缘材料：
槽绝缘______　绕组绝缘______　外覆绝缘______
⑧ 画出绕组展开图与接线草图。
⑨ 故障原因及改进措施________
⑩ 维修总结________

3.2.2 拆除旧绕组

有三种方法：第一种为热拆法；第二种为冷拆法；第三种为溶剂溶解法。

先用錾子錾切线圈一端绕组（多选择有接线的一端），錾切时应注意錾子的角度，不能过陡或过平，以免损坏定子铁芯或造成线端不平整，给拆线带来困难，如图3-12所示。

① 热拆法　錾切线圈后可以采用电烤箱（灯泡、电炉子等）进行加热，如图3-13所示，当温度升到100℃时，用撬棍撬出绕组，如图3-14所示。

图3-12　錾切线圈

图3-13　烤箱加热

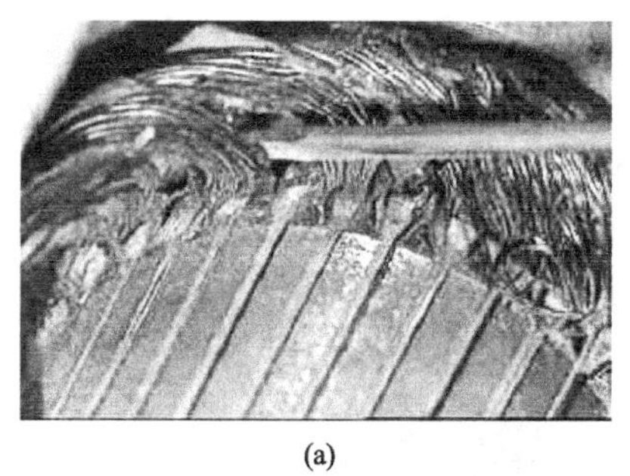

(a)

(b)

图3-14　用撬棍撬出绕组

② 溶解法　用9%的氢氧化钠溶液或50%的丙酮溶液、20%的酒精、5%左右的石蜡、45%的甲苯配成溶剂浸泡或涂刷2～2.5h，使绝缘物软化后拆除，如图3-15所示。由于溶剂有毒易挥发，使用时应注意人身安全。

③ 冷拆法　把定子垂直立起来，使绕组引出线一端在上面，用一把锋利的扁铲挨着铁芯把绕组一端铲掉，如图3-16所示。扁

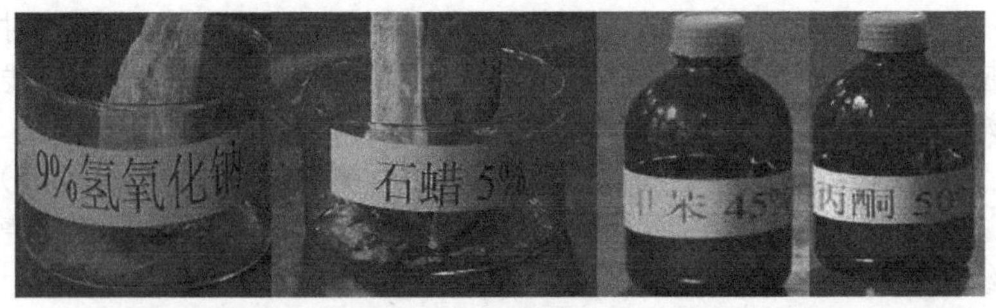

(a) 溶剂的配制

(b) 涂刷溶剂

(c) 拆除线圈

图3-15　溶解法拆除绕组

铲要放平，不能把定子铁芯铲坏，铲掉线把的截面要与定子铁芯成平面，不能有歪茬。然后把定子垫起来，垫物高度应高于定子铁芯的高度。用一把与槽口截面积相似但比槽口截面积稍小的冲子，把转圈从槽中往下冲，如图3-17所示。线把因浸漆烤干已成为坚固的一体，线把在每个槽中四周又有一层绝缘纸随冲子往下冲，槽内绝

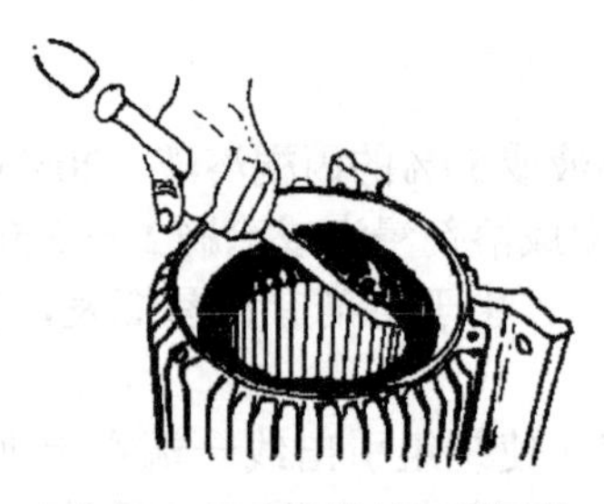

图3-16　用扁铲铲掉一端导线

图3-17　用冲子转圈冲出每槽中的线把

缘纸与线把的边形成了一道间隙，槽内已成一体的导线是好冲的，但因绕组下面的端部粘连很牢固，使劲冲槽的话就会造成这槽的导线弯曲在槽内，因此要求从某槽开始转圈往下冲，每个槽一次冲下20mm左右。

【注意】 拆除线圈时最好保留一个完整线圈，作为绕制新线圈的样品。

3.2.3 清理铁芯

线圈拆完后，应对定子铁芯进行清理。清理工具主要使用铁刷、砂纸、毛刷等。清理时应当注意铁芯是否有损坏、弯曲、缺口，如有应予以修理，如图3-18所示。

(a) 用砂纸清理

(b) 用清槽刷清理

(c) 用毛刷扫干净

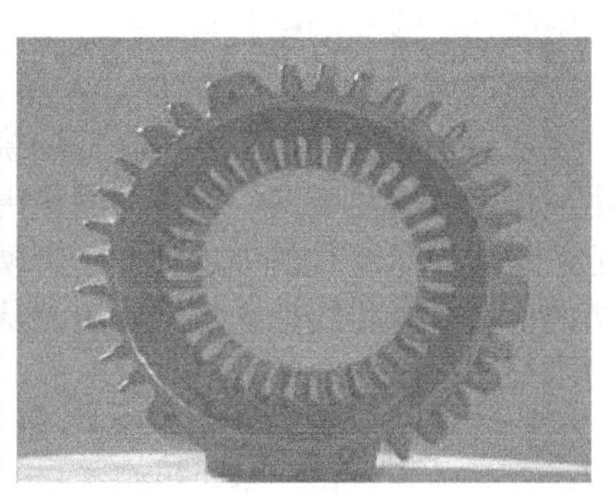

(d) 清理好的定子

图3-18 清理铁芯

3.2.4 绕制线圈

（1）准备漆包线 从拆下的旧绕组中取一小段铜线，在火上烧一下，将漆皮擦除，用千分尺测量出漆包线的直径。选购同样的新漆包线（如无合适的漆包线，则可适当地选择稍大或稍小的导线代用）。

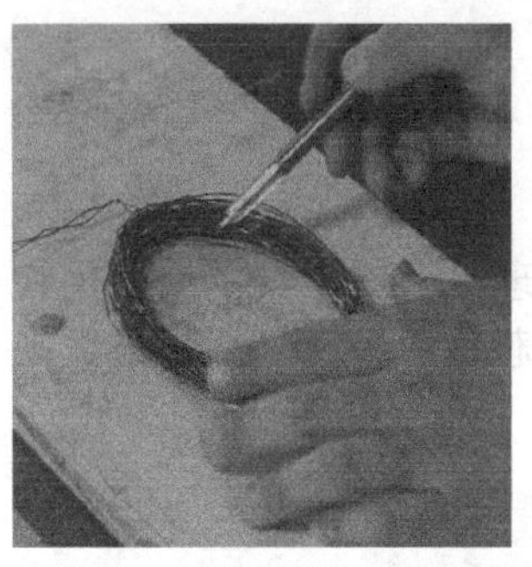

图3-19 线圈尺寸的确定

（2）确定线圈的尺寸 将拆除完整的旧线圈进行整形，确定线圈的尺寸，如图3-19所示。线把太小，将给嵌线带来困难；线把过大，不仅浪费导线，还会造成安装时绕组端部与外壳短路。所以在制作绕线模前，一定要精确测量线把周长，这样制作出的绕线模才精确。

（3）选择线模 按照拆除完整的旧线圈的形状，选择合适的线模，若没有合适的线模，则可以自行制作。

① 固定式绕线模 固定式绕线模一般用木材制成，由模芯和隔板组成，绕线时是将导线绕在模芯上，隔板起到挡着导线不脱离模芯的作用。一次要绕制几联把的线，就要做几个模芯，隔板数要比模芯数多一个。固定式绕线模分圆弧形和棱形两种，图3-20（a）所示圆弧形绕线模的模芯和隔板，用该绕线模绕出的线把主要用在单层绕组的电动机中。图3-20（b）所示棱形绕线模的模芯和隔板，用该绕线模绕出的线把主要用在双层绕组的电动机中。图3-20（c）所示棱形绕线模组装图，跨线槽的作用是在一把线绕好后将线把与线把的连接线从跨线槽中过到另一个模芯上，继续绕另一把线；扎线槽的作用是待将线把全部绕好后，从扎线槽中穿进绑带，将线把两边绑好。

固定式绕线模最好能一次绕出一相绕组（整个绕组中无接头），双层绕组一次能绕出一个极电阻，模芯做好后要放在熔化的腊中浸煮，这样绕线模既防潮不变形又好卸线把。

② 万用绕线模 由于电动机种类很多，在重换绕组时要为每

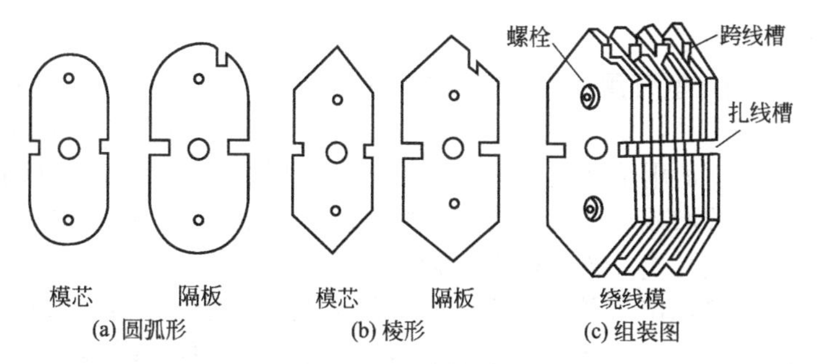

图3-20 固定绕线模

个型号的电动机制造绕线模，不但费工费料，而且影响修理进度。因此可制作能调节尺寸的万用绕线模。图3-21所示即为万用绕线模中的一种。

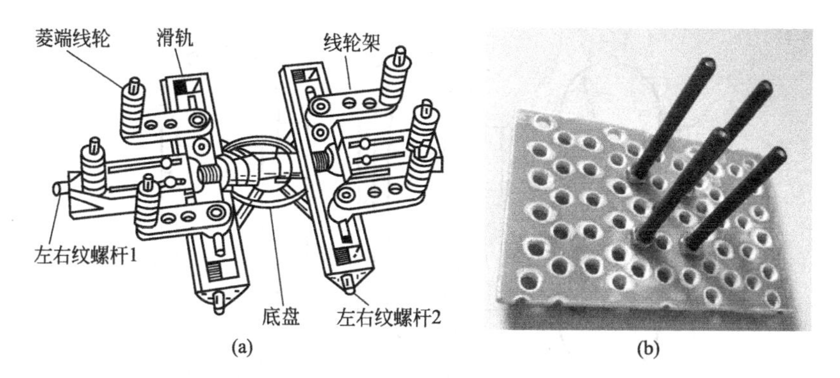

图3-21 万用绕线模

4个线架装在滑块上，转动左右纹螺杆2时，滑块在滑轨中移动可调整线把的宽度；转动左右纹螺杆1时，滑轨在底盘上移动可调整线把的直线部分长度；另外两个菱端线轮直接装在滑轨上，调整菱端线轮位置就可调整线把的端伸长度。绕线时，将底盘安装在绕线机上，进行绕线。绕好、扎好一组线把后，转动螺杆1缩短滑轨距，卸下线把。

图3-23是一种更为理想的万用绕线模，一次能绕出6把线，并能绕不同节距的线把，适应40kW以下各种型号电动机，调试简单精确。修理部或业余修理者应有一台万用绕线模，以满足修理普通

电动机的需要。

- **SB-1型万用绕线模使用方法：**SB-1型万用绕线模，由36块塑料端部模块、2块1.52mm厚的铁挡板和6根长固定螺杆、12根细螺杆组成。适用于绕制单相和三相电动机不同形式的线把，按每相绕组线把数增减每组模块数，一相绕组可一次成形，中间无接头，同心式、交叉式、链式和叠式绕组全部通用。

图3-22示出了各种形式线把的各部位名称代号，L代表线把两边长度，一般比定子铁芯长20～40mm。D_1代表小线把两个边的宽度，D_2代表中线把两个边的宽度，D_3代表大线把两个边的宽度。C_1代表小线把周长，C_2代表中线把周长，C_3代表大线把周长，表3-2、表3-3分别列出常用JO2、Y系列电动机的D、L、C数值，供修理时参考。

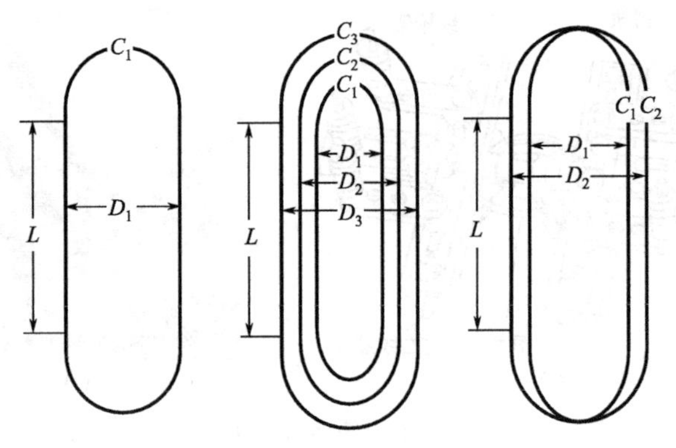

图3-22　各种绕组部位代号示意图

拆线组时每一种线把都要留一个整体的线把，并记下L、D、C数据。

绕制D小于60mm的线把时采用图3-23（a）所示的调试方法，由2组模块组成，每相绕组或每个极相组有几个线把，每组就用几个模块，用细螺杆固定成一个整体，穿在粗螺杆上，改变粗螺杆孔位和每个模块位置，就可以调试出每把线的周长，绕线机轴选穿在Φ2上。

在绕制D大于60mm的线把时，采用图3-23（b）所示的调试方法，由4组模块组成，每相绕组或每个极相组有几个线把，每组就用几个模块，绕线机轴选穿在Φ1上。改变K1、K2和K3、K4的角度，就可以调试出D的尺寸；改变螺杆孔位和K1～K4的位置，就可以调试出L和C的数值。

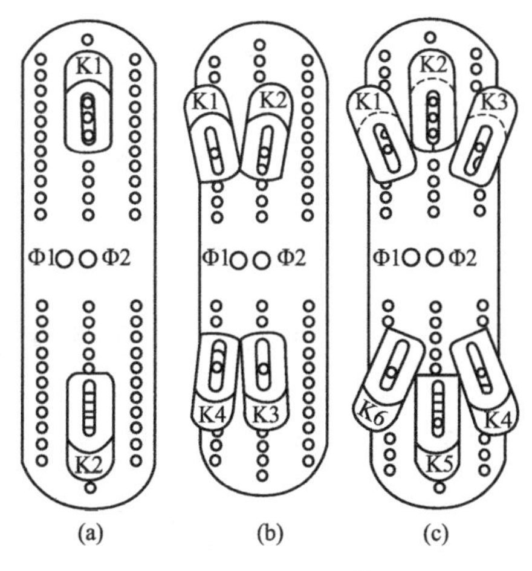

图3-23　SB-1型万用绕线模调试方法

在绕制D大于90mm的线把时采用图3-23（c）所示的调试方法，由6组模块组成，每相绕组或每个极相有几个线把，每组就有几个模块，绕线机轴选穿在Φ2上。改变K1、K3和K4、K6的角度，就可以调试出D的尺寸；改变螺杆孔距，就可以调试出L的数值；同时配合调整K1～K6模块位置，就可以调试出线把周长C的数值。

在调试链式、叠式绕组的线把时，将模块摞在一起直接调试。在调试同心式、交叉式绕组的线把时，可用ϕ1mm左右的导线按小、中、大线把的周长焊成圈，套在模块的模芯上进行调试。SB-1型万用绕线模是针对适应初学者、低成本、通用型设计的，不管调试什么形式的线把，只要L、C、D与原电动机线把尺寸相符即可。

将调试好的万用绕线模每组模块用2根细长螺杆固定在一起，并记录清楚位置，将每组模块穿在粗螺杆上，固定所对应孔的两块挡板之间，最后将装配好的SB-1型万用绕线模固定在绕线机或铁架上，按原电动机线把匝数、线把数分别绕制出单相电动机所需线把数。

- **SB-2型万用绕线模的使用方法**：如图3-24所示，SB-2型万用绕线模根据D分别是87mm、60mm、47mm的独立的三组模板和模芯分大、中、小三个型号，每个型号由14块塑料挡板、12个模芯、4根细长螺丝杆、1块铁挡板、2根粗螺杆组成。D等于87mm的定为

表 3-2 JO2 系列电动机技术数据和万用绕线模使用参数

型号	极数	功率/kW	槽数	定子绕组							万用绕线模参数/mm				
				并绕根数	导线直径/mm	每槽匝数	接法	绕组形式	节距	线重/kg	D_1	D_2	L	C_1	C_2
JO2-11-2	2	0.8	24	1	0.67	94	Y	同心式	1～12	1.61	60	80	100	388	451
JO2-12-2		1.1	24	1	0.77	72	Y		2～11	1.775	60	80	120	428	491
JO2-21-2		1.5	18	1	0.83	80	Y	交叉式	2（1～9）	1.805	90	95	100	483	498
JO2-22-2		2.2	18	1	0.93	60	Y		1（1～8）	1.88	90	95	122	526	542
JO2-31-2		3	24	1	1.12	41	Y	同心式	1～12 2～11	2.74	95	120	120	538	617
JO2-32-2		4.0	24	1	0.96	56	△			3.02	95	120	150	598	677
JO2-41-2		5.5	24	2	0.93	53	△			5.76	110	140	140	625	720
JO2-42-2		7.5	24	2	1.08	43	△			6.77	110	140	165	625	770
JO2-51-2		10	24	2	1.35	40	△			10.4	130	170	150	708	834
JO2-52-2		13	24	3	1.25	32	△			11.22	130	170	190	788	914
JO2-61-2		17	30	1	1.45	50	2△	双叠式	1～11	9.15	140		195	910	
JO2-71-2		22	36	4	1.35	20	△		1～13	17.92	180		195	910	
JO2-72-2		30	36	4	1.60	16	△			21.8	180		250	1020	
JO2-82-2		40	36	2	1.56	26	2△			29.8	202		280	1180	
JO2-91-2		55	42	4	1.56	16	2△		1～15	38.7	234		300	1308	
JO2-92-2		75	42	5	1.56	16	2△			42.7	234		340	1388	
JO2-93-2		100	42	7	1.56	12	2△			48.9	234		400	1508	

续表

型号	极数	功率/kW	槽数	定子绕组							万用绕线模参数/mm				
				并绕根数	导线直径/mm	每槽匝数	接法	绕组形式	节距	线重/kg	D_1	D_2	L	C_1	C_2
JO2-11-4	4	0.6	24	1	0.57	115	Y	链式	1～6	1.217	50		100	357	
JO2-12-4		0.8	24	1	0.67	96	Y			1.52	50		115	387	
JO2-21-4		1.1	24	1	0.72	80	Y			1.445	60		95	378	
JO2-22-4		1.5	24	1	0.83	62	Y			1.715	60		125	438	
JO2-31-4		2.2	36	1	0.96	41	Y	交叉式	2（1～9） 1（1～8）	2.27	65	70	114	432	448
JO2-32-4		3.0	36	1	1.12	31	Y			2.74	65	70	154	512	528
JO2-41-4		4.0	36	1	1.0	52	△			3.55	65	70	144	492	508
JO2-42-4		5.5	36	1	1.12	42	△			3.96	65	70	170	544	560
JO2-51-4		7.5	36	2	1.0	38	△			6.08	90	95	140	563	578
JO2-52-4		10	36	2	1.12	29	△			6.56	90	95	180	643	658
JO2-61-4		13	36	1	1.25	54	2△	双叠式	1～8	7.58	100		183	680	
JO2-62-4		17	36	1	1.45	42	2△			8.75	100		218	750	
JO2-71-4		22	36	2	1.25	42	2△		1～0	14.05	140		194	828	
JO2-72-4		30	36	2	1.50	32	2△			17.7	160		300	968	
JO2-82-4		40	48	3	1.40	22	2△		1～11	24.4	170		315	1046	
JO2-91-4		55	60	2	1.50	34	4△		1～13	37.1	197		300	1080	
JO2-92-4		75	60	3	1.45	26	4△	链式	1～13	45.5	197		380	1240	
JO2-93-4		100	60	4	1.40	22	4△			50.8	197		420	1320	

续表

型号	极数	功率/kW	槽数	定子绕组							万用绕线模参数/mm		
				并绕根数	导线直径/mm	每槽匝数	接法	绕组形式	节距	线重/kg	D	L	C
JO2-21-6	6	0.8	36	1	0.67	81	Y	链式	1～6	1.62	50	95	347
JO2-22-6		1.1	36	1	0.77	61	Y			1.895	50	125	407
JO2-31-6		1.5	36	1	0.786	60	Y			2.28	50	120	397
JO2-32-6		2.2	36	1	1.04	42	Y			2.81	90	160	477
JO2-41-6		3	36	1	1.20	40	Y			3.44	60	135	458
JO2-42-6		4	36	1	1.04	55	△			4.03	60	165	518
JO2-51-6		5.5	36	1	1.20	47	△			4.70	70	157	534
JO2-52-6		7.5	36	1	1.40	37	△			5.81	70	197	614
JO2-61-6		10	54	2	1.12	22	△	双叠式	1～8	7.6	100	219	658
JO2-62-6		13	54	2	1.35	18	△			9.53	100	264	748
JO2-71-6		17	54	2	1.20	28	2△			11.5	110	222	728
JO2-72-6		22	54	2	1.20	28	2△			13.42	110	290	828
JO2-81-6		30	72	2	1.25	32	3△		1～11	23.3	120	260	864
JO2-82-6		40	72	2	1.45	24	3△			27.20	124	350	1004
JO2-91-6		55	72	3	1.40	20	3△			33.6	138	360	1064
JO2-92-6		75	72	2	1.40	30	6△			39.8	138	460	1264

表 3-3　Y 系列电动机技术数据和万用绕线模使用参数

型号	极数	功率/kW	槽数	定子绕组							万用绕线模参数/mm						
				并绕根数	导线直径/mm	每槽匝数	接法	绕组形式	节距	线重/kg	D_1	D_2	D_3	L	C_1	C_2	C_3
Y-801-2	2	0.75	18	1	0.63	111	Y	交叉式	2（1～9）	1.30	60	65		110	408	424	
Y-802-2		1.1	18	1	0.71	90	Y			1.45	60	65		125	438	454	
Y-90S-2		1.5	18	1	0.80	77	Y		1（1～8）	1.60	65	70		120	444	460	
Y-90L-2		2.2	18	1	0.95	58	Y			1.90	65	70		148	500	516	
Y-100L-2		3.0	24	1	1.18	40	Y	同心式	1～12 2～11	2.80	80	100		132	515	578	
Y-112M-2		4.0	30	1	1.06	48	△		1～16	3.70	80	100	120	154	559	622	685
Y-132S-2		5.5	30	2	0.93	44	△		2～15	5.70	90	110	145	154	591	653	763
Y-132M1-2		7.5	30	2	1.04	37	△			6.30	90	110	145	174	631	693	803
Y-160M1-2		11	30	3	1.20	28	△		3～14	11.2	120	145	170	184	745	823	902
Y-160M2-2		15	30	4	1.16	23	△			12.0	120	145	170	214	805	883	962
Y-160L-2		18.5	30	5	1.16	19	△		1～14 2～13	13.3	120	145	170	254	885	963	1042
Y-180M-2		22	36	4	1.35	16	△	双叠式	1～14	14.65	200			210	920		
Y-200L1-2		30	36	4	1.16	28	2△			20.2	230			225	1010		
Y-200L2-2		37	36	3	1.45	24	2△			22.4	230			255	1070		
Y-225M-2		45	36	4	1.50	21	2△		1～14	28.8	260			250	1136		
Y-250M-2		55	36	6	1.40	20	2△			37.6	280			255	970		
Y-280S-2		75	42	7	1.50	14	2△		1～16	45.6	312			275	1318		
Y-280M-2		90	42	8	1.50	12	2△			47.0	312			315	1390		

续表

型号	极数	功率/kW	槽数	定子绕组							万用绕线模参数/mm				
				并绕根数	导线直径/mm	每槽匝数	接法	绕组形式	节距	线重/kg	D_1	D_2	L	C_1	C_2
Y-801L-4	4	0.55	24	1	0.59	128	Y	链式	1～6	1.15	50		75	307	
Y-802L-4		0.75	24	1	0.63	103	Y			1.30	50		105	367	
Y-90S-4		1.1	24	1	0.71	81	Y			1.40	50		112	381	
Y-90L-4		1.5	24	1	0.80	63	Y			1.60	50		140	437	
Y-100L1-4		2.2	36	2	0.71	41	Y	交叉式	2（1～9） 1（1～8）	2.5	65	70	125	454	470
Y-100L2-4		3.0	36	1	1.18	31	Y			2.9	65	70	144	492	508
Y-112M-4		4.0	36	1	1.06	46	△			3.7	90	95	126	535	550
Y-132S-4		5.5	36	2	0.93	47	△			5.7	90	95	126	535	550
Y-132M-4		7.5	36	2	1.06	35	△			6.5	90	95	176	635	650
Y-160M-4		11	36	1	1.30	56	2△			8.4	95	100	190	678	694
Y-160L-4		15	36	4	1.04	22	△			9.9	95	100	230	758	774
Y-180M-4		18.5	48	2	1.18	32	2△	双叠式	1～11	12.5	130		231	776	
Y-180L-4		22	48	2	1.30	28	2△			14.2	130		261	836	
Y-200L-4		30	48	2	1.08	48	4△			18.4	150		260	898	
Y-225S-4		37	48	2	1.25	40	4△		1～12	24.1	190		246	948	
Y-225M-4		45	48	2	1.35	36	4△			26.3	190		275	1018	
Y-250M-4		55	48	4	1.3	26	4△			34.6	200		290	1056	
Y-280S-4		75	60	4	1.3	26	4△		1～14	42.1	220		290	1056	
Y-280M-4		90	60	5	1.3	20	4△			48.4	220		375	1298	

续表

型号	极数	功率/kW	槽数	定子绕组							万用绕线模参数/mm		
				并绕根数	导线直径/mm	每槽匝数	接法	绕组形式	节距	线重/kg	D	L	C
Y-90S-6		0.75	36	1	0.67	77	Y	链式	1～6	1.7	50	112	381
Y-90L-6		1.1	36	1	0.75	63	Y			1.9	50	134	425
Y-100L-6		1.5	36	1	0.85	53	Y			2.0	50	120	397
Y-112L-6		2.2	36	1	1.06	44	Y			2.8	50	135	427
Y-132S-6		3.0	36	1 1	0.90 0.85	38	Y			3.5	60	120	428
Y-132M1-6		4.0	36	1	1.06	52	△			4.0	60	160	508
Y-132M2-6		5.5	36	1	1.25	42	△			5.2	60	200	588
Y-160M-6		7.5	38	1 1	1.12 1.18	38	△			7.1	70	180	580
Y-160L1-6		11	36	4	0.95	28	△			8.9	70	220	660
Y-180L-6		15	54	1	1.50	34	2△	双叠式	1～9	11.1	80	232	714
Y-200L1-6		18.5	54	2	1.16	32	2△			12.3	90	218	720
Y-200L2-6		22	54	2	1.25	28	2△			13.8	90	268	780
Y-225M-6		30	54	3	1.35	28	2△			23.8	100	245	804
Y-250M-6		37	72	3	1.16	28	3△	双叠式	1～12	27.2	120	260	898
Y-280S-6		45	72	3	1.35	26	3△			34.4	160	265	930
Y-280M-6		55	72	3	1.5	22	3△			38.8	310	310	1020
Y-315S-6		75	72	3	1.5	34	6△			43.2	170	350	1160

大号，D等于60mm的定为中号，D等于47mm的定为小号。SB-2型万用绕线模每组模芯的组装如图3-25所示。按照电动机线把的要求选择D的尺寸，按图3-26所示调试模芯上下位置就可以调试L的尺寸。

图3-24　SB-2型万用绕线模整体示意图

图3-25　每组模芯示意图

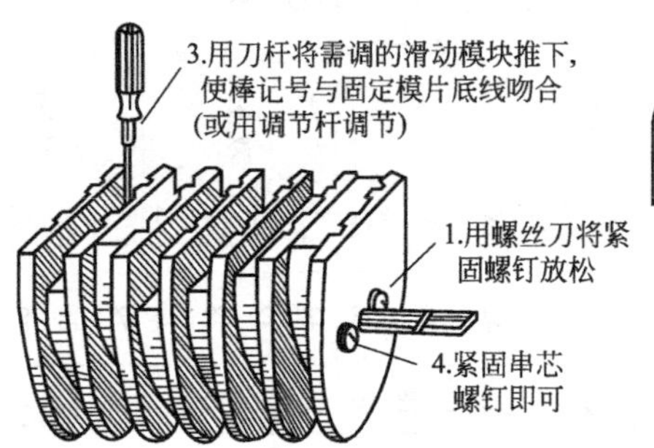

图3-26　调试模芯的方法

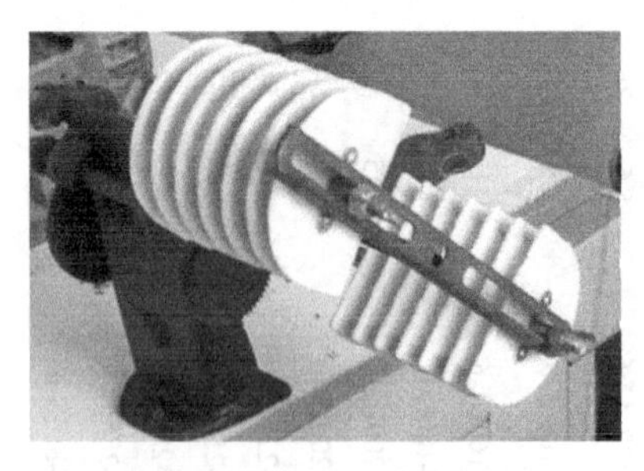

图3-27　将绕线模安装在绕线机上

将调试好的万用绕线模按照图3-27所示安装在绕线机轴上，垫上大圆垫圈，拧紧绕线机螺母，按原电动机线把匝数、线把数分别绕制出电动机的匝数、线把数。

线把绕制好后，用绑扎线将各线把两边分别绑扎好，松动螺帽，用手捏住模块，相对于绕组旋转90°，即可取出模块，另一端模块也用同样方法取出，如图3-28所示。

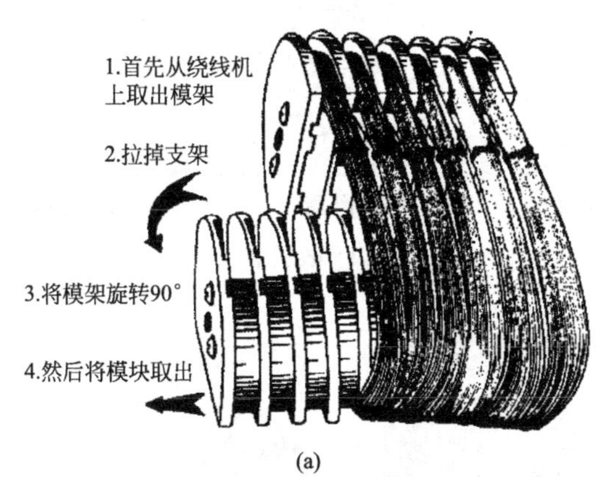

(a)

(b)

图3-28 拆下线把的方法

③ 线圈的绕制 确定好线圈的匝数和模具后，即可以绕制线圈。绕制线圈时，先放置绑扎线，然后用绕线机绕制线圈，如图3-29所示。

【注意】 如线圈有接头时，应插入绝缘管刮掉漆皮将线头拧在一起，并进行焊接，以确保导线良好。

④ 退模 线圈绕制好后，绑好绑扎线，松开绕线模，将线圈从绕线模中取出，如图3-30所示。

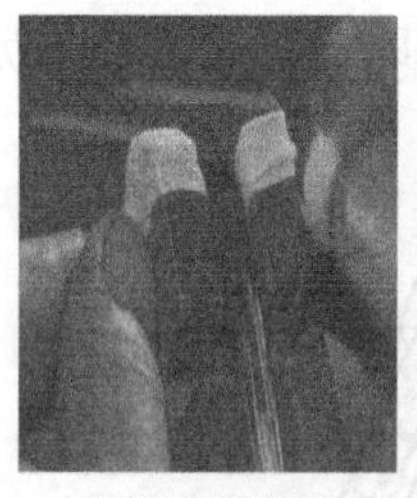
(a) 绑扎线绕制

(b) 绕制线圈

(c) 漆包线支架

图3-29 线圈的绕制

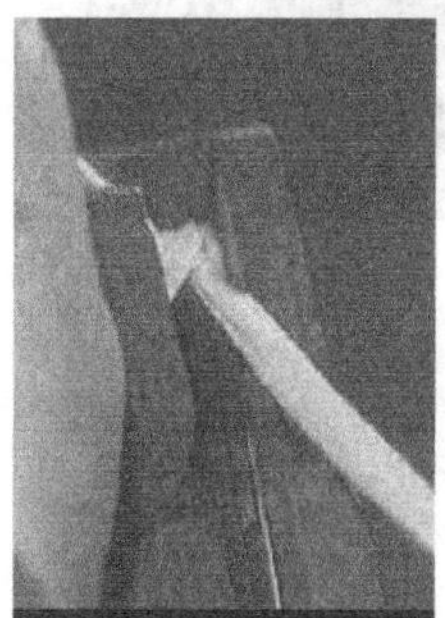

图3-30 退模及成品线圈

3.2.5 绝缘材料的准备

图3-31 裁切绝缘纸

按铁芯的长度裁切绝缘纸和模楔。绝缘纸的长度应大于铁芯长度5～10mm，宽度应大于铁芯高度的2～4倍，如图3-31所示。

放入绝缘纸，将裁好的绝缘纸放入铁芯，注意绝缘纸的两端不能太长，否则在嵌线时会损坏绝缘，如图3-32所示。

槽楔是用来安插在槽中封槽口的，最好用新厚竹片子制作，也可用筷子制作。槽楔截面是等腰梯形，长

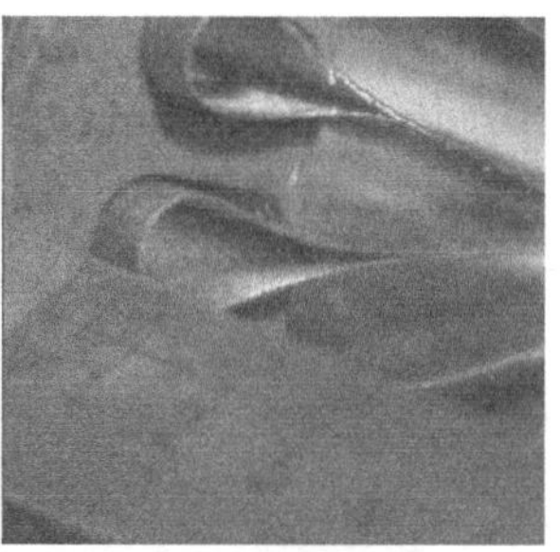

图3-32　将绝缘纸放入定子铁芯

度与槽绝缘纸长度相等，制作方法简单，做出的槽楔要保证与原电动机的槽楔基本相似。具体做法如下。

第1步：把竹片子或筷子截成与槽绝缘纸一般的长度。

第2步：把竹片子或筷子劈开，注意宽度厚度与原槽楔宽度厚度一样。

第3步：右手将电工刀刃卡在桌子上，左手拿槽楔半成品一端（硬皮在下面），往怀中抽，使刀刃平滑地削成斜面，如图3-33所示。千万不要像用刀削萝卜皮一样来削槽楔，那样削出的槽楔既不符合规格又不好用。做出的槽楔不能是“△”形，槽楔上端部不能高出定子铁芯，如果高出定子铁芯，则当转手按入定子内时，可能造成摩擦故障。

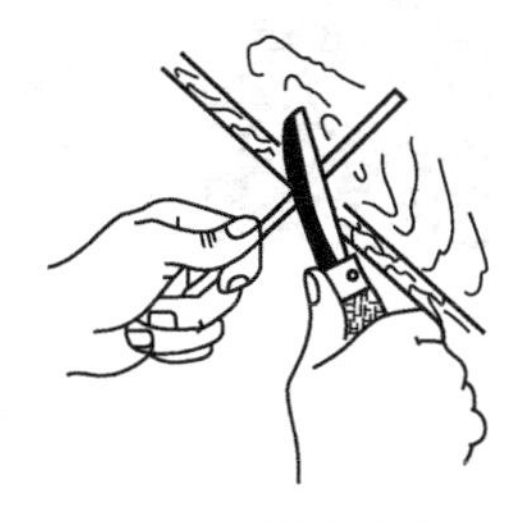

图3-33　制槽楔的方法

第4步：用同样的方法削掉对面斜腰，将槽楔半成品调个方向，用同样的方法削掉另一端的两边斜腰。

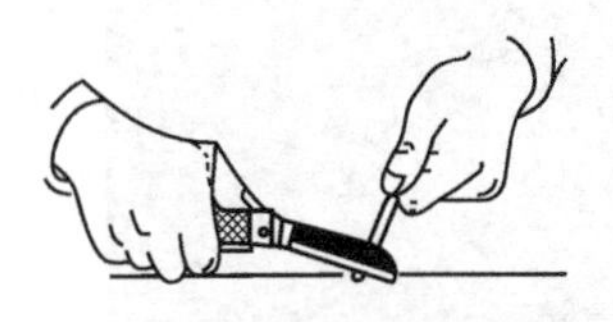
图3-34 将槽楔一头削成斜茬

第5步：按图3-34所示将槽楔一头削成斜茬，为的是槽楔能顺利插入槽中，并不损坏槽绝缘纸。

槽楔分五步七刀制好。要自己领会，掌握要领，使制作的槽楔与原电动机槽楔一样。

一般是下完一槽线制作一根槽楔，在下线前可将制作槽楔的材料截好，放在一边，一边下线一边制作。

3.2.6 嵌线

线圈放入绝缘纸后，即可嵌线。三相电动机双层绕组嵌线步骤和全过程操作可扫二维码学习。

① 准备嵌线工具　嵌线工具主要有压线板、划线板、剪刀、橡胶锤、打板等。

② 捏线　将准备嵌入的线圈的一边用手捏扁，并对线圈进行整形，如图3-35所示。

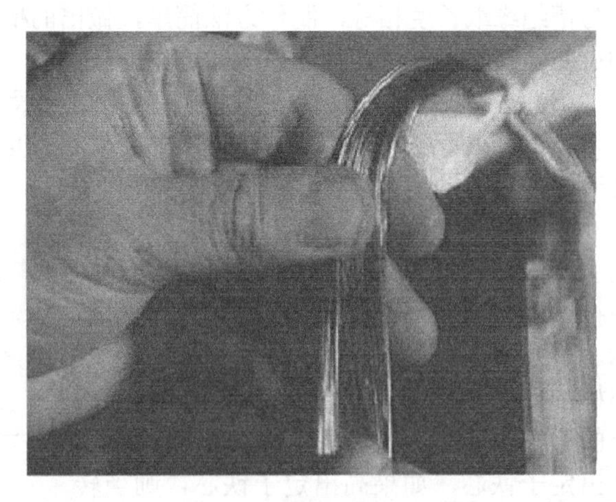
图3-35 捏线

③ 嵌线和划线　将捏扁的线圈放入镶好绝缘纸的铁芯内，并用手直接拉入线圈，如有少数未入槽的导线，可用划线板划入槽内，如图3-36所示。

(a) 拉入线圈

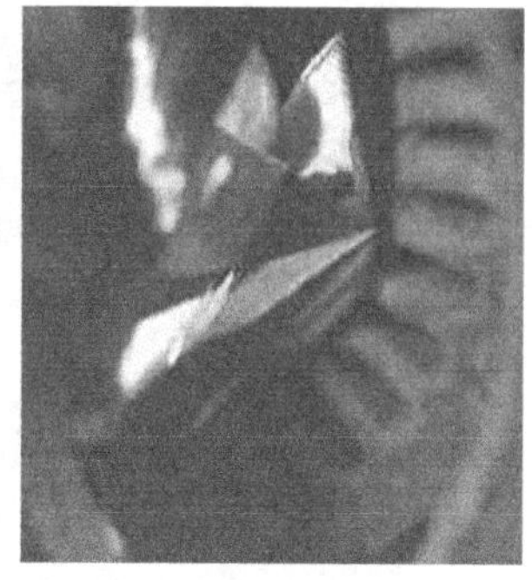

(b) 划线

图3-36　嵌线和划线

④ 裁切绝缘纸放入槽楔

a．线圈全部放入槽内后，用剪刀剪去多余的绝缘纸，用划线板将绝缘纸压入槽内，如图3-37所示。

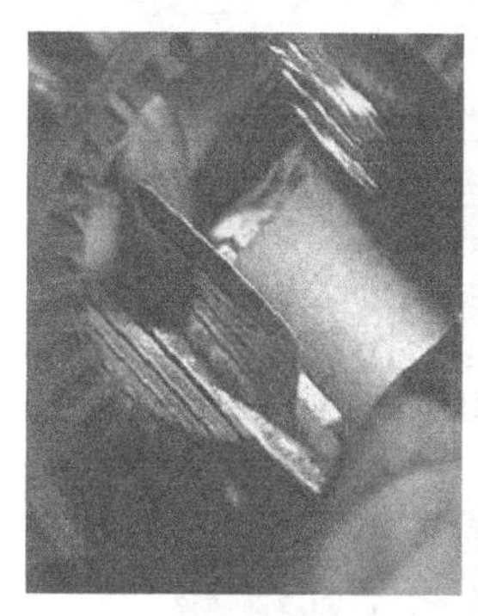

(a) 剪去槽口绝缘纸

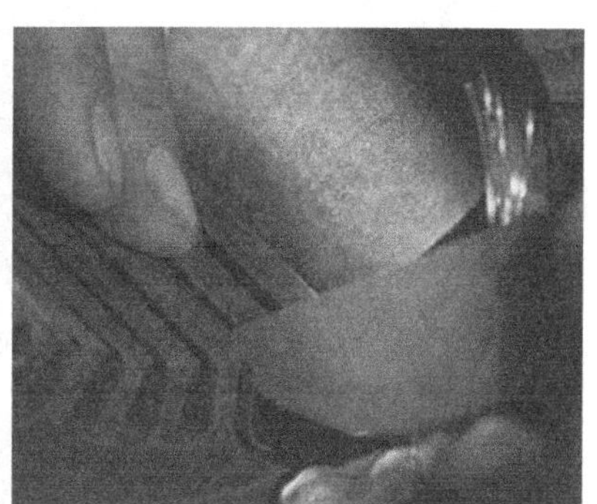

(b) 用划线板将绝缘纸压入槽内

图3-37　裁剪绝缘纸

b．放入槽楔，用划线板压入绝缘纸后，可以用压角进行振压，然后将槽楔放入槽内，如图3-38所示。

c．按照嵌线规律，将所有嵌线全部嵌入定子铁芯（有关嵌线规律见后面各章节中相关内容），如图3-39所示。

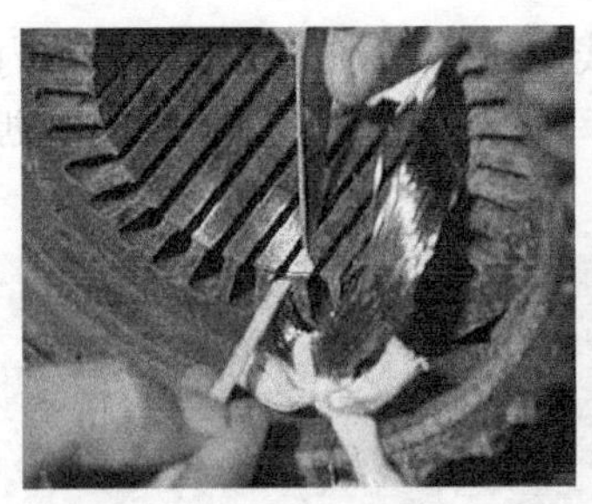

图3-38　放入槽楔

(a) 嵌入第二把线圈

(b) 用压角压制电磁线圈

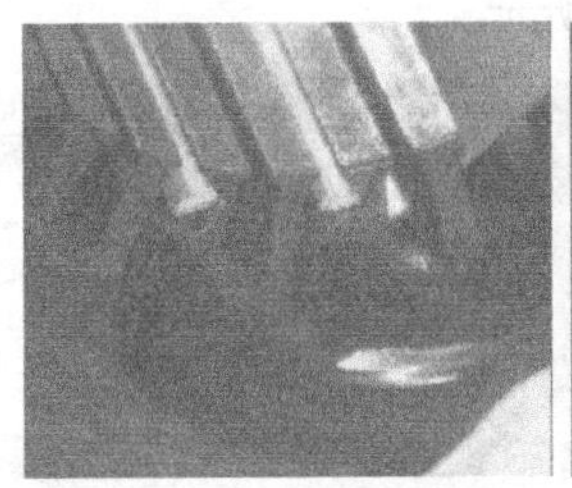

(c) 隔槽嵌入第三把线圈

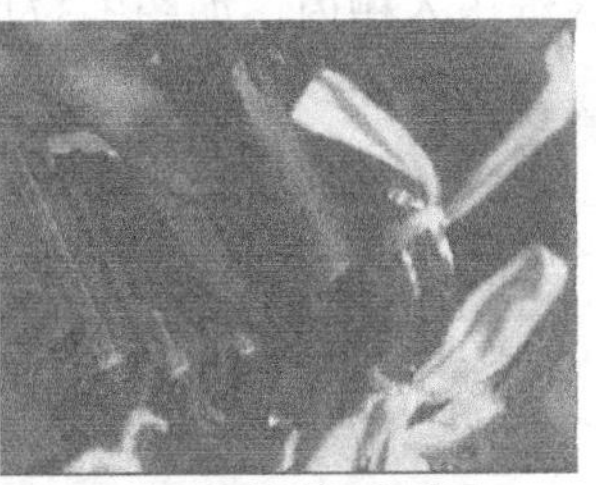

(d) 吊把后压入第三把线圈

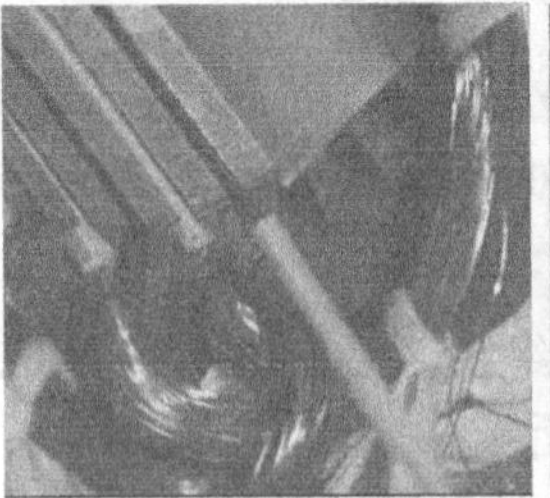

(e) 放入槽楔

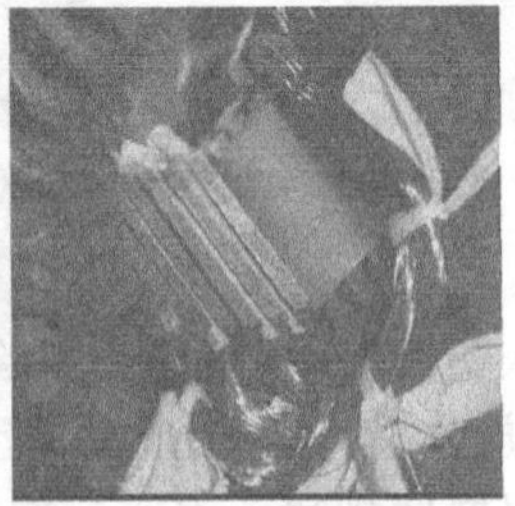

(f) 按此方法逐步嵌入所有线圈

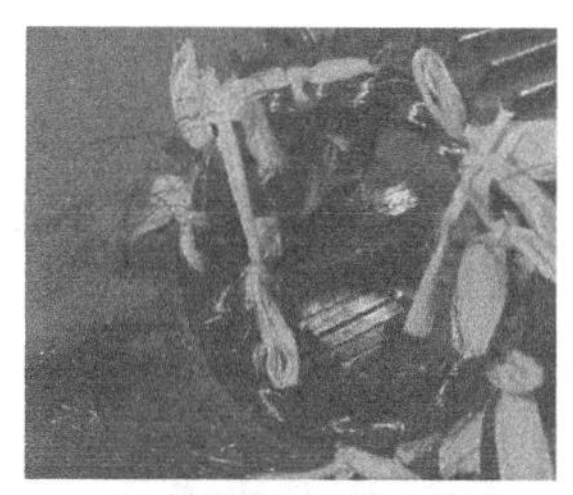

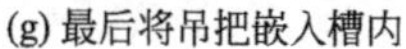

(g) 最后将吊把嵌入槽内

(h) 嵌好线后的定子

图3-39　嵌线步骤

3.2.7　垫相绝缘

嵌好线后，将绝缘纸嵌入导流边中，做好相间绝缘，如图3-40所示。

(a) 垫相间绝缘

(b) 裁切相间绝缘

(c) 垫好相间绝缘

图3-40　垫相绝缘

3.2.8　接线

按照接线规律，将各线头套入绝缘管，将各相线圈连接好，并接好连接电缆，接头处需要用铬铁焊接（大功率电动机需要使用火焰钎焊或电阻焊焊接），如图3-41所示。

(a) 穿入绝缘管

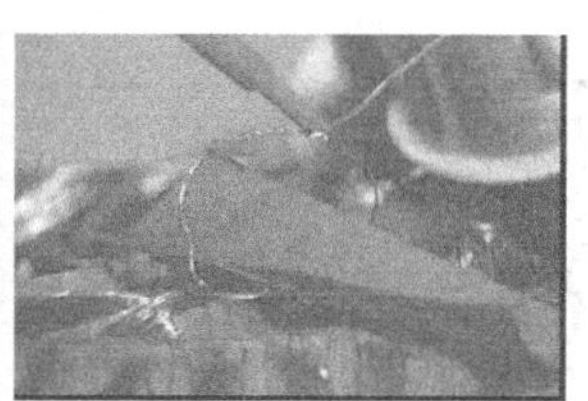

(b) 焊接接头

图3-41　接线

3.2.9 绑扎及整形

用绝缘带将线圈端部绑扎好，并用橡皮锤及打板对端部进行整形，如图3-42所示。电动机接线、捆扎可扫二维码学习。

(a) 绑扎线圈

(b) 整形

图3-42 绑扎及整形

3.2.10 浸漆和烘干

电动机绕组浸漆的目的是提高绕组的绝缘强度、耐热性、耐潮性及导热能力，同时也增加绕组的机械强度和耐腐蚀能力。浸漆操作可扫二维码学习。

① 预加热　浸漆前要将电动机定子进行预烘，目的是排除水分潮气。预烘温度一般为110℃左右，时间为6～8h(小电动机用小值，中、大电动机用大值)。预烘时，每隔1h测量绝缘电阻一次，其绝缘电阻必须在3h内不变化，才可以结束预烘。如果电动机绕组一时不易烘干，则可暂停一段时间，并加强通风，待绕组冷却后，再进行烘焙，直至其绝缘电阻达到稳定状态，如图3-43所示。

(a) 灯泡加热

(b) 烤箱加热

图3-43 预加热

② 浸漆　绕组温度降到50～60℃才能浸漆。E级绝缘常用1032三聚氰胺醇酸漆分两次浸漆。根据浸漆的方式不同，分为浇漆和浸漆两种。

图3-44　浇漆

浇漆是指将电动机垂直放在漆盘上，先浇绕组的一端，再浇另一端。漆要浇得均匀，全部都要浇到，最好重复浇几次，如图3-44所示。

浸漆指的是将电机定子浸入漆筒中15min以上，直至无气泡为止，再取出定子。

③ 擦除定子残留漆　待定子冷却后，用棉丝蘸松节油擦除定子及其他处残留的绝缘漆，目的是使安装方便，转子转动灵活。也可以待烤干后，用金属扁铲铲掉定子铁芯残留的绝缘漆。如图3-45所示。

图3-45　擦除定子残留漆

④ 烘干　烘干过程如图3-46所示。

烘干的目的是使漆中的溶剂和水分挥发掉，使绕组表面形成较坚固的漆膜。烘干最好分为两个阶段：第一阶段是低温烘焙，温度控制在70～80℃，烘2～4h。这样使溶剂挥发不太强烈，以免表面干燥太快而结成漆膜，使内部气体无法排出；第二阶段是高温阶段，温度控制在130℃左右，时间为8～16h。转子尽可能竖烘，以便校平衡。

图3-46 烘干

在烘干过程中，每隔1h用兆欧表测一次绕组对地的绝缘电阻。开始时绝缘电阻下降，后来逐步上升，最后3h必须趋于稳定，电阻值一般在5MΩ以上，烘干才算结束。

常用的烘干方法有以下几种。

a．灯泡烘干法。操作此法的工艺、设备简单方便，耗电少，适用于小型电动机，烘干时注意用温度计监视定子内的温度，不得超过规定的温度，灯泡也不要过于靠近绕组，以免烤焦。为了升温快，应将灯泡放入电机定子内部，并加盖保温材料（可以使用纸箱）。

b．烘房烘干法。在通电的过程中，必须用温度计监测烘房的温度，不得超过允许值。烘房顶部留有出气孔，烘房的大小根据常修电动机容量大小和每次烘干电动机的台数决定。

c. 电流烘干法。将定子绕组接在低压电源上，靠绕组自身发热进行干燥。烘干过程中，须经常监视绕组温度。若温度过高则应暂时停止通电，以调节温度，还要不断测量电动机的绝缘电阻，符合要求后就停止通电。

3.2.11 电动绕组及电动机特性试验

① 电动机浸漆烘干后，应用兆欧表及万用表对电动机绕组进行绝缘检查，如图3-47所示，电动机烘焙完毕，必须用兆欧表测量绕组对机壳及各相绕组相互间的绝缘电阻。绝缘电阻每千伏工作电压不得小于1MΩ；一般低压（380V）、容量在100kW以下的电动机不得小于0.5MΩ；滑环式电动机的转子绕组的绝缘电阻亦不得小于0.5MΩ。三相电动机绕组好坏、判断（或绝缘检查）可扫二维码学习。

② 三相电流平衡试验。将三相绕组并联通入单相交流电（电压为24 ～ 36V），如图3-48所示。如果三相的电流平衡，则表示没有故障；如果不平衡，则说明绕组匝数或导线规格可能有错误，或者有匝间短路、接头接触不良等现象。

图3-47　电动机绝缘检查

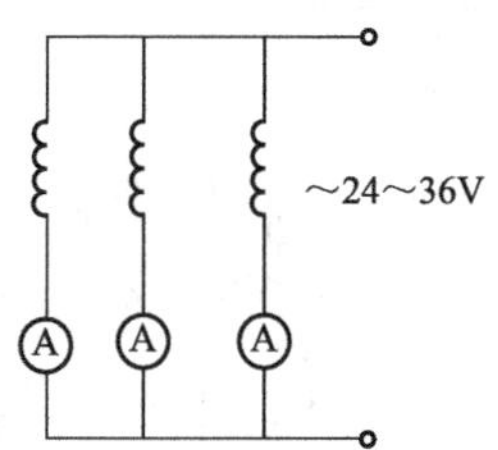

图3-48　三相电流平衡试验

③ 直流电阻测量。将要测量的绕组串联一只直流电流表接到6 ～ 12V的直流电源上，再将一只直流电压表并联到绕组上，测出通过绕组的电流和绕组上的电压降，再算出电阻。或者用电桥测量

各绕组的直流电阻，测量三次取其平均值，即$R=\frac{R_1+R_2+R_3}{3}$。测得的三相之间的直流电阻误差不大于±2%，且直流电阻与出厂测量值误差不大于±2%，即为合格。但若测量时，温度不同于出厂测量温度，则可按下式换算（对铜导线）：

$$R_2=R_1\frac{235+T_2}{235+T_1}$$

式中 R_2——在温度为T_2时的电阻；

R_1——在温度为T_1时的电阻；

T_1，T_2——温度。

④ 耐压试验。耐压试验是做绕组对机壳及不同绕组间的绝缘强度试验。对额定电压为380V、额定功率在1kW以上的电动机，试验电压有效值为1760V；对额定功率小于1kW的电动机，试验电压为1260V。绕组在上述条件下，承受1min而不发生击穿者为合格。

⑤ 空载试验。电动机经上述试验后无误后，对电动机进行组装并进行半小时以上的空载通电试验。如图3-49所示空载运转时，三相电流不平衡应在±10%以内。如果空载电流超出容许范围很多，则表示定子与转子之间的气隙可能超出容许值，或是定子匝数太少，或是应一路串联但错接成两路并联了；如果空载电流太低，则表示定子绕组匝数太多，或应是三角形连接但误接成星形，两路

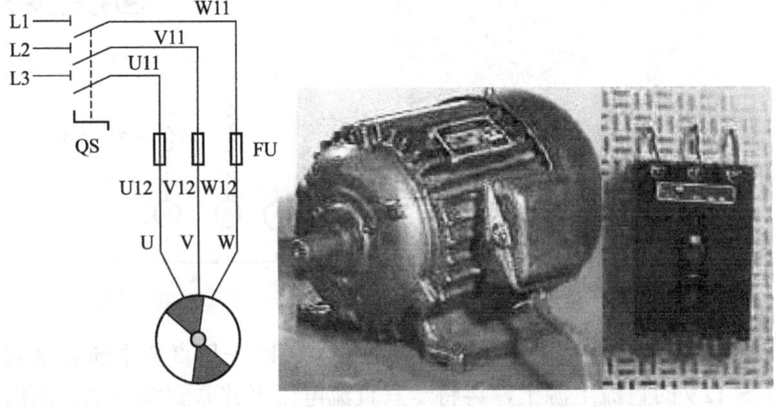

图3-49　对组装好的电动机通电试验

并联错接成一路串联等。此外，还应检查轴承的温度是否过高，电动机和轴承是否有异常的声音等。滑环式异步电动机空转时，还应检查启动时电刷有无冒火花、过热等现象。

单相电动机绕组好坏判断见5.1节。

3.3 电动机绕组改制及重绕计算

3.3.1 绕组的改制

在电动机的检修工作中，经常会遇到电动机铭牌丢失或绕组数据无处考查的情况。有时还需要改变使用电压，变更电动机转速，改变导线规格来修复电动机的绕组。这时必须经过一些计算，才能确定所需要的数据。

3.3.1.1 改变导线规格的计算

当修复一台电动机时，如果没有原来规格的导线，则可以选用其他规格的导线，但其截面要等于或接近于原来的导线截面，使修复后电动机的电流密度不超过表3-4所列的数值。

表3-4 中小型电动机铜线电流密度容许值 A/m^2

极数 型式	2	4	6	8
封闭式	4.0 ～ 4.5	4.5 ～ 5.5		4.0 ～ 5.0
开启式	5.0 ～ 6.0	5.5 ～ 6.5		5.0 ～ 6.0

注：1．表中数据适用于系列产品，对早年及非系列产品应酌情减小10%～15%。
2．一般小容量的电动机取其较大值，较大容量的电动机取其较小值。

（1）改变线圈导线的并绕数 如果没有相同截面的导线，则可以将线圈中较大截面的导线换为两根或数根较小截面的导线并绕，匝数不变。但此时需要考虑导线在槽内是否能装得下，也就是要验算电动机的槽满率。

所谓槽满率F_m，就是槽内带绝缘导体的总截面与槽的有效截面的比值。

$$F_m=\frac{NS}{S_c}=\frac{Nnd^2}{S_c}\times\frac{\pi}{4}\approx\frac{Nnd^2}{S_c}$$

式中 N——槽内导体数；

d——带绝缘导线的外径；

n——每个线圈并绕导线的根数，由不同外径的导线并绕时，式中的（nd^2）应换以不同的线径平方之和，即 $nd^2=d_1^2+d_2^2+d_3^2+\cdots$；

S_c——定子铁芯槽的面积减去槽绝缘和槽楔后的净面积，mm^2。

一般 F_m 值控制在0.60～0.75的范围内。

（2）改变绕组的并联支路数 原来为一个支路接线的绕组，如果没有相同规格的导线，则可换用适当规格的导线，并改变其支路数。在改变支路数的线圈中，每根导线的截面积 S 支路 a 成反比：

$$S_{\mathrm{II}}=\frac{S_{\mathrm{I}}}{a_{\mathrm{II}}}$$

每个线圈的匝数 W 与并联支路数 a 成正比：

$$W_{\mathrm{II}}=a_{\mathrm{II}}W_{\mathrm{I}}$$

在以上公式中，字母下脚注有Ⅰ者为原有数据；注有Ⅱ者，为改变支路数后的各种数据。

3.3.1.2 电动机重绕线圈的计算

若鼠笼式异步电动机的铭牌和绕组数据已遗失，则根据电动机铁芯，可按下述方法重算定子绕组（适用于50Hz、100kW以下低压绕组）。

① 先确定重绕后电动机的电源电压和转速（或极数）。

② 测量定子铁芯内径 D_1（cm），铁芯长度 L（不包括通风槽）（cm），定子槽数 Z_1，定子槽截面积 S_c（mm^2），定子齿的宽度 b_2（cm）和定子轭的高度 h_a（cm）。选 p 为极对数。

③ 极距：

$$\tau=\frac{\pi D_1}{2p}\ (\mathrm{cm})$$

④ 每极磁通：

$$\Phi=0.637\tau LB_g\times 0.92\ (\mathrm{Mx})\quad (1\mathrm{Mx}=10^{-8}\mathrm{Wb})$$

式中　B_g——气隙磁通密度，Gs（$1Gs=10^{-4}T$）；

L——铁芯长度，cm。

⑤ 验算轭磁通密度：

$$B_a=\frac{\Phi}{2h_aL\times0.92}\ (\text{Gs})$$

计算所得的B_a值应按表3-5所列进行核对，如相差很大，就说明极数$2p$选择得不正确，应重新选择极数；如相差不大，则可重新选择B_g，以适合于表3-5中所列B_a的数值。

⑥ 验算齿磁通密度：

$$B_z=\frac{1.57\Phi}{\frac{Z_1}{2p}b_zL\times0.92}\ (\text{Gs})$$

所得B_z值应符合表3-5所列的数值，如有相差则可以重选B_g值（重复以上计算使得出的B_z值符合表3-5所列的数值）。

表3-5　小型异步电动机定子绕组电磁计算的参考数据

数值名称	符号	单位	定子铁芯外径/mm		
			150～250	200～350	350～750
气隙磁通密度	B_g	Gs	6000～7000	6500～7500	7000～8000
轭磁通密度	B_a	Gs	11000～15000	12000～15000	13000～15000
齿磁通密度	B_z	Gs	13000～16000	14000～17000	15000～18000
A级绝缘防护式电动机定子绕组的电流密度	j_1	A/mm^2	5～6	5～5.6	5～5.6
A级绝缘封闭式电动机定子绕组的电流密度	j_1	A/mm^2	4.8～5.5	4.2～5.2	3.7～4.2
线负载	AS	A/cm	150～250	200～350	350～400

⑦ 确定线圈节距的绕组系数K：

单层线圈采用全节距：

$$Y=\frac{Z_1}{2p}$$

双层线圈采用短节距，短距系数β按下式计算：

$$\beta=\frac{Y_1}{Y}$$

式中　Y_1——短距线圈的节距。

一般取短距系数β约在0.8，根据短距系数及分布系数γ（由每极每相的线圈元件数来决定）按表3-6所示决定绕组系数K。

表3-6　双层短距绕组的绕组系数K

每极每相的线圈元件数	分布系数（γ）	短距系数（β）								
		0.95	0.90	0.85	0.80	0.75	0.70	0.65	0.60	0.55
1	1.0	0.997	0.988	0.972	0.951	0.924	0.891	0.853	0.809	0.760
2	0.966	0.963	0.954	0.939	0.910	0.893	0.861	0.824	0.784	0.735
3	0.960	0.957	0.948	0.933	0.913	0.887	0.855	0.819	0.777	0.730
4	0.985	0.955	0.947	0.931	0.911	0.885	0.854	0.817	0.775	0.728
5～7	0.957	0.954	0.946	0.930	0.910	0.884	0.853	0.816	0.774	0.727

⑧ 绕组每相匝数：

$$单层绕组W_1=\frac{U_{xg}\times10^6}{2.22\Phi}（匝/相）$$

$$双层绕组W_2=\frac{U_{xg}\times10^6}{2.22K\Phi}（匝/相）$$

⑨ 每槽有效导线数：

$$n_0=\frac{6W_1}{Z_1}（根/槽）$$

⑩ 导线截面积：

$$S_1=\frac{S_cK_r}{n_c}（mm^2）$$

式中　S_c——槽的截面积mm^2；

K_r——槽内充填系数，当采用双纱包圆铜线时，$K_r=0.35$～

0.42；采用单纱漆包线时，$K_r=0.43\sim0.45$；采用漆包线时，$K_r=0.46\sim0.48$。

当导线截面较大时，可采用多根导线并联绕制线圈，或按表3-7所示采用2路以上的并联支路数。这时每根导线截面积S_x按下式计算：

$$S_x=\frac{S_1}{2an}$$

式中　n——每个线圈的并绕导线数；

2——系数，表示双层绕组。

表3-7　三相绕组并联支路数a

极数	2	4	6	8	10	12
并联支路数	1、2	1、2、4	1、2、3、6	1、2、3、8	1、2、5、10	1、2、3、4、6、12

⑪ 确定每根导线的直径：

$$d=\sqrt{\frac{S_x}{\pi/4}}\ (\text{mm})$$

⑫ 每相绕组容许通过的电流：

$$I_{nxg}=S_1 j_1=2anS_x j_1\ (\text{A})$$

式中　J_1——电流密度，由表3-5查出。

⑬ 验算线负载：

$$AS=\frac{I_n n_c Z_1}{\pi D_1}\ (\text{A/cm})$$

计算所得值应符合表3-5所列，否则应重选J_1。

⑭ 确定电动机额定功率：

$$P_n=3U_{xg}I_{nxg}\cos\phi\eta\times10^{-3}=\sqrt{3}\,U_n I_n\cos\phi\eta\times10^{-3}\ (\text{kW})$$

【例3-1】一台防护式鼠笼型异步电动机，其铭牌和绕组数据已遗失，定子铁芯的数据测量如下：

定子铁芯外径$D=38.5$cm。

定子铁芯内径$D_1=25.4$cm。

定子铁芯长度$L=18cm$。

定子槽数$Z_1=48$。

定子槽截面积$S_c=252mm^2$，定子齿的宽度$b_z=0.70cm$，定子轭的高度$h_a=3.7cm$，求定子绕组数据和电动机功率。

解：① 确定电源电压为3相、50Hz、380V，电动机转速为1440r/min（即磁极数为4）。

② 定子铁芯的数据已测得。

③ 极距：

$$\tau=\frac{\pi D_1}{2p}=\frac{3.14\times25.4}{4}=20\text{（cm）}$$

④ 根据定子铁芯外径$D=38.5cm$，取$B_g=7500Gs$，故每极磁通：

$$\Phi=0637\tau LB_g\times0.92=0.637\times20\times18\times7500\times0.92$$
$$=1.58\times10^6\text{（Mx）}$$

⑤ 验算轭磁通密度：

$$B_a=\frac{\Phi}{2h_aL\times0.92}=\frac{1.58\times10^6}{2\times3.7\times18\times0.92}\approx13000\text{（Gs）}$$

计算所得B_a值基本符合表3-5中所示的范围。

⑥ 验算齿磁通密度：

$$B_z=\frac{1.57\Phi}{\frac{Z_1}{2p}b_zL\times0.92}=\frac{1.57\times1.58\times10^6}{\frac{48}{4}\times0.7\times18\times0.92}=17800\text{（Gs）}$$

B_z值符合表3-5中所示的范围。

⑦ 选用双层叠绕线圈，短节距。取短距系数$\beta=0.8$：

$$Y_1=\beta\frac{Z_1}{2p}=0.8\times\frac{48}{4}\approx10$$

故线圈槽距为1～11。每根每相元件数为3，得绕组系数$K=0.913$。

⑧ 采用△接法，$U_{xg}=380V$。

绕组每相匝数：

$$W_2=\frac{U_{xg}\times10^6}{2.22\Phi K}=\frac{380\times10^6}{2.22\times1.58\times10^6\times0.913}=119\text{（匝/相）}$$

⑨ 每槽有效导线数：

$$n_c=\frac{6W_2}{Z_1}=\frac{6\times119}{48}=14.9\text{（根/槽）}$$

n_c应为整数，且双层绕组应取偶数，故取$n_c=14$（根/槽）。

⑩ 导线采用高强度漆包线，其截面面积：

$$S_1=\frac{S_cK_r}{n_c}=\frac{252\times0.46}{14}=8.28\text{（mm}^2\text{）}$$

因单根导线截面较大，故分为三根并绕，每根导线的截面为8.28÷3=2.76（mm^2）。

⑪ 查漆包线截面表（表3-9），截面为2.76mm^2的漆包线，标称直径取1.88mm。

⑫ 由表3-5取$j_1=5.0A/mm^2$，故相电流：

$$I_{nxg}=S_1j_1=8.28\times5=41.4\text{（A）}$$

⑬ 验算线负荷：

$$AS=\frac{I_nn_cZ_1}{\pi D_1}=\frac{41.4\times14\times48}{3.14\times25.4}=349\text{（A/匝）}$$

计算所得AS值符合表3-5内所示的范围。

⑭ 根据极数和相电流关系查函数表，取$\cos\phi$为0.88，η为0.895，故电动机的功率为：

$$\begin{aligned}P_n&=\sqrt{3}\,U_nI_n\cos\phi\eta\times10^{-3}\\&=1.73\times380\times41.4\times0.88\times0.895\times10^{-3}=21.4\text{（kW）}\end{aligned}$$

3.3.2 电动机改极改压

在生产中，有时需改变电动机绕组的连接方式，或重新配制绕组来改变电动机的极数，以获得所需要的电动机转速。

（1）改极计算 改极计算应注意以下事项：

① 由于电动机改变了极数，必须注意，定子槽数Z_1与转子槽数Z_2的配合不应有下列关系：

$$Z_1-Z_2=\pm 2p$$
$$Z_1-Z_2=1\pm 2p$$
$$Z_1-Z_2=\pm 2\pm 4p$$

否则电动机可能发生强烈的噪声，甚至不能运转。

② 改变电动机极数时，必须考虑到电动机容量将与转速近似成正比地变化。

③ 改变电动机转速时，不宜使其前后相差过大，尤其是提高转速时应特别注意。

④ 提高转速时，应事先考虑到轴承是否会过热或寿命过低，转子和转轴的机械强度是否可靠等，必要时应进行验算。

⑤ 绕线式电动机改变极数时，必须将定子绕组和转子绕组同时更换，所以一般只对鼠笼式电动机定子线圈加以改制。

（2）改变极数的两种情况 一种是不改变绕组线圈的数据，只改变其极相组及极间连线，其电动机容量保持不变。此时，应验算磁路各部分的磁通密度，只要没有达到饱和值或超过不多即可。

另一种情况是重新计算绕组数据。改制前，应确切记好电动机的铭牌、绕组和铁芯的各项数据，并按所述方法计算改制前绕组的W_1、Φ、B_z、B_a、n_c和AS等各项数据，以便和改制后相应的数据作对比。

① 改制后提高电动机转速的方法和步骤

a．改制后极距$\tau'=\dfrac{\pi D_1}{2p'}$（cm）

b．改制后每极磁通$\Phi'=1.84h_aLB'_a$（Mx）

式中 B'_a——轭磁通密度改制后可选为18000Gs。由于改制后电动机极数减少，因此B'_a增高，为了不使轭部温升过高，B'_a不宜超过18000Gs。

② 改制后绕组每相串联匝数

a．单层绕组$W_1=\dfrac{U_{xg}\times 10^6}{2.22\Phi'}$（匝/相）

b．双层绕组$W'_1=\dfrac{U_{xg}\times 10^6}{2.22K'\Phi'}$（匝/相）

其余各项数据的计算与旧定子铁芯重绕线圈的计算相同。但由于转速提高后极距r增加，所以空气隙B_g和齿的B_z的数值比表3-5中所列的相应数值小。

③ 改制后降低电机转速的计算方法

a．极距$\tau'=\frac{\pi D_1}{2p'}$（cm）

b．每极磁通$\Phi'=0.586\tau'LB'_g$（Mx）

由于极数增加，极距减小，定子磁通密度显著减小，因此可将B_g数值较改制前数值提高5%～14%，B_z值也相应提高5%～10%。

其余各项数据计算与电动机空壳重绕线圈的计算相同。

必须指出：异步电动机改变极数重绕线圈后，不能保证铁芯各部分磁通保持原来的数值，因而η、$\cos\phi$、I_o、启动电流等技术性能指标也有较大的变动。

（3）改压计算

① 要将原来运行于某一电压的电动机绕组改为另一种电压时，必须使线圈的电流密度和每匝所承受的电压尽可能保持原来的数值，这样可使电动机各部温升和机械特性保持不变。

改变电压时，首先考虑能否用改变接线的方法使该电动机适用于另一电压。

计算公式如下：

$$K=\frac{U'_{xg}}{U_{xg}}\times 100\%$$

式中 K——改接前后的电压比；

U'_{xg}——改接后的绕组相电压；

U_{xg}——改接前的绕组相电压。

根据计算所得的电压比K再查阅表3-8，查得的“绕组改接后接线法”应符合表3-8的规定，同时由于改变接线时没有更换槽绝缘，必须注意原有绝缘能否承受改接后所用的电压。

表 3-8　三相绕组改变接线的电压比

%

绕组改后接线法 / 绕组原来接线法	一路Y形	二路并联Y形	三路并联Y形	四路并联Y形	五路并联Y形	六路并联Y形	八路并联Y形	十路并联Y形	一路△形	二路并联△形	三路并联△形	四路并联△形	五路并联△形	六路并联△形	八路并联△形	十路并联△形
一路Y形	100	50	33	25	20	17	12.5	10	58	69	19	15	12	10	7	6
二路并联Y形	200	100	67	50	40	33	25	20	116	58	39	29	23	19	15	11
三路并联Y形	300	150	100	75	60	50	38	30	173	87	58	43	35	29	22	17
四路并联Y形	400	200	133	100	80	67	50	40	232	116	77	58	46	39	29	23
五路并联Y形	500	250	167	125	100	83	63	50	289	144	96	72	58	48	36	29
六路并联Y形	600	300	200	150	120	100	75	60	346	173	115	87	69	58	43	35
八路并联Y形	800	400	267	200	160	133	100	80	460	232	152	120	95	79	58	46
十路并联Y形	1000	500	333	250	200	167	125	100	580	290	190	150	120	100	72	58
一路△形	173	80	58	43	35	29	22	17	100	50	33	25	20	17	12.5	10
二路并联△形	346	173	115	87	60	58	43	35	200	100	67	50	40	33	25	20
三路并联△形	519	259	173	130	104	87	65	52	300	150	100	75	60	50	38	30
四路并联△形	692	346	231	173	138	115	86	69	400	200	133	100	80	60	50	40
五路并联△形	865	433	288	216	173	144	118	86	500	250	167	125	100	80	63	50
六路并联△形	1038	519	346	260	208	173	130	104	600	300	200	150	120	100	75	60
八路并联△形	1384	688	404	344	280	232	173	138	800	400	267	200	160	133	100	80
十路并联△形	1731	860	580	430	350	290	216	173	1000	500	333	250	200	167	125	100

② 如果无法改变接线，只得重绕线圈。重绕后，绕组的匝数 W'_1 和导线的截面积 S'_1 可由下式求得。

$$W'_1=\frac{U'_{xg}}{U_{xg}}W_1$$

$$S'_1=\frac{U_{xg}}{U'_{xg}}S_1$$

式中　W_1——定子绕组重绕前的每相串联匝数；

S_1——定子绕组重绕前的导线截面积，mm^2。

如果导线截面积较大，则可采用并绕或增加并联支路数。

当电动机由低压改为高压（500V以上）时，因受槽形及绝缘的限制，电动机容量必须大大地减少，所以一般不宜改高压。当电动机由高压改为低压使用时，绕组绝缘可以减薄，可采用较大截面的导线，这样电动机的出力可稍增大。

【例3-2】有一台3000V、8极、一路Y形接线的异步电动机要改变接线，使用于380V的电源上，应如何改变接线？

解：首先计算改接前后的电压比K：

$$K=\frac{380}{3000}\times 100\%=12.7\%$$

再查表3-8第一行"八路并联Y形"的数字12.5最为相近，而这种接线又符合表3-8中的规定，所以该电机可以改接成八路并联Y形，运行于380V的电源电压下。

3.3.3 导线的改制

（1）铝导线换成铜导线　电动机中的绕组采用铝导线，在修复时如果没有同型号的铝导线，则要经过计算把铝导线换成铜导线。

因为铜导线是铝导线电阻系数的1/1.6倍，为了保持原定子绕组的每相阻抗值不变与通过定子绕组的电流值不变，根据公式$d_{铜}=0.8d_{铝}$，可计算出所要代换铜导线的直径。式中，$d_{铜}$代表铜导线直径；$d_{铝}$代表铝导线直径。

【例3-3】有一台电动机的绕组是直径为1.4mm的铝导线，修理时因没有这种型号的铝导线，问需要多大直径的铜导线？

根据公式$d_{铜}=0.8d_{铝}$得：$d_{铜}=0.8\times1.4=1.12$（mm）

改后应需直径是1.12mm的铜导线。根据这个例子可以看出，铝导线换成铜导线直径变小，槽满率（槽满率就是槽内带绝缘体的总面积与铁芯槽内净面积的比值）下降。在下线时可以多垫一层绝缘纸，但并绕根数、匝数必须与改前相同。一般电动机不管用什么材料的导体和绝缘材料，出厂时槽满率都设计为60%～80%。

（2）铜导线换成铝导线 将铜导线换成铝导线绕制的电动机绕组也要经过计算，公式是：

$$d_{铝}=\frac{d_{铜}}{0.8}$$

【例3-4】一台5.5kW电动机，铜导线直径是1.25mm，准备改用铝导线绕制，问需多大直径的铝导线？

根据公式：$d_{铝}=\frac{1.25}{0.8}=1.5$（mm），通过计算要选用直径是1.5mm的铝导线。

通过上式可以看出以铝导线代换铜导线时，导线加粗了，槽满率会提高，给下线带来困难。因此最好先绕出一把线试一下，如果改后铝线能下入槽中则改，槽满率过高不能下入槽中就不改。改后铝导线在接线时没有焊接材料，不能焊接时，可直接绞在一起，但一定要把铝接头拧紧，防止接触不良打火而烧坏线头。

（3）两种导线的代换 同种导线代换是根据代换前后导线截面积相等的条件而进行的，表3-9中列出了QQ与QI型直径0.06～2.44mm的铜漆包线的规格，有了导线直径就可以直接查出该导线的截面积。

实际情况中，有时想把原电动机绕组中两根导线变换成一根，有时想把原绕组一根导线变换成两根，这都需要计算。

【例3-5】JO2-51-4型7.5kW电动机，该电动机绕组用$\phi1.00$mm的漆包线两根并绕，每把线是38匝，在修理时无$\phi1.00$mm导线，电动机又急等使用，这就要经过计算，两根导线用一根代替，要保证代换前两根$\phi1.00$mm的漆包线的截面积与代换后一根漆包线的截面积相同。经查表可知ϕ1.00mm的导线截面积是0.785mm^2，两根截面积为0.785×2=1.57（mm^2），查表截面积1.57mm^{2}只近似于1.539mm^2，截面积为1.539mm^{2}所对应的导线直径为1.4mm，所以两根ϕ1.00mm的漆包线并绕可用一根ϕ1.40mm的漆包线代换。原两根并绕是38匝（对），改后用ϕ1.40mm的漆包线仍绕出38匝即可。

表3-9　QQ、QI漆包线的直径、截面积

导线直径/mm	带漆导线直径/mm	导线截面积/mm^2	导线直径/mm	带漆导线直径/mm	导线截面积/mm^2
0.06	0.09	0.00283	0.38	0.44	0.1134
0.07	0.10	0.00385	0.41	0.47	0.1320
0.08	0.11	0.00503	0.44	0.50	0.1521
0.09	0.12	0.00636	0.47	0.53	0.1735
0.10	0.13	0.00785	0.49	0.55	0.1886
0.11	0.14	0.00950	0.51	0.58	0.204
0.12	0.15	0.01131	0.53	0.60	0.221
0.13	0.16	0.0133	0.55	0.62	0.238
0.14	0.17	0.0154	0.57	0.64	0.256
0.15	0.18	0.01767	0.59	0.66	0.273
0.16	0.19	0.0201	0.62	0.69	0.302
0.17	0.20	0.0277	0.64	0.72	0.322
0.18	0.21	0.0275	0.67	0.75	0.353
0.19	0.22	0.0284	0.69	0.77	0.374
0.20	0.23	0.0314	0.72	0.80	0.407
0.21	0.24	0.0346	0.74	0.83	0.430
0.23	0.25	0.0415	0.77	0.86	0.466
0.25	0.23	0.0491	0.80	0.89	0.503
0.27	0.30	0.0573	0.83	0.92	0.541
0.29	0.32	0.0661	0.83	0.95	0.561
0.31	0.34	0.0775	0.90	0.99	0.606
0.33	0.36	0.855	0.93	1.02	0.670
0.35	0.41	0.0962	0.96	1.05	0.724

续表

导线直径/mm	带漆导线直径/mm	导线截面积/mm²	导线直径/mm	带漆导线直径/mm	导线截面积/mm²
1.00	1.11	0.785	1.56	1.67	1.911
1.04	1.15	0.840	1.62	1.73	2.06
1.08	1.10	0.916	1.68	1.79	2.22
1.12	1.23	0.985	1.74	1.85	2.38
1.16	1.27	1.057	1.81	1.93	2.57
1.20	1.31	1.131	1.88	2.00	2.78
1.25	1.36	1.227	1.95	2.07	2.99
1.30	1.41	1.327	2.02	2.14	3.20
1.35	1.46	1.431	2.10	2.23	3.46
1.40	1.51	1.539	2.26	2.39	4.01
1.45	1.56	1.651	2.44	2.57	4.68
1.50	1.61	1.767			

（4）线把导线直径和匝数

① 导线的直径　导线的直径是指导线绝缘皮去掉的直径，用毫米做单位，测量导线之前要先把导线的绝缘皮用火烧掉，一般把导线端部用火烧红一两遍，用软布擦几次，就把绝缘层擦没了，切不可用刀子刮或用砂布之类擦导线绝缘层，那样测出的导线直径就不准了。测量导线要用千分尺，这是修理电动机必备的测量工具，使用方法见产品说明书，也可以向车工师傅请教。

表3-9中列出了QQ和QI型漆包线的规格，实际三相异步电动机用导线的直径在0.57～1.68mm，在一个线把中多用一样直径的导线绕制，但也有的电动机每一个线把都是用两种或两种以上规格的导线绕制而成的。比如JQ-83-4，JO-62-6型电动机，每把线的直径都是用ϕ1.35mm和ϕ1.45mm两根线并绕的，所以拆电动机绕组时要反复测准每把线中每种导线的直径。

② 线把的匝数　线把的匝数是指单根导线绕制的总圈数。比如JO2-41-4型电动机的技术数据表上标明，导线直径为1.00mm，并绕根数是1，匝数是52，就是说这种电动机每一个线把都是用直径为1mm的导线单根绕52匝而成的。

（5）线把的多根并绕　多根并绕是用两根以上导线并绕成线把，在绕组设计中，不能靠加大导线直径来提高通过线把中的电流，因为导线的“集肤”效应会使导线外部电流密度增大，温度增高，加速导线绝缘老化，使导线变粗，也给嵌线带来困难。这就要靠导线的多根并绕来解决。在三相异步电动机中每把线并绕根数为2～12根，检查多根并绕时，每把线的头尾是几根线，就证明这个电动机绕组中每把线就是几根并绕的，如图3-50（a）所示线把的头尾是2根，这个线把就是2根并绕；图3-50（b）所示线把的头尾是3根，这个线把就是3根并绕。J03-280S-2型100kW电动机每把线的头尾有12根线头，这种绕组的线把就是12根并绕。

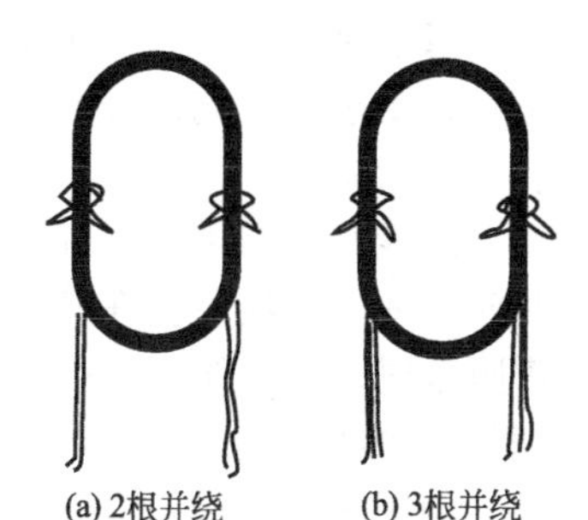

图3-50　线把的多根并绕

在绕组展开图中，不管线把是几根并绕，都用图3-50（a）或图3-50（b）来表示，在绕组展开图上表现不出多根并绕，只是在技术数据表上标明。多根并绕的线把代表截面积加大的一根导线绕制出的线把。弄明白线把的多根并绕，这样才能与下面讲的多路并联区别开。

多根并绕线把的匝数等于这个线把的总匝数被并绕根数所除得到的商。比如JO2-51-4型7.5kW电动机是双根并绕，数得每把线是76匝，76匝被2所除，商数是38匝，则这把线的匝数就是38匝。数据表上写着2根并绕，匝数是38匝，就是这个意思。在绕制新线把时，还要用同型号导线2根并在一起，绕出38匝。最简单的办法是，线把是几根并绕就几根并在一起看做是一根导线，然后绕出固定的匝数。

3.4　各种形式绕组的绕制与嵌线接线工艺

3.4.1　绕线工艺

（1）绕线准备　根据并绕根数放好线轴，一根线只用一个线轴放线即可。把绕线模安装在绕线机上，并固定好。绕线机有手动的和电动的两种。通常小型电动机的绕组是在手动绕线机上绕制，开始绕制时要把计圈器的指针调到零位，检查绕线机动作是否正常。

绕线模是根据绕线要求确定的，在绕制单层小型电动机线圈时最好是一次连续绕完一相或一个极相组的线圈，这样可节省过线的焊接头和套管，也避免开焊等隐患。如果绕线模不够，也可以单个线圈绕制，这样接头就非常多了。在绕小型双层绕组和正弦同心式绕组时，通常是连续绕完一个极相组线圈。

（2）绕线工艺 开始绕线时，要确认绕线模尺寸和电磁线规格是符合要求的。先试绕一个绕圈，拆下后检查线圈质量，合格后才能再继续绕线。

绕线时，右手顺时针转动绕线机手柄，左手从右边第一个模芯开始放线，将线头留在跨线槽端，边绕边看计圈器指针，当达到所需匝数时，停止绕线，把导线从端部跨线槽过到第二个模芯上继续绕第二个线圈。

由于单相电动机线圈尺寸小，导线较细，所以绕线时拉力不可过大，否则导线会被拉细，造成绕组直流电阻增大，各线圈电阻不一致，使电动机因铜损耗增大而发热。另外拉力过大也会使电码北线外表漆膜拉裂，造成匝间短路隐患。拉力大小与导线粗细有关，绕线时可参考表3-10。

表3-10 较细导线绕制中的拉力

序号	导线直径/mm	拉力/N	序号	导线直径/mm	拉力/N
1	0.02	3.5×10^{-3}	10	0.11	0.1
2	0.03	7.5×10^{-3}	11	0.12	0.12
3	0.04	1.3×10^{-2}	12	0.13	0.14
4	0.05	2.1×10^{-2}	13	0.14	0.16
5	0.06	3×10^{-2}	14	0.15	0.19
6	0.07	4.2×10^{-2}	15	0.16	0.22
7	0.08	5.4×10^{-2}	16	0.17	0.24
8	0.09	6.9×10^{-2}	17	0.18	0.27
9	0.10	8.5×10^{-2}	18	0.19	0.30

续表

序号	导线直径/mm	拉力/N	序号	导线直径/mm	拉力/N
19	0.20	0.32	26	0.27	0.62
20	0.21	0.37	27	0.28	0.66
21	0.22	0.40	28	0.29	0.70
22	0.23	0.45	29	0.30	0.75
23	0.24	0.48	30	0.31 ～ 0.35	0.79 ～ 0.89
24	0.25	0.51	31	0.36 ～ 0.40	0.92 ～ 1.03
25	0.26	0.56	32	0.41 ～ 0.51	1.38 ～ 1.63

在绕线过程中，要注意以下几点：

① 线圈匝数要准确。

② 线圈导线排列要整齐。

③ 绕线时位力大小要适当。

④ 绕完后线圈绑扎要合适。

⑤ 引出线和过线留的长短符合要求。

（3）线圈检查项目

① 用双臂电桥测量线圈的直流电阻值应符合要求。

② 线圈尺寸大小符合要求，线圈外观和导线绝缘状态正常。

③ 线圈匝数正确。

3.4.2 嵌线和接线工艺

三相电动机绕组嵌线、接线操作可扫二维码学习。单相电动机嵌线工具较简单，常用的工具有线压子（压脚）、划线板（理线板）、剪刀、锤子、打板、电工刀等。

将线圈嵌入槽内的关键是要保护槽绝缘和导线绝缘不受损伤，尤其槽口处绝缘不应在压型时将其压破。导线在槽内排列要整齐，不可有导线交叉现象，尤其是槽满率较高时，往往因导线在槽内排列不整齐而造成匝间绝缘破裂。

通常单相电机的主绕组嵌在槽的下层，辅绕组嵌在槽的上层。根据绕组形式和绕线方式不同，嵌线方式也不同。下面介绍单相电动机常见的几种嵌线方法。

（1）励磁绕组的嵌线 这类绕组是集中绕组，常用在小型鼓风机定子上（罩极绕组），另外手电钻的定子绕组也是采用这种绕组形式。定子铁芯无槽，绕组套放在铁芯的磁极上，通地销子或弹性纸楔撑在铁芯上，如图3-51（a）、（b）所示，所以嵌装比较简单。

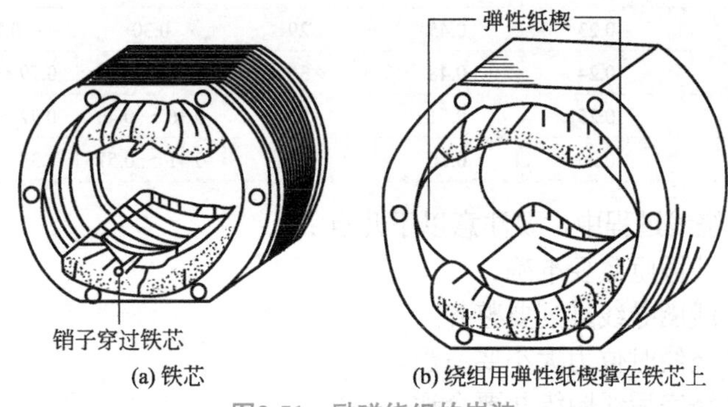

(a) 铁芯 (b) 绕组用弹性纸楔撑在铁芯上

图3-51 励磁绕组的嵌装

当励磁绕组绕好后，卸模，包好对地绝缘，然后经过压型达到所需尺寸（小型线圈不经压型，用手工整型即可），最后将线圈套入磁极内。可先浸漆后套入，也可先套入后浸漆，后者套入方便，套入后浸漆质量较好，因为可使线圈与铁芯粘成一体。在套入磁极时，应注意：铁芯尖角勿损伤线圈绝缘，必要时要用绝缘纸垫上尖角处保护好；线圈的极性要正确，比如上边是N极，下边是S极，如果把上下磁极线圈全接成N极或S极，则电动劝机转速减半，不能满足工作要求；引出线方向不要弄错。

线圈磁入磁极后，应检查有无匝间短路和断路故障，直流电阻应合格，最后还要做耐压试验。

（2）正弦绕组嵌线方法 图3-52所示2极16槽正弦绕组展开图。主绕组有两个相组，从左向右分别用UI、UII表示，辅绕组也有两个极相组，分别用ZI、ZII表示。

主、辅绕组每极相绕组都有三个同心式线圈串产，相邻的两个极相组（也就是两个极）是显极接法，所以是尾、尾或首、首相连接。

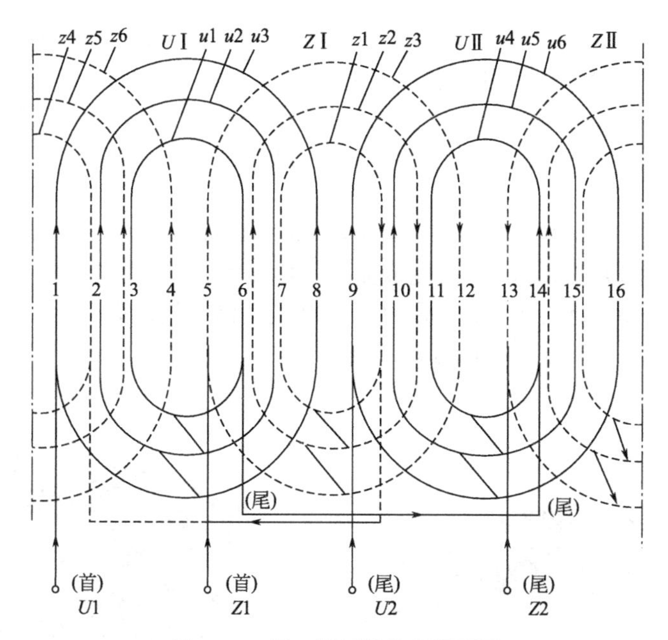

图3-52　2极16槽正弦绕组展开图

主绕组的首端用U1、尾端用U2表示；辅绕组的首端用Z1表示，尾端用Z2表示。

线圈的绕制是一个极相绕组一次，即绕完三个线圈后卸模，再绕另外一个极相组线圈，所以一台电动机共绕4次，绕线时是先绕小线圈，再绕中线圈，最后绕大线圈。

① 嵌线准备　裁绝缘纸（槽绝缘、层间绝缘、相间绝缘）；准备槽楔；准备嵌线工具（线压子、划线板、打板、锤了、剪刀、钳子、焊接工具和材料等）；准备引出线。另外将欲嵌的线圈放在定子铁芯旁，按照绕组展开图，标志好线圈的首、尾和过线头，把线圈引出线和过桥线（即极相组之间的过线）都朝一个方向摆好。检查铁芯合格后将裁好的槽绝缘插入槽内，要求槽绝缘两端出槽长度一致。在槽口处为了加强绝缘，也可将出槽口的槽绝缘折回一段。

② 嵌线方法　**主绕组嵌线：**先嵌主绕组、后嵌辅绕组，所以主绕组在槽的下层，辅绕组在槽的上层，如果一个槽又有主绕组又有辅绕组时，嵌入主绕组线圈后要等辅绕组嵌入后才能打入槽楔；

如果槽内只有一种绕组（如槽1、4、5、8、9、12、13、16只有一种绕组），嵌线后便可封槽，打入槽楔。

按嵌套线顺序把主绕组从左至右将线圈标为u1、u2、u3、u4、u5、u6，而辅绕组从左向右将线圈标志为z1、z2、z3、z4、z5、z6。

先嵌主绕组的第一极相组UI中的小线圈u1，然后再嵌UI中的中线圈和大线圈。UI中线圈嵌完后，再嵌第二个极相组UII中的小、中大线圈。选好槽1后，便可开始绕线（槽1位置按原始记录或按距离出线盒较近的槽定为1）。

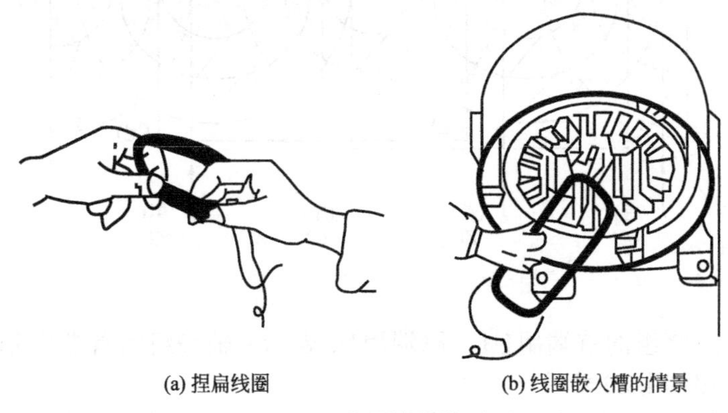

(a) 捏扁线圈　　(b) 线圈嵌入槽的情景

图3-53　线圈嵌线情形

将定子铁芯水平旋转，右手拿起线圈u1在铁芯右侧，左手在铁芯左侧。先用右手把线圈u1捏扁嵌入槽6的槽绝缘中，左手捏住线圈的另一端往槽里拉，右手将线圈捏扁往槽里推，如图3-53所示。大部分线匝可入槽内，剩余的导线匝用划线板划入槽内。再用划线板（理线板）在槽内多划几次将槽内导线理顺。理线时，从这头划到另一头，不要中间停顿，否则不易理顺，可能出现导线交叉。线圈端部也要整理好，然后可插入槽内层间绝缘。将导线顺着槽来回轻轻拉动，使其平服，两端伸出槽等距，另外要检查槽绝缘是否移动了，要保持槽绝缘伸出铁芯槽两端长度相等，再检查层间绝缘是否垫正和包住导线，不可将导线偏到层间绝缘于侧，甚至未被层间绝缘包住。u1右边嵌完线后，先不打槽楔，因为还有辅绕组的线圈z2右边未入槽。这时可将u1左边嵌入槽3，嵌后放好层间绝缘，先不封槽。这时检查线圈u1的过桥线是否在槽6内，如果在槽3内，则说明线圈嵌反了，改过来。

拿起线圈u2，其右边嵌入槽7，左边嵌入槽2内，均不封槽。接着拿起大线圈u3，右边嵌入槽8，左边嵌入槽1，用线压子压好槽内导线之后，就可以在槽8和槽1内打入槽楔，因为这两个槽只有线圈u3。检查引出线UI是否在槽1内。至此U相的第一个极相组的线圈全部嵌完。

按上述操作方法把U要的第二个极相组UII的三个线圈嵌入槽内。首先嵌线圈u4，右边入槽14，左边入槽11，过桥线在槽14引出线。暂不封槽，再嵌套线圈u5，右边槽15，左边入槽10，也不封槽。最后嵌线圈u6，右边嵌入槽16，左边嵌入槽9，用线压子压好槽内导线后，两个槽可以打入槽楔，U相的尾端U2从槽9引出。

辅绕组嵌线：按主绕组的嵌线操作方法，先嵌ZI极相组中的小线圈z1，其右边嵌入槽10，左边嵌入槽7，因为槽内已有线圈u5的左边和u2的右边线圈，所以嵌入线圈时因槽内较挤，所以必须用线压子将槽内导线压平，否则无法打入槽楔，当线圈z1往槽内嵌时，要随嵌随用线压子把导线压实，但要注意槽内导线已经用划线板理顺，线压子要平压，不要用线压子尖部或尾部局部受力，另外用力不可猛，用小锤头轻敲线压子将导线压实。然后用划线板把槽绝缘在槽口部分折过来，包住导线，再用线压子压折过的绝缘纸将槽内导线进一步压实，就可以打入槽楔封槽口了。要求槽楔进入槽内松紧合适，如果太松，要在槽楔下面垫上绝缘板条后再打入槽楔。要求槽楔两端伸出槽的长度相等。

线圈z1的左边嵌入槽7后，按上述操作方法打入槽楔，检查线圈的过桥线庆在槽10处，按嵌线圈z1的方法把中线圈z2的右边嵌入槽11，左边嵌入槽6，均打入槽楔，ZI极相组的最大线圈z3的右边嵌入槽12，左边嵌入槽5，嵌后经划线板理顺和压实，打入槽楔，引出线ZI应在槽5内引出。

辅绕组ZII极相组的嵌线方法同ZI极相组，也是先嵌小线圈z4，再嵌中线圈z5，最后嵌大线圈z6。引出线Z2应在槽13中引出。

线圈z4右边嵌入槽2，左边嵌入槽15；线圈z5右边嵌入槽3，左边嵌入槽14，线圈z6右边嵌入槽4，左边嵌入槽13内。

【检查】U1从槽1进入，按顺时针方向电流流入槽8，再按顺时针方向流入槽2和槽7，再流入小线圈u3的右边槽3，再流入槽6后从过桥线流出进入UII极相组的小线圈u4的右边槽14，这时按反时针方向流入u4的左边槽11，再按反时针方向流入中线圈的槽15和槽10，最后流入大线圈u6的右边槽16和左边槽9，从引出线U2流出。辅绕组从z1起头进入大线圈z3的左边槽5，按顺时针方向再进入右边的槽经过桥线进入ZII的小线圈z4右边槽2，按反时针方向流入槽15、槽3、槽14、槽4、槽13流出，达到Z2。

不管是主绕组还是辅绕组，电流在第一个极相组内作顺时针方向流动，在第二个极相组内作反时针方向流动。

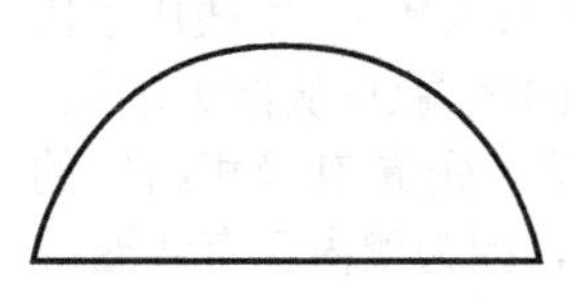

图3-54　相间绝缘纸形状

检查无误后，要在主、辅绕组之间垫入相间绝缘纸。相间绝缘纸用0.12mm厚的DMD绝缘纸剪成与绕组端部外形相近的形状，如图3-54所示。

要求相间绝缘纸垫好后，绕组端部应露出1～2mm，并要从槽绝缘口处开始垫，不可漏垫，最后把主绕且过桥的过桥线焊接上，套入套管，也把辅绕组的过桥线焊接上，套入套管。

最后按图3-52检查，符合图样的接线要求即可。

（3）绕组嵌线质量要求

① 嵌线环境干净，嵌入过程中勿使杂物质落入槽内。

② 槽绝缘伸出铁芯两端要相等。

③ 导线不可与铁芯接触，尤其槽楔下面的槽盖纸不可偏斜。

④ 导线在槽中排列整齐，无交叉现象。

⑤ 线圈端排列整齐，整形符合要求。

⑥ 嵌线次序正确，极性无误。单相电动机接线方式大都采取反串联方式，即相邻两极相组的极性是相反的，构成N、S极。用电流方向表示时，一个极相组是顺时针时，则相邻的极相组是反时针方向。

（4）电动机质量检查

① 外观检查　槽楔不高出铁芯面；绕组伸出铁芯两端长度一致；绕组端部排列整齐，相间绝缘垫得正确。绕组端部整形正确、尺寸符合要求。

② 检查接线　按绕组展开图检查绕组接线是否正确，必要时可在未浸渍之前把定子、转子装配好后，辅绕组接入启动元件（如电容器等）通电试转动，看转动是否正常。

③ 测绝缘电阻　因为是低压电动机，可选用500V绝缘电阻表测绕组绝缘电阻，对地的绝缘电阻应小于300MΩ；主、辅绕组之间的绝缘电阻应是∞。

④ 测直流电阻　用多用表测量两绕组的直流电阻，分别测出的直流电阻值不应超过标准值的±2%。

3.4.3 绕组的绝缘处理

（1）绕组浸渍和涂覆盖漆的目的

① 绕组浸渍的目的在于：改善绕组的导热性和提高其散热性；提高绕组耐电气强度；提高绕组机械强度，使绕组粘结成一个整体，从而的高抗震性和机械稳定性；提高绕组抗潮性、防霉性以及化学稳定性。

② 绕组加涂覆盖漆的目的在于：提高绕组表面机械强度；使绕组表面形成光滑的漆膜，增强耐油、耐电弧能力；由于表面漆膜光亮、坚硬，可防止粉尘堆积，一旦积落粉尘，易于清除；提高防霉能力。

（2）浸渍烘干工艺

① 预热　预热目的是为了驱除线圈中潮气，同时加热线圈，保证浸渍温度，预热温度一般控制高于线圈绝缘耐热等级5～10℃（因短期超过耐热等级是允许的），以缩短预热时间。预热过程中，每小时要测量一次电动机绝缘电阻值。当绝缘电阻值连续三次不变时，则认为绝缘电阻已稳定，预热完毕。

② 浸漆　当前有沉浸法、浇漆法、真空浸漆和真空压力浸漆等方法。对于槽满率高、导线匝数多、线径细的电动机，宜采用真空压力浸漆法，目前多采用浇漆法和沉浸法。浸漆操作过程见

3.2.10节的二维码视频。

当预热后绕组温度降至60～80℃时，便可开始浸漆。绝缘漆的黏度用涂-4黏度计测量。

第一次浸漆的目的是为了使绝缘漆充满绕组和槽内所有缝隙当中，所以要求漆的流动性和渗透性要好，一般要求20℃时漆的黏度为18～23s。第二次浸漆目的是为了在绝缘表面形成漆膜，所以绝缘漆黏度要高些，一般要求20℃时漆黏度为28～32s。

③ 浸烘工艺　电动机的浸烘可分为两个阶段。第一阶段是使绝缘漆中的熔剂挥发掉，所以烘干温度不必太高，也称为低温阶段。烘干温度控制在略高于熔剂的挥发点即可，如二甲苯的挥发点是78.5℃，所以第一阶段的烘干温度控制在70～80℃即可。这段烘干时间为2～4h。此阶段的特点是溶剂大量挥发，要求勤放风，排出炉内大量烟气，以防止着火和爆炸事故发生。第二阶段是使绝缘漆氧化和聚合，形成牢固的漆膜阶段。这时炉温可提高到130℃±5℃，为高温阶段。此阶段由于绝缘漆的化学反应，要求炉内有大量新鲜空气进入，所以要定时补入外界空气，以增强漆膜强度和缩短烘干时间，这段时间内，要每隔一小时测量一次电动机的绝缘电阻值。当连续稳定三次绝缘电阻值不变时，便认为电动机已干燥完毕。

④ 涂覆盖漆　电动机浸烘完毕后，趁热在50～80℃时进行涂覆盖漆工艺。一般采取喷漆方式，无此设备亦可用刷漆方式，但要刷匀，刷全面，否则不易保证质量。涂覆盖漆质量要求是漆膜厚度均匀，表面光亮。如果使用晾干漆，喷后可不经烘干处理；对于潮湿的恶劣环境要多喷几遍漆，如三遍漆。

（3）绕组浸烘发生质量问题的原因和对策

① 绝缘漆未浸透　造成的原因和解决办法如下：

a．绝缘漆黏度太高　绕组表面挂上一层漆，但没有浸入绝缘的毛细孔中。因此要求绝缘漆的黏度必须符合工艺规程要求。

b．浸渍时间短　采用浇漆法时，浇的时间短；有的只从一端浇漆，电机不翻个，另一端未浇透。解决办法是改用浸漆法；或者延长浇漆时间，两端浇漆，使漆浸透。

c．绝缘漆和绕组的温度不符合工艺要求，温度过高过低均不好。绕组温度过高时，绝缘漆未渗入到绝缘的毛细管内就已固化，造成浸不透；绕组温度过低时，漆的流动性不好，也不能在规定浸漆时间内很好的浸入绝缘内部。

② 烘干不彻底　造成的原因和解决办法如下：

a．烘房内热风流动性不好，绕组受热不均匀，有死角。

b．烘干时间不够。

c．炉内温度过低，或测量温度计指示不准。

d．未按浸烘工艺进行。

烘房最好采取热风循环、使炉内温度均匀，无死角。另外温度计应旋转在烘房内平均温度处，不可放在最热或最冷位置。

严格按浸烘干工艺进行，每隔1h测量一次绝缘电阻值，测量之前一定要断电。当绝缘电阻值升至最高点后，稳定6～8h不变，则认为烘干终止。

③ 绕组烘干时间很长，但绝缘电阻值总是升不上去　造成的原因和解决办法如下：

a．烘前，电动机未彻底吹风清扫，有油泥和粉尘，虽然长时间烘干，绝缘电阻值也不会上升。

b．线圈有接地点，烘前一定要处理好，否则不能进行烘干。

c．绝缘材料有薄弱环境。应选用合格的绝缘材料。

d．绝缘漆有杂质。要过滤，过期的绝缘漆不可再用。

e．浸烘温度不够。应严格控制温度，保证足够的烘干时间。

④ 绕组表面未形成光亮的漆膜和坚固的整体　造成的原因和解决办法如下：

a．绝缘漆过期失效，失效变质的漆不可使用。

b．绝缘漆黏度低，浸渍次数不够。提高绝缘漆黏度，增加浸漆次数。

c．烘干时间和温度不够，保证烘干时间和温度。

d．稀释剂牌号不对。选用正确的稀释剂。

⑤ 漆膜有针孔或麻点　造成的原因和解决办法如下：

a．预热时间短，潮气未能全部逸出，浸漆后，绕组内部潮气突破漆膜跑出，造成针孔或麻点，加长预热时间。

b．绝缘漆黏度太高，第一次烘干时绕组内部存有气泡，第二次浸烘时，内部气泡才逸出，适当降低绝缘漆黏度。

c．低温烘干时，升温太快。按照规定升温。

d．绝缘漆变质或稀释剂牌号不对。选用合适的牌号。

3.4.4 绕组中极相组之间的连接

关于单层同心式、链式、交叉式三种绕组各极相组间的连接，原理上均按绕组展开图中各极性下槽内电流流向来连接。在实际加工和修理工作中，一般都按绕组端部接线图来进行，如图3-55中的短圆弧粗线表示极相组，圆周上的短圆弧数表示了绕组所有极相组序数，箭头表示各极相组中某瞬时电流流向，其顺序号表示了某相和某号的极相组，其余的各圆弧连接线表示了各相绕组的极相组连接。注意各相的首端总是从极相组的箭头尾部引出，而各相的末端是从极相组的箭头头部引出。

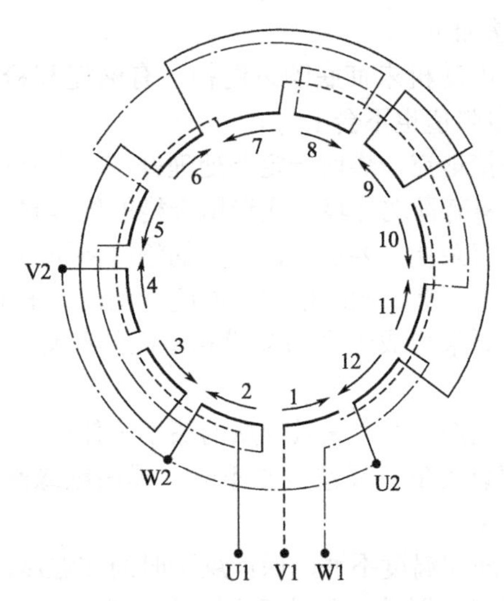

图3-55 三相四极绕组端部接线图

一段电源电压在20V以上的小功率三相异步电动机中代用单路进火。所谓单路进火是极相组间前后串联；所谓双路进火是一相绕组串联成两条并联支路，而每一条支路包含的极相数相等；多路进火依次类推。

3.4.5 小功率三相异步电动机的接线标志

小功率三相异步电动机接线板上一般有6个接线柱，而容量小的仅有三个接线柱，特殊用途的有6个以上的接线柱。

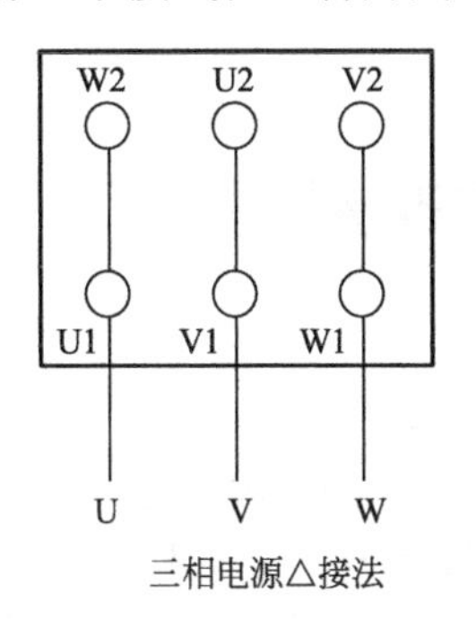

三相电源△接法

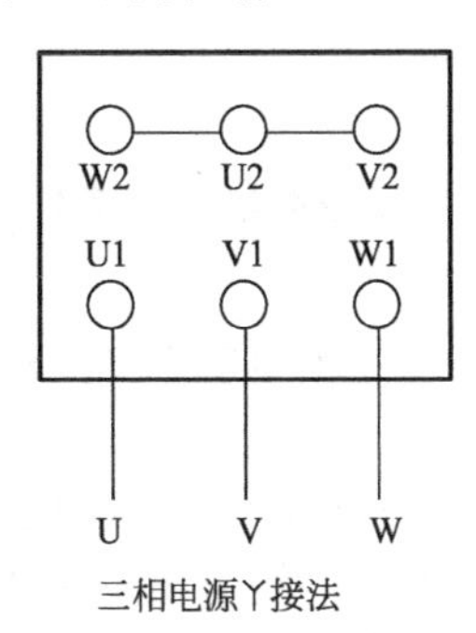

三相电源Y接法

图3-56 小功率三相异步电动机接线标志

一般接线标志如图3-56所示。图中△接法是电源电压为220V时接线；Y接法是电源电压为380V时接线。小功率三相异步电动机额定电流小，实际使用时采用电网电压380V直接启动，对电网不会有何影响，无需采用Y-△接线降压启动。电机的三个出线端可直接接电源线，如果电动机有6个出线端，应按标志图规定连接成与电网电压相适应的接线。

另外，图中U1、V1、W1表示电动机三相绕组的始端，U2、V2、W2表示三相绕组的终端。如果接线后，当电源端电压的相序U、V、W与接线柱U1、V1、W1相对应时，电动机应为顺时针方向旋转（人面对轴伸端方向），如调换任意两相相序，即能变为逆时针方向旋转。电动机应接地良好，接线盒设有接地接头［这里需要说明老标准曾引用过（D1），（D2），…，（D）等作为绕组的接线标志］。

第4章

三相电动机绕组绕制与修理

4.1 三相电机定子绕组嵌线与连接技术

4.1.1 三相单层交叉绕组嵌线

本节主要介绍三相4极电动机单层绕组的下线方法。在农村厂矿采用该种下线方法的4极电动机非常普遍，必须作为重点来学习，真正掌握了4极电动机单层绕组的下线方法，还有助于掌握2极、6极、8极单层绕组的下线方法。修理电动机主要是将电动机整个绕组的每把线一把不差地镶嵌在定子铁芯中的每个槽中，出现下错了线把或是节距下错、极相组与极相组的连接线接错等故障，是用任何公式也不能求出来或用任何仪表也测不出来错在何处的，所以在开始学习时要掌握住规律。几极多少槽的电动机采用什么绕组形式及下线方法是固定的，不容允随意改动，学下线时必须按书上所述一步不差地掌握。

首先是准备好36槽定子（体积大小无关，只要是36槽就可以）和绕制线把用的细铁丝，也可以用涂上黑、红、绿三色的包装用细纸绳，然后按书上所述，学习领会并一步一步反复实践操作。在教具上学会下线、掏把、接线等技术操作后，再实际操作，达到能熟练更换电动机绕组为止。

（1）绕组展开图 图4-1为三相4极36槽节距2/1～9、1/1～8单层交叉式电动机绕组端部示意图及绕组展开图。为了加以区别，三相绕组分别用三色标明，黑色的绕组1为A相绕组，红色的绕组2为B相绕组，绿色的绕组3为C相绕组，实际三相绕组是均匀分布在定子铁芯圆周上。将图（a）所示在1槽与36槽之间剪开

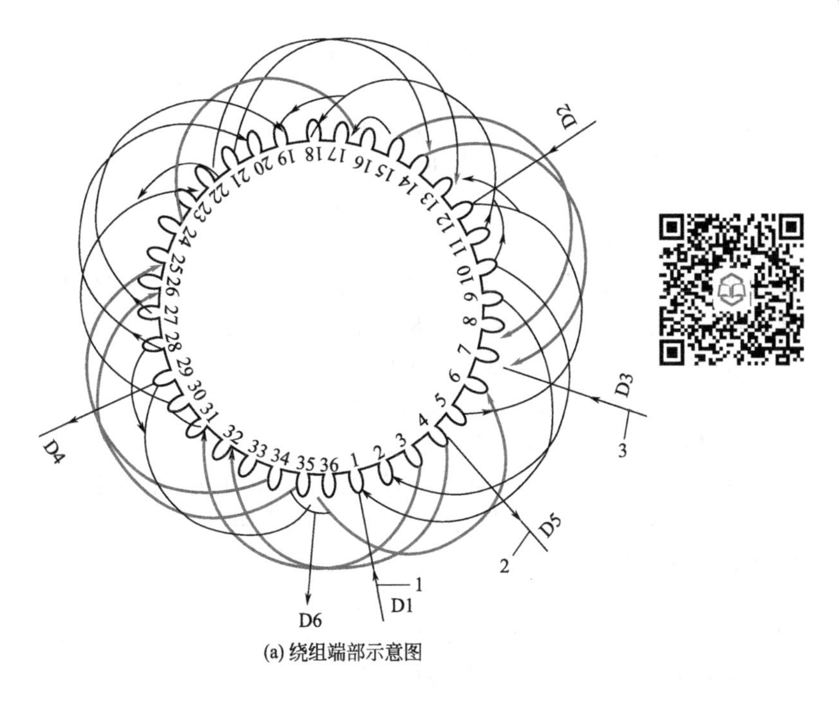

(a) 绕组端部示意图

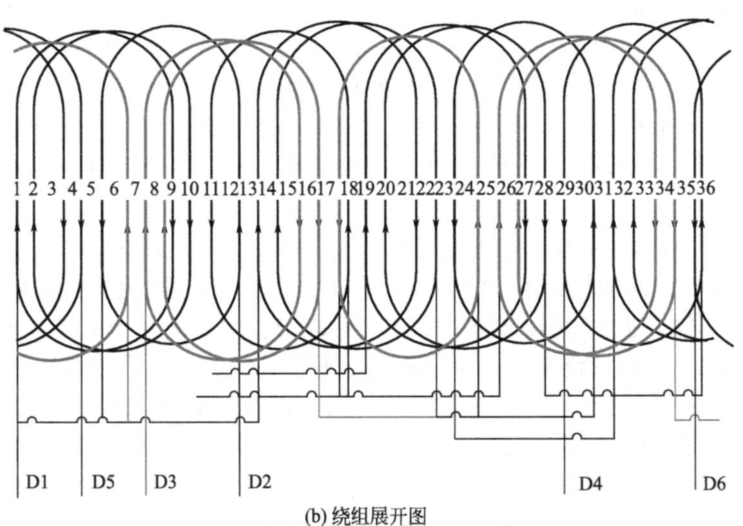

(b) 绕组展开图

图4-1　绕组端部示意图及展开图

展平，就是图（b）所示的绕组展开情况。电动机整个绕组就是按图（b）所示将每把线排布在定子铁芯中的。可扫二维码看彩图。

（2）绕组展开分解图 实际电动机绕组是按图4-1（b）所示将三相绕组的18把线下在定子铁芯的36个槽中。初学者看图4-1（b）所示的图太乱，不易懂，下线、接线时易出差错。为了使看图简便有利于下线，将图4-1（b）混在一起的三相绕组分开，将每相绕组单独画成一个图，称为绕组展开分解图，如图4-2所示。在绕组展开分解图上标清每个极相组的名称、电流方向，极相组与极相组连接、每相绕组的头尾，在线把上端标有下线顺序数字，在下线之前要学会看绕组展开分解图及领会其每项内容含义。

看绕组展开分解图时要对着图4-1（a），先看A相绕组，从A相绕组的左边往右看，也就是从1槽向2、3槽的方向看，看到最右边也就是36槽，再与1槽连起来看，虽然图4-1（b）是平面的，在分析中应看作如图4-1（a）所示圆形绕组，三相绕组彼此相差120°电角度均匀分布。看图要抓住重点，才能看清楚，也就是看A相不理B相和C相，弄明白每相绕组由几个极相组组成，每个极相组由几把线组成，每把线节距极相组与极相组的过线是从哪槽连接哪槽、每把线边的电流方向、每相绕组的头尾从哪个槽中引出等。将图4-1（a）平放在桌子上，用右手的食指从4相绕组的D1开始，顺着电流方向绕转，在空中做顺时针的椭圆运动，也就是从1槽绕进，从9槽绕出，手指绕的方向必须与图上的电流方向一致。这时眼睛盯着A1-1，并分析A1-1的01边是在1槽。第一个极相组A1是由两把线组成，节距为1～9，第1把线（也就是A1-1）的左边在1槽，右边在9槽，每把线有两个头。D1在1槽，那么9槽必定有一个头。组成极相组A1的A1-1、A1-2左边和右边电流方向必须一致，图上也要标明，分析左边一个头在2槽，右边一个头在10槽，将A1-1、A1-2连接成一个极相组；眼睛盯住A1-2，手指继续做顺时针的椭圆空间运动，槽数应从9槽转进入2槽，以2槽和10槽为轨道继续做顺时针椭圆运动。这样就能很自然地查清A1由A1-1和A1-2两把线连接而成，所占据的槽数分别为1、9槽和2、10槽，A1-1与A1-2的连接线是9槽引出线与2槽引出线。A1-1的01由1槽引出，1的尾在10槽，A1的电流方向是从左边流向右边，属于正向极相组。查完A1接着查A2，A2是反向极相组，电流从极相组右边流进（反时针方向）。在3.1.2节中讲过极相组与极相组连接的方向，现在运用到实践中，要形成4极旋转磁场，每相绕组必须采取显极式连接，即极相组与极相组采取“头接头”和“尾接尾”的连接方法，保证使同相绕组两个相邻极相组边的电流方向相同，只有电流方向从18槽进入，从11槽流出，才能保证在同级面内A1与A2相邻边的电流方向一致，如果11槽引出线与10槽引出线相连接，则A1与A2相邻边的电流方向就反了，是错误的。运用手指运动检查法可查出来。手指绕向从10槽过渡到18槽，以18槽和11槽为轨道做反时针空间椭圆运动。A2只由一把线组成，其节距为1～8，A1与A2的连接线是10槽与18槽的引出线，A2的头是从11槽中引出的。查A3的方法与A1一样，查A4的方法与A2的方法一样。从图4-2中可以看出：A4相绕组极相组分别由双把线、单把线、双把线、单把线组成；极相组与极相组的连接采取“头接头”、“尾接尾”的方式连接，所占据的槽分别为1、9、2、10、11、18、19、27、20、28、29、36槽，01从1槽中引出，04从29槽中引出。

从图4-2中可以看出，A相绕组与C相绕组线把的排布是一样的，也是“双把、单把、双把、单把”。流过每把线边的电流方向相同，B相与A、C相线把排布不同，B相绕组按“单把、双把、单把、双把”排布，电流方向与A、C相相反，A、B、C三相极相组与极相组连接方式都为“头接头”和“尾接尾”的方式，用检查极相绕组的方法，对着图4-2（b）、（c），看明白B相绕组和C相绕组，会给下线带来方便。

（3）线把的绕制和整理　按照之前所述，根据原电动机线把周长数据制好绕线模。4极36槽单层交叉式绕组每相绕组有6把线，自己动手制作木材绕线模，需要做6个模芯、7个隔板的绕线模，模芯按着“大模芯、大模芯、小模芯、大模芯、大模芯、小模芯”的尺寸制作。有的修理者怕制造绕线模费工，只做三个模芯的绕线模，绕线时绕出三把线，断开再绕另三把，一相绕组就多出一对接头，整个电动机绕组就多出三对接头，更有甚者一次只绕出一个极相组，接头更多。接头多的绕组不但浪费漆包线套管等，更重要的

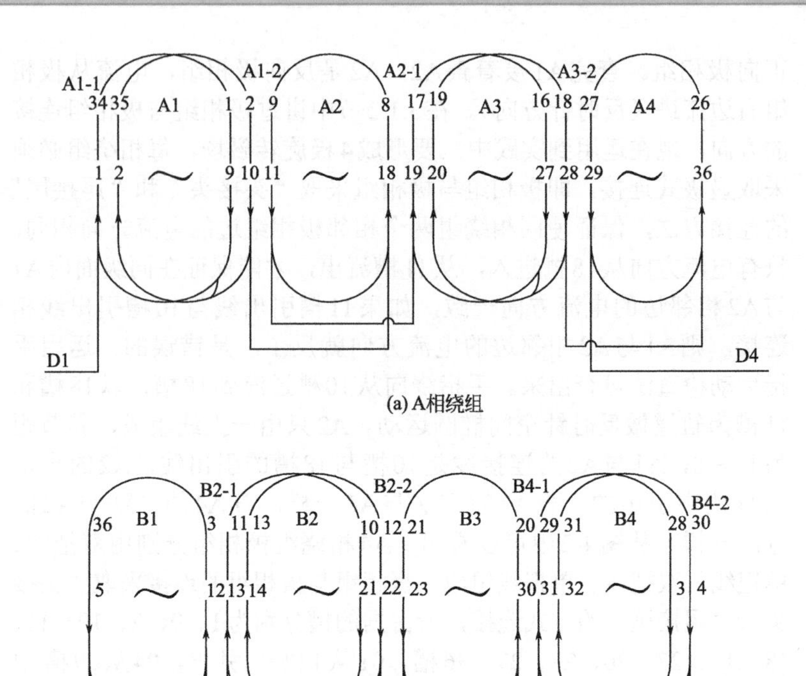

(a) A相绕组

(b) B相绕组

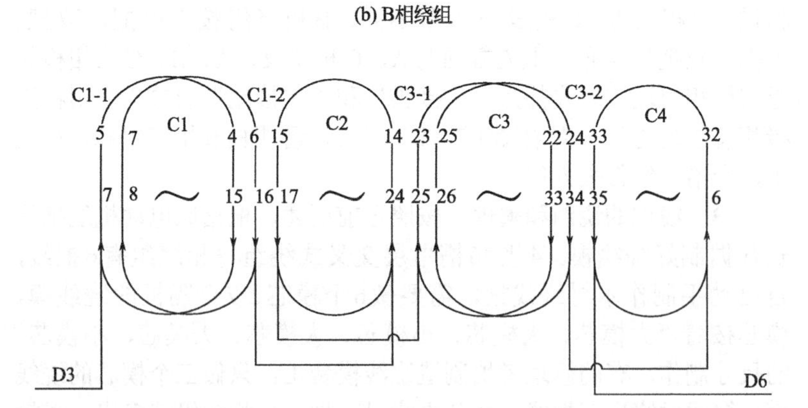

(c) C相绕组

图4-2 三相4极单层交叉式绕组展开分解图

是因接头电阻大、电动机工作时发热严重，降低电动机使用寿命，因此修理中不提倡这种做法。

按照之前所述用绕线模绕好6把线后，将每把线两边用绑带绑好，从绕线模上挪下来，把这6把线定为A相绕组，如图4-2（a）所示将6把线按绕线顺序（先绕的在左边，后绕的在右边）摆在桌子上，将每把线的过线端和两个线头分别绑上白布条，标上每把线的代号，如图4-3所示。从左边开始第1大把线标上A1-1，Al-l左边的头标明D1，第2大把线标明A1-2，第3小把线标明A2，第4大把线标明A3-1，第5大把线标明A3-2，第6小把线标明A4，A4左边线头标明D4。为了下线时不乱，先将A2、A3-1、A3-2和A4摞在一起，两边用绑带绑好，外面只留A1-1、A1-2两把线，如图4-4所示。

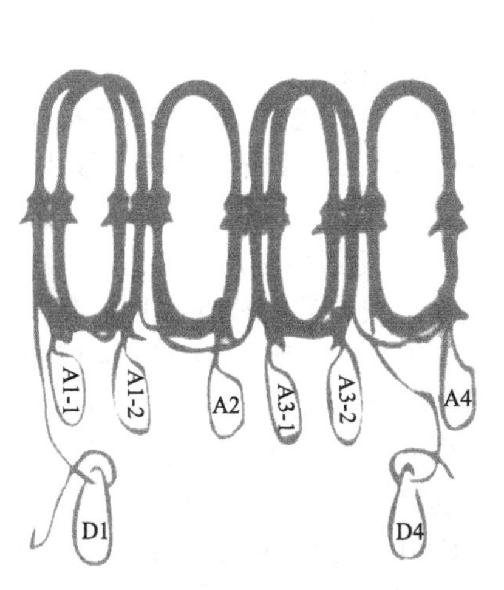

图4-3　将A相绕组每个线把及线头标上代号

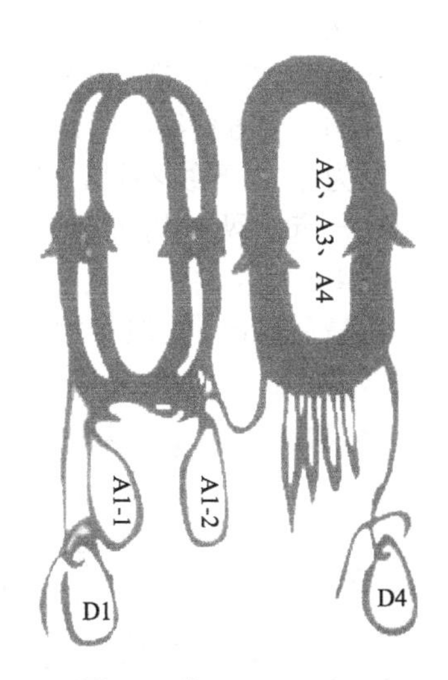

图4-4　将A2、A3、A4两边绑在一起

用同样的方法绕出6把线，定作极相绕组，将每把线的两边分别用绑带绑好卸下来。按绕线的顺序将6把线调个方向，也就是先绕的一把线放在右边，后绕的线把放在左边，按图4-2（b）所示将6把线放在桌子上，如图4-5所示。将刀相绕组的两个头和每把线

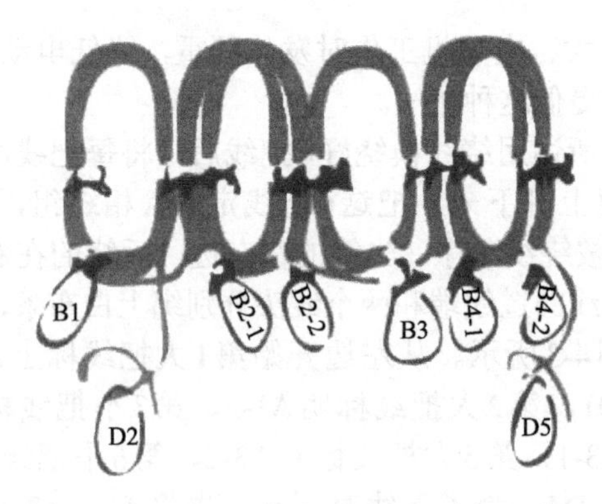

图4-5　将B相绕组每个线把及线头标上代号

靠线头的端部系上白布条，分别标上每把线及两个线头的代号。

从左边开始，第1小把线标明B1，B1外甩线头标明B2，第2把线标明B2-1，第3把线标明B2-2，第4把线标明B3，第5把线标明B4-1，第6把线标明B4-2，B4-2右边那根线头标明B5。

为了使下线不乱，将B2-1、B2-2、B3、B4-1，B4-2这5把线摞在一起，两边用绑带绑好，只留下B1一把线留作开始下线用，如图4-6所示。

最后绕出6把线作为C相绕组，将每把线两端用绑带绑好卸下来，按先后绕线的顺序，参照图4-2（c）所示将6把线摆放在桌子上，将每把靠线端及两根线头上系上白布条。将先绕的第1把线在布条上标明C1-1，C1-1左边的线头标明D3，第2把线标明D1-2，第3把线标明C2，第4把线标明C3-1，第5把线标明C3-2，第6把线标明C4，在C4外甩那根线头标明D6，如图4-7所示。

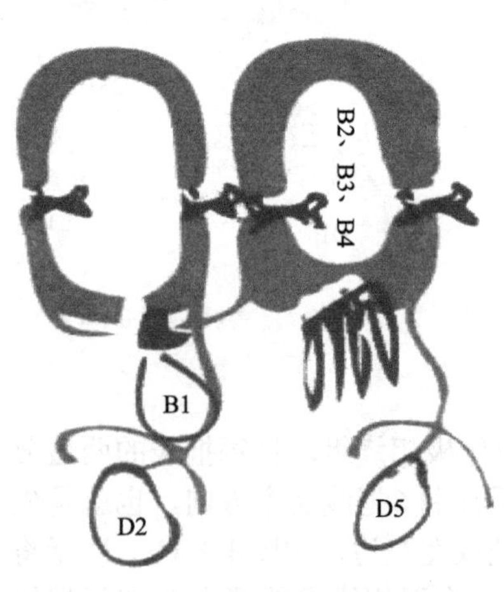

图4-6　将B2、B3、B4两边绑在一起

将D2、D3-1、D3-2、D4摞在一起，两边用绑带绑好。

外甩C1-1、C1-2两把线留做开始下线时用，如图4-8所示。

（4）下线前的准备工作 选用与电动机一样规格的绝缘纸，按原尺寸一次裁出36条槽绝缘纸，放在一边待用，再裁十多条同样尺寸的绝缘纸作为引槽纸用，按原电动机相间绝缘纸的尺寸一次裁制36块相同绝缘纸叠放一旁。将做槽楔儿的材料和下线用的划板、压脚、剪刀、电工刀、锤子、打板等工具放在定子旁，将电动机定子出线口一端对着嵌线者，做两块木垫块垫在定子铁壳两边。清除槽内杂物，擦干油污准备下线。

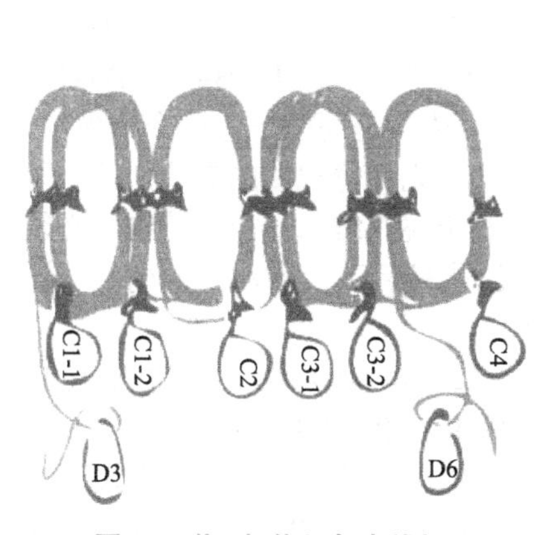

图4-7 将C相绕组每个线把及头标上代号

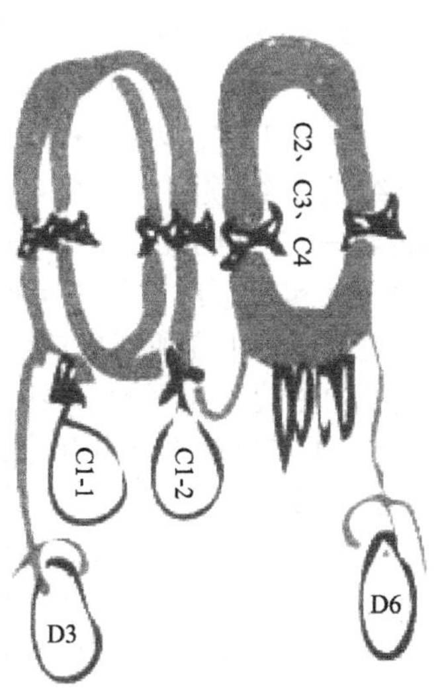

图4-8 将C2、C3、C4两边绑在一起

（5）下线步骤 只要按图4-1（b）所示的该种电动机绕组展开情况把A、B、C三相绕组下在定子槽内，引出的6根线头按Y形或△形接起来，接通三相电源，电动机即旋转。那么，怎样把A、B、C三相绕组的每把线按图所示下在定子槽中呢？

在实际下线过程中，不是把A相绕组4个极相组的6把线下在所对应的定子槽内，再下B，C两相绕组，而是按ABC的顺序一个极相组挨一个极相组交替均匀下在36个槽内。顺序是：第1下A相绕组的第1个极相组A1，第2下B相绕组的第1个极相组B1，第3

下C相绕组的第1个极相组C1；再按A、B、C顺序分别下第2个极相组，第4下A相绕组第2个极相组A2，第5下B相绕组第2个极相组B2，第6下C相绕组的第2个极相组C2；A、B、C三相绕组的第2个极相组下完后，再分别下第3个极相组，第7下A相绕组的第3个极相组A3，第8下方相绕组的第3个极相组B3，第9下C相绕组的第3个极相组C3；第10下A相绕组最后的极相组A4，第11下B相绕组最后的极相组B4，第12下C相绕组的最后极相组C4。极相组的下线顺序为“A1—B1—C1—A2—B2—C2—A3—B3—C3—A4—B4—C4”。极相组B1、A2、C2、B3、A3、C4是由一把线组成，极相组A1、C1、B2、A3、C3、B4是由两把线组成，只有下完由两把线组成的极相组才能按顺序下另1个极相组，详细的下线顺序为：A1-1—A1-2—B1—C1-1—C1-2—A2—B2-1—B2-2—C2—A3-1—A3-2—B3—C3-1—C3-2—A4—B4-1—B4-2—C4。在实际下线过程中每把线的两个边不是同时下进两个槽中的，而是分两步下在所对应的槽中的，一般先下每把线的右边，后下每把线的左边。在开始下线时为了使整个绕组编出一样的花纹，必须空过A1、B1两个极相组左边不下。待最后下入所对应的槽中，详细的下线步骤见图4-1上所标数字。

第1步：将A1-1右边下在9槽中；第2步将A1-2右边下在10槽中；第3步将B1右边下在第12槽中；第4步将C1-1右边下在第15槽中；第5步将C1-l左边下在第7槽中；第6步将C1-2右边下在第16槽；第7步将C1-2左边下在第8槽中；第8步将A2右边下在18槽；第9步将A2左边下在11槽中；第10步将B2-1右边下在21槽中；第11步将B2-1左边下在13槽中；第12步将B2-2右边下在22槽中；第13步将B2-2左边下在14槽中；第14步将C2右边下在24槽中；第15步将C2左边下在17槽中；第16步将A3-1右边下在27槽中；第17步将A3-1左边下在19槽中；第18步将A3-2右边下在28槽中；第19步将A3-2左边下在20槽中；第20步将B3右边下在30槽中；第21步将B3左边下在23槽中；第22步将C3-1右边在第33槽中；第23步将C3-1左边下在第25槽中；第24步将C3-2右边下在34槽中；第25步将C3-2左边下在第26槽中；第26步将A4右边下在36槽中；第27步将A4左边下在29槽中；第28步将B4-1

右边下在3槽中；第29步将B4-1左边下在第31槽中；第30步将B4-2右边下在第4槽中；第31步将B4-2左边下在32槽中；第32步将C4右边下在第6槽中；第33步将C4左边下在35槽中；第34步将A1-1左边下在1槽中；第35步将A1-2左边下在2槽中；第36步将B1左边下在5槽中。

在实际下线操作中，除了下每个极相组的线把外，还要掏把（穿把）、垫相间绝缘纸、安插槽楔、整形等，这些操作方法在下面将详细介绍。综上所述，总结出单层交叉式绕组下线口诀：

双顺单逆不可差，
单八双九交叉下。
双隔二来单隔一，
过线不交要掏把。

真正掌握住下线口诀后，下线时可不看绕组展开分解图。下线既快又不易出差错，每句口诀涵义在下线步骤中详细介绍。

（6）第1槽的确定 下线前首先应确定好第1槽的位置，电动机定子铁芯是圆的，第1槽没有标记，定那个槽为第1槽都可以，不过第1槽定得不合适，下完线后所引出的6根线头离出线口太远，这不但浪费导线、套管，更重要的是影响引出线头的绝缘性能和绕组的整齐美观。第1槽定在哪里比较合适呢？根据图4-2，下完整绕组的每把线后，有6根线头分别从29槽、35槽、1槽、4槽、7槽和12槽中引出，在这6根线头中29槽和12槽的引出线为最远的两根引出线，如将出线口设计在离29槽太近，那么12槽引出线就太长；如将出线口设计离12槽太近，则29槽引出线离出口线又太长。正确的方法是将出线口的中心线设计在两个远头引出线的中间槽上，从而推算出第1槽的位置。

两个最远的引出线29槽和12槽的中间槽是2槽，因此出线口的中心线放在2槽最合适。从2槽顺时针数过1个槽就定为第1槽，用笔做好记号。按这样的方法设计出第1槽下完整个绕组后，6根线头从出线口引出，既使得引出线较短，又使得整个绕组美观整齐。

（7）下线方法 将图4-2摆在定子旁的工作台上，每下一个极相组都要对着图，每下一把线都要对着图上端所标下线顺序数字。

按图所示定好第1槽后，从第1槽逆时针数到第9槽，将第9槽位置转到下面（离工作台面最近），这样下线方便，好操作。在以后的下线操作中，下哪槽的线，就将哪槽的位置转到下面，一边下线一边转动定子。从9槽开始，转动定子，整个绕组下完后，定子也正好转一周，在以后的下线中不再每槽都重复，总之怎样下线方便就怎样转动定子。

第1步：如图4-9所示，将槽绝缘纸光面在内（挨着导线），插进第9槽，将两条引槽纸光面向内插进9槽中，按照图4-2（a）所示，将A相绕组摆放在定子铁芯前，右手拿起正向极相组的A1-1，查看D1应在A1-1的左边，A1-1与A1的连接线应在A1-1的右边。下线口诀的“双顺单逆不可差”中的“双顺”的意思是，准备下线的极相组是双把线，要下双把线就得顺时针方向，在图上标出的电流方向从D1流进，从D4流出，电流经A1的方向就是顺时针方向，实际绕组中的电流主向是随时间作周期性变化的，但下线时以图上所示的电流方向为准，凡是由双把线组成的极相组电流的方向

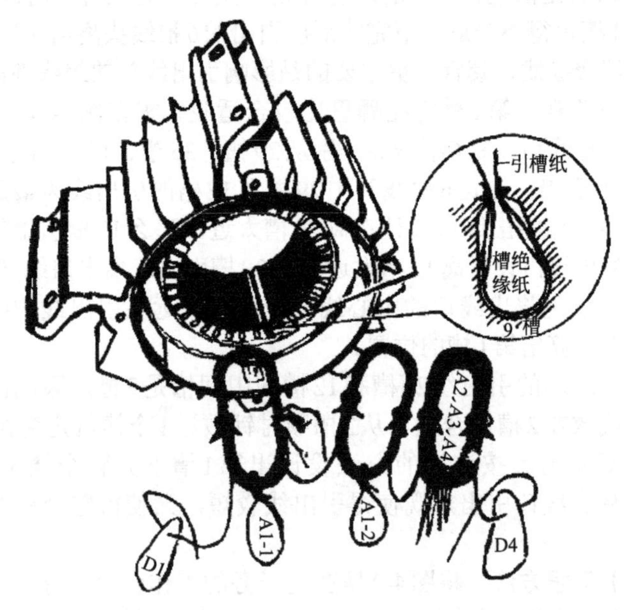

图4-9　摆正确A1-1的方向

均为顺时针方向。经查实，A1-1摆放在方向与图4-2（a）所示的A1-1方向相符合后，解开A1-1线把右边的绑带，按图4-10所示将

图4-10　将A1-1右边放在9槽的引槽纸上

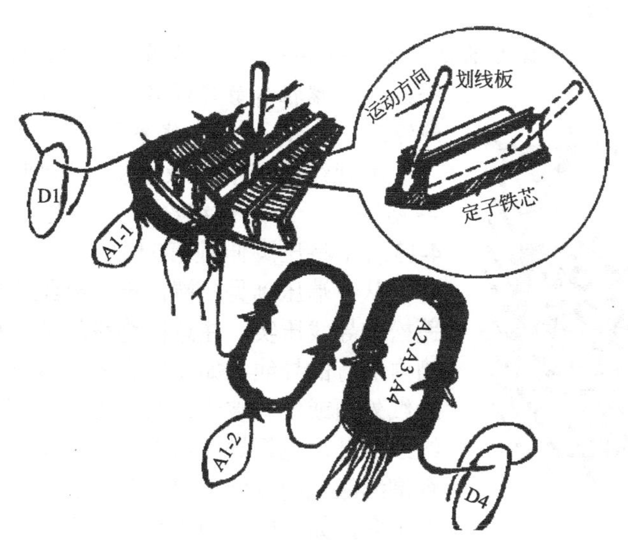

图4-11　将导线划入9槽中

A1-1右边放在9槽的引槽纸上，左手拇指与食指往槽中捻线，右手握划线板从定子后端伸进铁芯内轻轻往槽中划导线，如图4-11所示。划线板要从槽的前端划到槽的后端，这是为了使导线很顺利地下到槽中，如果划线板划到槽的中间就抽出来，线把的一端划进槽中，另一端就会翘起来，所以不管一端下进槽中几根线，也要用划线板从该端到另一端。如果导线在槽内拧花别着扣或叠弯，造成槽满率增大不好下线，则要将部分导线拆出重下。划线时不能用力太大，否则将使导线压弯造成槽满率增加。下线时左手捻开5～8根导线，右手从定子铁芯后端伸到前端，将这几根线与线把分开，摆放在槽口处，划线板先在槽口处轻轻地划几次导线。当导线理顺开后，用划线板的鸭嘴往槽中挤线，左手捻着线往槽中送，导线很容易进到槽中。导线进入槽中后，划线板还要在槽中再划两次，免得槽中导线有交叉上摞的，在下线时还要时时注意。槽绝缘纸伸出定子铁芯两端要一样长，用划线板划导线时，不要使槽绝缘纸随划线板移动，以免一端导线与定子铁芯相摩擦破坏绝缘层。

待导线全部下入9槽后，将槽绝缘纸调整到两端，伸出定子铁芯长短要合适，把引槽纸抽出来，用剪刀剪掉高出槽口的绝缘纸，如图4-12所示。

【注意】剪刀不要和剪布一样一下一下地剪，应该将剪刀张开一点，一端推着剪刀到另一端，这样剪掉的绝缘纸一样高，使得包线整齐。

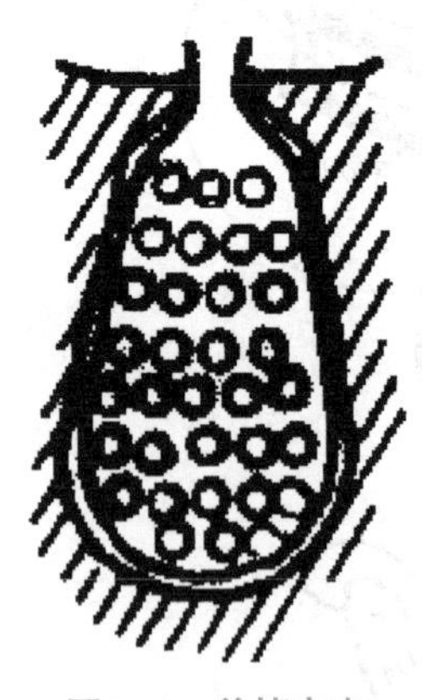

图4-12　剪掉高出槽口的绝缘纸

用划线板把槽绝缘纸从一边划进槽后，再划进另一边，使绝缘纸包着导线，按图4-13所示将压脚伸进第9槽中，上下按动压脚手从一端压到另一端，压平槽绝缘纸，使蓬松的导线压实。注意槽绝缘纸要正好包住槽内所有的导线，如发现有的导线下在槽绝缘纸外面或没有被绝缘纸包上，则要将槽绝缘纸拆开，包好导线后用压脚压实。再次检查槽绝缘纸两端伸出定子铁芯长度是否基本差不多，如一端槽绝缘纸伸出得长，另一端伸出得短，则伸出长的一端整形时容易使槽

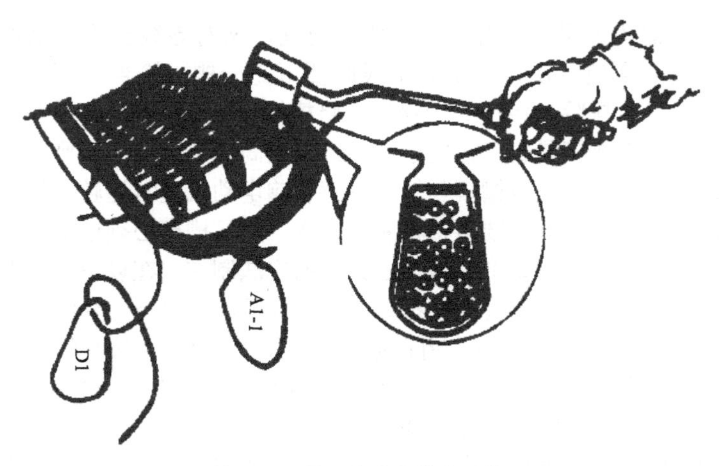

图4-13　用压脚压实槽内导线

绝缘纸破裂，伸出短的一端导线容易与铁芯造成短路，因此这两项检查项目在每下完一槽后都要检查。如果等插入槽楔后再检查出故

图4-14　将槽楔插入9槽，初步整形

障，还需拔掉槽楔排除故障，既费时间，又对导线和绝缘纸的绝缘性能有影响。所以，实际下线时要下完一槽，检查一槽，发现隐患，及时排除。经检查无误后，将槽楔插入9槽中，如图4-14所示。要检查槽楔是否高出定子铁芯，如果高出定子铁芯，则在烤完漆后会安不上转子或槽楔与转子摩擦影响电动机正常运转。槽楔的上面要削成平面，不要将槽楔制成“△”形。槽楔必须以原电动机槽楔的形状尺寸为基准，按前面介绍的方法制作。在以下步骤的下线中每下完一槽都要检查槽楔是否符合标准，不再一一介绍。

A1-1左边空着不下，留在第34步下，将A1-1左边与铁芯相连接处垫上绝缘纸，防止铁芯磨坏导线绝缘层，然后对A1-1两端的端部进行初步整形。因为8槽还要下线，必须给8槽留出位置来。线把的端部不要太尖，用两只手的大拇指和四指分别用力将线把两端部整出如图4-15所示的形状，还要轻轻地往下按线把两端，不要来回推线把。在以后的下线顺序中每下完一槽线都要进行初步整形，不再重复说明。

图4-15　A1-1方向下反下

在准备下A1-2之前，对着图4-2（a）检查实际下入9槽中的情况是否与图相符。检查中发现图4-16所示与图4-2（a）所示不符，虽然A1-1的一个边也在9槽，但是D1下在了9槽，A1-1与A1-2的连接线留在了A1-1的左边，这就证明A1-1下反了，应拆出来按图4-17所示的方向重新下线。如果开始不检查，等到下完几把线后再发现线把下反了，则需拆出重新下线或剪断线头接线把的头，那就费工了。下线时要做到下完一把线检查一把线，上一把线不正确决不下下一把线，证实上把线确实无误后，才能准备下下一把线，每下一把线都要这样检查，以后不再重复说明。

图4-16　摆正确A1-2

第2步：把槽绝缘纸和引槽纸安放在第10槽中，右手拿起正向线把A1-2正确摆放在定子铁芯内，要检查所摆放的方向是否与图4-2（a）所示A1-2的方向相同。A1-1与A1-2的连接是通过9槽的引出线与A1-2的左边相连接而达到的，A1与A2的过线在A1-2的右边，则A1-2摆放正确，如图4-16所示。检查无误后，解开A1-2右边绑带，把A1-2右边放在10槽的引槽纸上。将A1-2右边下在第10槽中，插入槽楔，A1-2的左边空着不下，留在第35步下。检查A1与A2的过线从第10槽中引出，则A1-2下线正确，如图4-17所示。下完由两把线组成的极相组，线把与线把间的连接线应不长不短夹在两线把之间，只有细查才能查出来。在检查中如发现图4-18所示的现象，A1-1与A1-2的连接线明显形成了一个大线兜儿，查得A1-2的电流方向与A1-1的电流方向相反（一个极相组两把线边的电流方向应分别相同），则证明A1-2的方向下反了。另外，一个极相组头尾的两个线头应在每个极相组的两边，图4-18中所示A1的头尾都在极相组的左边，也证明A1-2下错了，应按图4-17所示改过来。在以后下线过程中，每下完一个极相组都要检查头尾是否在该极相组的两边，出现差错应及时改正，在以后的下线步骤中不

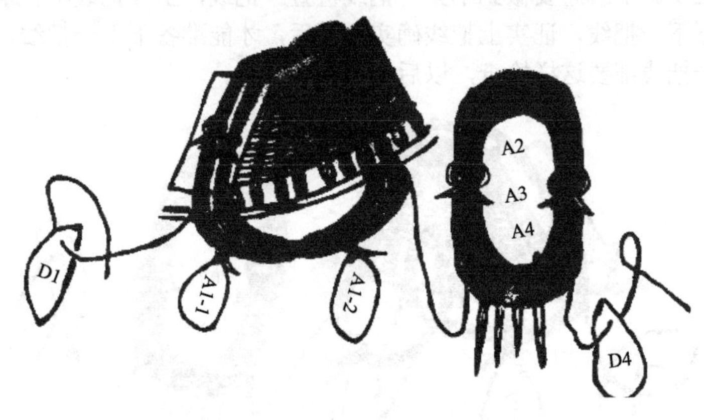

图4-17　A1-2右边下在10槽

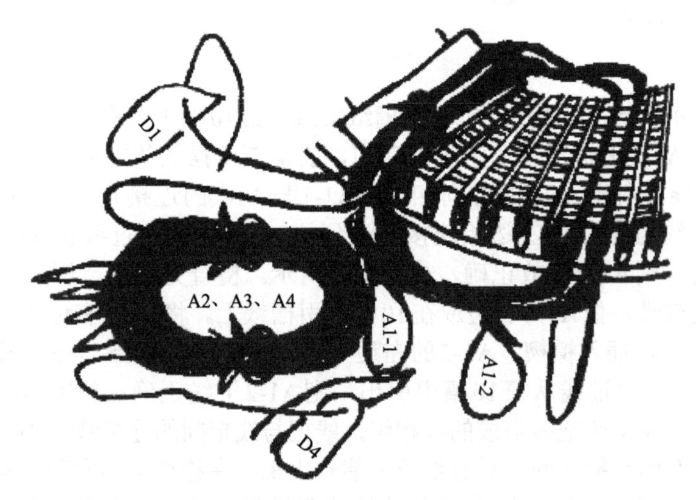

图4-18　A1-2下反了

再重复说明。

第3步：对着图4-2（b）上端所示的下线顺序数字，应将B1的右边下在第32槽。把槽绝缘纸和引槽纸下在第12槽中，将B相绕组摆放在定子铁芯旁，左手拿起反向极相组B1，如图4-19所示，B1的方向应与A1相反，D2应在B1的右边，B1与B2的过线应在B1的左边，图4-2（b）已标出电流从D2流进，从B2的右边流到左边。按规定B2的电流方向为逆时针的方向。在下线顺口溜中的"双顺单逆不可差"中的"单逆"就是这个含义，只要下线时碰到由单把线组成的一个极相组，其电流方向都应为逆时针方向。

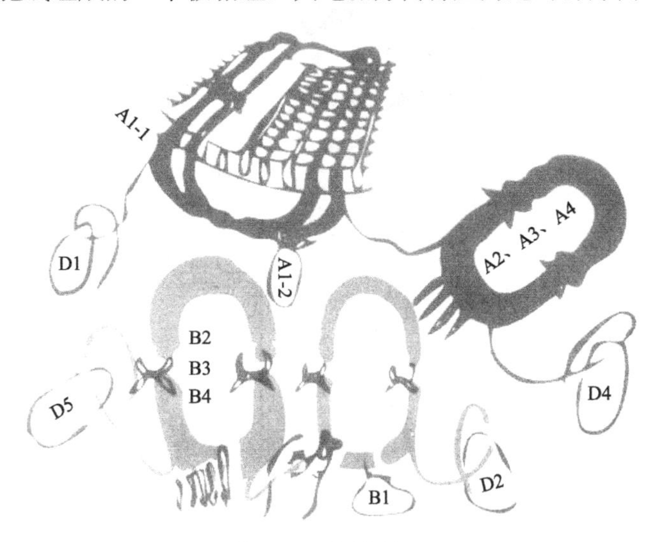

图4-19　正确摆放B1

左手摆正确B1后，不要翻动，右手伸进B1中，抓住A相绕组外甩捆在一起的A2、A3、A4，如图4-20所示。右手伸进B1中，把A相绕组的A2、A3、A4从B1中掏出来，如图4-21所示。把A2、A3、A4放在定子旁边，注意A2、A3、A4，不能破坏每把线原来的形状，不能把极相组与极相组的过线拉长。按图4-22所示将B1放铁芯内，再检查B1的实际方向与图4-2（b）所示的B1方向是否相符，A相绕组的A2、A3、A4从B1中掏出，D2在B1的右边，B2与B1的过线在B1的左边，则B1摆放、掏把正确。检查无误后，把B1

右边绑带解开。B1的右边下在12槽中。B1的左边空着不下，留在第36步再下入槽中，如图4-23所示，要进行初步整形。

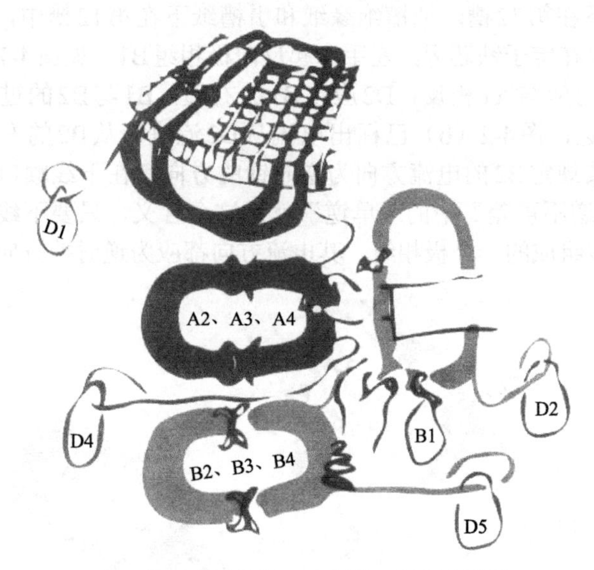

图4-20　右手伸进B1中抓住A相外甩线把

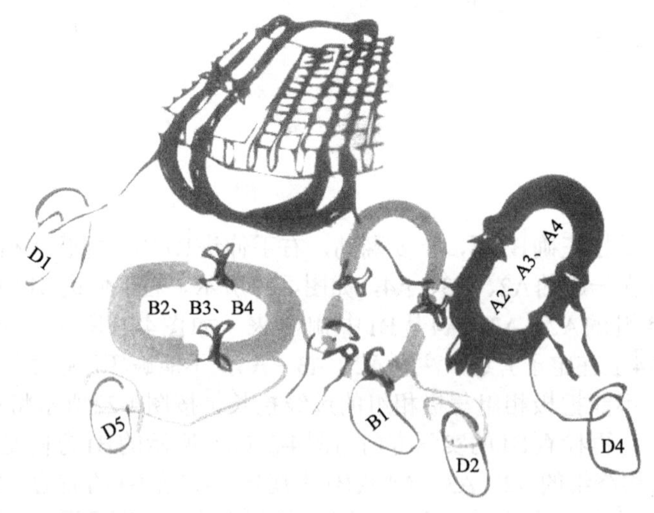

图4-21　把A2、A3、A4从B1中掏出

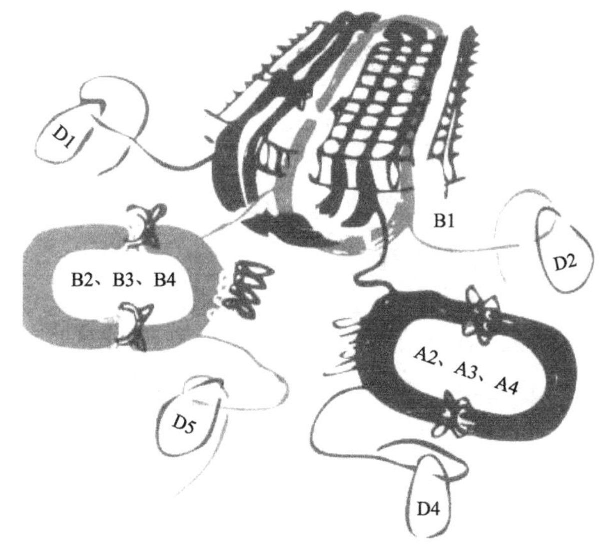

图4-22 正确摆放B2

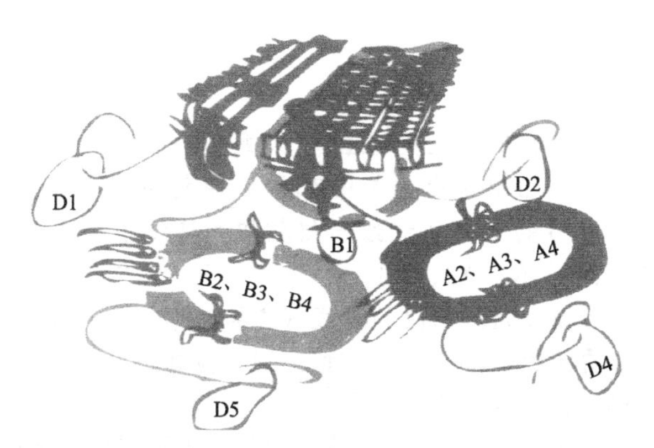

图4-23 将B1右边下在12槽中

在实际下线过程中，每下完一个极相组，都要检查所下线把是否正确，掏把是否正确，出现差错，应当及时改正。检查中如发现如图4-24所示的现象，A相绕组的A2、A3、A4没有从B1中掏出，B1也下反了，则应将12槽的槽楔拔掉，用划线板拨开槽绝缘纸，把12槽内所有导线慢慢全拆出来整理好，重新用绑带绑好，再按

图4-24　B1下反，A2、A3、A4没有从B1中掏出

正确的方法掏把、下线。

【提示】 掏把的定义是从B1开始每下一个极相组，就将外甩的线把从该极相组中掏出（本相不掏）。掏把适用于所有单层绕组的下线中，其目的是使极相组与极相组的连线不与绕组的端部相交。如图4-24所示，A2、A3、A4没有从B1中掏出，则在以后的下线过程中将造成A1与A2的过线从绕组端部绕过的现象。每下一个极相组都要掏把，如果忘记掏把，则在检查出后应将该极相组拆出掏完线把，再下入槽中。

在第3步下B1右边时，B1的右边与已下到槽中的A1-2右边空过1个槽，这个空槽是留给A2左边的。每个极面内每相绕组各占三个槽，按A、B、C顺序排列，A1下完，虽占了2个槽，但还剩1个槽，下B相绕组的极相组B1时必须将A相绕组应占的槽留出来，再根据下线时极相组排列顺序“A1—B1—C1—A2……”，按线把数说是“双把一单把一双把一单把……”的规律排列。所以在下由双把线组成的极相组时，右边空过2个槽；下由单把线组成的极相组时，右边空过1个槽，下线口诀上“双隔二来单隔一”就是这个意思。比如下单把线组成的极相组B1时，右边空过1个槽，10槽已有线把的边，空过11槽，应将B1右边下在12槽中，下线口诀的含义与下线顺序是相符的。理解了“双隔二来单隔一”的含义后，则在下单把线时右边应空过1个槽，下完单把线就应下双把线，下双把线时右边空过两个槽，以此类推。一开始不熟悉时不能离开绕组展开分解图，必须一步一步对着图掏把、下线，待掌握了规律，下线熟练后，就可以不看绕组展开分解图达到熟练下线、掏把了。

第4步：如图4-2（c）所示，左手拿起正向极相组C1（“双顺单逆不可差”，双把线为顺时针方向），证实极相组C1与展开图上的方向应一致，C1-1在下面，C1-2在上面，D3在C1-1的左边，C1与C2的过线在C1-2的右边，左手捏住C1，右手伸进C1中，抓住A2、A3、A4和B2、B3、B4，如图4-25所示。右手将A2、A3、

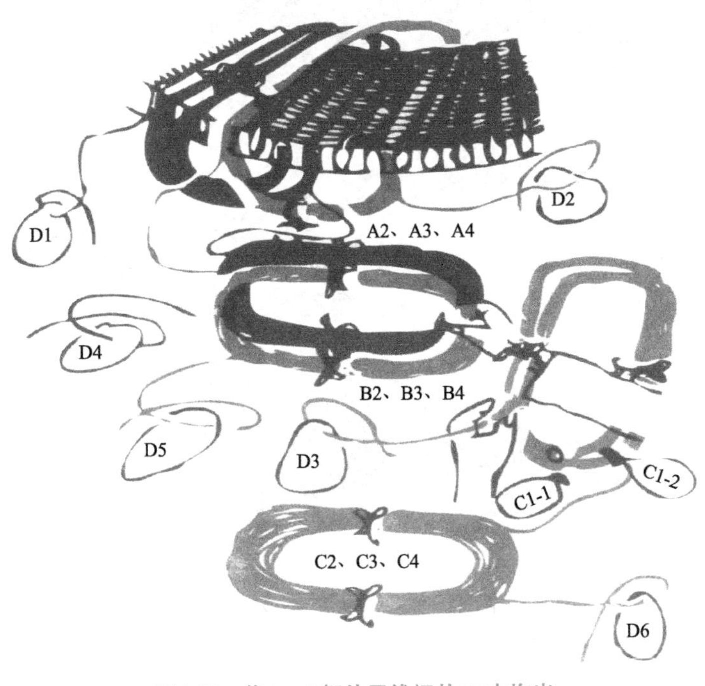

图4-25　将A、B相外甩线把从C1中掏出

A4和B2、B3、B4从C1中掏出来，放在定子旁边（也可以分两次掏出A2、A3、A4和B2、B3、B4），将C1-2靠在A2、A3、A4和B2、B3、B4上，将C1-1不改变方向放入定子铁芯内。在下C1-1之前检查一遍，C1-1实际方向是否与图4-2（c）所示的C1-1方向相同，D3是否在C1-1的左边，C1-1与C1-2的连接线是否在C1-1右边，A2、A3、A4和B2、B3、B4是否从C1-1和C1-2中掏出，出现差错应更改，无差错后，按图4-2（c）上端所标下线顺序数字，准备将C1-1右边下在第15槽中。把槽绝缘纸和引槽纸安放在15槽中，按图4-26所示，把C1-1放入定子铁芯内，A、B相绕组外甩的线把不要离铁芯远了，否则线把就要变形。图上画的有的线把远些，过线长些，这是为了使读者看清楚，实际下线时所有线把都在定子旁

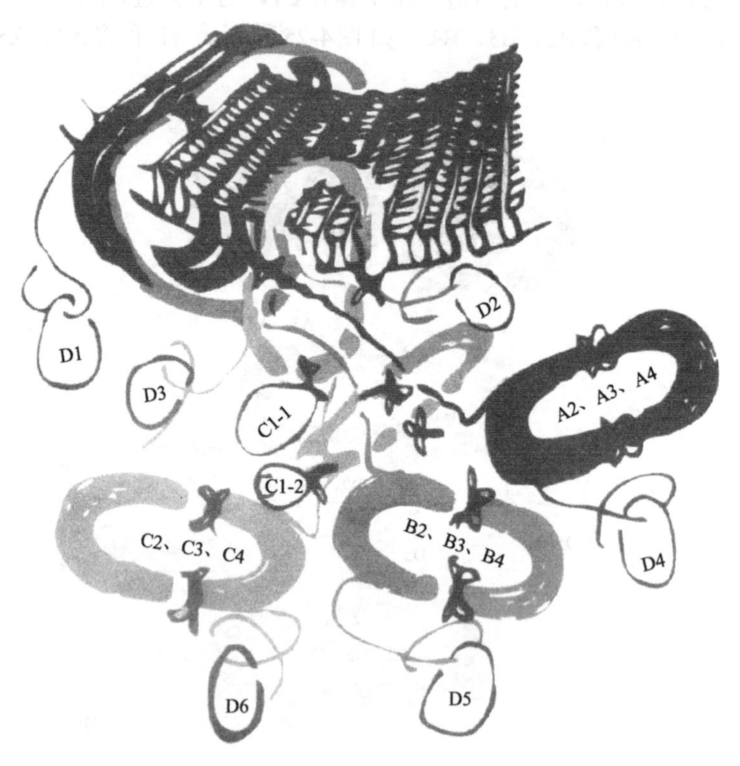

图4-26　将C1-1正确摆放在定子内

边，越近越好。要保证线把形状不变地下到定槽中，发现有的线头抽长了要一圈一圈退回到原来位置。解开C1-1右边的绑带，按图4-2（c）所示的方向将C1-1右边下在15槽中（双隔二），安插入槽楔，如图4-27所示。下完线后，检查C1-1与C1-2的连接线从15槽中引出，D3在C1-1的左边，A、B相外甩的线把从C1-1中掏出，证明C1-1下线正确。从图4-27中可以看出，在下由两把线组成的极相组C1时，C1-1嵌在13、14两个槽中，这就是"双隔二"的含义，在以后的下线中，遇到要下由双把线组成的极相组的情况时，右边都要空过两个槽。

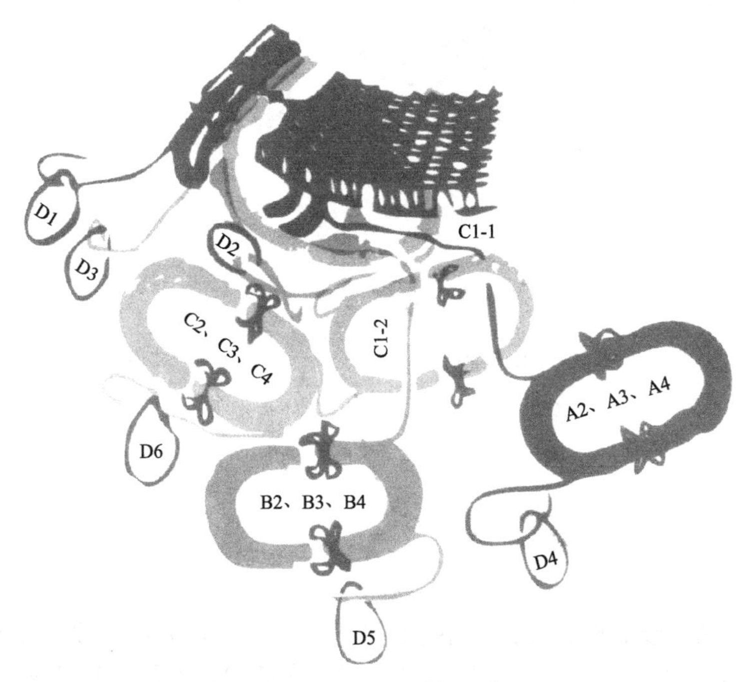

图4-27　将C1-1右边下在15槽中

第5步：从图4-2（c）中可以看出，开始下线时只空过A1和B1左边不下，从C1-1左边开始不再空着线把的边，把槽绝缘纸和引槽纸安放在7槽中，解开C1-1左边绑带，将C1-1左边下在

7槽中，如图4-28所示，检查C1-1的节距是1～9，D3下在7槽中，证明C1-1下线正确。下线口诀中的“双九单八交叉下”中的“双九”，是指凡遇到由双把线组成的极相组，每把线的节距就是1～9，从图4-28中可以看出，从第7槽开始，从左向右不再空槽。

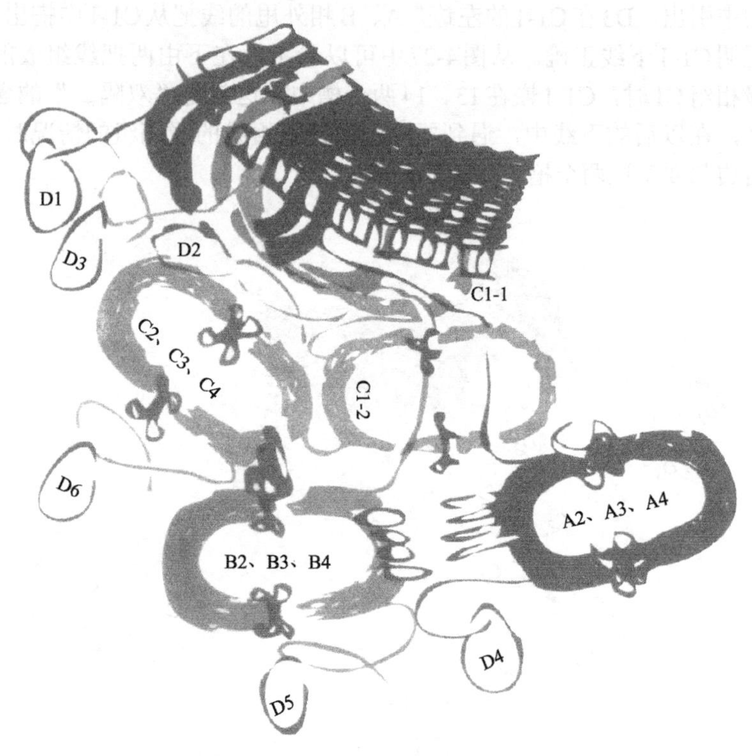

图4-28　将C1-1左边下在7槽中

第6步：把C1-2按顺序进针的方向（与C1-1方向一致）放入定子铁芯内，检查C1-2与C2的过线应在C1-2的右边，A、B相绕组外甩的线把从C1-2中掏出为正确，出现差错应改正。检查C1-2无误后，准备下线，把槽绝缘纸和引槽纸安放在16槽中，将C1-2右边绑带解开，将C1-2右边下在16槽，把槽楔安好放入16槽中，如图4-29所示。下完C1-2右边后，检查C1与C2的过线从16槽引出，则C1-2右边下线正确。

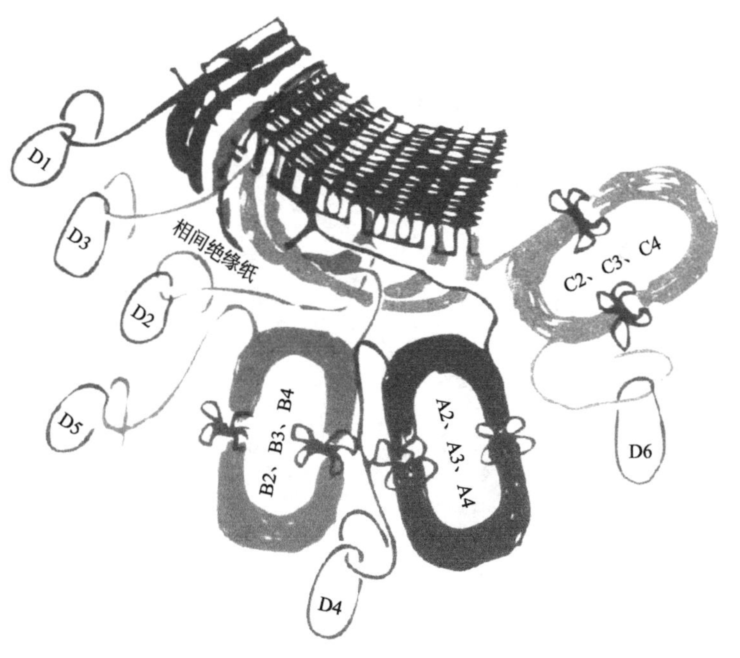

图4-29　将C1-2下完后，在B1与C1两端之间垫上相间绝缘纸

第7步：将C1-2左边下在第8槽中，C1全部下完。C1下完后要照着图4-2（c）进行检查，D3应下在7槽中，C1-1应下在7、15槽中，节距是1～9，C1-2应下在8、16槽中，节距也是1～9，C1与C2的过线从16槽中引出，A、B相外甩的线把从C1中掏出，则C1下线正确，在C1与B1两端之间垫上相同绝缘纸，如图4-29所示。每下完一个极相组，就要在这个极相组与已下完的极相组两端之间垫上相间绝缘纸，进行初步整形，把相同绝缘纸夹在两个极相组之间。采用这种方法，可以使相间绝缘纸垫得好；也可将整个电动机的绕组全部下完后，用划线板从每个极相组之间撬开缝，把相间绝缘纸垫在两极相组之间。采用什么方法自己掌握。

第8步：照图4-2（a）所示，从绑在一起的A2、A3、A4中解下A2（单把线），把A3、A4重新绑好，左手拿起反向极相组A2（单把为逆时针方向），右手伸进A2中，掏出B2、B3、B4和C2、C3、C4，将A2放在铁芯内，如图4-30所示。摆放好A2后，要检查一

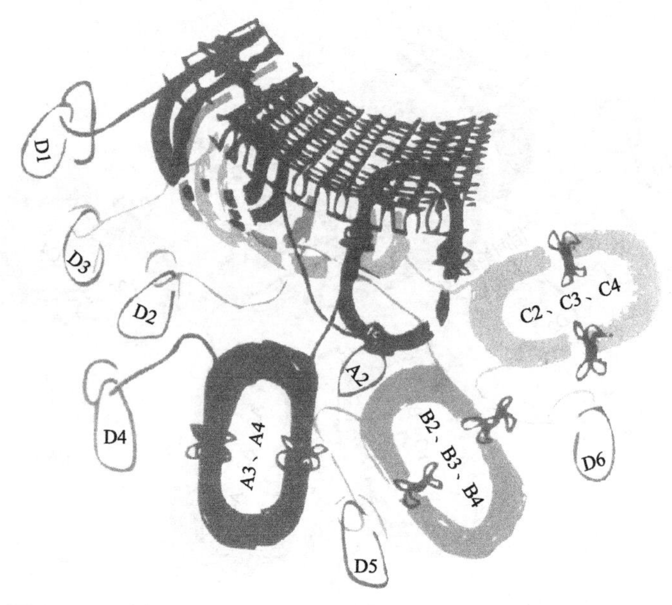

图4-30　正确摆放A2、将B2、B3、B4和C2、C3、C4从A2中掏出

次A2是否摆放正确，若A1与A2的过线为10槽的引出线连接A2的右边（尾接尾）的结果，A2和A3的过线在A2左边，C2、C3、C4和B2、B3、B4从A2中掏出，则A2摆放、掏把正确，发现差错应改正。将A2右边下在第18槽中（单隔一），如图4-31所示。下完18槽以后，检查A1与A2的过线是否由10槽引出线与18槽引出线连接而成，若是则A2右边下线正确。

第9步：将A2的左边下在第11槽中，如图4-31所示。A2只有单把线，下线口诀“双九单八交叉下”，就是指在下由单把线组成的极相组时，节距必须是1～8，而且是在两个极面中交叉着下，其电流方向“双顺单逆”（单把线电流方向为逆时针方向）。从图4-32可以看出规律：从7槽开始，左边排着下线一槽也不空地过，在每个极相组的右边，下由双把线组成的极相组时空两个槽，下由单把线组成的极相组时空一个槽，这就是“双隔二，单隔一”的含义。从图4-31中已下4个极相组的6把线可以看出些规律，下线顺序为“A1—B1—C1—A2—B2—C2……”，线把顺序为“双把一单

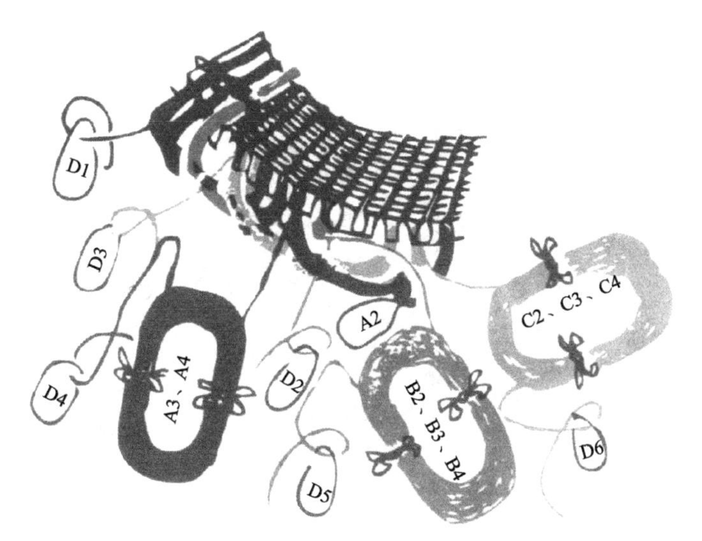

图4-31 A2右、左边分别下在18、11槽中

把一双把一单把……”。由双把线组成的极相组为顺时针方向，节距是1～9，与上个极相组的过线都在该极相组的左边，与下个极相组的过线都在该极相组的右边，在下线过程中，左边一个槽也不空过，右边空过2个槽。下由单线组成的极相组时，其方向全都是逆时针方向，节距是1～8，与上个极相组的过线都在该极相组的右边，与下个极相组的过线都在该极相组的左边，下线时，左边一个槽也不空过，右边空过一个槽。其他两相外甩线把从待下极相组中掏出。整个绕组就是由双把线组成的极相组和单把线组成的极相组组成的。极相组与极相组虽不能下在一个槽，不属于同一相，但都是一样的规律，将以上的规律掌握住，下线方法就容易掌握了。

图4-32所示是不掏把的后果。当下完A2就发现A1与A2的过线从绕组端部绕过，这是因为：在下B1和C1时，A2、A3、A4没有从C1和B1中掏出。当下完B2、C2后，还会发现这种现象。这样既破坏了电动机绕组的整齐美观，又影响了绕组的绝缘性能，所以在下线时必须每下一个极相组进行一次掏把，绝不能忘记。如果忘记了掏把，则要把所下线把拆出，掏完线把后，再下入槽中。

图4-32　不掏把造成对过线从绕组端部绕过

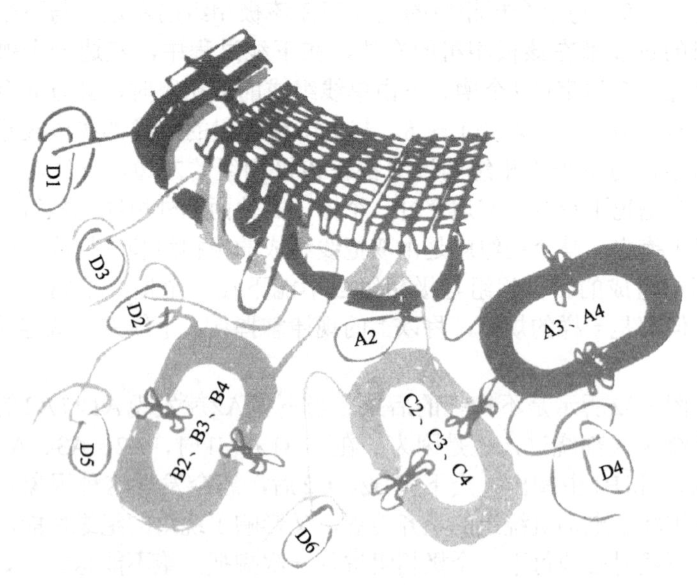

图4-33　A2的方向下反了

如图4-33所示，A2掏把对了，所占的槽位及节距也都对，就是方向下反了。正确的方向单把应该为逆时针方向（单逆）。A1与A2的过线是由10槽与18槽的引出线连接而成的，长短合适，只有细查才能查出。可方向下反的A1就变成了与线A1相同的顺时针方向了，A1和A2的过线变为由10槽与11槽的引出线连接而成的了，在10槽与11槽之间出了一个大线兜儿（在以后的下线过程中要注意，极相组与极相组连接正确时，过线与线把端部一样长，发现过线不够长或出现大线兜儿时，要详细检查极相组的方向是否下反了。但有时由于操作技术上的毛病，将过线伸长了，也会出现过线的长短不合适的现象，要区别对待，错了应及时改正。极相组下对了，但过线太长，则可往被伸的部位退回些，过线长短就合适了）。

经查证，如图4-33所示A2下反了，正确的方法是将A2拆出，将B2、B3、B4和C2、C3、C4从A2退回，摆正确A2方向重新掏把。按图4-31所示，分别将A2右、左边下在第18槽和11槽中。如果不愿拆出A2，则可将A1与A2的过线剪断，将18槽的引出线与A3的过线剪断，将10槽引出线与18槽引出线相连接，将A3的剪断的线头与11槽引出线相连接，经改正后A相绕组多出了两对线头，因此这是不提倡的。最好还是将A2拆出来，按正确方法重新掏把、下线。

第10步：如图4-2（b）所示，把B2（双把线）从B相绕组上解下来，重新把B3-4两边绑好，左手拿起正向极相组的B2（顺时针方向），注意B2-2应在B2-1的下面，检查线把B2-1、B2-2是否与图4-2（b）所示相符，B1与B2的过线从B1左边（还没下到槽中）与B2-1的左边相连接（头接头），B2与B3的过线在B2-2的右边，则B2摆放正确。若检查出B2摆放错误，则应及时改正。证实B2摆放正确后，右手把A相绕组的A3、A4和C相绕组的C2、C3、C4线把从B2中掏出来，如图4-34所示。把B2-2靠在A、C相外甩的线把上，将B2-1右边下在21槽中；B2是由双把线组成的极相组，右边空过两个槽（双隔二），即为21槽，如图4-35所示。

第11步：将B2-1左边下在13槽中，如图4-35所示。

第12步：把B2-2不改变方向放入定子铁芯中，检查B2-1与

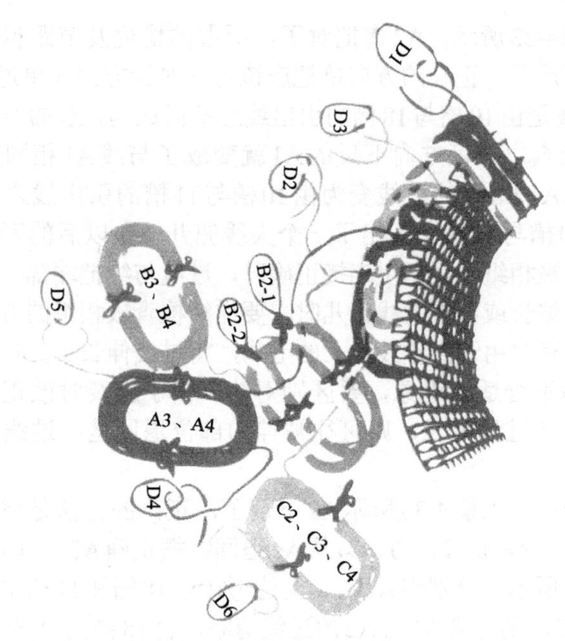

图4-34　将A、C相外甩线把从B2-1、B2-2中掏出

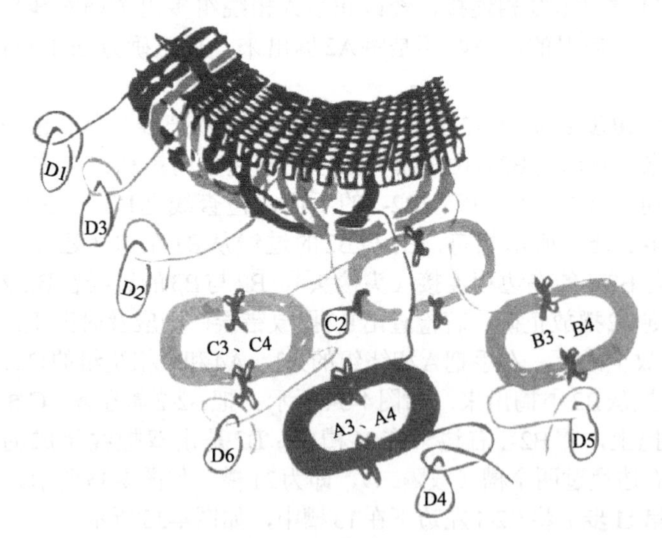

图4-35　B2下好后，正确摆放C2，将B2、B3、B4从C2中掏出

B2-2的连接线是否是由21槽引出连接B2-2左边而成的；B2与B3的过线在B2-2右边为正确；将B2-2右边下在第22槽中，B2与B3的过线从22槽中引出，如图4-35所示。

第13步：将B2-2左边下在14槽中，B2全部下完；要对着图4-2（b）详细检查B2，如果B1与B2的过线是B1左边（没下线）引出线与13槽引出线相连接的结果，B2与B3的过线从22槽中引出，A3、A4和C2、C3、C4从B2中掏出，则B2掏把、下线正确，在B2与A2两端之间垫上相间绝缘纸，B2下线结束，如图4-35所示。

第14步：按图4-2（c）所示，将C2（单把线）从C相绕组中解下来，把C3、C4两边重新绑好，左手拿起反向极相组的C2（单逆），把B3、B4和A3、A4从C2中掏出，放在一旁；在下线之前检查C2的实际方向与图4-35（c）所示的方向是否相同，C1与C2的过线应是16槽引出线与C2右边相连接（尾接尾）的结果，C2与C3的过线在C2的左边，则C2摆放正确，发现差错应更改；检查无误后，将C2右边空过一个槽（单隔一）下在24槽中。

第15步：将C2左边下在第17槽中，极相组C2下完，检查C1与C2的过线应是16槽与24槽引出线相连接的结果，C2与C3的过线从17槽中引出，A3、A4和B3、B4从C2掏出，则C2掏把、下线正确，检查无误后在C2与B2两端之间垫上相间绝缘纸。

第16步：按图4-2（a）所示，解开A相绕组两边的绑带，右手拿起正向极相组的A3（电流为顺时针方向），左手把C3、C4和B3、B4从A3中掏出放在一旁，将A3-2靠在A3、A4和C3、C4上，将A3-1右边空过两个槽（双隔二）下在第27槽中。

第17步：第A3-1左边下在19槽中。

第18步：将A3-2右边下在28槽中。

第19步：将A3-2左边下在20槽中；A3下完后，要检查A3下线槽位，方向及掏把是否正确，才能下另一个极相组；检查A2与A3的过线应是11与19槽引出线相连接（头接头）的结果，A3与A4的过线从25槽中引出，B3、B4和C3、C4从A3中掏出，则A3掏把、下线正确；检查无误后，在A3与C2两端之间垫上相间绝缘纸，A3下线结束。

第20步：解开B相绕组的绑带，左手拿起反向极相组的B3（电流方向为逆时针方向），右手把A4和C3、C4从B3中掏出来，放在一旁；将B3右边空过一个槽（单隔一），下在第30槽中。

第21步：将B3左边下在23槽中；极相组B3单把线的两个边下完后，检查B2与B3的过线应是22槽与30槽引出线相连接（尾接尾）的结果，B3与B4的过线从23槽中引出，A3和C3从B3中间掏出，则B3下线、掏把正确；检查无误后，在B3与A3两端之间垫上相间绝缘纸，B3下线结束。

第22步：解开C相绕组的绑带，左手拿起正向极相组的C3（电流方向为顺时针方向），右手从C3中掏出A4、B4放在一旁，把C3-2靠在A4、B4上，将C3-1右边空过两个槽（双空二），下在33槽中。

第23步：将C3-2左边下在25槽中。

第24步：将C3-2右边下在34槽中。

第25步：将C3-2左边下在26槽中；极相组C3下线完毕后，检查C2与C3的过线应是17槽引出线与25槽引出线相连接（头接头）的结果，C3与C4的过线从34槽引出，A4、B4从C3中掏出，则C3下线、掏把正确；检查无误后，在C3与B3岛两端之间垫上相间绝缘纸，C3下线结束。

第26步：左手拿起反向极相组的A4（电流方向逆时针方向），右手把B4、C4从中掏出，放在一旁，将A4的右边空过一个槽（单隔一）下在36槽中。

第27步：将A4左边下在29槽中，A4下完后，检查A3与A4过线应是28槽引出线与36槽引出线相连接（尾接尾）的结果，D4从29槽中引出，B4、C4从A4中掏出，则A4下线、掏把正确；检查无误后，在A4与C3两端之间垫上相间绝缘纸，A4下线结束。

第28步：左手拿起正极相组B4（电流方向为顺时针方向），右手将C4从B4中掏出，放在一边，将B4-2靠在C4上，将A1-1、A1-2、B1左边撬起来，露出待下线的3槽4槽；将B4-1右边空过两个槽（双隔二），下在3槽中。

第29步：将B4-1左边下在31槽中。

第30步：将B4-2右边下在4槽中。

第31步：将B4-2左边下在32槽中，B4下线完毕。检查B3与

B4的过线应是23槽引出线与31槽引出线相连接（头接头）的结果，D5从4槽中引出，C4从B4中掏出，则B4下线、掏把正确；检查无误后，在A4与B4两端之间垫上相间绝缘纸。

第32步：将C4反向极相组（电流方向逆时针方向）放入铁芯中，将C4右边空过一个槽下在6槽中。

第33步：将C4左边下在35槽中；C4下完后，检查C3与C4过线应是34槽引出线与6槽引出线相连接（尾接尾）的结果，D6从35槽中引出，则C4下线正确；检查无误后，在C4与B4两端之间垫上相间绝缘纸，C相绕组下线结束。

第34步：将A1-1左边下在1槽中。

第35步：将A1-1右边下在2槽中；A1下线完毕后，检查D1从1槽中引出，A1与A2过线应是10槽引出线与18槽引出线相连接（尾接尾）的结果，则A1下线正确；检查无误后，在A1与C4两端之间垫上相间绝缘纸，A相绕组下线结束。

第36步：将B2左边下在5槽中；B1下线完毕后，检查B1与B2过线应是5槽引出线与13槽引出线相连接（头接头）的结果，D2从12槽引出，则B1下线正确；在B1与A1两端之间垫上相间绝缘纸，B相组下线结束。

（8）接线　在接线之前要分别检查每相绕组是否与绕组展示分解图所示相符，检查方法是将定子垂直放在地上，查完A相查B相，最后再检查C相绕组，左手拿划线板，右手伸着食指，按图上所示从每相绕组电流流进端查到电流流出端。

查A4相绕组的方法如下：

将图4-2（a）摆放在定子旁，对着图查A相绕组，从D1（1槽引出线）开始，手指绕方向是按电流的方向绕转，从1槽绕到9槽，A1-1节距应是1～9。从9槽绕到2槽，从2槽绕到10槽，用划线板找到A1与A2过线，手指顺着A1与A2的过线绕进18槽，从18槽绕进11槽，A2节距应为1～8；用划线板找到A2与A3的过线，手指顺着11槽的过线绕进19槽，从19槽绕进27槽，从27槽绕进20槽，从20槽绕进28槽，从28槽经过A3与A4的过线，绕进36槽，从36槽绕到29槽。D4从29槽中引出，检查者随极相组位置转电动机一周，检查A相绕组极相组与极相组的连接、每把线节距、流过每把线的电流方向与图4-2（a）所示是否相符。证明A相绕组正确后，再测量止相绕组的绝缘电阻，用万用表k挡或10k挡，一支表笔接D1，一支表笔接D4，表针向0Ω方向摆动，证明止相绕组接通；表针不动，证明A相绕组断路，则应排除故障达到接通为止。一支表笔与Dl或D4相连接、一支表笔与外壳相接，表针不动或微动，证明绝缘良好，表针向0Ω方向摆动，证明A相绕组与外壳短路，大多由于槽口绝缘纸破裂引起。将表针连接方式保持不变（表针在零欧位置），慢慢撬动A相绕组一端绕组，检查完一端，再检查另一端。当发现撬到一处线把时，表针向阻值大的方向摆动，证明故障发生在该处。将绝缘纸的破裂处垫好或换新的槽绝缘纸，彻底排除故障。经查A相绕组无误后，将D1（1槽引出线）套上套管引出，接在接线板上标有D1的接线螺钉上；将D4（29槽引出线）套上套管引出，接在接线板上标有D4的接线螺钉上，如图4-36所示。

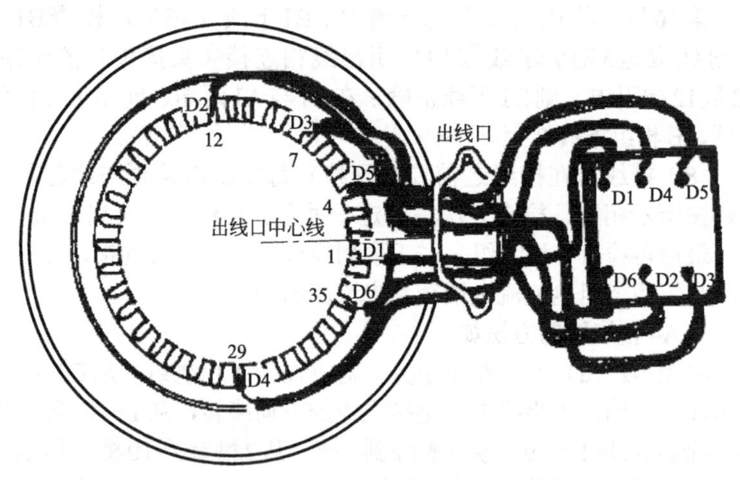

图4-36 接线和定第1槽的方法

按检查A相绕组的方法，照着图4-2（b）查C相绕组和测量C相绕组绝缘电阻。检查无误后，将D2（12槽引出线）穿上套管引出，接在接线板上标有D3的接线螺钉上；将D6（4槽引出线）套上套管引出，接在接线板上标有D6的接线螺钉上，如图4-36所示。

按检查A4相绕组的方法，按图4-2（c）所示检查C相绕组和测量C相绕组绝缘电阻，检查无误后，将D3（7槽引出线）套上套管引出，接在接线板上标有D3的接线螺钉上，将D6（35引出线）套上套管引出接在接线板上标有D6的接线螺钉上。如电动机原来是△形接法，就将三个铜片按1，6；2，4；3，5接起来；如果原电动机是Y形接法，就将D4、D5、D6三个接线螺钉用铜片接起来。

4.1.2 单层链式绕组的嵌线方法

（1）绕组展开图 图4-37为三相4极24槽、节距为1～6的单层链式绕组展开图。D1代表A相绕组的头，D4代表A相绕组的尾；D2代表B相绕组的头，D5代表B相绕组的尾；D3，D6分别代表C相绕组的头和尾。从图中可以看出，每相绕组由4个极相组组成，每个极相组由1把线组成，每把线的节距是1～6；极相组与极相组采用“头接头”和“尾接尾”的连接方法连接。

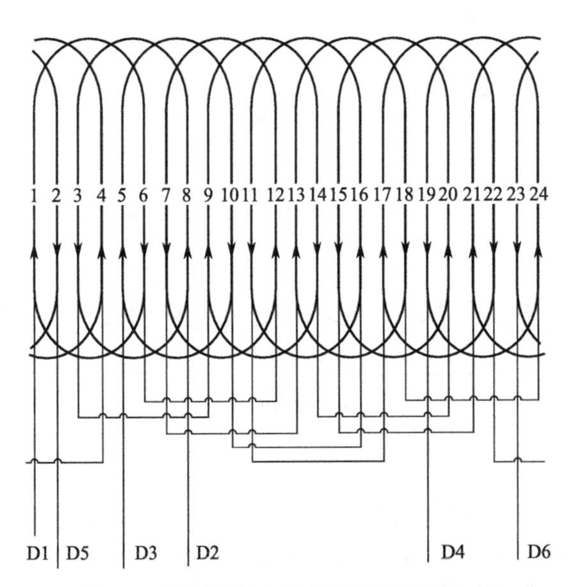

图4-37 三相4极24槽单层链式绕组展开图

（2）绕组展开分解图 实际电动机三相绕组的12个极相组（12把线）是按着图4-37排布在定子铁芯中的。初学者看绕组展开图会感到乱而不易懂，为了使看图简单便于下线，将图4-37分解成图4-38，在其上端标有下线顺序数字，按这些顺序数字进行下线即可。

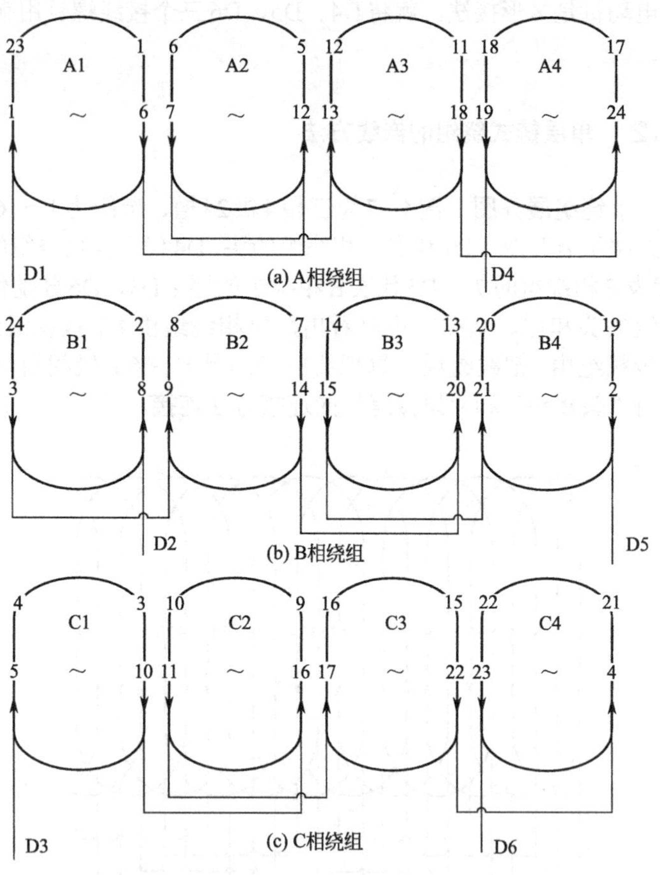

图4-38 三相4极24槽单层链式绕组展开分解图

（3）线把的绕制与整理 此电动机每相绕组共有4个极相组，每个极相线只有一把线，所以绕线时要绕完4把线（为1相绕组）后断开，标为A相绕组，如图4-38（a）所示，按每把线的绕线顺序分别标清A1、A2、A3、A4。A相绕组的首头标清D1，尾头标为D4。将A相绕组的A2、A3、A4摞在一起两边绑好，外面只剩一把线A1。继续绕出4把线，定作B相绕组，按绕线顺序，如图4-38（b）所示分别标清每把线的名称为B1、B2、B3、B4。B相绕组的首头标清D2，尾头标明D5。将B2、B3、B4摞在一起，两边绑好。最后绕出4把线，标为C相绕组，按绕线顺序分别标清每把线的名称。C相首头标清D3，尾头标明D6。将C2、C3、C4摞在一起两边绑上，外面只留C1一把线。

（4）下线前的准备工作 按原电动机槽绝缘纸和相间绝缘纸的尺寸，裁制24条槽绝缘纸和24块相间绝缘纸，放在定子旁；再按槽绝缘纸的尺寸裁制几条作为引槽纸，将制作槽楔的材料及下线工具放在定子旁，准备下线。

（5）第1槽的确定 根据出线口的中心线在两个远头中间槽上的要求设计第1槽。由图4-37可知，6根引出线头最远的是19槽和8槽，这两个最远头中间槽是1槽，那么出线口的中心线就放在1槽，参照图4-36，用粉笔标清第1槽。

（6）下线顺序 下线顺序是“A1—B1—C1—A2—B2—C2—A3—B3—C3—A4—B4—C4”，详细下线步骤按图4-38所示线把上端所标数字进行。

（7）下线方法 将图4-38摆放在电动机旁的工作台上。参照以下步骤进行下线：

第1步：将A1正向极相组摆放在定子铁芯内，将右边下在第6槽中，A1左边不下，将A1左边与铁芯之间垫上绝缘纸，检查A1与A2的过线从6槽引出，为A1下线正确。

第2步：对着图4-38，左手拿起反向极相组的B1，右手将A2、A3、A4从B1中掏出，放在定子旁；将B1右边空过1个槽下在第8槽中，左边空着不下，B1下完后，检查D2下在第8槽中，A2、A3、A4从B1中掏出，则B1下线正确。在下B1的右边时可以空过一个槽，这个槽是给极相组A2留的，从图上可以看出每个极相组都是由一把线组成的，所以下线时每下一个极相组右边都空过一个槽。

第3步：对着图4-38，左手拿起正向极相组的C1，右手把A2、

A3、A4和B2、B3、B4从C1中掏出放在一旁，将C1右边空过一个槽，下在第10槽中。

第4步：将C1左边下在第5槽中，下完后检查D3下在5槽，C1与C2过线从10槽中引出；A2、A3、A4和B2、B3、B4从C1中掏出，则C1下线、掏把正确。检查无误后在C1与B1两端之间垫上相同绝缘纸。

第5步：从A相绕组中解下A2，把A3、A4绑在一起，左手拿起反向极相组的A2，右手把B2、B3、B4和C2、C3、C4从A2中掏出，放在定子旁，将A2右边空过1个槽，下在第12槽中。

第6步：将A2左边下在第7槽中；A2下完后，检查A2与A1过线是6槽引出线与12槽引出线连接的结果，A2与A3的过线从7槽中引出，B2、B3、B4和C2、C3、C4从A2中掏出，则A2下线、掏把正确，在A2与C1两端之间垫上相间绝缘纸。

第7步：左手拿起正向极向组的B2，右手从B2中掏出A3、A4和C2、C3、C4放在一旁，将B2右边空过一个槽，下在第14槽中。

第8步：将B2的左边下在第9槽中；B2下完后，检查B1与B2的过线是B1左边连接9槽的结果，B2与B3的过线从14槽中引出，A3、A4和C2、C3、C4从B2中掏出，则B2下线正确；检查无误后在B2与A2两端之间垫上相间绝缘纸。

第9步：左手拿起反向极相组的C2，右手从C2中掏出B3、B4和A3、A4，将C2右边空过一个槽，下在16槽中。

第10步：将C2左边下在11槽中；C2下完后，检查C1与C2的过线是10槽引出线与16槽引出线相连接的结果，C2与C3的过线从11槽中引出，A3、A4和B3、B4从C2中掏出，则C2下线正确；检查无误后，在C2与B2两端之间垫上相间绝缘纸。

第11步：左手拿起正向极相组的A3，右手从A3中掏出B3、B4和C3、C4放在一旁，将A3右边空过一个槽，下在第18槽中。

第12步：将A3左边下在第13槽中；下完A3后，检查A2与A3的过线是7槽引出线连接13槽引出线的结果，A3与A4的过线从18槽中引出，B3、B4和C3、C4从A3中掏出，则A3下线、掏把正确；检查无误后，将相间绝缘纸垫在A3与C2两端之间，A3下线结束。

第13步：左手拿起反向极相组的B3，右手将A4和C3、C4从B3中掏出，将B3右边空过一个槽，下在20槽中。

第14步：将B3左边下在15槽中；B3下完后，检查B2与B3的过线是14槽引出线与20槽引出线相连接的结果，B3与B4的过线从15槽中引出，A4和C2、C4从B3中掏出，则B3下线、掏把正确；检查无误后，在B3与A3两端之间垫上相间绝缘纸。

第15步：左手拿起正向极相组的C3，右手将A4、B4从C5中掏出放在一旁，将C3右边空过一个槽，下在22槽中。

第16步：将C3左边下在17槽中；C3下完后，检查C2与C3的过线是11槽引出线与17槽引出线相连接的结果，C3与C4的过线从22槽中引出，A4和B4从C3中掏出，则C3下线、掏把正确；检查无误后，在B3与C3两端之间垫上相间绝缘纸，C3下线结束。

第17步：左手拿起反向极相组的A4，右手将B4和C4从A4中掏出，放在定子旁，将A4右边空过一个槽，下在第24槽中。

第18步：将A4左边下在第19槽中；下完A4后，检查A3与A4的过线是18槽引出线连接着24槽引出线的结果，D4从19槽中引出，B4和C4从A4中掏出，则A4下线、掏把正确；检查无误后，在A4与C3两端之间垫上相间绝缘纸。

第19步：把线把A1和B1的左边撬起来让出B4、C4右边待下的2槽和4槽；左手拿起正向极向组的B4，右手将C4从B4中掏出，B4右边空过一个槽，下在第2槽中。

第20步：将B4左边下在第21槽中；B4下完后，检查B3与B4的过线是15槽引出线连接着21槽引出线的结果，D5从2槽中引出，C4从B4中掏出，则B4下线掏、把正确；检查无误后在A4与B4两端之间垫上相间绝缘纸。

第21步：拿起反向极相组C4，将C4右边空过一个槽，下在4槽中。

第22步：将C4左边下在第23槽中；C4下完后，检查C3与C4的过线是22槽引出线与4槽引出线相连接的结果，D6从23槽中引出，则C4下线正确；检查无误后，在C4与B4两端之间垫上相间绝缘纸，C相绕组下线结束。

第23步：将A1左边下在1槽中；A1下完后，检查D1从1槽中引出，则A1下线正确；在A1与C4两端之间垫上相间绝缘纸，A相绕组下线结束。

第24步：将B1左边下在3槽中；B1下完后，检查B1与B2过线是3槽引出线与9槽引出线相连接的结果，则B1为下线正确；在B1与A1两端之间垫上相间绝缘纸，B相绕组下线结束。

（8）接线 在接线之前要详细检查每相绕组是否按图4-38所示下在所对应槽中。先查A相绕组，具体方法如下：

将电动机定子铁芯垂直放在地上，左手拿着划线板，右手伸出食指。对着图4-38（a）从D1开始，手指顺着电流方向查A1，从1槽绕到6槽，从6槽绕到12槽，从12槽绕到7槽，从7槽绕进13槽，从13槽绕到18槽．从18槽绕到24槽，从24槽绕到19槽，然后从19槽D4绕出。左手用划线板查找到A1与A2的过线、A2与A3的过线和A3与A4的过线。A相绕组查对后，照同样方法，按图4-38（b）所示查B相绕组和照图4-38（c）所示查C相绕组，三相查对后，再用万用表分别测量三相绕组与外壳的绝缘电阻和三相绕组之间的绝缘电阻，发现短路故障应及时排除。若绝缘良好，则开始接线。将D1、D4、D2、D5、D3、D6的6根引线套上套管，分别接到电动机接线板所对应的接线螺钉上，原来接线板上的连接铜片不要改动。如果没有接线板，可按下面规定的接线法连接。

△形接线法：

D1、D6（1槽、23槽引出线）相连接电源。

D2、D4（8槽、19槽引出线）相连接电源。

D3、D5（5槽、2槽引出线）相连接电源。

Y形接线法：

D1（1槽引出线）引出接电源。

D2（8槽引出线）引出接电源。

D3（5槽引出线）引出接电源。

将D4、D5、D6（23槽、19槽、2槽引出线）连接在一起。

4.1.3 三相2极电动机单层绕组的下线方法

（1）绕组展开图 图4-39为三相2极18槽，节距为2/1～9、

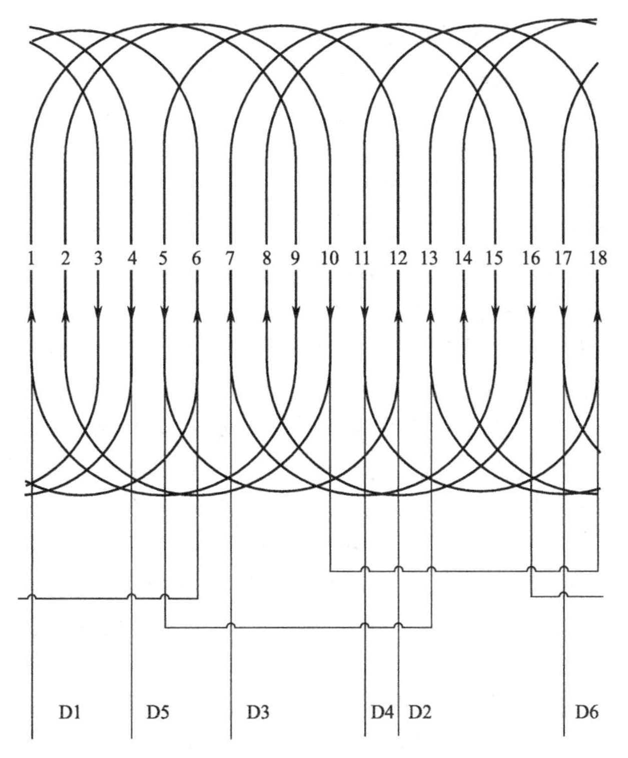

图4-39 三相2极18槽单层交叉式绕组展开图

1/1 ～ 8的单层交叉式绕组展开图。

（2）绕组展开分解图 实际2极18槽单层交叉式三相绕组的9把线（6个极相组）是按照图4-40所示排布在定子铁芯中的，为了使看图简便利于下线，采用图4-40所示的绕组展开分解图。从图4-40中能更清楚地看出，A相绕组由A1（两把线节距均是1 ～ 9）和A2（单把线节距为1 ～ 8）采用“尾接尾”组成，D1是A相绕组的头，D4是绕组的尾；B相绕组由B1（单把线节距为1 ～ 8）和B2（两把线节距均是1 ～ 9）采用“头接头”组成，D2是B相绕组的头，D5是B相绕组的尾；C相绕组由C1（两把线节距均是1 ～ 9）和C2（单把线节距为1 ～ 8）采用“尾接尾”组成，D3是C相绕组的头，D6是C相绕组的尾。在每相绕组线把的上端都标有下线顺序数字，下线时的步骤按这些数字顺序进行。

（3）线把的绕制和整理 该电动机每相绕组由两个大把线和一个小把线组成，绕线时按“一大把、一大把、一小把”的顺序每绕三把线一断开，制作木制绕线模时应做有三个模芯四个隔板的绕线模，分三次绕完三相绕组的9把线。使用万用绕线模一次可绕出6把线，为两相绕组（但绕完三把线要断开，留有足够长的头），再绕三把线即够三相绕组，用绑带分别绑好每把线的两个边。

拿起三把线按图4-40（a）所示摆布好线把，第一大把线标为A1-1，左边的头定做D1，第二大把线标为A1-2，第三小把线标为A2，小把线上的线头标明D4。拿起另外一组线把定作B相绕组，按绕线的顺序，把这三把线翻个个儿，按图4-40（b）所示变为小把在前、两个大把线在后，把小把线标明B1，B1的线头标明D2，第二大把线标明B2-1，第三大把线标明B2-2，第三把线上的线头标明D5，标线的方法同前三把线。最后的三把线定作C相绕组，按图4-40（c）所示，第一大把线标明C1，外甩线头标明D3，第二大把线标明C1-2，第三把小把线标明C2，外甩线头标明D6，标线的方法同前三把线。

（4）下线前的准备工作 按原电动机槽绝缘纸的尺寸，一次裁出18条槽绝缘纸，再多裁几条作为引槽纸用；按原电动机相间绝缘纸的尺寸，依次裁出12块相间绝缘纸，放在工作台上；将制作槽楔的材料和下线工具放在定子旁，准备下线。

（5）下线顺序 顺序为：“A1-1—B1-2—B1—C1-1—C1-2—A2—B2-1—B2-2—C2”。

（6）下线方法 这种电动机的槽数、极数、极相组数、线把数均是三相4极36槽单层交叉式电动机的一半，但节距一样（所以都叫交叉式），下线方法也一样，就是比4极36槽单层交叉式绕组简单。第1步至第8步完全相同于4极36槽单层交叉式绕组的下线方法（见4.1.1节）。

第9步：参照图4-40（a）所示，将A2左边下在11槽中，D4从11槽引出；A2下完后，检查A1与A2的过线应是10槽引出线与18槽引出线相连接的结果，D4从11槽中引出，B2和C2从A2中掏出，则A2下线、掏把正确；检查无误后，将相间绝缘纸垫在A2与

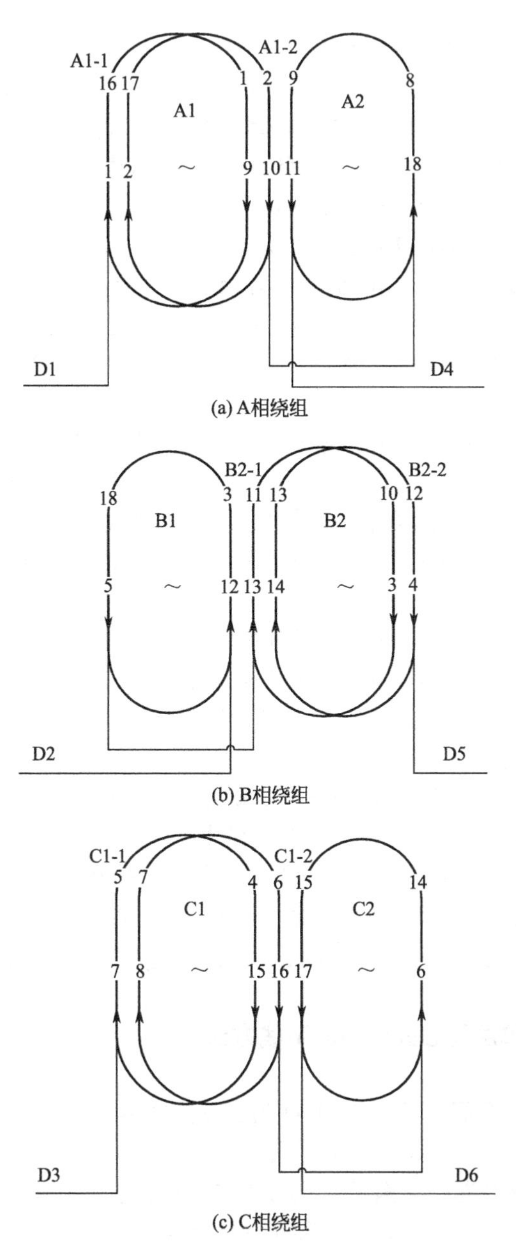

图4-40　三相2极18槽单层交叉式绕组展开分解图

C1两端之间，A1下线结束。

第10步：参照图4-40（b）所示，左手拿起正向极相组的B2，右手伸进B2中掏出C2，将B2-2靠在C2上（把A1、B1左边没下到槽中的线放好），将B2-1右边空2个槽下在3槽中。

第11步：将B2-1左边下在第13槽中。

第12步：将B2-2右边下在第4槽中。

第13步：将B2-2左边下在第14槽中；B2下完后，检查B1与B2过线应是B1左边线头与13槽引出线相连接的结果，D5从4槽中引出，C2从B2中掏出，则B2下线、掏把正确；在B2与A2两端之间垫上相间绝缘纸。

第14步：左手拿起反向极相组的C2，将右边下在6槽中。

第15步：将C2左边下在第17槽中；C2下完后，检查C1与C2过线应是16槽引出线与6槽引出线相连接的结果，D6从17槽中引出，则C2下线正确；在B2与C2两端之间垫上相间绝缘纸，C相绕组下线结束。

第16步：将A1-1左边下在1槽中。

第17步：将A1-2左边下在2槽中；A1下完后，检查D1从1槽中引出，则A1下线正确；将相间绝缘纸垫在C2与A1两端之间，A相绕组下线完毕。

第18步：将B1左边下在第5槽中；B1下完后，检查B1与B2过线应是5槽引出线与13槽引出线相连接的结果，则B1下线正确；将相间绝缘纸垫在A1与B1两端之间，B相绕组下线结束。

（7）接线　将D1～D6穿上套管引到接线盒上分别接到所对应标号的接线柱上，按原电动机接线方式（△或Y）连接起来。

4.1.4 单层同心式绕组的下线方法

（1）绕组展开图　图4-41为三相2极24槽，节距为1～12、2～11的单层同心式绕组展开图。

（2）绕组展开分解图　为了使看图简便，有利于下线，将图4-41所示的绕组展开图分解绕组展开分解图，下线时按照线把上端标的下线顺序数字进行。

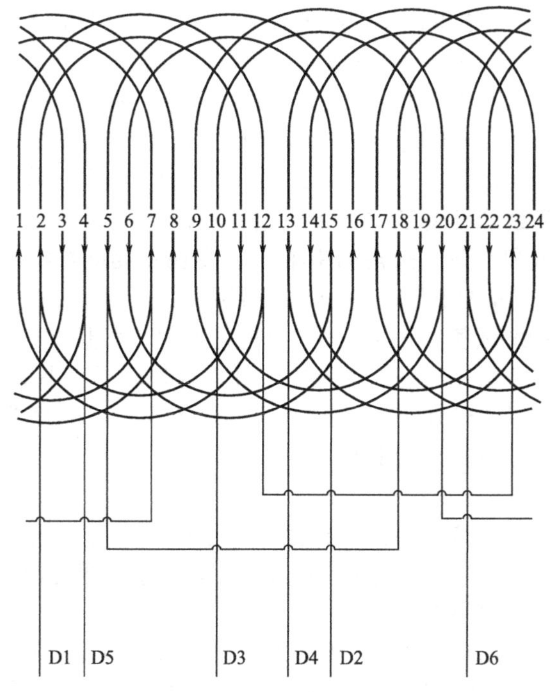

图4-41　三相2极24槽单层同心式绕组展开图

（3）线把的绕制和整理　此电动机每相绕组由两个极相组组成，每个极相组都是由一大把线套着一小把线组成的（所以称同心式绕组）。同心式绕组绕制线把的方法是先绕小把后绕大把，按原电动机线径大、小把周长的尺寸和匝数在万用绕线模上调精确，依次按“一小把、一大把、一小把、一大把”的顺序绕出4把线，为一相绕组。每把线两边用绑带绑好，剪断线头从绕线模上卸下线把，定作A相绕组，按图4-42（a）所示摆好A相绕组，按照绕线把的顺序，先绕的小把定作A1-1，小把线上这根线头定作D1；第二绕出的大把线标为A1-2；第三绕出的小把线定作A2-1；第四绕出的大把线标为A2-2，A2-2上那根头标明D4，实际标时要参照图4-42（a）所示。将A2-1、A2-2摞在一起，两个边用绑带绑好，放在一旁。按绕制A相绕组的方法绕出4把线定作B相绕组，用同样的方法标明B1-1、B1-2、B2-1、B2-2，如图4-42（b）所示（注意

B相绕组与A相绕组标每把线的代号方法一样，只是下线时方向B与A相反）。把B2-1、B2-2摞在一起，两边绑在一起。最后仍照绕制A相绕组的方法绕出4把线定作C相绕组，照A相绕组命名的方法按图4-42（c）将每把线分别标明C1-1、C1-2、C2-1、C2-2，把C2-1、C2-2两边摞在一起，两边用绑带绑好，准备下线。

（4）下线前准备工作　按原电动机槽绝缘纸的尺寸依次裁24条槽绝缘纸和几条同规格的引槽纸，裁16块相间绝缘纸，将下线工具、制槽楔的材料放在定子旁准备下线。

（5）下线顺序　绕线按“一小把一大把一小把一大把”的顺序绕制，下线的顺序与绕线的顺序一样，也按着“一小把、一大把、一小把、一大把”的顺序下线，三相绕组下线顺序为：A1-1—A1-2—B1-1—B1-2—C1-1—C1-2—A2-1—A2-2—B2-1—B2-2—C2-1—C2-2。

（6）下线方法　将图4-42摆在定子旁，下哪个极相组，就对照哪相绕组展开图，下线步骤按线把上端数字顺序进行。参考前面内容确定第1槽的位置。

第1步：拿起正向极相组的A1，如图4-42（a）所示，将A1-1右边下在11槽中，左边空着不下，在A1-1左边与铁芯之间垫上绝缘纸，防止铁芯磨破导线绝缘层。

第2步：将A1-2右边下在12槽中，两手将A1两端轻轻向下按；A1下完后，检查D1应在A1-1的左边，A1与A2的过线下在12槽中，则A1下线正确。

第3步：左手拿起反向极相组B1，右手将A2从B1中掏出放在一边，将B1-2靠在A2上，将B1-1右边空过两个槽下在15槽中，左边空着不下，可以看出，凡是下由双把线组成的极相组时右边空两个槽。

第4步：将B1-2右边下在16槽中，左边空着不下；B1下完后，检查B1与B2的过线应在B1-2左边，D2下在15槽中，A2从B1掏出，则B1下线、掏把正确；下完B1可以看出，整个绕组中的极相组是由双把线组成的，在开始下线时留有4把线的左边空着不下。

第5步：左手拿起正向极相组的C1，右手将A2和B2从C1中

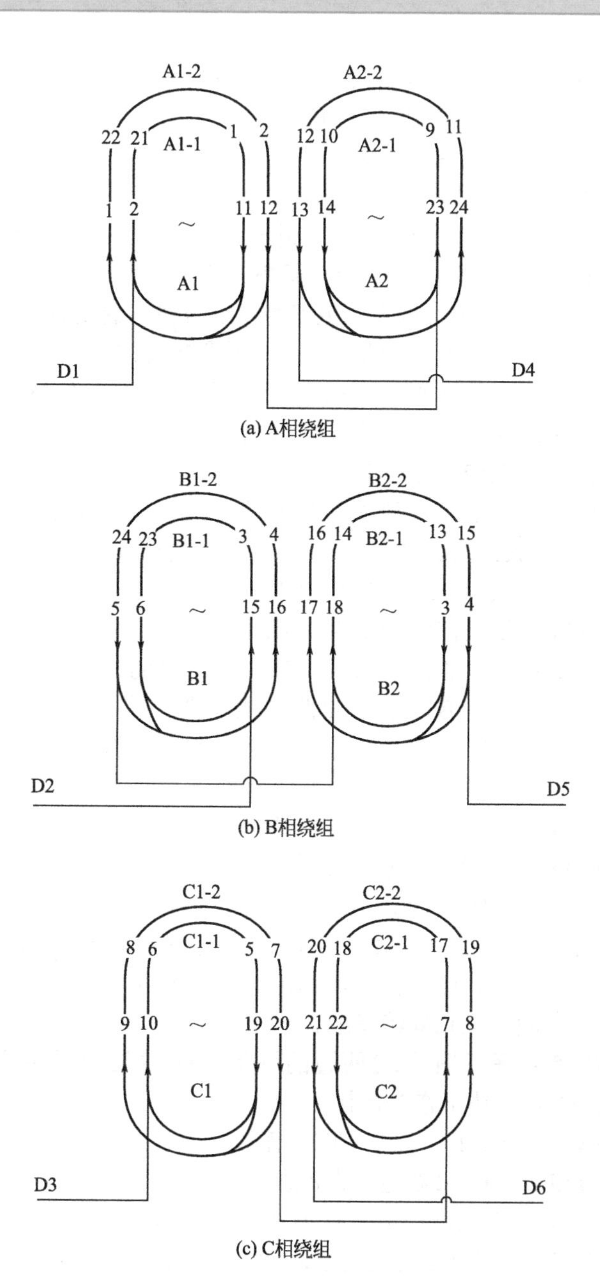

图4-42　三相2极24槽单层同心式绕组展开分解图

掏出，放在一边，将C1-1右边空过两个槽下在19槽中。

第6步：将C1-1左边下在10槽中。

第7步：将C1-2右边下在20槽中。

第8步：将C1-2左边下在9槽中；C1下完后，检查D3应下在10槽中，C1与C2的线从20槽中引出，A2和B2从C1中掏出，则C1下线正确；在C1与B1两端之间垫上相间绝缘纸，对C1两端进行初步整形，不要用力过大，免得绝缘纸破裂，造成短路故障。

第9步：解开A2两端的绑带，左手拿起反向极相组A2，右手将B2和C2从A2中掏出，将A2-1右边空过两个槽下在23槽中。

第10步：将A2-1左边下在第14槽中。

第11步：将A2-2右边下在第24槽中。

第12步：将A2-2左边下在13槽中；A2下完后，检查D4应从13槽中引出，A1与A2的过线是12槽引出线与23槽引出线相连接（尾接尾）的结果，B2和C2从A2中掏出，则A2下线、掏把正确；在C1与A2两端之间垫上相间绝缘纸。

第13步：撬起A1-1、A1-2、B1-1、B1-2的左边，空出待下的槽位，解开捆着B2-1、B2-2两边的绑带，左手拿起正向极相组B2，右手把C2从B2中掏出放在定子旁边，将B2-1右边下在3槽中。

第14步：将B2-1左边下在18槽中。

第15步：将B2-2右边下在4槽中。

第16步：将B2-2左边下在17槽中；B2下完后，检查D5应从4槽中引出，B1与B2的过线是B1-2左边连接与18槽引出线相连接（头接头）的结果，C2从B2中掏出，则B2下线、掏把正确；在B2与A2两端之间垫上相间绝缘纸。

第17步：解开捆着C2两边的绑带，将C2反向极相组摆放在一边，将C2-1右边下在7槽中。

第18步：将C2-1左边下在22槽中。

第19步：将C2-2右边下在8槽中。

第20步：将C2-2左边下在21槽中；C2下完后，检查D6应从21槽中引出，C1与C2的过线是20槽与7槽的引出线相连接（尾接尾）的结果，则C2下线正确；将相间绝缘纸垫在B2与C2两端之间，C相绕组下线完毕。

第21步：将A1-1左边下在2槽中。

第22步：将A1-2左边下在1槽中；A1下完后，检查D1应从2槽中引出，则A1下线正确；在A1与C2两端之间垫上相间绝缘纸，A相绕组下线结束。

第23步：将B1-1左边下在6槽中。

第24步：将B1-2右边下在5槽中，检查B1与B2的过线是5槽与18槽的引出线相连接（头接头）的结果，则B1下线正确；在B1与A1两端之间垫上相间绝缘纸，B相绕组下线结束。

（7）接线 按照图4-42（a）所示详细检查A相绕组每把线的节距、极相组与极相组的连接是否正确，D1、D4是否分别从2槽和13槽引出，A相绕组与图4-42（a）所示是否相符。确认无误后，测量A相绕组与外壳绝缘良好，则A相绕组下线正确。用同样的方法检查B相绕组和C相绕组，三相绕组经核查测量无误后，将D1～D6分别套上套管引出，接在接线板上所对应的接线螺钉上，按原电动机接线方法连接起来。

4.1.5 单层同心式双路并联绕组的下线方法

单层同心式双路并联绕组分解展开情况如图4-43所示。这种绕组的绕线方法与绕单路绕组的方法一样，但要每绕一个极相组断开一次；下线方法也基本一样，区别在于双路并联绕组下线时不掏把，下线时可按绕组展开分解图上端数字顺序进行，在接线时要与单路连接的绕组区分开。D1由2槽和23槽引出线组成，套上套管引出接在接线板上标有D1的接线螺钉上；D4由12槽和13槽引出线组成，套上套管引出接在接线板上标有D4的接线螺钉上；D2由15槽和18槽引出线组成，套上套管后引出，接在接线板上标D2的接线螺钉上；D5是由4槽和5槽引出线组成，套上套管引出接在接线板上标有D5的接线螺钉上；D3由7槽和10槽引出线组成，套上套管引出接在接线板上标有D3的接线螺钉上；D6由20槽和21槽引出线组成，套上套管引出，接在接线板标有D6的接线螺钉上，按原电动机接线方式△形或Y形接起来。

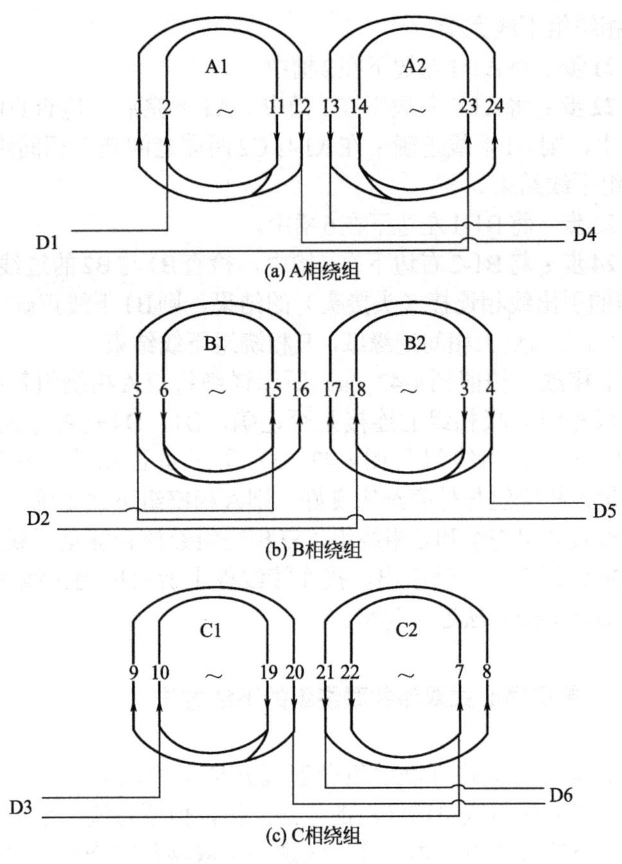

(a) A相绕组

(b) B相绕组

(c) C相绕组

图4-43　单层同心式双路并联绕组分解展开图

4.1.6　单层链式绕嵌线步骤

（1）绕组展开图　图4-44为三相6极36槽节距为1～6的单层链式绕组展开图。

（2）绕组展开分解图　为了使看图简便利于下线接线，将图4-44分解成图4-45所示的绕组分解展开图。从图4-45中能更清楚地看出每相绕组由6个极相组组成，每个极相组由一把线组成，线把的节距全是1～6，极相组与极相组采用"头接头"和"尾接尾"

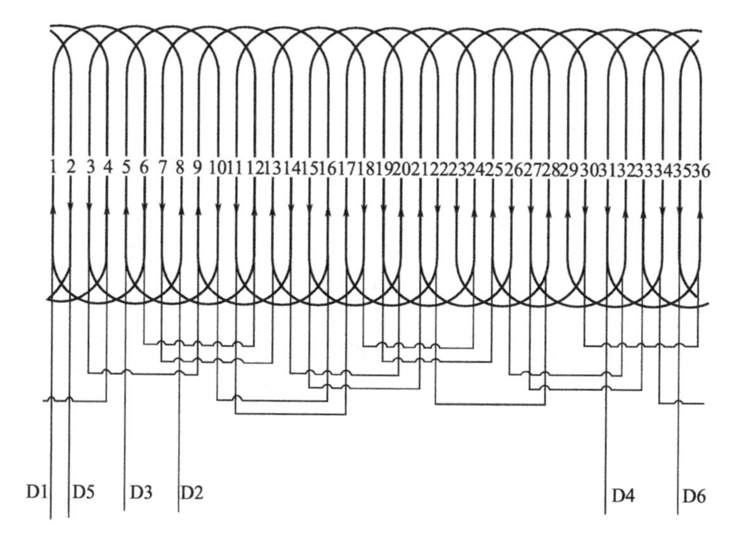

图4-44　三相6极36槽节距为1～6的单层链式绕线展开图

的方式连接，三相绕组的6根线头分别为：D1从1槽中引出，D4从31槽中引出；D2从8槽中引出，D5从2槽中引出；D3从5槽中引出，D6从35槽中引出，A、C相电流方向相同，B相与A、C相电流方向相反。

（3）线把的绕制和整理　按原电动机线把周长尺寸、导线直径、匝数在调好的万用绕线模上一次绕出6把线，每把线两边用绑带绑好，将6把线从绕线模上卸下来。按绕线顺序对着图4-45（a）所示标清每把线代号，将左数第1把标为A1，A1上的线头标上D1；第2把线标为A2；第3把线标为A3；第4把线标为D4；第5把线标为A5；第6把标为A6，A6上的线头标为D4；为使下线不乱，将A2～A6摞在一起两边捆好。按同样方法再绕出6把线，定为B相绕组，按绕线顺序对着图4-45（b）标清每把线的代号，将左数第1把线标为B1，B1外甩的线头标为D2；第2把线标为B2；第3把线标为B3；第4把线标为B4；第5把线标为B5；第6把线标为B6，B6上外甩的线头标为D5；为使下线不乱，将B2～B6摞在一起两边捆好。最后绕出6把线，定为C相绕组，用同样的方法将6把线分别标上C1～C6，C1外甩那根线头标为D3，C6外甩那根

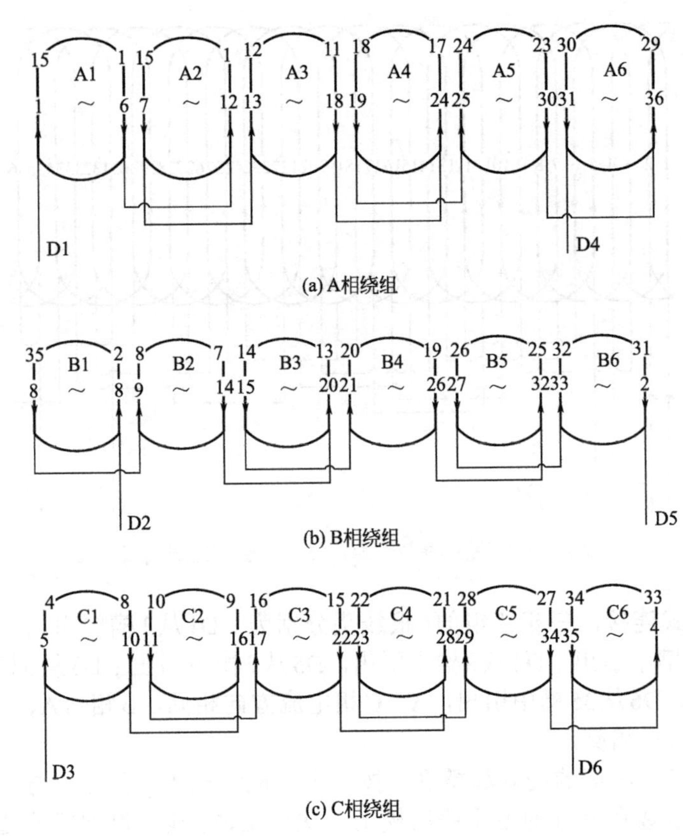

图4-45　三相6极36槽节距为1～6的单层链式绕组展开分解图

线头定为D6；为使下线不乱，将C2～C6两边线摞在一起，线把两边捆紧。

（4）下线前准备工作　按原电动机槽、相间绝缘纸的尺寸一次裁出36条绝缘纸和36块相间绝缘纸，按槽绝缘纸的尺寸裁出几条为引槽纸，将制作槽楔的材料和下线用工具摆在定子旁的工作台上，准备下线。

（5）下线顺序　下线顺序为：A1—B1—C1—A2—B2—C2—A3—B3—C3—A4—B4—C4—A5—B5—C5—B6—B6—C6。

（6）第1槽的确定　根据“出线口中心线在两个远线头中间槽

上”的要求确定第1槽，如图4-44所示。6根线头分别从31、35、1、2、5、8槽中引出，最远的两根线头是31槽和8槽，这两个线头的中间槽是1槽，就将出线口中心线定在1槽中。这样更便于理解。

（7）下线方法 下线时按照图4-45所示线把上端下线顺序数字进行下线。

这种电机绕组与三相4极24槽单层链式绕组相比，槽数多12个；极相组数多6个，其他线把节距、极相组与极相组连接方式都一样，就是多下6个极相组的12槽线罢了。即第1步至22步，参照三相4极24槽单层链式绕组的下线方法下线。

第23步：左手拿起正向极相组的A5，右手将B5、B6和C5、C6从A5中掏出，将A5右边空过1个槽下在第30槽中。

第24步：将A5左边下在25槽中；A5下完后，检查A4与A5过线是19槽引出线与25槽引出线相连接（头接头）的结果，A5与A6的过线下在30槽中，B5、B6和C5、C6从A5中掏出，则A5下线、掏把正确，将相间绝缘纸垫在A4与C4两端之间。

第25步：左手拿起反向极相组的B5，右手将A6与C5、C6从B5中掏出，将B5右边空过1个槽下在32槽中。

第26步：将B5左边下在27槽中；B5下完后，检查B4与B5的过线是26槽引出线与32槽引出线相连接（尾接尾）的结果，B5与B6过线从27槽中引出，C5、C6和A6从B5中掏出，则B5下线、掏把正确；在B5与A5两端之间垫上相间绝缘纸。

第27步：左手拿起正向极相组的C5，右手将A6、B6从C5中掏出，将C5的右边空过1个槽下在34槽中。

第28步：将C5左边下在29槽中；C5下完后，检查C4与C5的过线是23槽与29槽引出线相连接（头接头）的结果。C6与C5的过线从34槽中引出，A6、B6从C5中掏出，则C5下线、掏把正确；在C5与B5之间垫上相间绝缘纸。

第29步：左手拿起反向起极相组的A6，右手将C6、B6从A6中掏出，将A6右边空过一个槽下在36槽中。

第30步：将A6左边下在31槽中，D4从31槽中引出；A6下完以后，检查A6与A5的过线是30槽引出线与36槽引出线相连接（尾接尾）的结果，D4从31槽中引出；B6、C6从A6中掏出，则

A6下线、掏把正确；将相间绝缘纸垫在两端之间。

第31步：左手拿起正向极相组B6，右手将C6从B6中掏出，将B6右边空过一个槽下在2槽中，D5从2槽中引出。

第32步：将B6左边下在第33槽中；B6下完后，检查B5与B6的过线是27槽引出线与33槽引出线相连接（头接头）的结果，D5从2槽中引出，C6从B6中掏出，则B6下线、掏把正确；将相间绝缘纸垫在B6与A6两端之间。

第33步：将C6反向极相组放入定子内，将右边空过1个槽下在第4槽中。

第34步：将C6左边下在35槽中，D6从35槽中引出；C6下完后，检查C5与C6的过线是34槽引出线与4槽引出线相连接的结果；D6从35槽中引出，则C6下线、掏把正确；在C6与B6两端之间垫上相间绝缘纸，C相绕组下线结束。

第35步：将A1左边下在1槽中，A相绕组下线完毕。

第36步：将B1左边下在3槽中，B相绕组下线完毕。

（8）接线　检查A相绕组每把线的节距、极相组与极相组的连接情况、D1与D4的引出线是否与图4-45相符；再测量A相绕组与外壳绝缘是否良好；再用同样方法查B、C两相的三相绕组与图4-44是否相符，绝缘是否良好。将D1～D6分别套上套管引到接线盒上，将每根线头对位接在6根接线螺钉上，再按原电动机△形或Y形连接方式连接起来。

4.2　双层绕组的下线方法及绕组展开分解图

4.2.1　三相4极36槽节距为1～8的双层叠绕单路连接绕组下线、接线方法

（1）绕组展开图　双层绕组全部操作可扫二维码学习。图4-46（a）、（b）分别是三相4极36槽节距为1～8的双层叠绕单路连接绕组端部示意图和绕组展开图，1代表A相绕组，2代表B相绕组，3代表C相绕组。图4-46（a）中所示的电动机就是按图4-46（b）所示，将三相绕组的36把线镶嵌在36个槽中的。

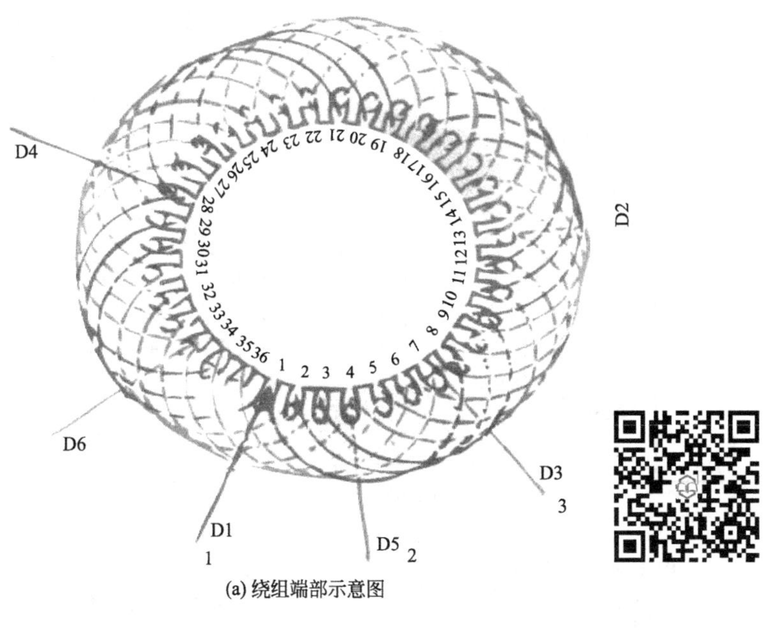

(a) 绕组端部示意图

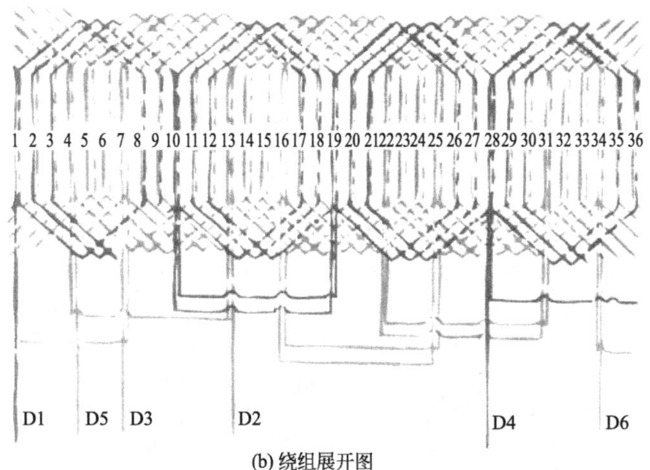

(b) 绕组展开图

图4-46　绕组端部及展开图

（2）绕组分解展开图　为了使图看起来简便清楚，有利于下线，将图4-46（b）中的绕组展开图分解成图4-47所示的绕组展开分解图。从绕组展开分解图可以看出，每相绕组由4个极相组组成，每个极相组由3把线组成，每把线的节距都是1～8，极相组与极相组是按“头接头”和“尾接尾”的方式连接的，A相和C相绕组电流方向相同，A、C相和B相绕组电流方向相反，D1、D4分

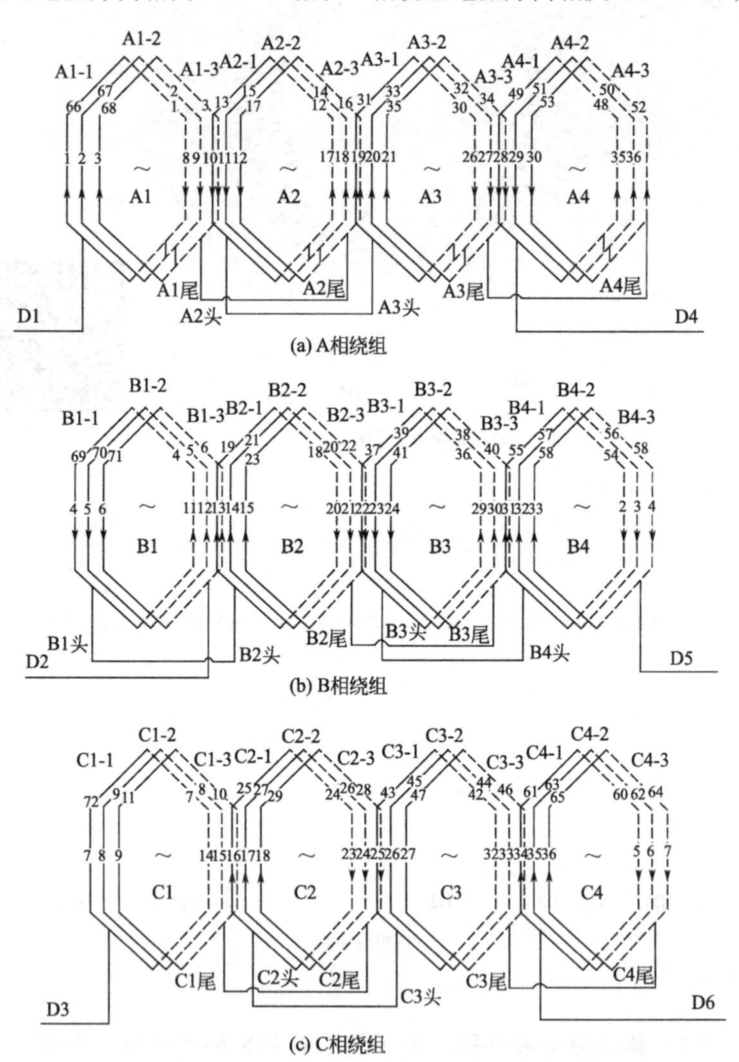

(a) A相绕组

(b) B相绕组

(c) C相绕组

图4-47　绕组展开分解图

别是A相绕组的头、尾；D2、D5分别是B相绕组的头、尾；D3、D6分别是C相绕组的头和尾，可以看出与图4-46所示很相似。电动机极数都是4极，每相绕组有4个极相组，区别在于单层绕组每槽只下一把线的边，双层绕组每槽内下有两把线的边，单层绕组每个极相组由一把线和两把线组成，一把线的节距是1～8，两把线的节距是1～9，双层绕组每个极相组由3把线组成，节距全都是1～8，线把数比单层绕组多一倍。

（3）线把的绕制 绕制双层绕组的线把时，按原电动机的线径、并绕根数、匝数，绕出一个极相组断开线头后再绕另一个极相组，该电动机每个极相组有三把线，因此要使用有3个模芯4个模板的绕线模。使用万用绕线模一次绕出两个极相组时，每根线头要留得长短合适，三把线绕好后，每个线把两边要用绑带绑好拆下（注意线把与线把的连接线应留在每个极相组头尾端）。将开始绕出的三把线标上A1，按图4-48所示将A1从左向右每把线用代号标明，第一把线标明A1-1，第二把线标明A1-2，第三把线标明A1-3。用同样的方法绕出A2、A3、A4、B1、B2、B3、B4和C1、C2、C3、C4。12个极相组共36把线，在下线熟练后就不必标明极相组代号了。

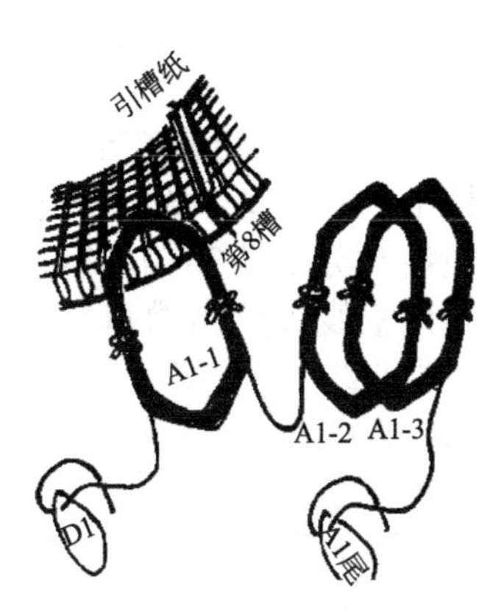

图4-48 将A1-1摆在铁芯中

（4）下线前的准备工作 按原电动机槽绝缘纸的规格尺寸依次裁制36条槽绝缘纸和36条层间绝缘纸。再按槽绝缘纸的尺寸裁几条做引槽纸用，按原电动机相间绝缘纸的尺寸裁制24块相间绝缘纸，折成形状，放在定子旁准备下线时用，将制作槽楔的材料和下线工具摆放在定子旁边的工作台上，准备下线。

（5）下线的顺序 该电动机双层绕组是按图4-46（b）所示，把三相绕组排布在定子铁芯内的。双层绕组比单层绕组下线简便，下线时一个极相组挨着一个极相组，不用翻把（下线时不用管极相组的电流方向）、不用掏把，不空槽，具体下线顺序是：A1—B1—

C1—A2—B2—C2—A3—B3—C3—A4—B4—C4。每个极相组由三把线组成，详细下线顺序为：A1-1—A1-2—A1-3—B1-1—B1-2—B1-3—C1-1—C1-2—C1-3—A2-1—A2-2—A2-3—B2-1—B2-2—B2-3—C2-1—C2-2—C3-3—A3-1—A3-2—A3-3—B3-1—B3-2—B3-3—C3-1—C3-2—C3-3—A4-1—A4-2—A4-3—B4-1—B4-2—B4-3—C4-1—C4-2—C4-3。按绕组展开分解上端标的下线步骤数字顺序进行下线，将12个极相组36把线的72个边，分72步一步步地把每把线的边下到所对应的36个定子槽中（每个槽中下两把线的边）。

（6）第1槽的确定 根据“出线口中心线设计在两个远头中间槽上”的要求，设计第一槽。如图4-46（a）所示，三相绕组的6根线头分别从28槽、34槽、1槽、4槽、7槽、13槽中引出，最远的两根线头是28槽和13槽，这两个远头中间槽是2槽，于是将出口中心线定在2槽上。从2槽顺时针数过1槽就是该定子铁芯的第1槽，将第1槽用笔作好记号，按图4-46（a）所示反时针标好1 ～ 36槽的槽号。

（7）下线的方法 **第1步**：从第1槽反时针方向数到第8槽，将第8槽定子铁芯位置转到下面（离工作台最近），把槽绝缘纸和引槽纸安插在第8槽中，把图4-47摆放在定子旁的工作台上，对着图上线把上端的下线顺序数字，拿起A1（三把线不管怎么摆放也是一把线在左边，一把线在中间，一把线在右边，下线时不按电流方向，先下左边一把线，再下中间一把线，最后下右边那把线，整个绕组所有的极相组都是一个方向下线，只是在接线时才按着图上所示的电流方向接线），下线前应检查A1的实际方向与图4-47（a）所示的A1方向相同。把A1-1摆在定子内的1、8槽位上，D1在线把的左边，A1-1与A1-2的连接线在A1-1右边，解开A1-1右边绑带，将其按下在8槽中，如图4-49所示。然后用两手拇指将A1-1右边两端往下按实，把层间绝缘纸按折好，插进槽中，截面如图4-49所示，层间绝缘纸伸出定子铁芯两端应一样长，要用层间绝缘纸正好包住线把的下层边，8槽要敞着槽口（待第9步把C1-2左边下到8槽中才能安插槽楔封口），A1-1左边空着不下（留在第66步下，这是为了使整个绕组下完线后编出的花纹一样，才等最后下线

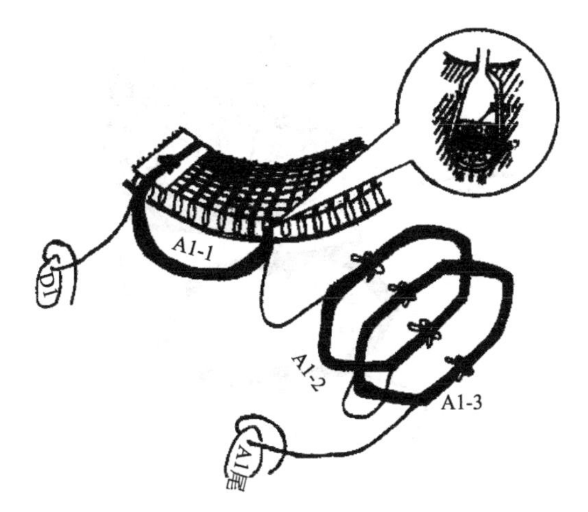

图4-49 A1-1右边下在8槽中，左边空着

的）。在A1-1左边与铁芯之间垫上绝缘纸，以防把导线磨坏。A1-1下完后，检查D1在A1-1左边，A1-1与A1-2的连接线下在8槽，层间绝缘纸插入8槽，包住下半边的导线，则A1-1右边下线正确。检查无误后再准备下A1-2。

第2步：拿起A1-2，将右边下在9槽中，把层间绝缘纸安插入9槽中，包住导线，敞着槽口，不安插槽楔，A1-2左边空着不下，如图4-50所示。A1-2右边下完后，检查A1-1与A1-2为同一个方向，8槽引出线与A1-2左边相连接，层间绝缘纸已安插在9槽中包住导

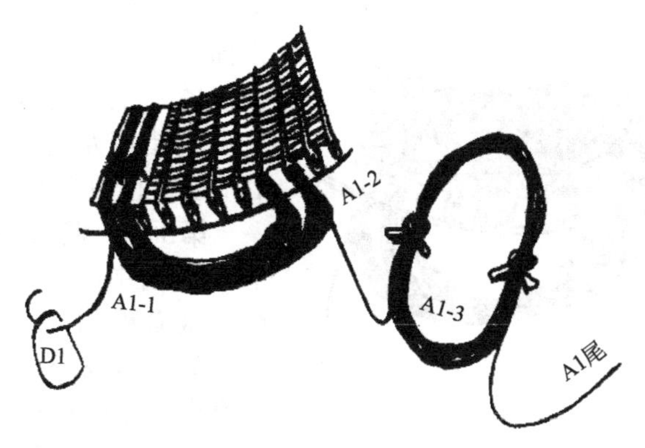

图4-50 A1-2右边下在9槽，左边不下

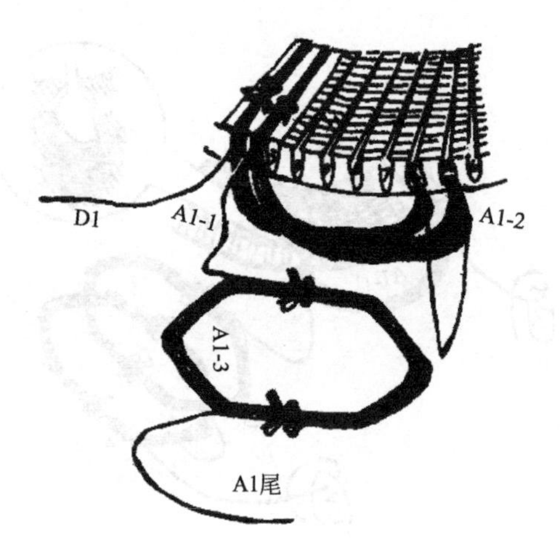

图4-51　A1-2下反了

线，则A1-2下线正确。在检查过程中如果出现图4-51所示A1-1与A1-2连接线产生了一个大线兜的情况，则证明A1-2下反了。在实际工作中，下反了线的A1-2会产生方向相反的磁场，从而使电动机功率下降，电动机发生轻微震动，绕组发热严重，电动机不能使用。在下线时工艺差些不影响电动机性能，但一把线下反了，该电动机就不能使用了，所以在下线时一定要认真，每下完一把线都要检查与图是否相符。发现如图4-52所示现象时，应将A1-2拆出来按图4-51所示将A1-2右边重新下入9槽中，注意在下面下线中每下完一把线，要检查线把的方向是否正确（组成一个极相组的三把线方向应相同），发现差错应及时更改，在以后下线过程中不再一一重复。

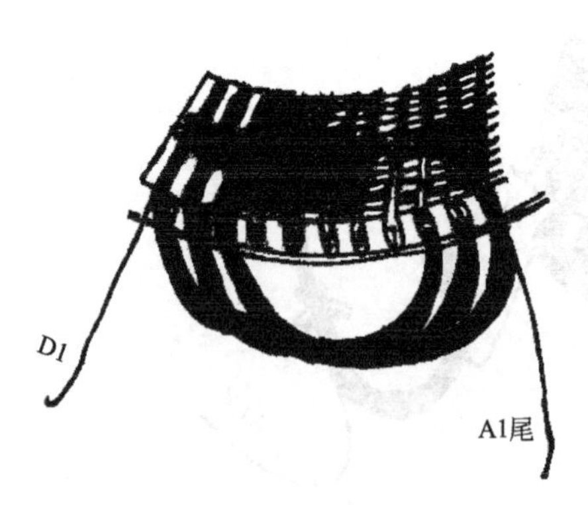

图4-52　A1-3右边下在10槽中

第3步：将A1-3的右边下在10槽中，垫上层间绝缘纸，敞着槽口，A1-3左边不下，如图4-52所示，A1下完后检查，在极相组A1左边一个头、右边一个头，则A1下线正确（其实在以后的下线中不管下哪个极相组都与A1一样，每个极相组左国一个头，右边一个头）。

第4步：照着图4-47（b），拿起命名为B1的极相组（其实是随便拿起一个极相组），将B1-1摆放成与A1-1一样的方向，将B1-1右边下在11槽中，敞着槽口，B1-1左边不下，如图4-47所示，B1-1下完后检查，B1头在B1-1左边，B1-1与B1-2连接线下在11槽中，层间绝缘纸插垫在11槽中，则B1-1下线正确；在检查中如发现如图4-54所示的现象，即B1-1的头下在11槽中，B1-1与B1-2的连接线在B1-1的左边，则证明B1-1下反了，应拆出来按图4-53

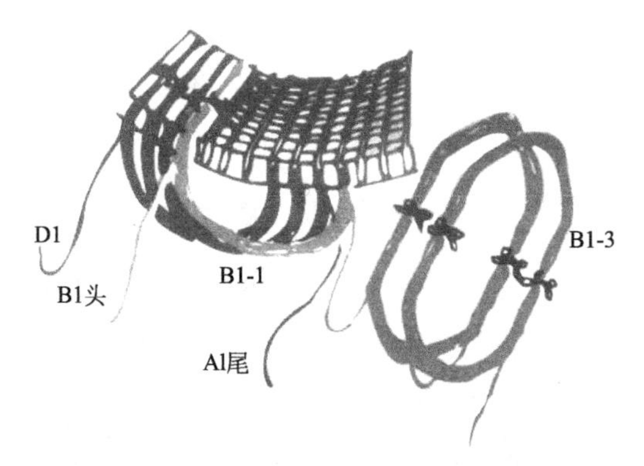

图4-53　B1-1右边下在11槽中

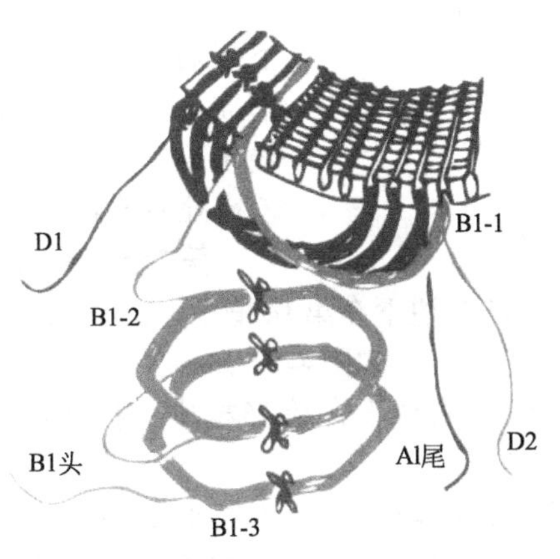

图4-54　B1-1下反了

所示，将线把B1-1重新下好。

第5步：将B1-2右边下在第12槽中，插垫层间绝缘纸，不封槽口，左边空着不下，如图4-55所示。

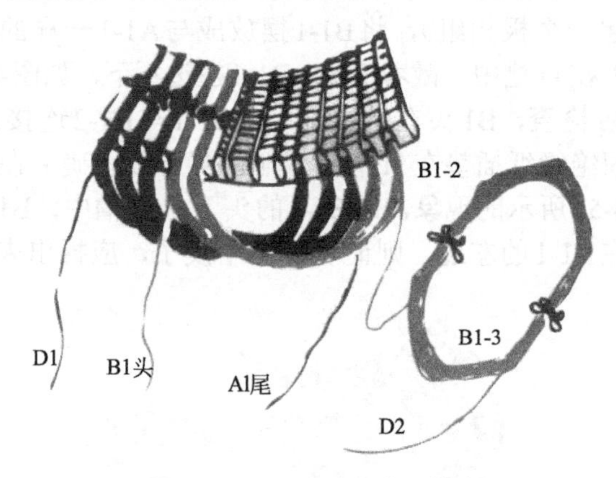

图4-55　B1-2右边下在12槽中

第6步：将B1-3右边下在第13槽中，插垫层间绝缘纸，不封槽口，左边空着不下，如图4-56所示；B1下完后检查，B1-1、B1-2、B1-3这三把线的方向一样，B1头在B1-1左边，D2从13槽中下层边（绕组外面）引出，每个都插垫上层间绝缘纸，证明B1下线正确，否则下线错误，应找出差错处并改正。

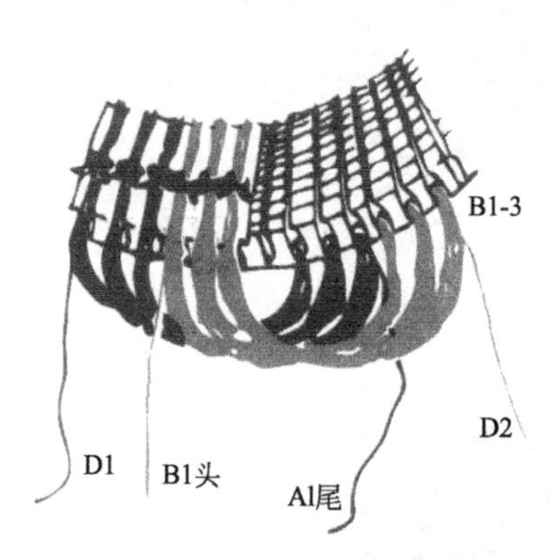

图4-56　B1-2右边下在13槽中

第7步：照着图4-47（c）所示拿起C1，把C1-1右边下在第14槽中，插垫层间绝缘纸，敞着槽口，C1-1左边放着不下，如图4-57所示。

第8步：将C1-2右边下在第15槽中，插垫层间绝缘纸，敞着槽口，如图4-58所示。

第9步：准备将C1-2左边下到第8槽，在下线之前要检查8槽内的层间绝缘纸是否有变动，只有垫好层间绝缘纸，才能下上层

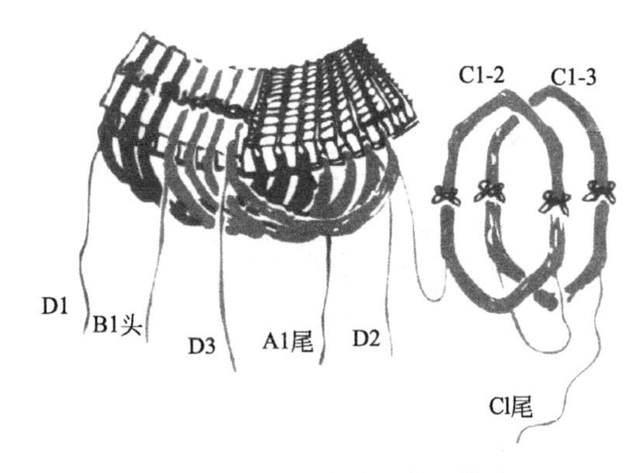

图4-57　C1-1右边下在14槽中

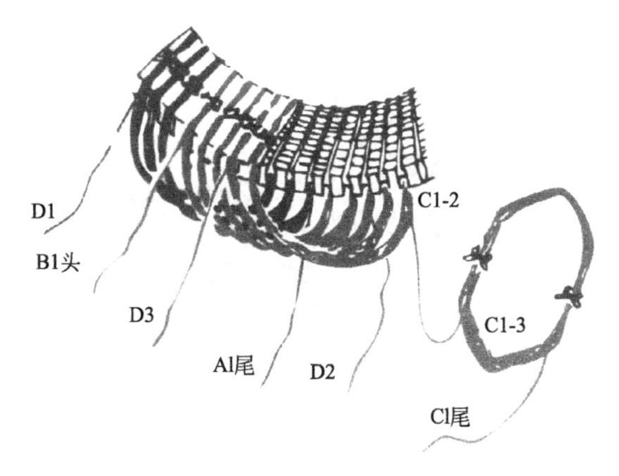

图4-58　C1-2右边下在15槽中

边，在以后下线时每次下槽中的上层边都检查层间绝缘纸是否垫好，要包好下层边，不再重复。检查无误后，将C1-2左边下在第8槽中，推剪掉高出定子铁芯的槽绝缘纸。用压脚压平槽内绝缘纸，把槽楔安插入8槽中，如图4-59所示。从图中所示C1-2可以看出，每把线左边在槽中为上层边，右边为下层边。

第10步：将C1-3右边下在第16槽中，垫层间绝缘纸，敞着槽口，如图4-60所示。

第11步：将C1-3左边下在第9槽中，把槽楔安插入第9槽中，如图4-60所示。C1下完后检查实际的极相组是否与图上的C1相符，

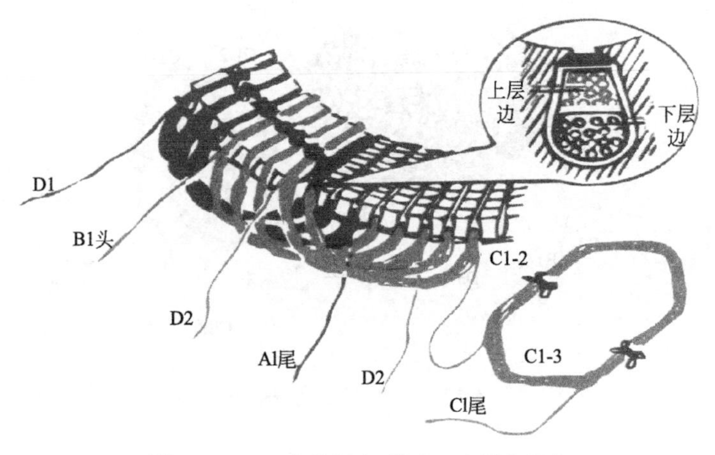

图4-59　C1-2左边下在8槽中，安插入槽楔

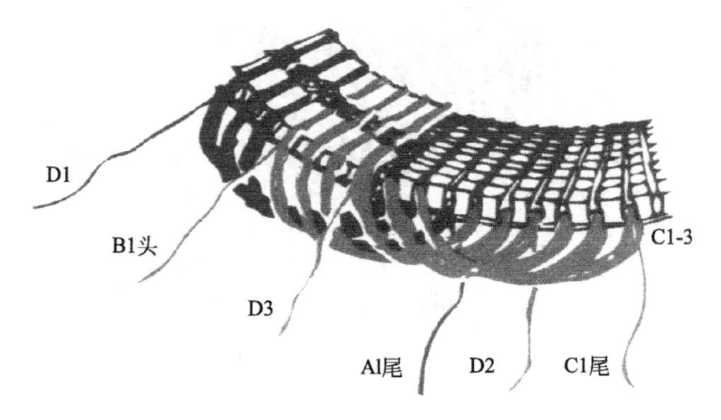

图4-60　C1-3右、左边分别下在16、9槽

D3在C1-1的左边，C1尾从16槽的下层边中引出，则证明C1下线正确，如检查出有差错则立即更改。检查无误后准备下A2，从图4-60中可以清楚地看到，开始下线时空过第7把线的左边不下，从第8把线的左边开始下到槽中；还看出A1、B1、C1的方向是一样的，每个极相组的两个头在极相组的两边，整个绕组下完线。其实极相组都是一样的方向，只是接线时再按图上所示电流方向接。

第12步：拿起A2，把A2-2、A2-3放一旁，将A2-1右边下在第17槽中，垫层间绝缘纸，敞着槽口，如图4-61所示。

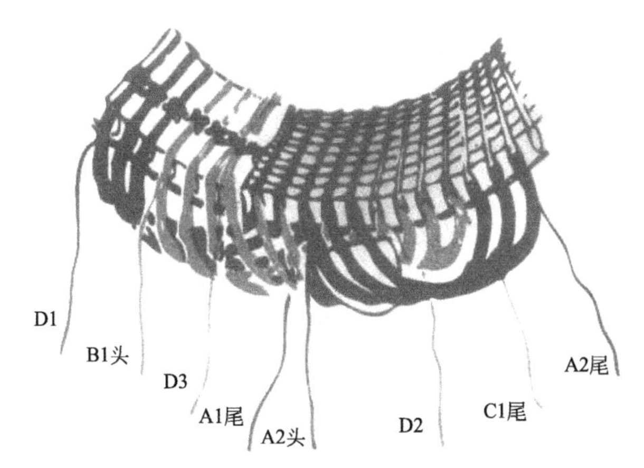

图4-61　A2下入所对应槽中，在A2与C1两端之间垫上相间绝缘纸

第13步：将A2-1左边下在第10槽中，插入槽楔，如图4-61所示，从A2的线头可以看出，是从绕组的里面引出，在以后的下线中都是一样，每个极相组的头在绕组的里面，每个极相组的尾在绕组外面。

第14步：将A2-2右边下在第18槽中，垫层间绝缘纸，敞着槽口，如图4-61所示。

第15步：将A2-2左边下在第11槽中，把槽楔插入11槽中，如图4-61所示。

第16步：将A2-3右边下在第19槽中，垫层间绝缘纸，敞着槽口，如图4-61所示。

第17步：将A2-3左边下在第12槽中，安插槽楔；A2下完后，检查A2头从10槽的上层边（绕组里面）引出，A2尾从10槽绕组外面引出，如果这两个头不从这两个槽中引出，则证明某把线下错了，要检查哪把线下错，并拆出重下，直到下对为止；检查无误后，在A2与C1两端之间垫上相间绝缘纸，使A2与C1两端部导线分离开，如图4-61所示。

第18步：拿起B2，将B2-1右边下在第20槽中，垫层间绝缘纸，敞着槽口，如图4-62所示。

第19步：将B2-1左边下在第13槽中，把槽楔安插入槽中，如

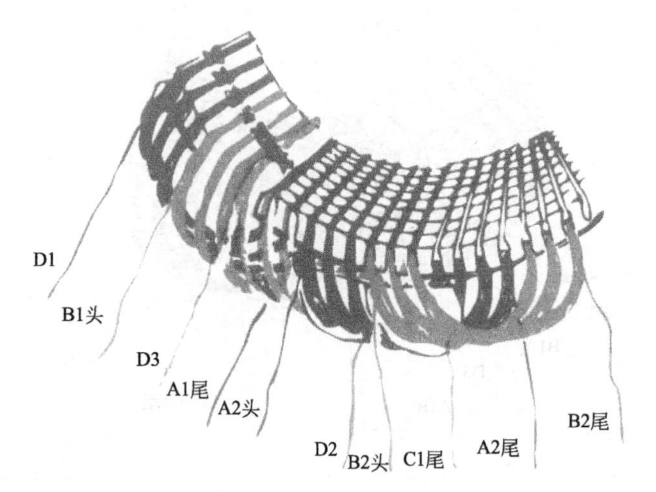

图4-62　B2下入所对应槽中，在B2与A1两端之间垫上相间绝缘纸

图4-62所示。

第20步：将B2-2右边下在第21槽中，垫层间绝缘纸，敞着槽口。

第21步：将B2-2左边下在第14槽中，安插槽楔。

第22步：将B2-3右边下在第22槽中，垫层间绝缘纸，敞着槽口。

第23步：将B2-3左边下在第15槽中，把槽楔安插入槽中；B2下完后，检查B2头从13槽上层边（绕组里面）引出，B2尾从22槽绕组外面引出，证明B2下线正确，否则下线错误，应予改正；检查无误后，在B2与A2两端之间垫上相间绝缘纸，如图4-62所示。

第24步：将C2-1右边下在第23槽中，垫层间绝缘纸，敞着槽口。

第25步：将C2-1左边下在第16槽中，把槽楔安插入16槽中。

第26步：将C2-2右边下在第24槽中，垫层间绝缘纸，敞着槽口。

第27步：将C2-2左边下在第17槽中，把槽楔安插入17槽中。

第28步：将C2-3右边下在第25槽中，垫层间绝缘纸，敞着槽口。

第29步：将C2-3左边下在第18槽中，把槽楔安插入槽中，C2下完后检查C2头从16槽上层边（绕组里面）引出，C2尾从25槽绕组外面引出，证明C2下线正确；检查无误后在C2与B2两端之间垫上相间绝缘纸。

第30步：将A3-1右边下在第26槽中，垫层间绝缘纸，敞着槽口。

第31步：将A3-1左边下在第19槽中，把槽楔安插入槽中。

第32步：将A3-2右边下在第27槽中，垫层间绝缘纸，敞着槽口。

第33步：将A3-2左边下在第20槽中，把槽楔安插入槽中。

第34步：将A3-3右边下在第28槽中，垫层间绝缘纸，敞着槽口。

第35步：将A3-3左边下在第21槽中，把槽楔安插入槽中；A3下完后，检查A3头从19槽上层边（绕组里面）引出，A3尾从28槽中引出，证明A3下线正确；在A3与C2两端之间垫上相间绝缘纸。

第36步：将B3-1右边下在第29槽中，垫层间绝缘纸，敞着槽口。

第37步：将B3-1左边下在22槽中，安插槽楔。

第38步：将B3-2右边下在30槽中，垫层间绝缘纸，敞着槽口。

第39步：将B3-2左边下在23槽中，安插入槽楔。

第40步：将B3-3右边下在31槽中，垫层间绝缘纸，敞着槽口。

第41步：将B3-3左边下在24槽中，安插入槽楔；B3下完后，检查B3头从22槽上层边（绕组里面）引出，B3尾从31槽绕组外面引出，证明B3下线正确；在B3与A3两端之间垫上相间绝缘纸。

第42步：将C3-1右边下在32槽中，垫层间绝缘纸，敞着槽口。

第43步：将C3-2左边下在25槽中，安插入槽楔。

第44步：将C3-2右边下在32槽中，垫层间绝缘纸，敞着槽口。

第45步：将C3-2左边下在26槽中，安插入槽楔。

第46步：将C3-2右边下在34槽中，垫层间绝缘纸，敞着槽口。

第47步：将C3-3左边下在27槽中，安插入槽楔；C3下完后检查，C3头从25槽上层边（绕组里面）引出，C3尾从34槽绕组外面引出，证明C3下线正确；检查无误后在C3与B3两端之间垫上相间绝缘纸。

第48步：将A4-1右边下在35槽中，垫层间绝缘纸，敞着槽口。

第49步：将A4-1左边下在28槽中，安插入楔。

第50步：将A4-2右边下在36槽中，垫层间绝缘纸，敞着槽口。

第51步：将A4-2左边下在29槽中，安插入槽楔。

第52步：将A1、B1、C1左边空着的线把边撬起来，将A43右边下在第1槽中，垫层间绝缘纸，敞着槽口。

第53步：将A4-3左边下在30槽中，安插入槽楔；A4下完后检查，D4从28槽上层边（绕组里面）引出，A4尾从1槽绕组外面引出，证明A4下线正确；在A4与C3两端之间垫上相间绝缘纸。

第54步：将B4-1右边下在第2槽中，垫层间绝缘纸，槽口敞着。

第55步：将B4-1左边下在31槽中，安插入槽楔。

第56步：将B4-2右边下在第3槽中，垫层间绝缘纸，敞着槽口。

第57步：将B4-2左边下在第32槽中，安插入槽楔。

第58步：将B4-3，右边下在第4槽中，垫层间绝缘纸，敞着槽口。

第59步：将B4-3左边下在33槽中，安插入槽楔；B4下完后检查，B4头从31槽上层边（绕组里面）引出，D5从4槽绕组外面引出，证明B4下线正确；在B4与A4两端之间垫上相间绝缘纸。

第60步：将C4-1右边下在第5槽中，垫层间绝缘纸，槽口敞着。

第61步：将C4-1左边下在34槽中；安插入槽楔。

第62步：将C4-2右边下在第6槽中，垫层间绝缘纸，槽口敞着。

第63步：将C4-2左边下在35槽中，安插入槽楔。

第64步：将C4-2右边下在第7槽中，垫层间绝缘纸，敞着槽口。

第65步：将C4-3左边下在36槽中，安插入槽楔；C4下完后检查，D6从34槽上层边（绕组里面）引出，C4尾从7槽绕组外面引出，则C4下线正确；在C4与B4两端之间垫上相间绝缘纸。

第66步：将A1-1左边下在第1槽中，安插入槽楔。

第67步：将A1-2左边下在第2槽中，安插入槽楔。

第68步：将A1-3左边下在第3槽中，安插入槽楔；A1下完后检查，D1应从1槽上层边（绕组里面）引出；检查无误后，在A1与C4两端之间垫上相间绝缘纸；A相绕组下线结束。

第69步：将B1-1左边下在第4槽中，安插入槽楔。

第70步：将B1-2左边下在第5槽中，安插入槽楔。

第71步：将B1-3左边下在第6槽中，安插入槽楔；B1下完后检查，B1头从4槽上层边（绕组里面）引出，则B1下线正确，在B1与A1两端之间垫上相间绝缘纸；B相绕组下线结束。

第72步：将C1-1左边下在第7槽中，安插入槽楔。C1下完后检查，C3应从7槽上层边（绕组里面）引出；检查无误后，在C1与B1两端之间垫上相间绝缘纸，C相绕组下线结束。

（8）接线　首先检查组成每个极相组的三把线方向是否一致；双层叠绕电动机的绕组有规律性。极相组是按“A1、B1、C1、A2、B2、C2、A3、B3、C3、A4、B4、C4”的顺序排列的，每个极相组的头（极相组左边的引出线）都在绕组里面（上层边），极相组的尾（右边的引出线）都在绕组外面（下层边），掌握规律后，便于检查。如查出某个极相组下线错了，则应把下错的线把拆出重下，如果牵涉到多把线，也可把线把的连接线剪断再重新接线。除细致检查每一个极相组是否与图相符外，还要检查每一个极相组与外壳绝缘是否良好，全部符合技术要求后就应开始接线，接线时要按A、B、C相的顺序接线。

① 接A相绕组　将D1（第1槽绕组里面的引出线）焊接在多股软线上，套上套管，引出接在接线板上标有D1的接线螺钉上。把A1尾（10槽绕组外面的引出线）套上套管与A2尾（19槽绕组外面的引出线）相连接（尾接尾）；A2头（10槽绕组里面的引出线）与A3头（19槽绕组里面的引出线）相连接；A3尾（28槽绕组外面的引出线）套上套管与A4尾（第1槽绕组外面的引出线）相连接（尾接尾）。将D4（28槽绕组里面的引出线）焊接在多股软线上，套上套管，引出接在标有D4的接线螺钉上。A相绕组接好

后，要仔细检查一遍，检查无明显错误后，用万用表测量A相绕组与外壳的绝缘电阻，检查4个极相组是否接线正确。方法是：把表笔一端接D1，一端接D4，表针向0Ω的方向摆动时，则A相绕组接线正确；表针不动证明接错了，应重新连接，直到接对为止。然后一支表笔接外壳，另一支表笔与D4或D1相连接，如果表针不动，则证明A相绕组与外壳绝缘良好；如果表针向0Ω方向摆动，则证明A相绕组与外壳短路，这种情况多发生在槽口处槽绝缘纸破裂的时候。查找出故障发生处后，在故障处垫上绝缘纸或换新槽绝缘纸，直到彻底排除故障为止。

② 接B相绕组　照着图4-47（b），将D2（13槽绕组外面的引出线）焊接在多股软线上，套上套管，引出接在接线板标有D2的接线螺钉上。把B1头（4槽绕组里面的引出线）套上套管与B2头（13槽绕组里面的引出线）相连接（头接头）；把B2尾（22槽绕组外面的引出线）套上套管与B3尾（31槽绕组外面的引出线）相连接；把B3头（22槽绕组里面的引出线）与B4头（31槽绕组里面的引出线）套上套管相连接。将D5（4槽绕组外面的引出线）焊接在多股软线上，套上套管，引出接在标有D4的接线螺钉上，测量B相绕组与外壳绝缘电阻，可参考测量A相绕组的测量方法。

③ 接C相绕组　照着图4-47（c），将D3（7槽绕组里面的引出线）焊接在多股软线上，套上套管，引出接在接线板上标有D3的接线螺钉上。把C1尾（16槽绕组外面的引出线）与C2尾（25槽绕组外面的引出线）套上套管焊接在一起；把C2头（16槽绕组里面的引出线）与C3头（25槽绕组外面的引出线）套上套管焊接在一起；把C3尾（34槽绕组外面的引出线）与C4尾（7槽绕组外面的引出线）套上套管相连接。将D6（34槽绕组里面的引出线）焊接在多股软线上，套上套管，引出接在接线板上标有D6的接线螺钉上。测量C相绕组与外壳绝缘电阻，可参考测量A相绕组的测量方法。

三相绕组接好后，按原电动机接线方式△形或Y形连接起来。

（9）注意事项

① 双层绕组用于大、中型电动机中，在拆电动机绕组之前，应彻底弄懂电动机型号、功率及绕组各项参数，要记在记录卡上。

记录清楚不要盲目乱拆，如果电动机没有铭牌，节距是1～8，并联路数是1路，则可测一下电动机定子铁芯的内径、长度、外径，再拆一把线，数数匝数和测一测导线直径。再查对该电动机型号、功率，在拆定子绕组之前一定要留下详细原始记录数据，以便下次修复同型号电动机时作为参考。

② 双层绕组比单层绕组下线简便，下线时不用掏把，一个极相组挨着一个极相组地下线。初学时可在36槽定子铁芯上用细铁丝绕出12个极相组，共36把线，也可把包装用的细绳染成三色，绕出线把。将A1、A2、A3、A4染成黑色；把B1、B2、B3、B4染成红色；把C1、C2、C3、C4染成绿色。按图4-47所示线把上端下线顺序数字，按着以上所述下线方法一步一步地下线，最后达到不照绕组展开分解图能熟练地下线、熟练接线为止。

③ 要掌握双层绕组每个极相组引出线头的规律，使每个极相组的头都在槽内上层边（绕组里面），每个极相组的尾都在槽内下层边（绕组外面）。极相组与极相组的连接为“头接头”时，是绕组里面的头与绕组里面的头相连接；极相组与极相组的连接为“尾接尾”时，是绕组外面的头与绕组外面的头相连接。

④ 能熟练接线，这种下线方法的接线有单路连接、双路并联，四路并联三种连接方法，所以必须熟练掌握单路连接方法，最后达到不照图就能熟练接线，这种电动机在一个槽内从绕组里面和外面引出两根线头，必须注意区别清楚每个极相组的头尾，接线时不要接错。

⑤ 电动机修复后试车有困难，可以到用户处用原设备试车，但试车不能带负载，要先空转，试车正常后再加负载，试车要做到心中有数，只要修复的电动机绕组下线与图相符，导线直径、匝数、并联根数不错，接法按原电动机进行接线，绝缘良好，则通电就可正常运转。

4.2.2 三相4极36槽节距为1～8的双层叠绕2路并联绕组展开分解图及接线方法

双路并联绕组与单路连接绕组的下线方法一样，只是在接线时不同，在下线时参照单路连接绕组的下线方法。下面只介绍接线方法：

双路并联是每相绕组前两个极相组串联后与后两个串联的极相组相并联，使电流流进流出每相绕组有两条通路。双路并联后，流进流出每个极相组的电流方向与单路连接时流进流出每个极相组的电流方向一样。双路并联绕组展开情况如图4-63所示。

接A相绕组：照图4-63（a）所示，A1尾（绕组外面10槽的引出线）套上套管与A2尾（绕组外面19槽的引出线）相连接；A3尾（绕组外面28槽引出线）套上套管与A4尾（绕组外面1槽的引出线）相连接。A1、A2和A3、A4分别串接后，再测试串接的极相组及绝缘是否符合要求和接线是否正确。方法是将一支万用表笔与A1头（绕组里面1槽引出线）相连接，一支表笔与A2头（绕组里面10槽的引出线）相连，若表针不动，则证明接错了，要重新接线；若表针向电阻小的一端摆动，则证明A1与A2串接对了。然后再用一支表笔与外壳相接；若表针向电阻小的方向摆动，则证明这两个极相组某处有与外壳短路的地方，应排除故障；若表针不动，则证明绝缘良好。将表笔一端换接A3头（绕组里面19槽的引出线），另一支表笔换接A4头（绕组里面28槽引出线），若表针摆向电阻小的方向，则证明接对了；若表针不动，则证明接错了，要重接。再将一支表笔换接电动机外壳，若表针不动，则证明绝缘良好；若表针向电阻小的方向移动，则证明与外壳短路，应检修排除故障。

把A1头（1槽绕组里面的引出线）、A3头（19槽绕组里面的引出线）分别套上套管，接在多股软线上；将这股引线标明为D1，将D1从出线口引出接在接线板标有D1的螺钉上。把A2头（10槽绕组里面的引出线）和A4头（28槽绕组里面的引出线）分别套上套管，接在多股软线上；将这股引线标明为D4，将其从出线口引出，接在接线板标有D4的接线螺钉上。

其次照图4-63（b）所示接B相绕组。把B1头（4槽绕组里面的引出线）套上套管与B2头（13槽绕组里面的引出线）相连接，用万用表的一支表笔测B1尾（13槽绕组外面的引出线），一支表笔测B2尾（22槽绕组外面的引出线），若表针不动，则证明接错

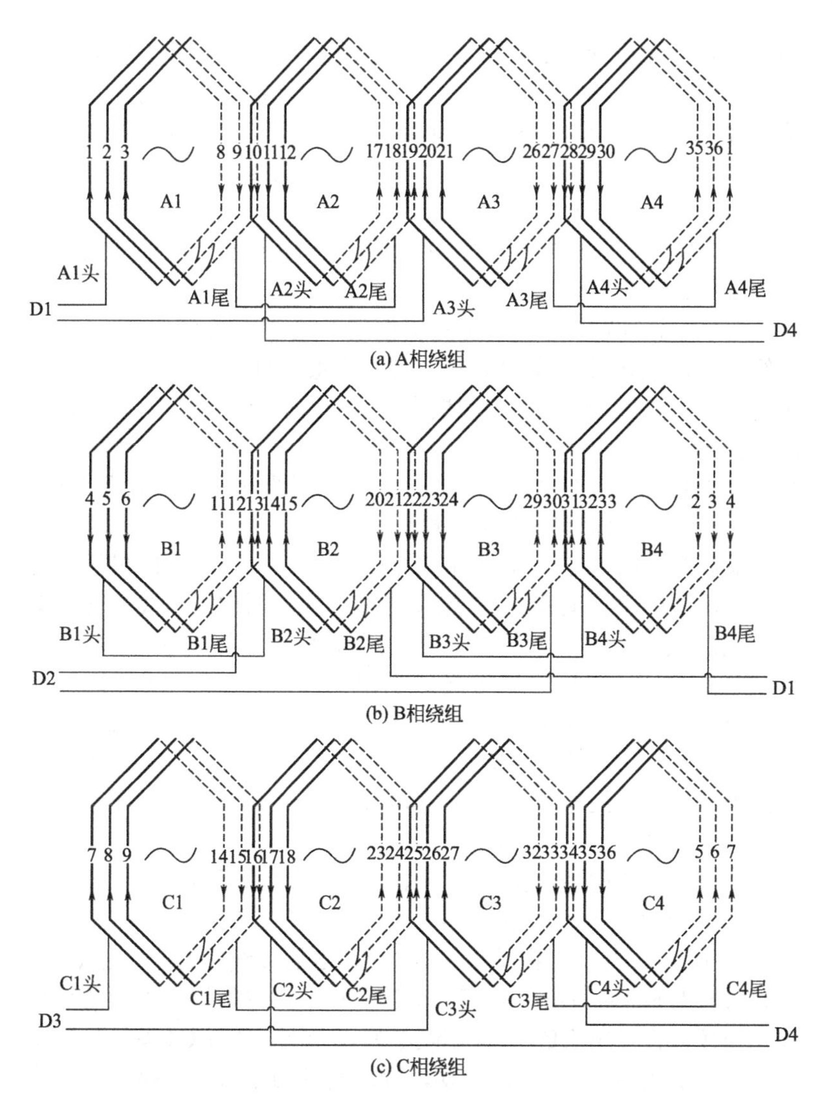

图4-63　4极36槽节距为1～8的双层叠绕2路并联绕组展开分解图

了，应重接；若表针向电阻小的方向摆动，则证明接对了。然后将一支表笔接B1尾，一支表笔接定子铁芯，若表针向0Ω方向摆动，则证明B1与B2某处有与外壳短路故障，应排除后再测量，若表针不动，则证明绝缘良好。把B3头（22槽绕组里面的引出线）套上套管与B4头（31槽绕组里面的引出线）相连接，用万用表一支表笔测B3尾（31槽绕组外面的引出线），一只表笔测B4尾（4槽绕组外面的引出线），若表针不动，则证明接错了，应重新接线；若表针向电阻小的一方摆动，则证明接对了。将一支表笔与外壳相连接，若表针向电阻小的方向摆动，则证明有短路处，应排除故障后再测量；若表针不动，则绝缘良好。

把B1尾（13槽绕组外面的引出线）套上套管和B3尾（31槽绕组外面的引出线）套上套管，接在多股软线上；将这股引线标明为D2，把D2引出接在接线板上标有D2的接线螺钉上。把D2尾（22槽绕组外面的引出线）套上套管和B4尾（4槽绕组外面的引线）套上套管，接在多股软线上；将这股引线标明为D5，把D5引出接在接线板上标有D5的接线螺钉上。

最后照着图4-63（c）所示接C相绕组。把C1尾（16槽绕组外面的引出线）套上套管与C2尾（25槽绕组外面的引出线）套上套管后相连接。将一支表笔接C2头（16槽绕组里面的引出线），一支表笔接C1头（7槽绕组里面的引出线），若表针不动则证明接错，应重接；若表针向电阻小的一端摆动，则证明接线正确。再把一只表笔与电动机外壳相接，若表针向电阻小的一端摆动，则证明这两个极相组某处与外壳短路，应检修排除故障；若表针不动，则证明绝缘良好。

把C1头（7槽绕组里面的引出线）套上套管和C3头（25槽绕组里面的引出线）套上套管相并联，接在多股软线上；将这股引线标明为D3，引出接在接线板上标有D3的接线螺钉上。把C3尾（34槽绕组外面的引出线）套上套管与C4尾（7槽绕组外面的引出线）相接，将万用表的一支表笔接D3，一支表笔接C4头（34槽绕组里面的引出线），若表针不动，则证明这两个极相组接错了，应重接后再测量；若表针向电阻小的一端摆动，则证明接对了。再把一支表笔与外壳相接，若表针向电阻小的方向摆动，则证明这两个极相组有一处短路，应排除故障后再测量，若表针不动，则证明绝缘良好。

把C2头（16槽绕组里面的引出线）套上套管，把C4头（34

槽绕组里面的引出线）套上套管，接在多股软线上，把多股电线引出，接在接线板上标明D6的接线螺钉上。

4.2.3 三相4极36槽节距为1～8的双层叠绕4路并联绕组展开分解图及接线方法

图4-64为三相4极36槽节距为1～8的双层叠绕4路并联电动机绕组展开分解图。4路并联电动机的下线方法与单路连接的下线方法一样，接线时按着图4-64所示绕组展开分解情况，一相一相

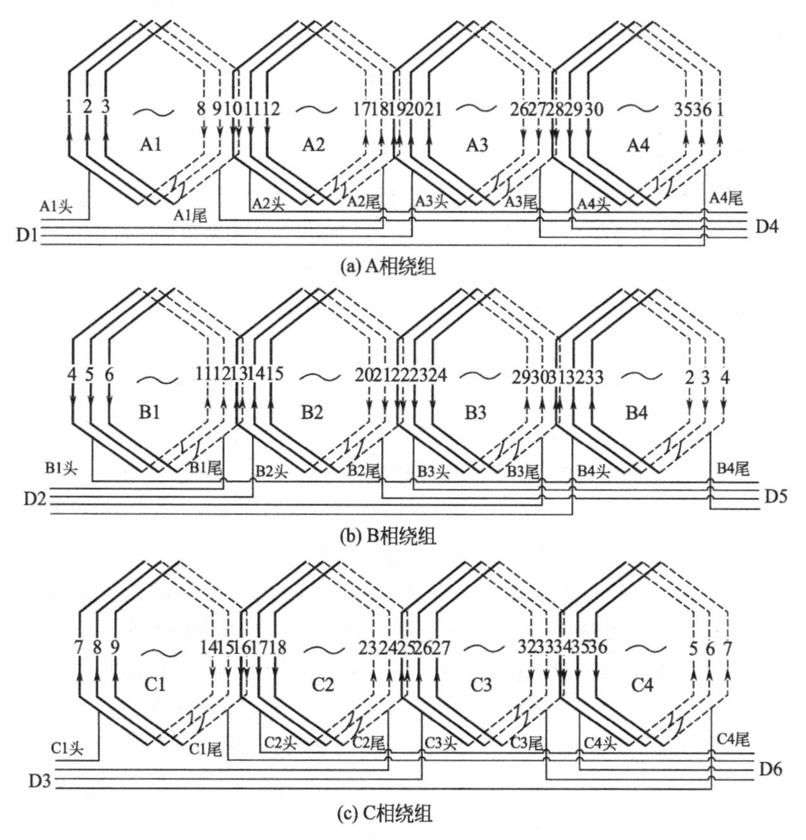

图4-64 三相4极36槽节距为1～8的双层叠绕4路并联绕组展开分解图

连接，要保证4路并联后流过每个极相组的电流方向与单路连接时流过每个极相组的电流方向一致。从图4-64中可以看出，是将每相的4个极相组并联起来，再把每相绕组的两个引出线接在接线板上所对应的接线螺钉上的。下面介绍4路接线方法：以J073-4型电动机为例，将该电动机绕组的每把线用1.35mm导线双根并绕，也就是每个极相组头尾分别是2根线头。

首先接A相绕组。把A1头（1槽绕组里面的引出线）穿到绕组外面与A4尾（1槽绕组外面的引出线）并在一起，套上套管，接在多股电线A处，如图4-65所示。再把A3头（19槽绕组里面的引出线）穿到绕组外面与A2尾（19槽绕组外面的引出线）并在一起，套上套管，接在多股电线B处。连接线要用原电动机的连接线，原线截面积要符合标准，长短要合适并在线头上焊有接线环。接线时把线头拧实，并用锡焊好，用原型号绝缘材料包好接头。将这根接头标明为D1。

D1接好后用万用表的一支表笔接D1，一支表笔分别接触10槽和28槽的8根引出线。测每一根引出线头时，若表针向电阻小的一端摆动，则证明接线正确；若发现测量某一线头时表针不动，则证明该极相组接错或断线，应检修排除故障。测试证明D1与10槽和28槽每根导线都接通后，将一支万用表笔与D1相接，另一支表笔与电动机外壳相接，若表针不动，则证明A相绕组所有线把绝缘良好；若表针向电阻小的一端摆动，则证明A相绕组有与地短路的线把。然后将一支表笔与电动机外壳相接，一支表笔与D1相连接，若绕组与外壳在短路状态，则表针会偏向0Ω方向，这时就应慢慢撬动A相绕组的每把线；若发现撬动某把线时表针向电阻大的一端摆动，则证明是该把线造成了与外壳短路，在检修排除故障后就可以把D1接在接线板上标有D1的接线螺钉上，如图4-65所示。

经检查测试A相绕组每个极相组都接线正确，无断路、短路后，把A2头（10槽绕组里面的引出线）穿到绕组外面与A1尾（10槽绕组外面的引出线）并在一起，套上套管，接在多股电线C处，如图4-65所示。把A4头（28槽绕组里面的引出线）穿到绕组外面与A3尾（28槽绕组外面的引出线）并在一起，套上套管，接在多股电线D处；将这根软线标明为D4，引出接在接线板标有D4

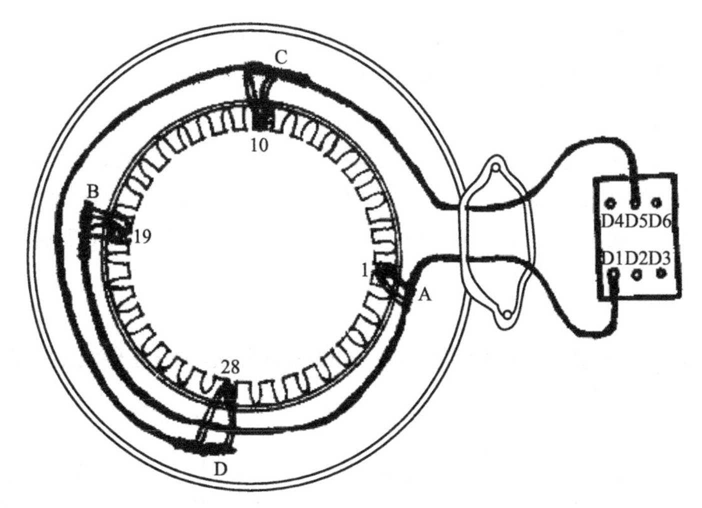

图4-65　A相绕组的接线方法

的接线螺钉上，如图4-65所示。

按图4-64（b）所示接B相绕组，把B2头（13槽绕组里面的引出线）穿到绕组外面与同槽B1尾并在一起，套上套管，接在标有D2的多股电线一端；把B4头（31槽绕组里面的引出线）穿到绕组外面与同槽B3尾并在一起，套上套管，接在标有D2的多股电线上。用万用表测D2与4槽、22槽引出线之间的电阻，测D2与外壳之间的电阻，发现故障应立即排除，检查无错误后把D2引出接在接线板上标有D2的接线螺钉上。

把B3头（22槽绕组里面的引出线）穿到绕组外面与同槽的B2尾并在一起，套上套管，接在标有D5的多股电线上；把B1头（4槽绕组里面的引出线）穿到绕组外面与本槽的B4尾并在一起，套上套管接在标有D5的多股电线上。把D5引出，接在接线板上标明D5的接线螺钉上。

按图4-65所示接C相绕组。把C1头（7槽绕组里面的引出线）穿到绕组外面与同槽的C4尾并在一起，套上套管，接在标有D3的多股电线上；把C3头（25槽绕组里面引出线）穿到绕组外面与同槽的C2尾并在一起，套上套管，接在D3多股软线上，测D3与16槽、34槽每根引出线的电阻，测量D3与电动机外壳的绝缘电阻，发现故障应立即排除。证明接线正确、绝缘良好后，把D3引出接在接线板上标有D3的接线螺钉上。

把C2头（16槽绕组里面的引出线）穿到绕组外面与C1尾并在一起，套上套管，接在标有D6的多股软线上；把C4头（34槽绕组里面的引出线）穿到绕组的外面与同槽的C3尾并在一起，套上套管，接在D6上，把D6引出接在接线板上标有D6的接线螺钉上。

4.2.4 三相4极36槽节距为1～9的双层叠绕单路连接绕组下线、接线方法

图4-66为三相4极36槽节距为1～9的双层叠绕单路连接绕组展开分解图。该绕组与节距为1～8的双层叠绕单路连接绕组相比只是节距多1槽，其线把绕制、第1槽确定、下线前准备工作及下线操作图，均可参照上节所述双层叠绕方法进行。本节下线时按照图4-66所示线把上端下线顺序数字进行。

第1步：将A1-1右边下在第9槽中，垫层间绝缘纸，在A1-1左边与铁芯之间垫上绝缘纸，敞着槽口。

第2步：将A1-2右边下在第10槽中，垫层间绝缘纸，敞着槽口。

第3步：将A1-3右边下在11槽中，垫层间绝缘纸，敞着槽口，A1尾从11槽中引出。

第4步：将B1-1右边下在12槽中，垫层间绝缘纸，敞着槽口，左边空着不下。

第5步：将B1-2右边下在13槽中，垫层间绝缘纸，敞着槽口，左边空着不下。

第6步：将B1-3右边下在14槽中，垫层间绝缘纸，敞着槽口，左边空着不下，D2从14槽中引出。

第7步：将C1-1右边下在15槽中，垫层间绝缘纸，敞着槽口，左边空着不下。

第8步：将C1-2右边下在16槽中，垫层间绝缘纸，敞着槽口，左边空着不下。

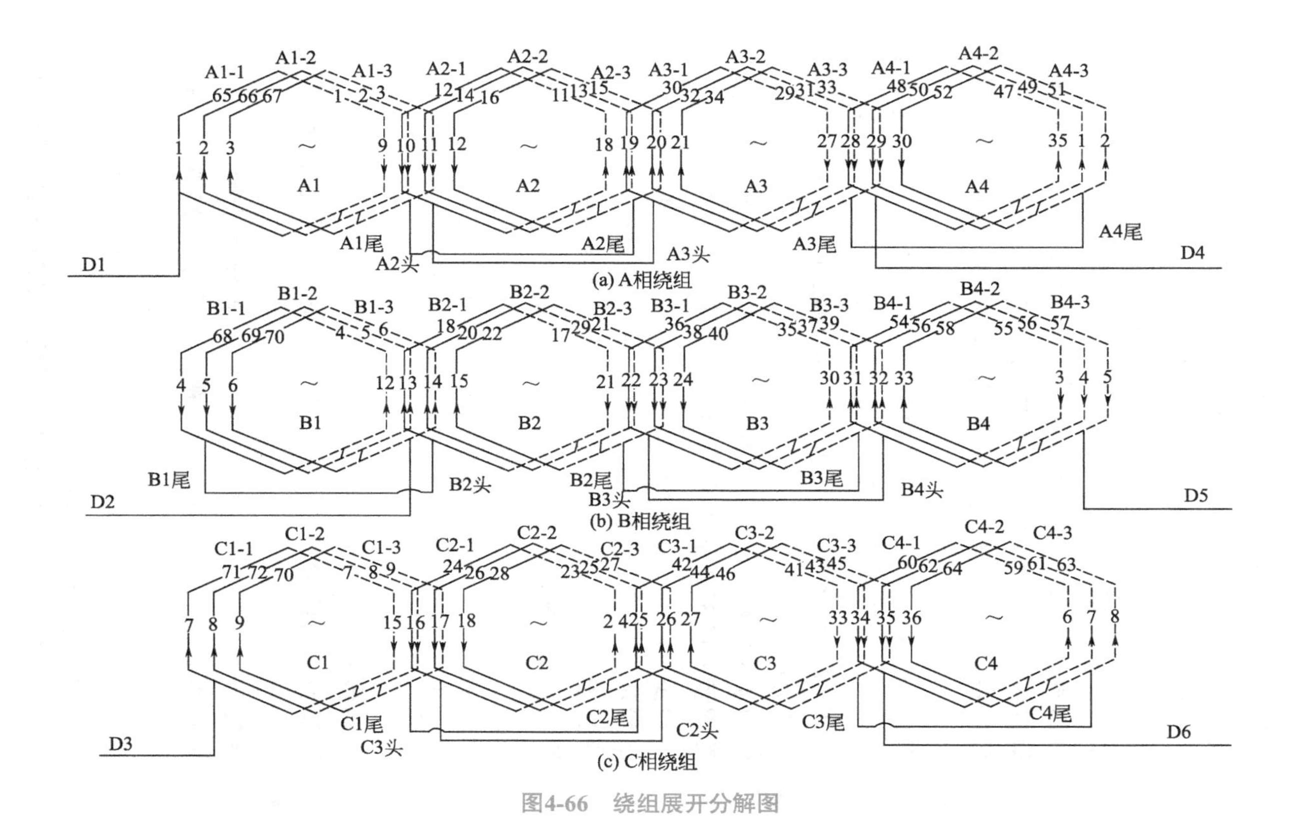

(a) A相绕组

(b) B相绕组

(c) C相绕组

图4-66 绕组展开分解图

第9步：将C1-3右边下在17槽中，垫层间绝缘纸，敞着槽口。

第10步：将C1-3左边下在10槽中，用槽楔将9槽口封好，如图4-105所示，C1尾从17槽中引出，C1下完。

第11步：将A2-1右边下在18槽中，垫层间绝缘纸，敞着槽口。

第12步：将A2-1左边下在10槽中，用槽楔封好槽口。

第13步：将A2-2右边下在19槽中，垫层间绝缘纸，敞着槽口。

第14步：将A2-2左边下在11槽中，用槽楔封好槽口。

第15步：将A2-3右边下在20槽中，垫层间绝缘纸，敞着槽口。

第16步：将A2-3左边下在12槽中，用槽楔封好槽口；检查A2头从绕组里面的10槽中引出，A2尾从20槽绕组外面引出，则A2下线正确；检查无误后在A2与C1两端之间垫上相间绝缘纸，如图4-61所示。

第17步：将B2-1右边下在21槽中，垫层间绝缘纸，敞着槽口。

第18步：将B2-1左边下在13槽中，用槽楔封好槽口。

第19步：将B2-2右边下在22槽中，垫层间绝缘纸，敞着槽口。

第20步：将B2-2左边下在14槽中，用槽楔封好槽口。

第21步：将B2-3右边下在23槽中，垫层间绝缘纸，敞着槽口。

第22步：将B2-3左边下在15槽中，用槽楔封好槽口；检查B2头从13槽绕组里面引出，B2尾从23槽绕组外面引出；检查无误后，在B2与A2两端之间垫上相间的绝缘纸。

第23步：将C2-1右边下在24槽中，垫层间绝缘纸，敞着槽口。

第24步：将C2-1左边下在16槽中，用槽楔封好槽口。

第25步：将C2-2右边下在25槽中，垫下层间绝缘纸，敞着槽口。

第26步：将C2-2左边下在17槽中，用槽楔封好槽口。

第27步：将C2-3右边下在26槽中，垫层间绝缘纸，敞着槽口。

第28步：将C2-3左边下在18槽中，用槽楔封好槽口。

第29步：检查C2头从16槽绕组里面引出，C2尾从26槽绕组外面引出，则C2下线正确；检查无误后，在C2与B2两端之间垫上相间绝缘纸。

第30步：将A3-1左边下在19槽中，用槽楔封好槽口。

第31步：将A3-2右边下在28槽中，垫层间绝缘纸，敞着槽口。

第32步：将A3-2左边下在20槽中，用槽楔封好槽口。

第33步：将A3-3右边下在29槽中，垫好层间绝缘纸，敞着槽口。

第34步：将A3-3左边下在21槽中，用槽楔封好；检查A3头从129槽绕组里面引出，A3尾从29槽绕组外面引出，则A3下线正确；检查无误后，在A3与C2两端之间垫上相间绝缘纸。

第35步：将B3-1右边下在30槽中，垫层间绝缘纸，敞着槽口。

第36步：将B3-1左边下在22槽中，用槽楔封好槽口。

第37步：将B3-2右边下在31槽中，垫好层间绝缘纸，敞着槽口。

第38步：将B3-2左边下在23槽中，用槽楔封好槽口。

第39步：将B3-3右边下在32槽中，垫好层间绝缘纸，敞着槽口。

第40步：将B3-3左边下在24槽中，用槽楔封好槽口；检查B3头从22槽绕组里面引出，B3尾从32槽绕组外面引出，则B3下线正确；检查无误后，在B3与A3两端之间垫上相间绝缘纸。

第41步：将C3-1右边下在33槽中，垫好层间绝缘纸，敞着槽口。

第42步：将C3-1左边下在25槽中，用槽楔封好槽口。

第43步：将C3-2右边下在34槽中，垫好层间绝缘纸，敞着槽口。

第44步：将C3-2左边下在26槽中，用槽楔封好槽口。

第45步：将C3-3右边下在35槽中，垫好层间绝缘纸，敞着槽口。

第46步：将C3-3左边下在27槽中，用槽楔封好槽口；检查C3头从25槽绕组里面引出，C3尾从35槽绕组外面引出，则C3下线正确；检查无误后，在C3与B3两端之间垫上相间绝缘纸。

第47步：将C4-1右边下在36槽中，垫好层间绝缘纸，敞着槽口。

第48步：将A4-1左边下在28槽中，用槽楔封好槽口。

第49步：将A1、B1、C1左边线把撬起来，将A4-2右边下在第1槽中，垫上层间绝缘纸，敞着槽口。

第50步：将A4-2左边下在29槽中，用槽楔封好槽口。

第51步：将A4-3右边下在2槽中，垫好层间绝缘纸，敞着槽口。

第52步：将A4-3左边下在30槽中，用槽楔封好槽口；检查D4从28槽绕组里面引出，A4尾从2槽绕组外面引出，则A4下线正确；检查无误后，在A4与C3两端之间垫上相间绝缘纸。

第53步：将B4-1右边下在第3槽中，垫好层间绝缘纸，敞着槽口。

第54步：将B4-1左边下在31槽中，用槽楔封好槽口。

第55步：将B4-2右边下在4槽中，垫好层间绝缘纸，敞着槽口。

第56步：将B4-2左边下在32槽中，用槽楔封好槽口中。

第57步：将B4-3右边下在5槽中，垫好层间绝缘纸，敞着槽口。

第58步：将B4-3左边下在33槽中，用槽楔封好槽口；检查B4头从31槽绕组里面引出，D5，从5槽绕组外面引出，则B4下线正确；检查无误后，在B4与A4两端之间垫上相间绝缘纸。

第59步：将C4-1右边下在第6槽中，垫好层间绝缘纸，敞着槽口中。

第60步：将C4-1左边下在34槽中，用槽楔封好槽口中。

第61步：将C4-2右边下在第7槽中，垫层间绝缘纸，敞着槽口中。

第62步：将C4-2边下在35槽中，用槽楔封好槽口中。

第63步：将C4-3右边下在第8槽中，垫层间绝缘纸，敞着槽口。

第64步：将C4-3左边下在36槽中，用槽楔封好槽口；检查D6从34槽绕组里面引出，C4尾从8槽绕组外面引出；则C4下线正确；检查无误后，在C4与B4两端之间垫上相间绝缘纸。

第65步：将A1-1左边下在第1槽中，用槽楔封好槽口。

第66步：将A1-2左边下在第2槽中，用槽楔封好槽口。

第67步：将A1-3左边下在第3槽中，用槽楔封好槽口；检查D1从1槽绕组里面引出；检查无误后，在A1与C4两端之间垫上相间绝缘纸，A相绕组下线结束。

第68步：将B1-1左边下在第4槽中，用槽楔封好槽口。

第69步：将B1-2左边下在第5槽中，用槽楔封好槽口。

第70步：将B1-3左边下在第6槽中，用槽楔封好槽口；检查B1头从4槽绕组里面引出；检查无误后在A1与B1两端之间垫上相同绝缘纸，B相绕组下线结束。

第71步：将C1-1左边下在第7槽中，用槽楔封好槽口。

第72步：将C1-3左边下在第8槽中，用槽楔封好槽口；检查D3从7槽绕组里面引出；检查无误后，在C1与B1两端之间垫上相同绝缘纸，C相绕组下线结束。

接线方法如下：

首先按图4-66（a）所示接A相绕组：把D1（1槽绕组里面的引出线）穿到绕组外面，套上套管接在多股引线上，把这根多股引线引出，接在接线板上标明D1的接线螺钉上；把A1尾（11槽绕组外面的引出线）套上套管，与A2尾（20槽绕组外面的引出线）相接；把A2头（10槽绕组里面的引出线）套上套管，与A3头（19槽绕组里面的引出线）相连接；把A3尾（29槽绕组外面的引出线）套上套管，与A4尾（2槽绕组外面的引出线）相连接。

把D4（28槽绕组里面的引出线）穿到绕组外面套上套管，接在多股软线上，用万用表的一支表笔接D1，一支表笔接D4，若表针不动，则证明接错了，应马上检修；若表针向电阻小的一方摆动，则证明A相绕组接对了。然后将一支表笔接电动机外壳，一支表笔接D1或D4，若表针向电阻小的方向摆动，则证明A相绕组与外壳有短路的地方，应检修排除故障；若表针不动，则证明绝缘良好。然后把D4引出，接在接线板上标有D4字样的接线螺钉上。

按图4-66（b）所示接B相绕组：把D2（14槽绕组外面的引出线）套上套管接在多股软线上引出，接在接线板上标有D2的接线螺钉上；把B1头（4槽绕组里面的引出线）套上套管，与B2头（13槽绕组里面的引出线）相连接；把B2尾（23槽绕组外面的引出线）套上套管，与B4尾（32槽绕组外面的引出线）相连接；把D5（5槽绕组外面的引出线）套上套管接在多股电线上，测量D2与D5之间的电阻，测量D2与外壳之间的绝缘电阻，发现故障及时排除；在检查证实B相绕组接线正确、绝缘良好后把D5引出，接在接线板上标有D5的接线螺钉上。

最后按图4-66（c）所示接C相绕组：把D3（7槽绕组里面的引出线）套上套管，接在多股电线上，将这根接线标明D3，把D3引出接在接线板上标有D3的接线螺钉上；把C1尾（17槽绕组外面的引出线）套上套管，与C2尾（26槽绕组外面的引出线）相连接；把C2头（16槽绕组里面的引出线）穿到绕组外面套上套管，与C3头（25槽绕组里面的引出线）相连接；把C4尾（35槽绕组外面的引出线）套上套管，与C4尾（8槽绕组外面的引出线）相连接；把D6（34槽绕组里面的引出线）套上套管，接在多股电线上，测D3与D6之间的电阻，测D3与外壳之间的绝缘电阻，确认绝缘良好、接线正确后，把D6引出接在接线板上标有D6字样的接线螺钉上。

4.2.5 三相4极36槽节距为1～9的双层叠绕2路并联绕组展开分解图及接线方法

下线方法参照前节。

接线方法如下：接线时按图4-67所示把每相绕组前后两个极相组分别串联起来，再并联成双路，双路并联后流过每个极相组的电流方向与单路连接时流过每个极相组的电流方向应一致。

首先按图4-67（a）所示接A相绕组。把A1尾（11绕组外面的引出线）穿到绕组里面与A2尾（20槽绕组外面的引出线）相连接；A3尾（29槽绕组外面的引出线）套上套管，与A4尾（2槽绕组外面的引出线）相连接，把A1头（1槽绕组里面的引出线）套上套管接在标有D1的多股引线上；把A3头（19槽绕组里面引出线）套上套管，也接在标有D1的多股电线上，然后引出接在接线板标有D1的接线螺钉上。测D1与10槽、28槽引出线之间的电阻，测D1与电动机外壳之间的绝缘电阻，证实接线正确、绝缘良好后，把A2头（10槽绕组里面的引出线）和A4头（28槽绕组里面的引出线）分别套上套管接在多股电线上，再把这根引线引出接在接线板上标有D4的接线螺钉上。

其次按图4-67（b）所示接B相绕组。B1头（4槽引出线）与B2头（13槽引出线）套上套管相连接，B3头（22槽引出线）套上套管与B4头（31槽引出线）相连接。把B1尾（14槽引出线）套

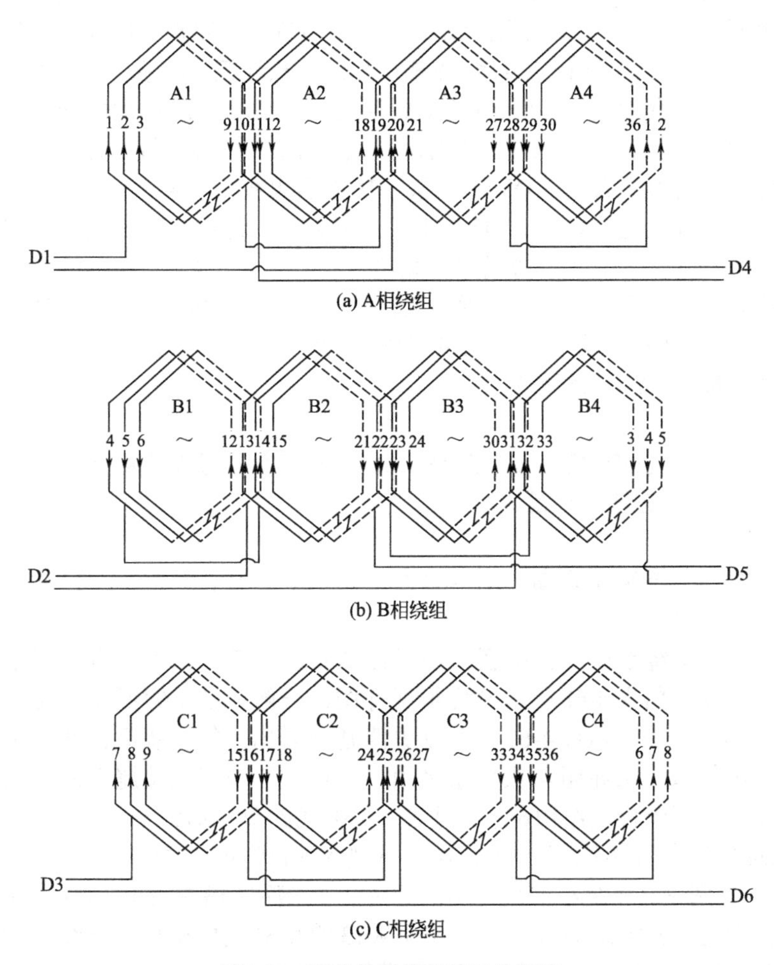

图4-67　双路并联绕组展开分解图

上套管接在多股软线上，B3尾（32槽引出线）套上套管也接在这根软线上，然后把这根多股软线引出接在接线板标有D2的接线螺钉上。把B4尾（23槽引出线）套上套管接在标有D5的软线上，把B4尾（5槽引出线）接在D5上引出，测D2与电动机外壳之间的绝缘电阻，检查B相绕组接线是否与图中所示情况相符。证实正确后，把D5-1端接在接线板上标有D5的接线螺钉上。

最后按图4-67（c）所示接C相绕组。C1尾（17槽引出线）套上套管与C2尾（26槽引出线）相连接；C3尾（35槽引出线）穿到绕组里面套上套管与C4尾（8槽引出线）相连接；C1头（7槽引出线）套上套管接在标明D3的多股软线上；C3头（25槽引出线）套上套管也接在D3上；把D3引出，接在接线板上标明D3的接线螺钉上。用万用表测试D3与C2头（16槽引出线）、C4头（34槽引出线）之间的电阻，测试D3与电机外壳之间的绝缘电阻。检查证实C相绕组与图中所示情况相符且绝缘良好后，将C4头（16槽引出线）穿到绕组外面套上套管，接在标有D6的多股软线上；将C4头（34槽引出线）套上套管也接在D6软线上；把D6引出，接在接线板上标有D6的接线螺钉上。

4.2.6 三相2极36槽节距为1～13的双层叠绕单路连接绕组下线方法及接线方法

（1）绕组展开图 图4-68为三相2极36槽节距为1～13的双层叠绕组单路连接绕组展开图。

（2）绕组展开分解图 为了使图看起来简便清楚，有利于下线接线，将图4-68所示的绕组展开图，分解成图4-69所示的绕组分解展开图。从图4-69中可以更清楚地看出，每相绕组由两个极相组组成，极相组与极相组采用“头接头”或“尾接尾”的方式连接，每个极相组由6把线组成，每把线的节距均为1～13。D1、D4分别是A相绕组的头、尾，分别从14槽和19槽中引出；D2、D5分别是B相绕组的头、尾，分别从24槽和6槽中引出；D3、D6分别是C相绕组的头、尾，分别从13槽和31槽中引出。下线时参照绕组上端标出的下线顺序数字进行下线。

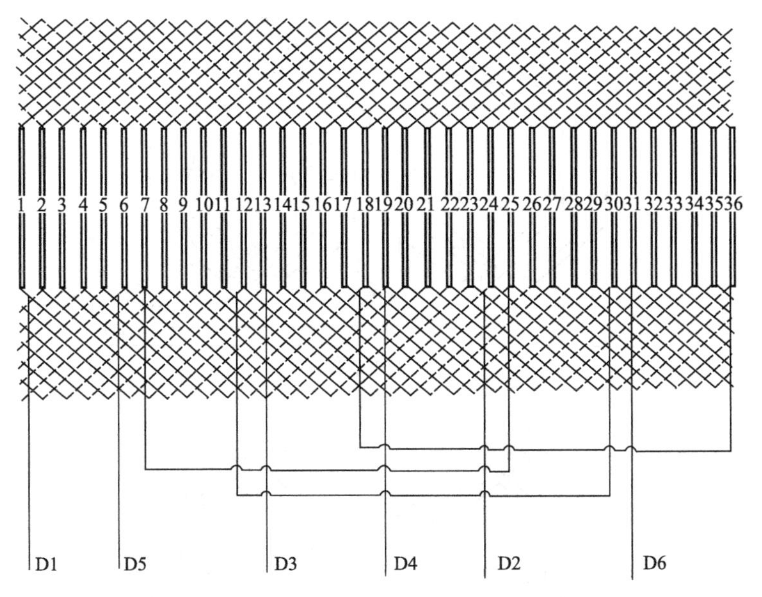

图4-68　三相2极36槽节距为1～13的双层叠绕组展开图

（3）线把的绕制　该电动机绕组共有6个极相组，每个极相组有6把线，按原电动机线把中一匝最短的尺寸调整好万用绕线模，按原电动机线径、并绕根数、匝数依次绕出6把线来，这6把线组成一个极相组。然后将其断开并分别把每把线的两边绑好，从万用绕组模上拆下来，按绕线的顺序从左向右将第一把线标为A1-1，第二把线标为A1-2，一直标到A1-6。按着这种方法再分别绕出A2、B1、B2、C1、C2，并标上代号（熟练后不用标）准备下线。

（4）下线前的准备工作　按原电动机绝缘材料的尺寸，裁制36条槽绝缘纸、12块相间绝缘纸、36条层间绝缘纸。再裁制几块引槽纸，将制作槽楔的材料和下线工具放在工作台上，准备下线。

（5）下线的顺序　下线的顺序是按着“A1—B1—C1—A2—B2—C2”，一个极相组挨一个极相组地下线。

（6）下线方法　将图4-69摆在定子旁的工作台上，每下一个极相组都要与图对照，看所下极相组及方向是否与图所示情况相符，每下一把线的边都要与图对照，看所下槽位及步骤是否与图上

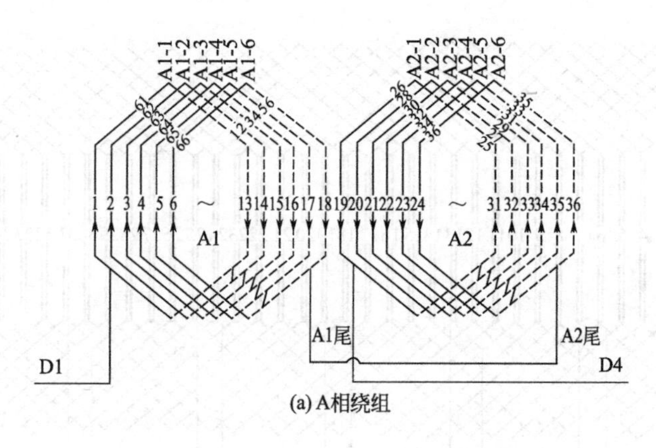

(a) A相绕组

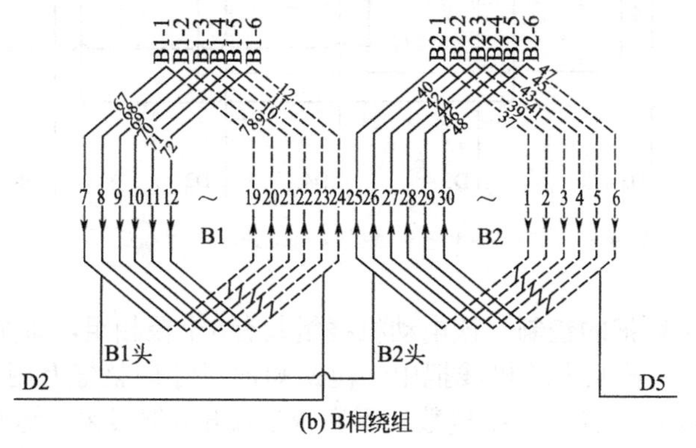

(b) B相绕组

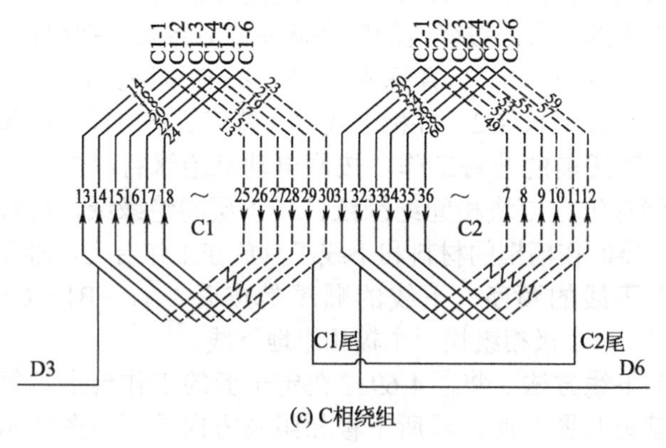

(c) C相绕组

图4-69　绕组展开分解图

标的相符。定好第1槽的槽位。

第1步：将A1-1右边下在13槽中，把层间绝缘纸从一端插进槽中，包住A1-1右边的下层边；敞着槽口，A1-1左边空着不下，在A1-1左边与铁芯之间垫上绝缘纸，防止铁芯磨破导线的绝缘层。

第2步：将A1-2右边下在14槽中，插垫层间绝缘纸。检查下线的方向是否与A1-1一样，若方向下反了，则应拆出重下。

第3步：将A1-3右边下在15槽中，垫层间绝缘纸，敞着槽口，A1-3左边空着不下。

第4步：将A1-4右边下在16槽中，垫层间绝缘纸，敞着槽口，A1-4左边空着不下。

第5步：将A1-5右边下在17槽中，垫层间绝缘纸，敞着槽口，A1-5左边空着不下。

第6步：将A1-6右边下在18槽中，垫层间绝缘纸，敞着槽口，A1-6左边空着不下；检查A1每把线的方向是否与展开分解图所示的A1相符，A1尾是否从18槽中引出，D1是否在A1-1左边，每把线之间的连接线长短是否合适（没有大线兜），若是则证明下线正确，否则A1下错，应找出错处更正。

第7步：开始下B1；拿起B1-1、B1-2、B1-3、B1-4、B1-5、B1-6放在定子旁边，将B1-1右边下在19槽中，垫层间绝缘纸，敞着槽口；B1-1左边空着不下。

第8步：将B1-2右边下在20槽中，垫层间绝缘纸，敞着槽口，B1-2左边空着不下。

第9步：将B1-3右边下在21槽中，垫层间绝缘纸，敞着槽口，B1-3左边空着不下。

第10步：将B1-4右边下在22槽中，垫层间绝缘纸，敞着槽口，B1-4左边空着不下。

第11步：将B1-5右边下在23槽中，垫层间绝缘纸，敞着槽口，B1-2左边空着不下。

第12步：将B1-6右边下在24槽中，垫层间绝缘纸，敞着槽口，B1-6左边空着不下。

第13步：开始下C1，将C1-1右边下在25槽中，垫层间绝缘纸，敞着槽口。

第14步：将C1-1左边下在13槽中，剪掉高出槽口的绝缘纸，用划线板把绝缘纸折到包住线把的上层边，用压脚压实（这种操作方法在以后下线步骤中不再重复说明），把槽楔插入13中，如图4-70所示。

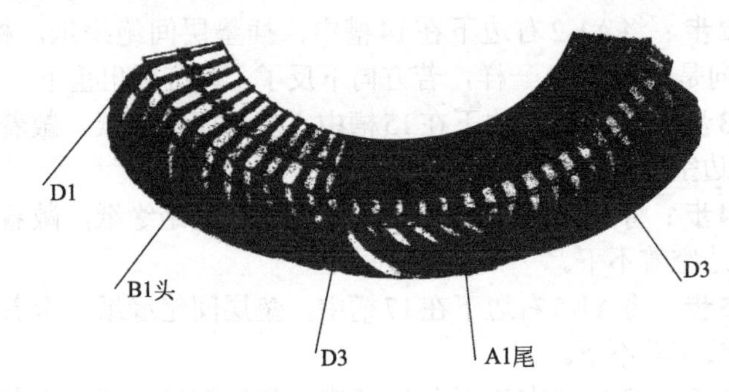

图4-70　将C1下在所对应的槽中，在C1与B1两端之间垫上相间绝缘纸

第15步：将C1-2右边下在26槽中，垫层间绝缘纸，敞着槽口。

第16步：将C1-2左边下在14槽中，把槽楔插入14槽中。

第17步：将C1-3右边下在27槽中，垫层间绝缘纸，敞着槽口。

第18步：将C1-3左边下在15槽中，把槽楔插入15槽中。

第19步：将C1-4右边下在28槽中，垫层间绝缘纸，敞着槽口。

第20步：将C1-4左边下在16槽中，把槽楔插入16槽中。

第21步：将C1-5右边下在29槽中，垫层间绝缘纸，敞着槽口。

第22步：将C1-5左边下在17槽中。把槽楔插入17槽中。

第23步：将C1-6右边下在30槽中，垫层间绝缘纸，敞着槽口。

第24步：将C1-6左边下在18槽中，把槽楔插入18槽中；检查C1每把线的方向是否与展开图相符，C1尾是否从30槽引出，D3是否从13槽上层边中引出；检查无误后，把相间绝缘纸垫在C1与B1两端之间，如图4-70所示。

第25步：照图4-69（a）所示准备下A2；将A2-1右边下在31槽中，垫层间绝缘纸，敞着槽口。

第26步：将A2-1左边下在19槽中，把槽楔插入19槽中。

第27步：将A2-2右边下在32槽中，垫层间绝缘纸，敞着槽口。

第28步：将A2-2左边下在20槽中，把槽楔插入20槽中。

第29步：将A2-3右边下在33槽中，垫层间绝缘纸，敞着槽口。

第30步：将A2-3左边下在21槽中，把槽楔插入21槽中。

第31步：将A2-4右边下在34槽中，垫层间绝缘纸，敞着槽口。

第32步：将A2-4左边下在22槽中，把槽楔插入22槽中。

第33步：将A2-5右边下在35槽中，垫层间绝缘纸，敞着槽口。

第34步：将A2-5左边下在23槽中，将槽楔插入23槽中。

第35步：将A2-6右边下在36槽中，垫层间绝缘纸，敞着槽口。

第36步：将A2-6左边下在24槽中，将槽楔插入24槽中；A2下完后，检查A2每把线的方向是否与展开图相符，D4是否从19槽绕组里面引出，A2尾是否从36槽引出，若是则A2下线正确；把相间绝缘纸垫在C1与A2两端之间。

第37步：照图4-69（b）所示将B2-1右边下在1槽中，垫层间绝缘纸，敞着槽口。

第38步：将B2-1左边下在25槽中，把槽楔插入25槽中。

第39步：将B2-2右边下在2槽中，垫层间绝缘纸，敞着槽口。

第40步：将B2-2左边下在26槽中，把槽楔插入26槽中。

第41步：将B2-3右边下在3槽中，垫层间绝缘纸，敞着槽口。

第42步：将B2-3左边下在27槽中，把槽楔插入27槽中。

第43步：将B2-4右边下在4槽中，垫层间绝缘纸，敞着槽口。

第44步：将B2-4左边下在28槽中，把槽楔插入28槽中。

第45步：将B2-5右边下在5槽中，垫层间绝缘纸，敞着槽口。

第46步：将B2-6左边下在29槽中，把槽楔插入29槽中。

第47步：将B2-6右边下在6槽中，垫好层间绝缘纸，敞着槽口。

第48步：将B2-6左边下在30槽中，把槽楔插入30槽中；B2下完后，检查B2每把线的方向是否与展开图相符，D5是否从6槽中引出，B2头是否从25槽绕组里面（上层边）引出，若是则B1下线正确；把相间绝缘纸垫在A2与B2两端之间。

第49步：将C2-1有边下在7槽中，垫层间绝缘纸，敞着槽口。

第50步：将C2-1左边下在31槽中，把槽楔插入31槽中。

第51步：将C2-2右边下在8槽中，垫层间绝缘纸，敞着槽口。

第52步：将C2-2寸左边下在32槽中；把槽楔插入32槽中。

第53步：将C2-3右边下在9槽中，垫层间绝缘纸，敞着槽口。

第54步：将C2-3左边下在33槽中，把槽楔插入槽中。

第55步：将C2-4右边下在10槽中，垫层间绝缘纸，敞着槽口。

第56步：将C2-4左边下在34槽中，把槽楔插入34槽中。

第57步：将C2-5右边下在11槽中，垫层间绝缘纸，敞着槽口。

第58步：将C2-5左边下在35槽中，把槽楔安插在35槽中。

第59步：将C2-6右边下在12槽中，垫层间绝缘纸，敞着槽口。

第60步：将C2-6左边下在36槽中，把槽楔插在36槽中；C2下完后，检查C2每把线的方向是否与展开图相符，引线是否从31槽绕组里面引出，C2尾是否从12槽引出，若是则C2下线正确；把相间绝缘纸垫在C2与B2两端之间，C相绕组下线结束。

第61步：将A1-1左边下在1槽中，把槽楔插入1槽中。

第62步：将A1-2左边下在2槽中，把槽楔插入2槽中。

第63步：将A1-3左边下在3槽中，把槽楔插入3槽中。

第64步：将A1-4左边下在4槽中，把槽楔插入4槽中。

第65步：将A1-5左边下在5槽中，把槽楔插入5槽中。

第66步：将A1-6左边下在6槽中，把槽楔插入6槽中；A1下完后，检查D1是否从1槽的绕组里面引出，A1尾是否从18槽绕组外面引出，若是则A1下线正确；在A1与C2两端之间垫上相间绝缘纸，A相绕组下线结束。

第67步：照图4-69（b）所示将B1-1左边下在7槽中，把槽楔安插7槽中。

第68步：将B1-2左边下在8槽中，把槽楔插入8槽中。

第69步：将B1-3左边下在9槽中，把槽楔插入9槽中。

第70步：将B1-4左边下在10槽中，把槽楔插入10槽中。

第71步：将B1-5左边下在11槽中，把槽楔插入11槽中。

第72步：将B1-6左边下在12槽中，把槽楔插入12槽中；B1下完后，检查B1头是否从7槽绕组里面引出，D2是否从24槽绕组外面引出，若是则B1下线正确；在B1与A1两端之间垫上相间绝缘纸，B相绕组下线结束。

（7）接线　首先检查每把线是否与图4-69所示相符，要一把线一把线地检查，检查组成每个极相组的每把线方向是否一致，如果有一把线的方向与图上所示相反，则电动机就不能正常工作，如等烤干漆后试车试出有故障，再检查就困难了，所以在接线前进行检查时要认真仔细，确认三相绕组下线正确后才可以接线。

先把每相绕组的两个极相组按图4-69所示连接起来，再把每相绕组的两根头接在多股软线上，引出线接在接线板上所对应的接线螺钉上，注意在拆电动机时不要把多股软线毁掉，接线时要用原引线，原引线截面积要符合标准，长度要合适，引线上还要有标号免得出差错。

照图4-69（a）所示接A相绕组。把A1尾（18槽绕组外面的引出线）套上套管，与A2尾（36槽绕组外面的引出线）相连接。把D1（1槽引出线）套上套管接在多股软线上，把这根软线引出接在接线板上标有D1的接线螺钉上。把D4（19槽引出线）穿到绕组外面，套上套管，接在多股软线上，然后引出接在接线板上标有D4的接线螺钉上。

按图4-69（b）所示接B相绕组。把B1头（7槽绕组里面的引出线）套上套管，与B2头（25槽绕线里面的引出线）接在一起，把接头用套管套好。把D2（24槽引出线）套上套管，接在多股软线上，然后引出接在接线板标有D2的接线螺钉上。把D5（6槽绕组外面的引出线）套上套管接在多股软线上，然后引出接在接线板标有D5的接线螺钉上。

按图4-69（c）所示接C相绕组。把C1尾（30槽绕组外面的引出线）套上套管，与C2尾（12槽绕组外面的引出线）相连接。把D5（13槽绕组里面的引出线）接在多股软线上，然后引出接在接线板上标有D3的接线螺钉上。把D6（31槽绕组里面的引出线）套上套管，接在多股软线上，然后引出接在接线板上标有D6的接线螺钉上。把三相绕组接好后分别测量D1与D4、D2与D5、D1与D6之间的电阻值，若电阻值很小，则D1、D2、D3与外壳的绝缘电阻符合要求。至此三相绕组接线完毕，将所有接头用绑带按原电动机样式绑在绕组端部，最后按电动机的△形或Y形接法连接起来。

4.2.7 三相2极36槽节距为1～13的双层叠绕2路并联绕线展开分解图及接线方法

双路并联绕组与单路连接绕组的下线方法一样，区别只是在于接线。

照图4-71（a）所示首先接A相绕组。把A1头（1面引出线）穿到绕组外面，套上套管；把A2尾（36槽绕组外面引出线）套上套管与A1头并在一起，一同接在标有D1的多股软线上；把多股软线引出，接在接线板上标有D1的接线螺钉上。用万用表一支黑表笔接D1，一支红表笔分别接18槽和19槽的引出线，若表针不动，则证明线把下错或导线有断路，应检修排除故障；若表针向0Ω方向摆动，则证明接线正确，再用这支红表笔测定子外壳，若表针向0Ω方向摆动，则证明有短路地方，应检修排除故障；若表针不动，则证明A相绕组绝缘良好。把A1尾（18槽绕组外面的引出线）套上套管与A2头（19槽绕组里面的引出线）套上套管并在一起，接在多股软线上，再把多股软线引出，接在接线板上标有D4的接线螺钉上。

其次照图4-71（b）所示接B相绕组。把B2头（25槽绕组里面的引出线）套上套管，把B1尾（24槽绕组外面的引出线）套上套管与B2头并在一起，接在标明D2的多股软线上，引出接在接线板上标有D2的接线螺钉上。用万用表一支表笔接D2，一支表笔分别接6槽和7槽引出线，若表针不动，则证明线下错或有断路，应检修排除故障；若表针向0Ω方向摆动，则证明有短路地方，经检修后再测量，若表针不动，则证明B相绕组绝缘良好。把B1头（7槽绕组里面的引出线）套上套管与B2尾（6槽绕线外面的引出线）并在一起，接在标明D5的多股软线上，再把D5一端引出，接在接线板上标明D5的接线螺钉上。

最后照图4-71（c）所示接C相绕组。把C1头（13槽绕组里面的引出线）套上套管与C2尾（12槽绕组外面的引出线）套上套管并在一起，接在标有D3的多股软线上，再把D3引出接在接线板上标有D3的接线螺钉上。用万用表一支表笔接D3，另一支表笔分别接30槽和31槽的引出线，若表针不动，则证明线把下错或导线有

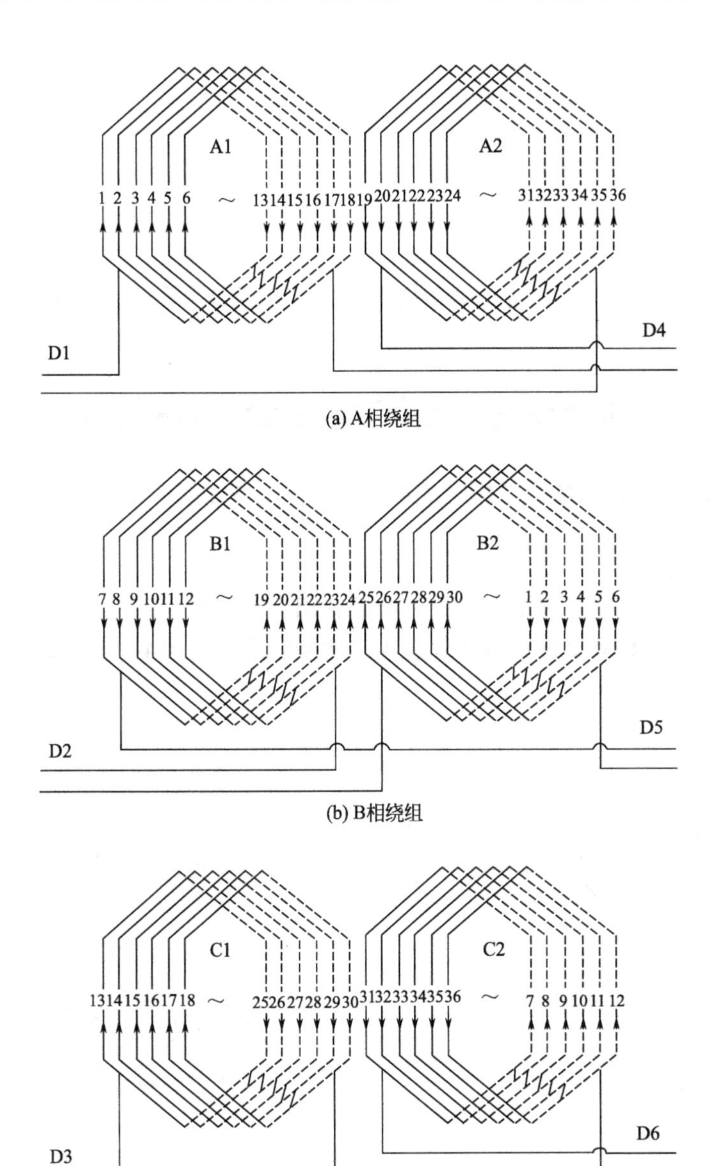

图4-71 绕组展开分解图

断头，应检修排除故障；若表针向0Ω方向摆动，则证明接线正确。再用这支表笔接定子外壳，若表针向0Ω方向摆动，则证明有短路地方；若经检查后表针不动，则证明C相绕组绝缘良好。再把C2头（31槽绕线里面的引出线）套上套管与C1尾（30槽绕线组外面的引出线）并在一起，接在标有D6的多股软线上，把D6引出线接在接线板上标明D6的接线螺钉上，将所有的接头和引出线用绑带按原电动机样式转圈捆绑在绕组端部，再把原来连接用的铜片按原电动机接法接好。

4.3 实际电动机绕组嵌线与接线顺序图表

4.3.1 各种槽数单层链式绕组展开图及嵌线顺序图表

4.3.1.1 12槽2极单层链式绕组

（1）12槽2极单层链式绕组展开图 如图4-72所示。

（2）12槽2极单层链式绕组布线接线图 如图4-73所示。

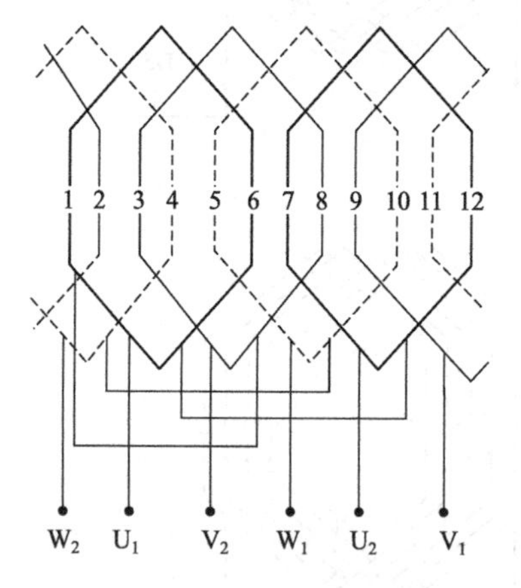

图4-72 12槽2极单层链式绕组展开图

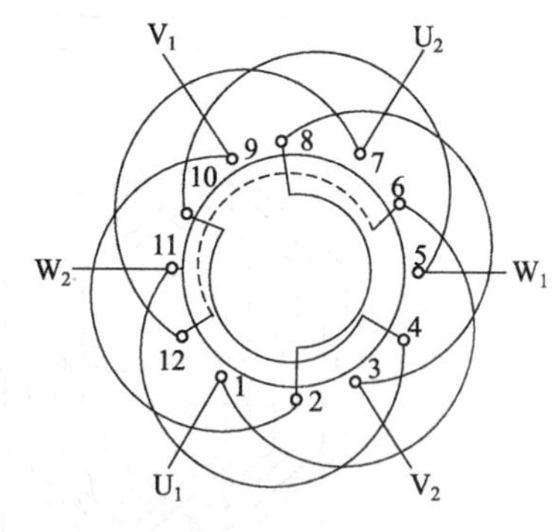

图4-73 12槽2极单层链式绕组布线接线图

（3）绕组参数 定子槽数$Z=12$ 每组圈数$S=1$ 并联路数$a=1$ 电机极数2p=2 极相槽数$q=2$ 线圈节距$Y=1\sim6$ 总线

圈数$Q=6$　绕组极距$\tau=4$　绕组系数$K=-0.964$　绕圈组数$n=6$　每槽电角$\alpha=30°$。

（4）嵌线方法　可采用两种方法嵌线，见表4-1、表4-2。

表4-1　交叠法嵌线顺序

嵌线顺序		1	2	3	4	5	6	7	8	9	10	11	12
嵌入槽号	先嵌边	1	11	9		7		5		3			
	后嵌边				2		12		10		8	6	4

表4-2　整嵌法嵌线顺序

嵌线顺序		1	2	3	4	5	6	7	8	9	10	11	12
嵌入槽号	下层	1	6	7	12								
	中平面					9	2	3	8				
	上层									5	10	11	4

① 交叠法：嵌线时，嵌1槽隔空1槽，再嵌7槽，吊边数1，嵌线顺序见表4-1。

② 整嵌法：因12槽定子均为微型电机，由于内腔窄小，用交叠式嵌线较困难时，常改用整圈嵌线而形成端部三平面绕组。

（5）绕组特点与应用　绕组采用显极接线，每组只有一只线圈，每相由两只线圈反接串联而成。此绕组应用于微电机、小功率三相异步电动机、电泵用三相小功率电动机等。

4.3.1.2　24槽4极单层链式绕组（一）

（1）24槽4极单层链式绕组展开图　如图4-74所示。

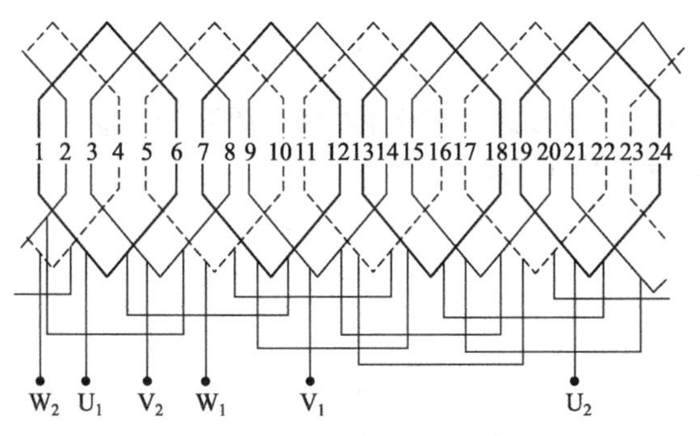

图4-74　24槽4极单层链式绕组展开图

（2）24槽4极单层链式绕组布线接线图 如图4-75所示。

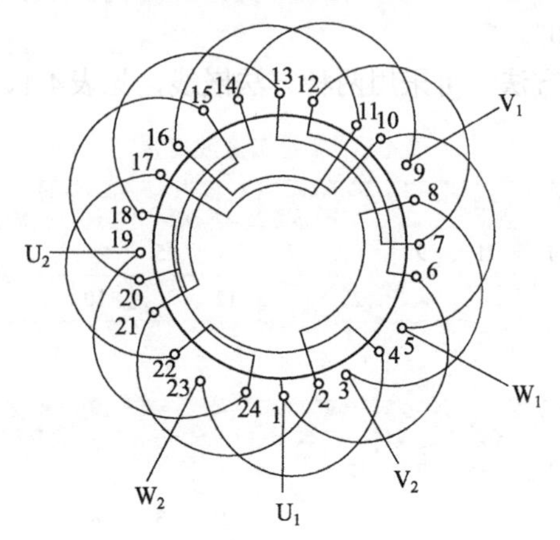

图4-75 24槽4极单层链式绕组布线接线图

（3）绕组参数 定子槽数Z=24 每组圈数S=1 并联路数a=1 电机极数p=4 极相槽数q=2 线圈节距Y=1～6 总线圈数Q=2 绕组极距τ=6 绕组系数K=1 绕圈组数n=12每槽电角α=30°

（4）嵌线方法 由于线圈特少，两种嵌线工艺均可采用。

① 交叠法：嵌线时，嵌1槽隔空1槽，再嵌7槽，吊边数2，嵌线顺序见表4-3。

表4-3 交叠法（正推法）

嵌线次序		1	2	3	4	5	6	7	8	9	10	11	12
嵌入槽号	先嵌边	6	8	10	12	14	16	18	20	22	24	2	4
	后嵌边			5	7	9	11	13	15	17	19	21	23

② 整嵌法：嵌线时，整嵌1线圈，隔开一线圈再嵌1线圈，无需吊边，嵌线顺序见表4-4。

表4-4 整嵌法

嵌线次序		1	2	3	4	5	6	7	8	9	10	11	12
嵌入槽号	下层	1	6	7	12	13	18	19	24				
	中层	9	14	15	20	21	2	3	8				
	上层	5	10	11	16	17	22	23	4				

4.3.1.3　24槽4极单层链式绕组（二）

（1）24槽4极单层链式绕组展开图　如图4-76所示。

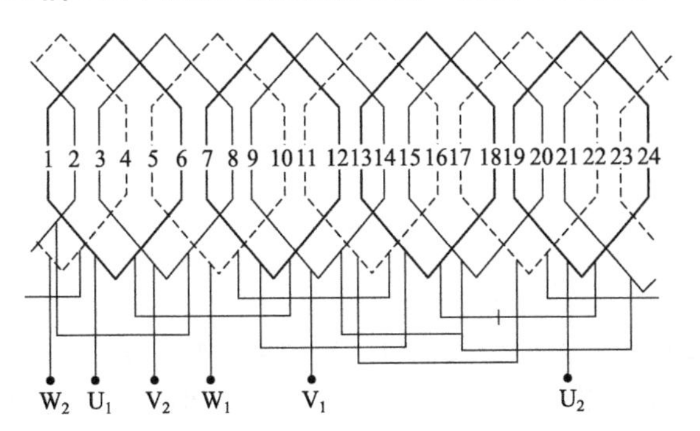

图4-76　24槽4极单层链式绕组展开图

（2）24槽4极单层链式绕组布线接线图　如图4-77所示。

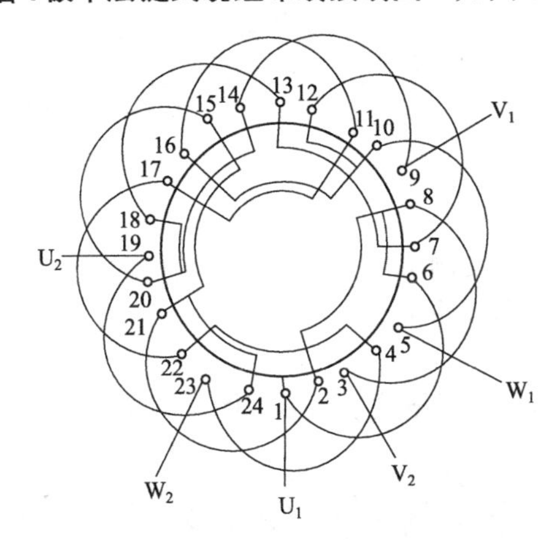

图4-77　24槽4极单层链式绕组布线接线图

（3）绕组参数　定子槽数Z=24　每组圈数S=1　并联路数a=1　电机极数2p=4　极相槽数q=2　线圈节距Y=1～6　总线圈数Q=12　绕组极距r=6　绕组系数K=0.966　绕圈组数n=12　每槽电角α=30°。

（4）嵌线方法　嵌线可用交叠法或整嵌法

①交叠法：交叠法嵌线吊2边，嵌入1槽空出1槽，再嵌1槽，

再空出1槽，按此规律将全部线圈嵌完。嵌线顺序见表4-5。

表4-5 交叠法（倒退法）

嵌线次序		1	2	3	4	5	6	7	8	9	10	11	12
嵌入槽号	先嵌边	1	23	21		19		17		15		13	
	后嵌边				2		24		22		20		18
嵌线次序		13	14	15	16	17	18	19	20	21	22	23	24
嵌入槽号	先嵌边	11		9		7		5		3			
	后嵌边		16		14		12		10		8	6	1

② 整嵌法：因是显极绕组，采用整嵌将构成三平面绕组，操作时采用分相整嵌，将一相线圈嵌入相应在槽内，垫好绝缘再嵌第2相、第3相，嵌线顺序见表4-6。

表4-6 整嵌法

嵌线次序		1	2	3	4	5	6	7	8	9	10	11	12	13	14	15	16
槽号	下层	19	24	13	18	7	12	1	4								
	中平面									23	4	17	22	11	16	5	10
嵌线次序		17	18	19	20	21	22	23	24								
槽号	上层	3	8	21	2	15	20	9	14								

通过上述两个实例可知，采用正推法和倒退法都可完成绕组绕制，依各人习惯选择即可。

4.3.1.4 36槽6极单层链式绕组

（1）36槽6极单层链式绕组展开图 如图4-78所示。

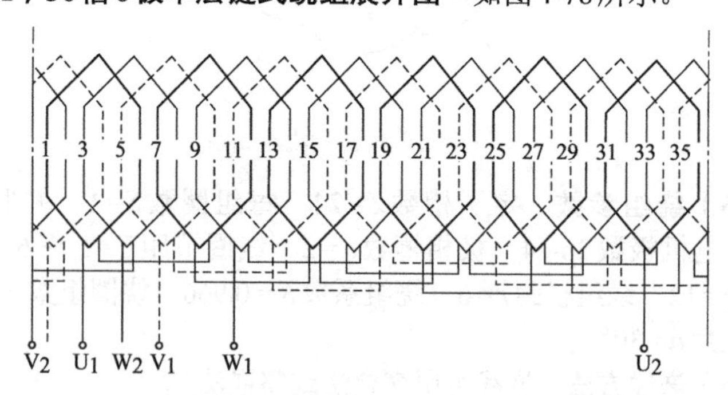

图4-78 36槽6极单层链式绕组展开图

（2）36槽6极单层链式绕组布线接线图　如图4-79所示。

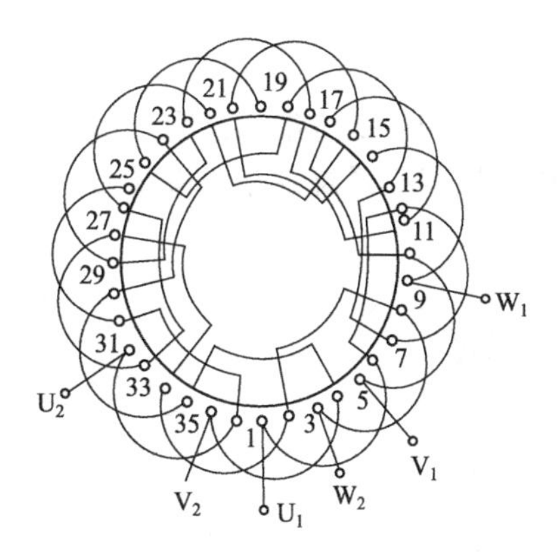

图4-79　36槽6极单层链式绕组布线接线图

（3）绕组参数　定子槽数Z=36　每组圈数S=1　并联路数a=1　电机极数2p=6　极相槽数q=2　线圈节距Y=1～6　总线圈数Q=18　绕组极距r=6　绕组系数K=0.966　绕圈组数n=18　每槽电角α=30°。

（4）嵌线方法　嵌线可用交叠法或整嵌法，整嵌法嵌线是不用吊边的，但只能分相整嵌线，构成三平相绕组。此方法较少采用，交叠法嵌线吊边数为2，第3线圈即可整嵌，嵌线并不会感到困难，嵌线顺序见表4-7。

表4-7　交叠法

嵌线次序		1	2	3	4	5	6	7	8	9	10	11	12
嵌入槽号	先嵌边	1	35	33		31		29		27		25	
	后嵌边				2		36		34		32		30
嵌线次序		13	14	15	16	17	18	19	20	21	22	23	24
嵌入槽号	先嵌边	23		21		19		17		15		13	
	后嵌边		28		26		24		22		20		18
嵌线次序		25	26	27	28	29	30	31	32	33	34	35	36
嵌入槽号	先嵌边	11		9		7		5		3			
	后嵌边		16		14		12		10		8	6	4

4.3.2 各种槽数单层同心式绕组展开图及嵌线顺序图表

4.3.2.1 12槽2极单层同心式绕组

（1）12槽2极单层同心式绕组展开图 如图4-80所示。

（2）12槽2极单层同心式绕组布线接线图 如图4-81所示。

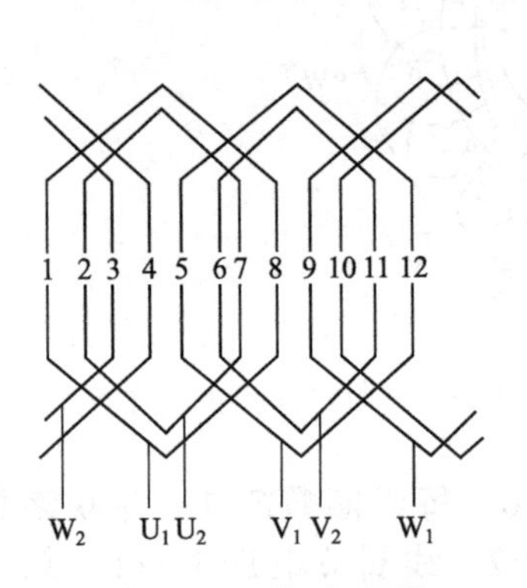

图4-80 12槽2极单层同心式绕组展开图

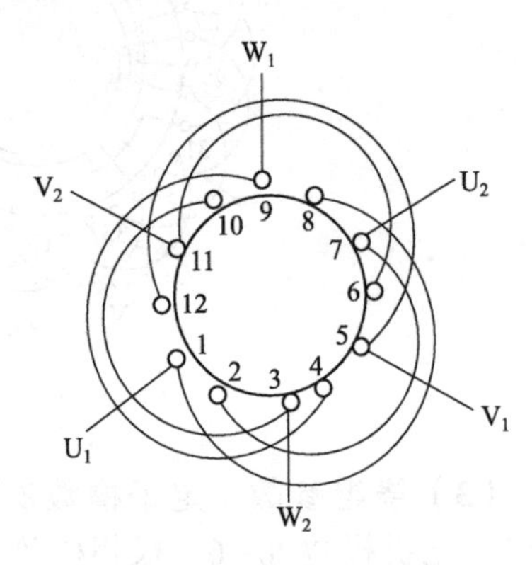

图4-81 12槽2极单层同心式绕组布线接线图

（3）绕组参数 定子槽数Z=12 每组圈数S=2 并联路数a=1 电机极数2p=2 极相槽数q=2 线圈节距Y=1～8、6～7 总线圈数Q=6 绕组极距r=6 绕组系数K=−0.966 绕圈组数n=3 每槽电角α=30°。

（4）嵌线方法 可采用交叠法或整嵌法嵌线。

① 交叠法：交叠嵌线的绕组端部比较匀称，但需吊起2边嵌，定子内孔窄小时会感到嵌线困难，嵌线顺序见表4-8。

表4-8 交叠法

嵌线次序		1	2	3	4	5	6	7	8	9	10	11	12
嵌入槽号	先嵌边	2	1	10		9		6		5			
	后嵌边				3		4		11		12	8	7

② 整嵌法：一般只适用于定子内腔较窄的电机上，嵌线时是分槽整圈嵌入，无需吊边，但绕线线圈既不能形成双平面，又不能

形成三平面，因此为上下层之间的变形线圈组，使端部层次不分明，且不美观，嵌线顺序见表4-9。

表4-9 整嵌法

嵌线次序		1	2	3	4	5	6	7	8	9	10	11	12
嵌入槽号	下层	2	7	1	8		11		12				
	上层					6		5		3	10	4	9

4.3.2.2 24槽2极单层同心式绕组

（1）24槽2极单层同心式绕组展开图 如图4-82所示。

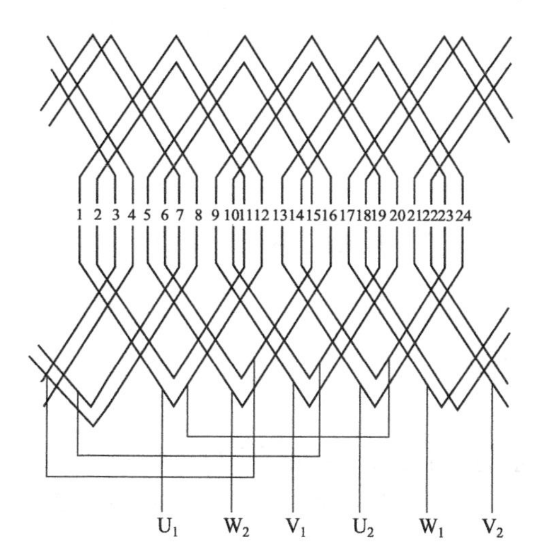

图4-82 24槽2极单层同心式绕组展开图

（2）24槽2极单层同心式绕组布线接线图 如图4-83所示。

（3）绕组参数 定子槽数Z=24 每组圈数S=2 并联路数a=1 电机极数2p=2 极相槽数q=4 线圈节距Y=1～12、6～11 总线圈数Q=12 绕组极距r=12 绕组系数K=−0.958 绕圈组数n=6 每槽电角α=15°。

（4）嵌线方法 嵌线可采用交叠法或整嵌法，交叠法嵌线可使绕组端部整齐美观。但嵌线需吊4边，嵌线要点是嵌两槽，隔空两槽再嵌两槽，嵌线顺序见表4-10。

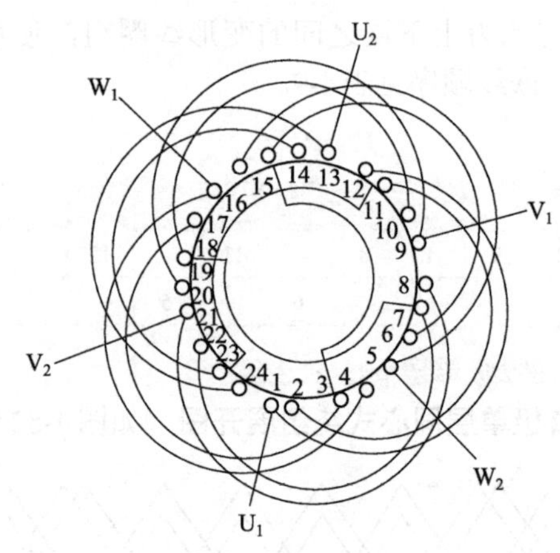

图4-83　24槽2极单层同心式绕组布线接线图

表4-10　交叠法

嵌线次序		1	2	3	4	5	6	7	8	9	10	11	12
嵌入槽号	先嵌边	2	1	22	21	18		17		14		13	
	后嵌边						3		4		23		24
嵌线次序		13	14	15	16	17	18	19	20	21	22	23	24
嵌入槽号	先嵌边	10		9		6		5					
	后嵌边		19		20		15		16	12	11	8	7

（5）绕组特点与应用　绕组采用显极布线，一路串连接法，每相绕组间连接是反向串联，即“尾与尾”相接，这种绕线在小型2极电动机中应用很多。

4.3.2.3　24槽2极单层同心式绕组

（1）24槽2极单层同心式绕组展开图　如图4-84所示。

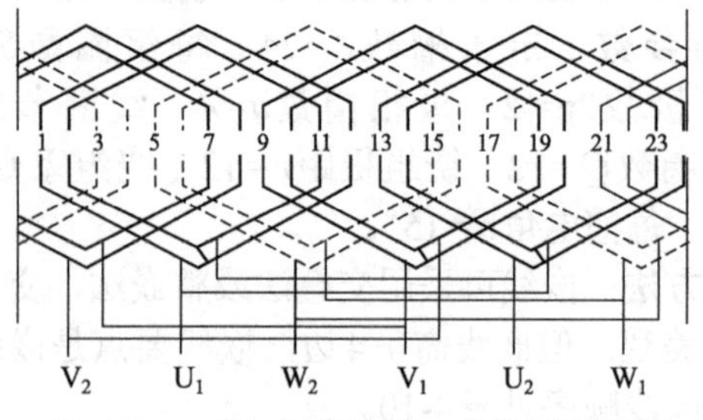

图4-84　24槽2极单层同心式绕组展开图

（2）24槽2极单层同心式绕组布线接线图 如图4-85所示。

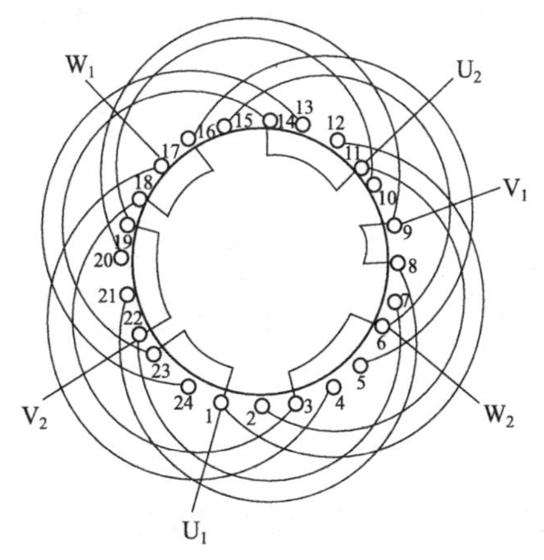

图4-85 24槽2极单层同心式绕组布线接线图

（3）绕组参数 定子槽数Z=24 每组圈数S=2 并联路数a=2 电机极数2p=2 极相槽数q=4 线圈节距Y=1～12、6～11 总线圈数Q=12 绕组极距r=12 绕组系数K=−0.958 绕圈组数n=6 每槽电角α=15°。

（4）嵌线方法 嵌线可采用两种方法，交叠法嵌线顺序可参考上例，本例介绍整嵌方法，它是将线圈连相嵌线，嵌线一相后垫上绝缘，再将另一相嵌入相应槽内，完成后再绕第3相，使三相线圈端部形成在二层次的平面上，此嵌法嵌线不用吊边，常被二极电动机选用，嵌线顺序见表4-11。

表4-11 整嵌法

嵌线次序		1	2	3	4	5	6	7	8	9	10	11	12
嵌入槽号	嵌层	2	11	1	12	14	23	13	24				
	中层									10	19	9	20
	上层												
嵌线次序		13	14	15	16	17	18	19	20	21	22	23	24
嵌入槽号	嵌层												
	中层	22	7	21	8								
	上层					18	3	17	4	6	15	5	16

4.3.2.4　24槽4极单层同心式绕组

（1）24槽4极单层同心式绕组展开图　如图4-86所示。

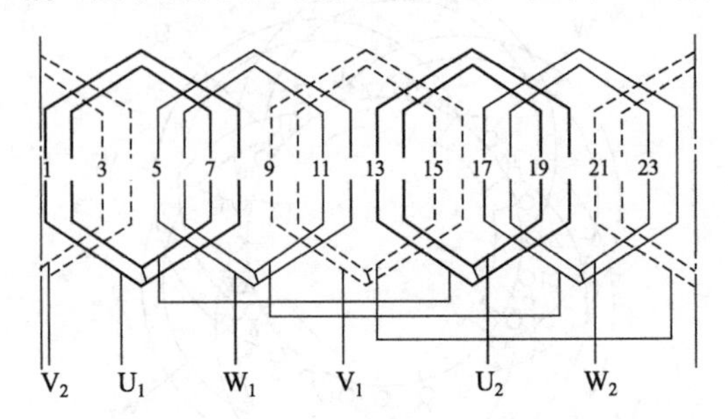

图4-86　24槽4极单层同心式绕组展开图

（2）24槽4极单层同心式绕组布线接线图　如图4-87所示。

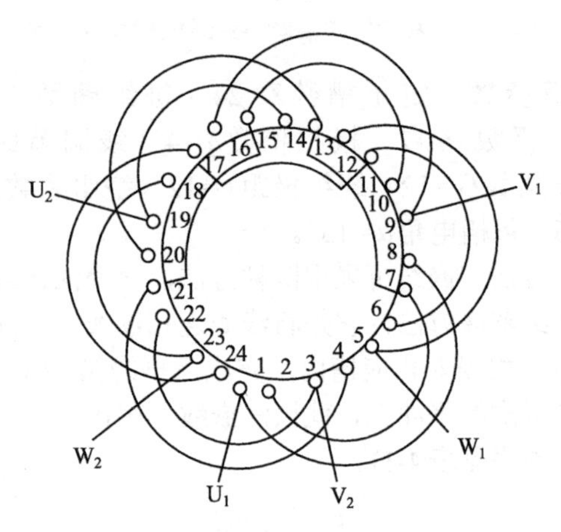

图4-87　24槽4极单层同心式绕组布线接线图

（3）绕组参数　定子槽数Z=24　每组圈数S=2　并联路数a=1　电机极数2p=4　极相槽数q=2　线圈节距Y=1～5、6～7　总线圈数Q=12　绕组极距r=6　绕组系数K=−0.946　绕圈组数n=6　每槽电角$α$=30°。

（4）嵌线方法　嵌线可采用两种方法。

① 交叠法：交叠嵌线是交叠先嵌边，吊边2个，从第3只线圈起嵌入，先嵌边后可嵌入下一相绕组，嵌线顺序见表4-12。

表4-12　交叠法

嵌线次序		1	2	3	4	5	6	7	8	9	10	11	12
嵌入槽号	先嵌边	2	1	22		21		18		17		14	
	后嵌边				3		4		23		24		19
嵌线次序		13	14	15	16	17	18	19	20	21	22	23	24
嵌入槽号	先嵌边	13		10		9		6		5			
	后嵌边		20		15		16		11		12	8	7

② 整嵌法：整圈嵌线是隔线嵌入，使1、3、5组端部处于同一平面，而2、4、6绕组为另一平面并处其上层；每层嵌线先嵌小线圈再嵌入线圈，嵌线顺序见表4-13。

表4-13　整嵌法

嵌线次序		1	2	3	4	5	6	7	8	9	10	11	12
嵌入槽号	底层	2	7	1	8	14	19	13	20	10	15	9	16
	面层												
嵌线次序		13	14	15	16	17	18	19	20	21	22	23	24
嵌入槽号	底层												
	面层	22	3	21	4	6	11	5	12	18	23	17	24

4.3.2.5　36槽2极单层同心式绕组

（1）36槽2极单层同心式绕组展开图　如图4-88所示。

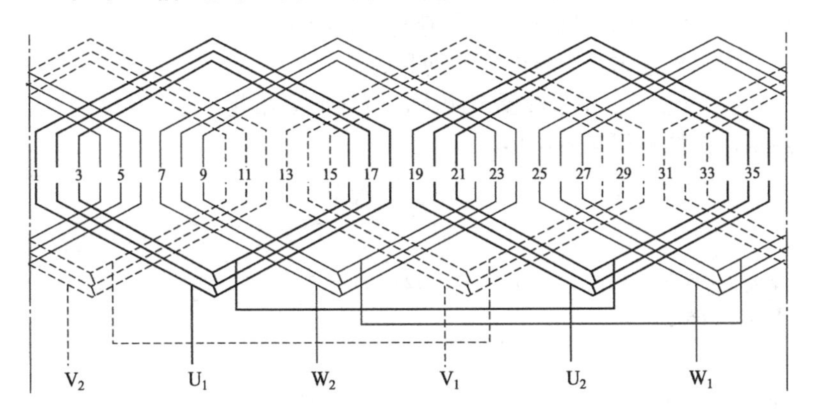

图4-88　36槽2极单层同心式绕组展开图

（2）36槽2极单层同心式绕组布线接线图 如图4-89所示。

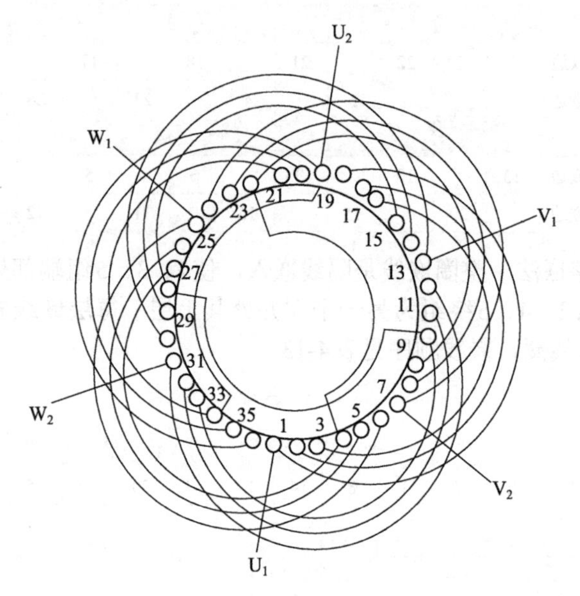

图4-89 36槽2极单层同心式绕组布线接线图

（3）绕组参数 定子槽数Z=36 每组圈数S=3 并联路数a=1 电机极数2p=2 极相槽数q=6 线圈节距Y=1～18、6～17、3～16 总线圈数Q=18 绕组极距r=18 绕组系数K=−0.956 绕圈组数n=6 每槽电角α=10°。

（4）嵌线方法 嵌线可用两种方法。

① 交叠法：由于线圈节距大，嵌线时要吊起6边，嵌线有一定困难，嵌线顺序见表4-14。

表4-14 交叠法

嵌线次序		1	2	3	4	5	6	7	8	9	10	11	12
嵌入槽号	先嵌边	1	2	3	33	32	31	27		26		25	
	后嵌边								4		5		6
嵌线次序		13	14	15	16	17	18	19	20	21	22	23	24
嵌入槽号	先嵌边	21		20		19		15		14		13	
	后嵌边		34		35		36		28		29		30

续表

嵌线次序		25	26	27	28	29	30	31	32	33	34	35	36
嵌入槽号	先嵌边	9		8		7							
	后嵌边		22		23		24	16	17	18	12	11	10

② 整嵌法　是采用分层次整图嵌线，嵌线顺序见表4-15。

表4-15　整嵌法

嵌线次序		1	2	3	4	5	6	7	8	9	10	11	12
嵌入槽号	下层	3	16	2	17	1	18	21	34	20	35	19	36
	中平面												
嵌线次序		13	14	15	16	17	18	19	20	21	22	23	24
嵌入槽号	下层							33	10	32	11	31	12
	中平面	15	28	14	29	13	30						
嵌线次序		25	26	27	28	29	30	31	32	33	34	35	36
嵌入槽号	中平面												
	上层	22	9	23	8	24	7	27	4	24	5	25	6

4.3.2.6　48槽8极单层同心式绕组

（1）48槽8极单层同心式绕组展开图　如图4-90所示。

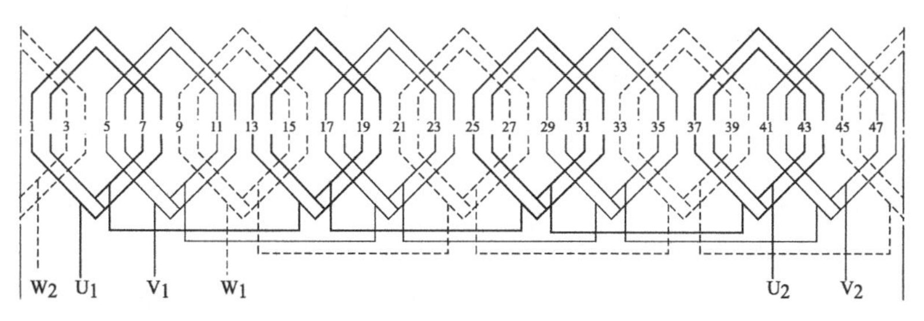

图4-90　48槽8极单层同心式绕组展开图

（2）48槽8极单层同心式绕组布线接线图　如图4-91所示。

（3）绕组参数　定子槽数Z=48　每组圈数S=2　并联路数a=1　电机极数2p=8　极相槽数q=2　线圈节距Y=1～8、6～7　总线圈数Q=24　绕组极距r=4　绕组系数K=−0.964　绕圈组数n=12　每槽电角α=30°。

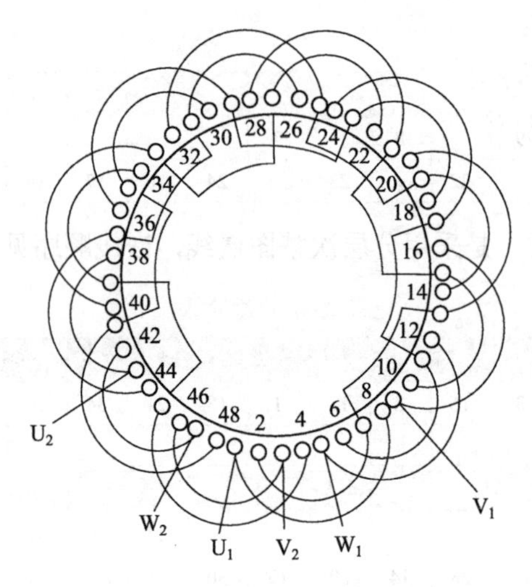

图4-91　48槽8极单层同心式绕组布线接线图

（4）嵌线方法　嵌线可采用交叠法或整嵌法，整圈嵌线无需吊边，线圈隔组嵌入、构成双平面绕组，交叠嵌线则嵌2槽、空出2槽，再嵌2槽，吊边数为2。嵌线顺序见表4-16。

表4-16　交叠法

嵌线次序		1	2	3	4	5	6	7	8	9	10	11	12	13	14	15	16
嵌入槽号	先嵌边	2	1	46		45		42		41		38		37		34	
	后嵌边				3		4		47		48		43		44		39
嵌线次序		17	18	19	20	21	22	23	24	25	26	27	28	29	30	31	32
嵌入槽号	先嵌边	33		30		29		26		25		22		21		18	
	后嵌边		40		35		36		31		32		27		28		23
嵌线次序		33	34	35	36	37	38	39	40	41	42	43	44	45	46	47	48
嵌入槽号	先嵌边	17		14		13		10		9		4		5			
	后嵌边		24		19		20		15		16		11		12	7	8

4.3.3　各种槽数单层交叉式绕组展开图及嵌线顺序图表

4.3.3.1　18槽2极单层交叉式绕组

（1）18槽2极单层交叉式绕组展开图　如图4-92所示。

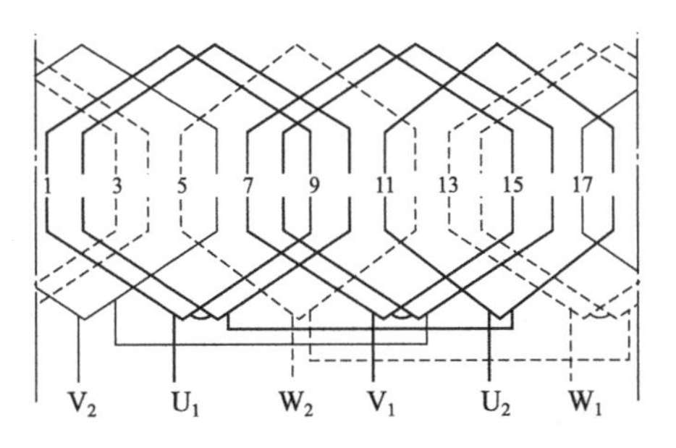

图4-92　18槽2极单层交叉式绕组接线图

（2）18槽2极单层交叉式绕组布线接线图　如图4-93所示。

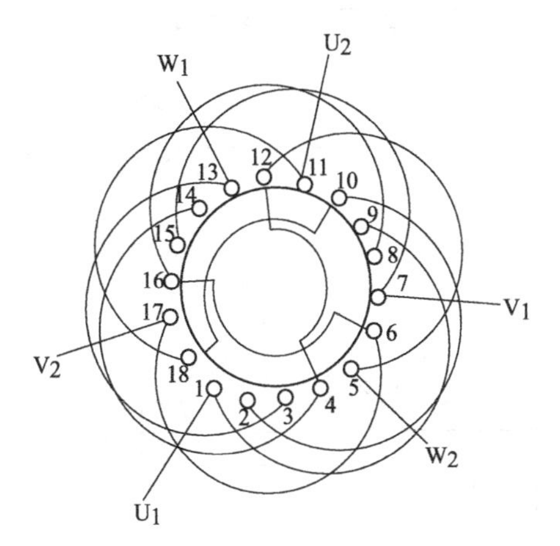

图4-93　18槽2极单层交叉式绕组布线接线图

（3）绕组参数　定子槽数Z=18　每组圈数　S= 1/2并联路数a=1　电机极数2p=2　极相槽数q=3　线圈节距Y=1～9、6～10、11～18　总线圈数Q=24　绕组极距r=6　绕组系数K=−0.966　绕圈组数n=12　每槽电角α=30°。

（4）嵌线方法　本例采用交叠法嵌线，因是不等距布线，嵌线从大联（双圈）开始，嵌线也可从小联（单圈）开始，嵌线顺序见表4-17、表4-18，但吊边数为1。

表4-17　交叠法（双圈始嵌）

嵌线次序		1	2	3	4	5	6	7	8	9	10	11	12	13	14	15	16	17	18
嵌入槽号	先嵌边	2	1	17	14		13		11		9		7		5				
	后嵌边					4		3		18		16		15		12	10	9	6

表4-18　交叠法（单圈始嵌）

嵌线次序		1	2	3	4	5	6	7	8	9	10	11	12	13	14	15	16	17	18
嵌入槽号	先嵌边	5	2	1	17		14		13		11		8		7				
	后嵌边					6		4		3		18		16		15	12	10	9

4.3.3.2　36槽4极单层交叉式绕组

（1）36槽4极单层交叉式绕组展开图　如图4-94所示。

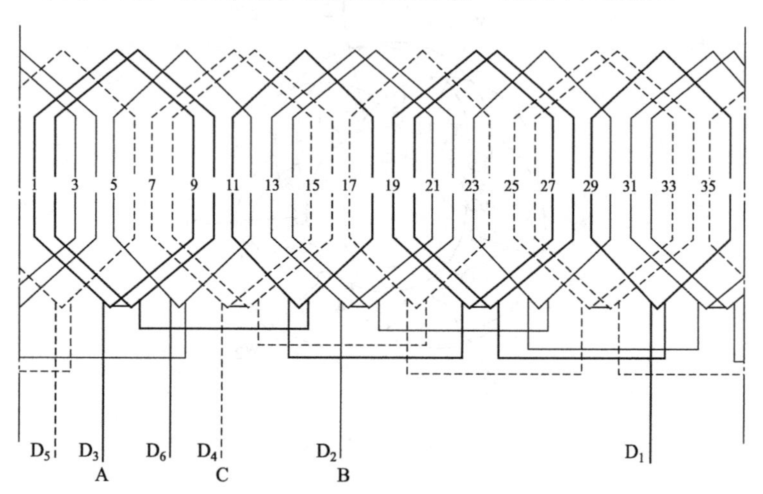

图4-94　36槽4极单层交叉式绕组展开图

（2）36槽4极单层交叉式绕组布线接线图　如图4-95所示。

（3）绕组参数　定子槽数Z=36　每组圈数　S=11/2　并联路数　a=1　电机极数　2p=4　极相槽数　q=3　线圈节距Y=1～9、6～10、10～15　总线圈数Q=18　绕组极距　r=9　绕组系数　K=−0.96　绕圈组数n=12　每槽电角α=20°。

（4）嵌线方法　绕组一般都用交叠法嵌线，吊边数为3，习惯

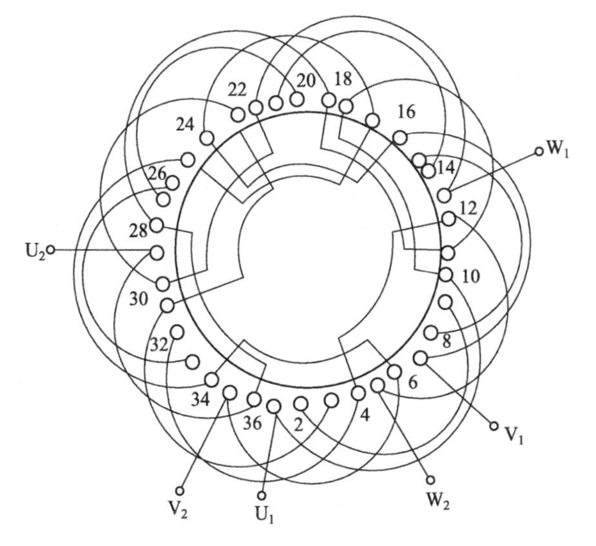

图4-95　36槽4极单层交叉式绕组布线接线图

上是从双圈嵌线，嵌入2槽先嵌边，空出1槽，在嵌后嵌边1，嵌入1槽先嵌边，再退空2槽后嵌边，以后再嵌此规律进行整嵌，嵌线顺序见表4-19。

表4-19　交叠法（倒退法）

嵌线次序		1	2	3	4	5	6	7	8	9	10	11	12	13	14	15	16	17	18
嵌入槽号	先嵌边	2	1	35	32		31		29		26		25		23		20		19
	后嵌边					4		3		36		34		33		30		28	
嵌线次序		19	20	21	22	23	24	25	26	27	28	29	30	31	32	33	34	35	36
嵌入槽号	先嵌边		17		14		13		11		8		7		5				
	后嵌边	27		24		22		21		18		16		15		12	10	9	6

（5）绕组特点与应用　本例为不等距显极式布线，每相由2个大联组和2个单联线构成，大联节距YB=1−9双圈，小联节距是YN=1−8单圈，大、小嵌线圈组交叉轮换对称分布，组间极性相反，并为反向串联，本例是小型电动机最常用的绕组型式，一般可用于三相异步电动机、专用电机、防爆型电动机及高效率电动机。

4.3.3.3 36槽4极单层交叉式绕组

（1）36槽4极单层交叉式绕组展开图 如图4-96所示。

（2）36槽4极单层交叉式绕组布线接线图 如图4-97所示。

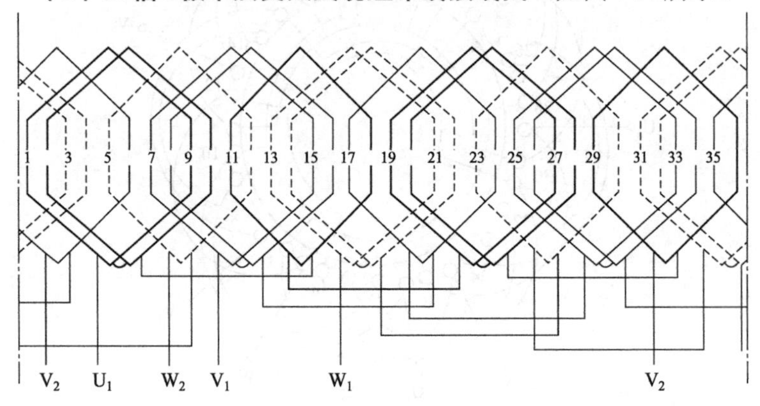

图4-96 36槽4极单层交叉式绕组展开图

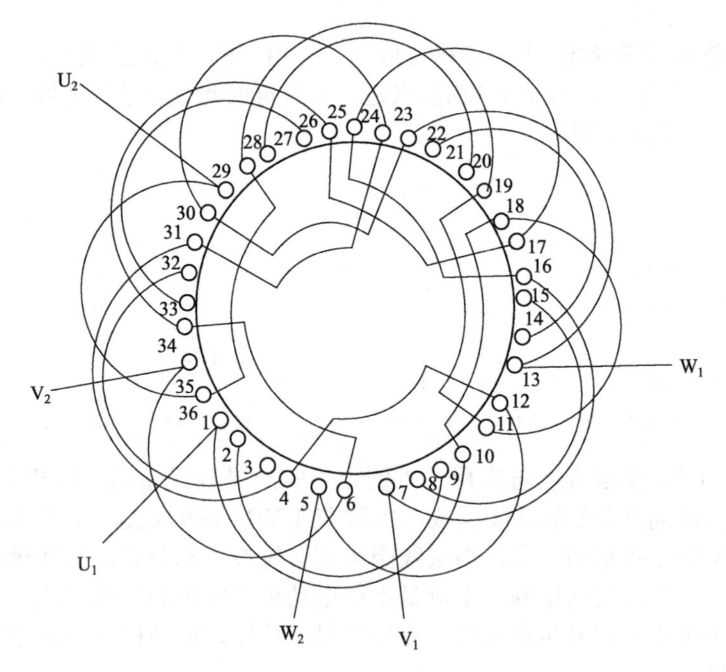

图4-97 36槽4极单层交叉式绕组布线接线图

（3）绕组参数　定子槽数Z=36　每组圈数S=11/2　并联路数a=2　电机极数2p=4　极相槽数q=3　线圈节距Y=1～9、6～10、10～15　总线圈数Q=18　绕组极距r=9　绕组系数K=−0.96　绕圈组数n=12　每槽电角α=20°。

（4）嵌线方法　绕组嵌线同上例，如习惯用渐进式工艺的操作者也可根据自己的顺序嵌线。见表4-20。

表4-20　嵌线顺序（正进法）

嵌线次序		1	2	3	4	5	6	7	8	9	10	11	12
嵌入槽号	先嵌边	9	10	12	15		16		18		21		22
	后嵌边					7		8		11		13	
嵌线次序		13	14	15	16	17	18	19	20	21	22	23	24
嵌入槽号	先嵌边		24		27		28		30		33		34
	后嵌边	14		17		19		20		23		25	
嵌线次序		25	26	27	28	29	30	31	32	33	34	35	36
嵌入槽号	先嵌边		36		3		4		6				
	后嵌边	26		29		31		32		35	1	2	5

（5）绕组特点与应用　本例采用不等距显极式连线，每相分联由两大联和两小联构成，大联线圈节距短于极距1槽，YN=8，小联线圈节距短极距2槽，YN=7，绕组为二路并联，每支路由大、小联各1组串联而成，并用短线反向连接，两支路走线方向相反，但接线时必须保证同根相线圈组极性相反的原则，常用于三相异步电动机和防爆型三相异步电动机等。

4.3.4　各种槽数单层同心交叉式绕组展开图及嵌线顺序图表

4.3.4.1　18槽2极单层同心式交叉式绕组

（1）18槽2极单层同心式交叉式绕组展开图　如图4-98所示。

（2）18槽2极单层同心式交叉式绕组布线接线图　如图4-99所示。

（3）绕组参数　定子槽数Z=18　每组圈数　S=11/2　并联路数a=1　电机极数2p=2　极相槽数q=3　线圈节距Y= 1～9、

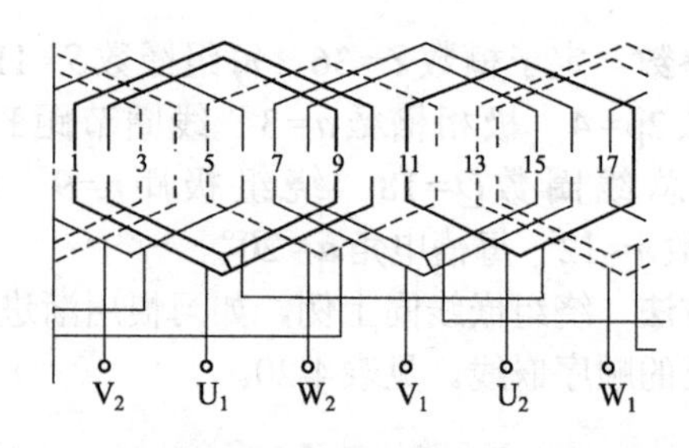

图4-98　18槽2极单层同心式交叉式绕组展开图

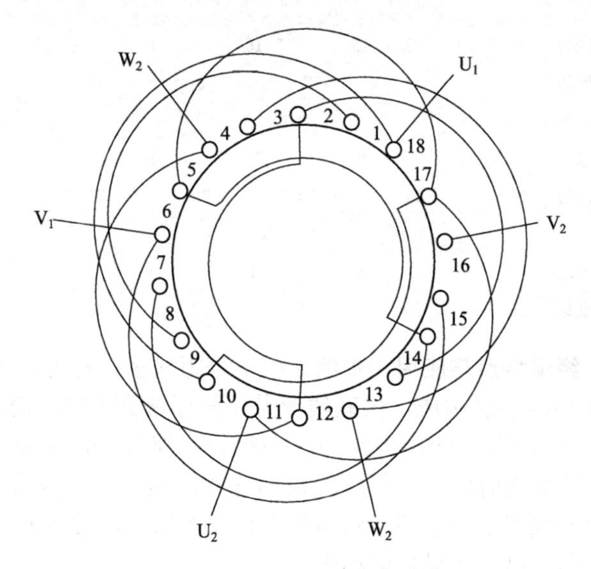

图4-99　18槽2极单层同心式交叉式绕组布线接线图

6 ～ 10、11 ～ 18　总线圈数Q=9　绕组极距r=9　绕组系数K=−0.94　绕圈组数n=6　每槽电角α=20°。

（4）嵌线方法　本例采用显极式布线，可采用两种嵌线方法。

① 整嵌法：相分层嵌入，使绕组端部形成三平面层次，嵌线顺序见表4-21。

② 交叠法：线圈交叠法嵌线是嵌2槽空1槽，嵌1槽空2槽，吊边数为1，由于本绕组的线圈节距大，对内腔窄小的定子嵌线会感觉困难，嵌线顺序见表4-22。

表4-21　整嵌法

嵌线次序		1	2	3	4	5	6	7	8	9	10	11	12	13	14	15	16	17	18
嵌入槽号	底层	2	9	1	10	11	18												
	中层							8	15	7	16	17	6						
	面层													14	3	13	4	5	12

表4-22　交叠法

嵌线次序		1	2	3	4	5	6	7	8	9	10	11	12	13	14	15	16	17	18
嵌入槽号	先嵌边	2	1	17	14		13		11		8		7		5				
	后嵌边					3		4		18		15		16		12	9	10	6

（5）绕组特点与应用　本绕组由交叉式绕组渐变而来，是同心交叉链的基本形式，常应用于小功率专用电动机，用Y形接法，出线3槽，可用于三相小功率电动机、三相油泵电动机、电钻等三相异步电动机。

4.3.4.2　36槽4极单层同心交叉式绕组

（1）36槽4极单层同心交叉式绕组展开图　如图4-100所示。

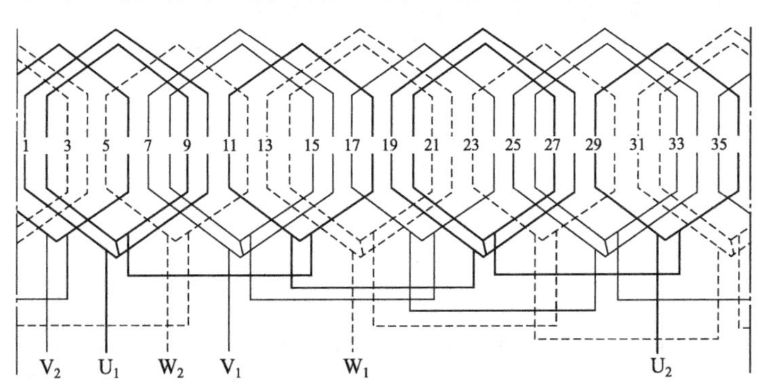

图4-100　36槽4极单层同心交叉式绕组展开图

（2）36槽4极单层同心交叉式绕组布线接线图　如图4-101所示。

（3）绕组参数　定子槽数Z=36　每组圈数S=11/2　并联路数a=1　电机极数　2p=4　极相槽数q=3　线圈节距Y=1～10、6～9、11～18　总线圈数Q=18　绕组极距r=9　绕组系数K=

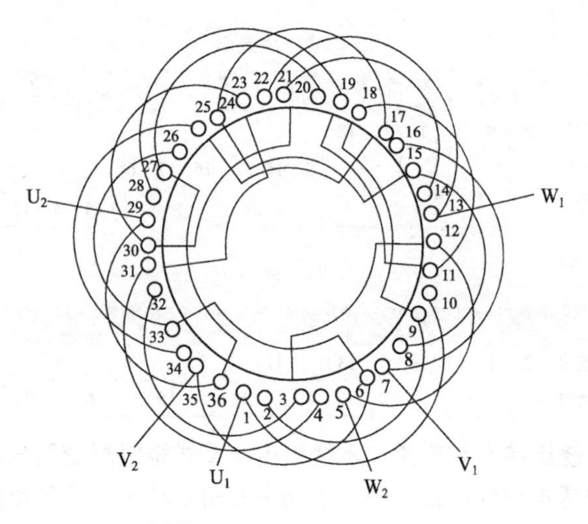

图4-101　36槽4极单层同心交叉式绕组布线接线图

−0.96　绕圈组数n=12　每槽电角α=20°。

（4）嵌线方法　本例可用两种方法嵌线。

① 整嵌法：采用逐相整嵌线构成二平面绕组，嵌线顺序见表4-23。

表4-23　整嵌法

嵌线次序		1	2	3	4	5	6	7	8	9	10	11	12
槽号	下层	2	9	1	10	29	36	20	27	19	28	11	18
嵌线次序		13	14	15	16	17	18	19	20	21	22	23	24
槽号	中平面	8	15	7	16	35	6	26	33	25	34	17	24
嵌线次序		25	26	27	28	29	30	31	32	33	34	35	36
槽号	上层	14	21	13	22	5	12	32	3	31	4	23	30

② 交叠法：交叠嵌线吊边数3，嵌线顺序见表4-24。

（5）绕组特点与应用　绕组由单、双同心圈组成，是由交叉式演变而来的，同组间接线是反接串联。主要用于JO2L-36-4型等电动机。

表4-24　交叠法

嵌线次序		1	2	3	4	5	6	7	8	9	10	11	12
嵌入槽号	先嵌边	2	1	35	32		31		29		26		25
	后嵌边					3		4		36		33	
嵌线次序		13	14	15	16	17	18	19	20	21	22	23	24
嵌入槽号	先嵌边		23		20		19		17		14		13
	后嵌边	34		30		27		28		24		21	
嵌线次序		25	26	27	28	29	30	31	32	33	34	35	36
嵌入槽号	先嵌边		11		8		7		5				
	后嵌边	22		18		15		16		12	9	10	6

4.3.5 单层叠式绕组展开图及嵌线顺序图表

4.3.5.1　12槽2极单层叠式绕组

（1）12槽2极单层叠式绕组展开图　如图4-102所示。

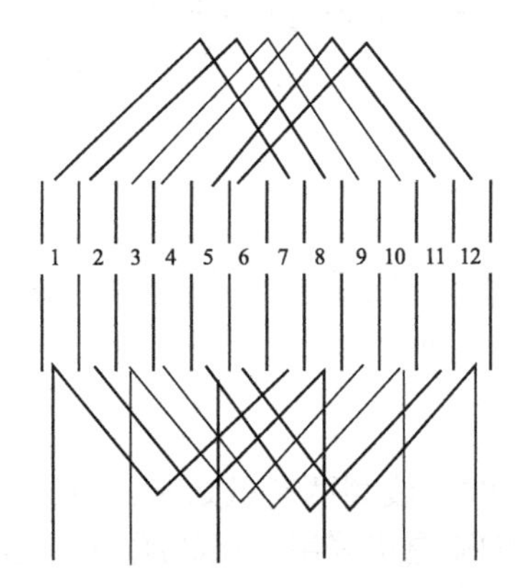

图4-102　12槽2极单层叠式绕组展开图

（2）12槽2极单层叠式绕组布线接线图　如图4-103所示。

（3）绕组参数　定子槽数Z=12　每组圈数S=2　并联路数a=1　电机极数2p=2　极相槽数q=2　线圈节距Y=1～7，6～8　总线圈数Q=6　绕组极距r=8　绕组系数K=0.966　绕圈组数n=3　每槽电角α=30°。

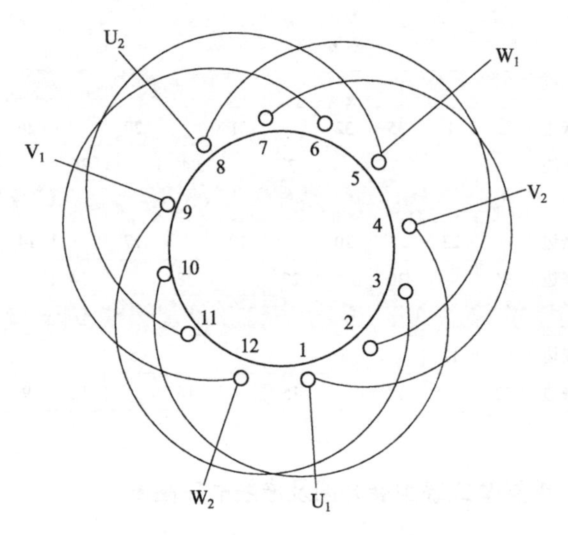

图4-103　12槽2极单层叠式绕组布线接线图

（4）绕线方法　绕组可采用两种嵌线方法。

① 交叠法：绕组端部较规整、美观，是常用的方法，嵌线顺序见表4-25。

表4-25　交叠法

嵌线次序		1	2	3	4	5	6	7	8	9	10	11	12
嵌入槽号	先嵌边	2	1	10		9		6		5			
	后嵌边				4		3		12		11	8	7

② 整嵌法：嵌线时线圈两有效边相连嵌入相应槽内，无需吊边、便于内腔过窄的微电机采用。嵌线顺序见表4-26。

表4-26　整嵌法

嵌线次序		1	2	3	4	5	6	7	8	9	10	11	12
嵌入槽号	下层	1	7	2	3								
	中平面					9	3	10	4				
	上层									5	11	6	12

（5）绕组特点与应用　绕组采用隐极布线，是三相电动机最简单的绕组之一，每相只有一相交叠线圈，它的最大优点是无需内部接线；采用整嵌时端部形成三平面不够美观，此绕组仅用于小功率微型电机。

4.3.5.2　24槽2极单层叠式绕组

（1）24槽2极单层叠式绕组展开图　如图4-104所示。

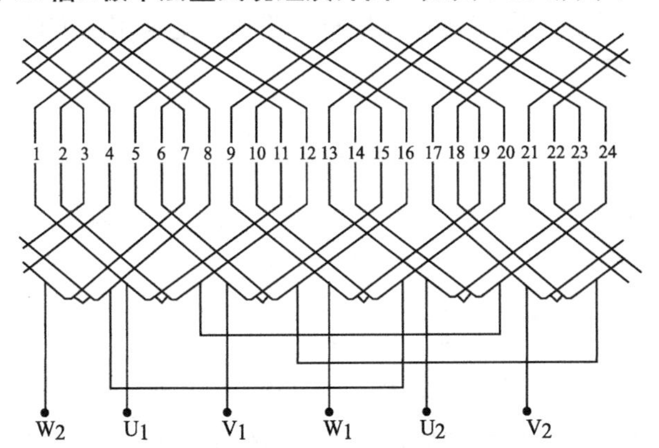

图4-104　24槽2极单层叠式绕组展开图

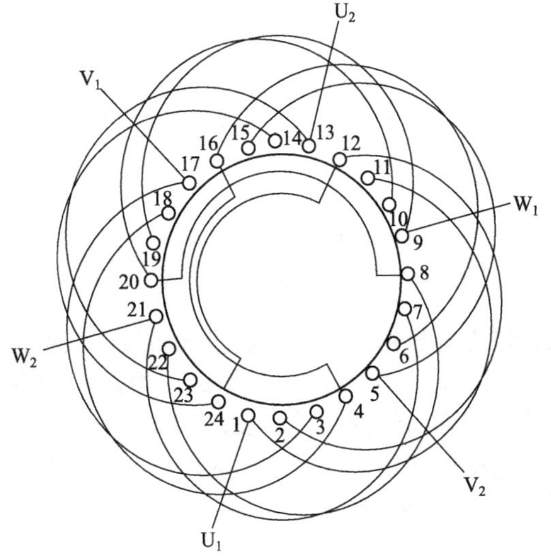

图4-105　24槽2极单层叠式绕组布线接线图

第4章　三相电动机绕组绕制与修理

（2）24槽2极单层叠式绕组布线接线图 如图4-105所示。

（3）绕组参数 定子槽数Z=24 每组圈数S=2 并联路数a=1 电机极数2p=2 极相槽数q=4 线圈节距Y=1～11，6～12 总线圈数Q=12 绕组极距r=12 绕组系数K=0.958 绕圈组数n=6 每槽电角α=15°。

（4）绕线方法 绕组可采用两种嵌线方法。

① 交叠法：绕组端部较规整、美观，是常用的方法，嵌线顺序见表4-27。

表4-27 交叠法

嵌线次序		1	2	3	4	5	6	7	8	9	10	11	12
嵌入槽号	先嵌边	2	1	22	21	18		17		14		13	
	后嵌边						4		3		24		23
嵌线次序		13	14	15	16	17	18	19	20	21	22	23	24
嵌入槽号	先嵌边	10		9		6		5					
	后嵌边		20		19		16		15	12	11	8	7

② 整嵌法：嵌线无需吊边，但绕组端部形成三平面重叠，嵌线顺序见表4-28。

表4-28 整嵌法

嵌线次序		1	2	3	4	5	6	7	8	9	10	11	12
嵌入槽号	下层	1	11	2	12	13	23	14	24				
	中平面									21	7	22	8
嵌线次序		13	14	15	16	17	18	19	20	21	22	23	24
嵌入槽号	中平面	9	19*	10	20								
	上层					5	15	6	16	17	3	18	4

（5）绕组特点与应用 本例为显极式布线，线圈组由两只单层等距交叠线圈组成，并由两组线圈构成一组，同相两组是“尾与尾”相接，从而使两组线圈极性相反，本绕组是单叠绕组，应用于老式的小功率电机的布线型式。主要应用有J31-2、JW11-2等产品；也可将相尾A2、V2、W2接成星点，引出三根引线，应用于JCB22三相油泵电动机。

4.3.5.3　48槽4极单层叠式绕组

（1）48槽4极单层叠式绕组展开图　如图4-106所示。

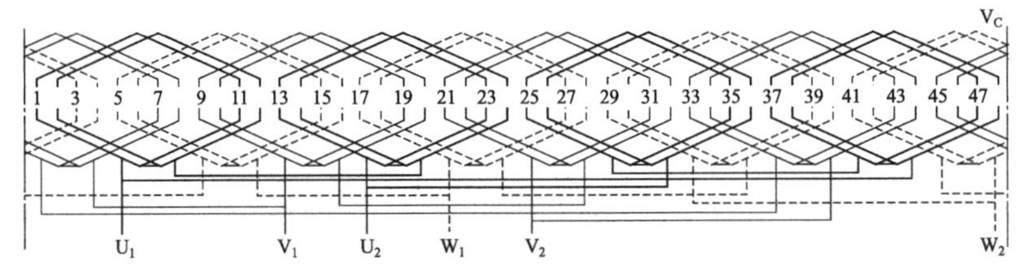

图4-106　48槽4极单层叠式绕组展开图

（2）48槽4极单层叠式绕组布线接线图　如图4-107所示。

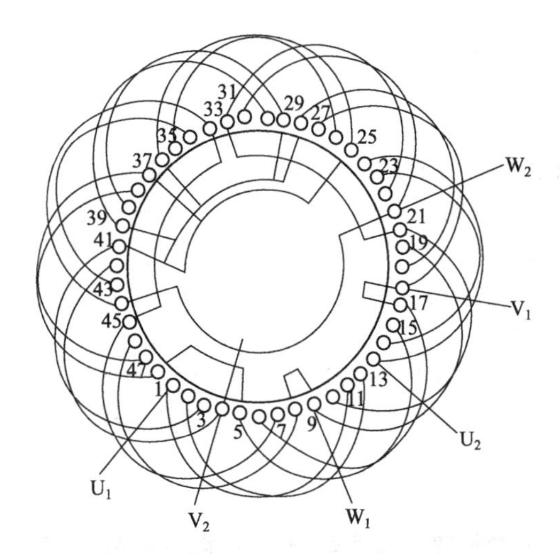

图4-107　48槽4极单层叠式绕组布线接线图

（3）绕组参数　定子槽数Z=48　每组圈数S=2　并联路数a=2　电机极数2p=4　极相槽数q=4　线圈节距Y=1～11，6～12　总线圈数Q=24　绕组极距r=12　绕组系数K=−0.958　绕圈组数n=12　每槽电角α=15°。

（4）接线方法　嵌线一般都采用交叠法后叠加式嵌线，嵌线顺序可参考上例，为适应某些数据嵌线习惯，本例介绍缩进式嵌线，以供参考，嵌线顺序见表4-29。

表4-29 交叠法（渐进式嵌线）

嵌线次序		1	2	3	4	5	6	7	8	9	10	11	12
嵌入槽号	先嵌边	11	12	15	16	19		20		23		24	
	后嵌边						9		10		13		14
嵌线次序		13	14	15	16	17	18	19	20	21	22	23	24
嵌入槽号	先嵌边	27		28		31		32		35		36	
	后嵌边		17		18		21		22		25		26
嵌线次序		25	26	27	28	29	30	31	32	33	34	35	36
嵌入槽号	先嵌边	39		40		43		44		47		48	
	后嵌边		29		30		33		34		37		38
嵌线次序		37	38	39	40	41	42	43	44	45	46	47	48
嵌入槽号	先嵌边	3		4		7		8					
	后嵌边		41		42		45		46	1	2	5	6

（5）绕组特点与应用 本例布线与上面相同，由两只等节距交叠线圈组成线圈组，并由4组线圈构成一相绕组，但采用二路并联接线，接线是采用嵌线接线，逆向分路定线，例如，A1进线分两路，一路线A相第1组线圈，逆时向走线，再与第2组反串连接，另一路从第4组进入，同时向嵌线与第3组反串连接后，将两组尾端并联出线A2，这种接线具有连接线短、接线方便等优点，二路并联时多采用这种接线型式。可用于电动机三相绕组和绕线转子电动机的转子绕组。

4.3.6 各种槽数双层叠式绕组展开图及嵌线顺序图表

4.3.6.1 12槽2极双层叠式绕组

（1）12槽2极双层叠式绕组展开图 如图4-108所示。

（2）12槽2极双层叠式绕组布线接线图 如图4-109所示。

（3）绕组参数 定子槽数Z=12 每组嵌数S=2 并联路数a=1 电机极数2p=2 极相槽数q=2 分布系数K=0.966 总线槽数Q=12 绕组极距r=6 节距系数K=0.966 线圈组数a=6 线圈节距Y=5 绕组系数K=0.933。

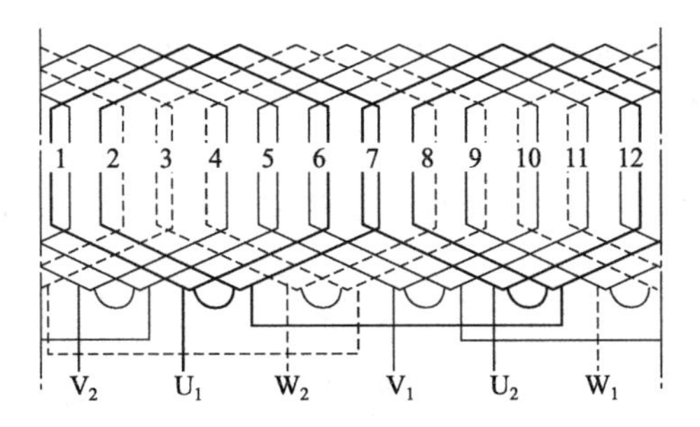

图4-108　12槽2极双层叠式绕组展开图

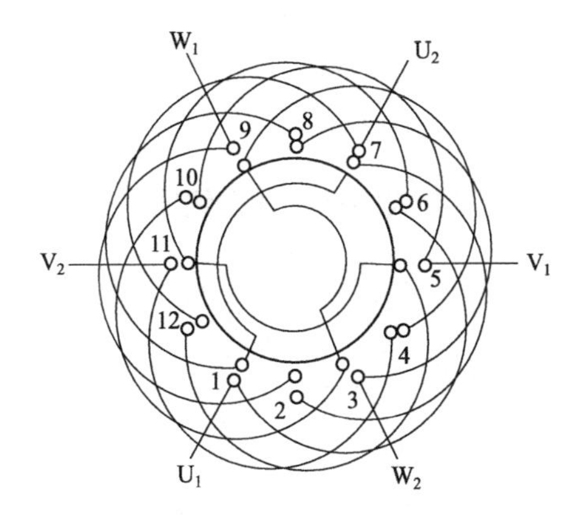

图4-109　12槽2极双层叠式绕组布线接线图

（4）嵌线方法　绕组采用交叠法嵌线，吊边数为5，嵌线顺序见表4-30。

表4-30　交叠法

嵌线次序		1	2	3	4	5	6	7	8	9	10	11	12
嵌入槽号	下层	2	1	12	11	10	9		8		7		6
	上层							2		1		12	
嵌线次序		13	14	15	16	17	18	19	20	21	22	23	24
嵌入槽号	下层		5		4		3						
	上层	11		10		9		8	7	6	5	4	3

（5）特点与应用 12槽铁芯常用于小功率电机，由于线圈节距大，采用双层嵌线有一定的工艺困难，仍有少量电机采用。

4.3.6.2 12槽4极双层叠式绕组展开图

（1）12槽4极双层叠式绕组展开图 如图4-110所示。

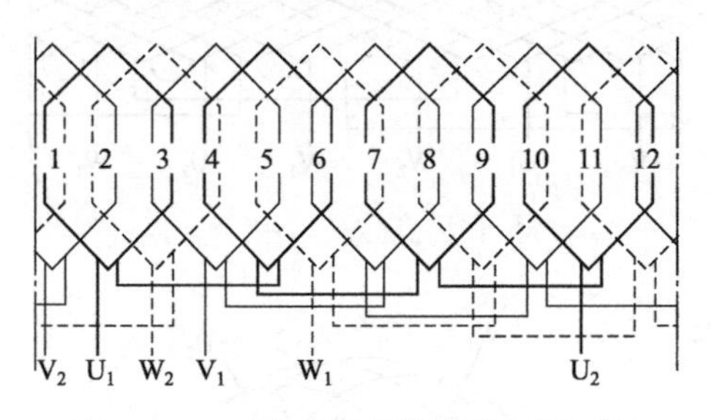

图4-110 12槽4极双层叠式绕组展开图

（2）12槽4极双层叠式绕组布线接线图 如图4-111所示。

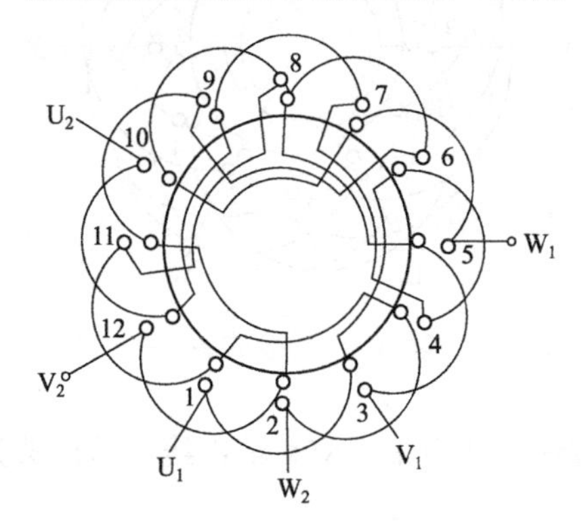

图4-111 12槽4极双层叠式绕组布线接线图

（3）嵌线方法 绕组采用交叠法嵌线，吊边数为2，嵌线顺序见表4-31。

表4-31 交叠法

嵌线次序		1	2	3	4	5	6	7	8	9	10	11	12
嵌入槽号	下层	12	11	10		9		8		7		6	
	上层				12		11		10		9		8

续表

嵌线次序		13	14	15	16	17	18	19	20	21	22	23	24
嵌入槽号	下层	5		4		3		2		1			
	上层		7		6		5		4		3	2	1

（4）特点与应用 本例绕组采用短节距布线，有利于缩减高次谐波，用以提高电机的运行性能；但由于定子槽数少，绕组极距较短，短节距的绕组系数较低，此绕组应用较少，主要实例有FTA3-5排风扇。

4.3.6.3 24槽4极双层叠式绕组

（1）24槽4极双层叠式绕组展开图 如图4-112所示。

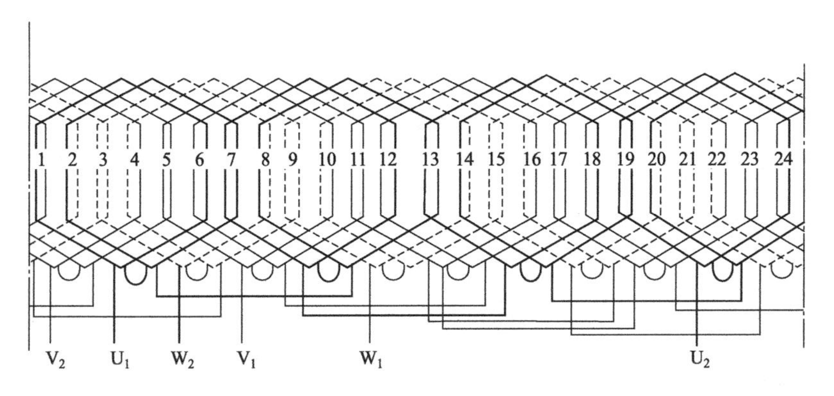

图4-112 24槽4极双层叠式绕组展开图

（2）24槽4极双层叠式绕组布线接线图 如图4-113所示。

（3）绕组参数 定子槽数Z=24 每组嵌数S=2 并联路数a=1 电机极数2p=4 极相槽数q=1 分布系数K=0.966 总线槽数Q=24 绕组极距r=6 节距系数K=0.966 线圈组数a=12 线圈节距Y=5 绕组系数K=0.933。

（4）嵌线方法 本例采用交叠法嵌线，需吊边5个，嵌线顺序见表4-32。

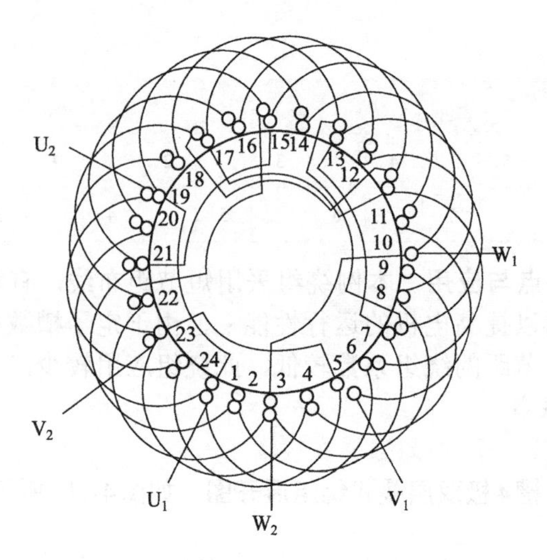

图4-113 24槽4极双层叠式绕组布线接线图

表4-32 交叠法嵌线顺序

嵌线次序		1	2	3	4	5	6	7	8	9	10	11	12
嵌入槽号	下层	24	23	22	21	20	19		18		17		16
	上层							24		23		22	
嵌线次序		13	14	15	16	17	18	19	20	21	22	23	24
嵌入槽号	下层		15		14		13		12		11		10
	上层	21		20		19		18		17		16	
嵌线次序		25	26	27	28	29	30	31	32	33	34	35	36
嵌入槽号	下层		9		8		7		6		5		4
	上层	15		14		13		12		11		10	
嵌线次序		37	38	39	40	41	42	43	44	45	46	47	48
嵌入槽号	下层		3		2		1						
	上层	9		8		7		6	5	4	3	2	1

（5）特点与应用 本例为节距缩短1槽的短距绕组。每相由4个双嵌线缩短构成，采用一路串联，相邻线圈组间极性要相反，即

接线时组间要求“尾与尾”或“头与头”相接。此绕线是双层叠绕4极绕组，最常用的布线是平型式。可用于定子绕组及转子绕组等。

4.3.6.4 24槽4极双层叠式绕组

（1）24槽4极双层叠式绕组展开图 如图4-114所示。

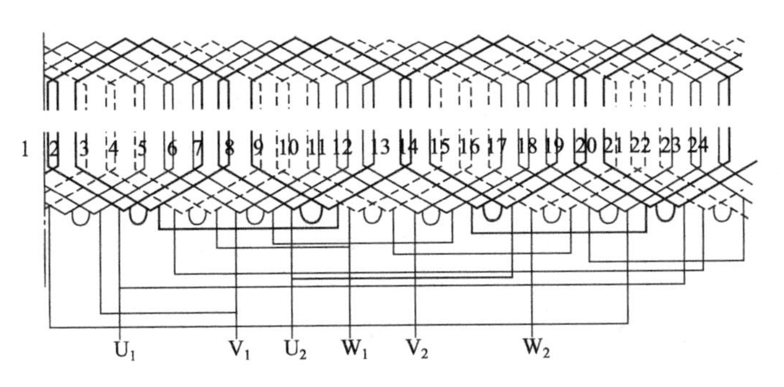

图4-114 24槽4极双层叠式绕组展开图

（2）24槽4极双层叠式绕组布线接线图 如图4-115所示。

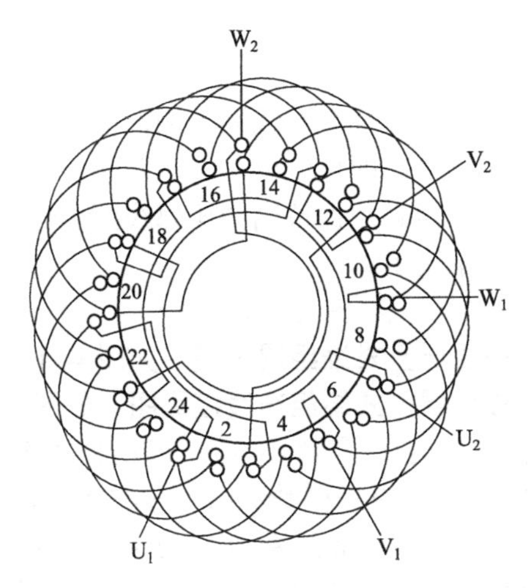

图4-115 24槽4极双层叠式绕组布线接线图

（3）绕组参数 定子槽数Z=24 每组嵌数S=2 并联路数a=2 电机极数2p=4 极相槽数q=2 分布系数K=0.966 总线槽数Q=24 绕组极距r=6 节距系数K=0.966 线圈组数A=12 线圈节距Y=5 绕组系数K=0.933。

（4）嵌线方法 采用交叠法嵌线，吊边数为5，嵌线顺序见表4-33。

表4-33 交叠法

嵌线次序		1	2	3	4	5	6	7	8	9	10	11	12
嵌入槽号	下层	2	1	24	23	22	21		20		19		18
	上层							2		1		24	
嵌线次序		13	14	15	16	17	18	19	20	21	22	23	24
嵌入槽号	下层		17		16		15		14		13		12
	上层	23		22		21		20		19		18	
嵌线次序		25	26	27	28	29	30	31	32	33	34	35	36
嵌入槽号	下层		11		10		9		8		7		6
	上层	17		16		15		14		13		12	
嵌线次序		37	38	39	40	41	42	43	44	45	46	47	48
嵌入槽号	下层		5		4		3						
	上层	11		10		9		8	7	6	5	4	3

（5）特点与应用 此绕组布线同上例，但接线为二路并联，并采用反向走线短跳连接，即进线分左、右两路接线，每路由两组线圈反极性串联而成，但必须保持同槽相邻线圈极性相反的原则，此嵌线主要应用于转子绕组。

4.3.6.5 36槽4极双层叠式绕组

（1）36槽4极双层叠式绕组展开图 如图4-116所示。

（2）36槽4极双层叠式绕组布线接线图 如图4-117所示。

（3）绕组参数 定子槽数Z=36 每组嵌数S=3 并联路数a=1 电机极数2p=4 极相槽数q=3 分布系数K=0.96 总线槽数Q=36 绕组极距r=9 节距系数K=0.96 线圈组数A=12 线圈节距Y=7 绕组系数K=0.933。

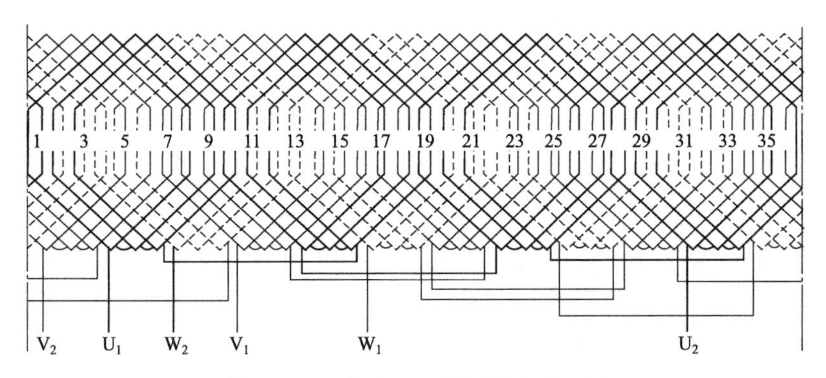

图4-116　36槽4极双层叠式绕组展开图

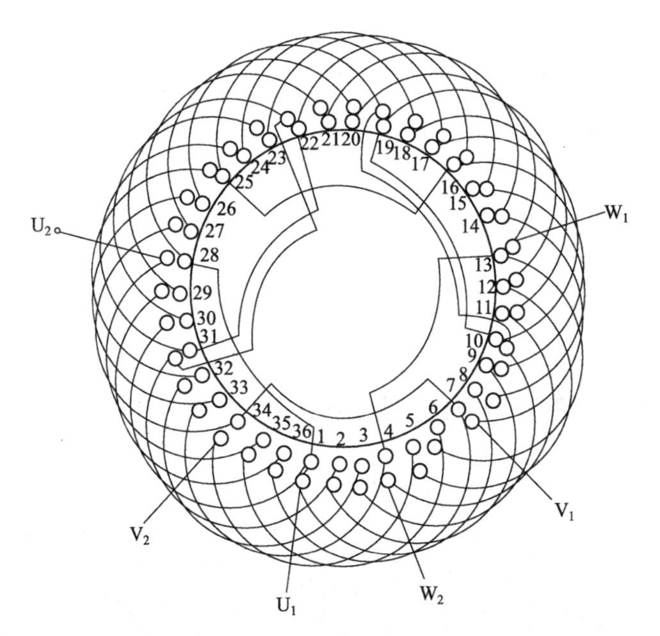

图4-117　36槽4极双层叠式绕组布线接线图

（4）嵌线方法　采用交叠法嵌线，吊边数为7，嵌线顺序见表4-34。

（5）特点与应用　此系4极电动机常用的典型绕组方案，绕组结构特点参考下列，主要应用实例有JO6-66-4异步电动机。

表4-34　交叠法

嵌线次序		1	2	3	4	5	6	7	8	9	10	11	12
嵌入槽号	先嵌边	36	35	34	33	32	31	30	29		28		27
	后嵌边									36		35	
嵌线次序		13	14	15	16	17	18	19	20	21	22	23	24
嵌入槽号	先嵌边		26		25		24		23		22		21
	后嵌边	34		33		32		31		30		29	
嵌线次序		25	26	27	28	29	30	31	32	33	34	35	36
嵌入槽号	先嵌边		20		19		18		17		16		15
	后嵌边	28		27		26		25		24		23	
嵌线次序		37	38	39	40	41	42	43	44	45	46	47	48
嵌入槽号	先嵌边		14		13		12		11		10		9
	后嵌边	22		21		20		19		18		17	
嵌线次序		49	50	51	52	53	54	55	56	57	58	59	60
嵌入槽号	先嵌边		8		7		6		5		4		3
	后嵌边	16		15		14		13		12		11	
嵌线次序		61	62	63	64	65	66	67	68	69	70	71	72
嵌入槽号	先嵌边		2		1								
	后嵌边	10		9		8	7	6	5	4	3	2	1

4.3.6.6　36槽4极双层叠式绕组

（1）36槽4极双层叠式绕组展开图　如图4-118所示。

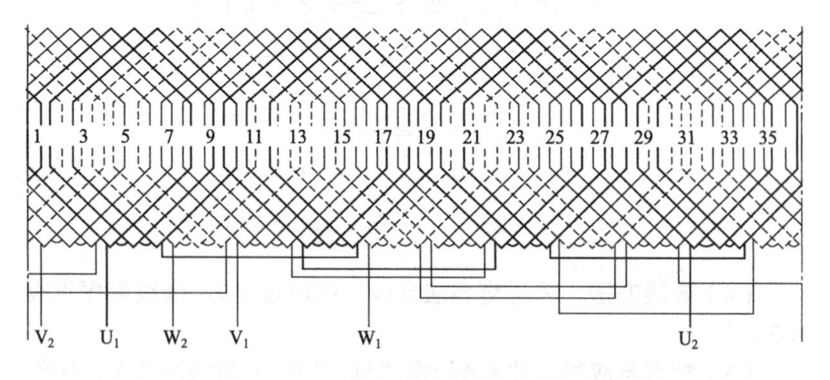

图4-118　36槽4极双层叠式绕组展开图

（2）36槽4极双层叠式绕组布线接线图 如图4-119所示。

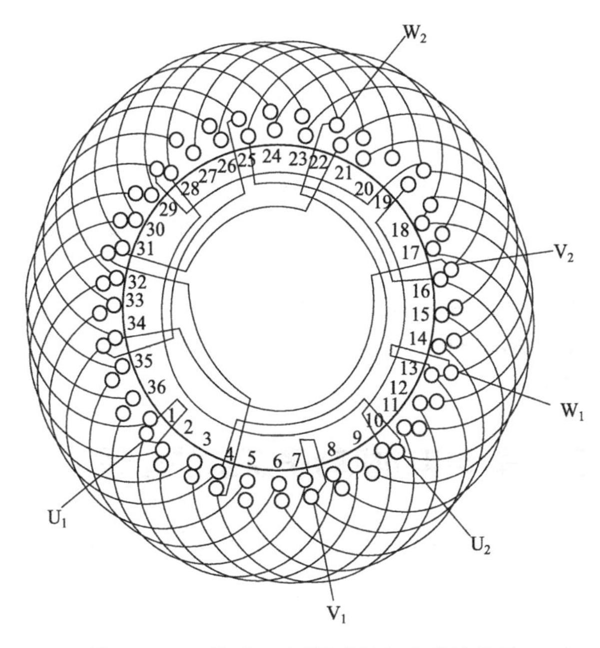

图4-119 36槽4极双层叠式绕组布线接线图

（3）绕组参数 定子槽数Z=36 每组嵌数S=3 并联路数a=2 电机极数2p=4 极相槽数q=3 分布系数K=0.96 总线槽数Q=36 绕组极距r=9 节距系数K=0.94 线圈组数A=12 线圈节距Y=7 绕组系数K=0.933。

（4）嵌线方法 采用交叠法嵌线，吊边数为7，嵌线顺序见表4-35。

表4-35 交叠法

嵌线次序		1	2	3	4	5	6	7	8	9	10	11	12	13	14	15	16	17	18
嵌入槽号	下层	36	35	34	33	32	31	30	29		28		27		26		25		24
	上层									36		35		34		33		32	

续表

嵌线次序		19	20	21	22	23	24	25	……	47	48	49	50	51	52	53	54
嵌入槽号	下层		23		22		21		……		9		8		7		6
	上层	31		30		29		28	……	17		16		15		14	

嵌线次序		55	56	57	58	59	60	61	62	63	64	65	66	67	68	69	70	71	72
嵌入槽号	下层		5		4		3		2		1								
	上层	13		12		11		10		9		8	7	6	5	4	3	2	1

（5）特点与应用 本例是4极电动机最常用的绕组型式之一，每组有3只线圈，每槽由4组线圈分两路并联而成，每一支路由两组线圈串联接线。

4.4 三相异步电动机转子绕组的修理

三相电动机绕组好坏判断3.2.11节内容和二维码视频。

4.4.1 铸铝转子的修理

铸铝转子若质量不好，或使用时经常正、反转启动与过载，就会造成转子断条。断条后，电动机虽然能空载运转，但加上负载后，转速就会突然降低，甚至停下来。这时如测量定子三相绕组电流，就会发现电流表指针来回摆动。

如果检查时发现铸铝转子断条，则可以到产品制造厂去买一个同样型号的新转子换上；或是将铝熔化后改装紫铜条。在熔铝前，应车去两面铝端环，再用夹具将铁芯夹紧，然后开始熔铝。熔铝的方法主要有两种：

（1）烧碱熔铝 将转子垂直浸入浓度为30%的工业烧碱溶液中，然后将溶液加热到80～100℃，直到铝熔化完为止，然后用水冲洗，再投入到浓度为0.25份的冰醋酸溶液内煮沸，中和残余烧碱，再放到开水中煮沸1～2h后，取出冲洗干净并烘干。

（2）煤炉熔铝 首先将转子轴从铁芯中压出，然后在一只炉膛比转子直径大的煤炉的半腰上放一块铁板，将转子倾斜地安放在上面，罩上罩子加热。加热时，要用专用钳子时刻翻动转手，使转子受热均匀，当烧到铁芯呈粉红色（约700℃）时，铝渐渐熔化，待铝熔化完后，将转子取出。在熔铝过程中，要防止烧坏铁芯。

熔铝后，将槽内及转子两端的残铝及油清除后，用截面为槽面积55%左右的紫铜条插入槽内，再把铜条两端伸出槽外部分（每端约25mm）依次敲弯，然后加铜环焊接，或是用堆焊的方法，使两端铜条连成整体即端环（端环的截面积为原铝端环截面的70%）。

4.4.2 绕线转子的修理

小容量的绕线式异步电动机的转子绕组的绕制与嵌线方法与前面所述的定子绕组相同。

转子绕组经过修理后，必须在绕组两端用钢丝打箍。打箍工作可以在车床上进行。钢丝的弹性极限应不低于160kgf/mm^2（1kgf=9.80665N，下同）。钢丝的拉力可按表4-36选择。钢丝的直径、匝数、宽度和排列布置方法应尽量和原来的一样。

表4-36 缠绕钢丝时预加的拉力值

钢丝直径/mm	拉力/kgf	钢丝直径/mm	拉力/kgf
0.5	12～15	1.0	50～60
0.6	17～20	1.2	65～80
0.7	25～30	1.5	100～120
0.8	30～35	1.8	140～160
0.9	35～45	2.0	180～200

在绑扎前，先在绑扎位置上包扎2～3层白纱带，使绑扎的位置平整，然后卷上青壳纸1～2层、云母一层，纸板宽度应比钢丝箍总宽度大10～30mm。

当了使钢丝箍扎紧，每隔一定宽度在钢丝底下垫一块铜片，当该段钢丝箍扎紧后，把铜片两头弯到钢丝上，用锡焊牢。将钢丝的首端和尾端紧固在铜片的位置上，以便卡紧焊牢。

扎好钢丝箍的部分，其直径必须比转子铁芯部分小2～3mm，否则要与定子铁芯绕组相互摩擦。修复后的转子一般要作静平衡试验，以免在运动中发生振动。

目前电机制造厂大量使用玻璃丝布带绑扎转子（电枢）代替钢丝绑扎。整个工艺过程如下：

首先将待绑扎的转子（电枢）吊到绑扎机上，用夹头和顶针旋紧固定，但要能够自由转动。再用木槌轻敲转子两端线圈，既不能让它们高出铁芯，又要保证四周均布。接着把玻璃丝带从拉紧工具上拉至转子，先在端部绕一圈，然后拉紧，绑扎速度为45r/min，拉力不低于30kgf，如果玻璃丝带不黏，则要在低温80℃烘1h再绑扎，或者将转子放进烘房，待两端线圈达到70～80℃时，再进行热扎。绑扎的层数根据转子（电枢）的外径和极数的要求而定，对于容量在100kW以下的电动机，绑扎厚度在1～1.5mm范围内。

第5章 单相电动机绕组及检修技术

5.1 单相交流电动机的绕组

5.1.1 单相异步电动机的绕组

单相异步电动机的定子绕组有多种不同的形式。按槽中导体的层数分，有单层绕组和双层绕组。按绕组端部的形状分，单层绕组又有同心式、交叉式和链式等几种；双层绕组又可分为叠绕组和波绕组。按槽中导体的分布规律来分，则有分布绕组和集中绕组，分布绕组又有正弦绕组和非正弦绕组之分。

选择单相异步电动机的绕组形式时，除需考虑满足电动机的性能要求外，电动机的定子内径大小、嵌线难易程度、绕线和嵌线工艺性及工时，也往往是决定取舍的主要因素。除凸极式罩极单相异步电动机的定子为集中绕组外，其他各种形式的单相异步电动机的定子绕组均采用分布绕组。为了嵌线方便，一般又多采用单层绕组。为了削弱高次谐波磁势，改善电动机的运行和启动性能，又常采用正弦绕组。

单相电动机绕组好坏判断可扫二维码学习。

5.1.2 单相异步电动机绕组及嵌线方法

（1）双层叠绕组 双层叠绕组也称双层绕组。采用这种绕组时，在定子铁芯的槽中有上、下两层线圈，两层线圈中间用层间绝缘隔开。如果线圈的一边在槽中占上层位置，则另一边在另一槽中占下层位置。各线圈的形状一样，互相重叠，故称叠绕组。双层绕组的应用比较灵活，它的线圈节距能任意选择，可以是整距，也可以是短距。短距绕组能削弱感应电势中的谐波电势及磁势中的谐波磁势，可以改善电动机的启动和运行性能。尽管在单相异步电动机中大多采用单层绕组，但低噪声、低振动的精密电动机仍采用双层绕组。通常，一般将绕组的节距缩短1/3极距，即采用$Y=\frac{2}{3}\tau$（τ为极距）。图5-1所示为电阻分相式单相异步电动机定子双层绕组的构成及展开情况。定子槽数Q=24，极数2p=4，主绕组占16槽，副绕组占8槽。

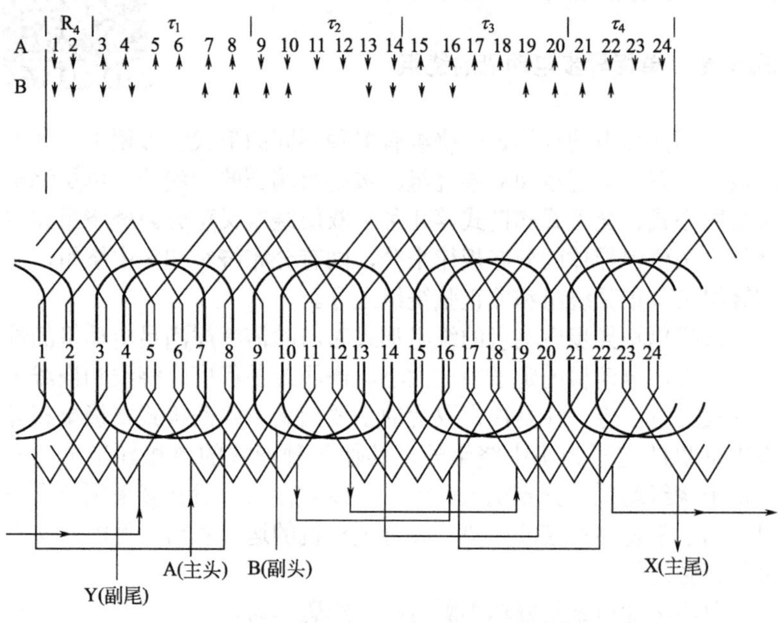

图5-1　24槽、4极、Y=1～5单相双层绕组展开图

① 线圈的排列及绕组图的绘制　双层绕组线圈的分布和排列要符合单相异步电动机绕组构成与排列的基本原则。以24槽、4极、Y=1～5为例，对绕组图的绘制步骤介绍如下：

a. 划分极相组。先绘出24槽，标出各槽号，然后将总槽数24分为相等的四份。第一等份即代表一个磁极距，共6槽，用箭头分别标出每一极距下的电流方向，在τ_1和τ_3范围内，线槽内的电流方向向上；在τ_2和τ_4范围内，线槽内的电流方向向下。再按主绕组占定子总槽数的比例，将每极下的槽数分为两部分，即每极下主绕组占$\frac{2}{3}\times6=4$（槽），副绕组占$\frac{1}{3}\times6=2$（槽）。最后，标出各极相组的相属。

b. 连接主绕组。将各级相组所属的线圈依次串成一个线圈组，再标槽号。即线圈上层边所占的槽为定子槽号。下层边应嵌的槽号由线圈的节距来确定，如图5-1所示。由于线圈组的数目等于极数，所以4个线圈组应按反串联接法连接，引出两个端头D1和D2，即形成主绕组。

c. 连接副绕组。副绕组共占8槽，每极下占2槽，各自串联起来后共有4个线圈组。同主绕组一样，采用反串联接法连接，引出两个端头F1和F2，即形成副绕组。

② 嵌线方法　双层绕组嵌线方法比较简单，仍以定子24槽、4极电动机为例，其嵌线顺序如下：

a. 选好起嵌槽的位置。嵌线前，应先妥善选好嵌槽的位置，使引出线靠近出线孔。

b. 确定吊把线圈数。开始嵌线时，先确定暂时不嵌的吊把线圈数，其数目与线圈节距的跨槽数y相等。本例中$Y=4$，即有4只线圈的上层边暂时不嵌，嵌线时选嵌它们的下层边。

c. 主、副绕组嵌线顺序。先将主绕组的线圈组5、6、7、8线圈的下层边嵌入9、10、11、12槽内，上层边暂不嵌；然后将副绕组的线圈组9、10线圈的下层边嵌入18、14槽内，上层边嵌入9、10槽内；依次嵌入其后各线圈的下层边与上层边。嵌线时，每个线圈下层边嵌入槽内后，都要在它的上面垫好层间绝缘。待全部线圈的下层边嵌入后，再将吊把线圈上层边依次嵌入槽的上层。

d. 绕组的连接。主、副绕级各自按“反串”法连接（头接头，尾接尾），即上层边引出线接上层边引出线，下层边引出线接下层边引出线，或称面线接面线、底线接底线。

（2）单层链式绕组　链式绕组的线圈形状有如链形。24槽、4极单链绕组的展开情况如图5-2所示。每极下主绕组占4槽

（Q_1=4），副绕组占2槽（Q_2=2）。

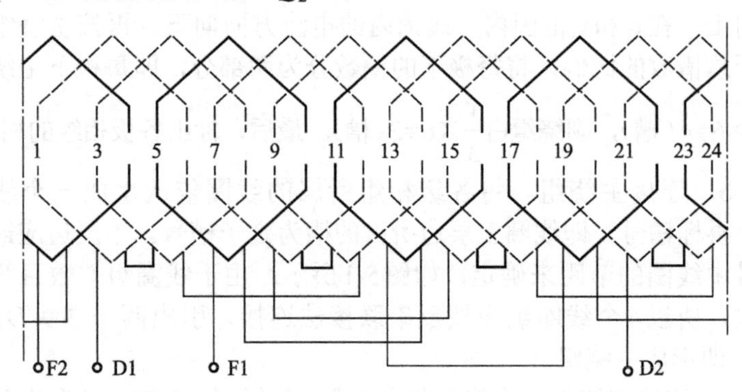

图5-2　24槽、4极、Y=1～5单链绕组展开图（Q_1=4，Q_2=2）

当单相异步电动机主、副绕组采用单层链式绕组时，其绕组排列和连接方法与双层绕组相似，如图5-2所示。绕圈节距Y=5，从形式上看，线圈节距比极距短了一槽，但从两极的中心线距离来看仍属于全距绕组。

（3）单层等距交叉绕组　图5-3所示为24槽、4极、y=6等距交叉绕组展开情况。主、副绕组线圈的端部叉开朝不同的方向排列。这种绕组的节距为偶数。各极相组间采用“反串”法连接。

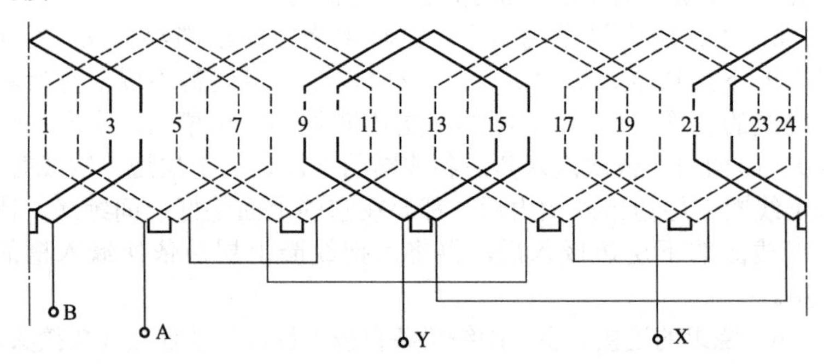

图5-3　24槽、4极、y=6等距交叉线组展开图（Q_1=4，Q_2=2）

嵌线方法如图5-3所示，确定好起把槽的位置后，先把主绕组两个线圈下层依次嵌入槽7、8内，上层边暂不嵌。空两槽，再把主绕组两个线圈下层边依次嵌入槽11、12内，上层边依次嵌入槽5、6内。再空两槽，将副绕组两个线圈下层边依次嵌入15、16槽内，上层边依次嵌入9、10槽内，以后按每空两槽嵌两槽的规律，依次把主、副绕组嵌完。然后，把吊把线圈的上层边嵌入槽内，整个绕组即全部嵌好。

（4）单层同心式绕组 单层同心式绕组是由节距不同、大小不等而轴线同心的线圈组成的。这种绕组的绕线和嵌线都比较简单，因此在单相异步电动机中是采用最广泛的一种绕组形式。

图5-4所示为24槽、4极单层同心式绕组展开情况。绕组的排列和连接方法与单相异步电动机的绕组相同。主、副绕组的线圈组之间为“反串”法接法。线圈组的大、小线圈之间采用头尾相接，串联成线圈组。

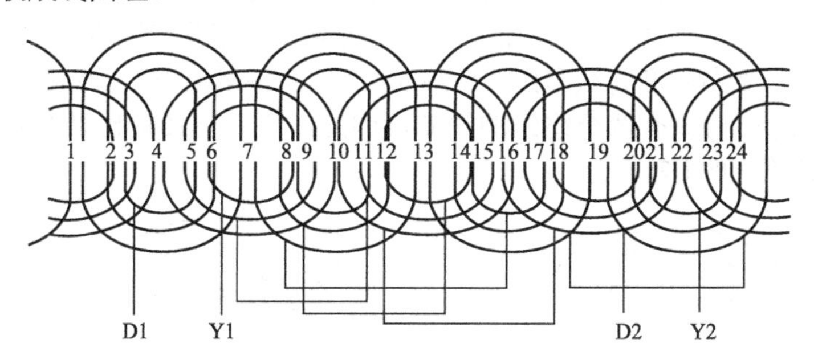

图5-4 24槽、4极单层同心式绕组展开图

（5）单叠绕组 图5-5所示为24槽、4极单叠绕组展开情况。这种绕组的线圈端部不均匀，明显地分为两部分。主、副绕组的线圈组之间采用“顺串”法连接（头接尾，尾接头），即底线接面线、面线接底线。

（6）正弦绕组 正弦绕组是单相异步电动机广泛采用的另一种绕组形式。正弦绕组每极下各槽的导线数互不相等，

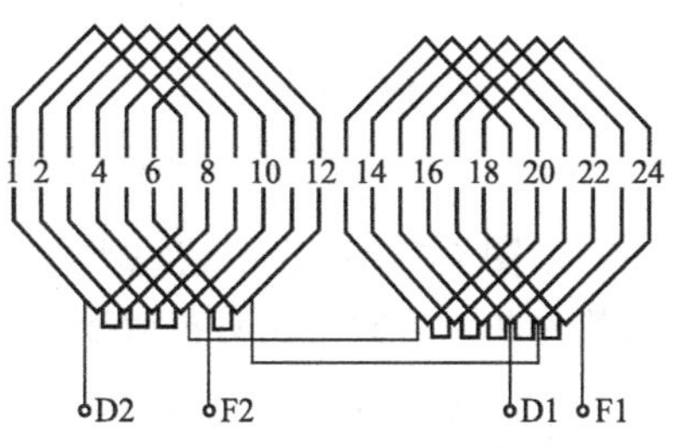

图5-5 24槽、4极单叠绕组展开图
（$Q_1=4$、$Q_2=2$）

并按照正弦规律分布，这种绕组结构一般均为同心式结构。通常，线圈的节距越大，匝数越多；线圈的节距越小，匝数越少。由于同一相线圈内的电流相等，而每个线圈匝数不等，所以各槽电流与槽内导体数成正比。当各槽的导体按正弦规律分布时，槽电流的分布也将符合正弦波形，因而正弦绕组建立的磁势、空间分布波形也接近正弦波。

正弦绕组可以明显地削弱高次谐波磁势，从而可发送电动机的启动和运行性能。采用正弦绕组后，电动机定子铁芯槽内主、副绕组不再按一定的比例分配，而各自按不同数量的导体分布在定子各槽中。

正弦绕组每极下匝数的分配是：把每相每极的匝数看作百分之百，根据各线圈节距1/2的正弦值来计算各线圈匝数所应占每极匝数的百分比。根据节距和槽内导体分布情况，正弦绕组的节距可以分为偶数节距和奇数节距，如图5-6所示。在采用奇数节距时，槽1和槽10内放有两个绕组的线圈，因此线圈1～10的匝数只占正弦计算值的1/2。

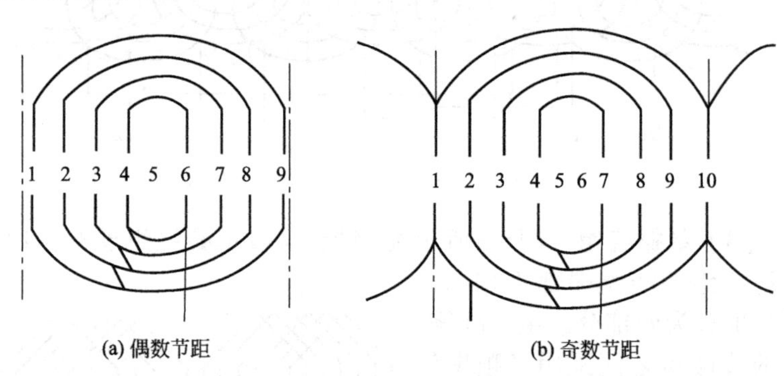

图5-6 偶数节距和奇数节距的正弦绕组

以图5-6所示的正弦绕组（每极下有9槽，每极串联导体的总匝数为W）为例，说明各槽导体数求法。

① 偶数节距方案　线圈1～9节距1/2的正弦值$=\sin\left(\frac{8}{9}\times 90^\circ\right)=$ $\sin 80^\circ=0.985$

线圈 2 ～ 8 节距 1/2 的正弦值 $=\sin\left(\frac{6}{9}\times 90^\circ\right)=\sin 60^\circ=0.866$

线圈 3 ～ 7 节距 1/2 的正弦值 $=\sin\left(\frac{4}{9}\times 90^\circ\right)=\sin 40^\circ=0.643$

线圈 4 ～ 6 节距 1/2 的正弦值 $=\sin\left(\frac{2}{9}\times 90^\circ\right)=\sin 20^\circ=0.342$

每极下各线圈正弦值的和为：

$$0.985+0.866+0.643+0.342=2.836$$

各线圈匝数的分配分别为：

$$线圈1\sim9为\frac{0.985}{2.888}=0.347\ (W)$$

即为每极总匝数 W 的 34.7%。

$$线圈2\sim8为\frac{0.866}{2.836}=0.305\ (W)$$

即为每极总匝数 W 的 30.5%。

$$线圈3\sim7为\frac{0.643}{2.836}=0.227\ (W)$$

即为每极总匝数 W 的 22.7%。

$$线圈4\sim6为\frac{0.342}{2.836}=0.121\ (W)$$

即为每极总匝数 W 的 12.1%。

② 奇数节距方案　奇数节距方案每极下各线圈匝数的求法步骤和偶数节距方案大都相同，不同的是节距为整距（$Y=9$）的那一只线圈，由于有 1/2 在相邻的另一极下，故其线圈节距 1/2 的正弦值应为计算值的 1/2。则有：

$$线圈1\sim10节距1/2的正弦值=\frac{1}{2}\sin\left(\frac{9}{9}\times 90^\circ\right)=\frac{1}{2}\sin 90^\circ=0.5$$

$$线圈2\sim9节距1/2的正弦值=\sin\left(\frac{7}{9}\times 90^\circ\right)=\sin 70^\circ=0.9397$$

$$线圈3\sim8节距1/2的正弦值=\sin\left(\frac{5}{9}\times 90^\circ\right)=\sin 50^\circ=0.766$$

线圈4～7节距1/2的正弦值$=\sin\left(\frac{3}{9}\times 90^\circ\right)=\sin 30^\circ=0.5$

每极下各线圈正弦值的和为：

$$0.5+0.9397+0.766+0.5=2.706$$

各线圈匝数的分配分别为：

$$线圈1\sim10为\frac{0.5}{2.706}=0.185（W）$$

即为每极总匝数W的18.5%。

$$线圈2\sim9为\frac{0.9397}{2.706}=0.347（W）$$

即为每极总匝数W的34.7%。

$$线圈3\sim8为\frac{0.766}{2.706}=0.283（W）$$

即为每极总匝数W的28.3%。

$$线圈4\sim7为\frac{0.766}{2.706}=0.185（W）$$

即为每极总匝数W的18.5%。

正弦绕组可有不同的分配方案，对不同的分配方案，基波系数的大小和谐波含量也有差别。通常，线圈所占槽数越多，基波绕组系数越小，谐波强度也越小。另外，由于小节距线圈所包围的面积小，产生的磁通量也少，所以对电动机性能的影响也很小，因此有时为了节约铜线，常常去掉不用。

5.1.3 常用的单相异步电动机定子绕组举例

（1）洗衣机电动机的定子绕组 洗衣机电动机多为24槽4极电容分相式电动机。定子绕组采用正弦绕组的第二种嵌线方式。电动机定子的主绕组和副绕组的匝数、线径及绕组分布都相同。

由图5-7可知，每极下每相绕组只有两个线圈（大线圈和小线圈）。大线圈的跨距为$Y_{1\sim7}=6$，小线圈的跨距为$Y_{2\sim6}=4$。主、副绕组对应参数相同，只需要大、小两套线圈模具即可。这种定子绕组的嵌线方式目前使用的比较多。

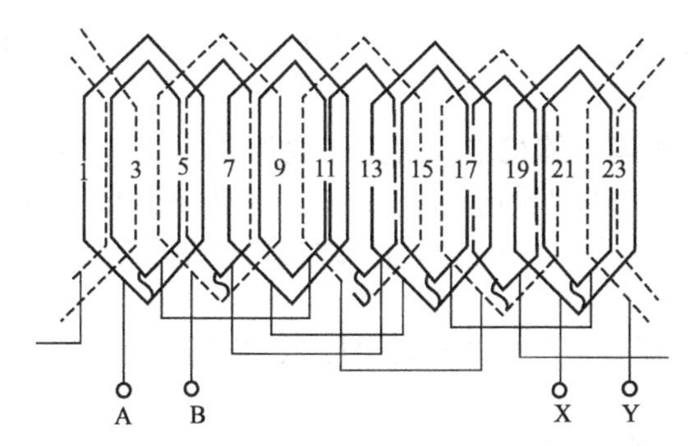

图5-7　洗衣机电动机第一种定子绕组展开图

大、小线圈的匝数：$Y_{1\sim6}$大线圈=90圈，$Y_{2\sim7}$小线圈=180圈。

白兰牌洗衣机电动机定子绕组展开图如5-8所示。图中主、副绕组大线圈单独占定子槽，主绕组和副绕组的小线圈边合用定子槽。例如在2号槽内不仅有主绕组的小线圈边，还有副绕组的小线圈边。

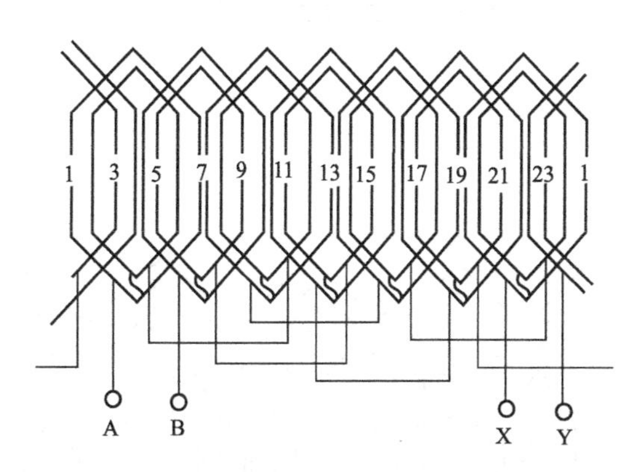

图5-8　洗衣机电动机第二种定子绕组展开图

属于洗衣机电动机定子绕组第二种嵌线方式、有关每极每相中各线圈的匝数为：

$Y_{1\sim6}$大线圈=180圈，$Y_{2\sim5}$小线圈=90圈，实际每相绕组匝数为90+180=270（圈）。

通过上述分析，可以得出洗衣机电动机定子绕组的大线圈匝数与小线圈匝数比为1∶2或2∶1。绕组的导线线径ϕ为0.36～0.38mm。

（2）电冰箱压缩机电动机定子绕组 电冰箱压缩机电机有两种：第一种为32槽4极电动机；第二种为24槽2极电动机。

① 某冰箱厂生产的电冰箱压缩机电机定子绕组展开图和有关参数

a．定子展开情况如图5-9、图5-10所示。

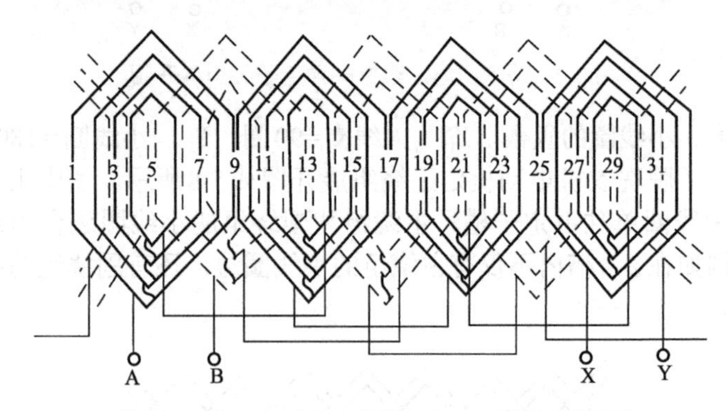

图5-9 TD5801型电冰箱压缩机定子绕组展开图

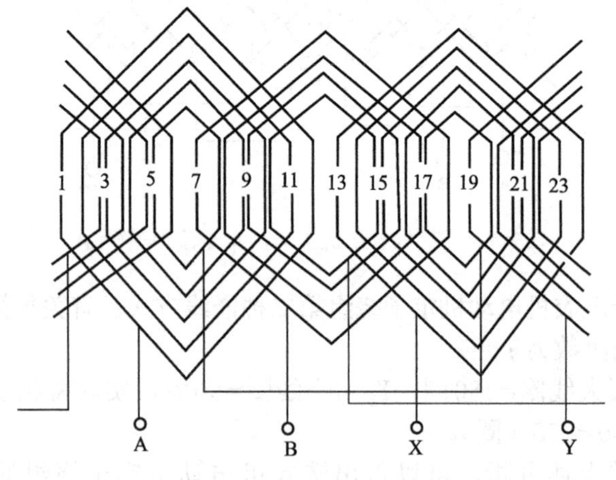

图5-10 QF-12-75和QF-12-93型电冰箱压缩机定子绕组展开图

b. 电机有关参数见表5-1。

表5-1 电机有关参数

技术规格 \ 压缩机型号	LD5801		QF-12-75		QF-12-93	
工作电压/V	200		220		220	
额定电流/A	1.4		0.9		1.2	
输出功率/W	93		75		93	
额定转速/（r/min）	1450		2800		2800	
定子绕组采用QZ或QF漆包线	运行	启动	运行	启动	运行	启动
导线直径/mm	0.64	0.35	0.59	0.31	0.64	0.35
匝数 小小线圈	71		45		36	
小线圈	96	33	67	60	70	40
中线圈	125	40	101	70	81	60
大线圈	65	50	117	100	92	70
大大线圈			120	140	98	200
定子绕组匝数	357×4	123×4	470×2	370×2	379×2	370×2
绕组电阻值（直流电阻）/Ω	17.32	20.8	16.3	45.36	11.81	41.4
定子铁芯槽数	32		24		24	
绕组跨距 小小线圈	2		3		3	
小线圈	4	4	5	5	5	5
中线圈	6	6	7	7	7	7
大线圈	8	8	9	9	9	9
大大线圈			11	11	11	11
定子铁芯叠厚/mm	28		25		25	

② 某医疗机械生产的电冰箱压缩机电机绕组展开图和有关参数

a．LD-1-6电冰箱压缩机电机绕组展开情况如图5-11所示。

b．5608（Ⅰ）型和5608（Ⅱ）型电冰箱压缩机电机绕组展开情况如图5-12所示。

c．电机有关参数见表5-2。

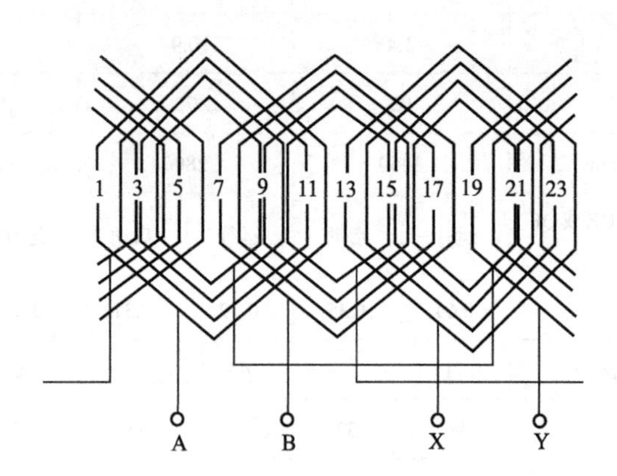

图5-11　LD-1-6电冰箱压缩机电机绕组展开图

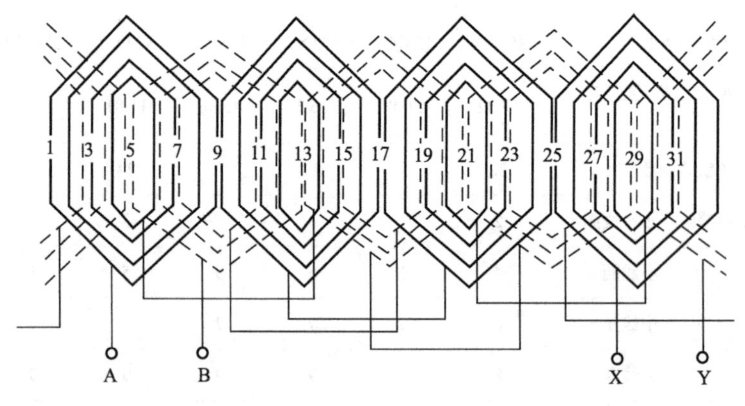

图5-12　5608（Ⅰ）型和5608（Ⅱ）型电冰箱压缩机电机绕组展开图

表5-2　电机有关参数

技术规格 \ 压缩机型号	LD-1-6		5608（Ⅰ）		5608（Ⅱ）	
工作电压/V	220		220		220	
额定电流/A	1.1		1.6		1.6	
输出功率/W	93		125		125	
额定转速/（r/min）	2800		1450		1450	
定子绕组采用QZ或QF漆包线	运行	启动	运行	启动	运行	启动
导线直径/mm	0.64	0.35	0.7	0.37	0.72	0.35
匝数　小小线圈			62		59	
小线圈	65	41	91	33	61	34
中线圈	85	50	110	54	81	46
大线圈	113	120^{+65}_{-26}	100	70	46	50
大大线圈	113	119^{+20}_{-97}				
绕组总匝数	370×2	238×2	363×2	157×4	247×4	130×4
绕组电阻值（直流电阻）/Ω	12	33	14	27.2	10.44	23.52
定子铁芯槽数	24		32		32	
绕圈节距　小小线圈			2		2	
小线圈	5	5	4	4	4	4
中线圈	7	7	6	6	6	6
大线圈	9	9	8	8	8	8
大大线圈	11	11				
定子铁芯叠厚/mm	28		36		36	

③ 某医疗器械厂生产的冰箱压缩机电机定子绕组展开图和有关数据

a．FB-516型电冰箱压缩机电机绕组展开情况如图5-13所示。

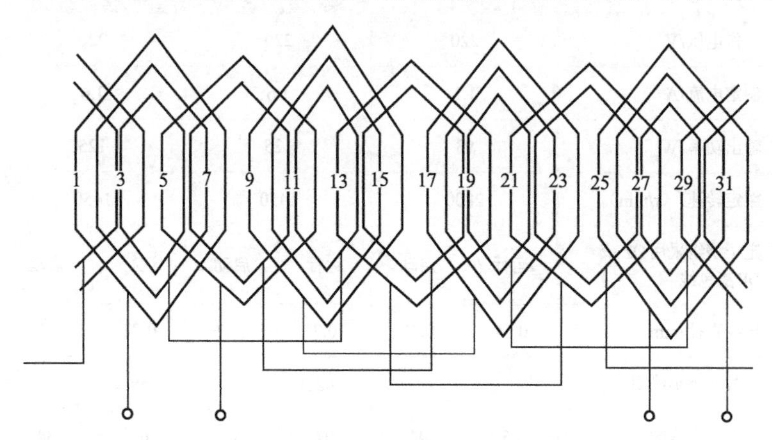

图5-13　FB-516型电冰箱压缩机电机绕组展开图

b．FB-517型电冰箱压缩机电机绕组展开情况如图5-14所示。

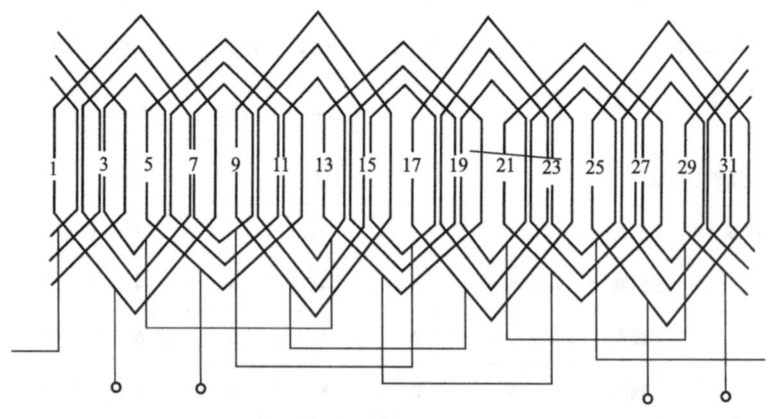

图5-14　FB-517型电冰箱压缩机电机绕组展开图

c．FB-505型电冰箱压缩机电机绕组展开情况如图5-15所示。

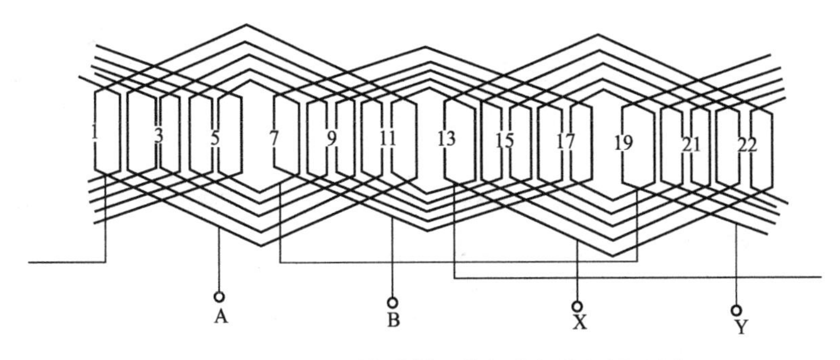

图5-15 FB-505型电冰箱压缩机电机绕组展开图

d. 电机有关参数见表5-3。

(3)电风扇电动机的定子绕组 电风扇所用的都是电容分相式单相异步电动机。吊扇所用的为外转子式的特殊单相电动机，定子一般为36槽16极，转速为333r/min。台扇和落地扇所用的为普通的内转子式电动机，其定子多为16槽和8槽，有4个磁极，转速为1450r/min。

表5-3 电机有关参数

技术规格 \ 压缩机型号	FB-516		FB-516（517Ⅰ）		FB-505		FB-617Ⅱ	
工作电压/V	220		220	220	220		220	
额定电流/A	1.2～1.5		1.7	1.3	0.7		1.1	
输出功率/W	93		93	93	65		93	
额定转速/（r/min）	1450		1450	1450	2850		2850	
定子绕组采用QZ或QF漆包线	运行	启动	运行	启动	运行	启动	运行	启动
导线直径/mm	0.59～0.61	0.38	0.38	0.38	0.51	0.31	0.64	0.38
匝数 小小线圈					88	53	41	
小线圈	90		90	18	88	53	78	46
中线圈	118	41	110	35	131	79	88	64
大线圈	122	102	137	95	131	79	103	68

续表

技术规格 \ 压缩机型号	FB-516		FB-516（517Ⅰ）		FB-505		FB-617Ⅱ	
大大线圈					175	104	105	70
绕组总匝数	330×4	143×4	337×4	148×4	618×2	368×2	415×2	248×2
绕组电阻值（直流电阻）/Ω	19～20	24～25	14～16	21				
定子铁芯槽数	32		32		24		24	
绕组跨距　小小线圈					3	3	3	
小线圈	3		3	3	5	5	5	5
中线圈	5	5	5	5	7	7	7	7
大线圈	7	7	7	7	9	9	9	9
大大线圈					11	11	11	11
定子铁芯叠厚/mm	28		28		30		40	

电风扇电动机定子绕组一般采用单层链式绕组。下面为几种形式电动机定子绕组的展开图。

① 华生牌吊扇电机绕组展开图和技术参数

a．绕组展开图（36槽18极电机）如图5-16所示。

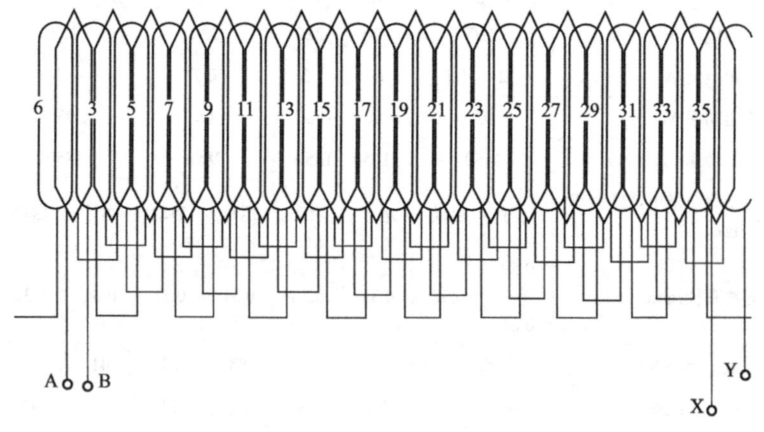

图5-16　华生牌吊扇电机绕组展开图

b．技术参数见表5-4。

表5-4　华生牌吊扇电机绕组技术参数

规格/mm	电压值/V	电源频率/Hz	铁芯叠厚/mm	内定子铁芯槽数	电容/μF（耐压/V）	主绕组		副绕组	
						线径/mm	匝数	线径/mm	匝数
900	220	50	23	36	1.2（400）	0.27	295×18	0.23	400×18
1050	220	50	23	36	1.2（400）	0.27	295×18	0.23	400×18
1200	220	50	28	36	1.5（400）	0.29	240×18	0.27	300×18
1400	220	50	28	36	2.4（400）	0.29	240×18	0.27	300×18

② 落地扇和台扇定子绕组展开图及技术参数

a．绕组展开图如图5-17所示。

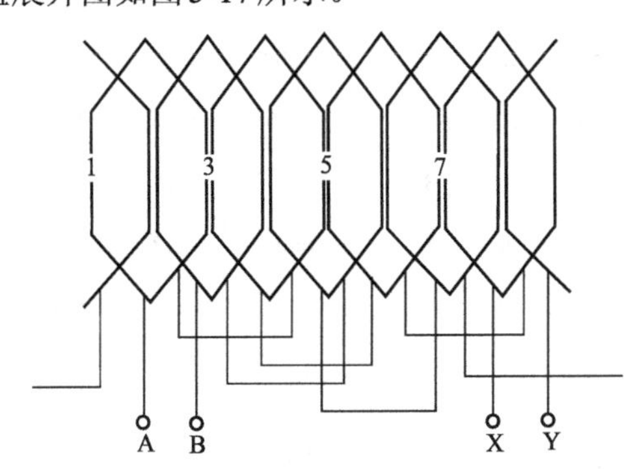

图5-17　8槽4极电机节矩为2的定子绕组展开图

b．绕组展开图如图5-18所示。

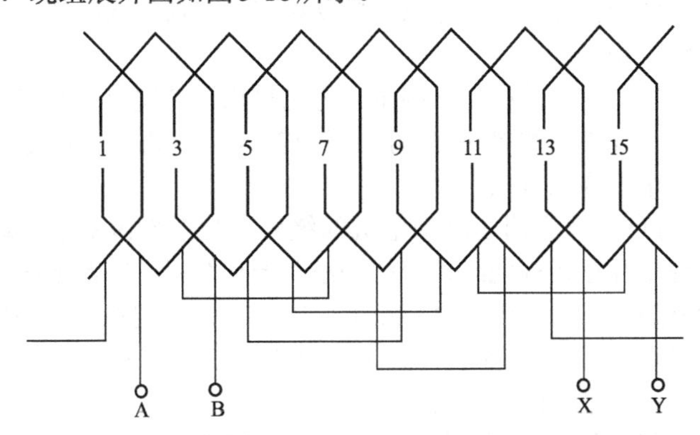

图5-18　16槽4极电动机定子绕组展开图

c．电机有关参数见表5-5。

表5-5 电机有关参数

规格/mm	电压/V	频率/Hz	叠厚/mm	铁芯槽数	电容/μF（耐压值/V）	主绕组		副绕组	
						线径/mm	匝数	线径/mm	匝数
400	200/220	50	32	8	1.35（400）	0.25	475×4	0.19	790×4
400	220	50	28	16	1.2（400）	0.21	700×4	0.17	980×4
350	220	50	32	8	1.2（400）	0.23	560×4	0.19	790×4
300	220	50	20	16	1.2（400）	0.18	880×4	0.18	880×4
300	200/220	50	26	8	1（500）	0.21	650×4	0.17	900×4
250	110	50	20	8	2.5（250）	0.25	455×4	0.19	710×4
250	190/200	50	20	8	1.2（400）	0.19	825×4	0.19	710×4
250	220	50	20	8	1（600）	0.17	935×4	0.17	980×4
250	220	50	20	8	1（500）	0.17	935×4	0.15	1020×4
200（230）	200/220	50	28	8	1（500）	0.17	840×4	0.15	1020×4
200	190～230	50	22	8	1（500）	0.15	960×4	0.15	1160×4

洗衣机和电冰箱电动机的定子绕组采用正弦绕组，也就是说绕组是按正弦规律分布的。电风扇电动机采用单层链式绕组，其单元绕组的跨距相同。

上述所讲的电动机定子绕组，无论采用正弦绕组还是采用链式绕组，主绕组与副绕组在空间上都相差90°电角度。这是分相式电动机一个重要的特点。

③ 用自身抽头调速风扇电机的绕组　如图5-19所示，这种电机绕组由于存在运行绕组、启动绕组及调速绕组，因此下线、接线都比较麻烦。下面以国产“葵花牌”FL40-4风扇电机为例说明。

电机定子共16槽，8个大槽，8个小槽；每个线圈的间距为4槽；每个绕组由四个线圈对称均匀分布。

a．调速绕组。它采用ϕ0.15mm高强度漆包线，双股并绕四个线圈，每个线圈绕180圈（双线180圈），图5-19所示为其下线结构及接线方法。

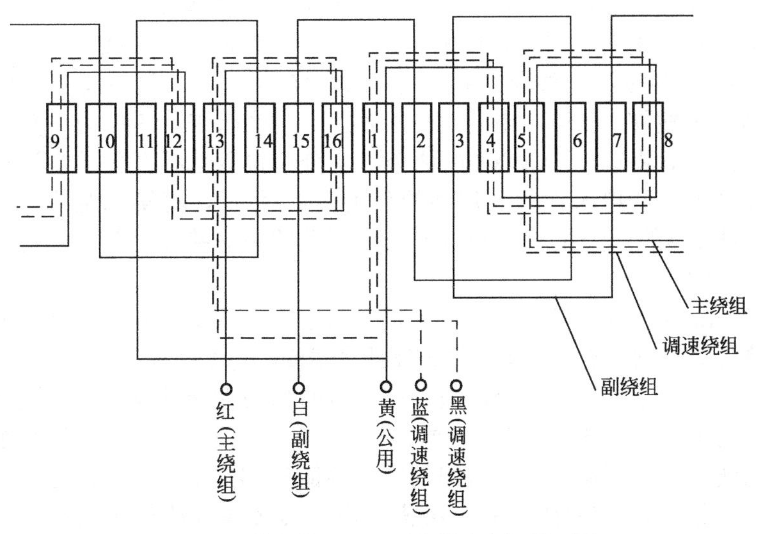

图5-19 葵花牌FL40-4型电风扇电机展开图

从图5-20中可以看到，调速绕组在下线时应分为两组进行，其1、2两个线圈单个绕制为第一组，3、4两个线圈为第二组。第

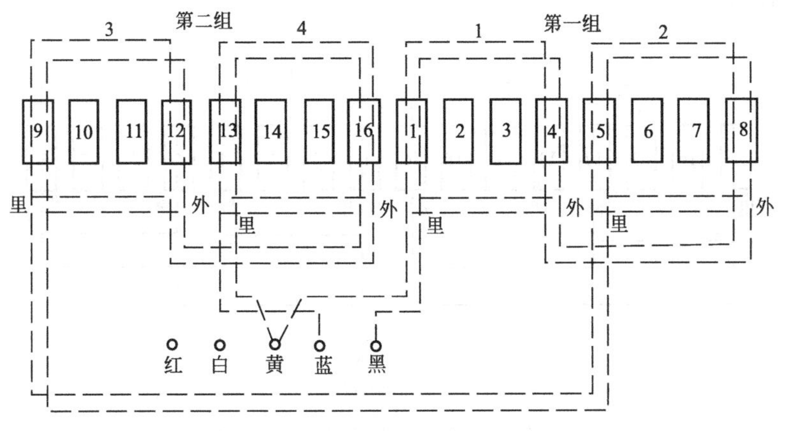

图5-20 调速绕组下线方法及接线图

一组的两个线圈分别下入1～4槽、5～8槽。第二组的两个线圈分别下入9～12槽、13～16槽。应注意的是：虽然调速绕组是双线并绕但应单股相接，相连时不能混乱。具体接线时应将第一组的两个线圈先用“里接里”或“外接外”的方法连接起来，再将第二组的两个线圈连接起来，如图5-20所示。然后将第一组第二个线圈2与第二组的第一个线圈3连接起来。图中为里头相接。最后将第一个线圈1的两个里头分别接入选择开关的慢速接点“黑”和电机运行及启动的公用接点“黄”，将第二组的第二个线圈4的两个里头分别接入选择开关的中速接点“蓝”及公用点“黄”。

b. 主绕组（运行绕组）。定子的主绕组用ϕ0.20mm的高强度漆包线绕制，它采用单股线绕制四个线圈，每个线圈为700圈，主绕组的四个线圈，也分两组，第一组的1、2两个线圈下入调速绕组的第一组槽内，即1～4槽、5～8槽。下线时必须在调速绕组的线上垫一层绝缘纸。绕组的第二线圈3、4，下入调速绕组的第二组槽（9～13槽、13～16槽）内。其接线方法与调速绕组相同，如图5-21所示第一组的两个线圈外头与外头相连，第二组的两个线圈外头与外头相连。再将第一组第二个线圈2的里头与第二组第一个线圈3的里头相连。最后将第一组第一个线圈里头接选择开关的公用点“黄”，第二组第二个线圈4的里头接电源“红”的端点。

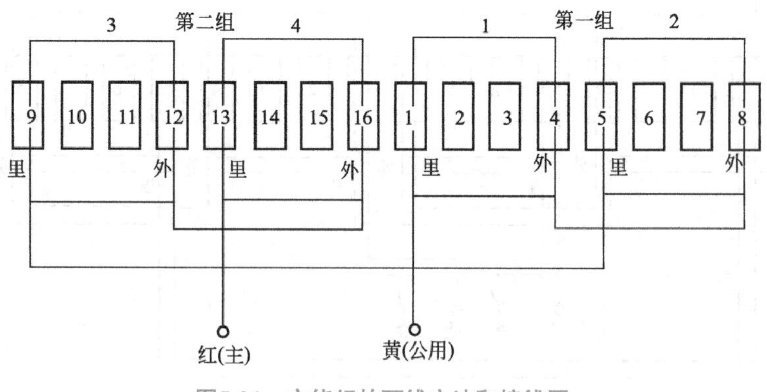

图5-21　主绕组的下线方法和接线图

c. 副绕组（启动绕组）。定子中的副绕组，用ϕ0.15mm的高强度漆包线单绕制四个线圈，每个1000匝。其下线时也分为两组：第一组的两个线圈下入15～2槽、3～6槽，第二组的两个线圈下入7～10槽、11～14槽。其接线方法与上述一样，如图5-22图所示。最后将第一组的第一个线圈1的里头接电机的启动电容接点“白”，将第二组的第二个线圈4的里头接选择开关的公用点“黄”。

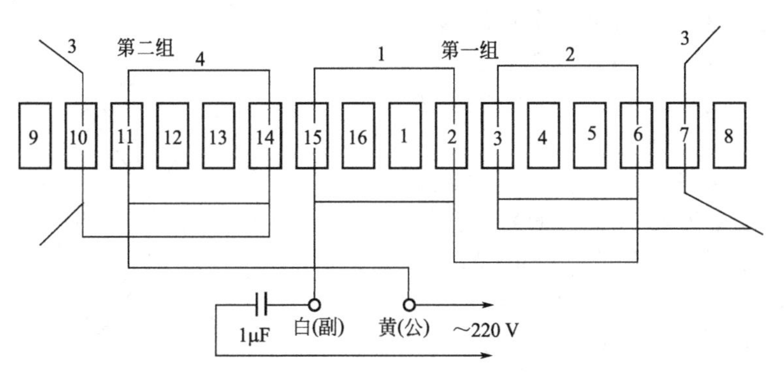

图5-22　副绕组的下线方法和接线图

（4）罩极电动机绕组

① 罩极电动机2极16槽同心式绕组展开分解情况如图5-23、图5-24所示。

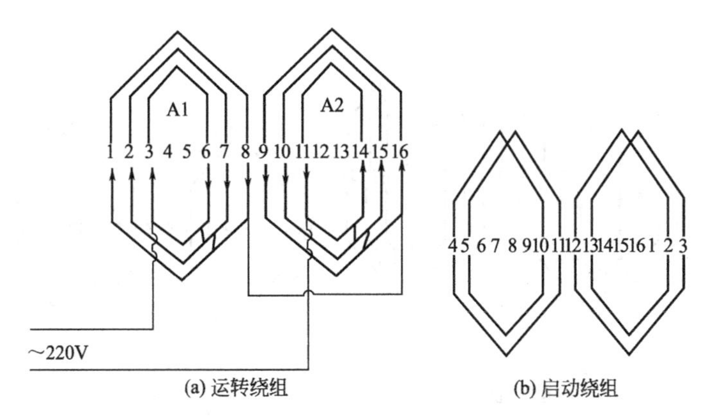

图5-23　罩极电动机2极16槽同心式绕组展开分解图（一）

图5-23所示的启动线圈下线方法与图5-24所示的启动线圈下线方法一样，只是所占据的槽数不一样：图5-24所示的第一个启动线圈占据3、9、4、10槽；图5-23所示的第一个启动线圈占据4、10、5、11槽；图5-23所示的第二个启动线圈占据11、1、12、2槽；图5-24所示的第二个启动线圈占据12、2、13、3槽。

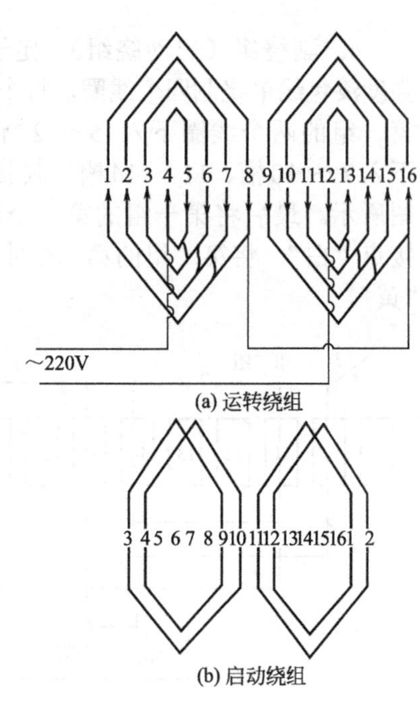

图5-24　罩极电动机2极16槽同心式绕组展开分解图（二）

这些种形式的绕组广泛应用于功率为40～60W的鼓风机中。由于同功率不同厂家的产品其启动线圈直径、长度和运转绕组导线直径、每个线把的匝数不一样，因此在更换绕组前必须留下原始数据，运转绕组、启动线圈必须按原始数据更换。

② 单相罩极电动机2极18槽同心式绕组展开分解情况如图5-25所示。

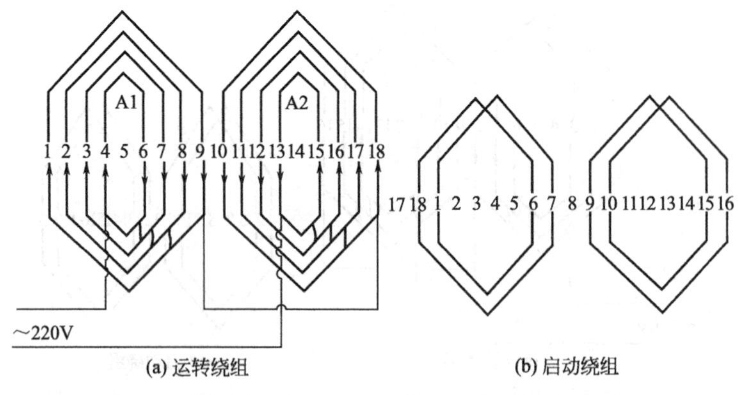

图5-25　单相罩极电动机2极18槽同心式绕组展开分解图

启动线圈是四组的绕组展开分解情况如图5-26所示。

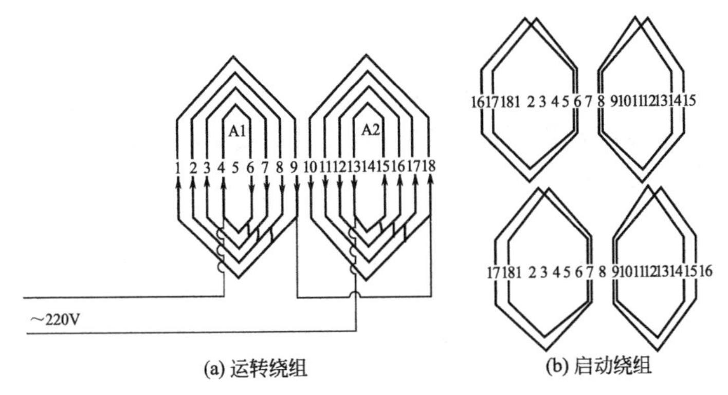

(a) 运转绕组　　(b) 启动绕组

图5-26　启动线圈是四组的2极18槽同心式绕组展开分解图

③ 单相罩极电动机2极24槽同心式绕组展开分解情况如图5-27所示。

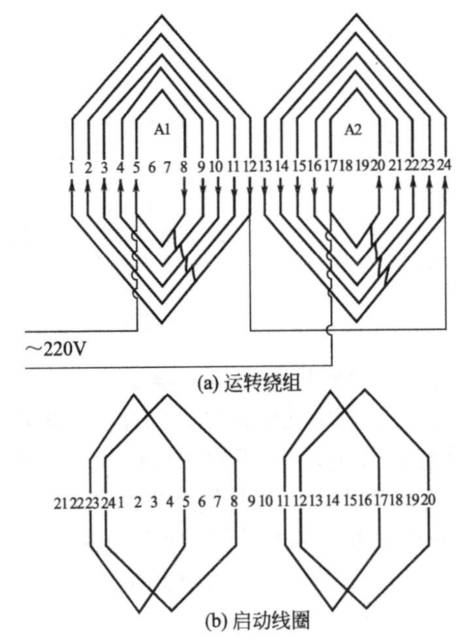

(a) 运转绕组

(b) 启动线圈

图5-27　单相电动机2极24槽同心式绕组展开分解图

5.1.4 单相异步电动机的故障及处理

5.1.4.1 单相异步电动机的应用

单相异步电动机因为结构和启动方式不同，其性能也有所不同，因而必须选用得当。在选用电动机时要参考表5-6，另外还要注意以下几点：

表5-6 单相异步电动机的性能及应用

类型	电阻分相式	电容启动式	电容运转式	电容启动和运转式	罩极式
系列代号	BO1	CO1	DO1		
标准号	JB1010-81	JB1011-81	JB1012-81		
功率范围/W 最大转矩倍数 最初启动转矩倍数 最初启动电流倍数	80～570 ＞1.8 1.1～1.37 6～9	120～750 ＞1.8 2.5～3.0 4.5～5.5	6～250 ＞1.8 0.35～1.0 5～7	6～150 ＞2.0 ＞1.8	1～120
典型用例	具有中等的启动转矩和过载能力，适用于小型车床、鼓风机械、医疗器械等	具有较高的启动转矩，用于小型空气压缩机、电冰箱、磨粉机、水泵及其他满载启动的机械	启动转矩低，但具有较高的效率和功率因数，体积小，用于电风扇、通信机、洗衣机、录音机及各种轻载和轻载启动的机械	具有较好的启动、运行性能，适用于家用电器、泵、小型机床等	启动和运行性能均较差，适用于小型风扇、电动模型及各种空载或空载启动的小器具

① 电阻分相式单相异步电动机副绕组的电流密度很高，因此启动时间不能过长，也不宜频繁启动。如使用中出现特大过载转矩的情况（工业缝纫机卡住），则不宜选用这种电动机，否则离心开关或启动继电器将再次闭合，容易使副绕组烧了。

② 电容启动式单相异步电动机的启动电容（电解电容）通电时间一般不得超过3s，而且允许连续接通的次数低，故不宜用在频繁启动的场合。

③ 电容运转式单相异步电动机有空载过流的情况（即空载温

升比满载温升高），因此在选用这类电动机时，其功率余量一般不宜过大，应尽量使电动机的额定负载相接近。

④ 从以上五种类型的单相异步电动机来看，它们在单相电源情况下是不能自行启动的，必须加启动绕组（副绕组）。因为单相电流在绕组中产生的磁势是脉振磁势，在空间并不形成旋转磁效应，所以单相电动机的转矩为零。当用足够的外力推动单相电动机转子（可用绳子绕过转轴若干圈，接通电源后，迅速拉绳子，使转子飞速旋转）时，如果沿顺时针方向推动转子则电动机就会产生一个顺时针方向转动力矩，则转子就会沿顺时针方向继续旋转，并逐步加速到稳定运行状态；如果外力使转子沿反时针方向推动转子，则电动机就会产生一个反时针方向的转动力矩，使转子沿反时针方向继续旋转，并逐步加速到稳定运行状态。所以要改变单相的转动力矩，只需将副绕组的头尾对调一下就行了。当然对调主绕组的头尾也可以。这是单相异步电动机的显著特点。平时我们在修理单相电动机时，如发现主绕组尚好、副绕组已坏，则可采用加外力启动的方法，如电动机运行正常，则可以证实运行绕组完好，启动绕组有问题。

5.1.4.2 单相异步电动机的故障及处理方法

单相电动机由启动绕组和运转绕组组成定子。启动绕组的电阻大、导线细（俗称小包）；运转绕组的电阻小、导线粗（俗称大包）。

单相电动机的接线端子包括公共端子、运转端子（主线圈端子）、启动线圈端子（辅助线圈端子）等。

在单相异步电动机的故障中，大多数是由于电动机绕组烧毁而造成的。因此在修理单相异步电动机时，一般要做电器方面的检查，首先要检查电动机的绕组。

单相电动机的启动绕组和运转绕组的分辨方法如下：用万用表的$R\times 1$挡测量公共端子、运转端子（主线圈端子）、启动线圈端子（辅助线圈端子）三个接线端子的每两个端子之间的电阻值。测量完按下式（一般规律，特殊除外）进行计算：

总电阻=启动绕组+运转绕组

已知其中两个值即可求出第三个值。小功率的压缩机用电动机的电阻值见表5-7。

表5-7 小功率的压缩机用电动机的电阻值

电动机功率/kW	启动绕组电阻/Ω	运转绕组电阻/Ω
0.09	18	4.7
0.12	17	2.7
0.15	14	2.3
0.18	17	1.7

（1）单相电动机的故障 单相电动机常见故障有：电机漏电、电机主轴磨损和电机绕组烧毁。

造成电机漏电的原因有：

① 电机导线绝缘层破损，并与机壳相碰。

② 电机严重受潮。

③ 组装和检修电机时，因装配不慎使导线绝缘层受到磨损或碰撞，导线绝缘率下降。

电动机因电源电压太低，不能正常启动或启动保护失灵，以及制冷剂、冷冻油含水量过多，绝缘材料变质等也能引起电机绕组烧毁和断路、短路等故障。

电机断路时，不能运转，如有一个绕组断路时电流值很大，也不会运转。振动可能导致电机引线烧断，使绕组导线断开。保护器触点跳开后不能自动复位，也是断路。电机短路时，电机虽能运转，但运转电流大，致使启动继电器不能正常工作。短路原因有匝间短路、通地短路和鼠笼线圈断条等。

（2）单相电动机绕组的检修 电动机的绕组可能发生断路、短路或碰壳通地。简单的检查方法是将一只220V、40W的试验灯泡连接在电动机的绕组线路中，用此法检查时，一定要注意防止触电事故。为了安全，可使用万用表检测绕组通断（图5-28）与接地情况（图5-29）。

检查断路时可用欧姆表，将一根引线与电动机的公共端子相接，另一根线依次接触启动绕组和运转绕组的接线端子，用来测试绕组电阻。如果所测阻值符合产品说明书规定的阻值（或启动绕组电阻和运转绕组电阻之和等于公用线的电阻），即说明电动机绕组情况良好。

图5-28　万用表检查电动机绕组通断

图5-29　万用表检查电动机接地情况

测定电动机机的绝缘电阻，用兆欧表或万用表的$R \times 1k$、$R \times 10k$电阻挡测量接线柱对压缩机外壳的绝缘电阻，判断是否通地。一般绝缘电阻应在2MΩ以上，如果绝缘电阻低于1MΩ，则表明压缩机外壳严重漏电。

如果用欧姆表测绕组电阻时发现电阻无限大，即为断路；如果电阻值比规定值小得多，即为短路。

电动机的绕组短路包括：匝间短路、绕组烧毁、绕组间短路等。可用万用表或兆欧表检查相间绝缘，如果绝缘电阻过低，即表明匝间短路。

绕组部分短路和全部短路表现不同，全部短路时可能会有焦味或冒烟。

检查接地情况时，可在压缩机底座部分外壳上某一点将漆皮刮掉，再把试验灯的一根引线接头与底座的这一点接触。试验灯的另一根引线则接在压缩机电动机的绕组接点上。

接通电源后，如果试验灯发亮则该绕组接地良好；如果校验灯暗红则表示该绕组严重受潮。受潮的绕组应进行烘干处理，烘干后用兆欧表测定其绝缘电阻，当电阻值大于5MΩ时，方可使用。

（3）绕组重绕　电动机转子用铜或铝合金浇铸在冲孔的硅钢片中，形成鼠笼形转子绕组。当电机损坏后，可进行重绕，电机绕组重绕方法参见有关电机维修方法。当电机修好后，应按下面介绍内容进行测试。

① 电机正、反转试验和启动性试验　电机的正、反转是由接线方法来决定的。电机绕组下好线以后，连好接线，先不绑扎，首先做电机正、反转试验。其方法是：用直径为0.64mm的漆包线（去掉外皮）做一个直径为1cm大小的闭合小铜环，铜环周围用棉丝缠起来；然后用一根细棉线将其吊在定子中间，将运转与启动绕组的出头并联，再与公共端接通110V交流电源（用调压器调好）；当短暂通电时（通电时间不宜超出1min），如果小铜环顺转则表明电动机正转，如果小铜环逆转则表明电机反转；如果电机运转方向与原来不符，可将启动绕组的其中一个线包的里、外头对调。

在组装好电动机后进行空载试验，所测量电动机的电流值应符合产品说明书的设计技术标准。空载运转时间应在连续4h以上，并应观察其温升情况。如温升过高，可考虑电机的定子与转子的间隙是否合适或电动机绕组本身有无问题。

② 空载运转时，要注意电动机的运转方向。从电动机引出线看，转子是逆时针方向旋转。有的电机在其最大的一组启动绕组中，可以看到反绕现象，在重绕时要注意按原来反绕匝数绕制。

单相异步电动机的故障与三相异步电动机的故障基本相同，如短路、接地、断路、接线错误以及不能启动、电机过热等，其故障的检查处理也与三相异步电动机基本相同。

5.1.5 单相异步电动机的重绕计算

（1）主绕组计算

① 测量定子铁芯内径D_1（cm），长度L_1（cm），槽形尺寸，记录定子槽数Z_1，极数$2p$。

② 极距

$$\tau=\frac{\pi D_1}{2p}$$

③ 每极磁通量

$$\Phi=a_\delta \beta_\delta \tau L_1 \times 10^{-4}\ (\mathrm{Wb})$$

式中　a_δ——极弧系数，其值为0.6～0.7；

β_δ——气隙磁通密度，当$2p=2$时$\beta_\delta=0.35 \sim 0.5$，当$2p=4$时$\beta_\delta=0.55 \sim 0.7$，对小功率、低噪声电动机取小值。

④ 串联总匝数

$$W_{\mathrm{m}}=\frac{E}{4.44 f \Phi K_{\mathrm{w}}}\ （匝）$$

式中　E——绕组感应电势，V；

K_{w}——绕组系数，集式绕组$K_{\mathrm{w}}=1$，单层绕组$K_{\mathrm{w}}=0.9$，正弦绕组$K_{\mathrm{w}}=0.78$。

通常$E=\zeta U_{\mathrm{N}}$

式中 U_N——外施电压；

ζ——系数，ζ=0.8～0.94，功率小，极数多的电动机取小值。

⑤ 匝数分配（用于正弦绕组）

a．计算各同心线把的正弦值：

$$\sin(x-x')=\sin\frac{y(x-x')}{2}\times\frac{\pi}{\tau}$$

式中 $\sin(x-x')$——某一同心线把的正弦值；

$y(x-x')$——该同心线把的节距；

π——每极相位差（π=180°）；

τ——极距，槽。

b．每极线把的总正弦值：

$$\sum\sin(x-x')=\sin(x_1-x_1')+\sin(x_2-x_2')+\cdots+\sin(x_n-x_n')$$

c．各同心线把占每极相组匝数的百分数：

$$n(x-x')=\frac{\sin(x-x')}{\sum\sin(x-x')}\times100\%$$

⑥ 导线截面积：在单相电动机中，主绕组导线较粗，应根据主绕组来确定槽满率。

a．槽的有效面积：

$$S_C'=KS_C\ (\mathrm{mm}^2)$$

式中 S_C——槽的截面积，mm^2；

K——槽内导体占空数，K=0.5～0.6。

b．导线截面积：

$$S_m=\frac{S_C'}{N_m}$$

式中 N_m——主绕组每槽导线数，根。

对于主绕组占总槽数2/3的单叠绕组：

$$N_m=\frac{2W_m}{\frac{2}{3}Z_1}=\frac{3W_m}{Z_1}$$

对于“正弦”绕组，N_m应取主绕组导线最多的那一槽来计算。若该槽中同时嵌有副绕组，则在计算S_C时应减去绕组所占的面积，或相应降低K值。

当电动机额定电流为已知，可按下式计算导线截面：

$$S_m=\frac{I_N}{j}\ (\text{mm}^2)$$

式中 j——电流密度，A/mm^2，一般$j=4\sim7A/mm^2$，2极电动机取较小值；

I_N——电动机额定电流，A。

⑦ 功率估算：

$$I_N=S_m j\ (\text{A})$$

输出功率为：

$$P_N=U_N I_N \eta \cos\phi\ (\text{W})$$

式中 η——效率，可查图5-30或图5-31；

$\cos\phi$——功率因数，可查图5-30或图5-31。

（2）副绕组计算

① 分相式和电容启动式电动机，副绕组串联总匝数为：

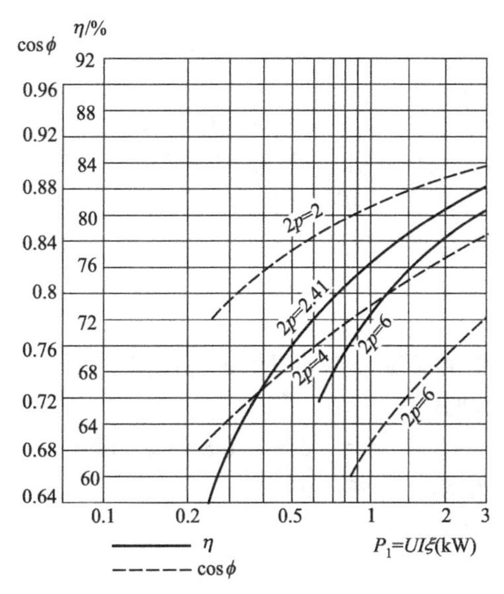

图5-30 罩极式电动机η、$\cos\phi$与p的关系

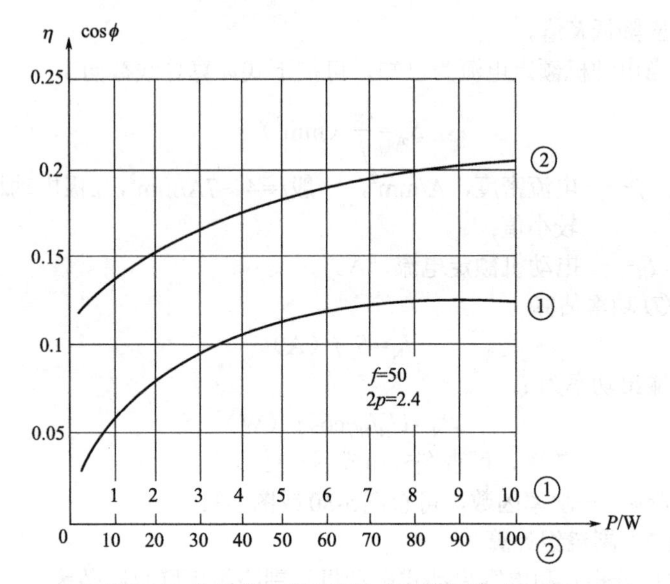

图5-31　分相式、电容启动式电动机的η及$\cos\phi$

$$W_n=(0.5\sim0.7)W_m$$

导线截面积为：

$$S_n=(0.25\sim0.5)S_m$$

② 电容运转式电动机，串联总匝数为：

$$W_n=(1\sim1.3)W_m$$

导线截面积与匝数成反比，即：

$$S_n=\frac{S_m}{1\sim1.3}$$

（3）电容值的确定　电动机的电容值按下列经验公式确定：

① 电容启动式：

$$C=(0.5\sim0.8)P_N\ (\mu F)$$

式中　P_N——电动机功率，W。

② 电容运转式：

$$C=8j_nS_n\ (\mu F)$$

式中　j_n——副绕组电流密度，A/mm^2，一般取$j_n=5\sim7A/mm^2$。

按计算数据绕制的电动机，若启动性能不符合要求，则可对电容量或副绕组进行调整。对电容式电动机，若启动转矩小，则可增大电容器容量或减少副绕组匝数；若启动电流过大，则可增加匝数并同时减小电容值；若电容器端电压过高，则应增大电容值或增加副绕组匝数。对分相式电动机，若启动转矩不足，则可减少副绕组匝数；若启动电流过大，则应增加匝数或将导线直径改小些。

计算实例：

【例5-1】 一台分相式电动机，定子铁芯内径D_1=5.7cm，长度L_1=8cm，定子槽数Z_1=24，$2p$=2，平底圆顶槽，尺寸如图5-32所示，试计算额定电压为220V时的单叠绕组数据。

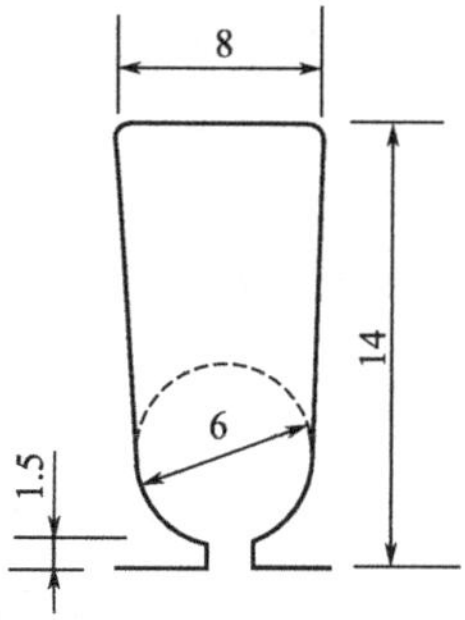

8 14 6 1.5

图5-32 槽形尺寸

解：(1) 主绕组计算

① 极距

$$\tau=\frac{\pi D_1}{2p}=\frac{3.14\times5.7}{2}=8.95\text{（cm）}$$

② 每极磁通量　取a_δ=0.64，β_δ=0.45T，则：

$$\begin{aligned}\Phi&=a_\delta\beta_\delta\tau L_1\times10^{-4}=0.64\times0.45\times8.95\times8\times10^{-4}\\&=0.206\times10^{-4}\text{（Wb）}\end{aligned}$$

③ 串联总匝数　取ζ=0.82，则：

$$W_\mathrm{m}=\frac{\zeta U_\mathrm{N}}{4.44f\Phi K_\mathrm{w}}=\frac{0.82\times220}{4.44\times50\times0.206\times10^{-2}\times0.9}=438\text{（匝）}$$

④ 导线截面积

a. 槽的有效面积。由图5-32得：

$$S_\mathrm{C}=\frac{8+6}{2}\times[14-(1.5+0.5\times6)]+\frac{3.14\times6^2}{8}=80.6\text{（mm}^2\text{）}$$

取K=0.53，则：

$$S'_\mathrm{C}=0.53\times80.6=43\text{（mm}^2\text{）}$$

b. 导线截面积。先求每槽导线数。设主绕组占总槽数的2/3，则：

$$N_\mathrm{m}=\frac{3W_\mathrm{m}}{Z_1}=\frac{3\times438}{24}=55\text{（根）}$$

即每个线把55匝，共8个线把。

导线截面积为：

$$S_m=\frac{S_C'}{N_m}=\frac{43}{55}=0.78\text{（mm}^2\text{）}$$

取相近公称截面积为0.785mm²，得标称导线直径为1.0mm。

⑤ 功率估算

a．额定电流。取$j=5\text{A/mm}^2$，则：

$$I_N=S_m j=0.785\times5=3.92\text{（A）}$$

b．输入功率

$$P_1=I_N U_N \zeta\times10^{-3}=3.92\times220\times0.82\times10^{-3}$$
$$=0.7\text{（kW）}$$

查图5-30或图5-31得：$\eta=74\%$，$\cos\phi=0.85$。则输出功率为：

$$P_N=U_N I_N \eta\cos\phi=220\times3.92\times0.74\times0.85=542\text{（W）}$$

（2）副绕组计算 串联总匝数为：

$$W_n=0.7W_m=0.7\times438=306\text{（匝）}$$

导线截面积为：

$$S_n=0.25S_m=0.25\times0.785=0.196\text{（mm}^2\text{）}$$

取相近公称截面积为0.204mm²，得线径为0.51mm。

副绕组占$\frac{Z_1}{3}=\frac{24}{3}=8$（槽），每槽导线数$=\frac{306\times2}{8}=76$（根），即每个线把76匝，共4个线把。

【例5-2】 一台电容启动式4极电动机，定子铁芯内径$D_1=7.1\text{cm}$，长度$L_1=6.2\text{cm}$，$Z_1=24$，试计算额定电压为220V时"正弦"绕组各同心线把的匝数。

解：

（1）主绕组计算

① 极距

$$\tau=\frac{\pi D_1}{2p}=\frac{3.14\times7.1}{4}=5.57\text{（cm）}$$

② 每极磁通

$$\Phi=a_\delta\beta_\delta\tau L_1\times10^{-4}=0.7\times0.6\times5.57\times6.2\times10^{-4}$$
$$=0.145\times10^{-2}\text{（Wb）}$$

（取 a_δ=0.7，β_δ=0.6）

③ 串联总匝数

$$W_m=\frac{\zeta U_N}{4.44 f\Phi K_w}=\frac{0.8\times220}{4.44\times50\times0.145\times10^{-2}\times0.78}=700（匝）$$

（取 ζ=0.8）

④ 匝数分配

a．每极相组匝数为：

$$W_{mp}=\frac{W_m}{2p}=\frac{700}{4}=175（匝）$$

b．各同心线把的正弦值。主绕组采用图5-33所示的布线方式，每极由1-3、1-5、1-7三个同心线把组成。则：

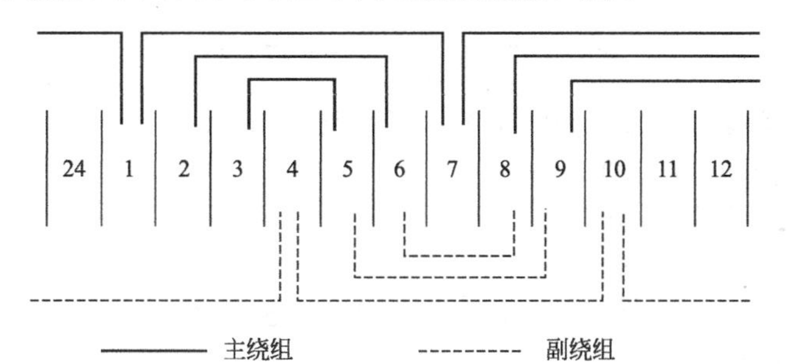

图5-33　绕组布线示意图

$$\sin（3\text{-}5）=\sin\frac{y（3\text{-}5）}{2}\times\frac{\pi}{2}=\sin\frac{2}{2}\times\frac{180°}{6}=\sin30°=0.5$$

$$\sin（2\text{-}6）=\sin\frac{4}{2}\times\frac{180°}{6}=\sin60°=0.866$$

$$\sin（1\text{-}7）=\frac{1}{2}\sin\frac{6}{2}\times\frac{180°}{6}=\frac{1}{2}\sin90°=0.5$$

c．总正弦值为：

$$\sum\sin（x-x'）=0.5+0.866+0.5=1.866$$

d．各同心线把所占百分数为：

$$n（1\text{-}3）=\frac{\sin（1\text{-}3）}{\sum\sin（x-x'）}\times100\%$$

$$=\frac{0.5}{1.866}\times100\%=26.8\%$$

$$n\text{（1-5）}=\frac{0.866}{1.866}\times100\%=46.4\%$$

$$n\text{（1-7）}=\frac{0.5}{1.866}\times100\%=26.8\%$$

e. 各同心线把匝数为：

$$W_{\text{m}}\text{（1-3）}=n\text{（1-3）}W_{\text{mp}}=\frac{26.8}{100}\times175=47\text{（匝）}$$

$$W_{\text{m}}\text{（1-5）}=\frac{46.4}{100}\times175=81\text{（匝）}$$

$$W_{\text{m}}\text{（1-7）}=\frac{26.8}{100}\times175=47\text{（匝）}$$

主绕组导线截面积的计算与单叠绕组相同，但要取导线最多的那一槽的N_{m}来计算。

（2）副绕组的计算

① 副绕组匝数

$$W_{\text{n}}=0.65W_{\text{m}}=0.65\times700=455\text{（匝）}$$

每极匝数为：

$$W_{\text{np}}=\frac{W_{\text{n}}}{2p}=\frac{455}{4}\approx114\text{（匝）}$$

② 各同心线把匝数　副绕组与主绕组布线相同，各线把的正弦值及所占有百分数亦与主绕组相同，故各同心线把的匝数为：

$$W_{\text{n}}\text{（1-3）}=114\times\frac{26.8}{100}=30\text{（匝）}$$

$$W_{\text{n}}\text{（1-5）}=114\times\frac{46.4}{100}=53\text{（匝）}$$

$$W_{\text{n}}\text{（1-7）}=114\times\frac{26.8}{100}=30\text{（匝）}$$

5.2 单相串励电动机的电枢绕组常见故障及处理方法

单相串励电动机电枢绕组主要分为单叠绕组、对绕式绕组、叠绕式绕组。家用电器中所用的单相串励电动机电枢绕组多采用叠绕式绕组和对绕式绕组。

单相串励电动机比直流电动机换向困难得多。为了解决这个问题，单相串励电动机电枢采取了特殊措施，即单相串励电动机的换向片数比铁芯槽数多。一般情况下，换向片数目为槽数的2倍或者3倍。这就使得单相串励电动机电枢绕组的绕制和单元绕组与换向片的连接有它自己的特点。

5.2.1 电枢绕组的绕制

我们以电枢铁芯有8个槽，定子有两个磁极，换向片数为24片的单相串励电动机为例说明电枢绕组的绕制工艺。

① 叠绕式绕组的绕制工艺　因为铁芯只有8个槽，而换向片数是铁芯槽数的3倍，所以为了使单元绕组数与换向片数相同，单元绕组数应为24个，每个铁芯槽内应嵌入3个单元绕组。在电枢绕组实际绕制过程中，每次同时绕制3个单元绕绕组，如图5-34所示。

由图5-34可以看见，先在第1号槽到第5号槽之间绕3个单元绕组，再在第2号槽到第6号槽之间绕制另外3个单元绕组。依此类推，直到在第8号槽到第4号槽之间绕制最后3个单元绕组为止，24个单元绕组全部绕好。若我们将3个单元绕组算作一组，那么这种24个单元绕组的电枢绕组只有8组单元绕组了。这8组单元绕组的绕制方法与8个单元绕组电枢绕组的绕制方法相同。

由图5-40可见单元绕组的跨距$y_1=4$。

② 对绕式绕组的绕制　对绕式绕组的绕制步骤与叠绕式绕组的绕制步骤不同。对绕式绕组每次也是同时绕3个单元，如图5-35所示。

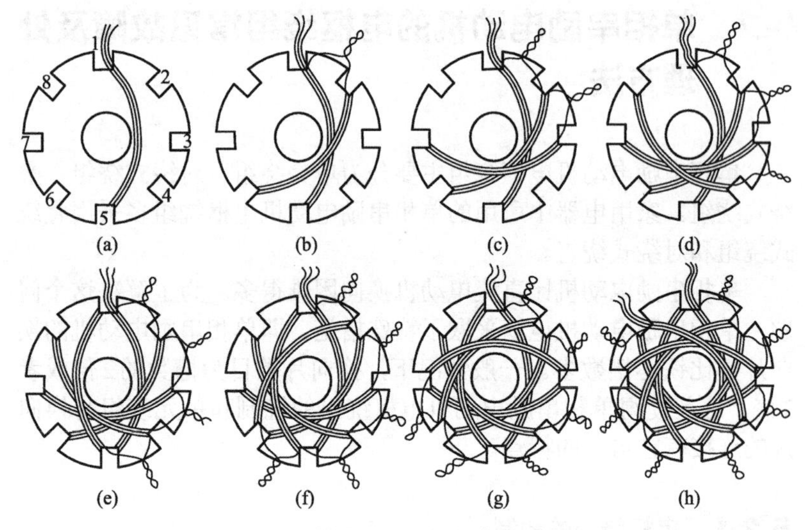

图5-34 叠绕式绕组绕制步骤示意图

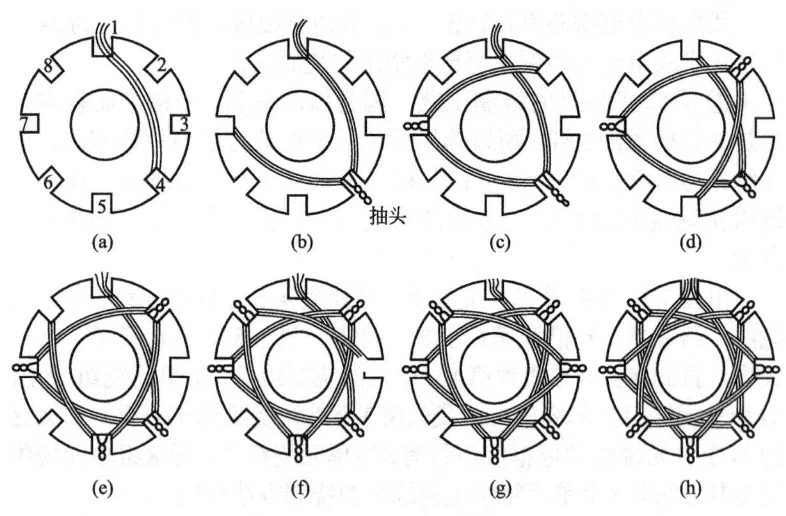

图5-35 对绕式绕组的绕组步骤

由图5-35可以看到，先在第1号槽与第4号槽之间绕3个单元绕组；紧接着在第4号槽到第7号槽之间绕另外3个单元绕组；再从第7号槽到第2号槽之间绕3个单元绕组。依此类推，直至在第6

号槽到1号槽之间绕制最后3个单元绕组为止，24个单元绕组全部绕制完毕。

由图5-35还可看出，电枢单元绕组跨距$y_1=3$。

比较图5-34和图5-35可知，尽管叠绕式绕组和对绕式绕组的绕制步骤不同，单元绕组跨距不同，但是每次都是同时绕制3个单元绕组，电枢单元绕组总数都是24个，每个单元绕组的匝数相同，作用也是相同的。

5.2.2 电枢绕组与换向片的连接规律

单相串励电动机电枢中，虽然换向片数比铁芯槽数多（换向片数是槽数的整数倍），但是单元绕组数与换向片数相等。这样，使得每片换向片上必须接有一个单元绕组的首边引出线和另外一个单元绕组的尾边引出线，使全部单元绕组通过换向片连接成几个闭合回路。由于换向片数（J_x）与铁芯槽数（Z）之间为整数倍关系，即Z_K / $Z=a$（a为大于等于1的整数）。电枢绕组通过换向片连接形成的闭合回路数就为大于等于1的整数，即电枢绕组形成的闭合回路数等于Z_K / $Z=a$。

下面我们还是以单相串励电动机为例，来说明24个电枢单元绕组与换向片具体的连接规律。

现在先说明一个槽内3个单元绕组的首边、尾边与换向片的连接规律；然后说明相邻两个槽6个单元绕组与换向片的连接规律；最后得出24个单元绕组与换向片的连接规律。

图5-36为叠绕式绕组第1号槽内3个单元绕组与换向片的连接示意图。

由图5-36可以看出第1号槽的3个单元的首边引出线分别接在第1号、第2号、第3号换向片上，而且对应的尾边引出线分别接在第4号、第5号、第6号换向片上。也就是第1号换向片和第4号换向片之间为一个单元绕组；第

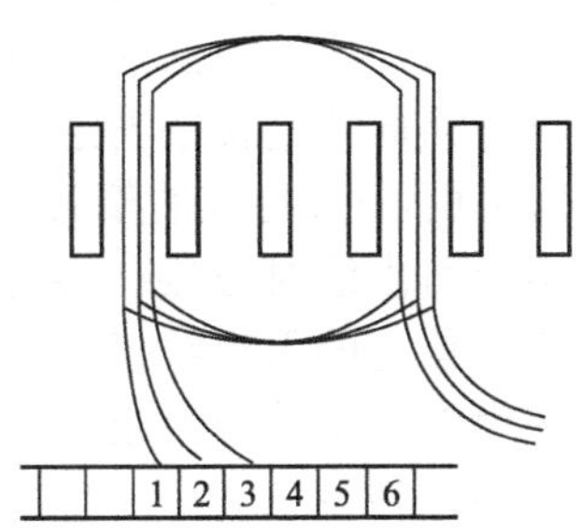

图5-36　叠绕式和对绕式绕组的1号槽内3个单元绕组与换向片连接示意图

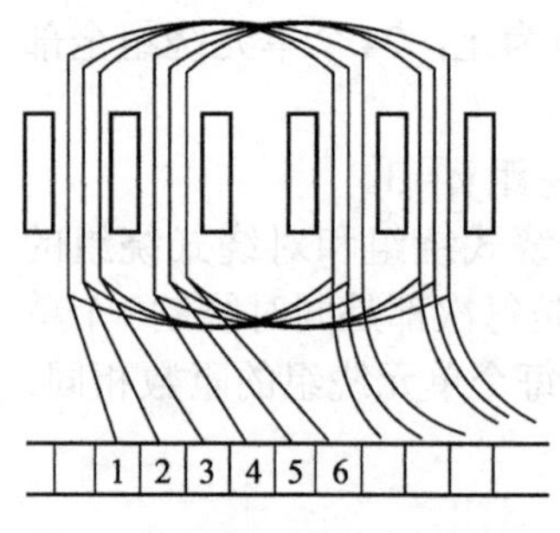

图5-37 叠绕式绕组相邻两槽内6个单元绕组与换向片连接示意图

2号换向片和第5号换向片之间为一个单元绕组；第3号换向片和第6号换向片之间为一个单元绕组。

由此可见叠绕式绕组和对绕式绕组的换向片连接规律是相同的。

图5-37为叠绕式绕组第1号槽和第2号槽内6个单元绕组与换向片连接示意图。

图5-37表明，第1号槽内3个单元首边引出线分别连接在第1号、第2号、第3号换向片上；第2号槽的3个单元首边引出线分别连接在第4号、第5号、第6号换向片上；而第1号槽3个单元尾边引出线对应地连接在第4号、第5号、第6号换向片上；第2号槽内3个单元的尾边引出线对应地连接在第7号、第8号、第9号换向片上。依此类推，可知第8号槽内3单元的3条首端引出线应该分别连接在第22号、第23号、第24号换向片上，而其对应的3条尾边引出线应分别连接在第1号、第2号、第3号换向片上。实际上8槽、2极、24片换向片的单相串励电动机电枢绕组，通过换向片的作用，形成了三个闭合回路，这就决定了电刷宽度至少为三片换向片的宽度。

通过对8槽、2极、24个换向片单相串励电动机电枢单元绕组与换向片连接方法的分析，可以得出单相串励电动机电枢单元绕组与换向片连接的普遍规律：当换向片数Z_K与铁芯槽数Z的比值为a（大于等于1的整数）时，同一个槽内元件的首边引出线与其尾边引出线对应接在换向片上的距离也为“a”；相邻槽内元件首边与首边的引出线接在换向片上的距离为“a”；其尾边引出线接在换向片上的距离也为“a”；电枢绕组通过换向片连接形成的闭合回路数也为“a”；电刷宽度也必须大于等于“a”片换向片的宽度。

5.2.3 单相串励电动机常见故障及处理方法

单相串励电动机常见故障可分为两方面：一是机械方面的故障；二是电气方面的故障。单相串励电动机常见故障产生的原因以及修理方法见表5-8。

表5-8 单相串励电动机常见故障及其处理方法

故障现象	故障原因	处理方法
测得电路不通，通电后不转	①电源断线 ②电刷与换向器接触不良 ③电动机内电路（定子或转子）断线	①用万用表或校验灯检查，判定断线后，调换电源线或修理回路中造成断电的开关、熔断器等设备 ②调整电刷电压弹簧，研磨电刷，更换电刷 ③拆开电动机，判定断路点，转子电枢断路一般需重绕；定子若断在引线，则可重焊，否则需重绕
测得电路通，但电机空载，负载均不能转	①定子或转子绕组短路 ②换向片之间短路 ③电刷不在中性线位置（指电刷位置可调的串励电动机，下同）	①拆开电机，检查短路点，更换短路绕组 ②若短路发生在换向片间的槽上部，则可刻低云母，消除短路，否则需更换片间云母片 ③调整电刷位置
电刷下火花大	①电刷不在中性线位置 ②电刷磨损过多，弹簧压力不足 ③电刷或换向器表面不清洁 ④电刷牌号不对，杂质过多 ⑤电刷与换向器接触面过小 ⑥换向器表面不平 ⑦换向片之间的云母绝缘凸出 ⑧定子绕组有短路 ⑨定子绕组或电枢绕组通地 ⑩换向片通地 ⑪刷握通地 ⑫换向片间短路 ⑬电枢与换向片间焊接有误，有的单元焊反 ⑭电枢绕组断路 ⑮电枢绕组短路	①校正电刷位置 ②更换电刷，调整弹簧压力 ③清除表面炭末、油垢等污物 ④更换电刷 ⑤研磨电刷 ⑥研磨和车削换向器 ⑦刻低云母片，使之低于换向器表面1～2mm ⑧消除短路点或重绕线包 ⑨消除通地点或更换电枢绕组 ⑩加强绝缘，消除通地点 ⑪修理或更换刷握 ⑫修刮掉短路处的云母外，重新绝缘 ⑬查出误焊之处，重新焊接 ⑭消除断点或更换绕组 ⑮消除短路点或更换绕组

续表

故障现象	故障原因	处理方法
换向器出现环火（火花在换向器表面上连续出现）	①电枢绕组断路或短路 ②换向器片间短路 ③负载太重 ④电刷与换向器片接触不良 ⑤换向器表面凹凸不平 ⑥电源电压太高	①检查电枢，查出并消除故障点，或更换电枢绕组 ②清洗片间槽中炭及污垢，剔除槽中杂物，恢复片间绝缘 ③减载 ④研磨电刷镜面，或更换电刷 ⑤研磨或车削换向器表面，使之符合要求 ⑥调整电源电压
空载时能转，但负载时不能启动	①电源电压低 ②定子线圈受潮 ③定子线圈轻微短路 ④电枢绕组有短路 ⑤电刷不在中性线位置	①改善电源电压条件 ②用500V摇表测定子线圈对壳绝缘，若电阻很小但不为零，则表明受潮严重，进行烘烤后，绝缘电阻应有明显增加 ③消除短路点或更换线包 ④检查并消除短路点，或更换电枢绕组 ⑤调整电刷位置
电动机转速太低	①负载过重 ②电源电压太低 ③电动机机械部分阻力太大 ④电枢绕组短路 ⑤换向片间短路 ⑥电刷不在中性线位置	①减载 ②调节电源电压 ③清洗或更换轴承，消除机械故障 ④消除短路点或重绕电枢绕组 ⑤消除短路，重设绝缘 ⑥调整电刷位置
电枢绕组发热	①电枢绕组内有接反的单元存在 ②电枢绕组内有短路单元 ③电枢绕组有个别断路单元	①查出反接单元，重新正确焊接 ②查出短路单元，使之从回路中去掉或更换电枢绕组 ③查出断路单元，用跨接线短接，或更换电枢绕组
电枢绕组和铁芯均发热	①超载 ②定、转子铁芯相互摩擦 ③电枢绕组受潮	①减载 ②校正轴，更换轴承 ③烘烤电枢绕组
定子线包发热	①负载过重 ②定子线包受潮 ③定子线包有局部短路	①减载 ②检查并烘烤，恢复绝缘 ③重绕定子线包

续表

故障现象	故障原因	处理方法
电动机转速太高	①负载过轻 ②电源电压高 ③定子线圈有短路 ④电刷不在中性线位置	①加载 ②调节电源电压 ③消除短路或更换线圈 ④调整电刷位置
电刷发出较大的“嘶嘶”声	①电刷太硬 ②弹簧压力过大	①更换合适的电刷 ②调整弹簧压力
负载增加使熔丝熔断	①电源电压过高 ②电枢绕组短路 ③电枢绕组断路 ④定子绕组短路 ⑤换向器短路	①调整电源电压 ②查出短路点，修复或更换绕组 ③查出断路元件，修复或更换 ④更换绕组 ⑤修复换向器
机壳带电	①电源线接壳 ②定子绕组接壳 ③电枢绕组通地 ④刷握通地 ⑤换向器通地	①修理或更换电源线 ②检查通地点，恢复绝缘，或更换定子线包 ③检查电枢，查清通地点，恢复绝缘或更换电枢绕组 ④加强绝缘或更换刷握 ⑤查出通地点，予以消除
空载时熔丝熔断	①定子绕组严重短路 ②电枢绕组严重短路 ③刷握短路 ④换向器短路 ⑤电枢被卡死	①更换定子绕组 ②更换电枢绕组 ③更换刷握 ④修复换向器绝缘 ⑤查出卡死原因，修复轴承或消除其他机械故障
电刷发出“嘎嘎”声	①换向片间云母片凸起，使电刷跳动 ②换向器表面高低不平，外圆跳动量过大 ③电刷尺寸不符合要求	①下刻云母片，在换向片间形成合格的槽 ②车削换向器，并作相应修理使其表面恢复正常状况 ③更换电刷

通过对表5-8的综合分析可知，单相串励电动机在电气方面常出现的故障有接线上的问题，电源电压过高或低，定子线包短路、断路或通地，电枢绕组短路、断路、通地，换向器的问题等。单相串励电动机常出现的机械方面的毛病有：整机装配质量和轴承质量方面的问题。下面我们分别介绍电动机电气故障和机械故障的检查方法。

5.2.4 定子线包短路、断路、通地的检查方法

① 定子线包短路　定子线包轻微短路时，其现象一般是电动机转速过高，定子线包发热。我们可以用电桥测电阻方法进行检测。具体检测时，将电动机完好的定子线包串入电桥的一个桥臂，另一个定子线包串入电桥另一个桥臂中，比较两线包电阻，哪个线包阻值小，则说明该线包中有短路。

当线包短路严重时，线包发热严重，具有烧焦痕迹，这样的线包可以直观检查出来。正常线包呈透明发光亮的漆层。而短路严重的线包，漆层无光泽，严重时呈褐色或黑色。用万用表测电阻时，很明显其电阻远比正常线包电阻值小。这样的线包只能更换。

② 定子线包断路　若定子线包断路，则电动机不能工作。定子线包是否断路可以采用万用表测电阻法来检查。定子线包断路，多发生在定子线包往定子铁芯上安装的过程中，而且多在线包的最里层线圈。这种情况下只能重新绕线包。有时线包断点发生在线包漆包线与引出线焊接处，所以修理时一定要注意焊接质量。

由于定子线包安装时容易造成断线，因此一定要在线包安装完后立即用万用表检查是否有断路；在确定没有断路时，再给定子线包浸漆（即定子安装后浸漆）。

③ 定子线包通地　定子线包通地是指定子励磁绕组与定子铁芯相通。一旦定子线包通地，则机壳就带电。我们发现机壳带电后，要拆开电动机，取出电枢，用500V兆欧表检查线包对机壳绝缘电阻值。若发现绝缘电阻值较小，但不为零，则说明定子线包受潮严重，可以烘烤线包。烘烤完线包再用500V兆欧表检查绝缘电阻，若绝缘阻值没有增大，则只好更换或重绕线包。若用500V兆欧表检查发现绝缘电阻值为零，则判定线包直接通地，一般只能更换或重绕线包。

④ 更换线包步骤　需要更换定子线包时，应将原线包取下，清除定子铁芯上的杂物。在拆原线包时，要记录几个重要数据：线包最大线圈的长、宽尺寸，最小线圈的长、宽尺寸，线包的厚度以及线包的线径和匝数。这些数据都是绕制新线包所必不可少的。

在重新绕制线包时，要先做一个木模具。然后在木模上按原来

线包参数绕制线包。线包绕制成后，用玻璃丝漆布或黄蜡绸布半叠包缠好，并压成与磁极一样的弯度。定子线包绕制完毕后，必须将线包先套入定子磁极铁芯，然后再浸漆烘干。若先浸漆，则线包烘干后很坚硬，就不能压套在磁极铁芯上了。

定子线包套在磁极铁芯上之后，应检查线包是否有断路，在确定没断路后，方能浸漆烘干。在浸漆烘干后，还要用500V兆欧表检测线包与定子铁芯（机壳）间绝缘电阻值（绝缘电阻应大于5MΩ）；用高压试验台做线包与机壳间的绝缘强度测试。测试加的电压应不低于1500V（正弦交流电压）。耐压测试时间应不小于1min。在测试过程中不应有击穿和闪烁现象发生。

更换完线包后，将定子线包与电枢绕组串联起来，其方法如图5-38所示。

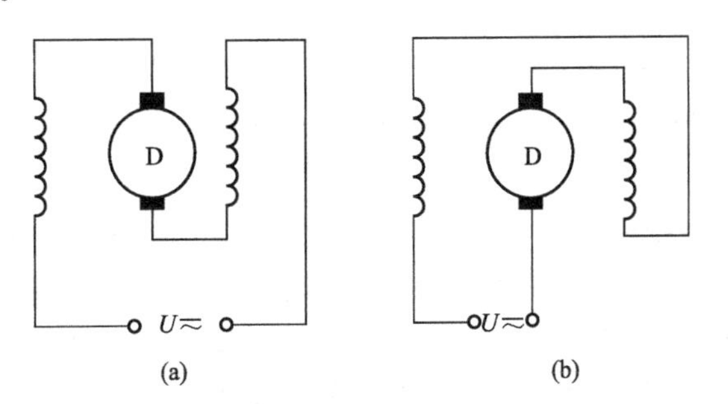

图5-38　定子绕组与电枢绕组串联方法示意图

5.2.5　电枢绕组故障检查

单相串励电动机电枢与直流电动机电枢结构相同，电枢绕组故障检查方法相同，可以参阅前面章节有关内容。这里只说明电枢单元绕组与换向片连接的具体方法。

① 电枢单元绕组与换向片的焊接工艺　重新绕制的电枢单元绕组与换向片连接前，必须将换向片清理干净，然后再将单元绕组的首端边引出线和尾端边引线对位嵌入换向片槽口内，用根竹片按住引线头，再逐片焊接。焊接时，应使用松香酒精焊剂，切不可用酸性焊剂。焊接完，再切除长出换向片槽外的线头，清除焊接剂和

多余焊锡等污物。

换向片与单元绕组焊接完后，要检查单元绕组与换向片是否连接正确，焊接质量是否合格，是否有虚焊或漏焊现象，如果有问题应及时处理。焊接示意图如图5-39所示。

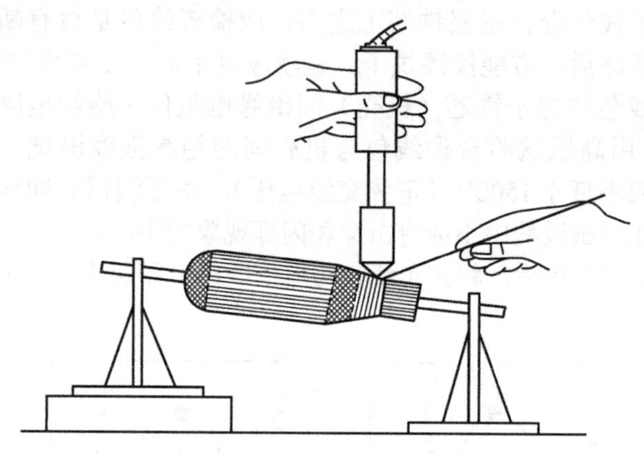

图5-39　焊接示意图

② 单元绕组与换向片连接的对应关系　家用电器产品所用的单相串励电动机，换向片数多为电枢铁芯槽的2倍或者3倍，但电枢单元绕组数与换向片数是相等的。这就要求每片换向片上必须有一个单元的首边引出线，又要有另外一个单元的尾边引出线。现在以J_1Z-6手电钻单相串励电动机的电枢为例说明电枢单元绕组与换向片连接的对位关系。

该例中电动机电枢有9槽，换向片数为27片，有两个磁极。电枢铁芯每个槽内有六条引出线，即三个单元的首边引出线和另外三个单元的尾边引出线。总计电枢绕组有27个单元，54条引出线。在具体焊接过程中，是先将电枢的27个单元首边引出线按顺序与每片换向片连接上，27个元的尾边引出线暂时不连。

在27片换向片与27个单元首边引出线连完以后，再用万用表查出每片换向片所连单元的尾边引出线，然后将27个单元尾边引出线对位有规律地焊接在换向片上。例如第1号槽的3个单元绕组的首边接在第1号、第2号、第3号换向片上，第1号换向片所连的单元尾边查找出后，应连在第4号换向片上；第2号换向片所连单元尾边引出线查找出后，应连在第5号换向片上；依此类推，第27号换向片所联单元的尾边引出线应连在第3号换向片。实际每个单元首边引出线与尾端引出线在换向片上的距离为3片换向片的距离。

5.2.6 换向部位出现故障的检查方法

换向部位出现的故障有相邻换向片之间短路、换向器通地、电刷与换向器接触不良、刷握通地等。单相串励电动机换向部位出现的故障与直流电动机常出现的换向部位故障是相同的。因此，两种电动机换向部位出现故障时的检查方法和修理方法也是相同的。只是单相串励电动机刷握通地与电刷和换向器接触不良所造成的后果比直流电动机更严重，所以单独对这两种故障进一步介绍。

① 电刷与换向器接触不良的检查和修理　单相串励电动机的电刷与换向器接触不良，会使换向器与电刷之间产生较大火花，甚至环火，会造成换向器表面的烧伤，严重影响电动机的正常运行。

造成换向器与电刷间接触不良的主要原因有电刷磨损严重、电刷压力弹簧变形、换向器表面粘有污物或磨损严重等。

电刷与换向器接触不良时，必须打开电刷握，将电刷和弹簧取出。仔细观察电刷、弹簧、换向器表面，就容易发现是哪个部件出的问题了。电刷磨损严重时，其端面偏斜严重，端面颜色深浅不一。这时只有更换电刷才行。在更换电刷时一定要注意电刷规格、电刷的软硬度和调节好电刷压力。这是因为，若电刷选择过硬则会使换向器很快磨损，且使电动机运行时电刷发出“嘎嘎”声响，换向器与电刷间产生较大火花。若电刷选择太软，则电刷磨损太快，电刷容易粉碎。石墨粉末太多也容易造成换向片间短路，使换向器产生环火。

电刷压力弹簧损坏或弹簧疲劳是容易被发现的。弹簧的弹力不足，就说明弹簧疲劳。若弹簧曲扭变形，则说明弹簧已经损坏。弹簧一旦出现这样的情况，应及时更换。

换向器表面有污物时，只要用细砂布轻轻研磨即可。若换向片有烧伤斑点或换向器边缘处有熔点，则可用锋利刮刀剔除。若发现换向片间云母片烧坏，则应清除烧坏的云母片，重新将绝缘烘干。另一种可能是换向片脱焊，如图5-40所示。

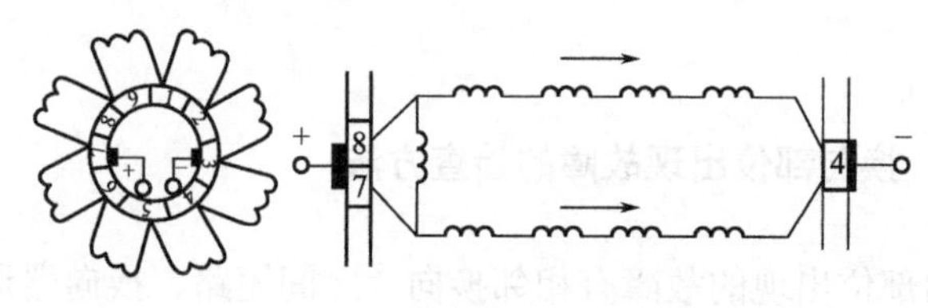

(a) 电阻值组由两路并联运行

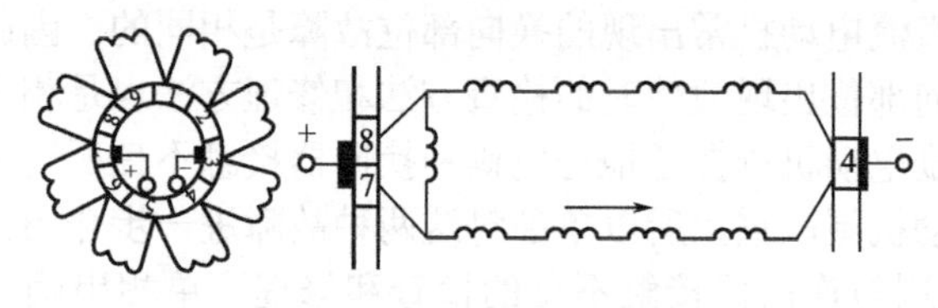

(b) 一片换向片脱焊断路

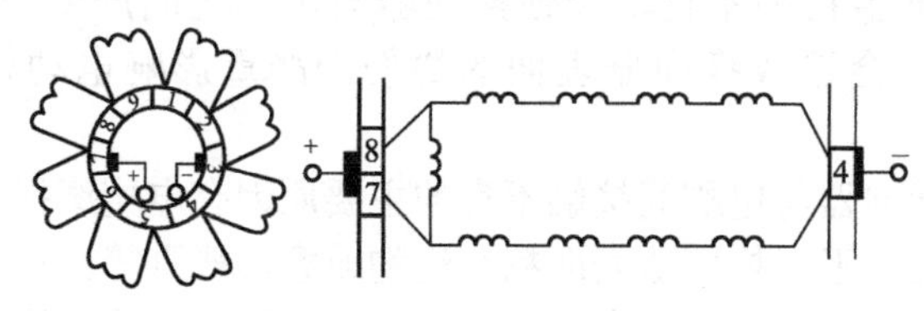

(c) 两片换向片脱焊断路(断点在电帽下)

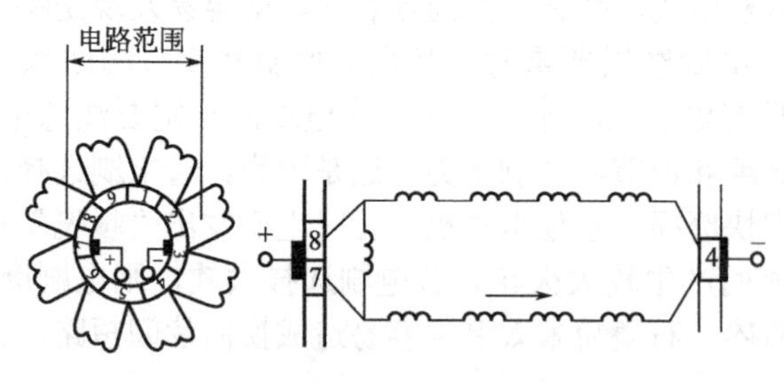

(d) 三片换向片脱焊断路

图5-40　换向片脱焊示意图

输出端电压在负载变化时变化较小，电压弯化率由复励调谐，即串并联的转矩比决定。

② 刷握通地　刷握通地是单相串励电动机常见的故障。刷握通地主要是因刷握绝缘受潮或损坏造成的。有时在调整刷握位置时不慎也可能造成刷握通地。

电刷的刷握通地后，电动机运行时的表现，随着电枢绕组与定子线包连接方式的不同而不同。

a. 电枢绕组串接于定子线包中间的方式。刷握发生通地故障后，随着电源火线与零线位置的不同而可能出现下列两种不同的现象。

• 如图5-41（a）所示的情况：当接通电源时，电流由火线经定子线包2，再经接地刷握形成回路；此时，熔丝将立即熔断；若熔丝太粗，熔断得慢，或不熔断，则会使定子线包2烧毁。

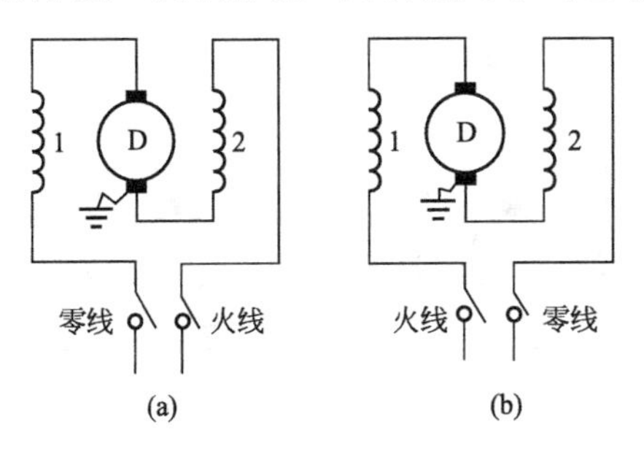

图5-41　刷握通地的不同情况

• 如图5-41（b）所示的情况：当接通电源时，电流由电源火线经过定子线包1和电枢绕组，再由接地刷握形成回路；此时，电动机能够启动运转，但由于只有一个定子线包起作用，主磁场减弱一半，所以使电动机转速比正常转速快得多，电枢电流也大得多；同时还会因磁场的不对称，使电动机运转时出现剧烈振动，并使电刷与换向器之间出现较大绿色火花；时间稍长，电动机发热严重，导致绕组烧毁。

b. 电枢绕组串接于定子线包之外的连接方式。电刷的刷握接地后，则可能发生下列四种现象。

• 图5-42（a）所示的情况：当电源接通后，电流由火线经过电枢绕组和通地刷握形成回路；此时熔丝应很快熔断，若熔丝熔断速度慢或不熔断，则电枢绕组会因电流太大而烧毁。

• 图5-42（b）所示的情况：当电源接通后，电流由火线经两个定子线包和通地刷握形成回路，定子绕组会立即烧毁。

• 图5-42（c）所示的情况：当电源接通后，电流由火线经通地刷握形成回路，熔丝会立即熔断。

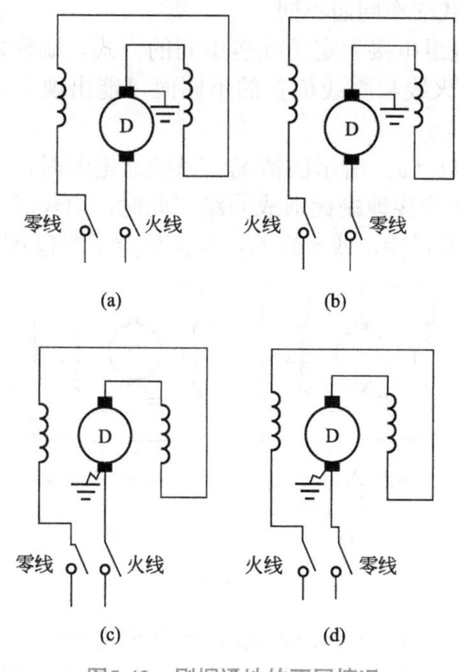

图5-42　刷握通地的不同情况

• 图5-42（d）所示的情况：当电源接通后，电流由火线经定子线包和电枢绕组，再经通地刷握形成回路，电动机能够启动运行，转速正常，但电动机的机壳带电，对人身安全有危险，这也是绝对不允许的。

刷握通地的故障容易判定，只需用500V兆欧表检测刷握对机壳的绝缘电阻，或者用万用表检测刷握与机壳之间电阻即可。一旦发现刷握通地，必须立即修理，不允许拖延。刷握通地很容易修理，只需要加强刷握与机壳间的绝缘，或更换刷握即可。

5.2.7 单相串励电动机噪声产生原因及降噪方法

单相串励电动机运行时产生的噪声一般比直流电动机大得多。

单相串励电动机噪声来源可分为三个部分：机械噪声、通风噪声、电磁系统的噪声。

① 机械噪声　单相串励电动机转速很高，一旦电动机转子（电枢）动平衡或静平衡不好，会使电动机产生很强烈的振动。另外，轴承稍有损坏、轴承间隙过大、轴承缺油也会使电动机产生振动，发出噪声。还有就是因换向器与电刷接触不良产生的噪声。

② 通风噪声　通风噪声是因电动机运行时，其附属风扇产生高速气流用以冷却电动机，此高速气流通过电机时会产生噪声。

③ 电磁噪声　单相串励电动机通以正弦交流电，它的定子磁场和气隙磁场都是周期性变化的。磁极受到交变磁力的作用，电枢也会受到交变磁场作用，使电动机部件发生周期性交变的变形。这些都会使电动机产生噪声。

单相串励电动机运行的噪声是不可避免的，只能是设法降低噪声。下面介绍降低电动机噪声的方法。

① 降低机械噪声的方法

a．对电动机转子（电枢）进行精密的平衡试验，尽最大努力提高转子平衡精度。

b．选用高精度等级的轴承，注意及时给轴承加润滑油。一旦发现轴承有损坏应及时更换。

c．精磨换向器，尽量保持圆度，且使表面圆滑。同时还要精密研磨电刷端面，使之与换向器表面吻合，以减小电刷振动，从而降低噪声。

② 降低通风噪声的方法

a．使冷却风扇的叶片数为奇数，例如7片、9片、11片、13片……

b．提高扇叶的刚度，并尽可能使各扇叶平衡。

c．风扇的扇叶稍有变形时应立即修正，并且可以增大风扇外径与端盖间的径向间隙，也就是减小风扇直径。

d．将扇叶的尖锐边缘磨成圆形，并使通风道成流线型，以减少对空气流动的阻力。

第6章

直流电动机及维修

6.1 直流电动机的结构和工作原理

（1）结构 直流电动机由定子、电枢、换向器、电刷、刷架、机壳、轴承等主要部件构成。磁极由磁极铁芯和励磁绕组组成，安装在机座上。机座是电动机的支撑体，也是磁路的一部分。磁极分为主磁极和换向极。主磁极励磁线圈用直流电励磁，产生N、S极相同排列的磁场，换向极置于主磁极之间，用来减小换向时产生的火花。

电枢由电枢铁芯与电枢绕组组成。电枢装在转轴上，转轴旋转时，电枢绕组切割磁场，在其中产生感应电动势。电枢铁芯用硅钢片叠成，外表面开有均匀的槽，槽内嵌放电枢绕组，电枢绕组与换向器连接。换向器又称为整流子，它是直流电动机的关键部件。换向器的作用是将外电路的直流电转换成电枢绕组的交流电，以保证电磁转矩作用方向不变。

（2）直流电动机的工作原理 直流电动机接上电源以后，电枢绕组中便有电流通过，应用左手定则可知，电动机转子将受力而逆时针方向旋转，如图6-1所示。由于换向器的作用，使N极和S极下面导体中的电流始终保持一定的方向，因而转子便按逆时针方向不停地旋转。

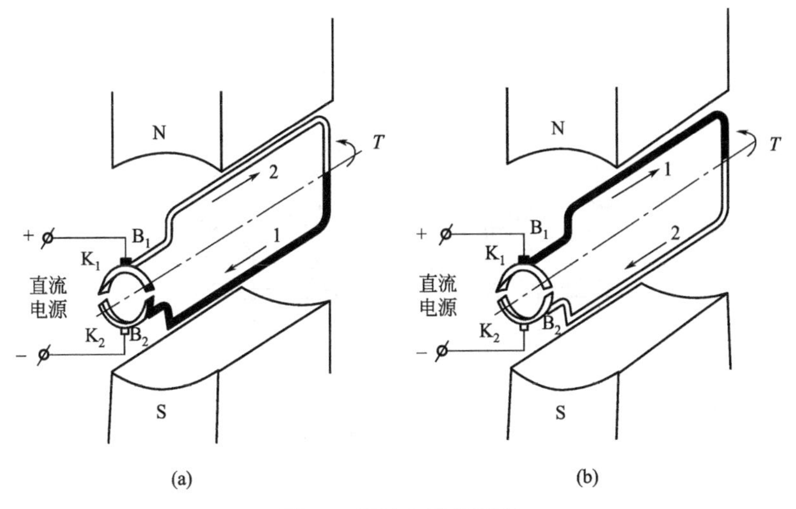

图6-1 直流电动机原理

6.2 直流电动机接线图

直流电动机根据转子及定子的连接方式的不同分为串励式、并励式、复励式和他励式，如图6-2～图6-5所示。

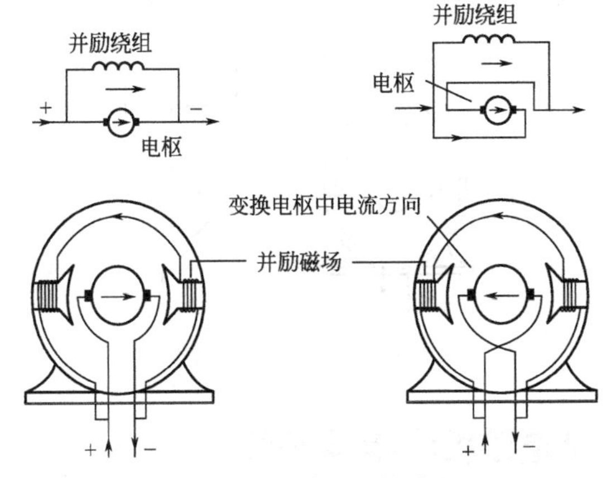

图6-2 并励式绕组接线图

（变换电枢引线即能改变旋转方向）

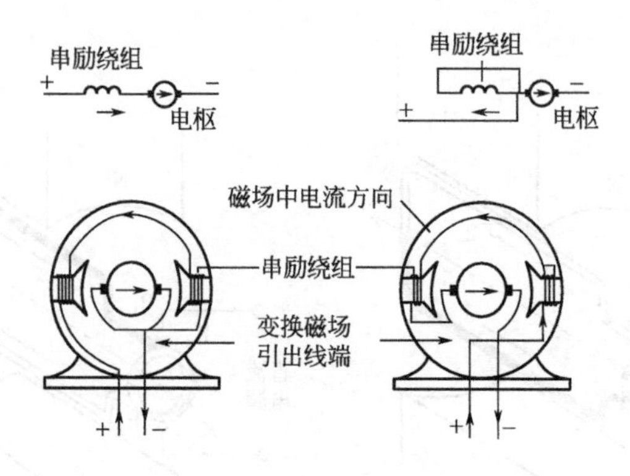

图6-3　串励式绕组接线图

（变换磁场引线即能改变旋转方向）

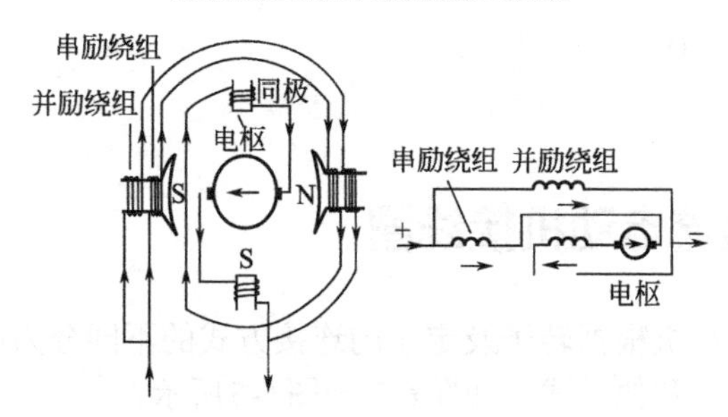

图6-4　具有换向极的2极激复励式绕组接线图

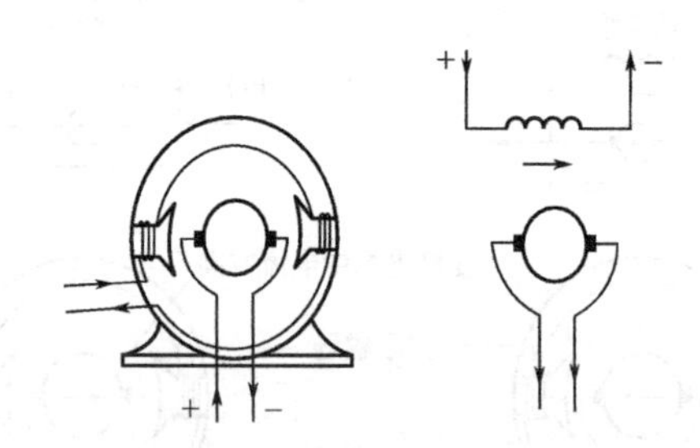

图6-5　他励式绕组接线图

6.3　直流电动机绕组展开图

图6-6～图6-9为直流电机的电枢绕组展开图。

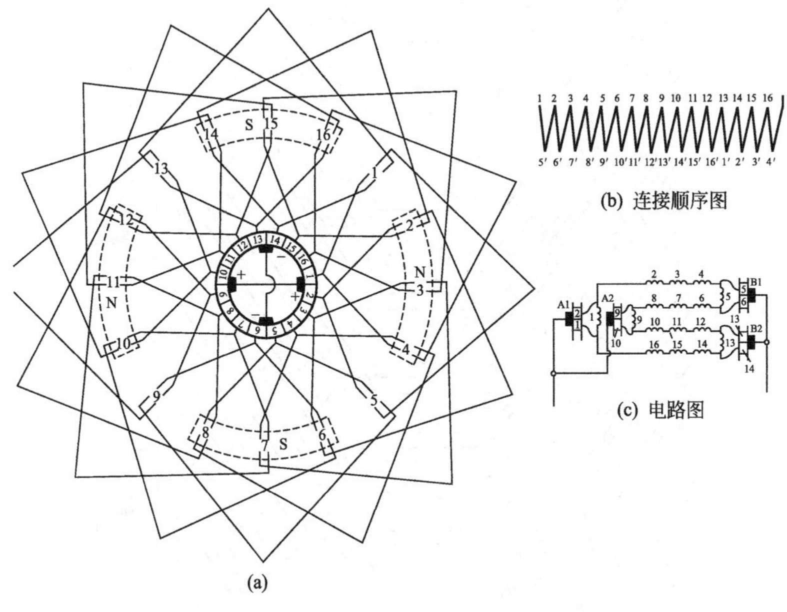

(a)

(b) 连接顺序图

(c) 电路图

图6-6　4极16槽单叠绕组端部接线图

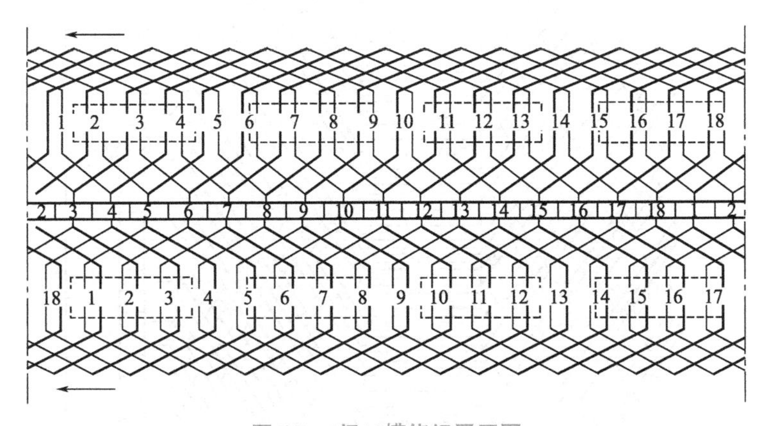

图6-7　4极18槽绕组展开图

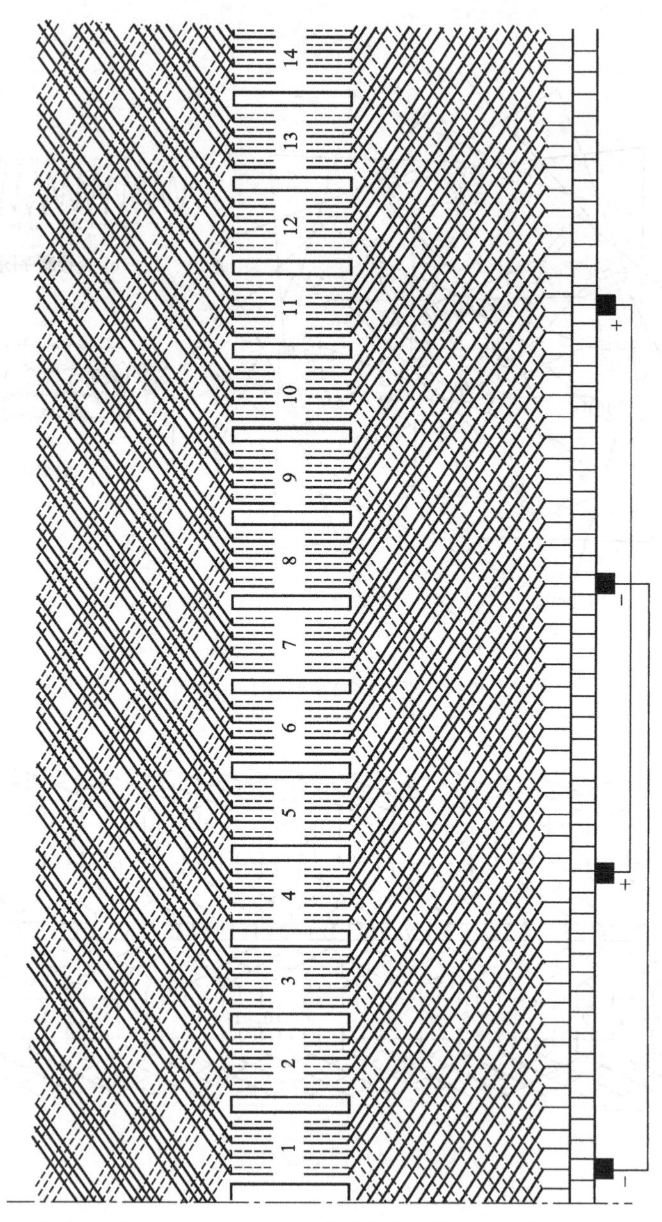

图6-8　Z2-11，2极14槽电枢单叠绕组展开图

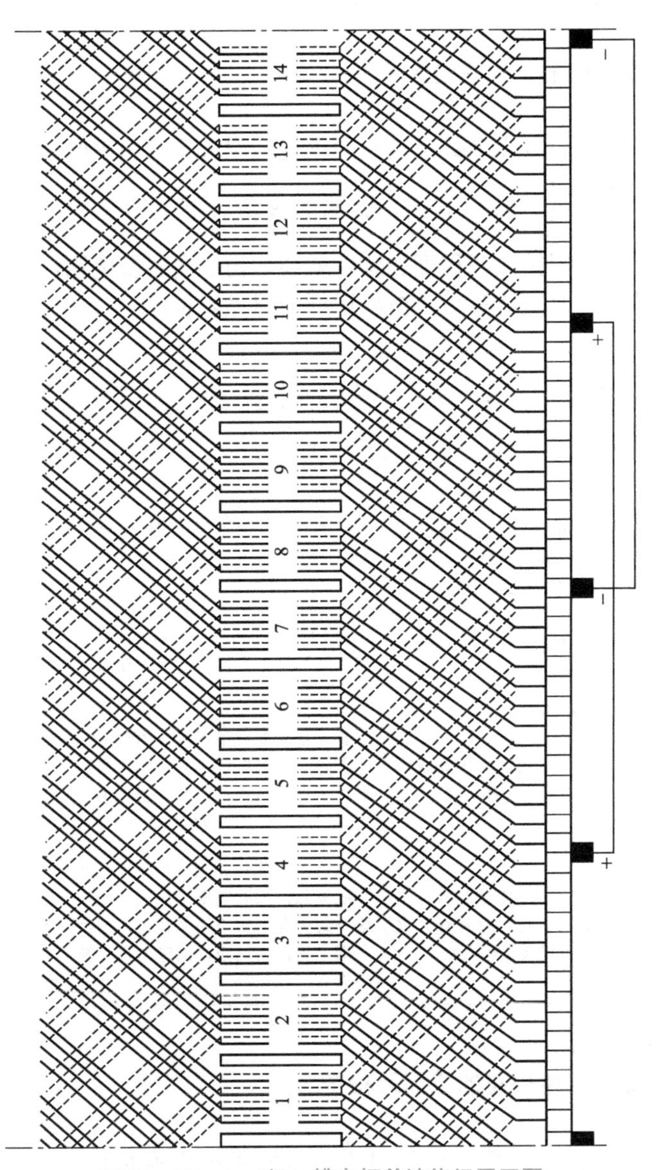

图6-9 Z2-11，2极14槽电枢单波绕组展开图

6.4 直流电动机常见故障及检查

6.4.1 电刷下火花过大

直流电机故障多数是从换向火花的增大反映出来的。换向火花有1、$1\frac{1}{4}$、$1\frac{1}{2}$、2、3五级。微弱的火花对电机运行并无危害，但如果火花范围扩大或程度加剧，就会灼伤换向器及电刷，甚至使电机不能运行，火花等级及电机运行情况见表6-1。

表6-1 电刷下火花等级

<table>
<tr><th>火花等级</th><th>程度</th><th>换向器及电刷的状态</th><th>允许运行方式</th></tr>
<tr><td>1</td><td>无火花</td><td rowspan="2">换向器上没有黑痕，电刷上没有灼痕</td><td rowspan="3">允许长期连续运行</td></tr>
<tr><td>$1\frac{1}{4}$</td><td>电刷边缘仅小部分有几处弱的点状火花或有非放电性的红色小火花</td></tr>
<tr><td>$1\frac{1}{2}$</td><td>电刷边缘大部分或全部有弱小的火花</td><td>换向器上有黑痕出现，但不发展，用汽油即能擦除，同时在电刷上有轻微的灼痕</td></tr>
<tr><td>2</td><td>电刷边缘大部分或全部有较强烈的火花</td><td>换向器上有黑痕出现，用汽油不能擦除，同时电刷上有灼痕（如短时出现这一级火花，换向器上不会出现灼痕，电刷不致被烧焦或损坏）</td><td>仅在短时过载或短时冲击负载时允许出现</td></tr>
<tr><td>3</td><td>电刷的整个边缘有强烈的火花，有时有大火花飞出（即环火）</td><td>换向器上黑痕相当严重，用汽油不能擦除，同时电刷上灼痕（如在这一级火花等级下短时运行，则换向器上将出现灼痕，同时电刷将被烧焦）</td><td>仅在直接启动或逆转瞬间允许存在，但不得损坏换向器</td></tr>
</table>

6.4.2 产生火花的原因及检查方法

① 电机过载造成火花过大。可测电机电流是否超过额定值，如电流过大，则说明电机过载。

② 电刷与换向器接触不良。原因如下：换向器表面太脏；弹簧压力不合适，可用弹簧秤或凭经验调节弹簧压力；在更换电刷时，错换了其他型号的电刷；电刷或刷握间隙配合太紧或太松，配合太紧可用砂布研磨，配合太松则需更换电刷；接触面太小或电刷方向放反了，接触面太小主要是在更换电刷时研磨方法不当造成的。正确的研磨方法是：用N320号细砂布压在电刷与换向器之间（带砂的一面对着电刷，紧贴在换向器表面上，不能将砂布拉直），砂布顺着电机工作方向移动，如图6-10所示。

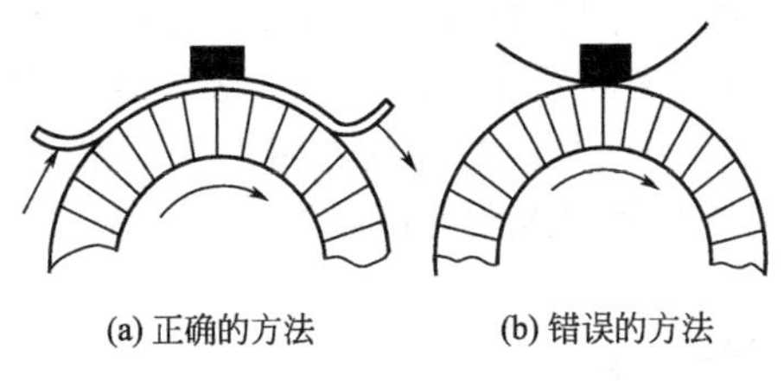

图6-10　磨电刷的方法

③ 刷握松动，电刷排列不成直线。电刷位置偏差越大，火花越大。

④ 电枢振动造成火花过大。原因如下：电枢与个磁极间的间隙不均匀，造成电枢绕组各支路内电压不同，其内部产生的电流使电刷产生火花；轴承磨损造成电枢与磁极上部间隙过大，下部间隙小；联轴器轴线不正确；用皮带传动的电机，其皮带过紧。

⑤ 换向片间短路。原因如下：电刷粉末、换向器铜粉充满换向器的沟槽中；换向片间云母腐蚀；修换向器时形成的毛刷没有及时消除。

⑥ 电刷位置不在中性点上。原因如下：修理过程中电刷位置移动不当或刷架固定螺栓松动，造成电刷下火花过大。

⑦ 换向极绕组接反。判断的方法是，取出电枢，定子通以低压直流电。用小磁针试验换向极极性。顺着电机旋转的方向，发电机为“n—N—S—S”，电动机为“n—S—s—N”（其中大写字母为主磁极极性，小写字母为换向极极性）。

⑧ 换向极磁场太强或太弱。换向极磁场太强会出现以下症状：绿色针状火花，火花的位置在电刷与换向器的滑入端，换向

器表面对称灼伤。对于发电机，可将电刷逆着旋转方向移动一个适当角度；对于电动机，可将电刷顺着旋转方向移动一个适当的角度。

换向极磁场太弱会出现以下症状：火花位置在电刷和换向器的滑出端。对于发电机需将电刷顺着旋转方向移动一个适当角度；对于电动机，则需将电刷逆着旋转方向移动一个适当角度。

⑨ 换向器偏心。除制造原因外，主要是修理方法不当造成的。换向器片间云母凸出的原因为：对换向器槽挖削时，边缘云母片未能清除干净，待换向片磨损后，云母片便凸出，造成跳火。

⑩ 电枢绕组与换向器脱焊。用万用表（或电桥）逐一测量相邻两片的电阻，如测到某两片间的电阻大于其他任意两片的电阻，则说明这两片间的绕组已经脱焊或断线。

6.4.3 换向器的检修

换向器的片间短路与接地故障，一般是由于片间绝缘或对地绝缘损坏，且其间有金属屑或电刷炭粉等导电物质填充所造成的。

（1）故障检查方法 用检查电枢绕组短路与接地故障的方法，可查出故障位置。为分清故障部位是在绕组内还是在换向器上，要把换向片与绕组相连接的线头焊开，然后用校验灯检查换向片是否有片间短路或接地故障。检查中，要注意观察冒烟、发热、焦味、跳火及火花的伤痕等故障现象，以分析、寻找故障部位。

（2）修理方法 找出故障的具体部位后，用金属器具刮除造成故障的导电物体，然后用云母粉加胶合剂或松脂等填充绝缘的损伤部位，恢复其绝缘。若短路或接地的故障点存在于换向器的内部，则必须拆开换向器，对损坏的绝缘进行更换处理。

（3）直流电动机换向器制造工艺及装配方法

① 制作换向片。制作换向片的材料是专用冷拉梯形铜排，落料后必须经校平工序，最后按图纸要求用铣床加工嵌线柄或开高片槽。

② 升高片制作与换向片的连接。升高片一般用0.6～1mm的紫铜枚或1～1.6mm厚紫铜带制作。

升高片与换向片的连接一般采用铆钉铆接或焊接，焊接一般采用铆焊、银铜焊、磷铜焊。

③ 片间云母板的制作。按略大于换向片的尺寸，冲剪而成。

④ V形绝缘环和绝缘套管的制作。首先按样板将坯料剪成带切口的扇形，一面涂上胶黏剂并晾干，然后把规定层数的扇形云母粘贴成一整叠，并加热至软化，围位初步成型模，外包一层聚酯薄膜，用带子捆起来，用手将坯料压在模子的V形部分，再加压铁压紧，待冷至室温后取下压铁便完成了初步成型，最后在160 ～ 210℃温度下进行烘压处理，再冷却至室温，便得到成型的V形绝缘环了。

⑤ 装配换向片的烘压。先将换向片和云母板逐片相间排列置于叠压模的底盘上，拼成圆筒形，按编号次序放置锥形压块，用带子将锥形压块扎紧，并在锥形压块与换向片之间插入绝缘纸板，再套上叠压圈后，便可拆除带子。

⑥ 加工换向片组V形槽。

⑦ 换向器的总装。换向器的总装是将换向片组、V形绝缘环、压圈、套管等零件组装在一起，用螺杆或螺母紧固，再经数次冷压和热压，使换向器成为一个坚固稳定的圆柱整体。

6.4.4 电刷的调整方法

（1）直接调整法 首先松开固定刷架的螺栓，戴上绝缘手套，用两手推紧刷架座，然后开车，用手慢慢逆着电机旋转的方向转动刷架，如火花增加或不变，可改变方向旋转，直到火花最小为止。

（2）感应法 如图6-11所示，当电枢静止时，将毫伏表接到相邻的两组电刷上（电刷与换向器的接触要良好），励磁绕组通过开关K接到电压为1.5 ～ 3V的直流电源上，交替接通和断开励磁绕组的电路，毫伏表指针会左

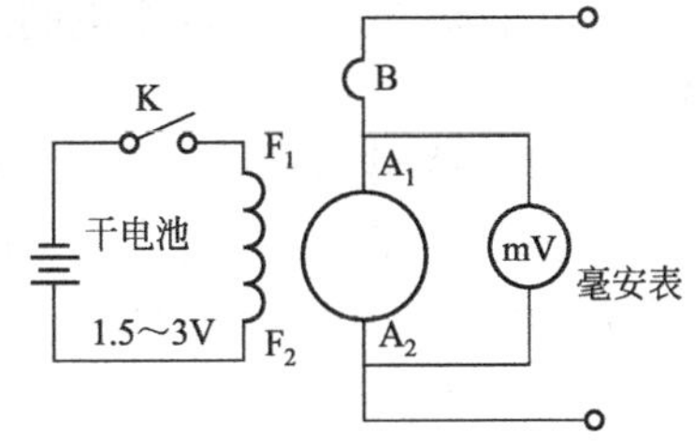

图6-11 感应法确定电刷中性点位置

右摆动。这时，将电机刷架顺电机旋转方向或逆时针方向移动，直至毫伏表指针基本不动时，电刷位置即在中性点位置。

（3）正、反转电动机法 对于允许反转的直流电动机，先使电动机正转，后反转，随时调整电刷位置，直到正、反转转速一致时，电刷所在的位置就是中性点的位置。

6.4.5 发电机不发电、电压低及电压不稳定

发电机不发电、电压低及电压不稳定的原因及解决方法如下：

① 对于自励发电机，造成不发电的原因之一是剩磁消失。这种故障一般出现在新安装或经过检修的发电机上。如没有剩磁，则可进行充磁。其方法是，待发电机转起来以后，用12V左右的干电池（或蓄电池），负极对主磁极的负极进行接触，正极对主磁极的正极进行接触，观察跨在发电机输出端的电压表。如果电压开始建立，即可撤除。

② 励磁线圈接反。

③ 电枢线圈匝间短路。其原因是有绕组间短路、换向片间或升高片间有焊锡等金属短接。电枢短路的故障可以用短路探测器检查。对于没有发现绕组烧毁又没有拆开的电机，可用毫伏表校验换向片间电压的方法检查。检查前，必须首先分清此电枢绕组是叠绕形式，还是波绕形式。因采用叠绕组的电机每对用线连接的电刷间有两个并联支路；而采用波绕组的电机每对用线连接的电刷间最多只有一个绕组元件。实际区分时，将电刷连线拆开，用电桥测量其电阻值，如原来连接的两组电刷间电阻值小，而正负电刷间的阻值较大，则可认为是波绕组：如四组电刷间的电阻基本相等，则可认为是叠绕组。

在分清绕组形式后，可将低压直流电源接到正负两对电刷上，毫伏表接到相邻两换向片上，依次检查片间电压。中、小电机常用图6-12（a）所示的检查方法；大型电机常用图6-12（b）所示的检查方法。在正常情况下，测得电枢绕组各换向片间的压降应该相等，或其中最小值和最大值与平均值的偏差不大于±5%。

如电压值是周期变化的，则表示绕组良好；如读数突然变小，

则表示该片间的绕组元件局部短路；如毫伏表的读数突然为零，则表明换向片短路或绕组全部短路；如片间电压突然升高，则可能是绕组断路或脱焊。

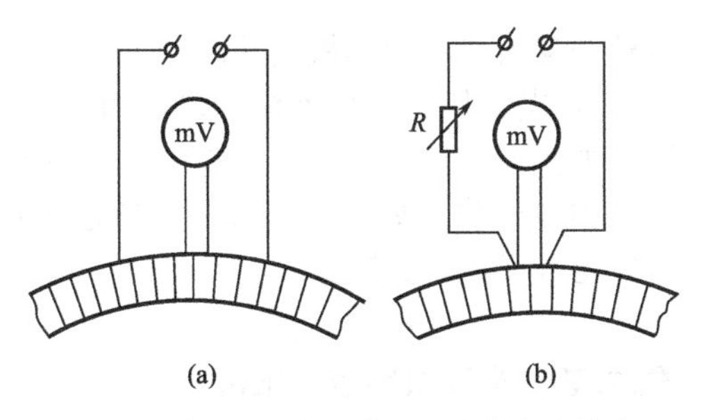

图6-12 用测量换向片间压降的方法检查短路、断路和开焊

对于4极的波绕组，因绕组经过串联的两个绕组元件后才回到相邻的换向片上，如果其中一个元件发生短路，那么表笔接触相邻的换向片上，毫伏表所指示的电压会下降，但无法辨别出两个元件哪个损坏。因此，还需把毫伏表跨到相当于一个换向节距的两个换向片上，才能指示出故障的元件。其检查方法如图6-13所示。

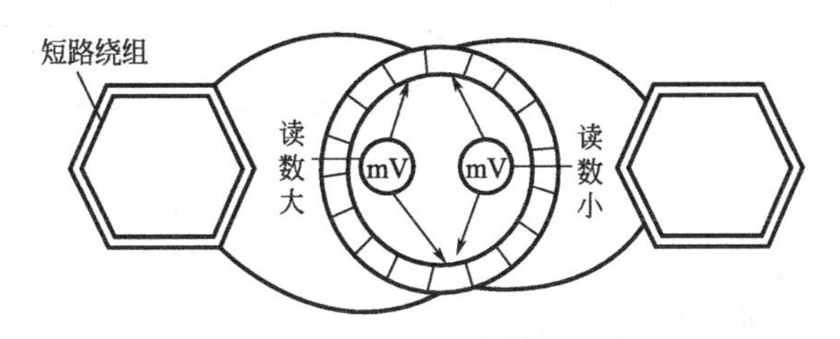

图6-13 检查短路的波绕组

④ 励磁绕组或控制电路断路。

⑤ 电刷不在中性点位置或电刷与换向器接触不良。

⑥ 转速不正常。

⑦ 旋转方向错误（指自励电机）。

⑧ 串励绕组接反。故障表现为发电机接负载后，负载越大电压越低。

6.4.6 电动机不能启动

① 电动机无电源或电源电压过低。

② 电动机启动后有“嗡嗡”声而不转。其原因是过载，处理

方法与交流异步电动机相同。

③ 电动机空载仍不能启动。可在电枢电路中串上电流表量电流。如果电流过小，则可能是电路电阻过大、电刷与换向器接触不良或电刷卡住；如果电流过大（超过额定电流），则可能是电枢严重短路或励磁电路断路。

6.4.7 电动机转速不正常

① 转速高的原因是：串励电动机空载启动；复励电动机的串励绕组接反；磁极线圈（指两路并励的绕组）断线；磁极绕组电阻过大。

② 转速低的原因是：电刷不在中性线上、电枢绕组短路或接地。电枢绕组接地，可用校验灯检查，其方法如图6-14所示。

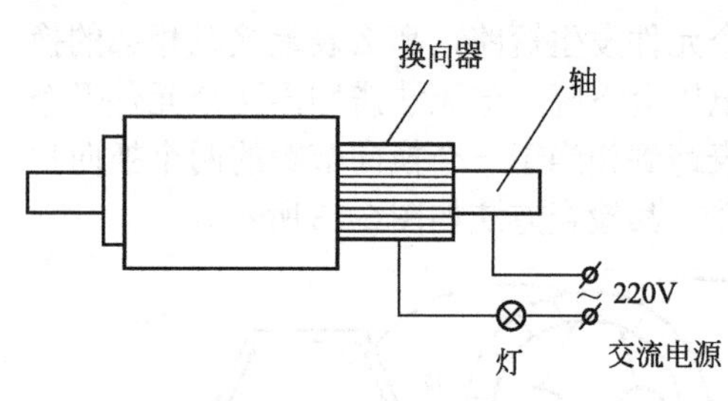

图6-14 用校验灯检查电枢绕组的接地点

6.4.8 电枢绕组过热或烧毁

① 长期过载，换向磁极或电枢绕组短路。

② 直流发电机负载短路造成电流过大。

③ 电压过低。

④ 电机正、反转过于频繁。

⑤ 定子与转子相摩擦。

6.4.9 磁极线圈过热

① 并励绕组部分短路。可用电桥测量每个线圈的电阻是否与标准值相符或接近，电阻值相差很大的绕组应拆下重绕。

② 发电机气隙太大。查看励磁电流是否过大，拆开电机，调

整气隙（即垫入铁皮）。

③ 复励发电机负载时，电压不足，调整电压后励磁电流过大。若该发电机串励绕组极性接反，则串励线圈应重新接线。

④ 发电机转速太低。

6.4.10 电枢振动

① 电枢平衡未校好。

② 检修时，风叶装错位置或平衡块移动。

6.4.11 直流电机的拆装

拆卸前要进行整机检查，熟悉全机有关的情况，做好有关记录，并充分做好施工的准备工作。拆卸步骤如下：

① 拆除电机的所有接线，同时做好复位标记和记录。

② 拆除换向器端的端盖螺栓和轴承盖的螺栓，并取下轴承外盖。

③ 打开端盖的通风窗，从各刷握中取出电刷，然后再拆下接在刷杆上的连接线，并做好电刷和连接线的复位标记。

④ 拆卸换向器端的端盖。拆卸时先在端盖与机座的接合处打上复位标记，然后在端盖边缘处垫以木楔，用铁锤沿端盖的边缘均匀地敲打，使端盖止口慢慢地脱开机座及轴承外圈。记好刷架的位置，然后取下刷架。

⑤ 用厚牛皮纸或布把换向器包好，以保持清洁，防止碰撞致伤。

⑥ 拆除轴伸出端的端盖螺钉，将连同端盖的电枢从定子内小心地抽出或吊出。操作过程中要防止擦伤绕组、铁芯和绝缘等。

⑦ 把连同端盖的电枢放在准备好的木架上，并用厚纸包裹好。

⑧ 拆除轴伸端的轴承盖螺钉，取下轴承外盖和端盖。轴承只在有损坏时才需取下来更换，一般情况下不要拆卸。

电机的装配步骤按拆卸的相反顺序进行。操作过程中，各部件应按复位标记和记录进行复位；装配刷架、电刷时，更需细心认真。

第7章

同步电动机与发电机维修

7.1 同步电机的结构及原理

同步电机是交流电机的一种，它主要用作发电机，在现代电力工业中，无论是火力发电、水力发电、柴油机发电或原子能发电，几乎全部采用同步发电机。此外，它还作为同步电动机广泛应用于拖动不要求调速和功率较大的机械设备中，如压缩机、鼓风机、工业泵、轧钢机和交流机组等。

同步电机与异步电机的最大区别在于其转速n（r/min）与电流频率f（Hz）之间有着严格的关系，即：

$$n=\frac{60f}{P}$$

式中，P——电机的极对数。

下面将分别简述同步发电机、同步电动机的基本工作原理、结构和类型。

7.1.1 同步发电机的工作原理

交流同步发电机是根据电磁感应原理制成的，即根据导体在磁场中切割磁感线而产生感应电支势的原理而制造。图7-1所示为同步发电机原理示意图，从图中要以看到，线圈*ab-cd*在永久磁铁或电磁铁内作顺时针旋转时，线圈的*ab*边和*cd*边将会不断地切割磁感线，线圈也就会产生大小和方向按周期充数化的交变电动势。这个交变电动势和气隙中的磁通密度成正比，而气隙中的磁通密度则是按正弦规律来分布的，因此线圈中感应的交变电动势也是按正弦规律变化的。如果用电刷和滑环将这个线圈和外电路连接起来，外电路就会有正弦交流电流过。

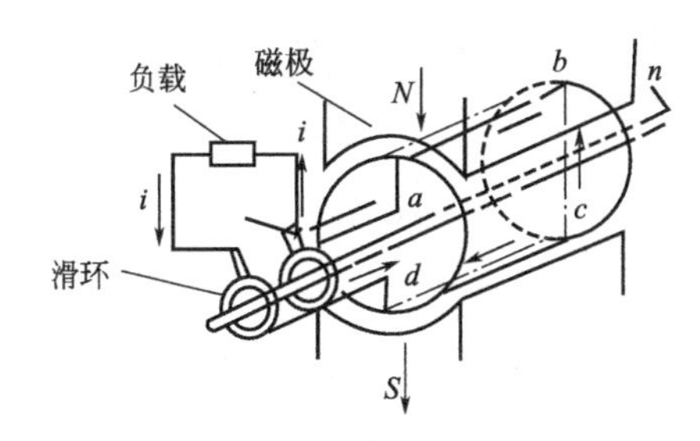

图7-1　同步发电机原理示意图

为了获得较大的感应电势，根据公式：

$$E=Blv\text{sina}$$

可知只有在增强感应强度B、加长切割磁感线的导体长度$\imath$和增大导体切割磁感线的速度v的情况下，才能得到较大的感应电动势。

在实际应用的发电机内，线圈是绕在铁芯上的，其磁场一般也是用线圈励磁的磁铁来形成的。这时磁感应强度B增强了，线圈也由一匝改为许多匝联在一起，从而使切割磁感线的导体长度l增长了；并且线圈旋转得也更快了，致使导体以很高的速度v切割磁感线。

通常将绕在铁芯上用来产生感应电动势的线圈叫做电枢，而将形成磁场的永久磁铁称作磁场，当发电机的磁场不动而电枢转动时，称为旋转电枢式发电机。如果将磁场放在电枢中间，使磁场旋转而电枢不动，则这种发电机称作旋转磁场式发电机。

图7-2所示为旋转电枢式发电机示意图，这种发电机的额定电压都不高（一般均不超过500V），主要原因是：电枢产生的电流必须通过滑环与电刷接入外电路，而当滑环间的电压（也即电刷间的电压）很高时，容易因打火而引发火灾，并且由于电枢所占的空间有限，而线圈匝数增多会导致绝缘层加厚而限制了电枢电压的

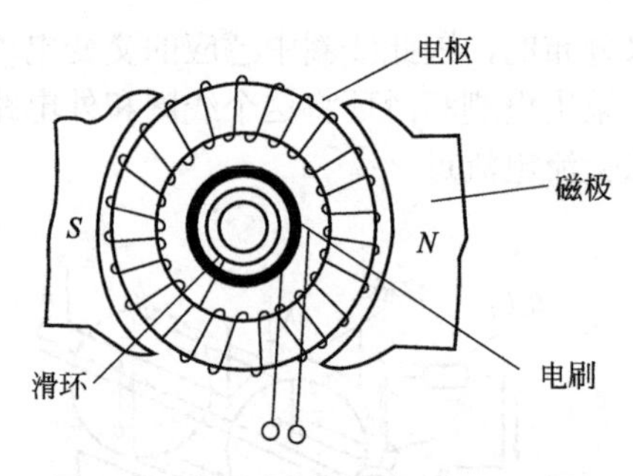

图7-2 旋转是枢式同步发电机示意图

增高；当电机高速旋转时，由于振动和离心现象使电枢极易损坏；同时，电枢的构造比较复杂，因此制造成本高、销售价格贵。因而采用这种设计的同步发电机极少，只偶尔在小功率同步发电机中才能看到。

旋转磁场式同步发电机则如图7-3所示，这种结构的同步发电机可以避免旋转电枢式发电机所存在的主要缺点，能够获得极好的运行特性和优良的性能价格比，并且还可以将发电机的容量和电压提高很多。由于磁场励磁线圈所需要的电压均在250V以下，故其构造和绝缘要求都比电枢要简单得多。在这种旋转磁场式发电机转子铁芯上每极都绕有励磁线圈，励磁所需要的直流电由直流电源经过滑环与电刷供给。当同步发电机转子在电动机的旋动下旋转时，它的磁场也将随着一起转动，这时磁场（即磁感线）将切割嵌置在定子槽中的绕组（即电枢），从而在定子绕组内产生感应电动势，而这个感应电动势最高却可达到35000V，所以大型同步发电机均采用旋转磁场式。

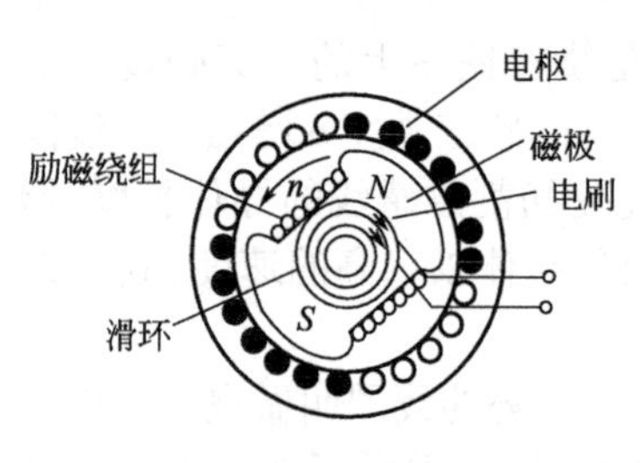

图7-3 旋转磁场式同步发电机示意图

7.1.2 同步发电机的结构

同步发电机可以是三相的，也可以是单相的，其结构则有旋转电枢式和旋转磁场式两大类。

（1）旋转电枢式同步发电机的结构 小型旋转电枢式同步发电机的结构如图7-4所示，其电枢铁芯与直流发电机极为相似，也是由硅钢片冲槽后叠装而成，在这些槽内嵌放的绕组占大部分的是交流绕组，另外小部分的则为直流绕组，在绕组之间以及绕组与铁芯间的均应衬隔绝缘，交流绕组与滑环连接，直流绕组则与换向器连接。这种发电机的磁场也与直流发电机相似，通常磁轭是一个由低碳钢制成的圆形外壳，磁极则由低碳钢或硅钢片制成，磁极上面励磁线圈的励磁电流则由从换向器引出的直流电来供给。

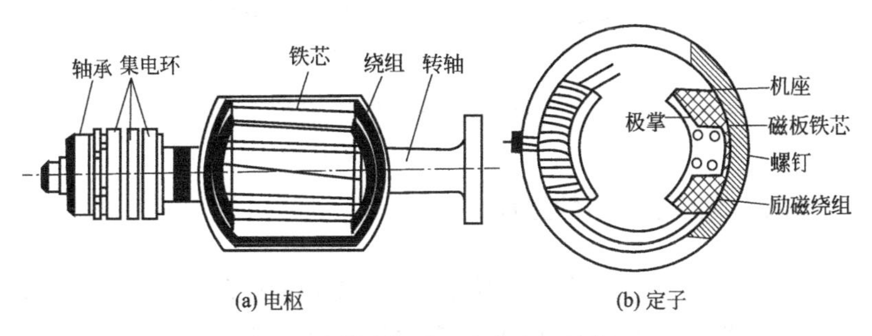

图7-4 旋转电枢式同步发电机结构图

（2）旋转磁场式同步发电机的结构 旋转磁场式同步发电机根据其转子结构的不同分为凸极和隐极两种结构形式。图7-3所示为凸极旋转磁场式发电机，这种发电机的定子铁芯由硅钢片冲成的叠片压装而成，在铁芯槽内嵌放有绕组，硅钢片的外面是一个由铸钢或铸铁制成的外壳（也有用钢板焊接而成的）。在靠近外壳处开有径向通风孔，在叠片间相隔一定的距离，还设置有部分辐向的通风孔。凸极同步发电机的转子常具有很多的磁极，每一个磁极均和鸠尾形楔榫紧固在铸钢的轴辐上。在小型同步发电机中，也有用螺钉固定磁极的。在转子转轴的一端，还装有引进励磁电流的滑环。

隐极同步发电机的转子，在构造上有整块式和组合式两种。通常在发电机转速不高的情况下，转了材料多用含硫、磷很低的普通碳钢制成；而在转速较高的情况下，需要用铬、镍、钼合金钢制成的。转子槽采用铣刀铣出，槽形如图7-5所示，分为辐射式和平行式两种，辐射式的应用比较多些。转子上没有槽的部分称为大齿，同步发电机的磁通大部分均通过大齿，从而使它成为磁极。

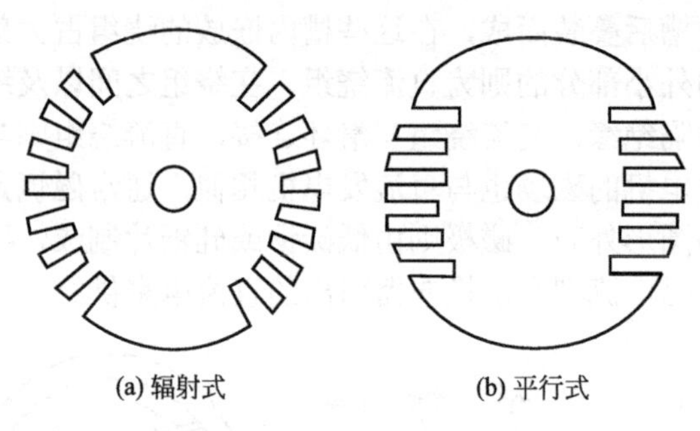

图7-5　隐极同步发电机转子槽形

7.1.3　同步发电机的型号

根据同步发电机的产品型号，一般来说应能区别产品的性能、用途和结构特征等。中小型同步发电机的型号通常包括以下几部分内容：

（1）产品代号　根据标准规定，同步发电机的产品代号为TF，在TF之后还可以加上表示结构特点的字母，如表示单相的D（无D即为三相发电机），W则表示采用无刷励磁装置等。

（2）中心高度　均用数字表示，单位为mm。

（3）机座长度　用字母表示，例如M表示中机座；L表示长机座；S表示短机座。

（4）铁芯长度　以数字来表示，为铁芯的号数，如2即指铁芯的长度是2号。

（5）极数　用数字表示，指电机的磁极的个数，如4即为4个极（也就是2对极）。

（6）型号说明

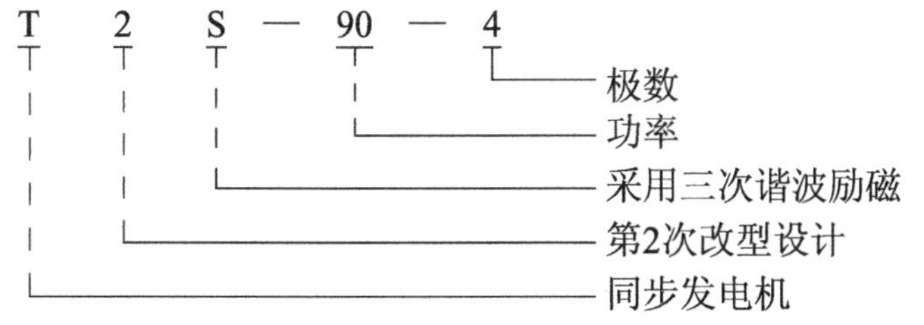

T2系列小型有刷自励恒压三相同步发电机是目前国内常有的基本系列发电机，这种发电机的励磁方式有三次谐波励磁、相复励磁和可控硅励磁三种，分别用字母S、X和K来表示，并标注在产品代号T2的后面，在代号之后其他规格的表示法与标准型号相同。

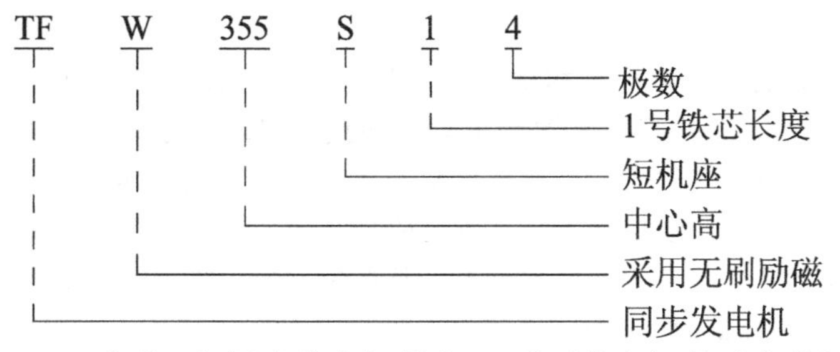

TFW系列三相同步发电机是在T2系列发电机基础上发展起来的换代产品。

单相同步发电机一般均在三相同步发电机基础上派生设计而成，通常多为隐极式，其定子上嵌置有两套绕组，主绕组占2/3槽数，辅助绕组占1/3槽数。单相同步发电机的效率、稳态电压调整率和波形畸变等电气性能均不及三相同步发电机，所以单相同步发电机的功率都比较小，否则其经济性能将会很差。

（7）型号举例

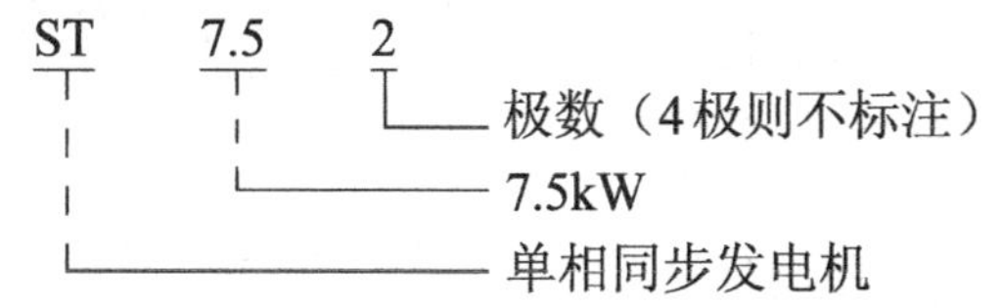

ST系列小型单相同步发电机多与小型汽油（或柴油机）配套

组成小型单相交流发电机组，广泛应用于小型船舶、城镇和农村家庭中。它具有体积轻巧、使用简单、运行可靠等优点。

1. 额定励磁电流

指发电机正常发电时，进入其励磁绕组内电流的保证值。

2. 额定励磁功率

指发电机正常满负载发电时，应提供其励磁绕组足够的励磁功率。

3. 绝缘等级

规定以发电机所使用的绝缘材料耐热等级作为发电机的绝缘等级。同步发电机常用的绝缘材料有E极、B极、F极，其允许温度依次分别为115℃、130℃、155℃。

7.1.4 同步电动机结构与工作原理

（1）三相同步电动机的工作原理 同步电动机的工作原理如图7-6所示，在该图中的N极下有一根接入电流的导体，其电流方向为从书内流向读者，根据电动机左手定则可知该导体的运动方向是由左向右。假设这根导体在固定磁极下所通过的是交变电流，则将会因下半周时电流的方向相反，从而使导体受到反方向的力，因此在交变电流的整个周期中导体所受的合成力矩为零，故电动机不能转动。如果电机的磁极由直流电产生固定的极性，同时在电枢绕组中引入交流电流，此时我们发现仍不能使电动机转动，这也就是说同步电动机它本身不具有启动转矩。

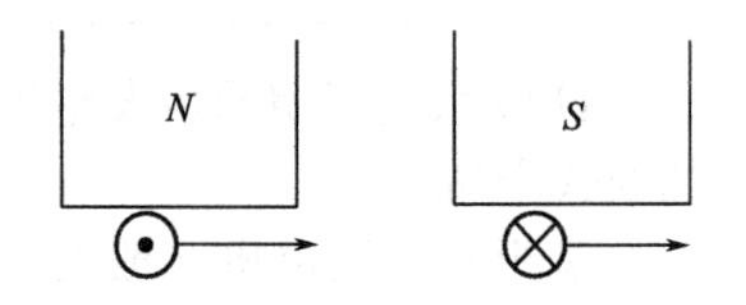

(a) 根据电动机左手定则

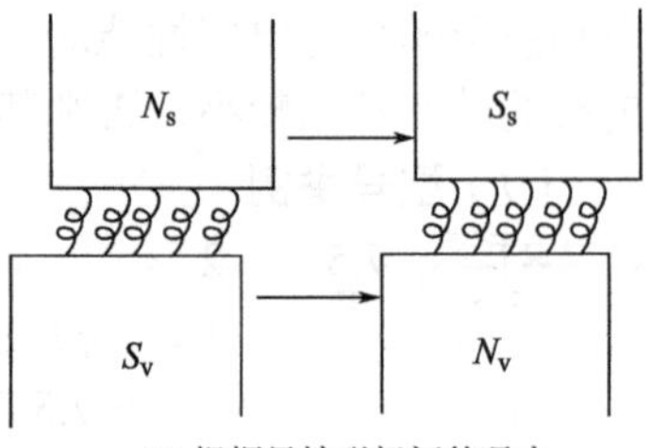

(b) 根据异性磁极间的吸力

图7-6 同步电动机的工作原理

假如我们设法把该导体在N极下顺着作用力方向推动，并且使导体在进入S极下的时候，恰好改变其电流方向，那么在S极下作用力的方向可保持不变，这就是同步电机工作时的情况。当导体以这样每半周转一磁极的速率向前移动时，导体与磁场间就可连续产生方向不变的电磁力矩。

同步电动机的运行，也可以理解为是由于经定子电流产生的旋转磁场和转子磁极间的吸力所至，如图7-6所示，N、S表示交变电流在定子中所产生的旋转磁场，当转子以同步的速率转动时，这些定子旋转磁场的磁极和转子上异性磁极NF、SF间的吸力，可以使转子被定子旋转磁场拖带着保持同步的转速而旋转。

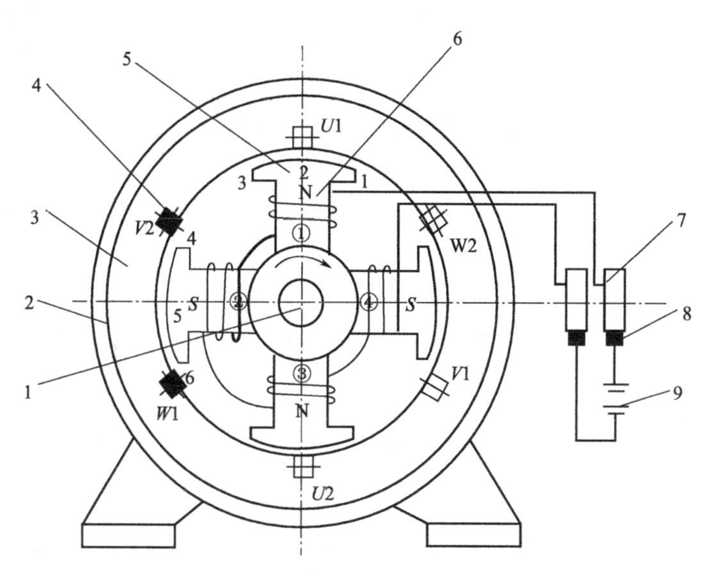

图7-7　三相4极同步电动机的结构示意图

1—转轴；2—机座；3—定子铁芯；4—定子绕组；5—磁极铁芯；6—磁极绕组；7—集电环；8—电刷；9—直流电源

三相同步电动机具有定子对称的三相绕组，它的转子则是由与定子绕组有相同极数的固定极性磁极组成，该固定极性磁极是由接入磁极励磁绕组中的直流电流所产生的，图7-7所示即为一台三相4极同步电动机的结构示意图。当该电机定子上的对称三相绕组流过对称三相电流时，就会在电机的气隙中产生一个与转子同极数的旋转磁场。旋转磁场的磁极将根据异磁极相吸的原理吸引转子磁极以相同的同步转速旋转。

（2）三相同步电动机的型号、结构和用途

① 产品型号说明

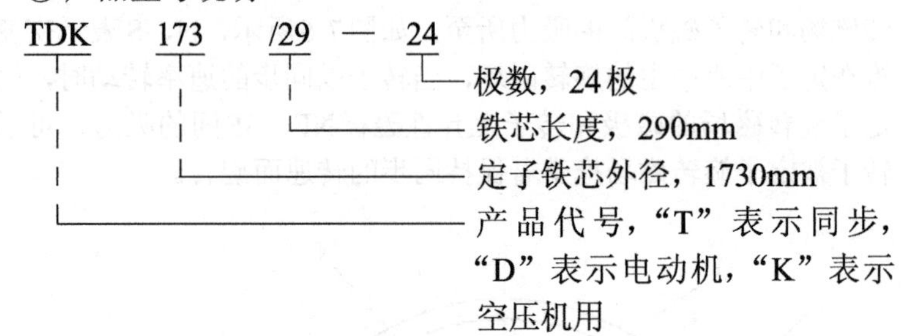

② 常用三相同步电动机的结构和用途如表7-1所示。

表7-1 三相同步电动机的结构和用途

名称	型号	结构模式	用途
TD系列同步电动机	TD	防护式、卧式结构，单（双）轴伸，直流励磁机或可控硅励磁装置	通风机、水泵、电动发电机组等
TDK系列同步电动机	TDK	一般为开启式，必要时制成防爆安全型或管道通风型，可控硅励磁装置	空压机、棒磨机、磨煤机
TDQ系列球磨机用同步电动机（包括老CTZ系列）	TDQ	开启式、自冷通风、卧式结构，设有两个轴承座及整块电机座架，用直流发电机励磁或可控硅励磁	球磨机、棒磨机、磨煤机等
TDZ系列轧钢机用同步电动机（包括老TZ系列）	TDZ	一般为管道通风卧式结构，直流发电机励磁或可控硅励磁	拖动各种类型轧钢设备
TDL系列立式同步电动机	TDL	立式、开启式自冷通风、悬吊式结构、单独励磁机用异步电动机拖动	拖动立式轴承泵或离心式水泵
TT系列同步调相机	TT	卧式、户内、全封闭式气体闭合循环冷却结构	改善电网功率因数，调整电网电压

7.2 同步电动机的维修

7.2.1 同步电动机的日常维护

为了确保发电机的安全可靠运行，并及时发现和排除发电机的异常情况，预防事故的发生，必须制定发电机的维护规程制度，进行日常的维护检查工作。日常维护检查的主要内容如下。

（1）监视各仪表指示是否正常 配电盘、控制盘及发电机本身所设的各类仪表能正确地反映发电机的运行状态。若仪表指示超过规定范围（除仪表本身有问题外），说明发电机运行不正常。因此，通过监视和记录仪表的指示值，可以发现发电机的异常情况，以便及时采取措施加以排除。

发电机监视仪表，除电流表、电压表、频率表、功率因数灵敏表、功率表、电度表、励磁电压表和励磁电流表等外，还有监测定子绕组、铁芯、轴承等的温度及进、出风温度表。发电机正常运行时，要求各热量指示仪表的指示值不得超过规定范围，各部分的温度不得超过极限值，以防止绝缘过早老化而缩短发电机的使用寿命。

（2）检查主回路、二次回路、控制回路及励磁调节器等是否正常 重点检查以下内容：

① 主回路的导线有无过热现象。

② 二次回路以及控制、保护回路有无异常情况。

③ 励磁调节器有无异常情况。

（3）监听和观察发电机运行有无异常现象 利用人的五官检查发电机有无异常声响、摩擦、放电、火花、高温、焦臭及其他情况。如有异常，应及时停机检查，排除故障。

（4）检查滑环、电刷与电刷架

运行中发电机的滑环应定时巡视检查，一般检查项目如下：

① 电刷是否有冒火花的现象；

② 电刷是否有振动，与滑环接触是否良好；

③ 电刷长度是否过短；

④ 电刷的刷辫连接是否良好，有无断股过热情况，对机壳有

无碰连或距离过小；

⑤ 电刷在刷握内有无卡涩和摇动情况，电刷在刷握内应能上下自由活动，但又不能摆动过大；

⑥ 电刷的压力是否合适和均匀，电流分配是否均匀（可通过检查电刷和刷辫的温度差异来鉴别）；

⑦ 滑环表面是否光亮，有无磨损、不平整的情况，刷握、刷架和滑环的边缘是否清洁。若有油污或积存的电刷粉末，应及时清除干净。

每周用压缩空气或吸尘器对滑环进行一次除尘。在每次停机后，也应清洁滑环。发现油污，在停机后，可用干净的抹布浸沾汽油或四氯化碳擦除，擦拭前后应测量励磁回路的绝缘电阻。如发现个别电刷下面有轻微火花，可适当调整电刷压力，通过放松与滑环的接触状况来消除。如发现所有电刷下面均有火花，则应检查滑环表面状况，如果滑环表面有烧损、不平整现象，可用0号细砂布对滑环进行仔细研磨，否则使滑环表面粗糙，火花更加严重。当电刷磨损到约为原长的1/3时应更换。新电刷换上前必须仔细研磨，使其接触面与滑环表面吻合良好。调整电刷压力，电刷压力不宜过紧或过松。压力过紧或过松，易引起电刷的电流分配不匀。电刷压力一般以15 ～ 25kPa为宜（可用弹簧秤进行校验）。

（5）检查轴承的温度、振动和声响等

① 检查轴承的温度　轴承的最高温度，以滚动轴承不得超过100℃、滑动轴承不得超过80℃为宜。如果轴承发热超过正常温度，应进一步检查润滑油或润滑脂是否合适；滑动轴承的油位是否正常，油流是否畅通；带油环的滑动轴承的油环是否转动，是否带油；强制循环润滑的滑动轴承的入口油温是否过高（正常油温一般保持在40 ～ 50℃范围内）；润滑油或润滑脂是否清洁；轴承脂是否加得过满；轴的安装是否完全水平，轴中心是否不正，振动是否过大。

② 检查轴承是否漏油　每次注油或补充油时，要将轴承擦拭干净。此外，每天还要对不经常加油的轴承擦拭一次。检查轴承盖、轴承放油门等是否封闭严密。

为了防止强制循环润滑的滑动轴承向外喷油和洒油，可采取以下措施：

a．适当调整进油压力。

b．检查油管内油流动的情况。如有带涩不畅或堵塞现象，会使轴承中的油压增高而产生漏油。

c．油挡间隙可与轴直径成比例的减小到0.05 ～ 0.15mm。

d．适当调整轴承外壳与纬带之间的间隙，使之紧密。

③ 检查轴承的振动　轴承振动的允许值（二倍振幅）见表7-2。轴承振动的测量应从垂直、水平轴和水平横向三个方面进行。

表 7-2　轴承振动的允许值

转速 /（r/min）	振动允许值 /mm	转速 /（r/min）	振动允许值 /mm
3000	0.05	750	0.12
1500	0.07	600	0.16
1000	0.10	500	0.20

表中轴承振动若超过允许值，则应检查轴承是否过度磨损。若过度磨损，应尽快更换，否则会进一步恶化，危害发电机，另外，对于强制循环润滑的滑动轴承，应检查入口油温是否太低（如低于35℃），以免使油膜黏性过大而引起振动。

④ 检查轴承间隙　滑动轴承的允许间隙是根据轴的直径和转速而规定的，见表7-3。如间隙超过允许值，则应重浇轴瓦的钨金。

表 7-3　滑动轴承允许间隙

转速 /（r/min）	750 以下			1000 及以上		
轴的直径 /mm	30 ～ 50	50 ～ 80	80 ～ 120	30 ～ 50	50 ～ 80	80 ～ 120
两面的间隙 /mm	0.10 ～ 0.15	0.15	0.15 ～ 0.20	0.15	0.15	0.20 ～ 0.25

⑤ 检查及更换轴承的润滑油及润滑脂　对于油杯润滑的滑动轴承，在注油前必须先打开监视孔观察，注入油面至监视孔

处即可。如有油位指示计，则注入轴承中的油位正常标线上即可。对于强制循环润滑的滑动轴承，油箱内的油位至正常标线上即可。

滚动轴承润滑脂的添加与更换，与三相异步电动机的相同。

（6）测量发电机绕组对地的绝缘电阻 具体操作方法如下：

① 发电机每次启动之前及停机后，应测量定子绕组和转子绕组的绝缘电阻。

② 测量转子绕组的绝缘电阻其阻值一般不应低于0.5MΩ。

③ 测量定子绕组的绝缘电阻。对于500V以下的低压发电机，用500V兆欧表测量；对于高压发电机，用1000～2500V兆欧表测量。定子绕组的绝缘电阻不作硬性规定，但与制造厂出厂的试验值或以前测量的结果比较不应有明显的降低，如低到以前所测值的1/3～1/5时，表明绝缘可能受潮，表面污脏或有其他缺陷，应查明原因并进行消除。

根据一般经验，当绝缘吸收比R60/T15>1.3时，可认为绝缘是干燥的，而当R60/T15<1.3时，则认为绝缘受潮，应进行干燥处理。

（7）励磁装置的维护 励磁装置的性能直接影响发电机的运行状态。若励磁装置工作不正常，则发电机也不能正常发电，甚至要停机。因此，做好励磁装置的维护检修工作十分重要。电站运行人员应定期对运行中的励磁装置进行检查和维护。

对自动励磁装置进行日常维护时，应注意以下几个方面：

① 检查励磁装置是否有发热的情况。

② 清扫励磁装置表面的灰尘。

③ 检查接触点是否可靠，各焊接点是否牢固。

④ 检查励磁装置操作，调节是否灵活。

⑤ 检查硅及晶闸管无件等是否过热，风机运行是否正常。

⑥ 用500V兆欧表测量回路的绝缘电阻，应不小于1MΩ。测量时要注意，先将触发板等插件拔去，将硅及晶闸管等电子元件用导线短接，然后再进行测量，以免损坏这些电子元件。

⑦ 在正常运行条件下，运行人员每班至少巡视一次。

⑧ 测试励磁装置有关的电压和波形及工作特性曲线，一般每个至少一次，必要时进行调整，使装置达到良好的性能状态。

使用励磁装置时应注意以下事项：

① 若由于电网第统故障而引起发电机电压降低，则励磁装置进行强行励磁时，1min内严禁操盘调节器。

② 在运行中当自动励磁装置发生下列故障之一时，应立即切除自动励磁装置，而利用磁场变阻器来调节励磁，并报调度员和通知电气人员检修。

③ 调节器输出电流突然增大或减小，发电机无功负荷增加或减少。

④ 调节器输出电流消失。

⑤ 调节器输出电流增大到最大值，而发电机励磁消失。

复式励磁装置与电磁型电压调整器的日常维护要点：

① 清扫装置面上的灰尘。

② 检查各元件及全部回路的绝缘电阻。

③ 检查装置各部分的接线，焊接点是否牢固可靠，绝缘导线是否有机械损伤。

④ 检查自耦变压器及复励变阻器的机械部分是否良好，滑动刷子是否完整，接触是否良好，各操作开关动作是否可靠。

⑤ 检查并试验整流器。

⑥ 录制电压校正器的输出特性。

⑦ 进行强行励磁与强行减磁装置的整组动作试验。

另外，不得随意投入或切除强行励磁装置，只有出现电压互感器回路断线信号时，才能将其切除，强行励磁或强行减磁装置每次动作后，应检查接触器的触头是否有烧损等现象。

（8）同步发电机运行中的常见故障及处理 发电机运行故障的原因是多方面的，如安装不良、维护不当、冷却润滑系统有问题、导水管内有杂物、操作不当、励磁调节器及并网控制设备等有毛病，以及水轮机、发电机等设备本身存在缺陷等，都会造成发电机运行故障。

同步发电机的常见故障及处理方法见表7-4。

表 7-4　同步发电机的常见故障及处理方法

故障现象	可能原因	处理方法
（1）发电机过热	①发电机没有按规定的技术条件运行，如： a．定子电压太高，铁损增大； b．负荷电流过大，定子绕组铁损增大； c．频率过低，使冷却风扇转速变慢，影响发电机散热； d．功率因数过低，会使转子励磁电流增大，使转子发热 ②发电机三相负荷电流不平衡，过载的一相绕组会过热。如果三相电流之差超过额定电流的10%，则属严重三相电流不平衡。三相电流不平衡会产生负序磁场，从而增加损耗，引起磁极绕组及套箍等部件发热 ③风道被积尘堵塞，通风不良，发电机散热困难 ④进风温度过高或进水温度过高，冷却器有堵塞现象 ⑤轴承中的润滑脂过少或过多 ⑥轴承磨损，磨损不严重时，轴承局部过热；磨损严重时，有可能使定子和转子相互摩擦，造成定子和转子局部过热 ⑦定子铁芯片绝缘损坏，造成片间短路，使铁芯局部的涡流损失增加而发热，严重时会损坏定子绕组 ⑧定子绕组的并联导线断裂，这会使其他导线中的电流增大而发热	①检查监视仪表的指示是否正常，若不正常，应进行必要的调节和处理，务必使发电机按照规定的技术条件运行 ②调整三相负荷，使各相电流尽量保持平衡 ③清扫风道积尘、油垢，使风道畅通 ④降低进风或进水温度，清扫冷却器的堵塞物。在故障未排除前，应限制发电机负荷，以降低发电机温度 ⑤按规定要求加润滑脂，一般为轴承和轴承室容积的1/3 ～ 1/2（转速低的取上限，转速高的取下限），并以不超过轴承室容积的70%为宜 ⑥检查轴承有无噪声，更换不良轴承。如定子和转子相互摩擦，应立即停机检修 ⑦立即停机检修，检修方法见第5条和第6条 ⑧立即停机检修
（2）发电机中心线对地有异常电压	①正常情况下，由于高次谐波作用或制造工艺等原因，造成各磁极下气隙不等、磁势不等 ②发电机绕组有短路现象或对地绝缘不良 ③空载时中性线对地无电压，而有负荷时才有电压	①电压很低（1V至数伏），没有危险，不必处理 ②会使用电设备及发电机性能变坏，容易发热，应设法消除，及时检修，以免事故扩大 ③由三相负荷不平衡引起，通过调整三相负荷便可消除
（3）发电机过电流	①负荷过大 ②输电线路发生相间短路或接地故障	①减轻负荷 ②消除输电线路故障后，即可恢复正常

续表

故障现象	可能原因	处理方法
（4）发电机端电压过高	①与电网并列的发电机网电压过高 ②励磁装置故障引起过励磁	①与调度联系，由调度处理 ②检修励磁装置
（5）无功出力不足	励磁装置电压源复励补偿不足，不能提供电枢反应所需的励磁电流，使机端电压低于电网电压，送不出额定无功功率	①在发电机与电抗器之间接入一台三相调压器，以提高机端电压，使励磁装置的磁势向大的方向变化 ②改变励磁装置电压、磁势与机端电压的相位，使合成总磁势增大（如在电抗器每相绕组两端并联数千欧、10W的电阻） ③减小变阻器的阻值，使发电机励磁电流增大
（6）定子绕组绝缘击穿，如匝间短路、对地短路、相间短路	①定子绕组受潮 ②制造缺陷或检修质量不好，造成绕组绝缘击穿，检修不当，造成机械性损伤 ③绕组过热。绝缘过热后会使绝缘性能降低，有时在高温下会很快造成绝缘击穿事故 ④绝缘老化。一般发电机运行15～20年以上，其绕组绝缘会老化，电气特性会发生变化，甚至使绝缘击穿 ⑤发电机内有金属异物 ⑥过电压击穿，如： a．线路遭雷击，而防雷保护不完善； b．误操作，如在空载时把发电机电压升得过高； c．发电机内部过电压，包括操作过电压、弧光接地过电压及谐振过电压等	①对于长期停用或经较长时间修理的发电机，投入运行前需测量绝缘电阻，不合格者不许投入运行。受潮发电机需干燥处理 ②检修时不可损伤电机绝缘及各部分；要按规定的绝缘等级选用绝缘材料，嵌装绕组及浸漆干燥等必须按工艺要求进行 ③加强日常的巡视检查工作，防止发电机各部分过热而损坏绕组绝缘 ④做好发电机的大、小修工作，做好绝缘预防性试验。发现绝缘不合格者，应及时更换有缺陷的绕组绝缘或更换绕组，以延长发电机的使用寿命 ⑤检修后切勿将金属物件、零件或工具遗落在定子膛中；绑紧转子的绑扎线，紧固端部零件，防止由于离心现象而松脱 ⑥相应地采取以下措施： a．完善防雷保护措施； b．发电机升压要按规定的步骤进行操作，防止误操作； c．加强绝缘预防性试验工作，及时发现和消除定子绕组绝缘中存在的缺陷

续表

故障现象	可能原因	处理方法
（7）定子铁芯叠片松动	制造装配不当，铁芯未紧固	若是整个铁芯松动，对于大、中型发电机，一般要送制造厂修理；对于小型发电机，可用两块略小于定子绕组端部内径的铁板，穿上双头螺栓，收紧铁芯，待恢复原形后，再用铁芯夹紧螺栓紧固。 若是局部铁芯松动，可先在松动片间涂刷硅钢片漆，再在松动部分打入硬质绝缘材料进行处理
（8）铁芯片之间短路，会引起发电机过热，甚至烧坏绕组	①铁芯叠片松动，发电机运转时铁芯发生振动，逐渐损坏铁芯片的绝缘 ②铁芯片个别地方绝缘受损伤或铁芯局部过热，使绝缘老化 ③铁芯片边缘有毛刺或检修时受机械损伤 ④有焊锡或铜粒短接铁芯 ⑤绕组发生弧光短路时，也可能造成铁芯短路	①、②处理方法见第7条 ③用细锉刀除去毛刺，修整损伤处，清洁表面，再涂上一层硅钢片漆 ④刮除或凿除金属熔焊粒，处理好表面 ⑤将烧损部分用凿子清除后，处理好表面
（9）发电机振动	①转子不圆或平衡未调整好 ②转轴弯曲 ③联轴节连接不直 ④结构部件共振 ⑤励磁绕组层间短路 ⑥供油量不足或油压不足 ⑦供油量太大，油压太高 ⑧定子铁芯装配不紧 ⑨轴承密封过紧，引起转轴局部过热、弯曲，造成重心偏移 ⑩发电机通风系统不对称 ⑪水轮机尾水管水压脉动	①严格控制制造和安装质量，重新调整转子的平衡 ②可采用研磨法、加热法和捶击法等校正转轴 ③调整联轴节部分的平衡，重新调整联轴节密配合螺栓的夹紧力。对联轴节端面重新加工 ④可通过改变结构部件的支持方法来改变它的固有频率 ⑤检修励磁绕组，重新包扎绝缘 ⑥扩大喷嘴直径，升高油压；扩大供油口，减少间隙 ⑦缩小喷嘴直径，提高油温，降低油压，提高面积压力，增加间隙 ⑧重新装压铁芯 ⑨检查和调整轴承密封，使之与轴之间有适当的配合间隙 ⑩注意定子铁芯两端挡风板及转子支架挡风板结构布置和尺寸的选择，使风路系统对称；增强盖板、挡风板的刚度并可靠固定 ⑪对水轮机尾水管采取补救措施，如装设十字架等

续表

故障现象	可能原因	处理方法
（10）发电机失去剩磁，造成启动时不能发电	①发电机长期不用 ②外界线路短路 ③非同期合闸 ④停机检修时偶然短接了励磁绕组接线头或滑环	①常备蓄电池，在发电前先进行充磁 ②如果附近有发电机，可利用正常发电机的励磁电压给失磁的发电机充磁
（11）自动励磁装置的励磁电抗器温度过高	①电抗器线圈局部短路 ②电抗器磁路的气隙过大	①检修电抗器 ②调整磁路气隙，使之不能过大，也不能过小，如对于TZH 50kW自励恒压三相同步发电机的电抗器，气隙以5.5～5.8mm为宜

7.2.2 同步发电机的定期维护保养

同步发电机的小修和大修，在计划安排上与原动机同时配合进行。

（1）同步发电机的小修 同步发电机的小修期限一般为1～2年一次。同步发电机的小修项目，包括了一般性保养项目和列入小修消除的缺陷的项目。一般性小修项目如下：

① 清扫发电机灰尘、油垢。

② 拆开端盖，检查与清扫定子绕组端部及引出线，紧固绕组端部绑线，必要时在绕组表面涂喷绝缘漆，更换楔子。

③ 检查转子端部、风扇、滑环、电刷、刷架及转子引出线。

④ 检查发电机附属设备。

⑤ 拧紧各接线螺丝，紧固各部件固定螺栓、螺钉。

（2）同步发电机的大修 同步发电机的大修期限为：开启式通风发电机每年一次；封闭式通风发电机每2～4年一次。

同步发电机大修的主要项目及质量标准如下：

- 拆开机体及取出转子

① 解体前将螺钉、销子、衬垫、电缆头等做上记号。电缆头拆开后应用清洁的布包好，转子润滑用凡士林涂后用青稞纸包好。

② 拆卸端盖后，仔细检查转子与定子之间的气隙，并测量上、下、左、右4点间隙。

③ 取出转子时，不允许转子与定子相撞或摩擦，转子取出后应旋转在稳妥的硬木垫上。

• 检修定子

① 检查底座与外壳，并清洁干净，要求油漆完好。

② 检查定子铁芯、绕组、机座内部，并清扫灰尘、油垢和杂物。绕组上的污垢，只能用木质或塑料制的铲子清除，并用干净抹布擦拭，注意不能损伤绝缘。

③ 检查定子外壳与铁芯的连接是否紧固，焊接处有无裂纹。

④ 检查定子的整体及其零部件的完整性，配齐缺件。

⑤ 用1000 ～ 2500V兆欧表测量三相绕组的绝缘电阻，若阻值不合格，应查明原因并进行处理。

⑥ 检查定子铁芯硅钢片有无锈斑、松动及损伤现象。若有锈斑，可用金属刷子除锈后再涂上硅钢片漆。若有松动现象，可打入薄云母片或环氧玻璃胶板制的楔子。如发现有局部过热引起的变色锈斑，应做铁芯试验，当铁损和温升不合格时，应对铁芯进行特殊处理。

⑦ 检查定子槽楔有无松动、断裂及凸出现象。绝缘如楔子和绝缘套发黑，说明有过热现象，应消除通风不良现象或降低负荷运动。检查端部绝缘有无损坏。当绝缘垫块和绝缘夹有干缩情况时，可加热或更换。端部绑扎如松动，可将旧绑线拆除，用新绑线重新绑扎。

⑧ 检查定子铁芯夹紧螺钉是否松动，如发现夹紧螺帽下面的绝缘垫损坏，应更换。用500 ～ 1000V兆欧表测量夹紧螺钉的绝缘电阻，一般应为10 ～ 20MΩ。

⑨ 检查发电机引出线头与电缆连接的紧固情况。

⑩ 检查轴承有无向绕组端部溅油的情况。如绕组端部粘有油垢，可用干净的布浸以汽油或四氯化碳擦拭。如端部绝缘受油侵蚀比较严重，必要时可刷层耐油防护漆。

⑪ 如定子中有埋入式测温元件，其引出线及端子板应清洁，且绝缘良好，可用250V以下的兆欧表测量。当发现绝缘不良时，应先检查引出线绝缘是否不良，若是在槽内部分绝缘不良，应制定措施，在以后修理绕组时处理，埋设于汇水管支路处的测温元件应

安装牢固。

⑫ 检查并修整端盖、窥视窗、定子外壳上的毡垫及其他接缝上的衬垫。

- 检修转子

① 用500V兆欧表测量转子绕组的绝缘电阻，若阻值不合格，应查明原因并进行处理。

② 检查转子表面有无变色锈斑。若有，则说明铁芯、楔子或护环上有局部过热现象，应查明原因并进行处理。如不能消除，应限制发电机出力。

③ 检查转子内的平衡块，应固定牢固，不得增减或变位，平衡螺钉应锁牢。

④ 对于隐极式转子，应检查槽楔有无松动、断裂及变色情况，检查套箍、心环有无裂纹、锈斑以及是否变色，检查套箍与转子接合处有无松动、移位的痕迹。

⑤ 对于凸极式转子，应检查磁极有无锈斑，螺钉是否紧固，磁极绕组是否松动，并测量绕组的绝缘电阻应合格。

⑥ 检查风扇，清除灰尘和油垢，风扇叶片应无松动、破裂现象，锁定螺钉无松动现象。

- 检查滑环、电刷和刷架

① 检查滑环的状态及对轴的绝缘情况。滑环的表面应光滑，无损伤及油垢。当表面不均匀度超过0.5mm时，应进行磨光或旋光处理。滑环应与轴同心，其摆度应符合产品的规定，一般不大于0.05mm。滑环对轴的绝缘电阻应不小于0.5MΩ。

② 检查滑环的绝缘套有无破裂、损坏和松动现象；清除滑环表面的电刷粉末、灰尘和油垢。

③ 检查滑环引线绝缘是否完整，其金属护层不应触及带有绝缘垫的轴承；检查接头螺钉是否紧固，有无损伤。

④ 检查正、负滑环磨损情况，如两个滑环磨损程度相差较大，可调换连接滑环电缆的正、负线，使两个滑环的正、负极性互换。

⑤ 检查刷架及其横杆是否固定稳妥、有无松动现象，绝缘套管及绝缘垫有无破裂现象，并清除灰尘、油垢，要求绝缘良好。刷握应无破裂、变形现象，其下部边缘与滑环之间的距离应为

2 ～ 4mm。

⑥ 同一发电机上的电刷必须使用同一制造厂的同一型号产品。

⑦ 电刷应有足够的长度（一般应在 15mm 以上），与刷握之间应有 0.15mm 左右的间隙，电刷在刷握中能上下自由移动。

⑧ 连接电刷与刷架的刷辫接头应牢固，刷辫无断股现象。

⑨ 检查弹簧及其压力。恒压弹簧应完整，无机械损伤，其型号及压力要求应符合产品规定。非恒压弹簧的压力应符合制造厂的规定。若无规定，应调整到不使电刷冒火的最低压力。同一刷架上各个电刷的压力应力求均匀，一般为 15 ～ 25kPa。

⑩ 检查电刷接触面与滑环的弧度是否吻合，要求接触面积不小于单个电刷截面积的 80%，研磨后，应将电刷粉末清扫干净。

⑪ 运行时，电刷应在滑环的整个表面内工作，不得靠近滑环的边缘。

• 检修通风装置及灭火装置

① 检查密封室风道及通风室有无漏风的缝隙，清扫灰尘，要求冷、热风无短路现象。

② 检查各窥视孔的门盖及玻璃窗，要求清洁、完整，无漏风的缝隙。

③ 检查空气冷却器的冷却水管及两端水箱的状况，要求清洁、无锈蚀、无水垢，进、出水阀门及法兰处无漏水现象，阀门开闭灵活，用 200kPa 的水压试验无渗漏。

• 发电机安装及接线

① 安装前先检查发电机膛内有无遗留工具及其他物品，用 0.2MPa 的干净压缩空气仔细对定子、转子进行吹扫。

② 吊装转子时，转子和定子不能相撞或相互摩擦。

③ 测量发电机转了与定子之间的间隙，在发电机两侧分上、下、左、右四处进行测量，各处间隙与其平均值的差别不应超过平均值的 ±5%。

④ 安装端盖前，发电机内部应无杂物及任可遗留物，气封通道应畅通。密封冷却发电机在装端盖前应测量端盖封口与转轴之间的间隙，分上、下、左、右四处进行测量，各处间隙与其平均值的差别不应大于平均值的 5%。纬带准确地与轴接触，并应磨尖、外

盖严密，毡垫良好，无漏风现象。

采用端盖轴承的发电机，其端盖接全面应用10mm×0.1mm塞尺检查，塞入深度不得超过10mm。

⑤ 引出线在连接前应检查相序是否正确，引出线的接触面应平整、清洁、无油垢，其镀银层不宜挫磨，接头应牢固（必须注意铁质螺栓的位置，连接后不得构成闭合磁路），绝缘包扎良好，并涂上明显的相序颜色。

7.2.3 同步发电机电枢绕组（定子）的故障及处理

同步发电机电枢绕组（定子）的故障及处理方法，要参见三相异步电动机的有关内容。这里着重介绍高压定子绕组的局部修理方法。

（1）绕组主绝缘击穿的临时修理 当发电机定子绕组发生接地短路故障或做预防性试验被击穿时，在没有备用线圈而绝缘损坏又不太严重的情况下，可以对绕组作局部修理。修理方法如下：

① 找出故障线圈。如果故障部位在槽口附近，查找较方便；若在槽内，应将故障线圈从槽内取出，查明击穿部位。

② 清洁故障部位，分开短路点，进行1.7倍额定线电压的交流耐压试验（线圈槽内部分应用锡箔纸包裹）。合格后，即可进行修补工作。

③ 将击穿点两侧的主绝缘用刀剖割成如图7-8所示的形状。割去部分的长度不小于$L=10+\dfrac{U}{100}$（mm），式中U为线圈额定线电压（V）。

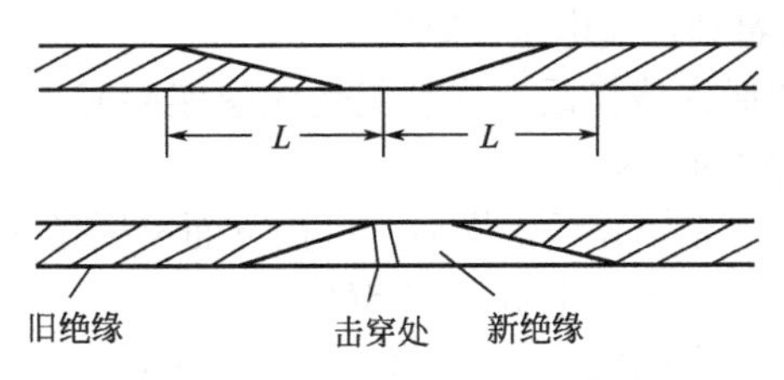

图7-8 线圈故障部位削成锥形

④ 检查一下匝间绝缘情况，如有烧损，应进行修补。

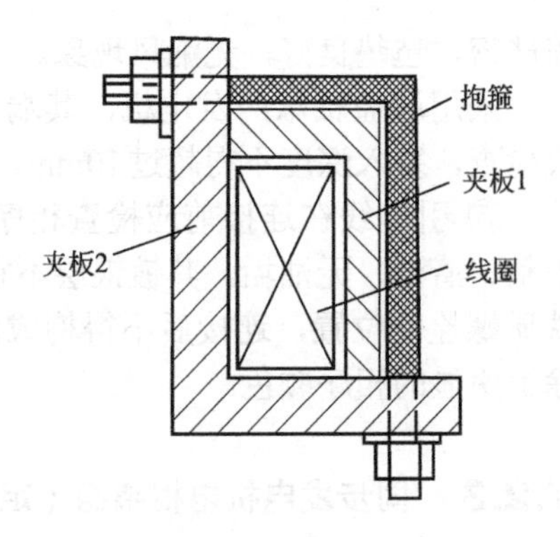

图7-9　烘线圈绝缘用的夹具

⑤ 割开处的绝缘剖口，用厚0.13mm、宽20～25mm的绸云母带包缠。先人底层开始，每缠一层，用绝缘气干漆薄薄地刷一层。包缠时，绸云母带每层的接缝一定要错开。

⑥ 待新绝缘填充一半时，为使绸云母带压紧和气干漆固化，应进行第一次烘压，即把没有缠满的剖口用白纱带缠满，然后用自制夹具（见图7-9）夹住（夹板的长度应超出剖口长度 两侧约10mm），加热前夹具不要压得太紧。

⑦ 对夹具加热，使新绝缘软化后逐渐压紧夹具，加热温度控制在100～120℃，FDM 2～4h。

⑧ 拆去白纱带，继续用上述方法将割口缠满，面层用玻璃丝带半叠包扎，最后再用夹具夹牢，进行第二次烘干。

⑨ 可在线圈内通入电流或采用其他方法加热烘干，加热温度控制在80～100℃，最后在绝缘修补处进行局部升温（120℃），强力干燥2～4h，使新、旧绝缘牢固相接，并使新绝缘固化。

⑩ 最后做交流耐压试验（修补部分也用锡箔纸包裹起来），施加电压：

6.3kV及以上的发电机$U=2.25U_e+2$（kV）

10kV及以上的发电机$U=2.25U_e+4$（kV）

式中，U_e为线圈额定线电压（kV）。

⑪ 将线圈嵌入线槽后，未和其他线圈连接前，可按1.7倍额定线电压做交流耐压试验。

⑫ 全部修理完毕并经干燥后，可按下面电压做交流耐压试验：

运行10年以下的发电机$U=1.5U_e$

运行10年以上的发电机$U=$（1.3～1.5）U_e

（2）更换被击穿的线圈边　若双层绕组的击穿部位在槽内，则修补工作比较困难。为了不破坏邻近线圈的绝缘，可以用局部更换线圈边的方法进行修理。修理方法如下：

① 查出故障线圈。如果是上层线圈边出故障，只要取出故障线圈边即可修理；如果是底层线圈边出故障，需先将上层好的线圈边取出，然后取出底层故障线圈边。

② 对于开口槽式发电机，先陷出槽内的楔子，然后取出线圈边；对于闭口槽式发电机，则只能从线槽中把整个线圈边抽出。取线圈边时要谨慎，不可伤及线圈绝缘。

③ 装入新的线圈边，并将取出的上、下层线圈边嵌入槽内，此工作需特别谨慎。线圈边装入槽内前适当加热，使其能均匀地压入线槽内。经检查后，打入槽楔子。

④ 进行新、旧线圈边在端部的焊接工作。焊接时应注意以下事项：

a. 导线不能接错，否则会前功尽弃，运行时将会产生短路电流烧毁线圈；

b. 使用银焊接条焊接，必须保证焊接质量，焊面应光洁；

c. 为防止焊接时导体传热损坏绝缘，应用湿的石棉绳把铜导体裹住，同时要防止焊接火焰烤伤绝缘；

d. 按原绝缘要求包裹好端部绝缘。注意与相邻端部及端部之间留有足够的电气距离和通风间隙。

在故障线圈边取出后，对留下的线圈需做交流耐压试验；在新线圈边装入后及新、旧线圈连接后，都应做交流耐压试验。

（3）绕组端部及引出线绝缘的修理 修理时要注意以下事项：

① 所用的绝缘材料尽可能与原来的绝缘材料相同或接近，使检修后的绝缘不变。

② 绝缘包缠必须紧密，包扎完后，绝缘表面应喷涂三层漆，第一层为灰色或黑色绝缘气干漆，干燥后再喷涂第二层绝缘防油漆，待干燥后再喷涂第三层气干漆。喷涂漆层不宜太厚，以免影响散热效果。

③ 全部绝缘处理完毕后，对绕组通电干燥，最后做交流耐压试验。

7.2.4 定子铁芯的修理

如果定子铁芯被严重烧坏或全部铁芯松动，应更换新的定子。

如果定子铁芯仅在齿部表面损伤，或只是铁芯局部松动，则可按以下方法修理。

（1）嵌入绝缘材料，夹紧硅钢片 如果铁芯烧坏的直径不大（5～10mm），表面熔化和绝缘损坏的深度不深（5～10mm），则可以将钢锥打入硅钢片间，使熔化在一起的硅钢片分开，然后在片间嵌入厚度为0.05～0.07mm的云母片，如果铁芯局部松动，可在松动片间嵌入2～3mm的云母片或环氧玻璃胶板，使硅钢片相互挤紧。为了防止嵌入的绝缘片在发电机运行时脱落，可在绝缘片上贴一层硅钢片后再嵌入，并将硅钢片向嵌入绝缘片方向微折。

修理完毕后，如有必要，还应作铁损试验。试验时用0.8～1T的磁通密度，试验持续时间为90min。试验结果折算到磁通密度1T及50Hz时的数值。

① 单位铁损未超过2.5W/kg或未超过所采用牌号的硅钢片的允许单位铁损（如D41为2.1W/kg，D42为1.9W/kg，D43为1.6W/kg等）。

② 铁芯齿部相互的温差未超过30℃（以不超过15℃为良好）。

③ 铁芯最高温升未超过45℃（以不超过25℃为良好）。

如试验结果超过上述三个数值，说明故障未完全消除，还需进一步查明原因进行处理。

（2）切削烧损的铁芯表面，作填补处理 如果受损面熔解深度较浅，可先用利凿切削掉被烧的部分，直至挖到片间绝缘良好处，切削后的硅钢片表面再用刮刀、砂轮等处理，将毛刺除去，最后作铁损试验。如果铁芯齿部烧损严重，先用上述方法处理后，再在切去部分用环氧树脂材料填补。

【注意】 为了不使被切削的齿部表面电场强度过于集中，切削时切削表面外形要呈半弧形，避免出现尖锐形状，形成尖端放电。

7.2.5 励磁绕组（转子）的修理

修理励磁绕组时应按以下步骤进行：

① 在每个磁极上编上号码，并在磁极与磁轭连接处打上记号，以便修复后按原位安装。

② 取下极间连接头，取下绑扎的铜线或铜套，然后拆下磁极。

③ 取下励磁线圈，仔细查明数据，并记录。

④ 用铁丝将线圈四角绑扎好后（以免散乱），烧去线圈上的绝缘。

⑤ 清理线圈，并将导线敲平直，然后用白绸带半重叠包缠一层。

⑥ 按原来线圈形状、层数和匝数绕制成新的线圈。

⑦ 作好线圈的连接头。

⑧ 再将线圈用白布带半缠叠包一层，使其紧实。

⑨ 线圈作浸漆、烘干处理，一般浸1032号漆2 ~ 3次，工艺要求与三相异步电机的相同。

⑩ 按原来的要求包扎好磁极铁芯的外绝缘，然后将线圈套入磁极。

⑪ 最后按图7-10所示的连接方法，焊接极间连线。

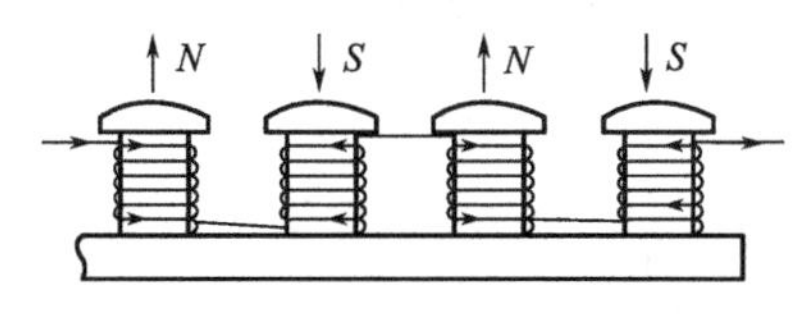

图7-10　磁极线圈的连接

7.2.6　发电机的干燥处理

如果发电机的绝缘电阻或吸收比达到规定要求，应对其进行干燥处理。

发电机干燥处理方法可参照三相异步电动机的干燥处理，发电机的干燥处理还应注意以下事项：

① 温度应缓慢上升，温升可为每小时5 ~ 8℃。

② 铁芯和绕组的最高允许温度应根据绝缘等级确定，当用酒精温度计测量时，为70 ~ 80℃；当用电阻温度计或温差热电偶测量时，为80 ~ 90℃。

③ 对于带转子干燥的发电机，当温度达到70℃后，至少每隔2h将转子转动180°。

④ 水内冷发电机定子宜用热水循环干燥，水温不宜超过70℃。当采用直流加热法时，在定子绕组与绝缘水管连接处的接头上，用

温度计测得的温度不应超过70℃。

⑤ 水内冷发电机转子的干燥方法，可通过直流电加热，加热温度用电阻法测量，不应超过60℃。

⑥ 当吸收比及绝缘电阻值符合要求，并在同一温度下经5h稳定不变时，方可认为干燥完毕。

⑦ 发电机干燥加热如在就位后进行，宜与风室干燥同时进行。

⑧ 发电机干燥后，如不及时启动，应采取防潮措施。

对于严重受潮或被水淹浸的小型发电机，采用短路电流法进行干燥处理较方便，且效果也很好。

短路电流干燥法的接线如图7-11所示。在发电机励磁绕组上加以可调直流电源（见虚线框内部分），通过控制发电机励磁电流来控制发电机定子绕组的短路电流，利用定子绕组产生的热量进行干燥。

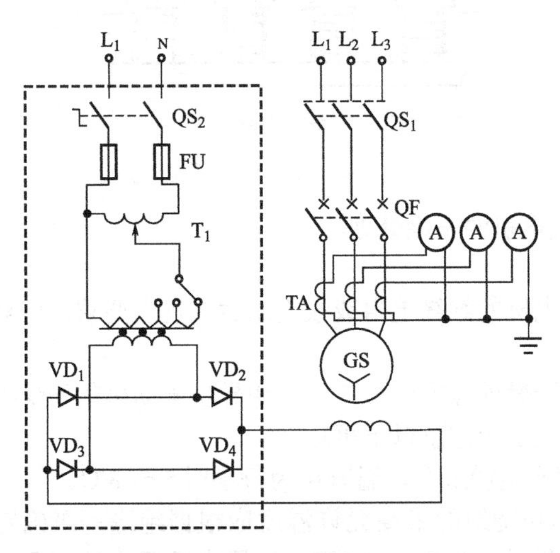

图7-11　发电机短路干燥法接线图

可调直流电源主要由单相调压器T_1、交流电焊机T_2和大功率整充二极管VD_1-VD_4等组成。通过调节单相调压器便可调节励磁电流的大小。

具体步骤如下：

① 断开发电机出口断路器QF和隔离开关QS_1，在隔离开关接近断路器的一侧用导线将三相短路。

② 自动水轮发电机组，使发电机达到额定转速。

③ 合上发电机出口断路器QF。

④ 合上外加励磁电源开关QS_2。

⑤ 通过调节调压器T_1来调节发电机定子绕组的短路电流，短路电流的大小可以用发电机控制屏上的电流表来监视。一般电流不应超过发电机的额定电流。

在干燥过程中，应严格注意发电机的温升情况，干燥温度不得超过发电机规定的允许温度。对于带励磁机的发电机，只要把可调直流电源正、负极分别接到励磁机的励磁绕组F_1、F_2上即可，这样也能同时干燥励磁机。

【例7-1】在某小水电站调试中遇到一台严重受潮的800kW发电机，该发电机已在未加励磁的情况下空转一昼夜，定子绕组对地绝缘为零。参加试车工作的有制造厂、安装公司等许多单位，而电站处于深山中，不可能按常规作干燥处理。

利用晶闸管自动励磁装置对其进行干燥处理，方法如下：

① 将发电机定子绕组用母排短接，短接部位为出口断路器下桩头，以使电流互感器能参加工作。

② 打开导水叶，将发电机开至额定转速。

③ 调节自动励磁装置，使定子电流约为发电机额定电流的1/3，即约500A，运行8h。结束后，停机并马上测试绝缘电阻。

④ 将发电机定子电流升至额定值的1/2左右，即约750A，运行10h。结束后测试绝缘电阻。

⑤ 最后再将定子电流升至额定值的2/3左右，即约1000A，运行6h，其间每隔3h测试一次绝缘电阻。

在以上调节中，结合调节导水叶，让发电机的功率因数始终维持在0.8左右。

在干燥过程中，值班人员必须密切监视控制柜、励磁柜上的各个指示仪表，尤其是三相定子电流表和功率因数表，并注意检查发电机的温升情况。

经过一昼夜的干燥处理，发电机的绝缘电阻已升至5MΩ且较稳定，完全符合试车要求，从而使这次试车调试工作得以顺利进行。

7.3 同步发电机试验项目

发电机的正常寿命可达25年，但实际上由于制造的缺陷，以及运行维护等方面的工作未做好，加上系统故障的影响，都会引起发电机故障，降低其使用寿命。为了预先掌握发电机的技术特性，检验检修质量，及时发现隐患并加以处理，必须进行电气试验。

发电机运行中的试验项目主要包括空载试验、短路和温升试验等，这些内容已作了介绍。

（1）发电机检修后的试验项目

① 测量定子绕组的绝缘电阻和吸收比。

② 测量定子绕组的直流电阻。

③ 定子绕组直流耐压试验和泄漏电流试验。

④ 定子绕组交流耐压试验。

⑤ 测量转子绕组的绝缘电阻。

⑥ 测量转子绕组的直流电阻。

⑦ 转子绕组的交流耐压试验。

⑧ 定子的铁损试验。

⑨ 转子交流阻抗和功率损耗试验。

（2）发电机一般性试验项目

① 测量发电机和励磁回路所连接的所有运行的绝缘电阻。

② 进行发电机和励磁回路所连接的所有设备的交流耐压试验。

③ 测量发电机、励磁机和转子进水支座轴承的绝缘电阻。

④ 测量埋入式测温计的绝缘电阻并校验温度误差。

⑤ 测量灭磁电阻、直流电阻等。

（3）发电机检修后一般性试验的要求和规定

① 测量定子绕组的绝缘电阻和吸收比

a. 绝缘电阻不作硬性规定，只是采取和历次测量相比较（在同样空气温度的情况下）的办法来判断绝缘状况。一般可按每千伏不小于1MΩ的标准作大致判断。

b．各相绝缘电阻的不平衡系数不应大于2。

c．吸收比（K=R60/R15）不应小于1.3。

② 测量定子绕组的直流电阻　直流电阻应在冷态测量，测量时绕组表面温度与周围空气温度差应不大于3℃。各相或各分支绕组的直流电阻，在校正了由于引线长度不同而引起的误差后，相互间差别应不超过其最小值的2%；与产品出厂时测得的相应数值比较，其相对变化也应不大于2%。

③ 定子绕组直流耐压试验和泄漏电流的测量

a．试验电压为发电机电压的3倍。

b．试验电压按每级0.5倍额定电压分阶段升高，每阶段停留1min，并记录泄漏电流。

在规定的试验电压下，泄漏电流应符合下列规定：

- 各相泄漏电流的差别应不大于最小值的50%；当最大泄漏电流在20μA以下时，各相间差值不作规定（但与出厂试验值相比不应有显著变化）。
- 泄漏电流应不随时间的延长而增大，若不符合上述标准之一，应尽可能找出原因并加以消除，但并非不能投入运行。
- 泄漏电流随电压不成正比例地显著增大时，应注意分析。

c．氢冷发电机必须在充氢前或排氢后（含氢量在3%以下）进行试验，严禁在置换氢过程中进行试验。

d．水内冷发电机试验时，宜采取低压屏蔽法进行，泄漏电流不作规定（在通水情况下试验时，对特殊结构的水内冷发电机，非被试绕组可以不接地）。

④ 定子绕组交流耐压试验　试验标准按表7-5进行。

表7-5　定子绕组试验电压标准

容量/kW	额定电压/kV	试验电压/kV
10000以下	0.036以上	0.75（2U+1）
10000及以上	3.15～6.3 6.4以上	0.75×2.5U 0.75×（2U+3）

注：U为发电机额定电压（kV）。

⑤ 测量转子绕组的绝缘电阻

a．转子绕组额定电压为200V及以下者，用1000V兆欧表测量；200V以上者，用2500V兆欧表测量。转子绕组的绝缘电阻一般不低于0.5MΩ。

b．水内冷转子绕组使用500V以下兆欧表或其他仪器测量，绝缘电阻应不低于5MΩ。

c．当发电机定子绕组的绝缘电阻已符合启动要求，而转子绕组的绝缘电阻不低于25kΩ时，可允许投入运行。

d．必要时，在发电机额定转速下（超速试验前后）测量转子绕组的绝缘电阻。

⑥ 测量转子绕组的直流电阻　应在冷态下进行，测量时绕组表面温度与周围空气温度之差应不大于±3℃。测量数值与产品出厂数值比较，其差别应不超过2%。显极式转子绕组应对各磁极绕组进行测量。

⑦ 转子绕组的交流耐压试验　转子绕组的试验电压为产品出厂试验电压的75%。

⑧ 定子铁芯试验　请详见“定子铁芯的修理”。

⑨ 测量转子绕组的交流阻抗和功率损耗　应在定子膛内、膛外和启动后，额定转速下（超速试验前后）分别进行测量。对于显极式发电机，一般仅要求在膛外对每一磁极绕组进行测量。试验时施加电压的峰值应不超过额定励磁电压值，阻抗值不作规定。

⑩ 测量发电机和励磁回路连同所连接的所有设备的绝缘电阻及进行交流耐压试验　绝缘电阻应不低于0.5MΩ，否则应查明原因，并加以消除，试验电压为1kV。

⑪ 测量发电机和转子进水支座等轴承的绝缘电阻　应在装好水管后用1000V兆欧表测量，绝缘电阻应不低于0.5MΩ。

⑫ 测量检温计的绝缘电阻并校验温度误差　使用250V兆欧表测量，绝缘电阻不作规定。检温度指示值误差应不超过制造厂规定值。

⑬ 测量灭磁电阻、自同步电阻的直流电阻　灭磁电阻和自同步电阻的直流电阻与铭牌数值比较，其差别应不超过10%。

第8章

潜水电泵电机维修

8.1 潜水电泵的主要用途与特点

按照电动机内部所充工作介质的不同以及由此产生的结构上的差别，潜水电动机可分为充水式、充油式、干式和屏蔽式四种基本的结构形式。每种结构形式的电动机不管是在结构方面，还是在主要零部件所用的材料和加工工艺方面，都有比较大的差别。现将各种形式潜水电动机的典型结构、主要特点和所用关键零部件的结构与材料介绍如下。

8.1.1 井用潜水电动机的总体结构

（1）井用充水式潜水电动机的总体结构及主要特点

① 井用充水式潜水电动机的结构　该电动机为充水密封式结构（图8-1），内腔充满清水或防锈润滑液（防锈缓蚀剂）。各止口接合面用O形橡胶密封圈或密封胶密封。电动机轴伸端装有橡胶骨架油封4或单端面机械密封5等防砂密封装置，能防止电动机外部井液中的固体杂质和泥沙颗粒进入电动机内部。电动机的定子（包括绕组）7、转子8和轴承均在水中工作。电动机的定子绕组采用以聚乙烯绝缘、聚氯乙烯绝缘或改性聚丙烯绝缘的耐水绕组线制造，具有良好的耐水绝缘性能和较长的使用寿命。电动机的上、下部装有以铜合金、石墨或塑料等材料制造的水润滑滑动导轴承6和9，轴下端装有以石墨或热固性颜料等材料制造的水润滑下止推轴承11，用以克服随电动机运行时的转子自重和水泵的轴向推力。为了限制水泵启动时转轴向上窜动，造成电动机轴伸端密封的短

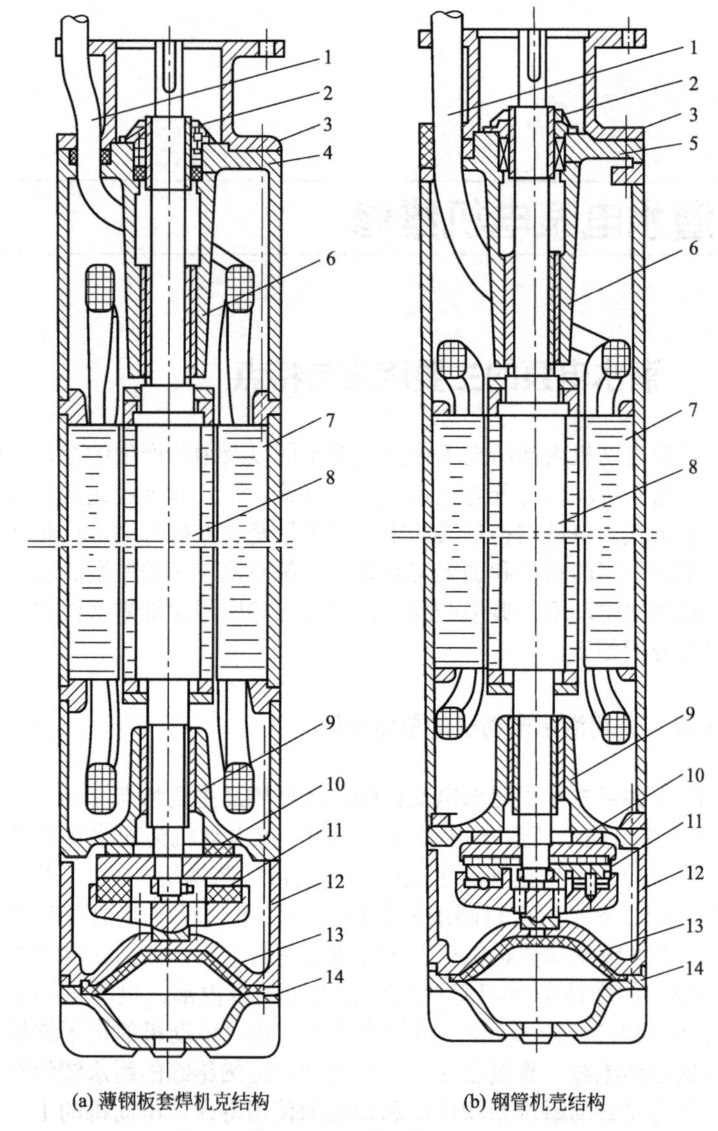

(a) 薄钢板套焊机克结构　　(b) 钢管机壳结构

图8-1　井用充水密封式潜水电动机结构

1—引出电缆；2—甩砂环；3—连接法兰；4—橡胶油封；5—机械密封；6—上导轴承；7—定子；8—转子；9—下导轴承；10—上止推轴承；11—下止推轴承；12—底座；13—橡胶调压囊；14—底脚

时渗漏，电动机下部装有上止推滑动轴承10。电动机最下部装有橡胶调压囊13，用以调节内腔充水因温度或压力变化所引起的体积变化。图8-1（a）所示为薄钢板卷焊机壳结构，轴伸端安装橡胶骨架油封或机械密封，适用于功率较小、铁芯较短、机壳受力较小的电动机。图8-1（b）所示为钢管机壳结构，整体刚性较好，适用于功率较大、铁芯较长、机壳受力较大的电动机。

② 井用充水式潜水电动机的主要特点

a．井用充水式潜水电动机结构简单，定、转子绕组和铁芯直接浸在水中，冷却效果好、输出功率大、效率较高。

b．由于充水式电动机内腔所充多为清水，使用过程中产生的渗漏对所安装使用的井水水质不会造成污染。

c．充水式电动机的定子绕组、铁芯和轴承均在水中工作，对定子绕组所使用的导线及其加工工艺、接头材料及包扎工艺、水润滑轴承的结构、材料及加工工艺、铁芯与金属材料的防锈防腐蚀处理等有很高的要求。

d．充水式电动机已具有足够的可靠性，是井用潜水异步电动机中生产量最多、使用最广泛的一种。

（2）井用充油式潜水电动机的总体结构及主要特点

① 井用充油式潜水电动机的结构　电动机为充油密封结构（图8-2），内腔充满变压器油或其他种类的绝缘润滑油。各止口配合部位均装有耐油橡胶O形圈或涂密封胶密封。轴伸端装有一组单端面机械密封或双端面机械密封及甩砂环，用以防止井水和水中固体杂质进入电动机内腔，同时阻止电动机内所充的绝缘润滑油泄漏到机外。电动机的定子10、转子11和滚动轴承12、20均在油中工作。电动机的定子绕组采用特殊的耐油绝缘结构，以保证充油式潜水电动机能在井下水中恶劣的环境中可靠地工作。电动机下部装有保压装置：油压弹簧2、油囊23、内设贫油信号装置（贫油触头装配）21［图8-2（a）］或限位开关22［图8-2（b）］。这种保压装置的主要作用是：调节电动机内腔所充油液因温度变化、压力变化所造成的体积变化，并维持电动机内腔油压略大于外部水压。当电动机正常工作时，只有机内油液向外泄漏微量，能阻止井水侵入充

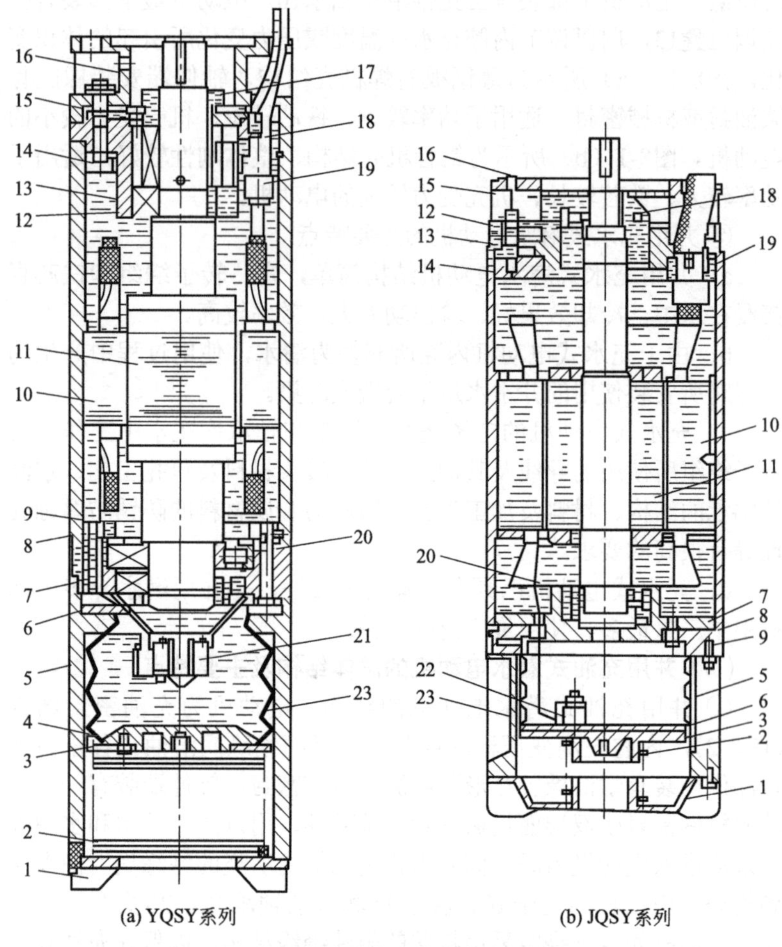

(a) YQSY系列　　(b) JQSY系列

图8-2　井用充油式潜水电动机结构

1—底座；2—油压弹簧；3—油囊托盘；4—油囊压盖；5—油囊护套；6—油囊压板；7—下端盖；8—环键；9—下端环；10—定子；11—转子；12—上轴承；13—上端盖；14—上端环；15—密封盖；16—支架；17—甩砂环；18—机械密封；19—电缆接头；20—下轴承；21—贫油触头装配；22—限位开关；23—油囊

油式电动机内部，以免造成定子绕组绝缘性能下降，影响充油式电动机的运行可靠性。当电动机内腔所充油液因电动机长期运行正常泄漏或因机械密封故障等原因造成非正常泄漏导致电动机“贫油”时，信号装置就会向控制系统发出报警信号，并能断开电源，避免电动机受到进一步的损害。

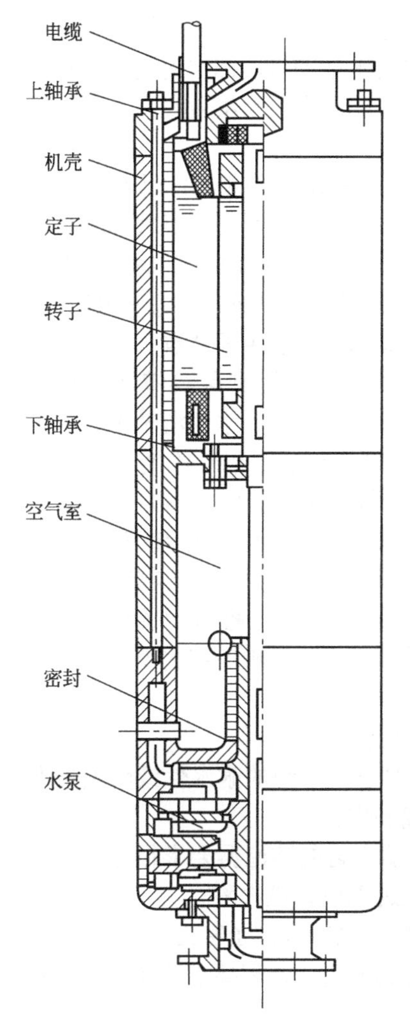

图8-3 井用干式潜水电动机结构

② 井用充油式潜水电动机的主要特点

a．充油式潜水电动机的结构比充水式潜水电动机复杂，它的使用可靠性首先取决于轴伸端所安装的机械密封的性能和可靠性，同时取决于定子绕组绝缘结构的耐油、水特性。

b．当机械密封的泄漏量很小、抗磨性较好时，电动机定子绕组和轴承的工作条件得到较好的保证，电动机的运行可靠性和使用寿命相应得到提高。

c．而当定子绕组绝缘结构具有一定的耐水性时，即使电动机内有少量的水进入，使机内所弃油液变成油与水的混合液，导致绝缘性能下降时，定子绕组仍能继续工作。

（3）井用干式潜水电动机的总体结构及主要特点

① 井用干式潜水电动机的结构　井用干式潜水电动机为全干式结构，内腔充满空气，与普通陆用电动机相似。电动机轴伸端采用双端面机械密封来阻止水分和潮气进入电动机内腔，以保持

电动机的正常运行状态。有的干式电动机轴伸向下，电动机下部带有一气室。电动机潜入水中时，形成一气势结构或空气密封结构（图8-3），阻止井水进入电动机内部，从而使电动机得到双重保护，可靠性有所提高。

② 干式潜水电动机的主要特点

a．除定子绕组绝缘需加强防潮处理、定转子铁芯与金属材料的防锈防腐蚀处理要求高外，干式潜水电动机内部结构及处理与普通陆用电动机相同。一般情况下，干式潜水电动机效率高，制造较简单（密封件除外），维修也较方便。

b．密封结构的可靠性是影响干式电动机使用可靠性和工作寿命的关键，密封结构一般比较复杂，制造工艺和安装要求都较高。

c．当干式电动机在含砂或含其他杂质的液体中工作时，密封寿命会受到相当大的影响，从而影响干式电动机的使用寿命和可靠性。

（4）井用屏蔽式潜水电动机的总体结构及主要特点

① 井用屏蔽式潜水电动机的结构　井用屏蔽式潜水电动机（图8-4）由一密封的定子、在水中工作的转子、水润滑轴承和橡胶调压囊等组成。它的定子密封结构由机壳、非磁性不锈钢薄壁管或非磁性不锈钢薄板制作的屏蔽套和端环焊接后，成为一独立的密封腔，将定子铁芯和绕组包封起来，内充环氧树脂或塑料填充物。转子腔内充满清水或防锈润滑液。电动机上、下部装有径向水润滑滑动导轴承，轴下端装有轴向水润滑止推滑动轴承。轴伸端安装有防砂密封装置，各止口结合面用O形橡胶密封圈或密封胶密封。

② 井用屏蔽式电动机的主要特点

a．定子为一独立的密封腔，对导线绝缘的耐水性或耐油性要求降低，定子绕组可用普通漆包线制作。

b．转子腔允许进水，对轴伸端密封的防泄漏要求很低，一般只要求防止水中的砂粒和固体杂质进入电动机内腔。

c．屏蔽式电动机的可靠性一般较高，但定子密封结构较复杂，非磁性不锈钢薄壁管和端环、机壳的制造、装配要求较高，修理较困难。

屏蔽式结构一般用于100mm及150mm井径的井用潜水电动机中。

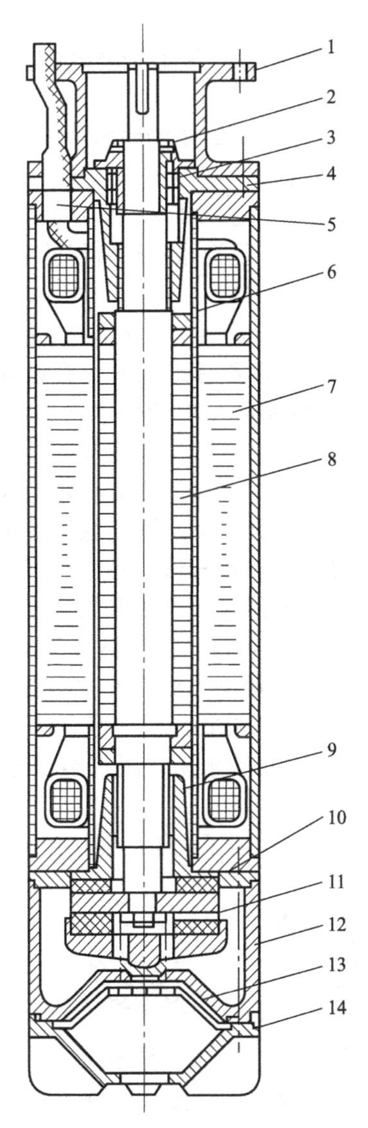

图8-4　井用屏蔽式潜水电动机结构

1—连接法兰；2—甩砂环；3—防砂密封；4—上导轴承；5—电缆引出装置；6—屏蔽套；7—定子；8—转子；9—下导轴承；10—上止推轴承；11—下止推轴承；12—底座；13—橡胶调压囊；14—底脚

8.1.2 井用潜水电动机定子绕组的绝缘结构

（1）井用潜水电动机定子绕组的耐水绝缘结构 充水式潜水异步电动机的定子绕组直接浸在水中工作，要求定子绕组的绝缘结构具有良好的耐水绝缘性能。这就要求制作定子绕组的耐水绝缘导线具有良好的耐水绝缘性能，还要求定子绕组的接头密封材料、密封接头具有良好的耐水绝缘特性。

定子绕组用耐水绝缘导线制作。充水式电动机的定子绕组一般采用SQYN型漆包铜导体聚乙烯绝缘尼龙护套耐水绕组线、SJYN型绞合铜导体聚乙烯绝缘尼龙护套耐水绕组线、SV型实心铜导体聚氯乙烯绝缘耐水绕组线、SJV型绞合铜导体聚氯乙烯绝缘耐水绕组线和SYJN型实心铜导体交联聚乙烯绝缘尼龙护套耐水绕组线、SJYJN绞合铜导体交联聚乙烯绝缘尼龙护套耐水绕组线或类似性能的其他型号耐水绝缘导线制成。这几种耐水绝缘导线具有较高的耐热性、良好的耐老化性能和较高的机械强度，绝缘可靠，使用寿命较长。对于SQYN型和SJYN型聚乙烯绝缘耐水线及SV型和SJV型聚氯乙烯绝缘耐水线，在水中的长期工作温度应不超过70℃；对于SYJN型和SJYJN型交联聚乙烯绝缘耐水线应不超过90℃，并可适应1MPa的水压。耐水绝缘导线的结构如图8-5所示。

为了提高可靠性，减少定子绕组的连接接头，简化定子绕组的

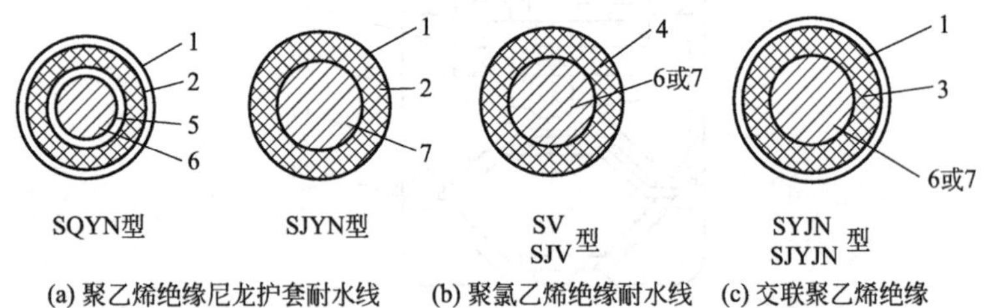

图8-5 耐水绝缘导线结构

1—尼龙；2—聚乙烯；3—交联聚乙烯；4—聚氯乙烯；

5—漆层；6—铜导体；7—绞合铜导体

制造工艺，充水式潜水电动机的定子绕组常采用整条耐水绝缘导线一相连续绕线来制造多组线圈，或直接在定子铁芯上一相线圈连续穿线的制造工艺。定子绕组端部应可靠包扎，并应防止绕组的绝缘层在制造或运行中碰伤。

（2）定子绕组的接头密封 井用充水式潜水电动机定子绕组的星形连接点、耐水绝缘导线与引出电缆的连接接头以及引出电缆与动力电缆的连接接头的密封工艺为：一般采用自黏性胶带做主密封层和主绝缘层，外加机械保护层；要求接头密封包扎紧密、做可靠、耐水绝缘性能良好。

8.1.3 井用潜水电动机的密封结构

（1）井用潜水电动机的定子密封结构

① 井用充水式潜水电动机的定子密封结构 按照《井用潜水异步电动机》国家标准的规定，井用充水式潜水电动机下井前，电动机内腔应充满洁净的清水；或者在井用充水式潜水电动机出厂时，电动机内腔应充满制造厂所配制的水溶液。为了防止电动机内腔充水的泄漏，除在电动机的转轴上安装机械密封（将在下面另行阐述），防止内腔充水通过转轴泄漏外，在电动机的定子、轴承座与底座等固定连接处，也均应加以密封。电动机的机座、轴承座等的止口接合面常用O形橡胶密封圈密封，或用密封胶密封。电动机的螺栓连接处也应加以密封。

② 井用充油式潜水电动机的定子密封结构 井用充油式潜水电动机内腔充满绝缘润滑油，下部装有装置，电动机内腔的油压大于机外井下的水压力。为了阻止电动机内腔的绝缘润滑油向机外泄漏，除在电动机的转轴上安装机械密封（将在下面另行阐述），防止内腔所充绝缘润滑油通过转轴泄漏外，在电动机的定子、轴承座与底座等固定连接处，也均应加以密封。电动机的机座、端盖与油囊护套等的止口接合面常用O形耐油橡胶密封圈密封。电动机的螺栓连接处也常用O形耐油橡胶密封圈加以密封。

③ 井用干式潜水电动机的定子密封结构 井用干式潜水电动机为全干式结构，内腔介质为空气。当电动机在井下水中运行

时，电动机周围井水的水压比较高，水很容易通过各处间隙进入电动机内腔。为了阻止水的进入，除了在电动机的轴伸端安装双端面机械密封或单端面机械密封阻止水分和潮气进入电动机内腔外，在电动机机座、轴承座以及底座等的止口接合面，常采用O形橡胶密封圈加以密封，以保持电动机的正常运行状态。电动机的螺栓连接处也应用O形橡胶密封圈或其他可靠的方法加以密封，阻止井水从螺栓连接处进入电动机内腔，从而避免电动机因内腔进水而造成绝缘性能下降或定子绕组损坏，使电动机的使用可靠性下降。

有的井用干式潜水电动机除在轴伸端安装机械密封外，还采用辅助的空气密封式结构；靠电动机内部（包括空气室内）的空气来阻止井水的侵入。下井时，电动机内腔的空气受到水静压的作用而被压缩，潜入深度越深，空气补压缩的体积就越小。为了保证水不致侵入电动机下端的轴承室内，必须有较大的空气室，这种结构会使电动机的体积增大。

④ 井用屏蔽式潜水电动机的密封结构　井用屏蔽式潜水电动机的定子由机壳、非磁性不锈钢屏蔽套和端环焊接后，成为一独立的密封腔。定子铁芯和绕组在密封的环境中工作，运行可靠性比较高。转子腔内充满清水或防锈润滑液，轴伸端安装机械密封或橡胶骨架油封防砂，将电动机内、外的液体分隔开。电动机机座、轴承座及底座等的止口结合面一般用O形橡胶密封圈或密封胶密封，其密封要求与井用充水式潜水电动机基本相同。

（2）井用潜水电动机转轴的密封结构　不管是充油式电动机、干式电动机、充水式电动机或屏蔽式电动机，它们在井下水中运行时，都要求井水以及水中所含固体杂质不能进入电动机内腔。因此，在各种结构的井用潜水电动机的轴伸端均装有转轴密封装置，包括橡胶骨架油封、各种结构形式的端面机械密封等。下面介绍井用潜水电动机常用的机械密封结构和橡胶骨架油封的安装结构。

① 机械密封结构　机械密封是井用充油式潜水电动机和井用干式潜水电动机的关键零部件，而在井用充水式潜水电动机或井用屏蔽式污水电动机的轴伸端也经常安装机械密封，但二者对所安

装的机械密封的性能要求和所采用的机械密封的结构形式有很大的不同。

a．充油式电动机和干式电动机的机械密封结构。充油式电动机和干式电动机对安装于轴伸端的机械密封的性能要求比较高：要求机械密封能阻止井水及水中所含的固体杂质进入电动机内腔，同时能防止电动机内腔所充绝缘润滑油向外泄漏。在电动机运行过程中，要求机械密封摩擦副（动环与静环）磨损小、密封泄漏尽量减小。

充油式潜水电动机常用的机械密封结构如图8-6所示。YQSY150A型电动机的机械密封包括以动密封环、传动套、波纹管、弹簧和传动座组成的动密封环装配和以静密封环、静密封圈与螺帽组成的静密封环装配两部分［图8-6（a)］。静密封环用螺钉固定在端盖上；动密封环安装在轴上，由轴承端面限位，靠销键带动。YQSY200和250B型电动机及其机械密封由动密封环、静密封环、推块、传动套和弹簧等组成［图8-6（b)］，动密封环通过销键、传动套由推块带动旋转。静密封环靠防转销制动，动、静密封环O形圈借助弹簧推力压紧进行密封。动、静密封环材料均为碳化钨。JQSY型电动机的机械密封结构如图8-6（c）所示。

并且充油式潜水电动机机械密封常用的动密封环和静密封环材料主要为碳化钨和碳化硅，也有少量采用氯化硅、氧化铝陶瓷、金属氧化铝陶瓷等材料。

井用干式潜水电动机机械密封的常用结构与井用充油式潜水电动机的机械密封结构类似。干式电动机常用的机械密封动、静密封环材料，除充油式电动机机械密封所用的材料外，尚有石墨、塑料、金属和其他的有机合成材料等。

b．充水式电动机和屏蔽式电动机的机械密封结构。当井用潜水电动机和井用屏蔽式潜水电动机的使用水质不符合GB/T 2818《井用潜水异步电动机》标准的规定，即水中含砂量（质量比）超过0.01%，甚至达到比较高的含砂量时，井水水质较差，橡胶骨架油封起不了良好的防砂作用。水中的砂料杂质进入电动机内腔，会使电动机内腔的水质恶化，从而影响到水润滑导轴承和水润滑止

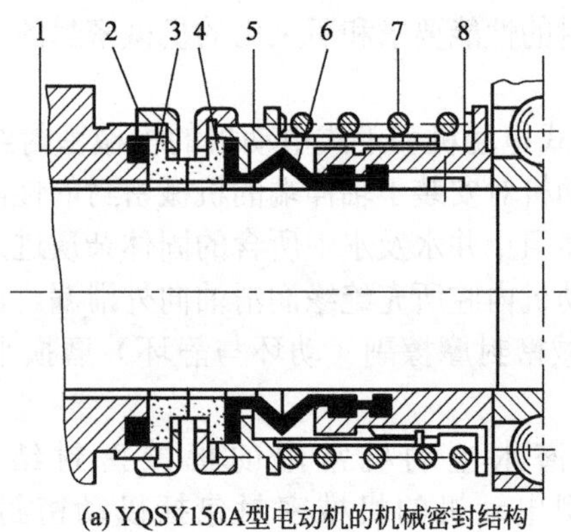

(a) YQSY150A型电动机的机械密封结构

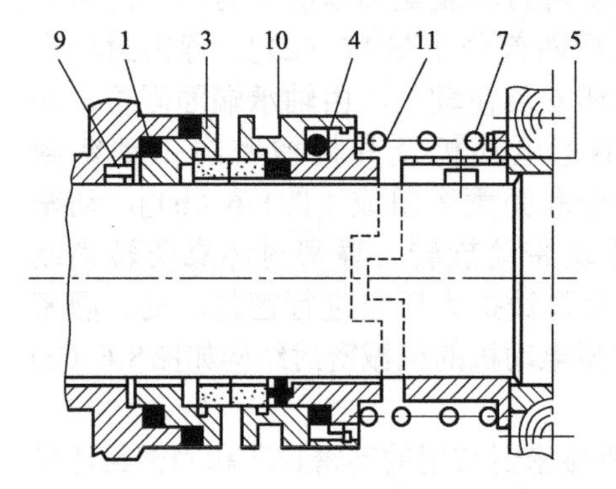

(b) YQSY200和250型电动机及其机械密封结构

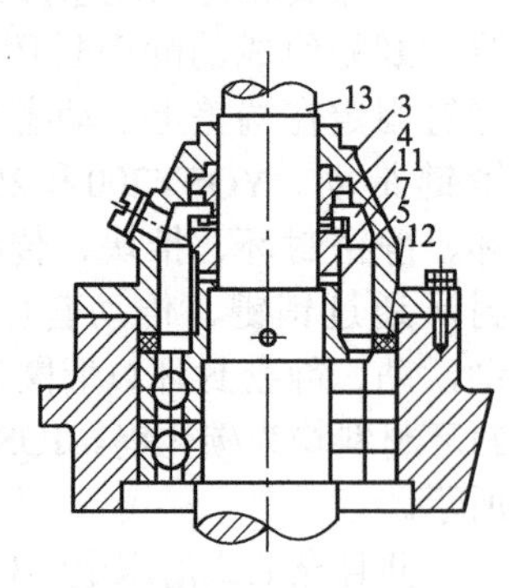

(c) JQSY型电动机的机械密封结构

图8-6　充油式潜水电动机机械密封结构

1—静密封圈；2—螺母；3—静密封环；4—动密封环；5—传动套；

6—波纹管；7—弹簧；8—传动座；9—槽；10—动密封圈；

11—推块；12—补偿胶垫；13—转轴

推轴承的正常工作。此时，电动机轴伸端应安装单端面机械密封［图8-7（b）］，能有效防止井水中所含的砂粒杂质进入电动机内腔，从而改善电动机水润滑导轴承和止推轴承的运行条件，提高电动机运行可靠性、延长使用寿命。

② 橡胶骨架油封结构　当潜水电动机所使用的井水水质符合GB/T 2818《井用潜水异步电动机》标准的规定，其水中含砂量（质

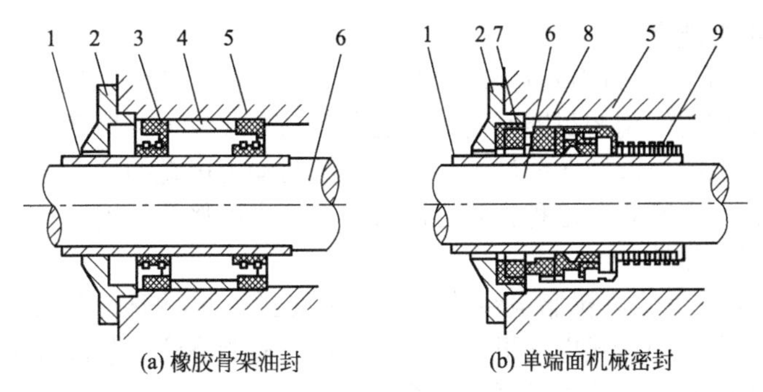

图8-7　充水式井用潜水电动机的橡胶骨架油封和单端面机械密封

1—轴套；2—压盖；3—油封；4—封套；5—上导轴承；6—轴；7—静环；8—动环；9—弹簧

量比）不超过0.01%，井水比较清洁时，井用充水式潜水电动机和井用屏蔽式潜水电动机的轴伸端经常安装橡胶骨架油封作为简单的防砂密封装置［图8-7（a)］。它的结构简单、价格低廉、安装维修方便，但防砂效果相对比较差，使用寿命比较短。

③ 安装有与甩砂环的复合结构　井用潜水电动机的轴伸端除分别安装橡胶骨架油封或机械密封外，常在橡胶骨架油封或机械密封的外侧安装甩砂环。井用潜水电动机运行时，甩砂环能将聚集在轴伸端周围的泥沙颗粒等固体杂质不断甩开，从而减轻橡胶骨架油封或机械密封的防砂压力。在某些特殊的情况下，有时会将橡胶骨架油封与机械密封串联起来使用，以进一步增强潜水电动机的防砂效果。

(3) 定子绕组接头和引出线的密封结构　井用潜水电动机长期在井下水中工作，除了潜水电动机的定子具有良好的密封性能或定子绕组具有良好的耐水绝缘性能外，还要求定子绕组的接头与引出电缆和密封性能以及引出电缆与动力电缆接头的密封性能和耐水绝缘性能良好，以保证井用潜水电动机的工作可靠性和使用寿命。井用潜水电动机定子绕组接头与引出线的密封结构主要有：

① 采用自黏性胶带包扎密封　井用充水式潜水电动机定子绕组的星形连接点、耐水绝缘导线与引出电缆的连接接头的密封以及引出电缆与动力电缆连接接头的密封一般采用自黏性胶带做主密封层和主绝缘层，外加机械保护层。这种密封包扎工艺密封可靠、耐

水绝缘性能良好。

② 采用密封圈和环氧胶密封　井用充油式潜水电动机引出电缆外圈和芯线用密封圈密封，引出电缆与导线的内接用环氧胶密封以防止电缆外圈和芯线渗油。引出电缆与动力电缆的接头也要牢固连接、严格密封。这种密封方法可以保证电缆接头的绝缘电阻，提高运行可靠性。

③ 采用环氧树脂浇注或隔离接头密封　井用干式潜水电动机尤其是空气密封式电动机，一般采用环氧树脂浇注或隔离接头来保证接头的密封性能和良好的绝缘性能。

④ 接插式密封结构　井用屏蔽式潜水电动机的电缆与引出线的连接，一般采用接插式密封结构。这样既减小了径向尺寸，又可以防止连接处渗漏，从而保证了屏蔽式潜水电动机的工作可靠性。

8.2 潜水电泵的使用及维护

8.2.1 潜水电泵使用前的准备及检查

潜水电泵使用前，应对潜水电泵、开关和电缆等有关设备进行如下全面的检查：

① 潜水电泵使用前，应检查电动机定子绕组对地的绝缘电阻，其值一般应≥50MΩ。当测得的冷态绝缘电阻值低于1MΩ时，应检查定子绕组绝缘电阻降低的原因，排除故障，使绝缘电阻恢复到正常值后才能使用，否则可能会造成潜水电动机定子的损坏。

② 潜水电泵使用前，应安装好专用的保护开关或规格相符的过载保护开关，以使潜水电泵在使用过程中发生故障时，能得到可靠而有效的保护，而不致损坏潜水电动机的定子绕组，甚至损坏整台潜水电动机。

③ 潜水电泵使用前，外壳应可靠接地，潜水电泵引出电缆芯线中带有接地标志的黄绿双色接地线应可靠接地。如果限于条件没有固定的地线，则可在电源附近或潜水电泵使用地点附近的潮湿土

地中埋入深2m的长金属棒作为地线。

④ 潜水电泵使用前，对充油式潜水电泵和干式潜水电泵应检查电动机内部或密封油室内是否充满了油，如未按照规定加满的，应补充注油至规定油面；对充水式潜水电泵，电动机内腔应充满清水或按制造厂规定配制的水溶液。

⑤ 潜水电泵一般应垂直吊装，不要横向着地使用（卧式潜水电泵除外），不应陷入淤泥中，防止因散热不良导致电动机损坏。潜水电泵外面可用竹筐或网篮罩住，防止水草等杂物堵塞滤网，影响潜水电泵吸水或绕住水泵叶轮，造成潜水电泵堵转甚至损坏潜水电泵。

⑥ 潜水电泵一般不应脱水运转，如需在地面上进行试运转时，其脱水运转时间一般不应超过1～2min。充水式潜水电泵如电动机内部未充满清水或不能充满清水（过滤循环式），则严禁脱水运转。

⑦ 在使用三相潜水电泵前，应检查旋转方向是否正确，如潜水电泵启动后出水量小，说明转向反了，应立即停车，换接潜水电泵引出电缆或线路任意两相的接线位置。

⑧ 移动或搬运潜水电泵时，应先切断电源，并不得用力拖拽电缆，以免损坏操作电缆。如电缆损坏则应立即进行修理或更换。

8.2.2 井用潜水电动机的定期检查及维护

为了保证井用潜水电动机的正常运转，延长使用寿命，除了配备完善的控制保护装置和执行正确的操作外，还应做好日常的检修工作和定期的维修工作。当井用潜水电动机出现故障时，应及时排除故障，进行修复处理。井用潜水电泵每使用一年，一般应将潜水电泵提出井外，对潜水电动机进行检修。

在潜水电动机下井运行过程中，应对电动机的运行电流、对地绝缘电阻等进行经常性的监视或定期的检查，并定期对潜水电动机进行检修。

（1）对电动机运行电流的监视 井用潜水电动机长期潜入井下

水中工作，其运行电流的大小和变化既反映了电动机工作负荷（即电泵输出的轴功率）的大小，也反映了电动机径向轴承、止推轴承和机械密封等易损件的磨损情况及水泵叶轮、径向轴承的磨损情况。因此，通过运行电流来监视潜水电动机的工作状态是最方便的方法、也是较为可靠的方法。一般应控制潜水电动机的运行电流不超过额定电流。当水泵输出的流量、扬程无明显变化，而潜水电动机运行电流逐渐变大，甚至超过额定电流时，说明潜水电动机的轴承等关键零部件已出现了问题，应尽快停机进行检查和修理。

（2）对定子绕组（包括信号线）对地绝缘电阻的定期检查 在各种形式的井用潜水电动机的运行过程中，应充分利用停机间歇，定期对定子绕组（对充油式电动机尚包括信号线）对地的绝缘电阻进行检查。对连续运行的电动机，也应定期停机进行测定，防止因定子绕组绝缘电阻下降，造成电动机定子绕组绝缘对地击穿，使故障扩大。

低压井用潜水电动机的绝缘电阻用500V绝缘电阻表在电动机引出线（或电缆出线端）和机壳（或出水管）之间测定。停机后立即测得的定子绕组的热态绝缘电阻，对于充水式电动机应不低于0.5MΩ，对于充油式、干式和屏蔽式电动机应不低于1MΩ；如测定冷态绝缘电阻，则一般应不低于5MΩ。电动机定子绕组的绝缘电阻如低于上述数值，一般应将电动机提出井外（以下简称提井）进行检查修理。

（3）对充油式电动机内腔油量的检查及补充 井用充油式潜水电动机运行一定时间后，由于轴伸端机械密封的泄漏、电动机内油液与井水的交换，使潜水电动机内腔的油量减少、油液中的含水量增加，对井用充油式潜水电动机的可靠运行产生了很大的影响。为此，应定期对井用充油式潜水电动机的内腔油量进行检查和补充。对电动机内腔油量进行检查和补充的方法如下：

① 将井用充油式潜水电动机平卧在地上，测量油囊托盘或油囊压盖到底座端面的尺寸，如果此尺寸明显较大，说明电动机内腔的油液已消耗较多，应对井用充油式潜水电动机内腔的油液加以补充。

② 打开平卧在地上的充油式潜水电动机上部的油塞，按图8-8所示方法逐步拉紧油压弹簧到要求的充油位置，同时向电动机内腔缓慢注油。电动机内注满油后拧紧油塞，卸除螺杆，使弹簧放松。此时，由于弹簧力的作用，潜水电动机内产生油压，为了排除电动机内腔残存的气体，应再稍微松开油塞，让其自然排气，待无排气声响并开始溢油时，再拧紧油塞，电动机内腔注油完成。

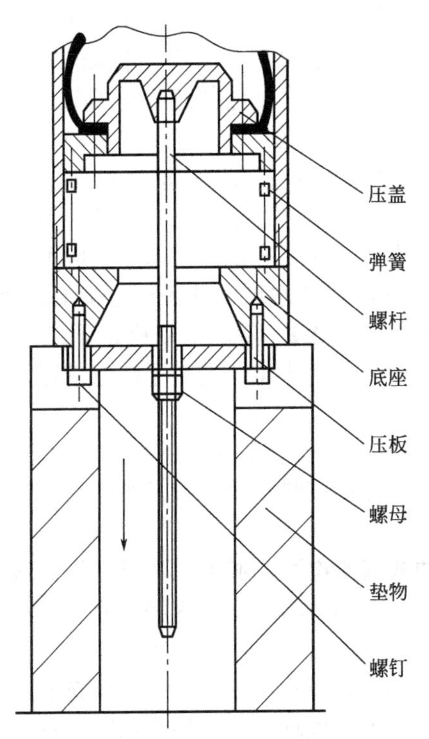

图8-8 充油式电动机注油前拉紧弹簧的方法

③ 如果充油式潜水电动机已发出贫油报警，则应将电动机内的油液全部放出，检查油液中的含水量情况。如油液中含水，则应拆开电动机进行检查，并烘干定子绕组，对轴承进行维护、加油后再进行装配。

8.2.3 潜水电泵的定期检查及维护

（1）对潜水电泵运行情况的监视和绝缘电阻的定期检查 潜水电泵在水下运行，使用条件比较恶劣，平时又难以直接观察潜水电泵在水下的运行情况，因此应经常对潜水电泵进行定期检查与维护。

① 潜水电泵使用中，应经常利用停机间隙检查定子绕组的绝缘电阻值，以确保使用的可靠性，防患于未然。对连续使用的潜水电泵，也应定期停机对定子绕组的绝缘电阻值进行测定，防止因定子绕组绝缘电阻下降，造成对地击穿，使故障扩大。低压潜水电泵的绝缘电阻可用500V绝缘电阻表在潜水电动机的引出线（或电缆出线端）和机壳（或出水管）之间进行测定。停机后立即测得定子绕组的热态绝缘电阻，对于充水式潜水电泵应不低于0.5MΩ，对于充油式、干式和屏蔽式潜水电泵应不低于1MΩ；如测冷态绝缘电阻，则一般应不低于5MΩ。潜水电动机定子绕组的绝缘电阻如低于上述数值，一般应对潜水电泵的定子绕组进行仔细的检查，然后进行修理。

② 对潜水电泵的运行情况应进行经常的监视，如发现流量突然减少或有异常的振动或噪声时，应及时停止运行，并进行检查和修理。

（2）对充油式潜水电泵内腔的充油量和干式潜水电泵油室油量的检查及补充 对充油式潜水电泵内腔的充油量和干式潜水电泵电动机油室的油量进行检查时，应先拆下电动机上、下端盖的加油螺钉和放油螺钉，将干式潜水电泵密封室内或充油式潜水电泵电动机内的油液放入盛器内，处理备用。如果从密封室内或电动机内放出的油液中含水量较少，则说明潜水电泵的机械密封工作情况较好，可对干水电泵密封室内或充油式潜水电泵电动机内充入洁净油液后重新使用；如果从密封室内或电动机内放出的油液中含水量较多，则说明潜水电泵的机械密封已存在问题，应从电动机轴上小心卸下整体式机械密封盒（或机械密封）并进行检查。

（3）对机械密封的检查、维修及更换 机械密封是充油式潜水电泵和干式潜水电泵的关键部件，为了保证潜水电泵运行的可靠性，在运行一定时间（一般为2500h）后，应对机械密封进行检查、维修或更换。如果在潜水电泵日常运行中，发现潜水电泵的机械密封确已存在问题、产生泄漏，也应及时对机械密封进行维修或更换。

（4）对易损件及磨损零部件的检查、维修及更换 潜水电泵使用满一年（对频繁使用的潜水电泵，可适当缩短时间），应进行定期的检查和修理，更换油封、O形圈等易损件以及磨损的水泵过流零件。

8.3 潜水泵电机与潜水泵常见故障与维修

8.3.1 潜水电泵不能启动、突然不转的原因及处理方法

（1）潜水电泵不能启动的原因及处理方法

① 电源电压过低 因电源电压过低造成潜水电泵不能启动时，应将电源电压调整到342V以上。在抗灾排涝的紧急情况下必须使用潜水电泵，而电源电压又低于342V时，可采取临时的应急措施：适当调大潜水电泵保护开关的整定电流，使潜水电泵在使用过程中，其保护开关不致因过载而频繁跳闸。但使用时应控制潜水电泵定子绕组的电流不超过其额定电流的1.1倍，并控制使用时间，使潜水电泵不致因使用时间过长、超载过久，造成定子绕组温升过高而过热损坏。

② 电源断相或断电 潜水电泵使用中，如电缆芯线断裂、熔断器熔断、控制保护开关接触不良、保护装置动作等，造成潜水电泵停转时，应仔细检查供电线路中的熔断器、控制保护开关和保护装置是否存在故障，检查是否是电源断相或断电，或是因熔断器、控制保护开关和保护装置动作或接触不良造成断相或断电。修复因熔断器、控制保护开关和保护装置造成的断电或断相处；如是因电源供电中断造成的，则应恢复供电。

③ 水泵叶轮卡住 因水泵叶轮被水草、杂物等卡住造成潜水电泵停转时，应拆检水泵，清除水草、杂物等，使潜水电泵能正常运行。

④ 电缆过细、过长，电压降过大　造成潜水电泵供电电压过低，电动机无法启动。处理方法是当潜水电耗使用地距离电源较远、电缆较长、电压降过大时，应适当加粗电缆截面；如果电缆长度增加一倍，则电缆截面也应相应增加一倍。

⑤ 潜水电泵的插头、开关等的接插件接触不良　潜水电泵的插头、开关等的接插件接触不良造成潜水电泵不能启动时，应修理或更换接触不良的接插件。

⑥ 潜水电泵的热保护器动作　潜水电泵使用中因热保护器动作造成停转时，应首先检查热保护器动作的原因。如是潜水电泵出现故障，则应立即查找并排除故障。如是电动机的过载造成的，则应找出过载的原因并加以消除：如电源电压过低造成电动机电流过大；或是因叶轮被杂物缠绕，转动不畅；或是因轴承损坏造成电动机的定子与转子相互摩擦以及环境温度过高等。因热保护器动作表明潜水电泵温度已超过额定温度，应等待定子绕组温度降低，热保护器自动复位后，潜水电泵才可重新运行。

⑦ 潜水电泵的热保护器损坏　处理方法是首先检查热保护器损坏的原因：如果热保护器损坏是因潜水电泵的故障引起，则应立即查找并排除潜水电泵的故障；如果热保护器损坏是因热保护器的质量造成或因热保护器使用时间过长造成，则应更换同样型号、同样规格的热保护器。

⑧ 潜水电泵的定子绕组损坏　潜水电泵的定子绕组损坏，造成停转时，应首先检查潜水电动机定子绕组损坏的原因，排除故障，防止再次损坏潜水电动机定子绕组；然后对潜水电动机定子绕组进行拆卸修理，按照要求重新更换损坏的定子绕组。

⑨ 单相潜水电动机离心开关接触不良或损坏　处理方法是首先检查离心开关损坏的原因是否与潜水电泵的故障有关，如果潜水电泵存在故障，应立即查找并排除潜水电泵的故障，然后修理或更换离心开关。

（2）潜水电泵接入电源后，熔丝熔断的原因及处理方法　潜水电泵接入电源后熔丝熔断，与供电电源的电压过低、水泵和电动机的故障以及使用不当等因素有关：

① 潜水电泵两相运转　潜水电泵发生两相运转时，首先应检

查发生该故障的原因：如因电源的两相故障造成，则应修复损坏的电源；如因潜水电泵的故障造成，则应对潜水电泵的故障进行检查和修理。

② 潜水电泵叶轮受水草、杂物阻塞，摩擦严重　发现潜水电泵叶轮受水草、杂物阻塞时，应立即停机并拆卸潜水电泵，清除水泵叶轮或流道中的杂物，使潜水电泵转动平衡、轻快。

③ 电源电压过低　电源电压过低使潜水电泵不能启动时，应将电源电压升到342～400V，使潜水电泵能顺利启动。

④ 潜水电泵电动机的轴承损坏　电动机的轴承损坏，会使潜水电耗不能正常运行，电流变大。处理方法是更换潜水电泵损坏的轴承。

⑤ 潜水电泵转轴弯曲、定子与转子不同心　转轴弯曲是一种严重的故障情况，会使潜水电动机的气隙不均匀，轴承受力情况恶化，甚至会使潜水电泵的定子与转子相互摩擦，使潜水电泵运行时产生剧烈振动，应立即进行检修，校直弯曲的转轴、更换不合格的轴承。

（3）潜水电泵正常运行中突然不转的原因及处理方法　潜水电泵正常运行中突然不转的原因主要有：

① 电源断电　处理方法是检查电源断电的原因并及时排除故障，恢复供电。

② 潜水电泵的控制保护开关跳闸　控制保护开关跳闸的主要原因是潜水电泵运行时发生损坏或过载。处理方法是首先测量潜水电泵电动机的绝缘电阻，检查潜水电泵电动机定子绕组是否损坏，其他零部件是否损坏。如果因潜水电泵其他零部件损坏造成定子绕组损坏或定子绕组因过载、短路造成损坏，则应修理损坏的零部件和定子绕组。如果潜水电泵并没有损坏，则控制保护开关跳闸就是由潜水电泵的过载引起的，应检查电源电压及水泵的使用扬程是否在规定范围内，将电源电压和潜水电泵运行工况调整到允许范围内，即可避免潜水电泵运行时过载，防止控制保护开关跳闸。

③ 潜水电泵供电电缆的芯线断裂　处理方法是将电动机供电电缆断裂的芯线处接好，并用绝缘胶带包扎好。如供电电缆断裂后

修复的连接处需浸入水中，则应按电缆接防水连接及密封要求进行处理（可按《充水式井用潜水电动机的修理》中有关电缆接头防水连接及密封的内容进行连接及密封处理）或更换电缆。

④ 潜水电泵的热保护器动作　潜水电泵的热保护器动作主要是潜水电泵过载或潜水电泵电动机散热不良或脱水运行或热保护器故障产生误动作造成的。处理方法是检查热保护器动作的原因并加以消除，等待其自动复位或进行修理调整。

⑤ 潜水电泵堵转　潜水电泵发生堵转的主要原因是：

a．泵叶轮卡住。处理方法是拆检水泵、清除杂物，使潜水电泵能正常运行。

b．轴承等转动零件损坏，应加以修理或更换。

⑥ 潜水电泵的定子绕组烧坏　发现潜水电泵的定子绕组烧坏，首先应检查定子绕组损坏的原因，排除故障，防止再次损坏电动机定子绕组；然后对电动机定子绕组进行拆卸修理，按照要求重新更换损坏的定子绕组。

（4）潜水电泵通电后不出水的原因及处理方法　潜水电泵通电后不出水的主要原因有：

① 电源电压过低、潜水电泵未能启动　潜水电泵因电源电压过低未能启动时，应将电压调至342V以上。如果因为各种原因电压调不到342V，而潜水电泵又必须使用，可适当调大潜水电泵保护开关的整定电流。但使用时应控制电流不超过电动机额定电流的1.1倍，并控制使用时间，使电动机不致因超载过久，造成定子绕组过热损坏。

② 电源断相或断电　电缆断裂、熔断器熔断、控制保护开关接触不良、控制保护装置动作等，会造成潜水电泵不能启动。处理方法是仔细检查熔断器、控制保护开关和保护装置，检查是否因电源断相或断电，或是因熔断器、开关和保护装置动作或接触不良造成断相或断电。修复因熔断器、开关和保护装置造成的断电或断相处。

③ 水泵叶轮卡住　处理方法是拆卸水泵、清除叶轮杂物、修复水泵。

④ 潜水电泵定子线圈短路　处理方法是检查定子线圈短路处，

修理潜水电泵的定子绕组。同时检查潜水电泵定子线圈短路的原因，排除潜水电泵存在的故障，避免潜水电泵定子线圈再次发生短路。

⑤ 潜水电泵定子线圈断路　处理方法是检查定子线圈断路处，修理潜水电泵的定子绕组；同时检查潜水电泵定子线圈断路的原因，排除潜水电泵存在的故障，避免潜水电泵定子线圈再次发生断路。

⑥ 潜水电泵的供电电缆过细或过长　潜水电泵的供电电缆过细或过长，会造成电缆压降过大、使潜水电泵电压过低，无法启动。处理方法是按供电电缆的合理选择要求调换较粗的电缆，减少电缆电压降。当潜水电泵的使用场所距供电电源较远、电缆较长、电压降过大时，应适当加粗电缆截面：电缆长度如果增加一倍，电缆截面也应相应增加一倍。这样可以提高潜水电泵的启动电压，使潜水电泵容易启动。

⑦ 潜水电泵导轴承与轴的间隙太小　充水式潜水电泵导轴承与轴的间隙太小，运行时容易因导轴承膨胀或发热，使轴承产生抱轴现象。处理方法是修理导轴承：按照规定要求，适当加大导轴承与轴的间隙，使潜水电泵运行时轴承不再发生抱轴现象。

⑧ 充水式潜水电泵内腔充水不足发生抱轴现象　处理方法是修理或更换损坏的轴承，同时对充水式潜水电泵，应保证内腔充满清水。

⑨ 潜水电泵使用后长期旋转　潜水电泵使用后长期旋转，致使水泵叶轮与口环部位锈蚀，尤其对于导叶式潜水电泵更是。处理方法是拆开水泵的上导流壳，清理锈蚀部位，使潜水电泵能灵活转动。

8.3.2 潜水电泵过载、出水少的原因及处理方法

（1）潜水电泵出水少的原因及处理方法

① 潜水电泵的使用扬程过高　潜水电泵使用中出现扬程过高的主要原因是：所使用的潜水电泵选用不当、规定扬程过高或水泵使用中阀门调节不当。处理方法是按照潜水电泵规定的使用范围，

适当调节它的使用扬程或另选合适规格的潜水电泵。

② 潜水电泵的过滤网堵塞　潜水电泵的过滤网堵塞会造成水泵进水不畅通，潜水电泵的出水量就会减少。处理方法是清除过滤网内外及潜水电泵周围的水草、杂物，必要时可用竹筐或网篮罩住潜水电泵，以防止水草杂物进入。

③ 潜水电泵的旋转方向反了　潜水电泵的旋转方向反了，出水量就会很小。处理方法是调换潜水电泵供电电缆与相序。

（2）动水位下降到进水口以下，造成潜水电泵间隙出水　造成潜水电泵间隙出水的主要原因是潜水电泵的流量过大或下井深度不够。处理方法是：

① 关小潜水电泵出水管上的阀门、减少潜水电泵的流量，使井的动水位下降后，潜水电泵的进水口始终位于水下面下。

② 增加潜水电泵的下井深度至动水位下降时，使潜水电泵的进水口始终位于水面下的程度。

（3）潜水电泵的转子断条　潜水电泵的转子断条会造成潜水电泵不能正常工作，转速下降，水泵的流量、扬程下降，电流表的指针摆动。处理方法是更换潜水电泵的转子。

（4）潜水电泵运行时剧烈振动的原因及处理方法　潜水电泵运行时产生剧烈振动，主要与水泵叶轮和电动机转子的平衡以及机械原因有关，其中主要有：

① 潜水电泵的转子不平衡　处理方法是拆卸潜水电泵，重新对潜水电泵的转子校正动平衡。

② 潜水电泵的叶轮不平衡　处理方法是重新校正水泵叶轮的静平衡。

③ 潜水电泵的转轴弯曲　转轴弯曲是一种严重的故障情况，会使潜水电泵的气隙不均匀，轴承受力情况恶化，甚至会使潜水电泵的定子与转子相互摩擦，使潜水电泵运行时产生剧烈振动，应立即进行检修，校直弯曲的转轴。

④ 潜水电泵的轴承磨损　处理方法是更换损坏的滚动轴承或水润滑轴承与轴套。

⑤ 潜水电泵的连接法兰和螺栓松动　处理方法是拧紧松动的螺栓，使法兰连接牢固。

8.3.3 潜水电耗定子绕组故障的原因及处理方法

（1）潜水电泵定子绕组绝缘电阻下降的原因及处理方法 潜水电泵定子绕组的绝缘电阻下降与潜水电泵轴伸端机械密封的泄漏、电动机机座与端盖等处接合面的密封处泄漏以及潜水电泵定子绕组绝缘损坏等原因有关：

① 潜水电泵轴伸端的机械密封泄漏 潜水电泵轴伸端安装的机械密封泄漏，会造成机外水直接涌入潜水电泵的电动机内腔，从而造成潜水电泵定子绕组的绝缘电阻下降。处理方法是修理或更换损坏的轴伸端机械密封，并重新对潜水电耗的定子绕组进行干燥处理，提高定子绕组的绝缘电阻。

② 机座与端盖等处接合面的静密封泄漏 潜水电泵电动机机座、端盖等处接合面的静密封泄漏同样会造成机外水直接涌入潜水电泵的电动机内腔，从而造成潜水电泵定子绕组的绝缘电阻下降。处理方法是更换损坏的静密封（一般为O形密封圈），并重新对潜水电泵的定子绕组进行干燥处理，提高定子绕组的绝缘电阻。

③ 潜水电泵的电缆接头进水 潜水电泵的电缆接头进水同样会造成机外水直接涌入潜水电泵的电动机内腔，从而造成潜水电泵定子绕组的绝缘电阻下降。处理方法是重新处理电缆接头，保证电缆接头的连接和防水的可靠性；并重新对潜水电泵的定子绕组进行干燥处理，提高潜水电泵定子绕组的绝缘电阻。

④ 潜水电泵的定子绕组操作或损坏 潜水电泵定子绕组操作或损坏的处理方法是修理或更换损坏的定子绕组，并重新对潜水电泵的定子绕组进行干燥处理，提高潜水电泵定子绕组的绝缘电阻。

（2）潜水电泵定子绕组烧坏的原因及处理方法 潜水电泵定子绕组烧坏与轴伸端机械密封泄漏、机座与端盖等处接合面的静密封处渗漏、接线错误、使用条件恶化以及使用不当等因素有关：

① 潜水电泵的电缆接地线与芯线接错 潜水电泵的电缆接地线与芯线接错会造成潜水电泵的定子绕组损坏，处理方法是:拆除

损坏的潜水电泵定子绕组，按原样重新修复定子绕组；重接电缆线，并进行严格的检查，防止接地线与芯线接错，避免再次发生类似的故障。

② 潜水电泵定子绕组匝间短路　处理方法是检查潜水电泵定子绕组匝间短路处，拆除损坏的定子绕组，按原样重新修复定子绕组。

③ 充油式潜水电泵或干式潜水电泵机械密封损坏进水，定子绕组对地击穿　处理方法是修理或更换损坏的机械密封，拆除损坏的定子绕组，按原样重新修复定子绕组。

④ 潜水电泵的机座与端盖等处接合面的静密封泄漏　潜水电泵机座与端盖等处接合面的静密封泄漏同样会造成机外水直接渗入电动机内腔，从而造成潜水电泵定子绕组的绝缘电阻下降。处理方法是更换损坏的静密封（一般为O形密封圈），并重新对潜水电泵的定子绕组进行干燥处理，提高潜水电泵定子绕组的绝缘电阻。

⑤ 潜水电泵超载运行或两相运行时间过长　潜水电泵超载运行或两相运行时间过长造成潜水电泵定子绕组损坏时，首先应找出潜水电泵超载运行两相运行的原因、排除潜水电泵的故障；拆除损坏的定子绕组，按原样重新修复潜水电泵的定子绕组。

⑥ 潜水电泵脱水运行时间过长　潜水电泵脱水运行时间过长造成潜水电泵定子绕组损坏的处理方法是:拆除损坏的定子绕组，按原样重新修复定子绕组；运行中尽可能保证潜水电泵的冷却条件，减少脱水运行情况和脱水运行时间，并安装过载保护装置或过热保护装置，适当调节保护电流或保护温度，使潜水电泵的定子绕组不致因过热而损坏。

⑦ 上泵式潜水电泵电动机陷入泥中运行　上泵式潜水电泵电动机陷入泥中运行时，因机座散热困难，定子绕组的温升会快速上升，甚至损坏定子绕组。处理方法是拆除损坏的定子绕组，按原样修复潜水电泵的定子绕组。对上泵式潜水电泵运行时应采取有效措施，如使用篮、筐等加以隔离，防止电动机陷入泥中运行，以避免造成定子绕组散热困难，甚至损坏定子绕组。

⑧ 水泵叶轮卡住，电动机堵转时间过长　处理方法是拆检水

泵、清除叶轮杂物，使电动机转动自如；同时拆除损坏的定子绕组，按原样重新修复潜水电泵的定子绕组。

⑨ 潜水电泵开停过于频繁　潜水电泵开停过于频繁，会使潜水电泵定子绕组频繁地流过很大的启动电流，绕组发热很厉害，热量又来不及散发，从而造成定子绕组的损坏。处理方法是:拆除损坏的定子绕组，按原样重新修复潜水电泵的定子绕组；使用中潜水电泵不宜频繁启动和停止，以免潜水电泵定子绕组过度发热，造成损坏。

⑩ 潜水电泵的供电电缆受损进水，定子绕组受潮，匝间绝缘击穿或定子绕组对地击穿　处理方法是:检查受损的供电电缆，对电缆受损部位进行防水包扎处理或更换电缆；拆除损坏的定子绕组，按原样重新修复潜水电泵的定子绕组。

⑪ 潜水电泵遭受雷击，定子绕组损坏　潜水电泵遭受雷击，定子绕组损坏后，应拆除损坏的定子绕组，按原样重新修复潜水电泵的定子绕组；对受到雷击的电源设备应采取有效的防雷措施，避免潜水电泵因再次遭受雷击而损坏定子绕组。

8.4 潜水电泵定子绕组常见故障的分析及处理

潜水电泵长期潜入水中运行，使用条件比较恶劣，运行中出现的噪声、振动、温度等异常变化不易受到直接监视，尤其是在农村中使用的一部分潜水电泵保护装置较差，运行中产生的各种故障如未能及时发现并加以适当的处理，则最终均反映在潜水电动机定子绕组的故障上。因此，电动机定子绕组的故障是潜水电泵最常见的故障之一。

8.4.1 潜水电泵定子绕组接地故障

（1）潜水电泵定子绕组接地故障的主要特征　潜水电泵定子绕组因接地故障而烧坏的主要特征是：槽口或槽底有明显的烧伤痕迹。

（2）潜水电泵定子绕组发生接地故障的主要原因　定子绕组接地故障属危险事故，因为定子绕组与铁芯或机壳间的绝缘损坏所造成的机壳带电将危及人的生命安全，并导致有关设备的损坏。潜水电泵定子绕组接地故障的主要原因是：

① 定子绕组受潮而失去绝缘作用　潜水电泵在水下运行时，干式潜水电动机或充油式潜水电动机定子绕组受潮，定子绕组的绝缘性能会逐步下降，直到完全失去绝缘作用。

② 潜水电泵长期过载使定子绕组绝缘老化　潜水电泵长期低电压运行、长期过载、电流偏大、温升偏高，均会使定子绕组的绝缘逐渐老化。

③ 定子与转子相互摩擦　潜水电泵定子铁芯与转子铁芯同轴度不好或因轴承损坏而导致定子与转子相互摩擦，定子铁芯与转子摩擦的部分因摩擦发热而烧焦槽绝缘，导致线圈绝缘损坏而使定子绕组发生接地故障。

④ 制造中存在的质量问题　制造过程中定子绕组嵌线工艺不当或嵌线质量差，在铁芯槽口线圈直线部分与端部转角处有挤压，槽绝缘破损；部分槽口绝缘没有封卷好、槽绝缘损坏等；槽楔与导线直接接触；槽楔受潮后绕组绝缘电阻下降、反向运动等原因都会造成定子绕组接地故障。槽绝缘损坏严重的会因导线中裸铜处与铁芯、机壳相接触，造成定子绕组接地事故。

⑤ 其他因素　雷击造成定子绕组绝缘损坏等，也可能造成各种结构潜水电泵定子绕组的接地故障。

（3）潜水电泵定子绕组接地故障的检查

① 用绝缘电阻表进行检查　对低压潜水电泵用500V绝缘电阻表测量定子绕组（或电缆芯线）对机壳的绝缘电阻，其值接近于零，表示定子绕组接地。农村中如无绝缘电阻表时，可用万用表电阻挡（$R\times1$k或$R\times100$等大电阻挡）的绝缘电阻，如其值很大，则表示潜水电泵定子绕组的绝缘良好，潜水电泵可继续使用；如其值较小或很小，则表示潜水电泵定子绕组绝缘电阻很小或定子绕组已接地。

② 用校验白炽灯进行检查　用校验白炽灯检查定子绕组的接地故障时，应将检验灯的一端接定子绕组引出线，另一端接机壳，通220V电压后，如灯泡发亮则表示定子绕组已接地。这时，可检查定子绕组端部绝缘和接近槽口部分的槽绝缘有无破裂或发焦，如

发现槽绝缘破裂或发焦，则破裂或发焦处很可能就是定子绕组的接地点。

③ 槽口部位接地故障的检查　通常定子绕组接地常发生在槽口或槽口的底部。如为槽口部位接地故障，则要区分接地方式是“虚接”还是“实接”。虚接时，为了查明故障，可升高电压将虚接部位击穿，由火花和冒烟痕迹可判断出来；实接部位可根据放电烧焦的绝缘部位检查出来。

8.4.2 潜水电泵定子绕组短路故障

（1）潜水电泵定子绕组发生短路故障的主要特征及主要原因　干式和充油式潜水电泵定子绕组的短路故障主要有线圈匝间短路、线圈相间短路和绕组对铁芯短路三类，其中线圈匝间短路包括各极相组线圈间短路，一个极相组中线圈之间短路以及一个线圈中的线匝之间短路。线圈相间短路故障通常有定子绕组端部层间短路和槽内上、下层线圈边之间的短路等几种。充水式潜水电泵定子线圈直接浸在水中，因此，其定子绕组的短路故障只有对地短路一种，也即充水式潜水电泵的定子绕组短路故障就是定子绕组的对地短路故障。

① 定子绕组短路烧坏的主要特征

a．因匝间短路烧坏定子绕组的主要特征为：定子线圈的端部有几匝或一个极相组烧焦，而其余的线圈稍微变色。

b．因相间短路造成定子绕组烧坏的主要特征为：在短路发生处定子绕组产生熔断现象（即导线多根烧断）并有熔化的铜屑痕迹，其他线圈组或线圈的另一端部就不存在烤焦现象。

② 定子绕组短路故障产生的主要原因

a．潜水电泵使用环境恶劣，干式或充油式潜水电动机长期在水中工作，定子绕组受潮，在使用中产生的过电压作用下，定子绕组绝缘局部击穿。

b．农村中使用的潜水电泵，因供电电压过低、电流长期过大，造成定子绕组过热、绝缘老化，局部发生击穿。

c．电动机过载、过电压或单相运行以及导线绝缘材质不良等均会造成定子绕组匝间短路。尤其是聚酯漆包线的漆膜热态机械强度较差，当浸漆不良而线匝之间未能形成坚固的整体时，大量外界粉尘会积存在线匝缝隙当中，导线在电磁力作用下相互振动摩擦，塞在缝隙中的粉尘又起“研磨剂”的作用，时间一久，将导线绝缘磨破，会造成线圈匝间短路。

d. 潜水电泵使用中遭雷击，造成定子绕组绝缘击穿损坏等短路故障。

e. 潜水电泵制造过程中因工厂工艺不稳定或者加工疏忽造成定子绕组短路故障的产生频率也较高，如相间绝缘尺寸不符合规定，绝缘垫本身有缺陷；在连绕的同心式绕组中，存在极相组间的连接线上绝缘套管没有套到线圈嵌入槽的槽部或绝缘套管被压破，造成短路故障；线圈间的过桥线连接不好或嵌线方法不妥，整形时用力过重造成的线圈间短路故障；嵌线时存在划棒（理线板）划破导线绝缘以及焊接时烫焦导线绝缘或线圈端部绝缘被焊接头碰伤等，导致线圈匝间导线短路；定子搬运过程中定子绕组端部绝缘局部损坏等。

f. 如果定子绕组线圈端部的相间绝缘或双层线圈的层间绝缘没有垫好，则在潜水电泵电动机的温升过高或定子绕组受潮的情况下，就会发生绝缘击穿，形成相间短路。如有极相组线圈的连线套管没有套好，则也会造成连线间短路。

g. 对小功率潜水电泵因选用的电磁线线径较细，线圈端部机械强度低，检修时稍有疏忽就会损伤绝缘层而发生匝间短路，因此，对于小功率潜水电泵定子绕组的检查与修理更要特别注意。

（2）潜水电泵定子绕组短路故障的检查 干式和充油式潜水电泵定子绕组发生短路时，由于短路电流大、短路处过热，绝缘容易老化、发焦、变脆，因此，可用肉眼检查定子绕组绝缘烧焦处，并可通过嗅觉检查有焦味的地方，一般往往就是定子绕组的短路处。有条件时，可用仪器仪表进行检查。下面介绍六种检查潜水电泵定子绕组短路故障的方法。

① 电流平衡法 检查定子绕组短路故障的电流平衡法接线如图8-9所示。因为某相定子绕组短路相当于部分线圈短接，该相定子绕组的直流电阻减小，电流就会变大。在定子绕组出线端串接

三只电流表，然后通入交流低电压，如果三只电流表的读数相差较大（正常情况下，三只电流表读数相差不超过10%，如果相差超过10%，则表明情况存在异常），则电流读数大的一相极有可能就是定子绕组的短路相。

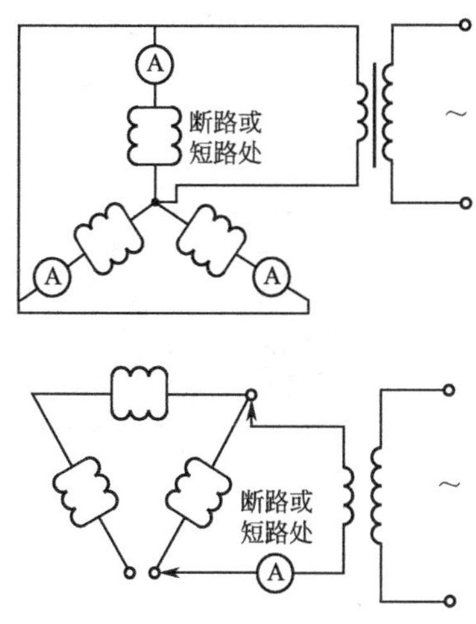

图8-9　检查定子绕组短路故障的电流平衡法接线图

② 利用绝缘电阻表检查相间短路　用绝缘电阻表检查任何两相定子绕组间的绝缘电阻，若绝缘电阻低，则说明该两相定子绕组存在短路。

③ 用短路侦察器检查定子绕组匝间短路　将线圈短路侦察器接通交流电源，然后放入定子内圆表面的定子槽口上，沿各槽口逐槽移动进行检查。当短路侦察器经过一个短路绕组时，此短路绕组相当于变压器的二次侧绕组。在短路侦察器绕组中串联一只电流表，此时电流表指示出较大的电流［图8-10（a)］。若没有电流表，也可用一根旧锯条钢片放在被侧绕组的另一边所在槽口上面［图8-10（b)］，若被测绕组短路，则此钢片不会产生振动。

对于定子绕组采用并联接法的电动机，必须把各并联的支路拆开，才能采用线圈短路侦察器检查定子绕组的匝间短路。

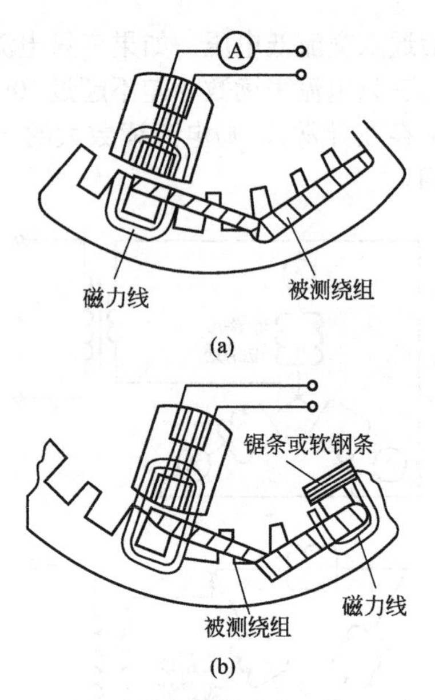

图8-10　用短路侦察器检查定子绕组匝间短路

④ 磁针检查法　对于线圈整个短路或因接线疏忽误将同一线圈的两个引出端接通的故障，可采用此方法进行检查。检查时，定子绕组应通直流电。将磁针沿定子内圆表面缓缓移动，磁针的指向是交替变化的，在每一导线上停留片刻，若磁针无偏转，则说明该导线的线圈短路。

⑤ 温度测试法　将潜水电动机通电运转数分钟，然后将电动机停转，用手对线圈逐个进行检查，这时短路线圈的温度比其他的线圈要高。若不明显，则再降压运转数分钟，用同样的方法进行检查。

⑥ 电桥检查（电阻测定）法　用电桥检查，比用电流表检查方便，只要用电桥测量潜水电泵各相定子绕组的直流电阻，如三相定子绕组的电阻值相差在5%以上，则电阻较小的一相定子绕组极可能就是发生短路的一相。

（3）潜水电泵定子绕组对铁芯短路的检查　潜水电泵定子绕组对铁芯短路一般可用三种方法进行检查：

① 电阻测定法　检查定子绕组对铁芯短路的电阻测定法试验线路如图8-11所示。

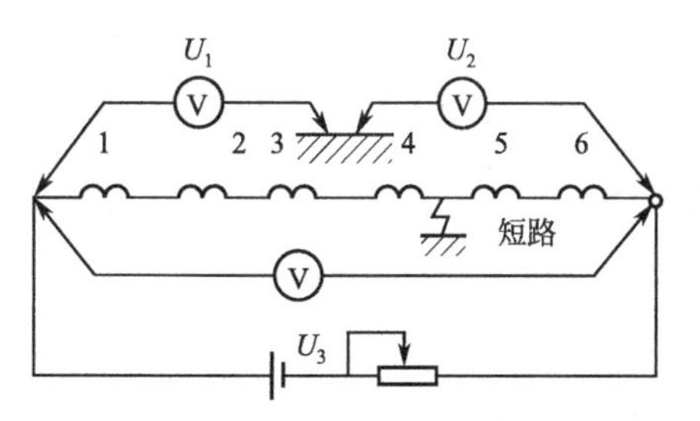

图8-11　检查定子绕组对铁芯短路的电阻测定法接线图

在有故障的一相绕组上，施加电压适中的直流电源或交流电源（电源不接地）。若用交流电源，则电动机的转子必须从定子取出。读取电源电压U_3和有故障的一相绕组两端至铁芯的电压值U_1和U_2。若此绕组完全对铁芯短路，则$U_1+U_2=U_3$。由U_1与U_2的比例关系，可基本确定短路的线圈。

② 电流定向法　检查定子绕组对铁芯短路的电流定向法接线如图8-12所示。电源的一端同时接至产生故障线圈的两个端头，而将另一端接通铁芯，电流方向如箭头所示，两股电流同时流向线圈的短路地点。

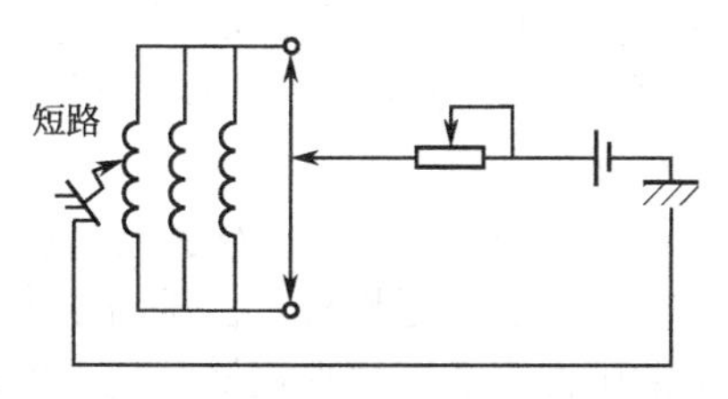

图8-12　检查定子绕组对铁芯短路的电流定向法接线图

试验三相潜水电动机时，可将三相的头尾接在一起，与电源相连，电源的另一端接铁芯。把一枚磁针放在槽顶上，逐槽推过去，视磁针改变指向的地点便可确定短路的位置和短路的相号。

③ 试灯检查法　用试灯（40W以下）按图8-13所示接线逐相检查。检查时若试灯暗红，则表明该相绕组严重受潮。若存在试灯

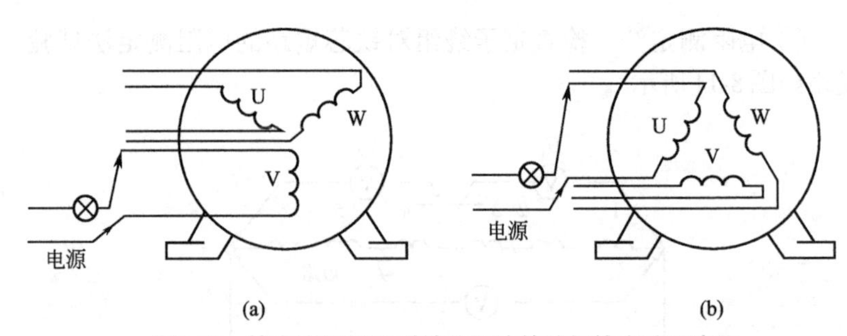

图8-13 检查定子绕组对铁芯短路的试灯检查法示意图

发亮的相，则说明该相对铁芯短路。

8.4.3 潜水电泵定子绕组断路故障

干式潜水电泵和充油式潜水电泵定子绕组的断路故障主要有匝间断路、一相断路、并联导线中一根断路或并联支路一路断路等。造成的主要原因是定子线圈匝间短路未及时发现，造成定子线圈局部过热烧断导线；定子绕组连接处焊接不良，局部过热脱焊；制造过程中存在隐患，使用不当（如拉扯、碰撞等）造成断路。

① 定子绕组引出线和过桥线焊接处的检查　当潜水电泵发生定子绕组断路时，首先应检查定子绕组引出线和各过桥线的焊接处是否有焊锡熔化或焊接点松脱等现象。如不存在焊锡熔化或焊接点松脱等现象，则应检查定子绕组端部线圈是否存在发焦、烧断现象，槽内导线是否存在烧断等情况。

② 用仪表或试灯进行检查　干式潜水电泵和充油式潜水电泵定子绕组断路故障可用仪表进行检查。由于潜水电泵定子绕组制造过程中，星形连接的中性点或三角形接法与电缆的连接点均包扎密封起来，检查时必须将连接点的密封包扎拆开。对三角形接法的定子绕组，用万用表电阻挡或绝缘电阻表测得的定子绕组电阻值为无穷大，则表示该相定子绕组断路，如用试灯检查时灯不亮，也同样表示该相定子绕组断路。

由于充水式潜水电泵定子绕组直接浸水，因此绕组的断路故障一般均转变成定子绕组的对地故障。

③ 对用多根导线并绕或多路并联的定子绕组　可采用电桥或电流表来检查并联导线中某根导线断路或并联去路中某一支路断路。

a. 电桥检查法。用电桥测量三相定子绕组的电阻，如三相定子绕组的电阻值相差超过10%，则电阻大的一相定子绕组一般为断路相。

b. 电流表检查法。用电流表检查时，对星形接法的定子绕组，应在每相定子绕组中接入电流表，三相定子绕组并联，加上低电压，如三相电流值相差超过10%，则电流小的一相定子绕组一般为断路相；对三角形接法的定子绕组应逐相通入低电压，在同样的电压下，如三相电流值相差超过10%，则电流小的一相定子绕组一般为断路相。

8.4.4　潜水电泵因过载使定子绕组烧坏的检查

（1）因过载使定子绕组绕坏的主要故障特征　潜水电泵因为过载使定子绕组全部烧坏的故障的主要特征是定子绕组均烧成焦黑色。

（2）潜水电泵因过载使定子绕组烧坏故障的原因

① 潜水电泵的流量与扬程选用不当　实际使用的负载工况条件与所选用的潜水电泵流量、扬程不匹配：所选用的潜水电泵的扬程过高（对离心泵或混流泵）或过低（对轴流泵）。

② 电源电压过低　潜水电泵在农村中低于额定电压较多的电压条件下运行，定子绕组中的电流增加较多，导致定子绕组温升增高过多而过热烧坏。

③ 潜水电泵的机械故障　潜水电泵轴承严重损坏、定子与转子相互摩擦“扫膛”、水泵叶轮被水草或其他杂物“卡死”等机械故障，都会造成潜水电泵定子绕组烧坏。

④ 制造或修理中存在的质量问题　因潜水电泵制造或修理中的质量问题，使定子绕组发热烧坏的原因主要有如下三种：

a. 潜水电泵铸铝转子的铝质不好、铸铝过程中发生断条或较大缩孔，都会造成潜水电泵启动困难。即使启动成功，潜水电泵的转速也达不到额定转速，运行电流大于额定电流，定子绕组过热。此时若取出转子观察，就可以看到定子铁芯槽口有烧痕特征。

b. 因定、转子间气隙过大、气隙不均匀、铁芯硅钢片质量差、冲片毛刺大、铁芯叠压后冲片参差不齐等原因，造成潜水电泵空载电流过大，铁损耗增大。有的潜水电泵因修理时对定子绕组采用火烧拆除的方法，如火烧时温度过高，时间过长，损坏了铁芯冲片的绝缘层，降低了铁芯冲片的导磁性能，使得潜水电泵的铁芯损耗与空载电流增大。潜水电泵空转不长时间，定子绕组就发烫，若继续使用，则定子绕组就会烧坏。

c. 由于定子绕组重绕后的参数不符合原设计要求，匝数和线径有差异，因此导致潜水电泵定子绕组温升过高而烧坏。

8.4.5 潜水电泵因单相运行而烧坏的主要特征及主要原因

(1)三相潜水电泵因单相运行而烧坏的主要特征 主要特征是定子绕组端部的1/3或2/3的极相组烧黑或变为深棕色，而剩下的一相或两相定子绕组尚好或稍带焦色。

(2)三相潜水电泵因单相运行而烧坏的主要原因

① 三相潜水电泵的定子绕组为Y形连接 若电源的U相断开，则电流从潜水电泵电动机的V相绕组和W相绕组流过，使得V相绕组和W相绕组烧坏。对于2极电动机将有V相和W相4个极相组的线圈烧坏而变焦黑；对于4极的电动机将有V相和W相8个极相组的线圈烧坏变成焦黑色。

② 三相潜水电泵的定子绕组为△形连接 若电源的U相断开，则其中一路电流从潜水电泵电动机的U相和W相二相串联的绕组中流过，另一路电流从V相绕组流过，因V相绕组阻抗相对较低、流过的电流较大，故首先被烧坏。对于2极电动机将有V相绕组对称的两个极相组的线圈烧焦；对于4极电动机将有V相绕组对称的四个极相组的线圈烧焦。

(3)三相潜水电泵因两相运行而烧坏的主要原因

① 供电线路的故障或连接故障 由于供电线路的故障或从电源到潜水电泵电缆的连接故障，都会造成潜水电泵的一相供电中断，使三相潜水电泵两相运行，时间一长便会使潜水电泵定子绕组损坏。

② 接触器的触头损坏或熔丝连接不良 接触器的一对触头损

坏或熔丝的连接处有浮接或隐伤，使一相熔丝处于要断未断的状态，潜水电泵的接线端子松脱或未焊牢，从而造成潜水电泵的一相供电中断，使三相潜水电泵两相运行，时间一长便会使潜水电泵定子绕组损坏。

③ 其他原因　潜水电泵启动时电流大，接触不良处接触电阻大，长期氧化造成一相或两相断路等。

以上几种原因都会造成潜水电泵的两相运行或单相运行状态。

8.4.6 潜水电泵定子绕组其他故障的检查

（1）潜水电泵定子绕组的头尾接反的检查

① 用绕组串联法进行检查　用单相电源检查三相定子绕组头尾的接线如图8-14所示：将潜水电泵定子绕组其中的一相绕组接到36V的低压交流电源上（对小功率的潜水电泵可用220V交流电源），另外两相绕组串联起来接上试灯，若试灯发亮，则说明三相绕组头尾连接是正确的；若试灯不亮，则说明两相绕组头尾接反

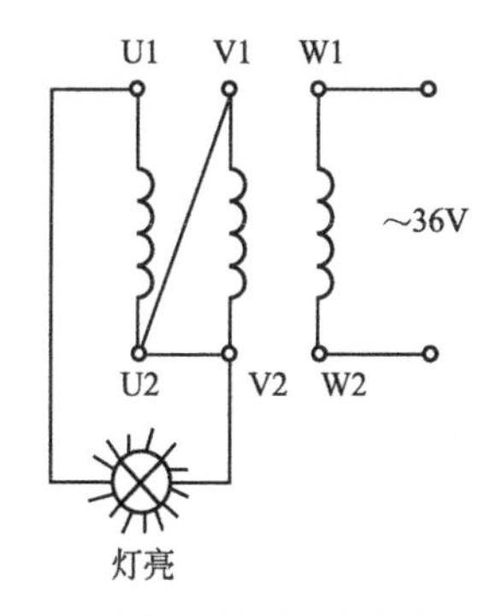

(a) 绕组头尾连接正确，灯亮

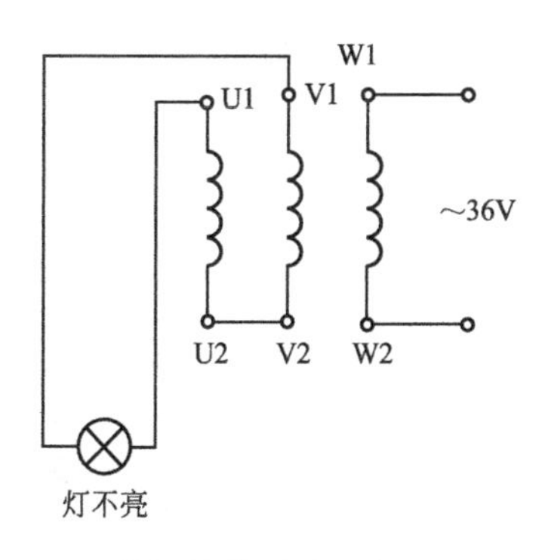

(b) 绕组头尾接反，灯不亮

图8-14　用单相电源检查三相定子绕组头尾的接线图

了，应将这两相绕组的头尾对调。重复进行上述试验，直到确定定子绕组的接线完全正确为止。

② 用万用表进行检查　用万用表检查定子绕组头尾的接线如

图8-15所示。用万用表（mA挡）进行测试，转动潜水电动机的转子，若万用表的指针不动，则说明定子绕组头尾连接是正确的；若万用表指针转动了，则说明定子绕组头尾连接反了，应调整后重试。也可以如图8-16所示检查接线。当开关接通瞬间，若万用表（mA挡）指针摆向大于零的一边，则电池正极所接线端与万用表负端所接的线端同为头或尾；若指针反向摆动，则电池正极所接线端与万用表正端所接线端同为头或尾。再将电池接到另一相的两线头试验，就可确定各相的头和尾。图8-17是检查定子绕组头尾常用的判断接线图。

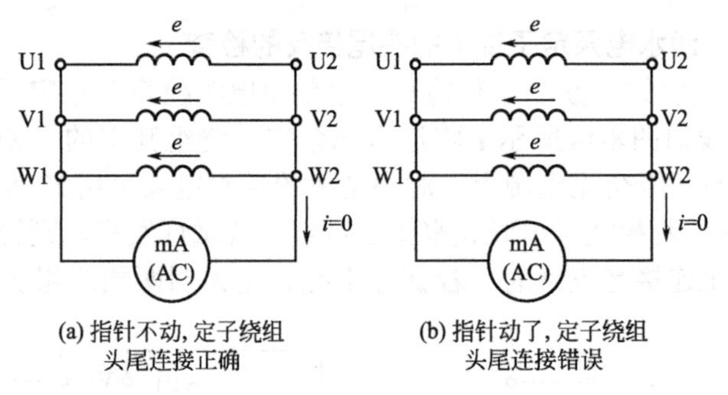

图8-15 检查定子绕组头尾的万用表检查法

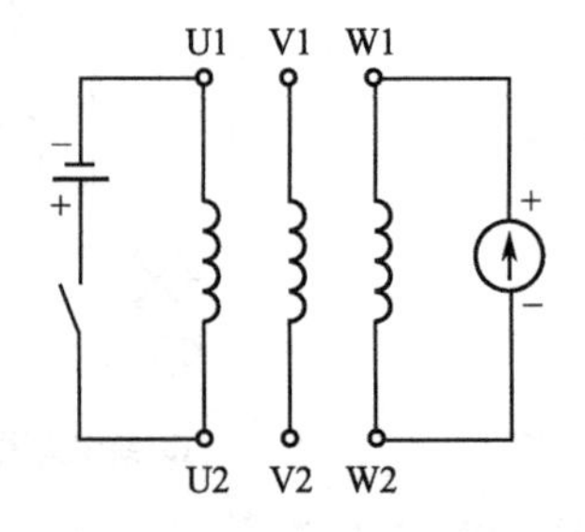

图8-16 检查定子绕组头尾常用的判断接线图

③ 直流毫伏表法 测定潜水电泵三相定子绕组头尾端的电路如图8-17所示。以U1、V1和W1代表三相定子绕组的头，而以U2、V2和W2代表三相定子绕组的尾。用低压直流电源供电给U

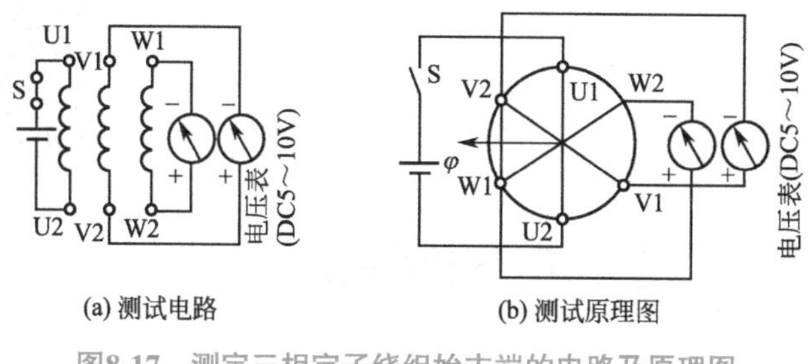

图8-17 测定三相定子绕组始末端的电路及原理图

相，而在V相和W相各接一只直流毫伏表，极性和接法如图8-17所示。当开关S刚合上时，如两只毫伏表都作正向偏转，则毫伏表的负极所接的线端为V相和W相的头（即V1和W1），接毫伏表正极的线端为绕组的尾（即V2和W2）。换言之，电源的正极和毫伏表的负极所接的线端为绕组的头，另一线端则为绕组的尾。如果有一个绕组的毫伏表反向偏转，则绕组的头尾端与图中所示正好相反。

用直流毫伏表测定三相定子绕组头尾端时应注意：试验中使用的低压直流电源最好用蓄电池或大容量的电池，如果电池容量太小，流过的电流太小，则所产生的感应磁场不能克服电动机的剩磁场，就可能会得出不正确的测定结果。

（2）定子绕组内部个别线圈或极相组接错或嵌反的检查 将低压直流电源（一般可采用蓄电池）接入潜水电泵定子某相绕组，用指南针沿着定子内圆表面逐槽检查。若指南针在每极相组的方向交替变化，则表示定子绕组的接线正确；若邻近的极相组指南针的指向相同，则表示这组极相组接错；若某极相组中个别线圈嵌反，则在此极相组处指南针的指向是交替变化的。如指南针的方向指示不清楚，则应适当提高电源电压，重新进行检查。

8.4.7 潜水电机绕组重绕

潜水电泵电机绕组绕制与嵌线技术参见前面单相和三相电机维修部分章节，在此不再赘述。

第9章 单相电动机控制电路

9.1 单相异步电动机启动元件

9.1.1 离心开关

在单相异步电动机中，除了电容运转电动机外，在启动过程中，当转子转速达到同步转速的70%左右时，常借助于离心开关，切除单相电阻启动异步电动机和电容启动异步电动机的启动绕组，或切除电容启动及运转异步电动机的启动电容器。离心开关一般安装在轴伸端盖的内侧。如图9-1所示。

图9-1 离心开关及安装位点

离心开关：包括静止部分和旋转部分。静止部分装在前端盖内，旋转部分则装在转轴上，它利用转子转速的变化，引起旋转部分的重块所产生离心力大小的改变，通过滑动机构来闭合或分断触头，达到在启动时接通启动绕组的目的；电动机运转时重块飞离，触点断开，切断电源；电动机静止时，重块因有弹簧拉力而复位，触头闭合以备启动时接通电源。离心开关的结构比较复杂，电动机接通电源后，如触头氧化或被电火花烧蚀，接触不良，则电动机不能启动；如电动机启动后，重块不能飞离，则副绕组也参加了运行，不久副绕组就会因高温而烧毁。离心开关损坏，必须更换，触头接触不良，可以用小挫或细纱布修好。

9.1.2 启动继电器

有些电动机，如电冰箱电动机，由于它与压缩机组装在一起，并放在密封的罐子里，不便于安装离心开关，就用启动继电器代替。继电器的吸铁线圈串联在主绕组回路中，启动时，主绕组电流很大，衔铁动作，使串联在副绕组回路中的动合触点闭合。于是副绕组接通，电动机处于两相绕组运行状态。随着转子转速上升，主绕组电流不断下降，吸引线圈的吸力下降。当到达一定的转速，电磁铁的吸力小于触点的反作用弹簧的拉力，触点被打开，副绕组就脱离电源。

（1）重力式启动器 主要由励磁线圈、衔铁、电触点和电绝缘壳体等构成（如图9-2所示）。励磁线圈与电动机的运行绕组串联，当电机启动时，通过运行绕组的电流比正常运行电流大4～6倍。因为电流通过励磁线圈所产生的磁场强度与电流成正比，因此，启动时磁场吸引大于衔铁组件的重力，衔铁带着动触点被吸向上，与静触点闭合；接通启动绕组电源，电动机随机启动运转，启动后随着转速迅速增加，通过绕组的电流也迅速减小。当电动机转速达到额定转速的75%以上时，励磁线圈磁场吸力已小于衔铁组件的重力，衔铁和动触点迅速落下，切断启动绕组电源，电动机进入正常运行状态。重力式启动器的优点是结构紧凑，体积较小，可靠性好，缺点是可调性差，如果电源电压波动较大时，就会出现触点不能释放或接触不良而造成触点烧损。

能使启动器触点吸合的最小电流称为吸合电流，能使启动器触点下落断开的最大电流称为释放电流。吸合电流和释放电流是启动器的两个主要技术参数，它以对电动机的正常启动有重要作用。如果电冰箱的压缩机和电动机无故障，启动器的吸合或释放主要受电源电压的影响，因此，对电冰箱的电源电压，要求其不能超出允许的最大波动范围。吸合电流与释放电流之差越小，则适应的电压范围越广，但对灵敏度的要求越高。启动器灵敏度一定时，提高电动机的启动电流和降低运行电流可扩大电动机工作电压的适应范围，但要涉及电机的经济性和其他性能指标，因此，必须综合考虑，不能只追求单项指标，启动器的吸合电流与释放电流之差一般要求不高于0.5A。

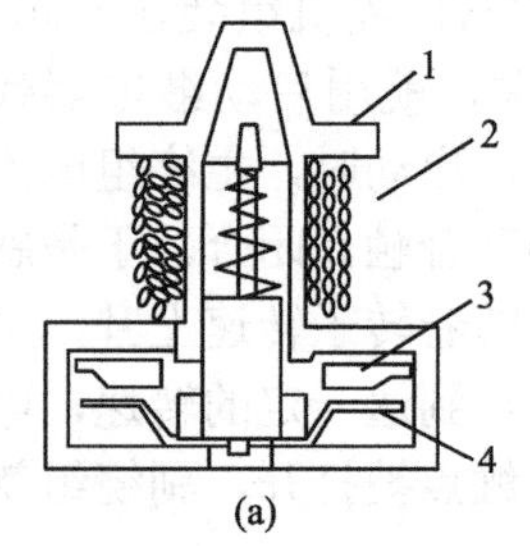

(a)

1—绝缘壳体；2—励磁线圈；3—静触点；4—动触点；

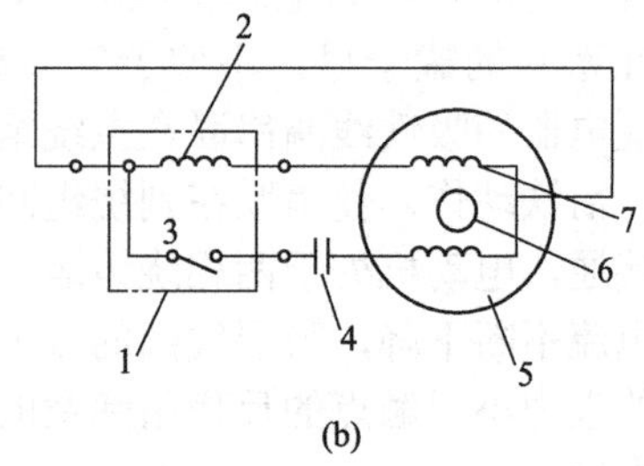

(b)

1—启动器；2—线圈；3—接点；4—启动电容器；5—启动绕组；6—转子；7—运转绕组

图9-2　启动器构造与接线图

（2）电压式启动继电器　电压式继电器又称电位式继电器，它也是使启动电容器瞬时间投入的自控装置。其在电动机电路中的连接如图9-3所示。

电压式继电器线圈与电动机的启动绕组相并联，常闭接触与启动电容器串联。在电流开始通过运转绕组和启动绕组时，直接流过闭合触点和启动电容器。加在继电器线圈两端的电压随着电动机转速的增加而增加。当电动机接近工作转速时，感应于线圈上的电压使线圈动作，吸引衔铁，与其相连的连杆装置动作使常闭触点断开，于是启动电容器电路被切断。在电路断开时，触点再次闭合。其结构如图9-4所示。

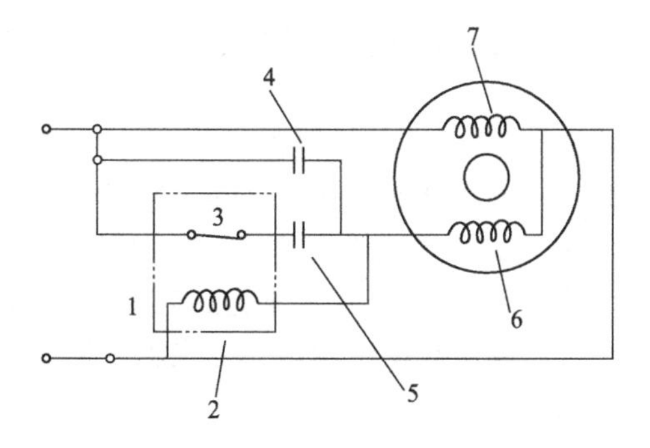

图9-3　电压式启动继电器接线图

1—启动器；2—线圈；3—接点；4—运转电容器；5—启动电容器；

6—启动绕组；7—运转绕组

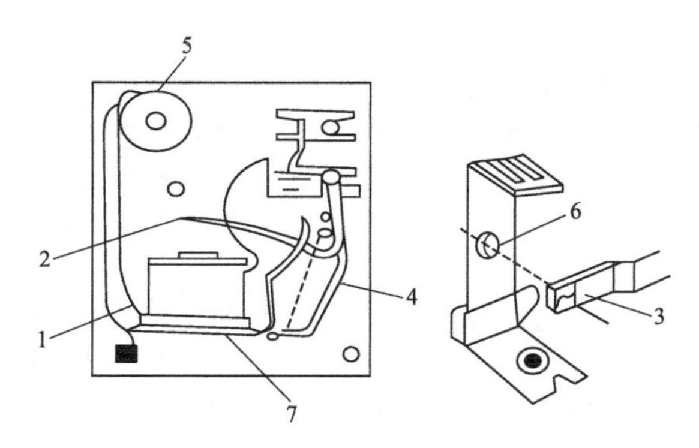

图9-4　电压式启动继电器

1—线圈；2—可动铁片；3—固定接点；4—簧片；5—电阻；6—动接点；7—定接点

它是利用启动电流的大小，使继电器动作，从而接通或切断启动绕组的。它一般装在电动机外壳上的接线盒里。启动时，主绕组启动电流较大，流过继电器线圈（继电器线圈串接在主绕组电路中）的电流产生足够大的电磁力吸引衔铁而使常开触头闭合，接通启动绕组电路，于是电动机启动，转子转速上升，随着转速的升高，主绕组电流减小，当小到一定程度时，因继电器线圈吸力不足，继电器释放复位，其常开触头随之断开，切除启动绕组，单让主绕组运行。

启动继电器失灵，检查其触头是否接触不良，弹簧是否因氧化而失去拉力，继电线圈是否短路，能修则修，不能修复的则更换启动继电器。

以上两种启动机构损坏，如果都买不到，则可用按钮开关代替。将按钮开关同启动机绕组串接后，并串接于主绕组电源端，通过开关接通或切断电源。启动时，按下按钮开关接通启动绕组电源，电机启动，当电动机启动后转速达到75%～80%时，放开按钮开关，便切断了启动绕组的电源，让主绕组单独运行。不过在启动时需用手按一按而已。

9.1.3 电容器

电容器是一种能充、放电的电器元件。它的充、放电作用能供给额外的电功率和转矩，在空调器中用来启动和运转电动机。电动机电容器通常使用纸介电容器或油介质电容器。启动电容器是帮助电动机启动的，其结构如图9-5所示。启动电容器与电动机的启动绕组相串联，使启动绕组中的电流超前运转绕组电流90°，启动电容器从启动开始直至压缩机的电动机接近正常转速为止，其时间仅为数秒钟。

当启动电容器与运转电容器联合使用时，应用半启动电容容量时，运转电容容量小，启动电容器和运转电容器相并联可以增加电路的能量。运转电容器用来减小运转电流和提高电动机功率因数。运转电容器与电动机启动绕组串联，并以这种组合方式和运行绕组并联。电压波动、连续的过电流及过热的结果都会使电容器的效率降低，从而增加满负荷电流，电容器的参数主要是耐压（V）和电容量（UF）。

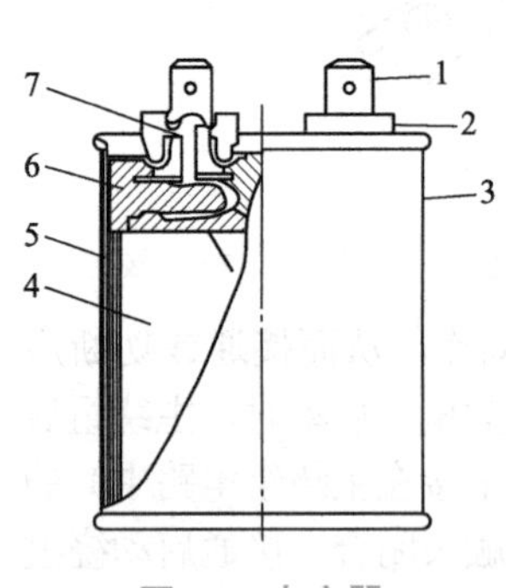

图9-5　电容器

1—端子；2—绝缘；3—壳体；4—电容器元件；5—绝缘纸；6—填充剂；7—铆钉

（1）启动电容器　采用电解电容器，其额定电压为250V，允许最高电压约为该额定电压的1.25倍。在启动过程中电容器的端电压不得超过该允许最高电压值。

（2）运转电容器 采用油浸或金属箔或金属化薄膜电容器，其额定电压为250V、400（450）V、500V、600（630）V。该额定电压值必须大于电容器端电压$U_0=U_m\sqrt{1+a}$。式中：U_0为主相绕组电压；a为副相对主相绕组有效匝数比。

单相电容电动机的电容器的容量一般均不大于150μV。其耐压程度一般都要高于额定电压值（220～400V）。

电容器的检查方法：用万用电表测量，将万用电表拨到10kΩ或1kΩ挡，为了安全起见，先将电容器残余电量放光（即将电容器的两个接线端头短路一下），然后再检查电容器的故障。

将万用电表的两根表笔同时接触电容器的两个接线端头，观察万用电表指针的反应：

① 万用表指针先大幅度向电阻零方向摆动，然后慢慢回到某一数值（约几百千欧），则说明电容器质量是好的。

② 万用电表指针不摆动，说明电容器已开路。

③ 万用电表指针大幅度摆动到电阻为零的位置上，停下来不返回，说明电容器已短路。

④ 万用电表指针摆到某刻度的位置后，停下来不返回，说明电容器漏电较大。

⑤万用电表指针摆动比正常电容器小，说明电容器容量已下降，达不到标准容量的数值。

如电动机电容器出现以上②、③、④、⑤种情况，都必须更换新的电容器，才能保证电动机正常工作。

9.1.4 PTC启动器

PTC启动器实际是一种能“通”或“断”的热敏电阻。外形及结构图如图9-6所示。PTC热敏电阻是一种新型的半导体元件，可用作延时型启动开关。使用时，将PTC元件与电容启动或电阻启动电机的副绕组串联。在启动初期，因PTC热敏电阻尚未发热，阻值很低，副绕组处于通路状态，电机开始启动。随着时间的推移，电机的转速不断增加，PTC元件的温度因本身的焦耳热而上升，

当超过居里点T_C（即电阻急剧增加的温度点），电阻剧增，副绕组电路相当于断开，但还有一个很小的维持电流，并有2～3W的损耗，使PTC元件的温度维持在居里点T_C值以上。当电机停止运行后，PTC元件温度不断下降，约2～3min其电阻值降到T_C点以下，这时有可以重新启动，这一时间正好是电冰箱和空调机所规定的两次开机间的停机时间。

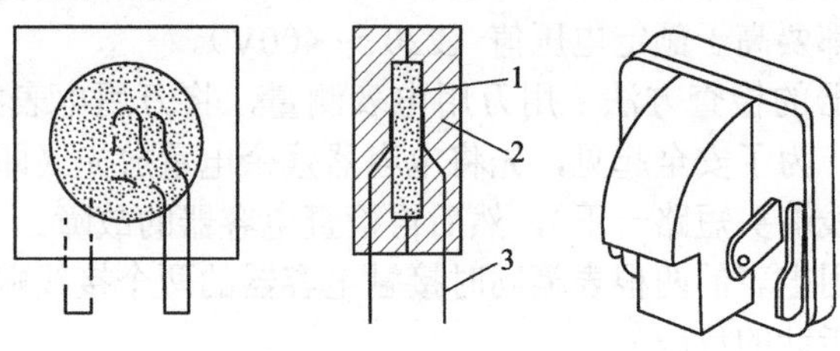

图9-6　PTC外形及结构图

1—PTC元件；2—绝缘壳；3—接线端子PTC

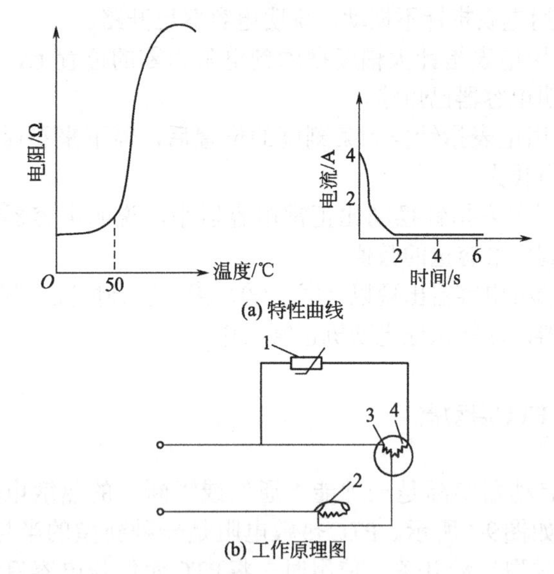

图9-7　PTC特性曲线及工作原理

1—半导体启动器；2—热保护继电器；3—运行绕组；4—启动绕组

启动器的工作原理如图9-7所示。电冰箱开始启动时，PTC元件温度较低，电阻较小，而且截面积很大，所以，可等效为直通电路，由于启动过程的电流要比正常运行电流高4～6倍，使PTC元件温度升高，至临界温度后电阻值突增大至数万欧，能通过的电流可忽略不计，可视为断路，故又称其为无触点启动器。这种启动器的特点是：无运动零件、无噪声、可靠性好、成本低，寿命长，对电压波动的适应性强，电压波动只影响启动时间产生微小的变化，而不会产生触点不能吸合或不能释放的问题，而且与压缩机的匹配范围较广。但由于其通断性能取决于自身温度变化，所以，电冰箱停机后不能立刻启动，必须待其温度降到临界点以下时才能重新启动，一般要等4～5min。对于电冰箱来说，自动停车后一般均要5min以上才能启动，足以满足使用要求。另外，使用PTC启动器冰箱启动后，启动绕组仍需要消耗3W左右的能量以维持发热量。

其特点是：无触点、无电弧，工作过程比较安全可靠，安装方便，价格便宜。缺点是不能连续启动，两次启动需间隔3 ～ 5min。低阻时约几欧至几时欧，高阻时阻值为几时千欧。常温下如测得阻值较大，说明元件已经损坏，应更换新的PTC启动元件。

9.2 单相电动机的运行方式及控制电路

9.2.1 单相电动机的运行方式

（1）单相电阻启动式异步电动机 单相电阻启动式异步电动机新型号代号为：BQ、JZ定子线槽绕组嵌有主绕组和副绕组，由于主绕组负责工作占三分之二，副绕组占三分之一槽数。此类电动机一般采用正弦绕组则主绕组占的槽数略多，甚至主副绕组各占三分之一的槽数，不过副绕组的线径比主绕组的线径细得多，以增大副绕组的电阻，主绕组和副绕组的轴线在空间相差90℃电角度。电阻略大的副绕组经离心开关将副绕组接自电源当电动机启动后转速达到75% ～ 80%的转速时通过离心开关将副绕组切离电源，由主绕组单独工作，如图9-8所示为单相电阻启动式异步电动机接线原理图。

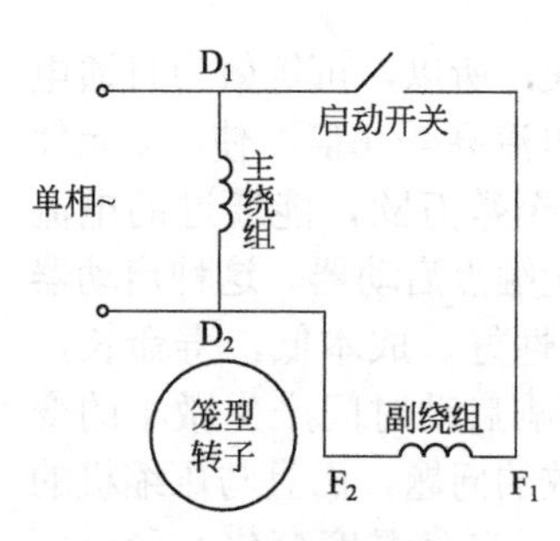

图9-8 单相电阻启动式异步电动机接线原理图

单相电阻启动式异步电动机具有中等启动转矩和过载能力，功率为40～370W，适用于水泵、鼓风机、医疗器械等。

（2）单相电容启动式异步电动机 电容启动式单相异步电动机新型号代号为：CO_2，老型号代号为CO、JY，定子线槽主绕组、副绕组分布与电阻启动式电动机相同，但副绕组线径较粗，电阻大主副绕组为并联电路。副绕组和一个容量较大的启动电容串联，再串联离心开关。副绕组只参与启动不参与运行。当电动机启动后转速达到75%～80%的转速时通过离心开关将副绕组和启动电容切离电源，由主绕组单独工作，如图9-9所示为单相电容启动式异步电动机接线原理图。

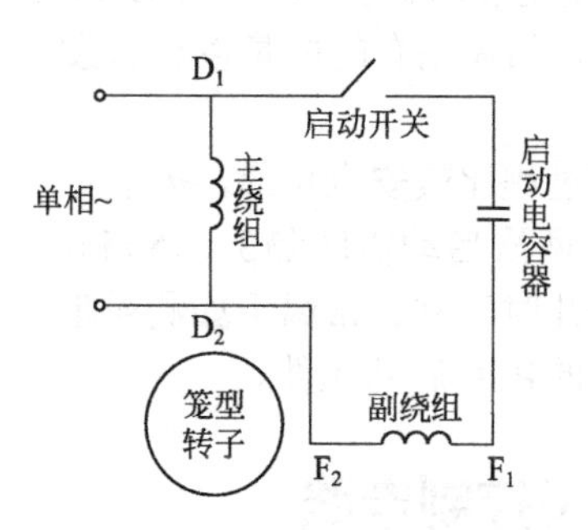

图9-9 单相电容启动式异步电动机接线原理图

单相电容启动式异步电动机启动性能较好，具有较高的启动转矩，最初的启动电流倍数为4.5～6.5倍，因此适用于启动转矩要求较高的场合，功率为120～750W，如小型空压机、磨粉机、电冰箱等满载启动机械。

（3）单相电容运行式异步电动机 电容运行式异步电动机新型号代号为：DO_2，老型号代号为DO、JX，定子线槽主绕组、副绕组分布各占二分之一，主绕组和副绕组的轴线在空间相差90°电角度，主、副绕组为并联电路。副绕组串接一个电容后与主绕组并接与电源，副绕组和电容不仅参与启动还长期参与运行，如图9-10所

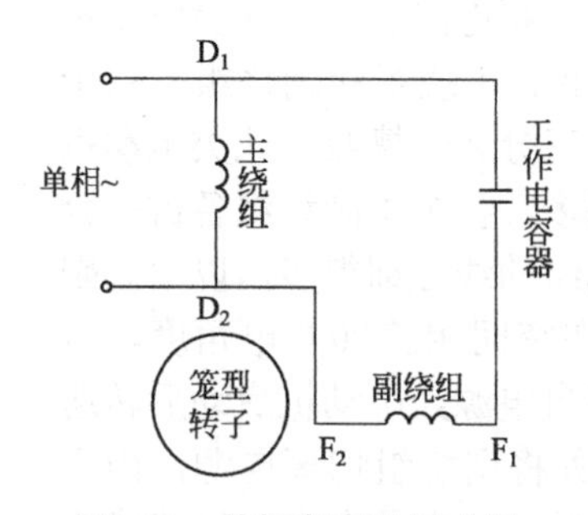

图9-10 单相电容运行式异步电动机接线原理图

示为单相容运行式异步电动机接线原理图。单相容运行式异步电动机的电容长期接入电源工作，因此不能采用电解电容，通常一般采用纸介或油浸纸介电容。电容的容量主要是根据电动机运行性能来选取，一般比电容启动式的电动机要小一些。

电容运行式异步电动机，启动转矩较低一般为额定转矩的零点几倍，但效率因数和效率较高、体积小、重量轻，功率为8～180W，适用于轻载启动要求长期运行的场合，如电风扇、录音机、洗衣机、空调器、仪用风机、电吹风及电影机械等。

（4）单相电容启动和运转式异步电动机 单相电容启动和运转式异步电动机型号代号为：F，又称为双值电容电动机。定子线槽主绕组、副绕组分布各占二分之一，但副绕组与两个电容并联（启动电容、运转电容），其中启动电容串接离心开关并接于主绕组端。当电动机启动后转速达到75%～80%的转速时通过离心开关将启动电容切离电源，而副绕组和工作电容继续参与运行（工作电容容量要比启动电容容量小），如图9-11所示为单相电容启动和运转式电动机接线图。

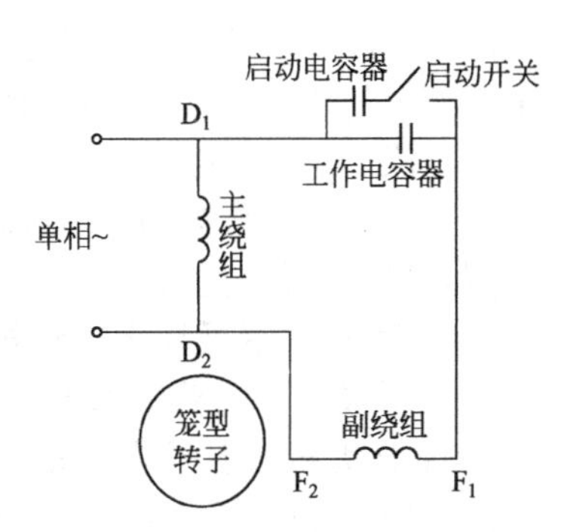

图9-11 单相电容启动和运转式异步电动机接线图

单相电容启动和运转式电动机具有较高的启动性能、过载能力和效率，功率8～750W，适用于性能要求较高的日用电器、特殊压缩泵、小型机床等。

（5）单相罩极式异步电动机 单相罩极式异步电动机型号代号为：F，是电动机中最简单的一种，图9-12所示为单相罩极式异步电动机接线图。

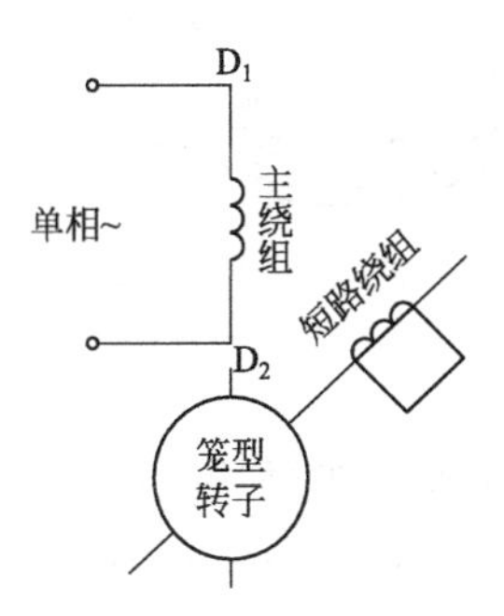

图9-12 单相罩极式异步电动机接线图

① 凸极式罩极异步电动机 一般采用凸极定子，主绕组为集中绕组，并在凸

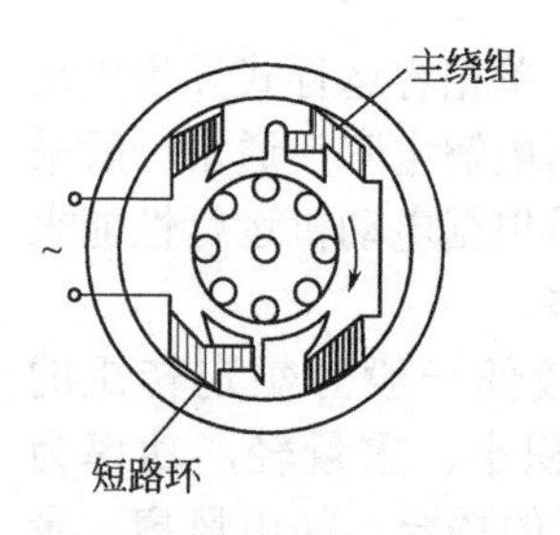

图9-13 凸极罩极式异步电动机结构图

极极靴的一小部分上面套上电阻很小的短路环（又称罩极绕组，即副绕组）其结构如图9-13所示，转子与三相异步电动机的转子类似，是鼠笼式的。端盖的一端与机壳浇铸在一起，另外一端可以拆卸，端盖中装有滚珠轴承或套筒轴承。凸极式罩极步电动机的集中绕组起主绕组的作用，而罩极线圈则起副绕组的作用。当主绕组通过单相交流电源时便产生磁通，穿过罩极线圈（短路环）的那部分磁通在罩极线圈内产生一个在相位上滞后未罩部分的磁通。这两个在时间上、空间上有一定相位差的交变磁通，合成一个旋转磁场，于是电动机转子得到启动转矩，使转子由未罩部分向被罩部分的方向旋转。当电动机有了正常转速时，罩极线圈几乎不起作用了。

② 隐极式罩极异步电动机

隐极式罩极异步电动机罩极定子、其冲片形状和一般异步电动机相同，主绕组和罩极绕组均为分布绕组，它们的轴线在空间相差一定的电角度（一般为45°），罩极绕组导线线径较粗（一般为ϕ1.5mm左右的圆铜线），匝数少（2～8匝），彼此串联，如图9-14所示隐极式罩极异步电动机结构图。

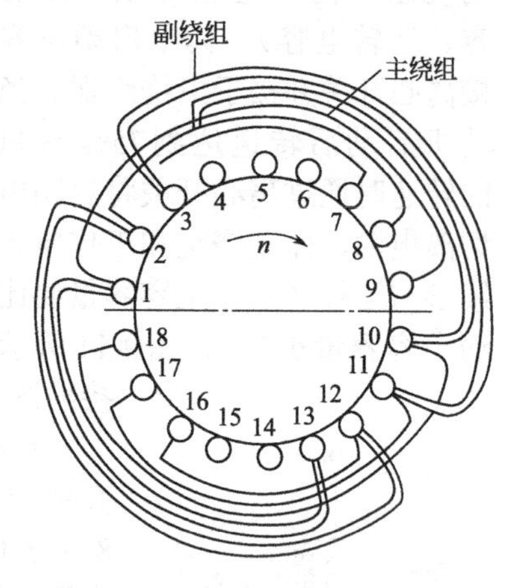

图9-14 隐极式罩极异步电动机结构图

隐极式罩极异步电动机的工作原理与凸极式电动机相同，其中电动机的旋转方向是从主绕组轴线转向罩极绕组轴线的。

单相罩极式异步电动机启动转矩和效率较低，但结构简单，成本低，功率为10W以下，适用于各种性能指标要求不高的小型风扇、电唱机、电吹风、电动模型和活动广告等。

当要改变隐极式罩极异步电动机的旋转方向时只要定子（转

子）调头装配即可。

9.2.2 单相异步电动机正反转控制电路

（1）电容启动式与电容启动运行式正反转控制电路

① 单相电机正反转控制原理　图9-15所示表示电容启动式或电容启动/电容运转式单相电动机的内部主绕组、副绕组、离心开关和外部电容在接线柱上的接法。其中主绕组的两端记为U_1、U_2，副绕组的两端记为W_1、W_2，离心开关K的两端记为V_1、V_2。

这种电机的铭牌上标有正转和反转的接法，如图9-16所示。

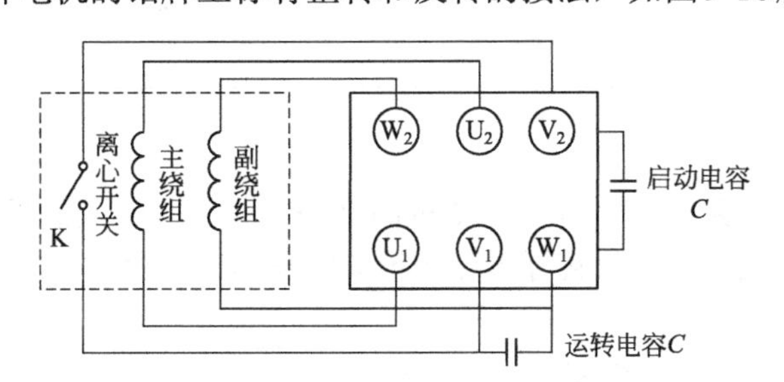

图9-15　绕组与接线柱上的接线接法

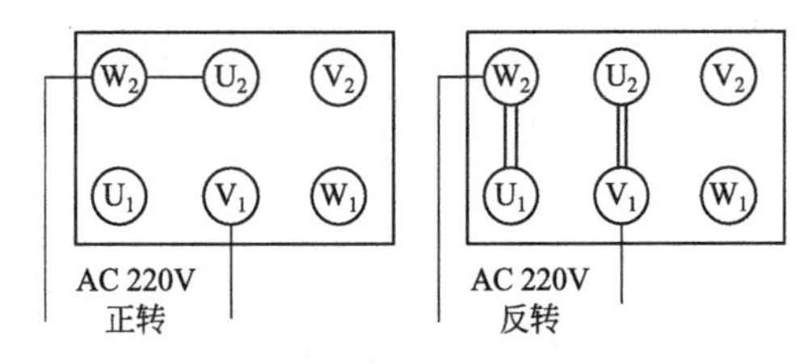

图9-16　电机正转、反转的接法

在正转接法时，电路原理图如图9-17所示。在反转接法时，电路原理图如图9-18所示。比较图9-17和图9-18可知，正反转控制实际上只是改变副绕组的接法：正转接法时，副绕组的W_1端通过启动电容和离心开关连到主绕组的U_1端；反转接法时，副绕组的W_2端改接到主绕组的U_1端。

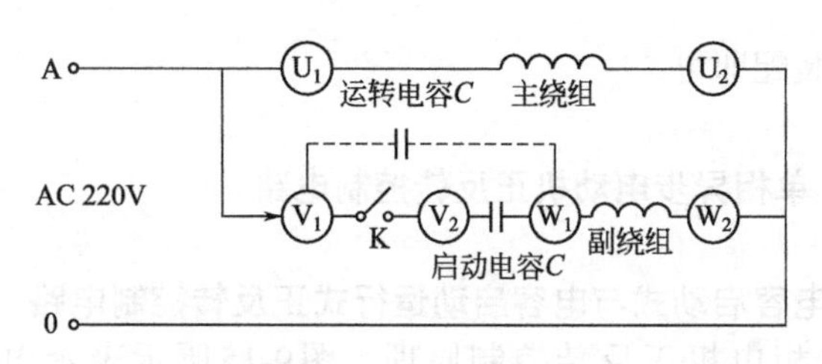

图9-17　正转接法

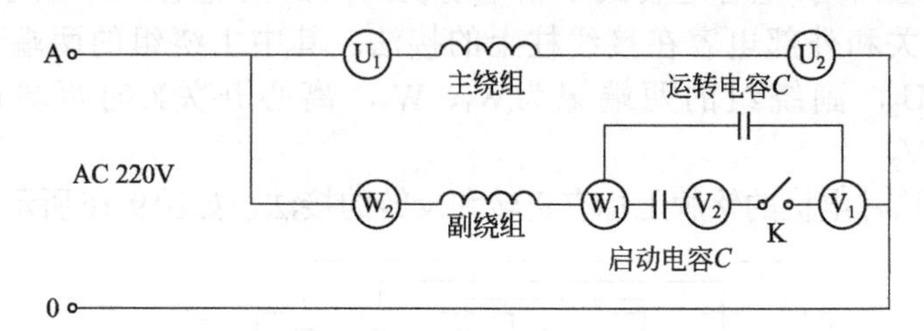

图9-18　反转接法

由于厂家不同，有些电动机的副绕组与离心开关的标号不同，接线图及接线柱正反转标志图如图9-19及图9-20所示。

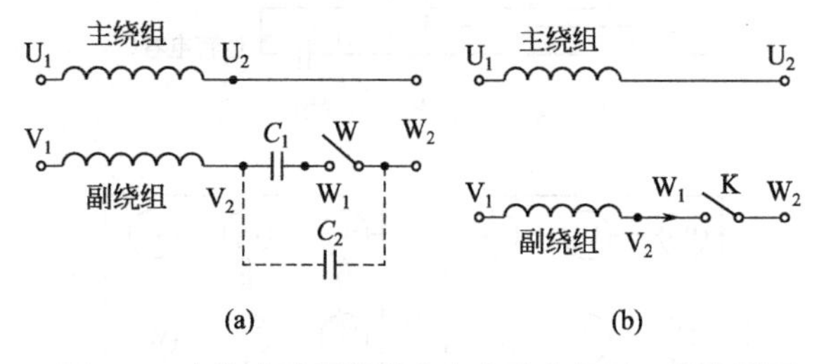

图9-19　电容启动运行及电容启动电机另一种接线图

W2 U2 V2

U1 V1 W1

正转

W2 U2 V2

U1 V1 W1

~ 反转

图9-20　接线柱正反转图

② 三相倒顺开关控制单相电机的正反转　现以六柱倒顺开关

说明如下：六柱倒顺开关有两种转换形式。打开盒盖就能看到厂家标注的代号：第一种如图9-21（a）所示，左边一排三个接线柱标L_1、L_2、L_3，右边三柱标D_1、D_2、D_3。第二种如图9-21（b）所示，左边一排标L_1、L_2、D_3，右边标D_1、D_2、L_3。以第二种六柱倒顺开关为例，当手柄在中间位置时，六个接线柱全不通，称为“空挡”。当手柄拨向左侧时，L_1和D_1、L_2和D_2、L_3和D_3两两相通。当手柄拨向右侧时，L_1仍与D_1接通，但L_2改为连通D_3、L_3改为连通D_2。

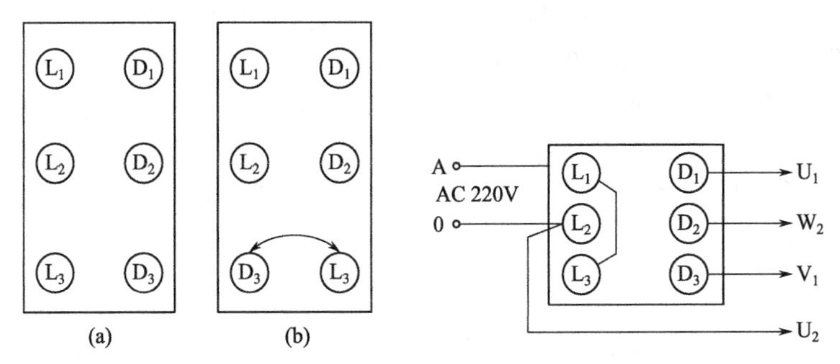

图9-21　两种六柱接线开关

图9-22　改装方法

图9-22所示是第一种六柱倒顺开关用于控制单相电机正反转的改造方法。实际上只是在L_1和L_3端之间增加了一条短接线。AC220V从L_1和L_2上输入，图9-21中的D_1和L_2分别接至图9-22的U_1和U_2接线柱，图9-21的D_3连到图9-22的V_1，图9-21的D_2连至图9-22的W_2。

当倒顺开关的手柄处于中间位置时，D_1 ~ D_3无电，单相电机不转。当手柄拨向左侧时，L_1通过D_1连通U_1，又通过短接线、L_3、D_3连通V_1；L_2直接连通U_2，又通过D_2连通W_2。最后形成的电路如图9-17所示，即正转接法。当手柄拨向右侧时，L_1通过D_1连通U_1，又通过短接线L_3、D_2连通W_2；L_2上直接连通U_2，又通过D_3连通V_1。最后形成的电路如图9-18所示，即反转接法。

③ 三相倒顺开关控制电路　如图9-23所示，接线柱原理图如图9-19和图9-20所示。

电机倒顺开关的工作原理如下：

当倒顺开关处于“顺”位置时，主绕组电流为电源、开关2点、1点、U_1（始端）、U_2（末端）+8点一电源。副绕组电流为电源、开关2点、1点、3点、5点、4点、V_1（始端）、$+V_2$（末端）、C、K、6点、7点、8点、电源。

当开关处于"停"位置时，电源供电没有形成回路。主、副绕组都没有电流，故电机停转。

当开关处于"倒"位置时，主绕组电流为电源、开关、2点、3点、U_1、U_2、8点、电源。副绕组电流为电源、开关、2点、3点、5点、6点、W_2、K、C、V_2（末端）、V_1（始端）、4点、9点、8点、电源。与开关置"顺"位置时比较，改变了副绕组的始末端，副绕组中电流方向改变，电机转向随之改变。

倒顺开关买回来时，其内部1点与3点，4点与9点，6点与7点，都已连好，只需把3点与5点用短导线连一下即可安装使用。

④ 使用9触头船型开关控制　如图9-24所示。

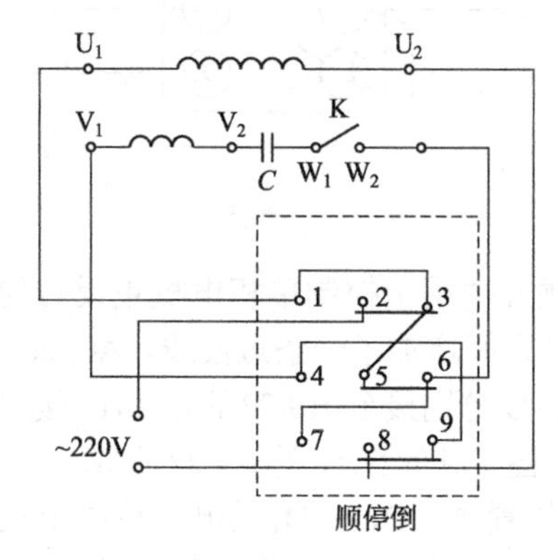

图9-23　三相倒顺开关控制电路

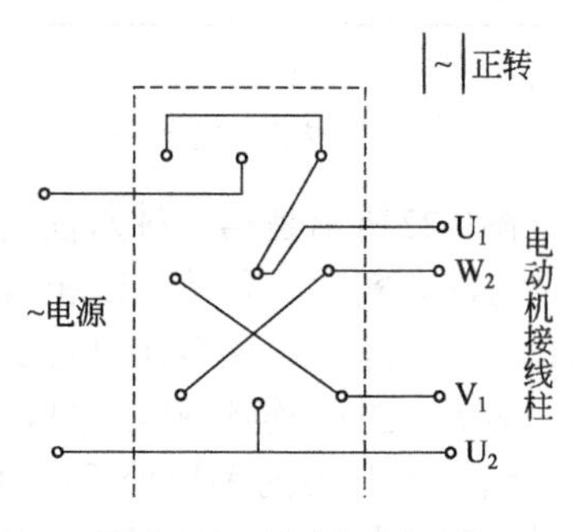

图9-24　9触头船型开关

开关控制原理与上相同，船型开关买回来时，需用短导线按照图中接线连一下即可安装使用。

（2）电容运行式正反转控制电路

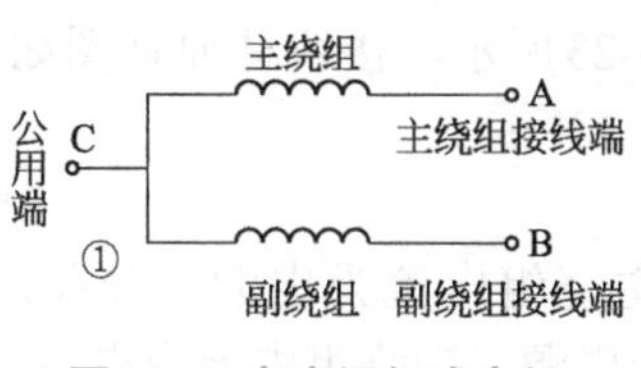

图9-25　电容运行式电机

普通电容运行式电机绕组有两种结构。一种为主副绕组匝数及线径相同，另一种为主绕组匝数少，且线径粗，副绕组匝数多，且线径细。这两种电机内的接线相同，如图9-25所示。

① 主副绕组及接线端子的判别　用万用表（最好用数字表）R×1挡任意测CA、CB、AB阻值，测量中阻值最大的一次为AB端，另一端为公用端C。当找到C后，测C与另两端的阻值，阻值小的一组为主绕组，相对应的端子为主绕组端子或接线点。阻值大的一组为副绕组，相对应的端子为副绕组端子或接线点。在测量时如两绕组的阻值不同，说明此电机有主、副绕组之分，如测量时，两绕组阻值相同，说明此电机无主副绕组之分，任一个绕组都可为主，也可为副。

② 正反转的控制　对于不分主副绕组的电机，控制电路如图9-26所示。C_1为运行电容，K可选各种形式的双投开关。对于有主副绕组之分的单相电机，实现正反转控制，可改变内部副绕组与公共端接线，也可改变定子方向。如需经常改变转向，可将内部公用端拆开，参考电容启动运行式电机接线及控制电路。

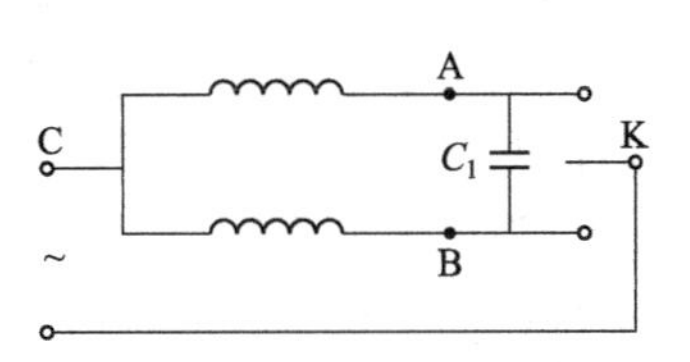

图9-26　电容运行式电机正反转控制电路

9.2.3　单相异步电动机调速控制电路

单相电动机的转速与电动机绕组所加的电压有直接关系。电动机绕组上加的电压越高，定子旋转磁场越接近圆形旋转磁场，则电动机转速就越高（定子磁极数不变的情况下）。

由以上分析可知，如果电动机的磁极不变，电动机的转速与绕组所加电压成正比关系。调速方法有四种，都是设法采用不同的手段，通过改变绕组电压的大小，实现调速。

（1）电抗器调速　图9-27所示电路由电抗器、互锁琴键开关、

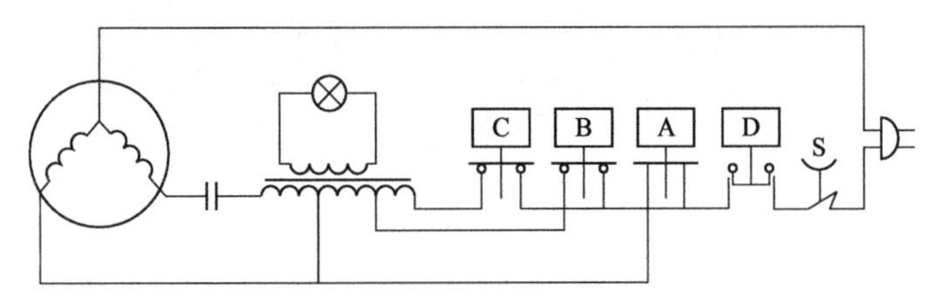

图9-27　电抗器调速电路

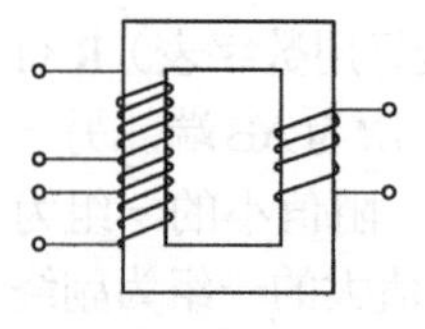

图9-28　电抗器组成

时间继电器、电容电器、电动机等组成。电抗器与普通变压器相类似，也是由铁芯和绕组组成，如图9-28所示。

按下A键时，电抗器只有一小段串入电动机副绕组，主绕组加的是全电源电压。这时副绕组的电压几乎与电源电压相等，电动机转速最高。当按下B键时，电抗器有一段线圈串入主绕组；与副绕组串的电抗线圈也比按下A键时增多了一段。这种情况下电动机的主绕组和副绕组电压都有所下降，电动机转速稍有下降。

当按下C键时，电动机的主绕组和副绕组与电抗器线圈串的最多，两绕组的电压最低，电动机转速也最低。

当电流通过电抗器时指示灯线圈中也感应有电压，从而点亮指示灯。由于在各挡速度时通过电抗器的电流不同，因而各挡时指示灯的亮度也不同。

（2）调速绕组调速　这种方法是在电动机的定子铁芯槽内适当嵌入调速绕组。这些调速绕组可以与主绕组同槽，也可和副绕组同槽。无论是与主绕组同槽，还是与副绕组同槽，调速绕组总是在槽的上层。

利用调速绕组调速，实质上是改变定子磁场的强弱，以及定子磁场椭圆度，达到电动机转速改变面貌的。

采用调速绕组调速可分为三种不同的方法。

① L-A型接法　如图9-29所示，L-A型接法调速时，调速绕组与主绕组同槽，嵌在主绕组的上层。调速绕组与主绕组串接于电源。

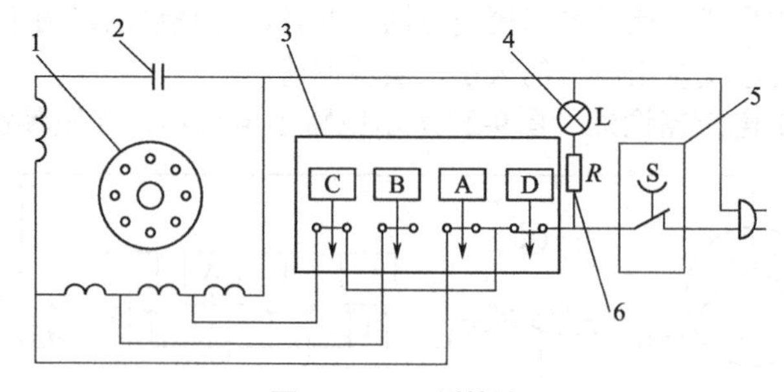

图9-29　L-A型接法

1—电动机；2—运行电容；3—键开关；4—指示灯；5—定时器；6—限压电阻

当按下A键时，串入的调速绕组最多，这时主绕组和副绕组的合成磁场（即定子磁场）最高，电动机转速最高。当按下B键时，调速绕组有一部分与主绕组串联，而另外一部分则与副绕组串联。这时主绕组和副绕组的合成磁场强度下降，电动机转速也下降了。依此类推，当按下C键时，电动机转速最低。

② L-B型接法　L-B型接法调速电路组成与原理同L-A电路，只是调速绕组与副绕组同槽，嵌在副绕组上层。调速绕组串于副绕组上，如图9-30所示电路。

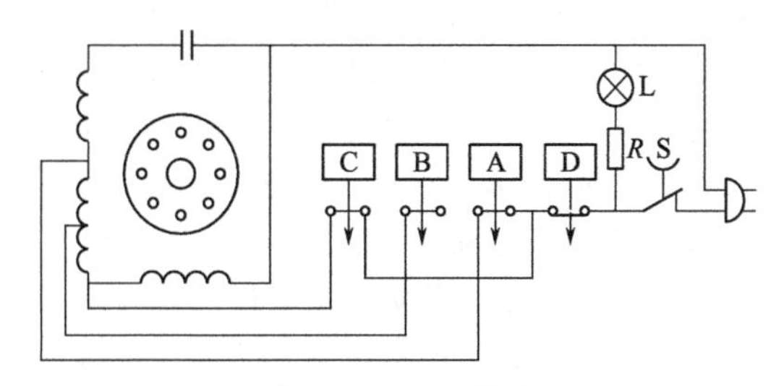

图9-30　L-B型接法

③ T型接法　T型接法电动机的调速电路如图9-31所示。

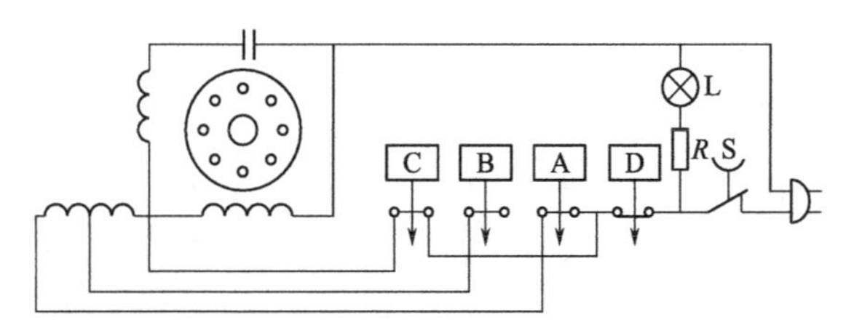

图9-31　T型接法

此电路组成与图9-30所示电路组成元器件相同，调速原理也相似，只是调速绕组与副绕组同槽，嵌在副绕组的上层，而调速绕组则与主绕组和副绕组串联。

（3）副绕组抽头调速　副绕组抽头调速，是在电动机的定子腔内没有嵌单独用于调速的绕组，而是将副绕组引出两个中间抽头。这样，当改变主绕组和副绕组的匝比时，定子的合成磁场的强弱，以及定子磁场椭圆度都会改变，从而实现电动机调速，如图9-32所示。

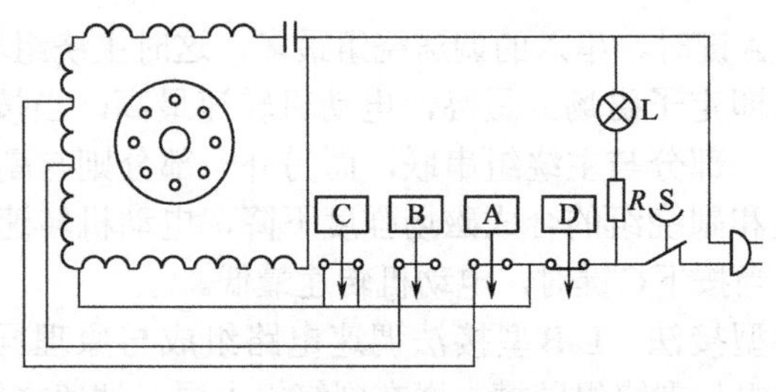

图9-32　副绕组抽头调速电路

当按下A键时，接入的副绕组匝数多，主绕组和副绕组在全压下运行，定子磁场最强，电动机转速最高。当按下B键时，副绕组的匝数为3000匝；主绕组加的电压下降，而且有900匝副绕组线圈通的电流与主绕组电流相同，这时，主绕组与副绕组的空间位置不再为90°电角度，所以定子磁场强度比A键按下时下降了，电动机转速下降。当按下C键时，电动机定子磁场强度进一步下降，电动机转速也进一步下降。这就是副绕组抽头调速的实质。

（4）电子调速　电子调速实质，是通过电子线路控制加在电动机定子绕组上电压的大小，达到调速的目的，如图9-33所示。

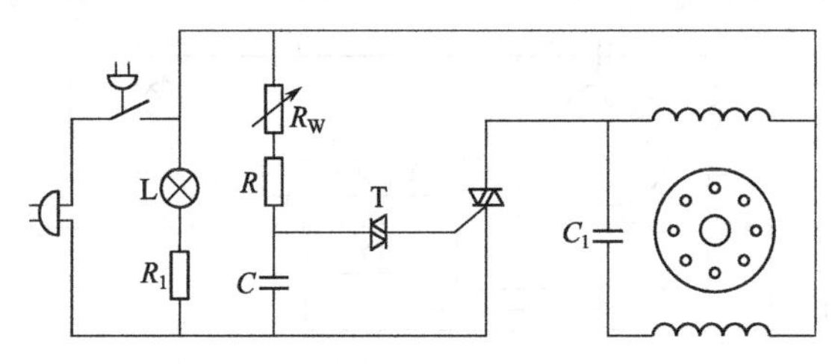

图9-33　电子调速

在图9-33中，由电容C、R_W可变电阻、R限流电阻、SCR双向可控硅以及双向触发器等组成电子线路。此线路能够控制加在电动机定子绕组上的电压，从而达到电动机调速的目的。

当电源与电路接通后，在电压正半波时，电容C通过R_W可变电阻和限流电阻R充电，电容C两端电压指数规律上升。电压上升速度取决于（R_W+R）C值的大小。（R_W+R）C值大，电容两端电压下升得慢，反之，电容电压上升得快。当电容电压上升到双向二极管正向导通电压（峰值电压U_P）时，双向触发器中的一支二极管导通，发出一个脉冲。该脉冲去触发双向可控硅中的一支可控硅管，使电动机通电。

当电源电压由正半波转为负半波的瞬间，由于导通的可控硅管两端电压为零，该支可控硅会自然关断，电动机瞬间断电，但是电动机转子有转动惯量，电动机仍然运转。

当电源电压变为负半波之后，R_W和R以及C组成的回路又给电容反方向充电。当电容电压上升到电压U_P时，双向触发器的另一支二极管导通，也发出一个脉冲，该脉冲触发双向触发器的另外一支可控硅管，该可控硅管保证电动机绕组在电源电压负半波时有一段时间有电流，电动机再次得电运行。

当电源电压由负半波转为正半波瞬间，导通的可控硅也会自然关断。电动机电压从220V ～ 0V之间变化，电动机可以无级调速。

第10章
三相交流电动机控制电路

10.1 笼型电动机的启动控制线路

10.1.1 直接启动控制线路

电动机直接启动，其启动电流通常为额定电流的6～8倍，一般应用于小功率电动机。常用的启动电路有开关直接启动和接触器点动直接启动。

（1）开关直接启动 电动机的容量应低于电源变压器容量20%时，才可直接启动，如图10-1所示。电动机直接启动控制线路及故障排查可扫图10-1二维码学习。

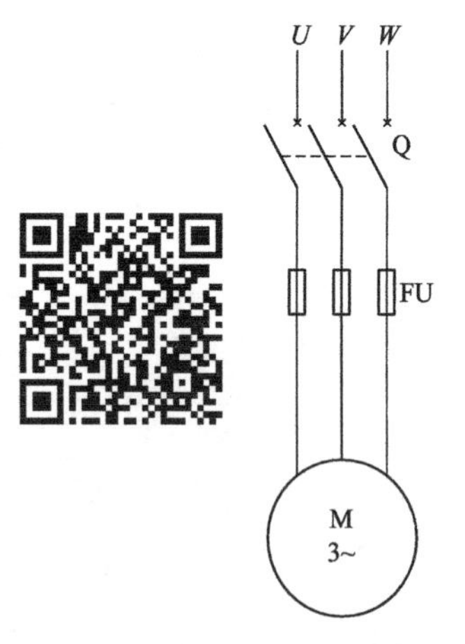

图10-1 铁壳开关启动控制线路

（2）接触器点动控制线路启动 如图10-2所示，当合上开关Q时，电动机不会启动运转，因为KM线圈未通电，只有按下SB_2，使线圈KM通电，主电路中的主触头KM闭合，电动机M即可启动。这种只有按下按钮电动机才会运转，按开按钮即停转的线路，称点动控制线路，利用接触器来控制电机的优点：减轻劳动强度，操作小电流的控制电路就可以控制大电流主电路，能实现远距离控制与自动化控制。电动机点动控制线路及故障排查可扫图10-2二维码学习。

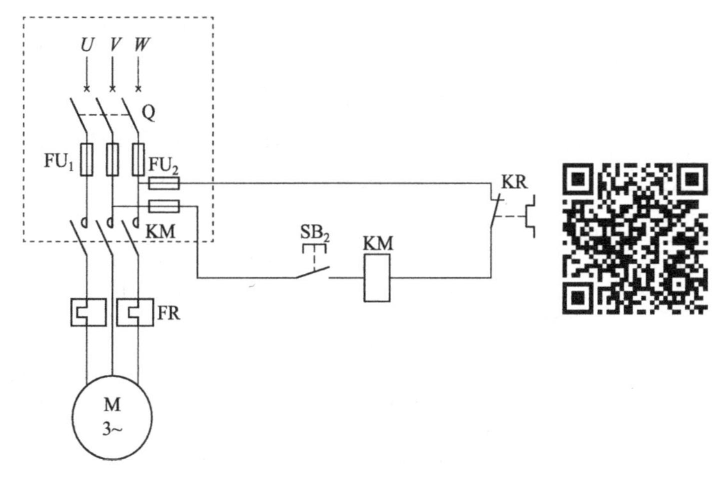

图10-2　接触器点动控制线路图

（3）自锁控制线路　如图10-3所示、工作过程：当按下启动按钮SB_2，线圈KM通电，主触头闭合，电动机M启动运转，当松开按钮，电动机M不会停转，因为这时，接触器线圈KM可以通过并联SB两端已闭合的辅助触头KM继续维持通电，电动机M不会

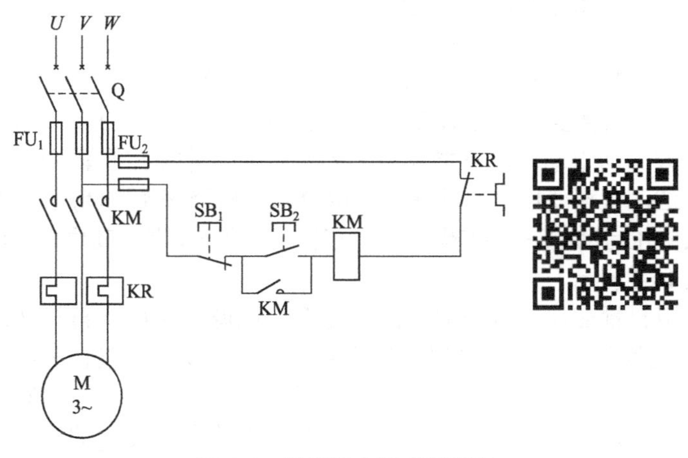

图10-3　接触器自锁控制线路

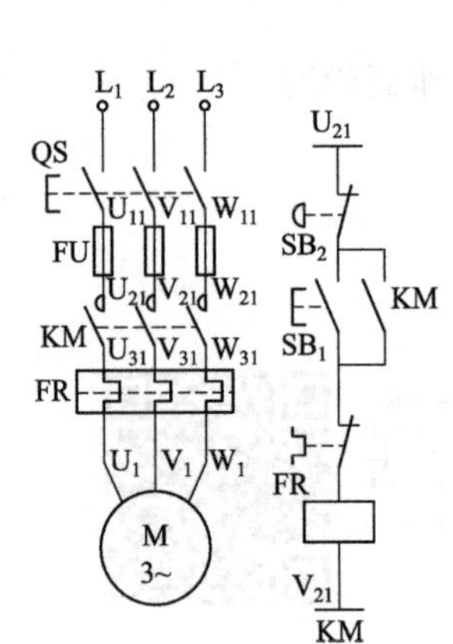

图10-4　具有保护功能的全压启动电路

失电，也不会停转。

这种松开按钮而能自行保持线圈通电的控制线路叫做具有自锁的接触器控制线路，简称自锁控制线路。

（4）具有保护功能的全压启动电路 该线路是有欠电压与失压保护作用如图10-4所示。

当电动机运转时，电源电压降低到一定值（一般降低到85%额定电压）时，由于接触器线圈磁通减弱，电磁吸力克服不了反作用弹簧压力，动铁芯，因而释放，从而使主触头断开，自动切断主电路，电动机停转，达到欠压保护。

过载保护：线路中将热继电器的发热元件串在电动机的定子回路，当电动机过载时，发热元件过热，使双金属片弯曲到能推动脱扣机构动作，从而使串接在控制回路中的动断触头FR断开，切断控制电路，使线圈KM断电释放，接触器主触头KM断开，电动机失电停转。

10.1.2　降压启动控制线路

较大容量的笼型异步电动机一般都采用降压启动的方式启动。

（1）自耦变压器启动法　对正常运行时为Y形接线及要求启动容量较大的电动机，不能采用Y-△启动法，常采用自耦变压器启动方法，自耦变压器启动法是利用自耦变压器来实现降压启动的。用来降压启动的三相自耦变压器又称为启动补偿器，其原理和外形如图10-5所示。

用自耦变压器降压启动时，先合上电源开关Q_1，再把转速开关Q_2的操作手柄推向“启动”位置，这时电源电压接在三相自耦变压器的全部绕组上（高压侧），而电动机在较低电压下启动，当电动机转速上升到接近于额定转速时，将转换开关Q_2的操作手柄迅速从“启动”位置投向“运行”位置，这时自耦变压器从电网中切除。

为获得不同的启动转矩，自耦变压器的次级绕组常备有不同的电压抽头，例如，次级绕组电压为初级绕组电压的60%、80%等，以供具有不同启动转矩的机械使用。

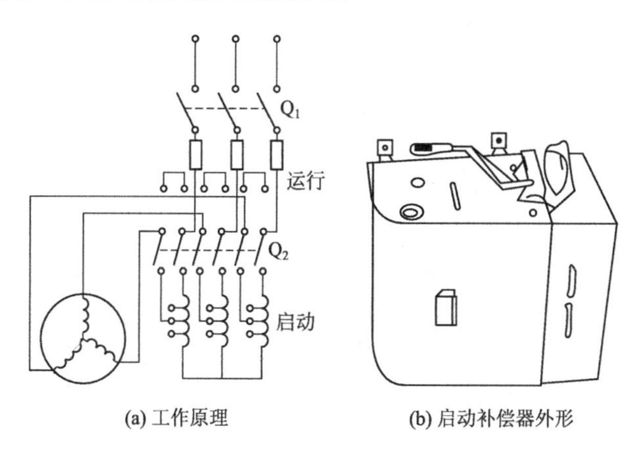

(a) 工作原理　(b) 启动补偿器外形

图10-5　自耦变压器启动

这种启动方法不受电动机定子绕组接线方式的限制，可按照容许的启动电流和所需的启动转矩选择不同的抽头，因此适用于启动容量较大的电动机，其缺点是设备造价较高，不能用在频繁启动的场合。

（2）星-三角形降压启动控制线路　在正常运行时，电动机定子绕组是联成三角形的，启动时把它连接成星形，启动即将完毕时再恢复成三角形。目前4kW以上的J02、J03系列的三相异步电机定子绕组在正常运行时，都是接成三角形的，对这种电动机就可采用星-三角形降压启动。

图10-6所示是一种Y-△降压启动线路。从主回路可知，如果控制线路能使电动机接成星形（即KM_1主触点闭合），并且经过一段延时后再接成三角形（即KM_1主触点打开，KM_2主触点闭合），则电动机就能实现降压启动，而后再自动转换到正常速度运行。控制线路的工作过程如下。

动作原理如下：首先合上QS：

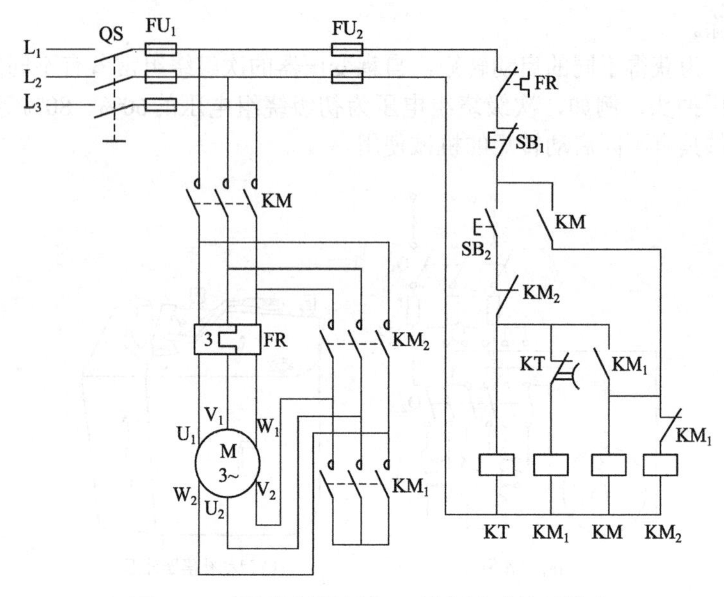

图10-6　时间断电器控制Y-△降压启动控制线路

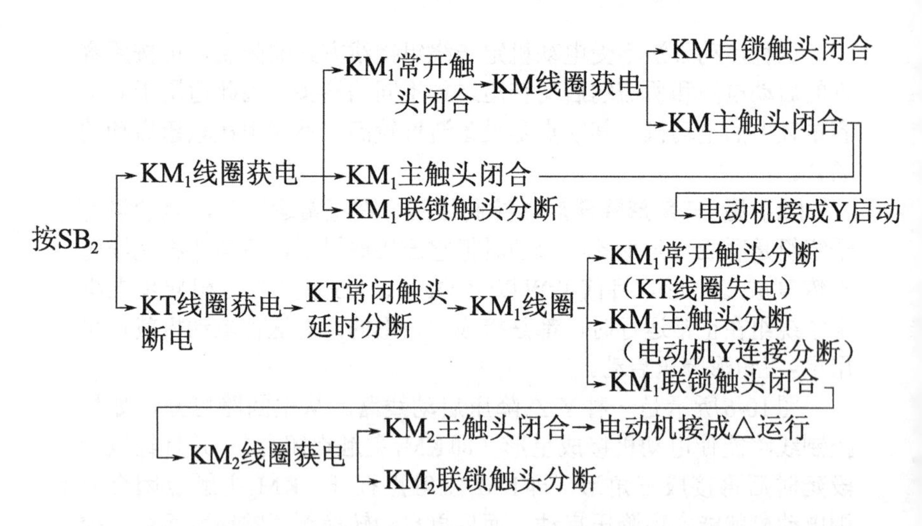

图10-7所示是用两个接触器和一个时间继电器进行Y-△转换的降压启动控制线路。电动机连成Y或△都是由接触器KM_2完成的。KM_2断电时电动机绕组由其动断触点连接成Y；KM_3通电时电

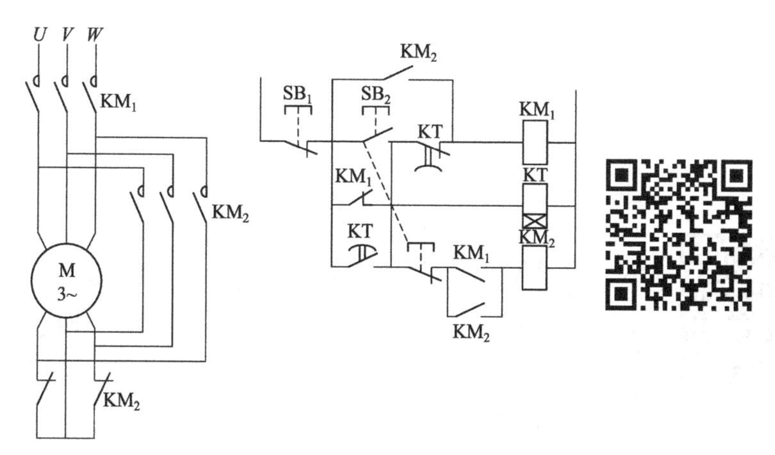

图10-7　Y-△转换的降压启动控制线路

动要绕组由其动合触点连接成△。对4 ～ 13kW的电动机，可采用图10-7所示两个接触器的控制线路，电动机容量大时可采用三个接触器控制线路。图10-7与图10-6的工作原理基本相同，可自行分析。

（3）定子串电阻降压启动控制线路　图10-8所示是定子串电阻降压启动控制线路。电动机启动时在三相定子电路中串接电阻，使电动机定子绕组电压降低，启动后再将电阻短路，电动机仍然在正常电压下运行。这种启动方式由于不受电动机接线形式的限制，设备简单，因而在中小型机床中也有应用。机床中也常用这种串接电阻的方法限制点动调整时的启动电流。图10-8控制线路的工作过程如下：

按SB_2→{ →KM_1得电（电动机串电阻启动）
→KT得电　延时一段时间KM_2得电（短接电阻，电动机正常运行）

只要KM_2得电就能使电动机正常运行。但线路图10-8（a）在电动机启动后KM_1与KT一直得电动作，这是不必要的。线路图10-8（b）就解决这个总是接触器KM_2得电后，其动断触点将KM_1及KT断电，KM_2自锁。这样，在电动机启动后，只要KM_2得电，电动机便能正常运行。

补偿器QJ3、QJ5系列都是手动操作、XJ01系列则是自动操作的自耦降压启动器。补偿器降压启动适用于容量较大和正常运行时

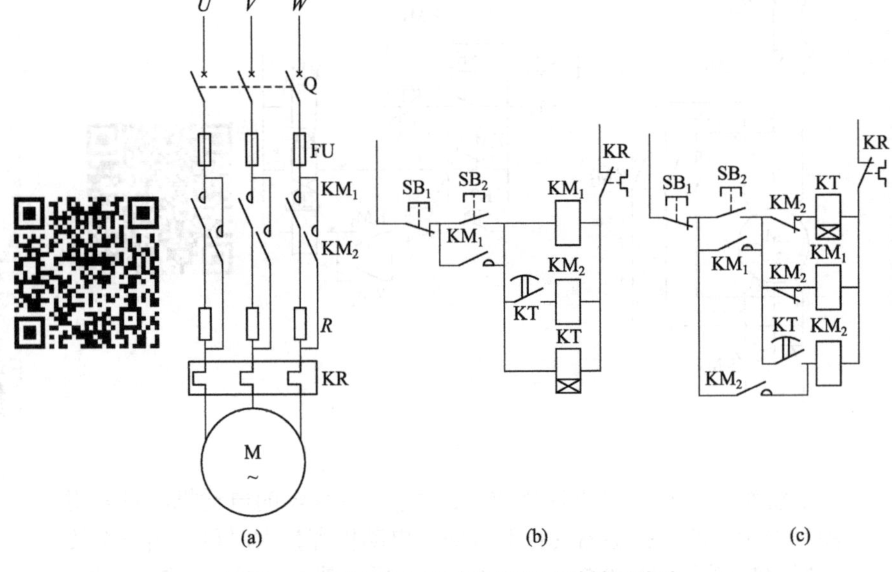

图10-8　电动机定子串电阻降压启动控制线路

定子绕组接成Y形、不能采用Y-△启动的笼型电动机。这种启动方式设备费用大，通常用来启动大型和特殊用途的电动机，机床上应用得不多。

10.2　电动机正反转控制线路

10.2.1　电动机正反转线路

从图10-9（a）可知。按下SB_2，正向接触器KM_1得电动作，主触点闭合，使电动机正转。按停止按钮SB_1，电动机停止。按下SB_2，反向接触器KM_2得电动作，其主触点闭合，使电动机定子绕组与正转时相比相序反了，则电动机反转。

从主回路看，如果KM_1、KM_2同时通电动作，就会造成主回路短路，在线路图10-9（a）中如果按了SB_2又按了SB_3，就会造成上述事故。因此这种线路是不能采用的。线路图10-9（b）把接触器的动断辅助触点互相串联在对方的控制回路中进行联锁控制。这样

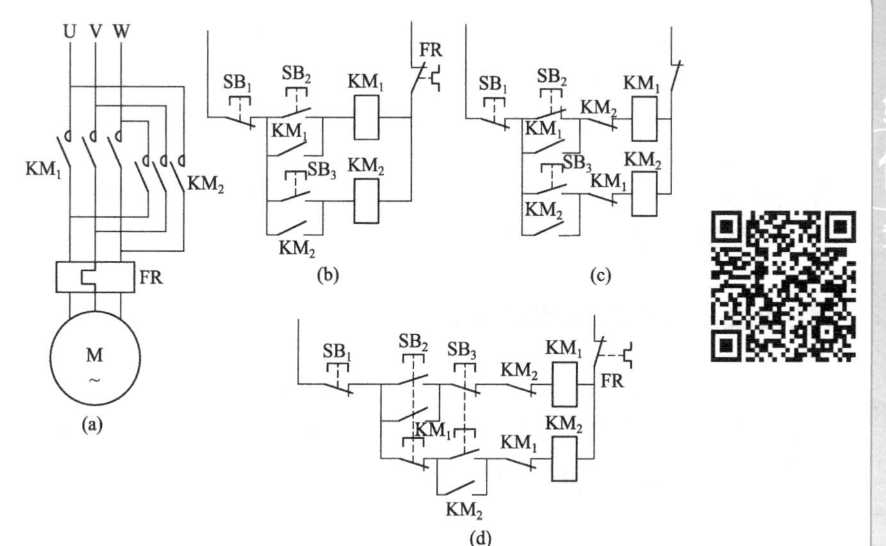

图10-9 异步电动机正反转控制线路

当KM_1得电时，由于KM_1的动作触点打开，使KM_2不能通电。此时即使按下SB_3按钮，也不能造成短路。反之也是一样。接触器辅助触点这种互相制约关系称为“联锁”或“互锁”。

在机床控制线路中，这种联锁关系应用极为广泛。凡是有相反动作，如工作台上下、左右移动；机床主轴电动机必须在液压泵电动机动作后才能启动，工作台才能移动等，都需要有类似这种联锁控制。

如果现在电动机正在正转，想要反转，则线路图10-9（b）必须先按停止按钮SB_1后，再按反向按钮SB_3才能实现，显然操作不方便。线路图10-9（c）利用复合按钮SB_2，SB_2就可直接实现由正转变成反转。

很显然采用复合按钮，还可以启动联锁作用，这是由于按下SB_2时，只有KM_1可得电动作，同时KM_2回路被切断。同理按下SB_3时，只有KM_2得电，同时KM_1回路被切断。

但只用按钮进行联锁，而不用接触器动断触点之间的联锁，是不可靠的。在实际中可能出现这种情况，由于负载短路或大电流的长期作用，接触器的主触点被强烈的电弧“烧焊”在一起，或者接触器的机构失灵，使衔铁卡住总是在吸合状态，这都可能使方触点不能断开，这时如果另一接触器动作，就会造成电源短路事故。

如果用的是接触器动断动作，不论什么原因，只要一个接触器是吸合状态，它的联锁动断触点就必在将另一接触器线圈电路切断，这就能避免事故的发生。

10.2.2 正反转自动循环线路

图10-10所示是机床工作台往返循环的控制线路。实质上是用行程开关来自动实现电动机正反转的。组合机床、龙门刨床、铣床的工作台常用这种线路实现往返循环。

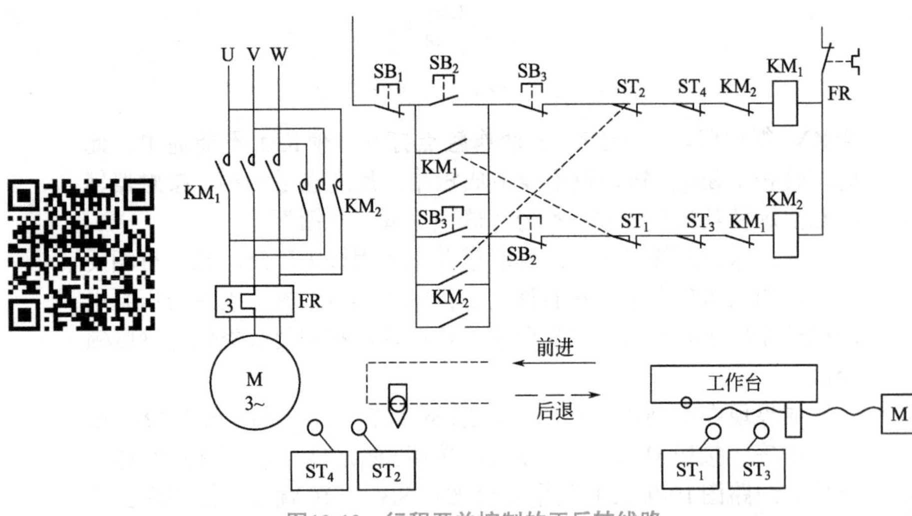

图10-10 行程开关控制的正反转线路

ST_1、ST_2、ST_3、ST_4为行程开关，按要求安装在固定的位置上，当撞块压下行程开关时，其动合触点闭合，动断触点打开。其实这是按一定的行程用撞块压行程开关，代替了人按按钮。

按下正向启动按钮SB_2，接触器KM_1得电动作并自锁，电动机正转使工作台前进。当运行到ST_2位置时，撞块压下ST_2，ST_2动断触点使KM_1断电，但ST_2的动合触点使KM_2得电动作自锁，电动机反转使工作台后退。当撞块又压下ST_1时，使KM_2断电，KM_1又得电动作，电动机又正转使工作台前进，这样可一直循环下去。

SB_1为停止按钮。SB_2与SB_3为不同方向的复合启动按钮。之所以用复合按钮，是为了满足改变工作台方向时，不按停止按钮可直接操作。限位开关ST_2与ST_4安装在极限位置，当由于某种故障，工作台到达ST_1（或ST_2）位置时，未能切断KM_2（或KM_3）时，工作台将继续移动到极限位置，压下ST_3（或ST_4），此时最终把控制回路断开，使电ST_3、ST_4起限位保护作用。

上述这种用行程开关按照机床运动部件的位置或机件的位置变化所进行的控制，称作按行程原则的自动控制，或称行程控制。行程控制是机床和生产自动线应用最为广泛的控制方式之一。

10.3 电动机制动控制线路

10.3.1 能耗制动控制线路

能耗制动是在三相异步电动机要停车时切除三相电源的同时，把定子绕组接通直流电源，在转速为零时切除直流电源。

控制线路就是为了实现上述的过程而设计的，这种制动方法，实质上是把转子原来储存的机械能；转变成电能，又消耗在转子的制动上，所以称作能耗制动。

图10-11（a）、（b）是分别复合接钮与时间继电器实现能耗制动的控制线路。图中整流装置由变压器和整流元件组成。KM_2为制动用接触器；KT为时间继电器。图10-11（a）所示为一种手动控制的简单能耗制动线路。要停车时按下SB_1按钮，到制动结束放开按钮。图10-11（b）可实现自动控制，简化了操作。控制线路工作过程如下：

能耗制动
- 按SB_2→KM_1通用（电动机启动）
- 按SB_1
  - KM_1断电（切断交流电源）
  - KM_2通电（接通直流电源）
  - KT通电KM_2断电（制动结束）

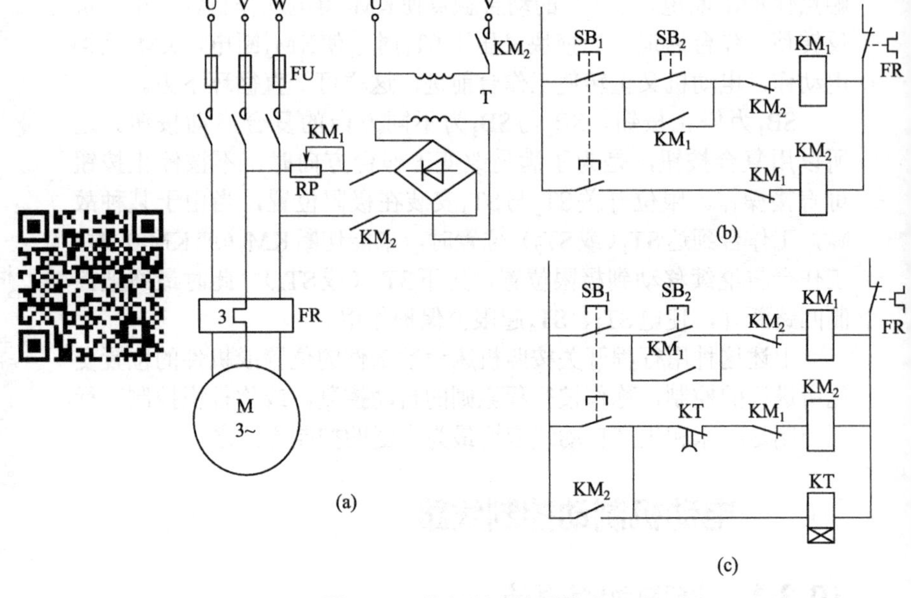

图10-11　能耗制动控制线路

制动作用的强弱与通入直流电流的大小和电动机转速有关，在同样的转速下电流越大制动作用越强。一般取直流为电动机空载电流的3～4倍，过大会使定子过热。图10-11（a）直流电源中串接的可调电阻RP，可调节制动电流的大小。很显然图10-11（b）能耗制动控制线路是用时间继电器按时间控制的原理组成的线路。

10.3.2　反接制动控制线路

反接制动实质上是改变异步电动机定子绕组中的三相电源相序，产生与转子转动方向相反的转矩，因而起制动作用。

反接制动过程为：当想要停车时，首先将三相电源切换，然后当电动机转速接近零时，再将三相电源切除。控制线路就是要实现这一过程。

图10-12（a）、（b）都为反接制动的控制线路。电动机在正方向运行时，如果把电源反接，电动机转速将由正转急速下降到零。

如果反接电源不及时切除，则电动机又要从零速反向启动运行。所以我们必须在电动机制动到零速时，将反接电源切断，电动机才能真正停下来。控制线路是用速度继电器来“判断”电动机的停与转的。电动机与速度继电器的转子是同轴连接在一起的，电动机转动时，速度继电器的动全触点闭合，电动机停止时动合触点打开。

线路图10-12（a）工作过程如下：

按SB_2→KM_1通电（电动机正转运行）→BV的动合触点闭合。

按SB_1 → KM_1断电

按SB_1 → KM_2通电(开始制动)→n≈0,BS复位→KM_2断电(制动结束)

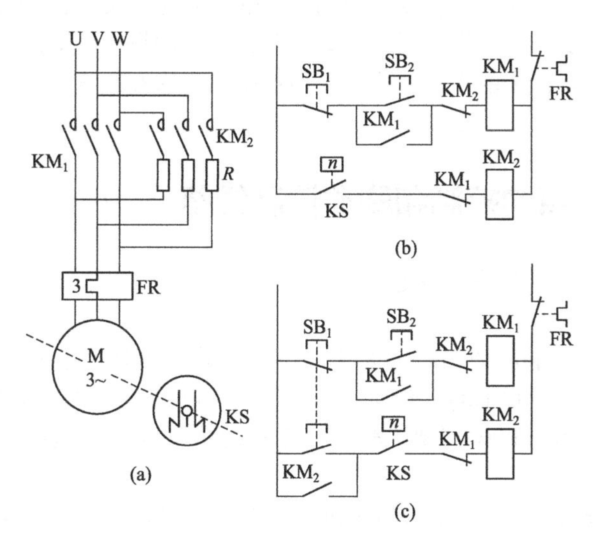

图10-12 反接制动的控制线路

线路图10-12（a）有这样一个问题：在停车期间，如为调整工作，需要用手转动机床主轴时，速度继电器的转子也将随着转动，其动合触点闭合，接触器KM_2得电动作，电动机接通电源发生制动作用，不利于调整工作。线路图10-12（b）在X62W铣床主轴电动机的反接制动线路解决了这个问题。控制线路中停车按钮使用了复合按钮SB，并在其动合触点上并联了KM_2的动合触点，使KM_2能自锁。这要在用手转动电BV的动合触点闭合，但只要不按停车按钮SB_1，KM_2不会得电，电动机也就不会反接于电源，只是操作停止按钮SB_1时，KM_2才能得电，制动线路才能接通。

因电动机反接制动电流很大，故在主回路中串R，可防止制动时电动机绕组过热。

反接制动时，旋转磁场的相对速度很大，定子电流也很大，因此制动效果显著。但在制动过程中有冲击，对传动部件有害，能量消耗较大，故用于不太经常起制动的设备，如铣床、镗床、中型车床主轴的制动。

能耗制动与反接制动相比较，具有制动准确、平稳、能量消耗小等优点，但制动力较弱，特别是在低速时尤为突出。另外它还需要直充电源，故适用于要求制动准确、平稳的场合，如磨床、龙门刨床及组合机床的主轴定位等。但这两种方法在机床中都有较广泛的应用。

10.4 点动控制和联动控制线路

10.4.1 点动控制线路

机床在正常加工时需要连续不断工作，即所谓长动。所谓点动，即按按钮时电动机转动工作，手放开按钮时，电动机即停止工作。点动用于机床刀架、横梁、立柱的快速移动，机床的调整对刀等。

图10-13（a）所示为用按钮实现点动的控制线路；图10-13（b）所示为用开关实现点动的控制线路；图10-13（c）所示为用中间继电器实现点动的控制线路。

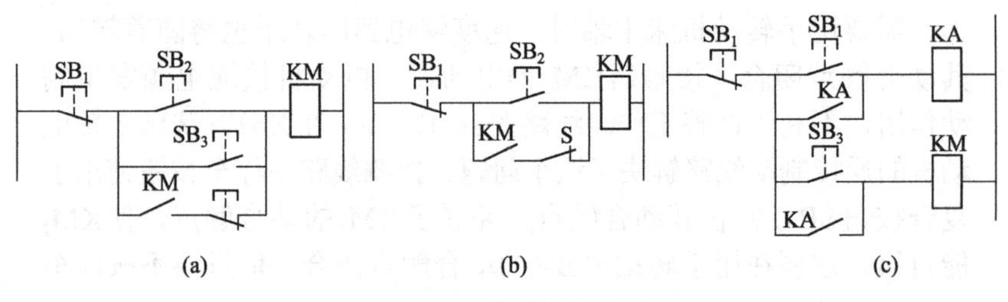

图10-13　点动控制线路

长动与点动的主要区别是控制电器能否自锁。

10.4.2 联锁或互锁线路

(1)联锁 在机床控制线路中，经常要求电动机有顺序的启动，如某些机床主轴必须在液压泵工作后才能工作，龙门刨床工作台移动时，导轨内必须有足够的润滑油；在铣床的主轴旋转后，工作台方可移动，都要求有联锁关系。

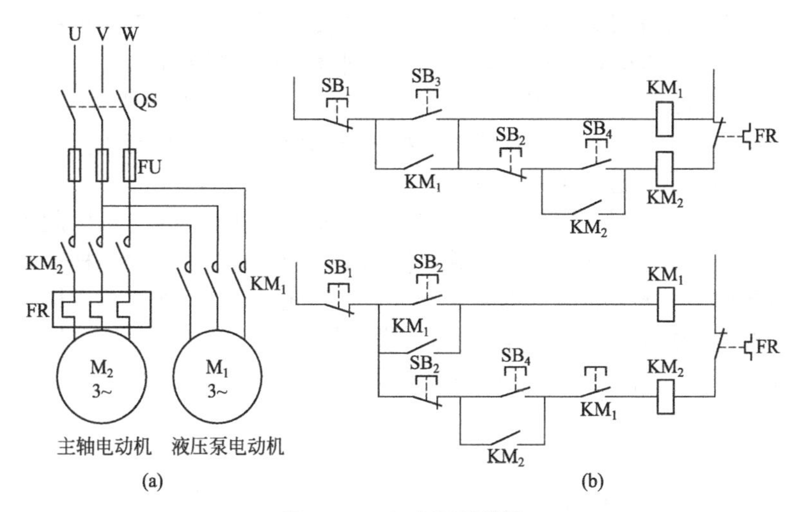

图10-14 电动机的联锁

如图10-14所示，接触器KM_2必须在接触器KM_1工作后才能工作，即保证了液压泵电动机工作后主电动机才能工作的要求。

(2)互锁 互锁实际上是一种联锁关系，其所以这样称谓，是为了强调触点之间的互锁作用。例如，常有这种要求，两台电动机M_1和M_2不准同时接通，如图10-15所示，KM_1动作后，它的动断触点会将KM_2接触器的线圈断开，这样就抑制了KM_2再动作，反之也一样，此时，KM_1和KM_2的两对动断触点，常称作“互锁”触点。

这种互锁关系在电动机正反转线路中，可保证正反向接触器KM_1和KM_2主触点不能同时闭合，以防止电源短路。

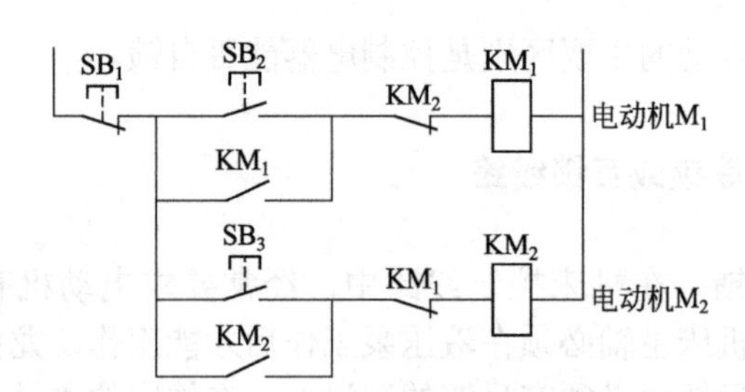

图10-15　两台电动机的联锁控制

在操作比较复杂的机床中，也常用操作手柄和行程开关形成联锁。下面以X62W铣床进给运动为例讲述这种联锁关系。

铣床工作台可做纵向（左右）、横向（前后）和垂直（上下）方向的进给运动。由纵向进给手柄操作纵向运动，横向与垂直方向的运动由另一进给手柄操纵。

铣床工作时，工作台的各向进给是不允许同时接通的，因此各方向的进给运动必须互相联锁。实际上，操纵进给的两个手柄都只能扳向一种操作位置，即接通一进给，因此只要使两个操作手柄有同时起到操作的作用，就达到了联锁的目的。通常采取的电气联锁方案是：当两个手柄同时扳动时，就立即切断进给电路，可避免事故。

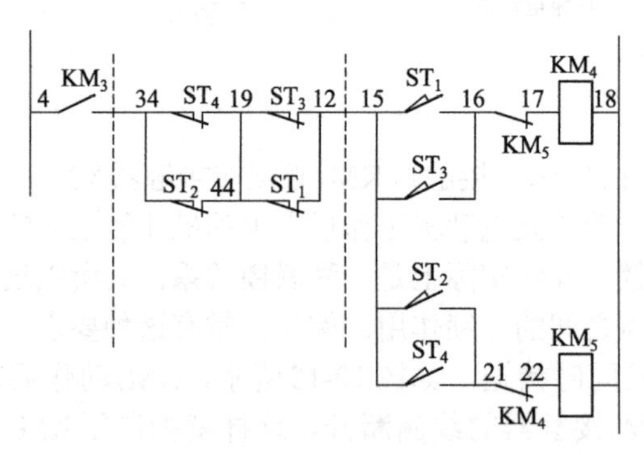

图10-16　X62W铣床进给运动的联锁控制线路

图10-16所示是有关进给运动的联锁控制线路。图中KM_4、KM_5是进给电动机正反转接触器。现假如纵向进给手柄已经扳动，

则ST_1或ST_2已被压下，此时虽将下一条支路（34-44-12）切断，但由于上面一条支路（34-44-12）仍接通，故KM_4或KM_5仍能得电。如果再扳动横向垂直进给手柄而使ST_3或ST_4也动作时，上面一条支路（34-19-12）也将被切断。因此接触器KM_4或KM_5将失电。使进给运动自动停止。

KM_5是主电动机接触器，只有KM_3得电主轴旋转后，KM_3动合辅助触点（4-34）闭合才能接通进给回路。主电动机停止，KM_3（4-34）打开，进给也自动停止。这种联锁以防止工作或机床受到损伤。

10.4.3 多点控制线路

为了达到两个地点同时控制一台电动机的目的，必须在另一个地点再装一组启动停止按钮。在图10-17中SB_{11}、SB_{12}为甲地启动，停止按钮。SB_{21}、SB_{22}为乙地启动，停止按钮。

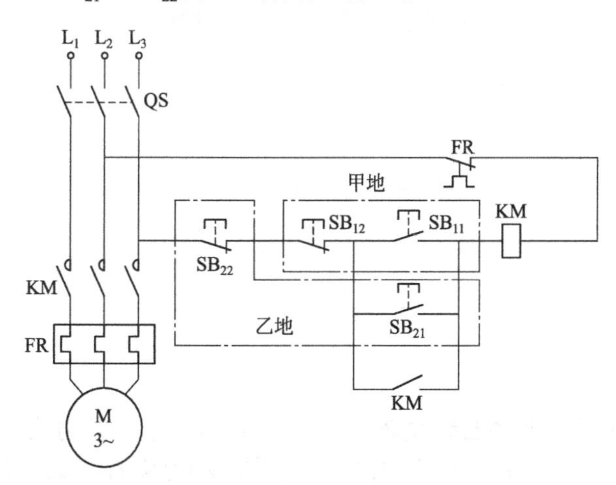

图10-17　三相异步电动机多地控制原理图

10.4.4 工作循环自动控制

（1）正反向自动循环控制　许多机床的自动循环控制都是靠行程控制来完成的。某些机床的工作台要求正反向运动自动循环，图

10-18所示是龙门刨工作台自动正反向控制线路，用行程开关ST_1、ST_2作主令信号进行自动转换。

线路工作过程如下：按启动按下SB_2，KM_1得电，工作台前进，当达到预定行程后（可通过调整挡块位置来调整行程），挡块1压下ST_1，ST_1动断触点断开，切断接触器KM_1，同时ST_1动合触点闭合，反向接触器KM_2得电，工作台反向运行。当反向到位，挡块2压下ST_2，工作台又转到正向运动，进行下一个循环。

行程开关ST_3、ST_4分别为正向、反向终端保护行程开关，以防ST_1、ST_2失灵时，工作台从床身上滑出的危险。

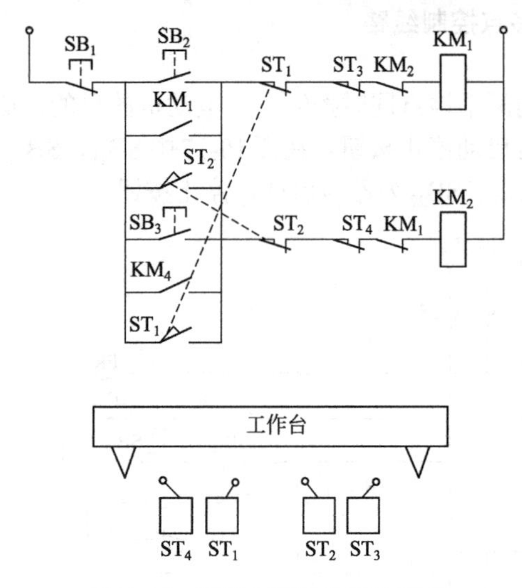

图10-18 正反向运动的自动循环

（2）动力头的自动循环控制 图10-19所示为动力头的行程控制线路，它也是由行程开关按行程来实现动力头的往复运动的。

此控制线路完成了这样一个工作循环，首先使动力头Ⅰ由位置b移到位置a停下，然后动力头Ⅱ由位置c移到位置d停住；接着使动力头Ⅰ和动力头Ⅱ同时退回原位停下。

限位开关ST_1、ST_2、ST_3、ST_4分别装在床身的a、b、c、d处。电动机M_1带动动力头Ⅰ，电动机M_2带动动力头Ⅱ。动力头Ⅰ和Ⅱ在原位时分别压下ST_1和ST_3。线路的工作过程如下：

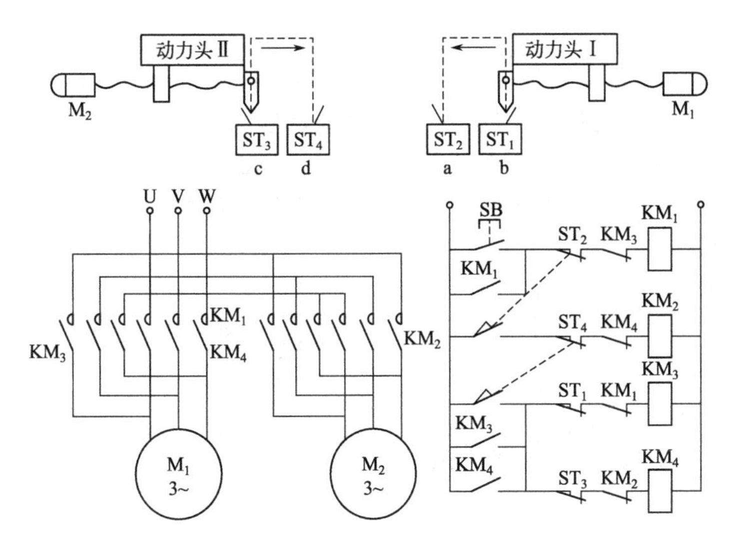

图10-19　动力头行程控制线路

按启动按钮SB，接触器KM_1得电并自锁，使电动机M_1正转，动力头I由原位b点向a点前进。

当动力头到a点位置时，ST_2限位开关被压下，结果使KM_1失电，动力头Ⅰ停止，同时使KM_2得电动作，电动要M_2正转，动力头Ⅱ由原位c点向d点前进。

当动力头Ⅱ到达d点时，ST_4被压下，结果使KM_2失电，与此同时KM_3与KM_4得电动作并自锁，电动要M_1与M_2都反转。使动力头Ⅰ与Ⅱ都向原位退回，当退回到原位时，限位开关ST_1、ST_3分别被压下，使KM_3和KM_4失电，两个动力头都停在原位。

KM_3和KM_4接触器的辅助动合触点，分别起自锁作用，这样能够保障动力头Ⅰ和Ⅱ都确实退到原位。如果只用一个接触器的触点自锁，那另一个动力头就可能出现没退回到原位，接触器就已失电。

10.5　电动机的调速控制

10.5.1　双速电动机高低速控制线路

双速电动机在机床中，如车床、铣床、镗床等都有较多应用。

双速电动机是由改变定子绕组的磁极对数来改变其转速的。如图10-20所示将出线端D_1、D_2、D_3接电源，D_4、D_5、D_6端悬空，则绕组为三角形接法，每相绕组中两个线圈串联，成四个极，电动机为低速，当出线端D_1、D_2、D_3短接，而D_4、D_5、D_6接电源，则绕组为双星形，每相绕组中两个线圈并联，成两个极，电动机为高速。

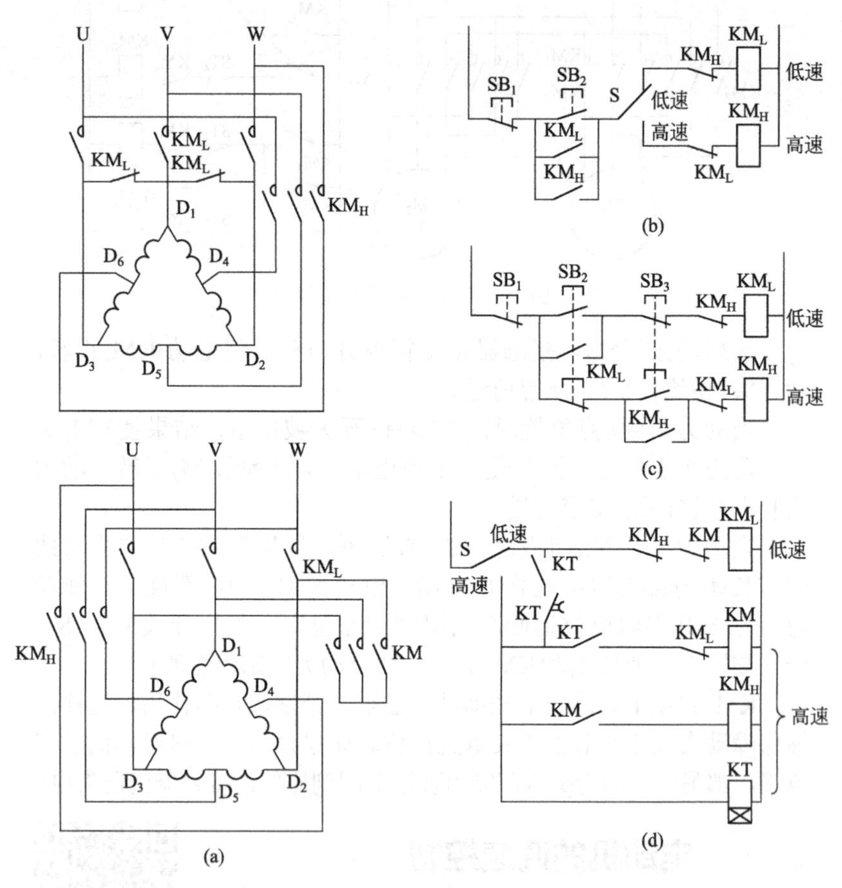

图10-20　双速电动机高、低速控制线路

图10-20所示为三种双速电动机高、低速控制线路，在图10-17中接触器KM_1动作为低速，KM_R动作为高速。图10-20（a）

用开关S实现高、低速控制；图10-20（b）用复合按钮SB_2和SB_3来实现高、低速控制。采用复合按钮连锁，可使高低速直接转换，而不必经过停止按钮。

图10-20（c）用开关S转换高低速。接触器KM_1动作，电动机为低速运行状态；接触器KM_R和KM动作时，电动机为高速运行状态。当开关S打到高速时，由时间继电器的两个触点首先接通低速，经延时后自动切换到高速，以便限制启动电流。

对功率较小的电动机可采用如图10-20（a）、（b）的控制方式，对较大容量的电动机可采用图10-20（c）的控制方式。

10.5.2 多速电动机的控制线路

（1）变极对数的调速控制线路 工作原理：在图10-21中，合

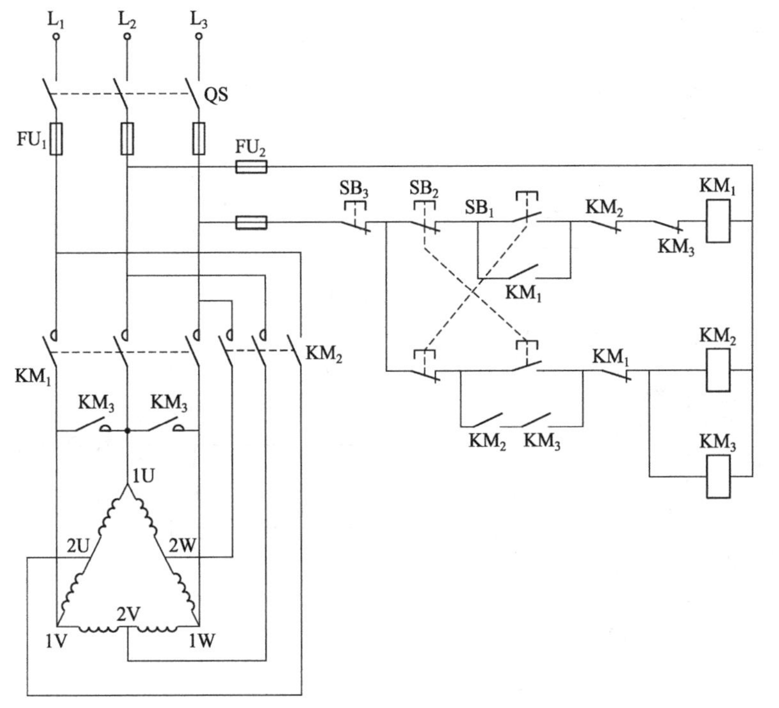

图10-21 改变极对数的调速控制电路

上电源开关QS，按下低速启动按钮SB_1，接触器KM_1线圈获电，联锁触头断开，自锁触头闭合，KM_1主触头闭合，电动机定子绕组作△联结，电动机低速运转，如需换为高速运转，可按下高速启动按钮SB_2，接触器KM_1线圈断电释放，主触头断开，联锁触头闭合，同时接触器KM_2和KM_3线圈获电动作，主触头闭合，使电动机定子绕组接成双Y并联，电动机高速运转，因为电动机高速运转时，KM_2、KM_3两个接触器来控制的，所以把它们的常开触头串联起来作为自锁，只有两个触头都闭合，才允许工作。

（2）时间继电器自动控制双速电动机的控制线路 工作原理：在图10-22中，当开关SA扳到中间位置时，电动机处于停止，如把开关扳到有“低速”的位置时，接触器KM_1线圈获电动作，电动机定子绕组的3个出线端1U、1V、1W与电源联结，电动机定子绕组接成△，以低速运转把开关扳到有“高速”的位置时，时间继

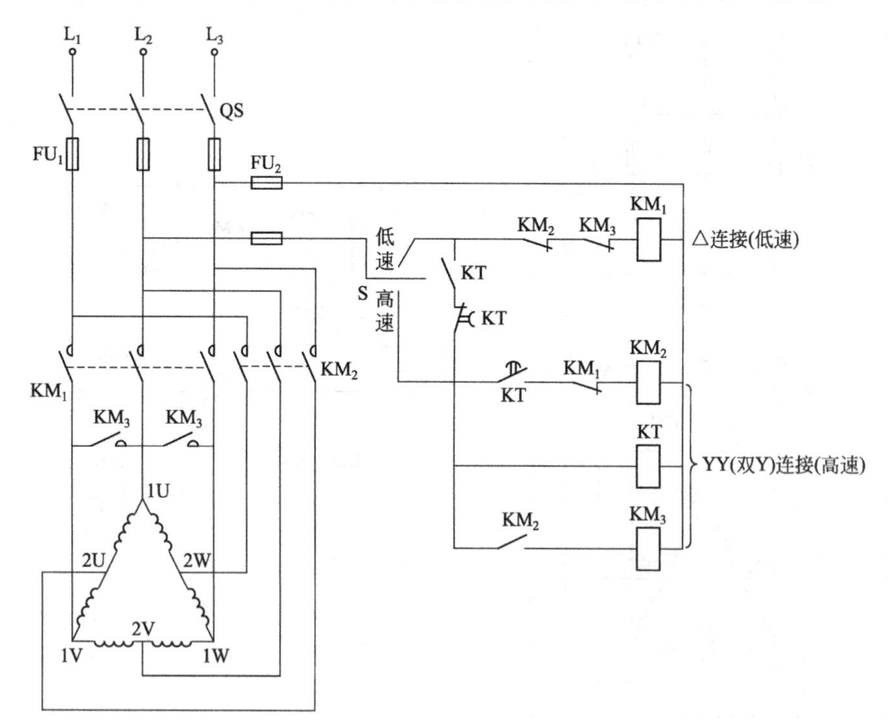

图10-22 时间继电器自动控制双速电动机的控制电路

电器KT线圈首先获电动作，使电动机定子绕组接成△，首先以低速启动。经过一定的整定时间，时间继电器KT的常闭触头延时断开，接触器KM_1线圈获电动作，紧接KM_3接触器线圈也获电动作，使电动机定子绕组被接触器KM_2、KM_3的主触头换接成双Y以高速运转。

（3）三速异步电动机的控制线路 如图10-23所示，工作原理如下。

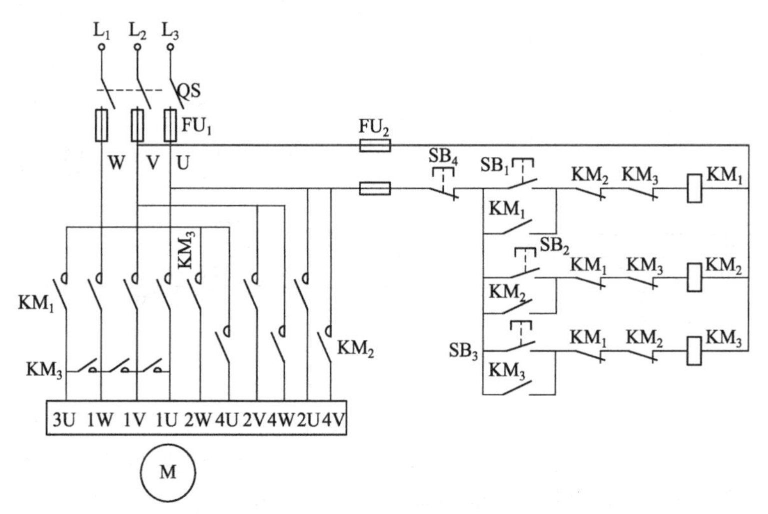

图10-23 三速异步电动机的控制电路

① 先合上电源开关，按下低速启动按钮SB_1，接触器KM_1线圈获电动作，电动机第一套定子绕组出线端1U、1V、1W连同3V与电源接通，电动机进入低速运转。

② 换接中速运转，先按下停止按钮SB_4，使接触器KM_1线圈断电，释放电动机定子绕组断电，然后按下中速按钮SB_2使接触器KM_2线圈获电动作，电动机第二套绕组4U、4V、4W与电源接通，电动机中速运转。

③ 在换接高速SB_4，使接触器KM_2线圈断电释放，电动机定子绕组断电，再按高速启动按钮SB_3，使接触器KM_3线圈获电动作，电动机第一套定子绕组成为双Y接线方式，其出线端2U、2V、

2W与电源相通，同时接触器KM_3的另外三副常开触头将这套绕组的出线端1U、1V、1W和3U接通，电动机高速运转。

（4）用时间继电器自动控制三速异步电动机的控制线路 如图10-24所示，工作原理如下。

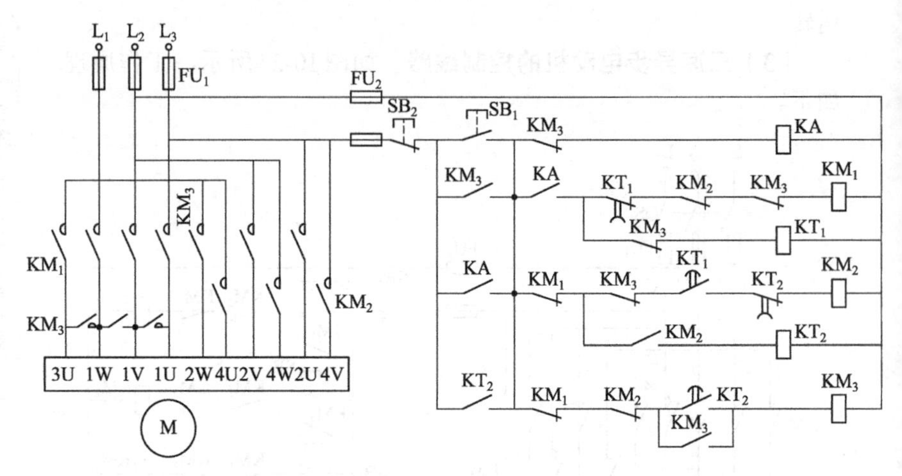

图10-24 用时间继电器自动控制三速异步电动机的控制电路

① 先合上电源开关，按下启动按钮SB_1中间继电器KA线圈获电动作，其常开触头闭合自锁，其常开触头闭合为时间继电器KT_2获电准备，而其常开触头闭合，使KM_1获电动作，电动机第一套定子绕组出线端1U、1V、1W、3U与电源接通，经过一定整定时间后，其常闭触头KT_1线圈延时断开，接触器KM_1线圈断电释放电动机定子绕组断电。

② KT_1常开触头闭合，接触器KM_2线圈获电动作，电动机的另一套定子绕组断电，KT_1常开触头延时闭合，接触器KM_2线圈获电动作，电动机另一套定子绕组出线端4U、4V、4W与电源接通，电动机中速运转。

③ 此时时间继电器KT_2线圈获电动作，KT_2的常开触头闭合，经过一定整定时间后，其常闭触头延时断开，接触器KM_2线圈断电释放，电动机定子绕组断电，而KT_2延时闭合，接触器KM_3线圈获电动作，其主触头闭合，电动机第一套定子绕组以双Y方式联

结，其出线端2U、2V、2W与电源接通，同时接触器KM_3的另外3副常开触头将这套绕组的出线端1U、1V、1W与3U联结沟通，电动机高速运转。

10.6 线绕转子异步电动机控制电路

10.6.1 绕线转子异步电动机的自动控制线路

绕线转子异步电动机的自动控制线路分析如图10-25所示。

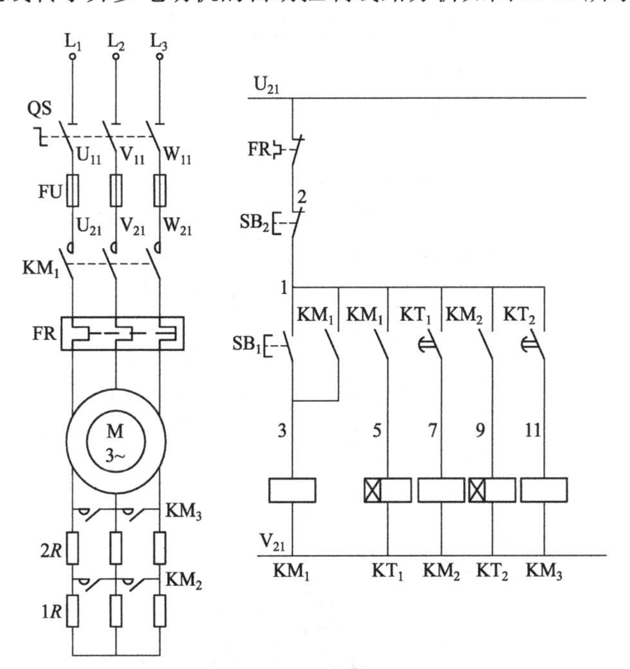

图10-25 绕线转子异步电动机的自动控制线路

工作过程：按下启动按钮SB_1、KM_1线圈得电，常开触头闭合自锁，同时另一副常开触头闭合，KT_1线圈得电，KT_1的延时闭合触头闭合KM_2线圈获电，KM_2的主触头闭合，切除电阻1R，KM_2的常开辅助触头闭合，使KT_2线圈得电，KT_2的延时闭合触头闭合，KM_3线圈得电，KM_3主触头闭合，电阻2R切除。

三相绕线转子异步电动机优点是：可通过滑环在转子绕组串接外加电阻达到减小启动电流，它具有启动矩大，而且可调速，在电力拖动中经常使用。

10.6.2 绕线转子异步电动机的正反转及调速控制线路

图10-26中凸轮控制器共有九对常开触头，其中四对触头用来控制电动机的正反转，另外五对触头与转子电路中所串的电阻相接，控制电动机的转速，凸轮控制的手轮除“0”位置外，其左右各有五个位置，当手轮处在各个位置时，各对触头接通。

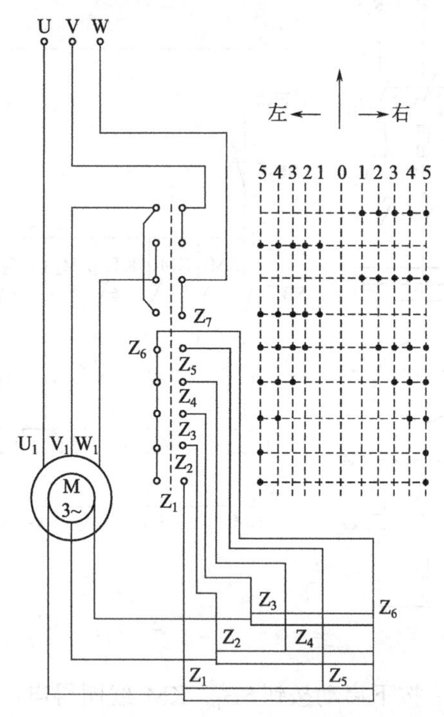

图10-26 绕线转子异步电动机的正反转及调速控制线路

（1）正反转控制 手轮由“0”位置向右转到“1”位置时，由图可知，电动机M通入U、V、W的相序开始正转，启动电阻全部接入转子回路，如手轮反转，即由“0”位置向左转到“1”位置时，从图中可看出电源改变相序，电机反转。

（2）调速控制 当手轮处在左边“1”位置或右边“1”位置时，使电动机转动时，其电阻是全部串入转子电路，这时转速最低，只要手轮继续向左或向右转到“2”、“3”、“4”、“5”位置，触头Z1-Z6、Z2-Z6、Z3-Z6、Z4-Z6、Z5-Z6依次闭合，随着触头的闭合，逐步切除电路中的电阻，每切除一部分电阻电动机的转速就相应升高一点，那么只要控制手轮的位置，就可控制电动机的转速。

10.7 电动机的保护

10.7.1 保护方式

（1）短路保护 电动机绕组的绝缘、导线的绝缘损坏或线路发生故障时，造成短路现象，产生短路电流并引起电气设备绝缘损坏和产生强大的电动力使电气设备损坏。因此在产生短路现象时，必须迅速地将电源切断，常用的短路保护元件有熔断器和自动开关。

① 熔断器保护 熔断器的熔体串联在被保护的电路中，当电路发生短路或严重过载时，它自动熔断，从而切断电路，达到保护的目的。

② 自动开关保护 自动开关又称自动空气熔断器，它有短路、过载和欠压保护功能，这种开关能在线路发生上述故障时快速地自动切断电源。它是低压配电重要保护元件之一，常作低压配电盘的总电源开关及电动机变压器的合闸开关。

通常熔断器比较适用于准确度和自动化程度较差的系统中，如小容量的笼型电动机、一般的普通交流电源等。在发生短路时，很可能造成一相熔断器熔断，造成单相运行，但对于自动开关，只要发生短路就会自动跳闸，将三相同时切断。自动开关结构复杂，操作频率低，广泛用于要求较高的场合。

（2）过载保护 电动机长期超载运行，电动机绕组温升超过其允许值，电动机的绝缘材料就要变脆，寿命减少，严重时使电动机损坏。过载电流越大，达到允许温升的时间就越短，常用的过载保护元件是热继电器。当电动机达到额定电流时，电动机达到额定温升，热继电器不动作，在过载电流较小时，热继电器要经过较长时间才动作，过载电流较大时，热继电器则经过较短的时间就会动作。

【提示】 由于热惯性的原因，热继电器不会受电动机短时过载冲击电流或短路电流的影响而瞬时动作，所以在使用热继电器作过载保护的同时，还必须设有短路保护。并且选作短路保护的熔断器熔体的额定电流不应超过4倍热继电器发热元件的额定电流。

当电动机的工作环境温度和热继电器工作环境温度不同时，保护的可靠性就受到影响。现有一种用热敏电阻作为测量元件的热继电器，它可将热敏元件嵌在电动机绕组中，可更准确地测量电动机绕组的温升。

（3）过电流保护 过电流保护广泛用于直流电动机或绕线转子异步电动机，对于三相笼型电动机，由于其短时过电流不会产生严重后果，故不采用过流保护而采用短路保护。

过电液压往往是由于不正确的启动和过大的负载转矩引起的，一般比短路电流要小，在电动机运行中产生过电流要比发生短路的可能性更大，尤其是在频繁正反转制动的重复短时工作制动的电动机中更是如此。直流电动机和绕线转子异步电动机线路中过电流继电器也起着短路保护的作用，一般过电流的强度值为启动电流的2.2倍左右。

（4）零电压与欠电压保护 当电动机正在运行时，如果电源电压因某种原因消失，那么在电源电压恢复时，电动机就要自行启动，这就可能造成生产设备的损坏，甚至造成人身事故。对电网来说，同时有许多电动机及其他用电设备自行启动也会引起不允许的过电流及瞬间网络电压下降，为了防止电压恢复时电动机自行启动的保护叫零压保护。当电动机正常运转时，电源电压过分地降低将引起一些电器释放，造成控制线路不正常工作，可能产生事故；电源电压过分地降低也会引起电动机转速下降甚至停转。因此需要在电源电压降到一定允许值以下时将电源切断，这就是欠电压保护。

10.7.2 保护电路分析

一般常用磁式电压继电器实现欠压保护。如图10-27所示是电动机常用保护电路的接线图，主要元件的保护过程为：

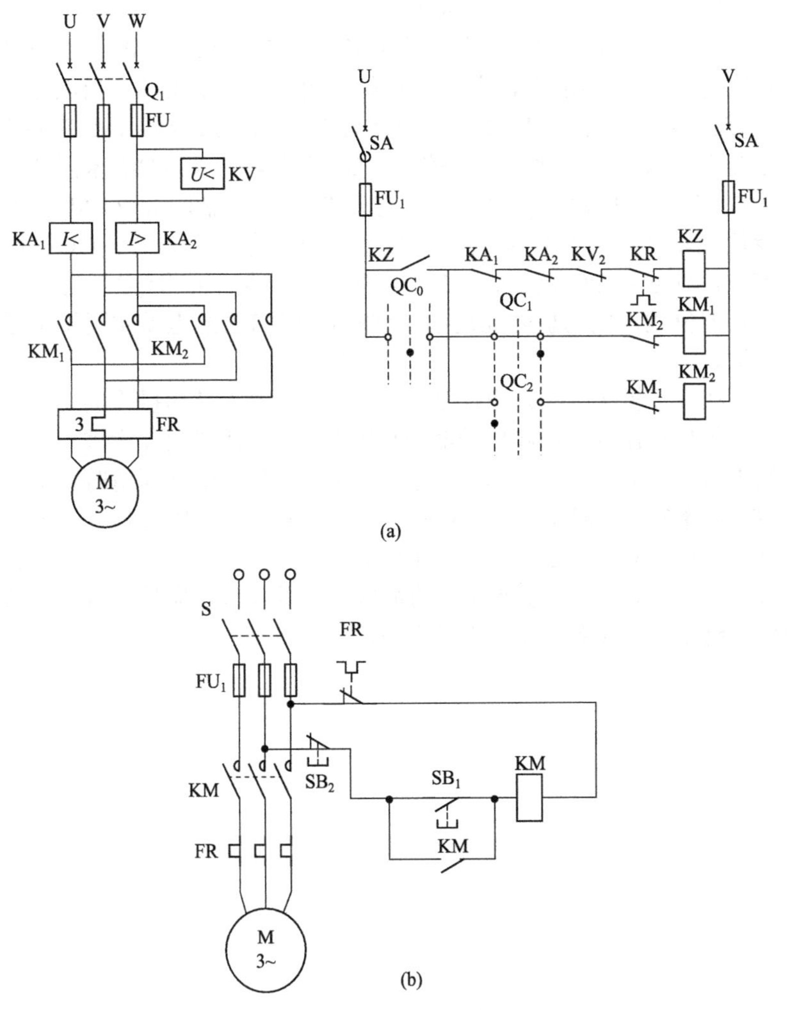

图10-27 电动机常用保护电路接线图

短路保护：熔断器FU；

过载保护（热保护）：热继电器KR；

过流保护：过流继电器KA_1、KA_2；

零压保护：电压继电器KZ；

低压保护：欠电压继电器KV；

联锁保护：通过正向接触器KM_1与反向接触器KM_2的动断触点实现。电压继电器KZ起零压保护作用，在该线路中，当电源电压过低或消失时，电压继电器KZ就要释放，接触器KM_1或KM_2也马上释放，因为此时主令控制器QC不在零位（即QC_0未闭合），所以在电压恢复时，KZ不会通电动作，接触器KM_1或KM_2就不能通电动作。若使电动机重新启动，必须先将主令开关QC打回零位，使触点QC_0闭合，KZ通电并自锁，然后再将QC打向正向或反向位置，电动机才能启动。这样就通过KZ继电器实现了零压保护。

在许多机床中不是用控制开关操作，而是用按钮操作的。利用按钮的自动恢复作用和接触器的自锁作用，可不必另加设零压保护继电器了。如图10-27（b）所示，当电源电压过低或断电时，接触器KM释放，此时接触器KM的主触点和辅助触点同时打开，使电动机电源切断并失去自锁。当电源恢复正常时，必须操作人员重新按下启动按钮SB_2，才能使电动机启动。所以像这样带有自锁环节的电路本身已兼备了零压保护环节。

直流电动机控制电路

11.1 直流电动机的启动与制动控制电路

11.1.1 串励直流电动机的控制电路

图11-1所示为串励电动机串入电阻启动线路图，其控制过程为：

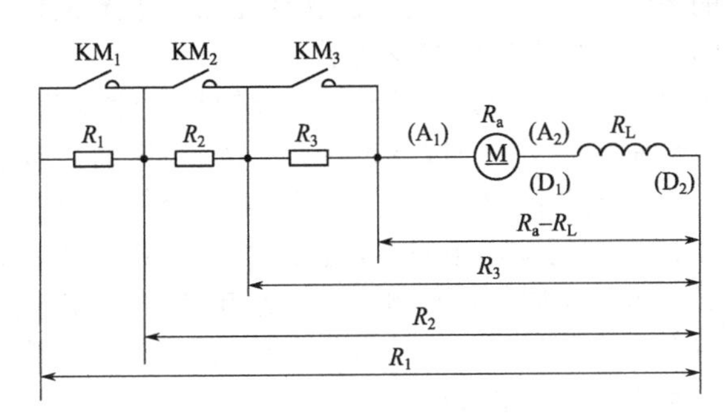

图11-1 串励电动机串入电阻启动线路图

（1）启动 串励电机具有启动转矩大，启动时间短和可过载等优点。

图中R_1、R_2、R_3分别为三级启动电阻，KM_1、KM_2、KM_3为三个接触器的主触头，用于短接R_1、R_2、R_3三个电阻，串励电动机串入三级启动电阻的过程是随着电动机转速的升高，逐级切除电阻R_1、R_2、R_3。

（2）制动 由于串励电动机的理想空载转速趋于无穷大，运行中不可能满足发电反馈制动的条件，因而无法发电反馈制动。

（3）调速 串励电动机的调速方法有电枢回路串入电阻调速、改变电枢电压调速和改变励磁电流调速。

当调节分流电阻R时，可改变电动机磁电流调速，而调节电动机的转速，R越小，R中的电流就越大，励磁绕组中电流越小，磁通就越小，电机转速越高。

11.1.2 并励直流电动机的控制电路

（1）反接制动控制电路

① 并励直流电动机双向反接制动电路就是，当直流电动机在正向运转需要停止运行时，在切断直流电动机电源后，立即在直流电动机的电枢中通入反流的电流；而直流电动机在反向运转需要停止运行时，在切断直流电动机电源后，立即在直流电动机的电枢中通入正转的电流，从而达到使直流电动机在正、反转的情况下立即停车的目的，电路原理如图11-2所示。

当合上电源总开关QS时，断电延时时间继电器KT_1、KT_2，电源继电器KA通电闭合；当按下正转启动按钮SB_1时，接触器KM_1通电闭合，直流电动机M串电阻R_1、R_2启动运转；经过一定时间，接触器KM_6闭合，切除串电阻R_1，直流电动机M串电阻R_2继续启动运转；又经过一定时间，接触器KM_7通电闭合，切除串电阻R_2，直流电动机全速全压运行，电压继电器KV闭合，继而接触器KM_4通电闭合，完成正转启动过程。

② 随着电动机转速的升高，反电势Ea也增大，当Ea达到定值后，电压继电器KV获电吸合，KV常开触头闭合，使接触器KM_3线圈获电吸合，KM_3的常开触头闭合，为反接动作准备。

③ 停车制动时，按下停止按钮SB_3，接触器KM_1线圈断电释放，电动机作惯性运转，反电势E_a仍很高，电压继电器KV吸合，接触器KM_1线圈获电吸合，KM_1常闭触头断开，使制动电阻R接入电枢回路，KM_1的常开触头闭合，使接触器KM_2线圈获电吸合，电枢通入反向电流，产生制动转矩，电动机进行反接制动而迅速停转，待转速接近于零时，电压继电器KV线圈断电释放，KM_1线圈断电释放，接着KM_2和KM_3线圈也先后断电释放，反接制动

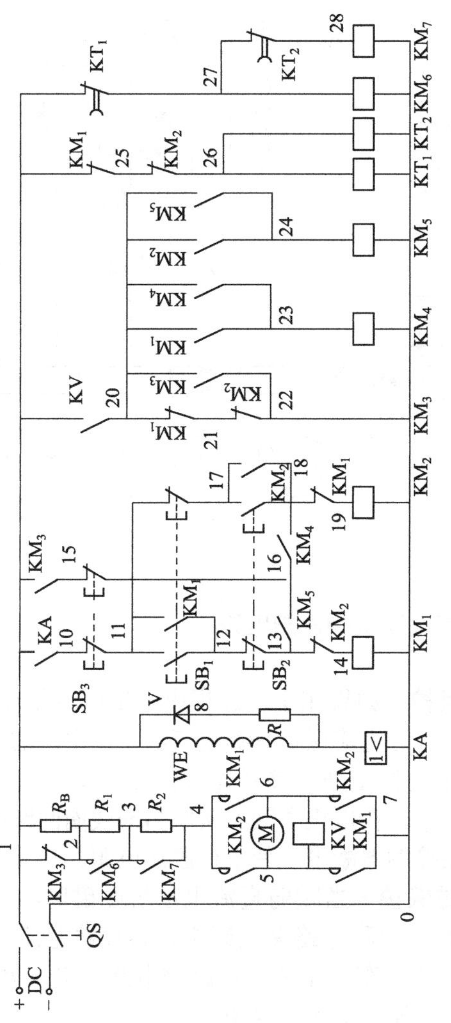

图11-2 并励反接制动控制电路

结束。

（2）改变励磁电流进行调速控制 其如图11-3所示。

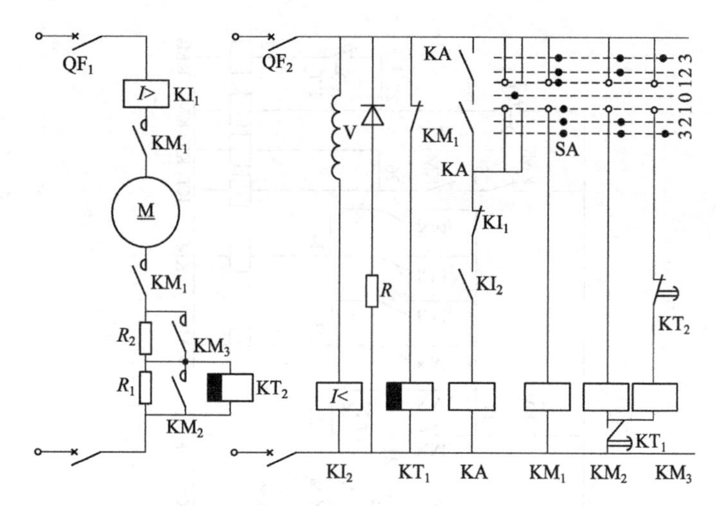

图11-3 改变励磁电流进行调速控制

11.1.3 直流电动机的保护电路

（1）过载保护 如果在运行过程中电枢电流超过了过载能力，应立即切断电源，过电流保护是靠电流继电器实现的，过电流继电器线圈串接在电动机主回路接触器线圈回路中，以获得过电流信号，其常闭触头串接在电机主回路接触器的线圈回路中，当电机过电流时，主回路接触器断电，使电机脱离电源。

（2）零励磁保护 当减弱直流电动机励磁时，电动机转速升高，如果运行时，励磁电路突然断电，转速将急剧上升，通常叫“飞车”。为防止“飞车”事故，在励磁电路中串入欠电流继电器，被叫做零励磁继电器。如图11-4所示。

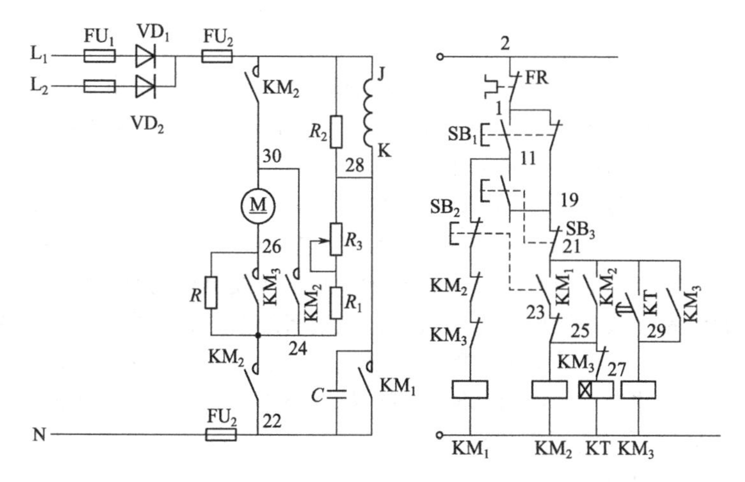

图11-4　直流电动机的保护电路

11.2　电器控制自动调速系统

11.2.1　直流发电机——电动机系统

直流发电机-电动机系统又称为交磁放大调速系统或G-M调速系统，如图11-5所示。

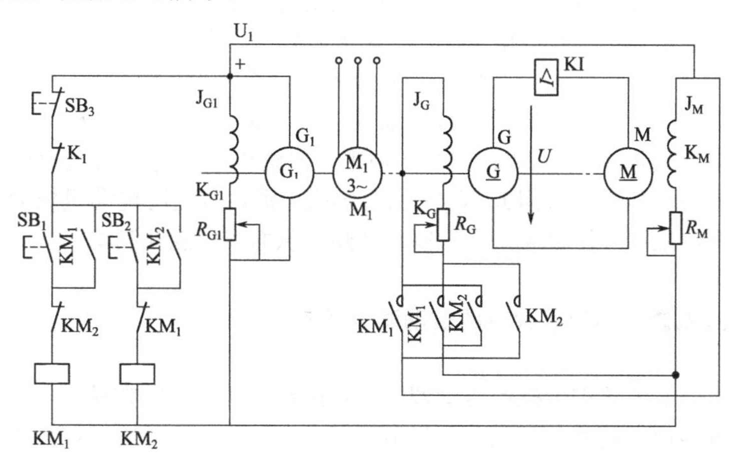

图11-5　G-M调速系统

工作原理如下。

（1）励磁 先启动三相异步电动机M_1，使励磁发电机G_1和直流发电机G旋转，励磁开始发出直流电压V_1，分别供给G-M机提供励磁电压和控制电路电压。

（2）启动 按下启动按钮SB_1（SB_2）接触器KM_1（或KM_2）线圈获电吸合，其常开触头闭合，发电机G前励磁线圈TG-KG便流过一定方向的电流，发电机开始励磁，因发电机的励磁绕组有较大的电感，故励磁电流上升较慢，电动势逐渐增大，直充电动机M的电枢电压V也是从零开始逐渐升高的，启动时，就可避免较大的启动电流冲击，所以启动时，在电枢回路中不需串入启动电阻，电动机M就可平滑正向启动。

（3）调速

① R_M和R_G分别是发电机G和电动机M的励磁绕组的调节电位器，启动前R_M调到零，R_G调到最大，其目的是使直流电压逐步上升，电动机M则从最低速逐步上升到额定转速。

② 当直流电动机需要调速时，可调节R_G（阻值减小）使直流发电机的励磁电流增加，于是发电机发出的电压即电动机电枢绕组上的电源电压增加，电动机转速n增加。

③ 若要电动机在额定转速以上进行调速，应先调节R_G使电动机电枢端电压保持为额定值不变（即R_G不变），然后调节R_M，若使阻值增大，则励磁电流减小，磁通也增大，所以转速升高。

（4）停车制动 若要电动机停车，可按停止按钮SB_3，接触器KM_1（或KM_2）线圈断电G的励磁绕组J_G-K_G断电，发电机电动势消失，直流电动机M的电枢回路电压V消失，这时电动机M作惯性运转，而励磁绕组J_M-K_M也仍有励磁电流，故这时电动机成为发电机，电流开始反向，产生制动转矩，从而实现能耗制动。

11.2.2 电机扩大机的自动调速系统

（1）电机扩大机的自动调速系统控制方式及供电方式 电机扩大机实质上是两台直流发电机串接组合在一起，构成电机扩大机的输入部件是它的励磁绕组，即控制绕组，由于扩大机电压放大倍数和功率放大倍数很大，故输入较小的控制信号，即可得到高电压、大功率的输出，是一个很好的放大器件。

① 电机扩大机自动控制系统控制方式

a．开环控制：直流发电机-电动机调速系统中，励磁机给发电机励磁绕组供电，而发电机发出的电给电动机提供电源，再由电动机带动生产机械运转，这时发电机励磁绕组输入电流为输入量，直流电动机的转速就是输出量，控制输入量的大小，即可达到控制输出量的目的，而输出量与输入量之间没有任何关系。

b．闭环控制：如果设法将负载变化所产生的电动机转速变化的情况反映到输入端，并进行适当调整，能达到这种目的系统称为闭环系统。

② 电机扩大机自动控制系统控制供电工作方式　电机扩大机在自动调速系统中可以有两种供电工作方式，当电动机的容量较小时，电机扩大机可直接给电动机供电，当电动机容量较大时，电机扩大机可作为直流发电机的励磁机，再由发电机给直流电动机供电。前者的实际应用如YT520，后者多用于B2012A龙门刨床、螺纹磨床等。

（2）电机扩大机-发电机-电动机自动调速系统

① 具有转速负反馈的电机扩大机-发电机-电动机自动调速系统。如图11-6所示。

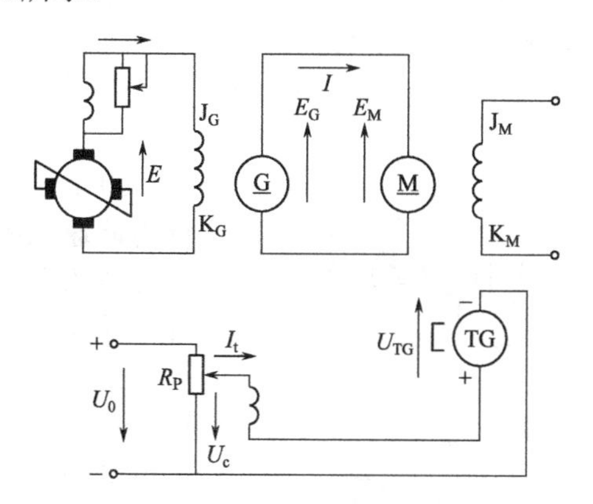

图11-6　具有转速负反馈的电机扩大机-发电机-电动机自动调速系统

a．在机械联结上，测速发电机TG与电动机M同轴，测速发电机的输出电压U_{TG}与电动机的转速n成正比，U_o为输入控制电压，V_{TG}反极性同V_C，在电位器R_P上综合成为负反馈联结形式，两者的差值即为电机扩大机控制绕组的输入信号电压。

b．系统在运行中，如对应于某一给定的控制电压为U_{C1}，则此时电动机M的转速为n_1，反馈电压相应为U_{TG1}，电机扩大机控制绕组上的输入电压$U_1=U_{C1}-U$TG1，系统稳定运行在一定转速上，当外界存在扰动时，电动机的转速就会受到影响而发生变化，但对这种具有转速负反馈的系统其影响是很小的。

c．当负载转矩突然增加，则主回路电流随即增加，电流增加除使发电机端电压因内部压降的增加而降低，电动机的电枢电压下降，而使n_1下降，同时U_{TG1}下降为U_{TG2}，给定电压U_{C1}未变，则扩大机输入电压$U_2=U_{C1}-U_{TG2}$就增加，控制绕组流过较大的电流，其所增电流将导致电机扩大机-发电机输出电压增加，所增加的电压就补偿了由于电枢电流增加而产生的电压降，而使电动机转速恢复n_1。

d．在启动开始瞬间，加入给定电压U后，电动机的转速不能突然上升，因为惯性关系，转速在瞬间仍然为零，显然反馈电压U_{TG}=o，此时，扩大机的输入电压为U_C，要比正常运转的信号电压高得多，这样，电机扩大机就处于强励磁状态，直流发电机也将产生很高的电压，电动机在此高压作用下，迅速启动，时间短暂，在启动过程中，随着电动机转速的升高，U_{TG}也随着增大，电机扩大机的输入电压逐渐减小，最后电动机稳定运行在给定电压对应转速上。

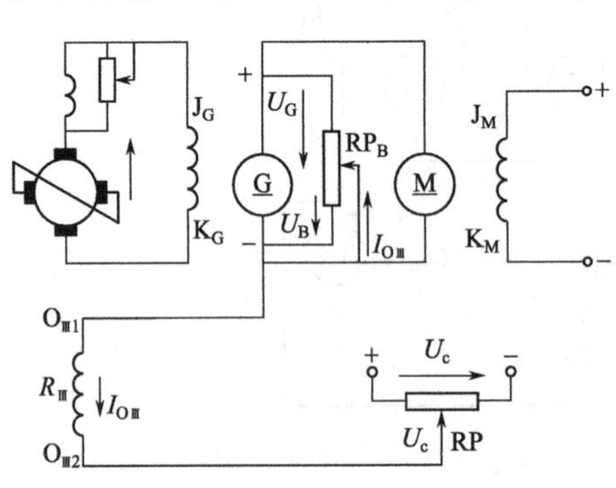

图11-7　具有电压负反馈的自动调速

② 具有电压负反馈的自动调速系统　具有电压负反馈的自动调速，如图11-7所示。

a．电动机的转速近似正比于其电枢端电压，因而用电动机端电压的变化来反映其转速的变化，从而以电压负反馈取代转速负反馈，具有电压负反馈的自动调速系统中，其中U_0为给定电压，R_P为调速电位器，R_P是实现负反馈用电位器，输出电压（代表转速）同给定电压R_P上综合后，取其差值送往电机扩大机控制绕组$O_Ⅲ$中（如图11-8所示）。

b．电压负反馈的形成过程：R_P并联在电枢两端，其上电压值近似于电动机转速成正比，上端为正、下端为负，它的负端接$O_{Ⅲ1}$，即其电流将流入R_P的抽头，经R_P后由$O_{Ⅲ2}$流向$O_{Ⅲ1}$而给定电压的极性，显然要使给定电流由$O_{Ⅲ1}$流向$O_{Ⅲ2}$，故两者极性相反，它们的电压在R_P上综合后，取其差值送往控制绕组$O_Ⅲ$中，这就形成了电压负反馈，控制绕组$O_Ⅲ$中的电流$I_{OⅢ}$便由给定电压U_G及反馈电压U_B差值决定，当控制绕组的阻值为R时，$I_{OⅢ}=(U_C-U_B)/R_Ⅲ$。

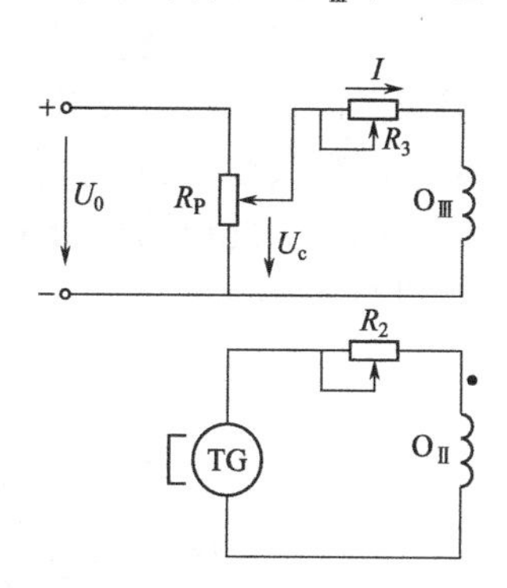

图11-8　信号电压的磁差接法

c．电机扩大机作为调节放大元件，其输入的给定信号电压同负反馈信号电压（转速或电压负反馈）的综合方式有电差接法和磁差接法两种，如图11-8所示为磁差接法。

③ 具有电流正反馈的自动调速系统　电压负反馈虽然能改善系统的特性，但只能在一定限度内稳速，由于电压负反馈所取信号电压是发电机的端电压，故反能补偿发电机电枢绕组的电压降，而发电机的换向绕组，电动机的电枢绕组，换向绕组都处于反馈电阻R_{PB}之外，取不到补偿信号，故采用电流正反馈来加以补偿，如图11-9所示。

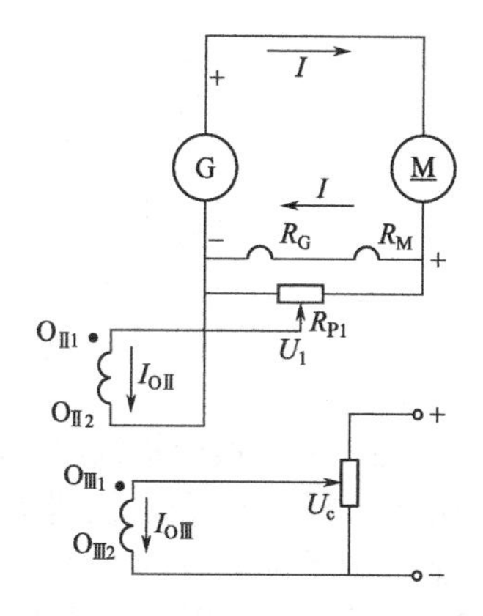

图11-9　具有电流正反馈的自动调速系统

a．电路中R_{P1}为电流正反馈深度的调节电位器，R_G和R_m分别为发电机及电动机的换向极绕组的电阻，$O_Ⅱ$为交磁扩大机的第2号低内阻控制绕组，用于电流控制之用，电阻器R_{P1}并联在两换向极绕组的两个端点上，R_{P1}上压降的大小，就反映了电枢电流，即负载电流的大小。

b．电流经$O_{Ⅱ1}$流向$O_{Ⅱ2}$，其极性与控制电流$I_{OⅢ}$一致，而大小又正比于主回路的电流，故称为电流正反馈控制。

c．控制过程如下：运行中，如负载增加时，电枢回路电流就加大，R_{P1}上的压降也增大，则扩大机电流控制绕组$O_Ⅱ$中的电流也就增加，促使扩大机的输出电压上升，发电机电压也随之增高，若发电机电压增长能补偿主回路电压降，则电动机的转速在负载增加时，就能基本维持不变。

④ 具有电流截止负反馈的自动调速系统　当电动机负载突然增加得很大，甚至被堵转时，系统在两种反馈的作用下，主回路的电流能很快增长到危险程度，大的电流和产生的转矩，可能会使电机烧坏，为此电路中可采用具有电流截止负反馈的自动调速系统，如图11-10所示。

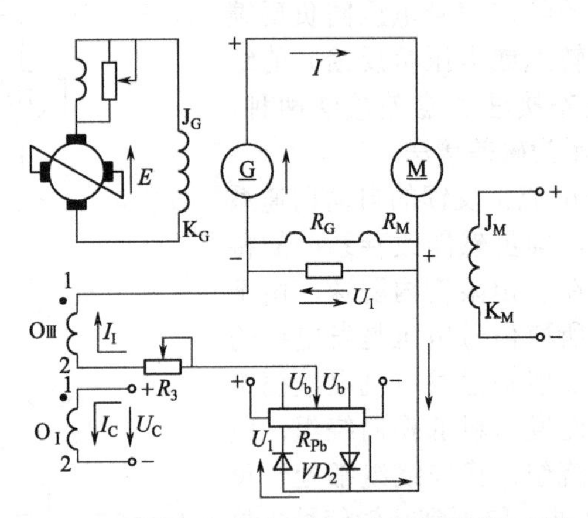

图11-10　具有电流截止负反馈的自动调速系统

a．在两换向极绕组上的压降U_1，反映主回路电流大小，电压U_1经二极管V_1和电位器上的电压U_b进行比较，当$U_1 < U_b$时二极管V_1承受反向电压不能导通，控制绕组中没有电流，当$U_1 > U_b$时，V_1承受正向电压而导通电流从“+”端经二极管V_1和电位器抽头，再经控制绕组$O_{Ⅲ2}$—$O_{Ⅲ1}$回到“−”端，此电流产生的磁势与给定

O_1中的电流产生磁势相反，起共磁作用，于是电机扩大机和发电机的电压下降，电动机转速下降。

b. 有了电流截止负反馈环节，就可使电动机在整个启动过程中，系统由电压负反馈、电流以正反馈和电流截止负反馈同时起调节作用，电路一直处于最大允许电流之下运行，使系统在过渡过程安全前提下，尽可能快速。

11.2.3 晶闸管——直流电动机调速

在直流电动机调速中，晶闸管——直流电动机调速电路占主导地位，且多数以单相桥式半控晶闸管整流方式进行调压调速，晶闸管——直流电动机调速电路框图如图11-11所示，原理图如图11-12所示。

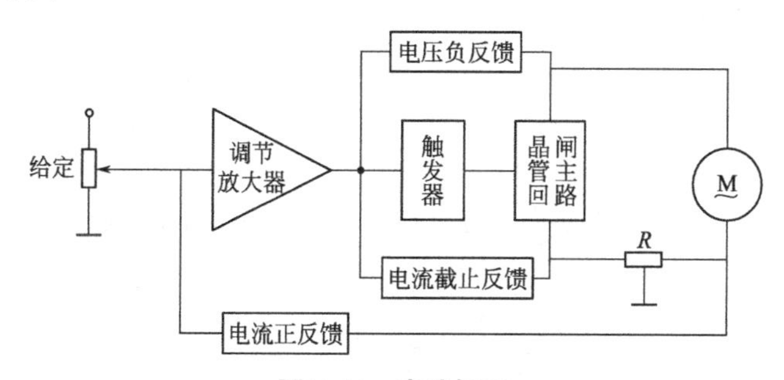

图11-11　电路框图

电路工作原理如下。

（1）主电路　主电路采用了两只晶闸管和两只二极管组成的单相半控桥式全波整流电路，其工作过程是在交流电源的正半周时，一只晶闸管导通，在负半周时，另一只晶闸管导通，这样两只晶闸管轮流导通，就得到全波整流的输出电压波形。

（2）调节放大器及给定电压、电流正反馈电压，调节放大器及其输入信号电路

① 调节放大器　调节放大器由运算放大器（又称线性集成电路）BG305组成，现有部标型号F0000系列及国标型号CF0000系列，引出端有8线、12线及16线等，引出端的排列也有统一规定。

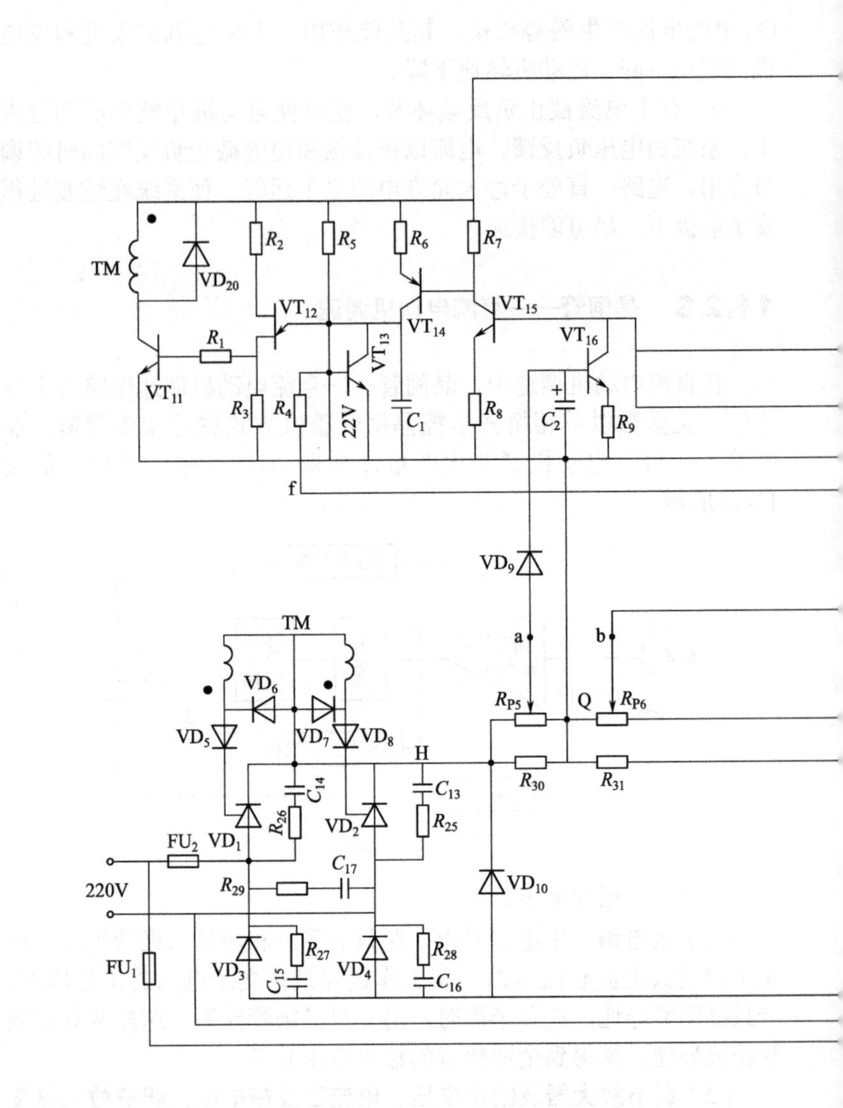
TM
VD20
R2
R5
R6
R7
VT12
VT14
VT15
R1
VT13
VT16
VT11
R3
R4
22V
C1
R8
C2
R9
f
VD9
TM
a
b
VD6
RP5
Q
RP6
VD5
VD7
VD8
H
C14
C13
R30
R31
VD1
R26
VD2
R25
FU2
C17
220V
R29
VD10
VD3
R27
VD4
R28
FU1
C15
C16

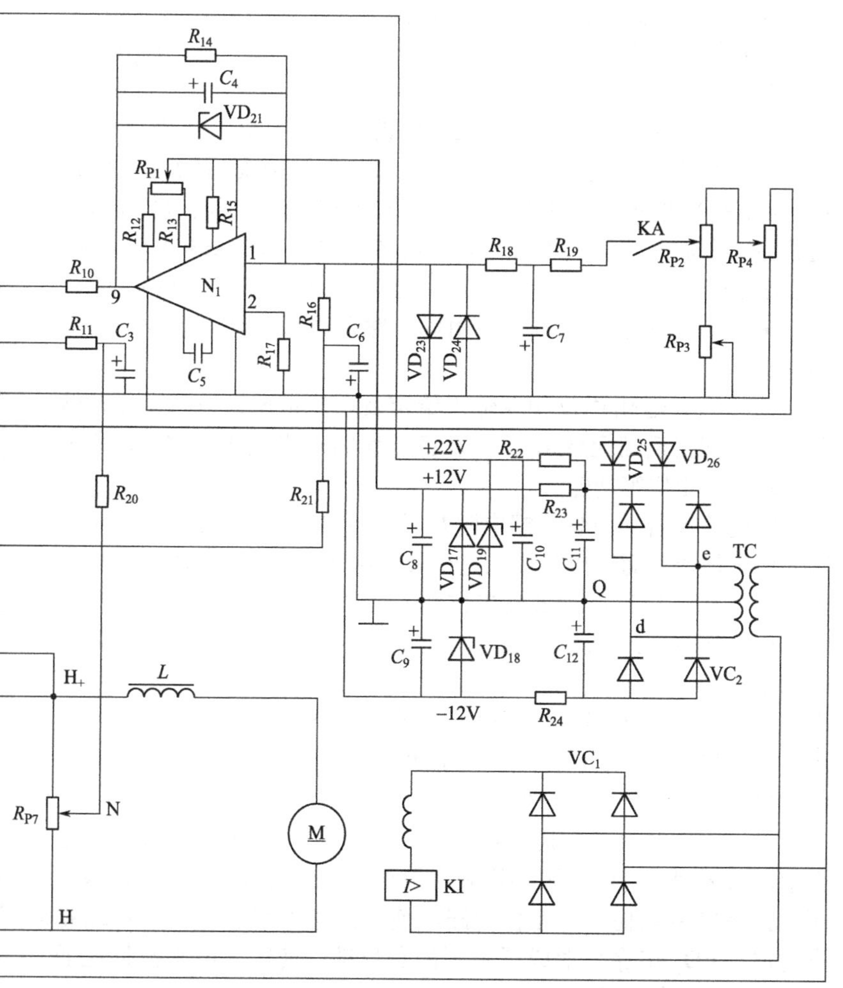

图11-12 晶闸管——直流电动机调速电路原理图

运算放大器是能够进行“运算”的放大器，其电路本身是一个多级放大器。用集成技术制作在一块芯片上而成，其开环放大倍数可达十万倍，应用不同的外围元件可组成比例运算、积分运算及微分运算。

BG305的脚11及5分别±12V电源，接在6脚、10脚之间的C_5是为了防止产生振荡的防振电容，脚4串入100kΩ的R_{15}接12V，脚7接地是BG305出厂的要求，脚3与12之间接入平衡电位器R_{P1}，这是为了在输入信号为零时，调节R_{P1}使输出为零，脚9为输出端，即1为反相输入端，脚2为同相输入端，运算放大器由反相端输入正值电压时，输出负值电压，由同相输入时，其输出极性与输入相同。

调节放大器N_1由反相端输入给定及电流正反馈信号电压，输入输出之间接反馈元件R_{14}、C_4及稳压管VD_{21}组成比例放大，积分运算及输出钳位等功能。

比例放大器：由负反馈电阻R_{14}及信号源电阻之比决定了N_1的闭环放大倍数，而输出与输入电压成线性比例关系，将输入信号放大，此处N_1的闭环放大倍数在15倍左右。

积分运算：N_1的输入端与输出端之间接有反馈C_4，在稳定输入的情况下，电容C_4相当于开路而不起作用，当负载突然增加使电流正反馈信号加强，由于电容两端电压不突变，故N_1的输出电压只能慢慢增长，这样，当调节放大器引入积分环节后，可加强系统的稳定性，避免系统的振荡。

输出钳位：为了限制运算放大器的输出电压，使它不超过一定数值，可采用多种输出限幅措施，由于电路仅输出正值电压，故采用了简单的单只稳压管钳位电路，使输出电压超过稳压管VD_{21}稳压值时，VD_{21}击穿，形成了强烈的负反馈，使输出电压被抑止而基本维持在限幅值不变。

输入保护电路：硅二极管VD_{23}、VD_{24}作输入保护作用，当信号电压过大时，就经由二极管旁路对地，使输入信号电压限制在0.7V左右因为两只二极管是反向并联的，故对正负输入信号电压都起保护作用。

调节放大器的输出端：输出端接有2.7kΩ 的电阻，主要起限流作用和负一级放大电路输入信号隔离，以免输出电压与电压负反馈电压之间的互相干扰。

② 给定电压和电流正反馈信号电压　给定电压由V稳压电源经电位器R_{P4}、R_{P2}及R_{P3}分压后，再经输出滤波环节（R_{19}、C_7）及隔离电阻R_{18}送入调节放大器BG305反相输入端R_{17}、C_7使输入信号缓慢上升，以免高速启动时，引起过大的冲击，R_{P4}是最高速调节电位器，R_{P3}为最低速调节电位器，R_{18}为避免电流正反馈信号电压互相影响。

电流正反馈信号由回路中与分流器R_{31}并联的R_{P6}的抽头b点引出，经R_{21}、C_6滤波环节后，再经隔离电阻R_{16}，送入N_1反相输入端，R_{P6}可调节电流正反馈强度，滤波环节可使脉动的电流信号平稳，并可使电流突变信号成为缓慢变化的信号，避免引起过大的冲击，R_{16}的作用与R_{18}相同。

（3）主放大器及电压负反馈，电流截止负反馈电路

① 主放大器　主放大器由VT_{14}、VT_{15}两只晶体管直接耦合组成，第一级为NPN管，后一级为PNP管，电源由22V供电，其输入信号电压由调节放大器的输出及电压负反馈的信号电压，经隔离电阻R_{10}、R_{11}后，并联输入到VT_{15}的基极，经过放大，由集电极输入到VT_{14}的基极，VT_{14}为PNP管，它的发射极接正电源和NPN型的VT_{15}可以直接耦合，VT_{14}的集电极与电容C_1串联，VT_{14}相当于一个可变电阻，不同的基极电压，其等效电阻不同，C_1充电时间常数不同，从而可达到移相的目的，C_1上的波形为周期可调的锯齿波。

② 电压负反馈电路　主回路与放大器的公用点相接为Q，主回路负极性电压由电位器R_{P7}的N点引出经滤波环节R_{20}、C_3后，再经隔离电阻R_{11}，与调节放大器的正值输出信号（经隔离电阻R_{10}）同时输入到VT_{15}的基极，由于两者极性相反，故构成了负反馈，电压负反馈可以补偿由于整流电源内阻造成电压降的变化。

③ 电流截止负反馈　晶体管VT_{16}作电流截止负反馈用。电流截止负反馈是保护环节，正常情况下VT_{16}处于截止状态，当主电路中电流增大时，a点的电位升高，使VD_9导通，晶体管VT_{16}对调节信号分流，可控整流器输出电压降低，主回路电流降到规定值。

（4）触发脉冲电路 触发脉冲电路如图11-13所示，触发装置包括同步电路、脉冲形成及脉冲放大等部分。

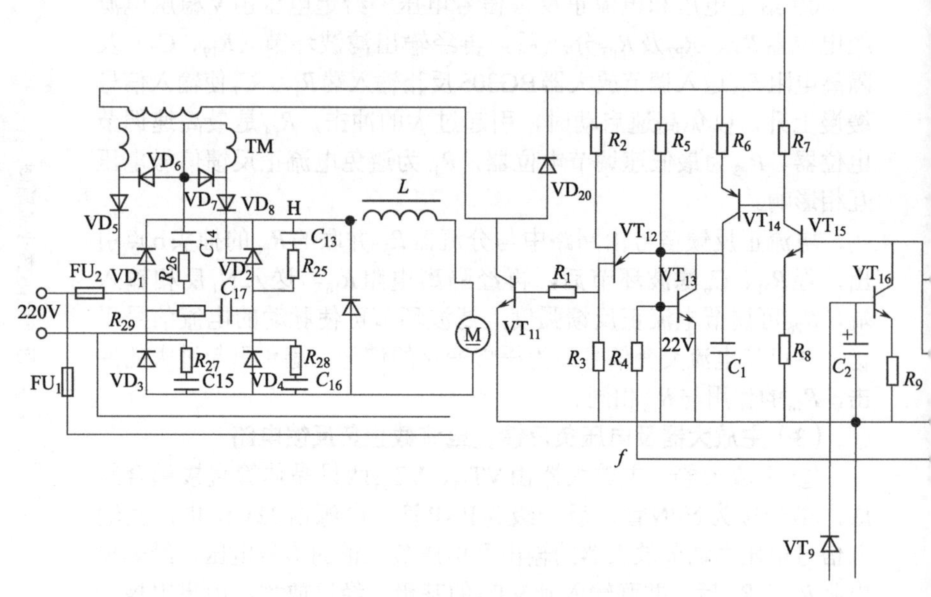

图11-13 触发脉冲电路

① 单结晶体管VD_{12}及相应元件组成脉冲形成电路 电源经晶体管VD_{14}对电容C_1充电，当充电到峰点时，VD_{12}导通，电容C_1放电，同时VD_{12}输出脉冲通过R_1耦合到VD_{11}的基极，脉冲经放大，由脉冲变压器输出足够功率及幅值的脉冲去触发晶闸管，脉冲变压器一次侧接有VD_{20}，二次侧接有VD_5~VD_8、VD_6、VD_7用来旁路残留负脉冲，VD_5、VD_8反向导通允许正脉冲通过，在同一时刻，只有一只晶闸管导通，两路脉冲去轮流触发晶闸管交替导通。

② 同步电路 同步电路由VD_{13}及相应的元件组成，VD_{13}并联在充电电容C_1两端上，其基极设有上下偏电阻R_4、R_5，没有信号输入时，晶体管VD_{13}导通，可是基极还接有同步电源，由控制变压器TC的二次经VD_{26}全滤整流后的负端提供，当主回路电压为零时，此同步电压也过零点，晶体管VD_{13}在上下偏电阻R_4、R_5作用下导通，C_1被短路，经过一定时间后，C_1充电到单结晶体管VD_{12}

的峰点，从而输出一定相移的触发脉冲。

（5）电动机失磁保护 电动机在启动时，要有一定的励磁电流，运行中如果没有励磁，可能出现“飞车”，为此，电动机励磁回路中接入欠电流继电器KI，励磁回路的电源同交流电源并接，只要电源合闸，励磁电流就存在，KI吸合，系统控制电路才使电动机处于预备工作状态，这时才可能启动电动机，如果因任何情况使励磁电流低于一定数值时，欠电流继电器KI释放，系统的控制电路便切断了可控整流输出，电动机断开。

11.2.4 开环直流电机调速器

如图11-14所示，这是一种直流开环调速电路，具有电枢电压补偿功能，可以补偿电源电压变化引起的转速变化。另外还具有起停控制输入，通过外接的光电开关、霍尔开关等控制电机的起停。

220V交流电通过二极管D_1～D_4整流给磁场供电，由于电机的磁场线圈是电感性负载，电流为稳定的直流电，而交流侧为方波交流电流，电压为100Hz的半正弦波脉动直流电。

220V交流电通过二极管D_5、D_6和晶闸管Q_1、Q_2组成的半控桥式整流电路整流给电枢供电，R_1、C_1、R_2、C_2组成尖脉冲吸收电路，限制晶闸管的电压上升率。D_{21}为电枢电感的续流二极管。a、b两点的触发脉冲信号经过R_3、R_4分别触发Q_1、Q_2。D_7释放掉触发变压器二次侧的负脉冲，R_3、R_4可以限制晶闸管的门极触发电流、减小两路触发电流大小差异，D_8、D_9可以保证晶闸管的门极电流只有向内流的正电流，电容C_3可以滤掉触发信号中的尖脉冲干扰。R_5、R_6对电枢电压分压取样，经过R_7、C_4滤波从C_4两端得到电枢电压取样信号，该电压经过R_8、R_9作为电枢电压对转速的补偿信号加到R_{16}的两端，给定速度信号电压串联，对电源压引起的转速变化给予补偿，减少电源电压变化引起的转速变化。

220V交流电经过T_1降压隔离产生两路低压控制电源。9V的一组交流电源经过D_{19}整流、C_8滤波产生对外的12V直流供电，可以对外接的光电开关、霍尔开关等供电，D_{20}为电源指示发光二极管。

30V的一组交流电源经过D_{10}~D_{13}组成的桥式整流电路产生

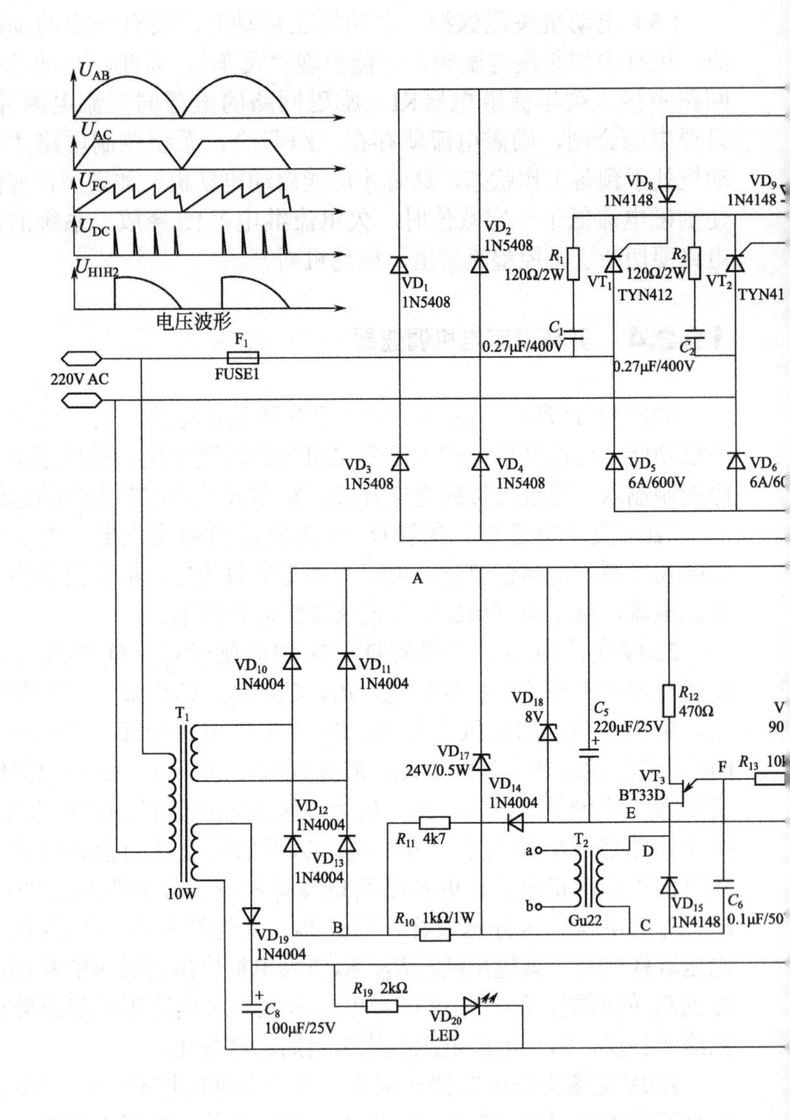

U_{AB}
U_{AC}
U_{FC}
U_{DC}
U_{H1H2}
电压波形
VD1
1N5408
VD2
1N5408
VD3
1N5408
VD4
1N5408
VD5
6A/600V
VD6
R1
120Ω/2W
R2
120Ω/2W
C1
0.27μF/400V
C2
0.27μF/400V
VT1
TYN412
VT2
VD8
1N4148
VD9
F1
FUSE1
220V AC
A
B
C
D
E
F
VD10
1N4004
VD11
1N4004
VD12
1N4004
VD13
1N4004
T1
10W
VD17
24V/0.5W
VD18
8V
VD14
1N4004
C5
220μF/25V
R12
470Ω
VT3
BT33D
R13
R11
4k7
R10
1kΩ/1W
T2
Gu22
a
b
VD15
1N4148
C6
VD19
1N4004
C8
100μF/25V
R19
2kΩ
VD20
LED

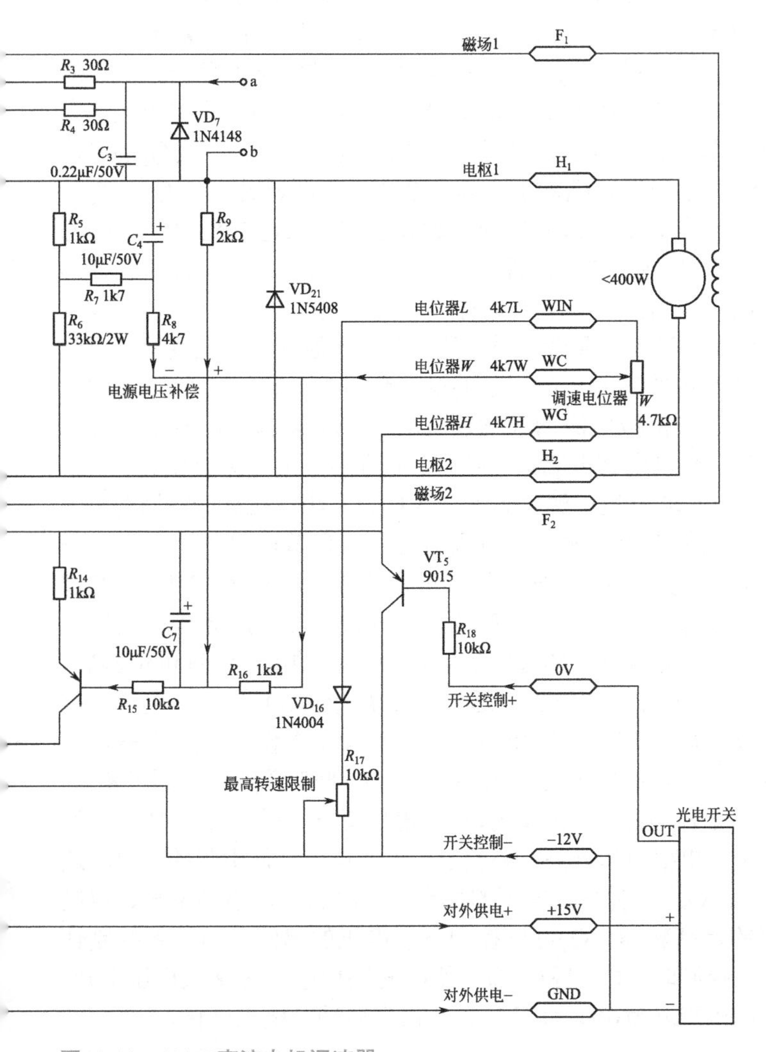

图11-14 400W直流电机调速器

100Hz的脉动直流电。该脉动直流电经过R_{10}限流、D_{17}箝位，得到有过零的梯形波的脉动直流电。该梯形波的脉动直流电给脉冲触发振荡器供电，零电压为同步标志，高电压为触发振荡器振荡工作电源。Q_3、R_{12}、C_4、R_{13}、R_{14}、Q_4等组成脉冲触发振荡器。梯形波的过零后的高电压通过R_{13}、R_{14}、Q_4对电容C_4充电，充电电流的大小受Q_4基极电流的控制，经过一定时间C_4的电压上升到Q_1的峰值电压，Q_1突然导通，C_4对T_2一次侧放电，电源通过R_{12}、Q_1对T_2一次侧放电，在T_2的二次侧感应出触发脉冲。放电过程中，当C_4的电压降到Q_4的谷点电压时停止放电，又开始了充电过程，在梯形波供电的时间内，C_4一般要进行多次充放电，产生多个触发脉冲，第一个触发脉冲使晶闸管触发导通。从梯形波的过零点到第一个触发脉冲的产生的时间与晶闸管的触发角对应，它的大小与Q_4的基极电流有关，基极电流增大触发角减小。D_7为T_2一次侧电感的续流二极管，限制电感电流减小时的负感升高电压，保护Q_1。

100Hz脉动直流电源经过R_{11}、VD_{18}、C_5限流稳压滤波得到8V的电压稳定的直流电源，该电源给触发角调节电路供电。VD_{14}隔离了C_5滤波电容对梯形波电源部分的影响，如果没有VD_{14}，在过零期间，C_{14}会通过R_{11}、R_{10}使梯形波的脉冲触发振荡器供电过零消失，失去了触发同步的过零信号。9V稳定的电压经过电位器W、R_{16}、R_{17}，产生可调的电压，通过R_{16}、R_{17}控制Q_4的基极电流、控制触发角。C_7对该控制电压滤波，是触发角缓慢变化、电枢电压缓慢变化、转速缓慢变化。另外电枢电压的取样信号加到了R_{16}的两端，当电枢电压降低时，Q_4基极电压降低、基极电流加大、触发角减小、电枢电压升高，补偿了因电源电压降低引起的电枢转速下降。R_{17}限制了Q_4基极电压的最小值、限制了最小触发角、限制了电枢的最高转速。Q_5可以控制电枢电压的起停，当外部控制使端底电压控制时，Q_5饱和导通，使C_4短路放电、Q_4基极电压上升、发射结电压接近为0V，Q_3不会产生触发脉冲，电机停转。

11.2.5 闭环直流调速器

电路原理图如图11-15所示。

380V两相工频交流电经过半控桥式整流模块整流给电枢供电，调整晶闸管的导通角，调整电枢电压、调整转速。两个0.05/5W的电阻组成0.025/10W的等效电阻用于电枢电流取样，电流取样信号正极经过控制板的CN5#4、跳线S8接入，电流取样信号负极经过控制板的电枢正A、跳线S_1接地。电枢电压接控制板的A、H，板上的$R_1 \sim R_4$、$C_1 \sim C_4$吸收电枢整流桥整流元件的尖脉冲干扰。控制板的M+、M−外接电压表，指示电枢电压、指示电枢转速。

（1）控制电路部分 380V两相交流电从U、W接线端接入，经过VD_1、VD_2、VD_3、VD_4整流为直流电经过J、K接线端为磁场供电，R_5、C_5组成阻容吸收网络，吸收过电压尖脉冲，保护整流二极管。由于电机的磁场线圈是电感性负载，电流为稳定的直流电，而交流侧为方波交流电流，电压为100Hz的半正弦波脉动直流电。压敏电阻ZNR吸收来自电源的过电压。该交流电源经过变压器T_1降压、REC_1整流产生正、负两组100Hz的脉动直流电源，正电源部分经过R_{30}后作为触发同步信号。脉动直流电经过电容$C_{18} \sim C_{23}$滤波和三端稳压电路IC_1、IC_2，产生了+15V和−15V电源，为控制电路供电，VCC为触发脉冲输出部分供电。二极管VD_{11}防止电容C_{18}滤波使作为同步信号的脉动直流电不过零，无法提供同步信号。

由于继电器RE_1平时是吸合的，+15V电源经过ZD_1稳压得到+10V电源，经过调速电位器分压得到速度给定信号，高电压对应高速度，给定信号经过R_{17}、C_{10}滤波进入给定积分电路，使积分电路的输入为缓慢变化值。IC4A、IC4B、C_{16}等组成给定积分电路，C_{16}为积分电容，D_{15}使积分电路输出不为负电压，减速时不起作用。在升速时VD_{16}导通，VR_5控制升速时积分电容的充电电流，降速时VD_{17}导通，VR_6控制降速时积分电容的放电电流，VR_5、VR_7分别控制了升速和降速时的速度变化率，一般是升速要慢、降速要快。

如果继电器RE_1是放开的，给定电位器无供电，给定值为零。另一方面+15V通过R_{24}接到电流调节器IC4D#13，使触发移相达到最大值。这两方面将直接导致电枢不供电。

（2）给定积分电路分析 对于所有运算放大器均视为理想运算放大器，稳定状态下IC4A#2的给定值与IC4B#7输出值的电压相

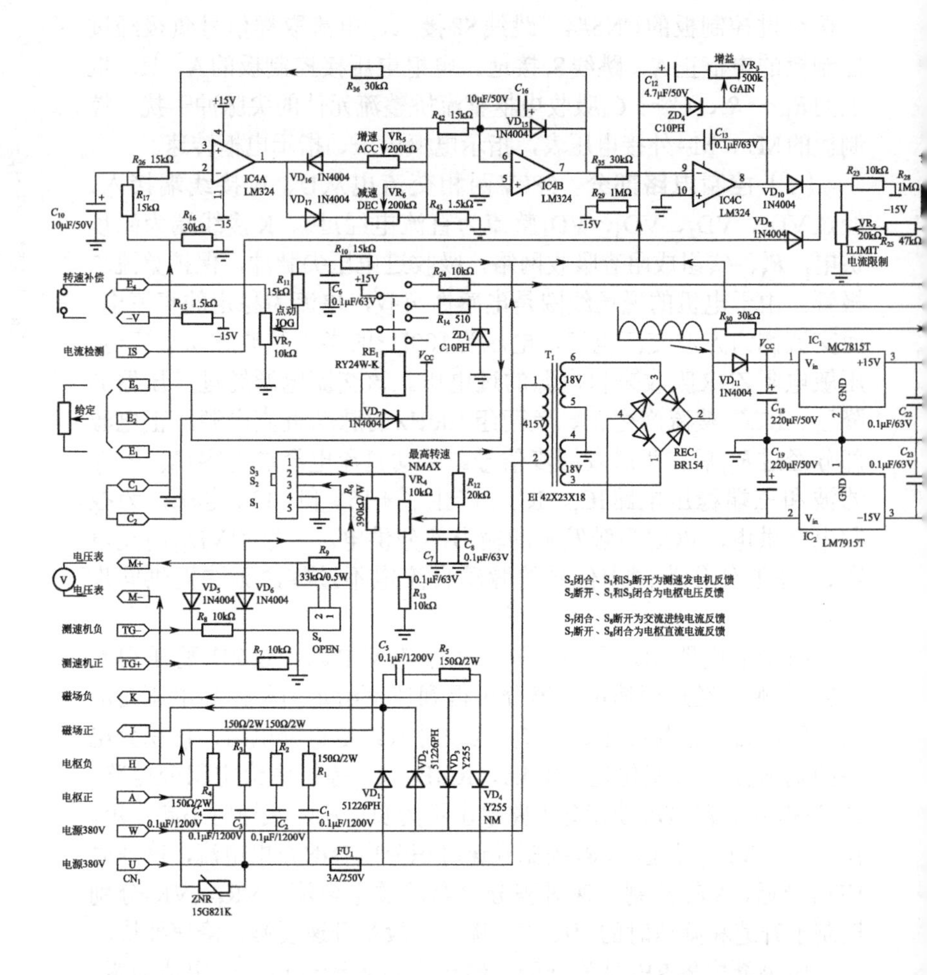

转速补偿
电流检测
给定
电压表
测速机负
测速机正
磁场负
磁场正
电枢负
电枢正
电源380V
电源380V
增速 ACC
减速 DEC
点动 JOG
最高转速 NMAX
增益 GAIN
ILIMIT 电流限制
IC4A LM324
IC4B LM324
IC4C LM324
MC7815T
LM7915T
EI 42X23X18
S2闭合、S1和S3断开为测速发电机反馈
S2断开、S1和S3闭合为电枢电压反馈
S7闭合、S8断开为交流进线电流反馈
S7断开、S8闭合为电枢直流电流反馈

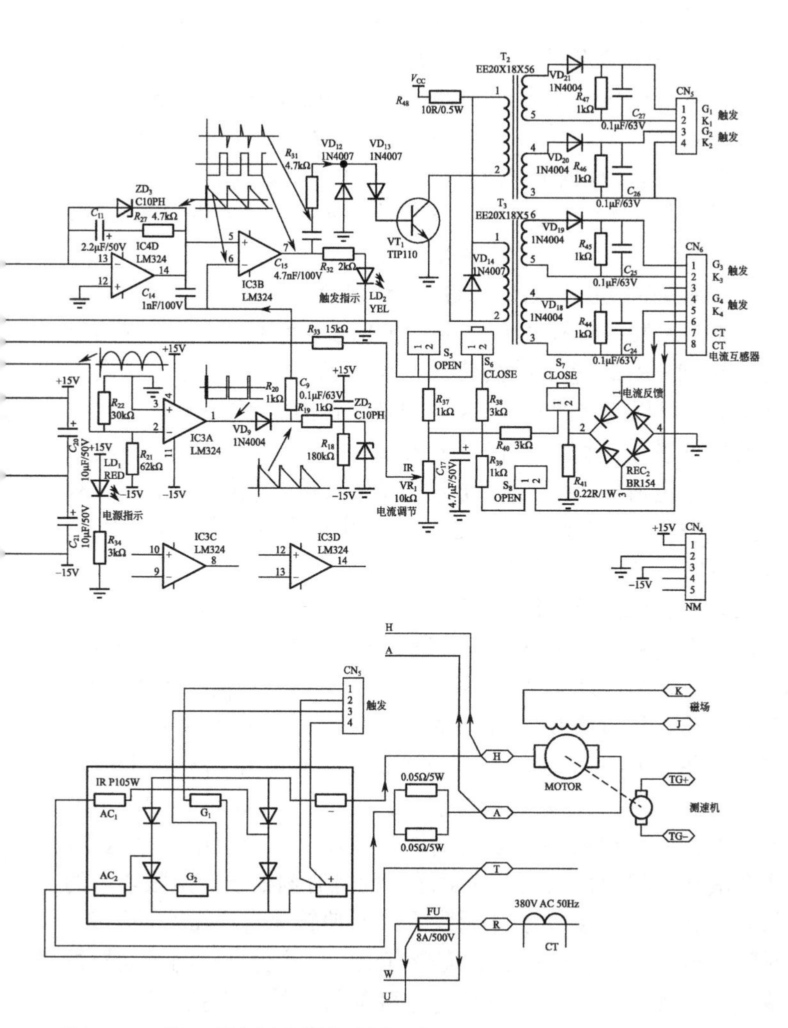

图11-15 闭环直流调速器电路原理图

等，都为正电压，IC4A#1和IC4B#6为0V。当给定值电压升高时，IC4A#2电压升高，IC4A#1电压下降为负电压，VD_{16}导通，该电流大小取决于VR_5、R_{42}、R_{43}和IC4A#1电压，该电流为C_{16}正向充电，使IC4B#7电压缓慢上升，当电压上升到和IC4A#2电压相等时停止。当给定值电压降低时，IC4A#2电压降低，IC4A#1电压上升为正电压，VD_{17}导通，该电流大小取决于VR_6、R_{42}、R_{43}和IC4A#1电压，该电流为C_{16}反向充电，即放电，使IC4B#7电压缓慢下降，当电压下降到和IC4A#2电压相等时停止，该电压不会低于-0.7V，低于-0.7V时D_{15}正向导通，对输出箝位。

直流测速发电机接TG+、TG-，经过D_5、VD_6、R_7、R_8变换，得到和直流测速发电机极性无关的负电压的实际速度信号，该信号经过跳线S_2向VR_4送速度反馈信号，调节后进入调节器。如果无测速发电机，可以连接跳线S_1、S_3，用负极性的电枢电压取样反馈。负极性的转速补偿、张力补偿信号接E_4、-V，经过VR_7调节送入调节器。交流电流取样信号经过电流互感器接控制板的CN6#7#8，再经过整流桥REC2整流、跳线S_7接入。电流取样信号经过VR_1调节进入调节器，电流反馈信号为正反馈。

IC4C、C_{12}、VR_3等构成比例积分调节器，输入信号有速度给定、速度反馈、速度补偿、电枢电压反馈、电流反馈。C_{12}为积分电容、VR_4调节比例系数，ZD_4对调节器的正负输出限幅，输出-0.7~10V。如果有测速机，速度负反馈可以稳定电枢转速。如果没有测速机，可以接入电枢电压负反馈，可以通过稳定电枢电压而稳定电枢转速。转速补偿信号一般为张力检测信号，当两台电机需要同步运转时接入，例如两台电机通过滚筒输送带状物，一个拉出一个送入，要求两个滚筒之间的带状物匀速输送，而且时刻处于一定张紧力的张紧状态。如果两套驱动独立无联系，即使转速有极微小的误差，随着时间的推移，两者输送的长度会有误差，这会导致输送物拉得过紧或松弛。如果有了张力检测的速度补偿信号，当张力过大时，略微减小拉出滚筒的转速或略微增大送入滚筒的转速，当张力过小时，略微增大拉出滚筒的转速或略微减小送入滚筒的转速，这样既可以保证恒定的速度，又可以保证转过的距离同步。电流反馈为正反馈，当电机负载加大、电枢电流增加，通过正反馈进一步加大电枢电压，使电机因负载加重引起的转速降低得到快速补偿。

（3）比例积分电路分析 该电路的输入点IC4C#9的输入信号有：给定值积分后的正电压、测速机或电枢电压取样的负电压、转速补偿负电压、电流反馈正电压。主要为给定转速与实际转速的误差。稳态时该输入电压接近于0V，IC4C#8的输出电压为C_{12}的存储电荷的电压，为正电压。当实际转速由于某种原因低于给定速度时，IC4C#8的输出电压为误差电压引起的电流正向流过VR_3的电压和C_{12}放电得到的电压之和。当实际转速由于某种原因高于给定速度时，IC4C#8的输出电压为误差电压引起的电流流过VR3的电压和C_{12}充电得到的电压之和，即输出值为输入误差的比例值与积分值之和，该电压为正值。ZD_4对该输出值箝位，使该电压在−0.7~10V之间变化，放大器不会饱和。IC4C#8的输出电压升高将降低转速，该电压降低将升高转速。调节VR_3的大小可以改变比例系数，提高调节性能。转速补偿、电枢电压取样和转速取样信号相似。电流信号反馈也相似只是为正反馈。电枢电压取样和转速取样信号通过VR_4调节，可以设定最高转速。电流信号反馈通过VR_1调节，可以调节电流正反馈强度，过强会引起不稳定。稳定运转时一般有很小的正转速误差，即给定值略大于实际值，即速度调节器的输入电压为很小的正电压，这会使该调节器输出为负电压而工作在负限幅的箝位状态，通过R_{29}可以为输入提供负偏置电压，而使稳定状态时速度调节器的输入电压为负电压，不会工作在负限幅的箝位状态。C_{13}用于滤掉高频，降低高频放大能力，提高稳定性。VD_8、VD_{10}二极管可以使电流检测IS和速度调节器两者中电压较高信号起作用，即较低的速度控制信号起作用。

速度调节器输出与电流反馈信号经过IC4D、C_{11}、R_{27}等组成的电流比例积分调节器后，输出给触发电路提供控制电压。该调节器与速度调节器工作原理相似，输出高电压时电枢电压升高。该调节器的输入端IC4D#13还有两个输入信号。一路通过R_{24}接继电器RE_1，当停止时接线端子C_1、C_2外部断路，继电器断电该路接+15V高电压，使电枢供电为0V。另一路通过S_5或S_6接电流反馈信号，当过电流时，该路电压升高，使电枢供电下降，限制了最大电流。

（4）同步触发电路 100Hz的脉动半正弦波同步信号经过R_{30}后，经过R_{21}提供的负偏压，使同步信号最低电压为负值，该信号与0V经过IC3A比较输出正负15V的窄脉冲同步信号，R_{21}提供的负偏压可以使该脉冲宽度加宽。C_9为锯齿波形成积分电容，用正负15V较高电压充电可以使电压在较小范围内下降均匀、接近直线。同步窄脉冲的高电压使ZD2的阴极电压迅速上升至击穿电压10V，同步窄脉冲过后，C_9电容经过R_{18}充电，ZD_2的阴极电压按30V电源对R_C充电规律从+10V向−15V下降，当下降至−0.7V时ZD_2导通，ZD_2的阴极得到下降沿倾斜的锯齿波，该锯齿波同步通过R_{20}加到触发脉冲产生电路的IC3B#6，作为晶闸管触发的同步锯齿波信号。

触发脉冲形成电路由IC3B、Q_1、T_2、T_3等组成。锯齿波同步信号和控制电压经过IC3B比较形成上升沿时间随控制电压变化、下降沿相对于同步信号固定的正负15V的矩形波，经过C_{15}微分正负尖脉冲，正脉冲对应矩形波的上升沿，负脉冲对应矩形波的上升沿。正脉冲经过Q_1脉冲放大、触发脉冲变压器T_2、T_3隔离变换，输出四路触发脉冲信号。VD_{13}使触发脉冲进入Q_1的基极、防止Q_1发射结承受过高的反压。VD_{12}为C_{15}提供反向充电通路，使C_{15}有双向电流。LD_2为触发脉冲指示，导通角大亮度高。VD_{14}为续流二极管，VD_{18}~VD_{21}使晶闸管门极只加正脉冲触发，R_{44}~R_{47}、C_{24}~C_{27}减少晶闸管门极的干扰脉冲。

电动机变频器控制电路

12.1 通用变频器的基本结构原理

12.1.1 变频器基本结构

通用变频器的基本结构原理图如图12-1所示。由图可见，通

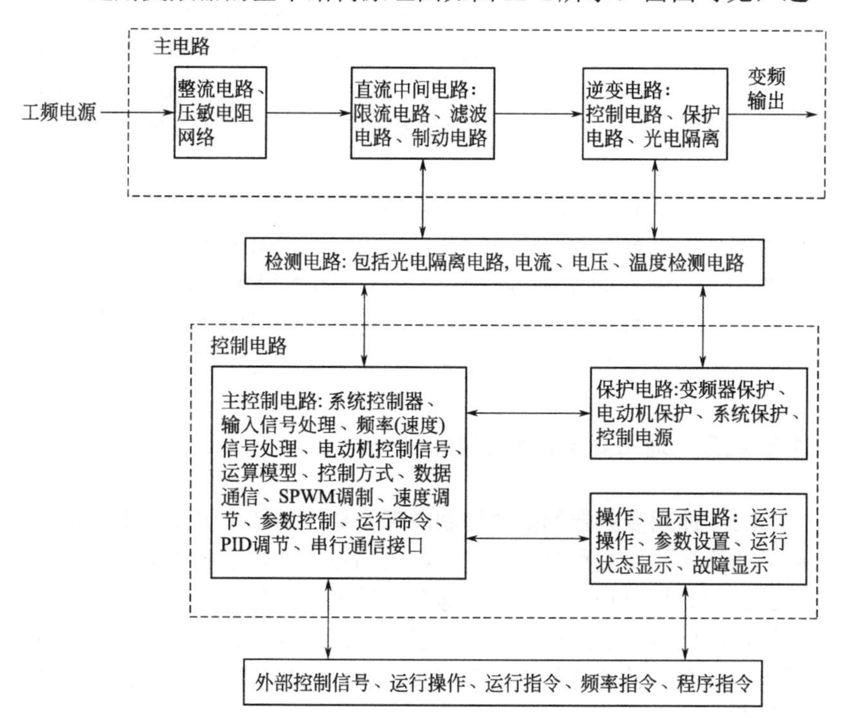

图12-1　通用变频器的基本结构原理图

用变频器由功率主电路和控制电路及操作显示三部分组成，主电路包括整流电路、直流中间电路、逆变电路及检测部分的传感器（图中未画出）。直流中间电路包括限流电路、滤波电路和制动电路，以及电源再生电路等。控制电路主要由主控制电路、信号检测电路、保护电路、控制电源和操作、显示接口电路等组成。

高性能矢量型通用变频器由于采用了矢量控制方式、在进行矢量控制时需要进行大量的运算，其运算电路中往往还有一个以数字信号处理器DSP为主的转矩计算用CPU及相应的磁通检测和调节电路。应注意不要通过低压断路器来控制变频器的运行和停止，而应采用控制面板上的控制键进行操作。符号U、V、W是通用变频器的输出端子，连接至电动机电源输入端，应根据电动机的转向要求连接，若转向不对可调换U、V、W中任意两相的接线。输出端不应接电容器和浪涌吸收器，变频器与电动机之间的连线不宜超过产品说明书的规定值。符号RO、TO是控制电源辅助输入端子。P_1和P（+）是连接改善功率因数的直流电抗器连接端子，出厂时这两点连接有短路片，连接直流电抗器时应先将其拆除再连接。

P（+）和DB是外部制动电阻连接端。P（+）和N（–）是外接功率晶体管控制的制动单元。其他为控制信号输入端。虽然变频器的种类很多，其结构各有所长，但大多数通用变频器都具有图12-1和图12-2所示给出的基本结构，它们的主要区别是控制软件、控制电路和检测电路实现的方法及控制算法等的不同。

12.1.2 通用变频器的控制原理及类型

（1）通用变频器的基本控制原理 众所周知，异步电动机定子磁场的旋转速度被称为异步电动机的同步转速。这是因为当转子的转速达到异步电动机的同步转速时其转子绕组将不再切割定子旋转磁场，因此转子绕组中不再产生感应电流，也不再产生转矩，所以异步电动机的转速总是小于其同步转速，而异步电动机也正是因此而得名。

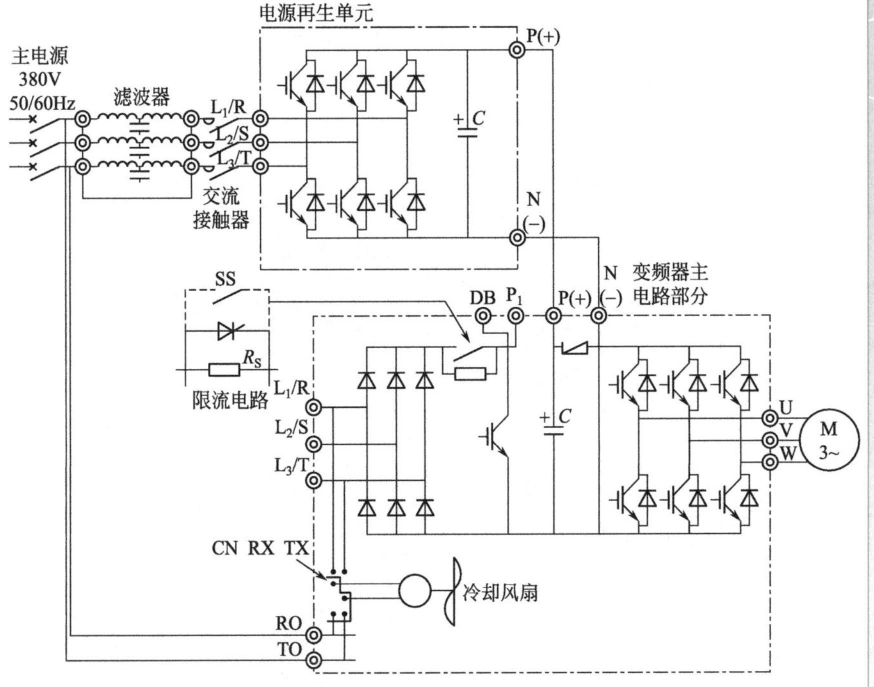

图12-2　通用变频器的主电路原理

电压型变频器的特点是将直流电压源转换为交流电源，在电压型变频器中，整流电路产生逆变器所需要的直流电压，并通过直流中间电路的电容进行滤波后输出。整流电路和直流中间电路起直流电压源的作用，而电压源输出的直流电压在逆变器中被转换为具有所需频率的交流电压。在电压型变频器中，由于能量回馈通路是直流中间电路的电容器，并使直流电压上升，因此需要设置专用直流单元控制电路，以利于能量回馈并防止换流元器件因电压过高而被破坏。有时还需要在电源侧设置交流电抗器抑制输入谐波电流的影响。从通用变频器主回路基本结构来看，大多数采用如图12-3（a）所示的结构，即由二极管整流器、直流中间电路与PWM逆变器三部分组成。

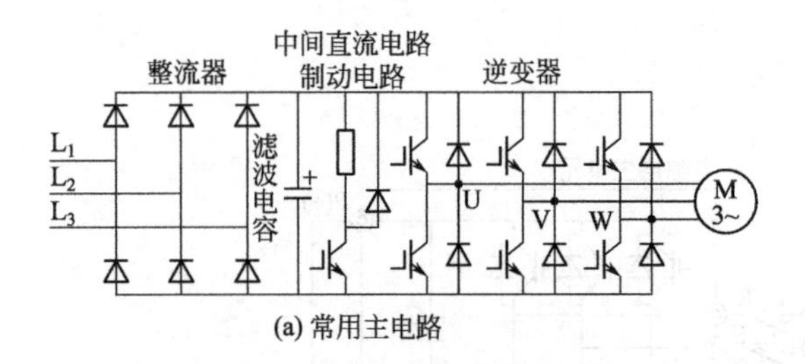

(a) 常用主电路

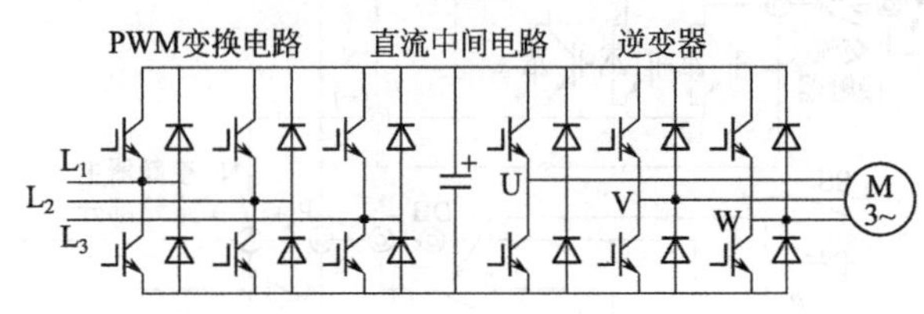

(b) 可回馈能量的主电路

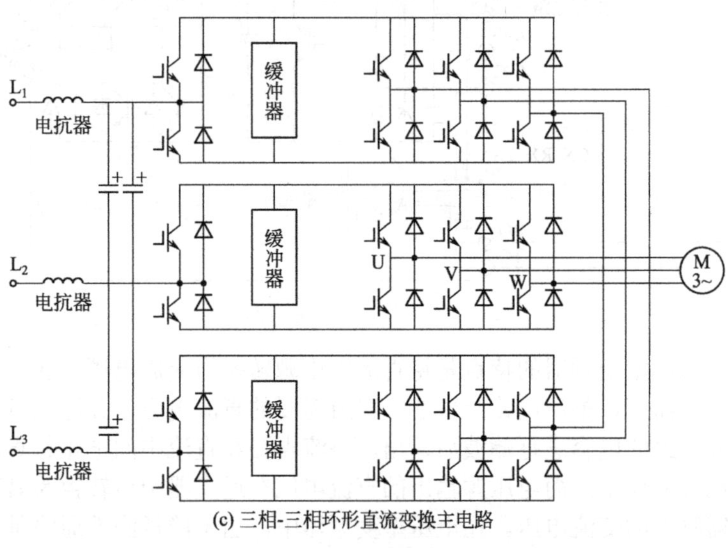

(c) 三相-三相环形直流变换主电路

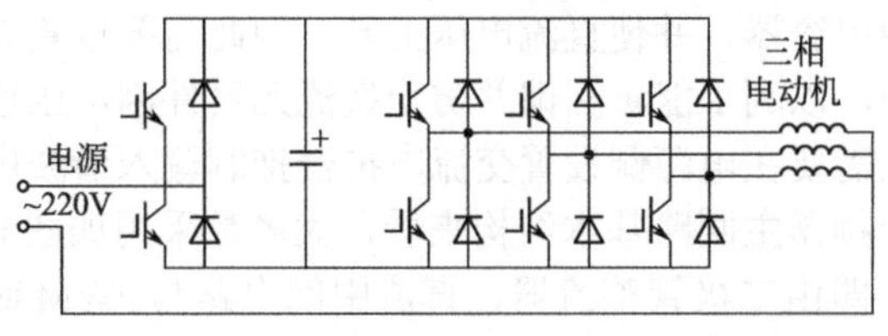

(d) 单相变频器的主电路

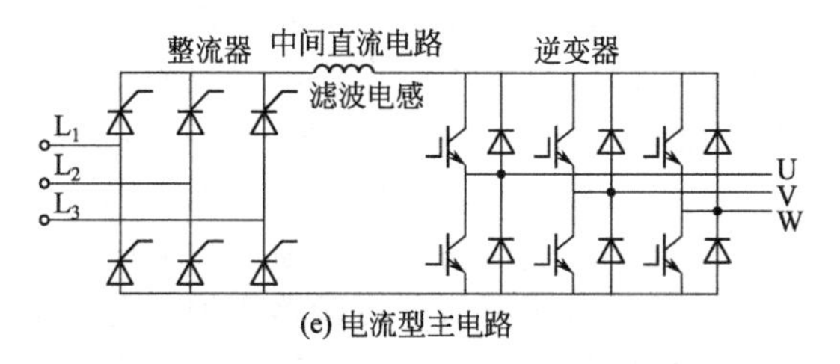

(e) 电流型主电路

图12-3　通用变频器主电路的基本结构型式

采用这种电路的通用变频器的成本较低，易于普及应用，但存在再生能量回馈和输入电源产生谐波电流的问题，如果需要将制动时的再生能量回馈给电源，并降低输入谐波电流，则采用如图12-3（b）所示的带PWM变换器的主电路，由于用IGBT代替二极管整流器组成三相桥式电路，因此，可让输入电流变成正弦波，同时，功率因数也可以保持为1。

这种PWM变换控制变频器不仅可降低谐波电流，而且还要将再生能量高效率地回馈给电源。还有一种三相-三相环形直流变换电路，如图12-3（c）所示，该电路采用了直流缓冲器（RCD）和C缓冲器，使输入电流与输出电压可分开控制，不仅可以解决再生能量回馈和输入电源产生谐波电流的问题，而且还可以提高输入电源的功率因数，减少直流部分的元件，实现轻量化。这种电路是以直流钳位式双向开关回路为基础的，因此可直接控制输入电源的电压、电流并可对输出电压进行控制。

另外，新型单相变频器的主电路如图12-3（d）所示，该电路与原来的全控桥式PWM逆变器的功能相同，电源电流呈现正弦波，并可以进行电源再生回馈，具有高功率因数变换的优点。该电路将单相电源的一端接在变换器上下电桥的中点上，另一端接在被变频器驱动的三相异步电动机定子绕组的中点上，因此，是将单相电源电流当做三相异步电动机的零线电流提供给直流回路；其特点是可利用三相异步电动机上的漏抗代替开关用的电抗器，使电路实现低成本与小型化，这种电路也广泛适用于家用电器的变频电路。

电流型变频器的特点是将直流电流源转换为交流电源。其中整流电路给出直流电源，并通过直流中间电路的电抗器进行电流滤波后输出，整流电路和直流中间电路起电流源的作用，而电流源输出的直流电流在逆变器中被转换为具有所需频率的交流电源，并被分配给各输出相，然后提供给异步电动机。在电流型变频器中，异步电动机定子电压的控制是通过检测电压后对电流进行控制的方式实现的。对于电流型变频器来说，在异步电动机进行制动的过程中，可以通过将直流中间电路的电压反向的方式使整流电路变为逆变电路，并将负载的能量回馈给电源。由于在采用电流控制方式时可以将能量直接回馈给电源，而且在出现负载短路等情况时也容易处理，因此电流型控制方式多用于大容量变频器。

(2)通用变频器的类型 通用变频器根据其性能、控制方式和用途的不同，习惯上可分为通用型、矢量型、多功能高性能型和专用型等。通用型是通用变频器的基本类型，具有通用变频器的基本特征，可用于各种场合；专用型又分为风机、水泵、空调专用通用变频器（HVAC）、注逆机专用型、纺织机械专用机型等。随着通用变频器技术的发展，除专用型以外，其他类型间的差距会越来越小，专用型通用变频器会有较大发展。

① 风机、水泵、空调专用通用变频器：风机、水泵、空调专用通用变频器是一种以节能为主要目的的通用变频器，多采用U/f控制方式，与其他类型的通用变频器相比，主要在转矩控制性能方面是按降转矩负载特性设计的，零速时的启动转矩相比其他控制方式要小一些。几乎所有通用变频器生产厂商均生产这种机型。新型风机、水泵、空调专用通用变频器，除具备通用功能外，不同品牌、不同机型中还增加了一些新功能，如内置PID调节器功能、多台电动机循环启停功能、节能自寻优功能、防水锤效应功能、管路泄漏检测功能、管路阻塞检测功能、压力给定与反馈功能、惯量反馈功能、低频预警功能及节电模式选择功能等。应用时可根据实际需要选择具有上述不同功能的品牌、机型，在通用变频器中，这类变频器价格最低。特别需要说明的是，一些品牌的新型风机、水泵、空调专用通用变频器中采用了一些新的节能控制策略使新型节

电模式节电效率大幅度提高，如台湾普传P168F系列风机、水泵、空调专用通用变频器，比以前产品的节电更高，以380V/37kW风机为例，30Hz时的运行电流只有8.5A，而使用一般的通用变频器运行电流为25A，可见所称的新型节电模式的电流降低了不少，因而节电效率有大幅度提高。

② 高性能矢量控制型通用变频器：高性能矢量控制型通用变频器采用矢量控制方式或直接转矩控制方式，并充分考虑了通用变频器应用过程中可能出现的各种需要，特殊功能还可以选件的形式供选择，以满足应用需要，在系统软件和硬件方面都做了相应的功能设置，其中重要的一个功能特性是零速时的启动转矩和过载能力，通常启动转矩在150%～200%范围内，甚至更高，过载能力可达150%以上，一般持续时间为60s。这类通用变频器的特征是具有较硬的机械特性和动态性能，即通常说的挖土机性能。在使用通用变频器时，可以根据负载特性选择需要的功能，并对通用变频器的参数进行设定；有的品牌的新机型根据实际需要，将不同应用场合所需要的常用功能组合起来，以应用宏编码形式提供，用户只要不必对每项参数逐项设定，应用十分方便；如ABB系列通用变频器的应用宏、VACON CX系列通用变频器的“五合一”应用等就充分体现了这一优点。也可以根据系统的需要选择一些选件来满足系统的特殊需要，高性能矢量控制型通用变频器广泛应用于各类机械装置，如机床、塑料机械、生产线、传送带、升降机械以及电动车辆等对调速系统和功能有较高要求的场合，性能价格比较高，市场价格略高于风机、水泵、空调专用通用变频器。

③ 单相变频器：单相变频器主要用于输入为单相交流电源的三相电流电动机的场合。所谓的单相通用变频器是单相进、三相出，是单相交流220V输入，三相交流220～230V输出，与三相通用变频器的工作原理相同，但电路结构不同，即单相交流电源→整流滤波变换成直流电源→经逆变器再变换为三相交流调压调频电源→驱动三相交流异步电动机。目前单相变频器大多是采用智能功率模块（IPM）结构，将整流电路，逆变电路，逻辑控制、驱动和保护或电源电路等集成在一个模块内，使整机的元器

件数量和体积大幅度减小，使整机的智能化水平和可靠性进一步提高。

12.2 变频器的电路应用

12.2.1 变频器的基本控制功能与电路

12.2.1.1 基本操作及控制电路

（1）键盘操作 通过面板上的键盘来进行启动、停止、正转、反转、点动、复位等操作。

如果变频器已经通过功能预置，选择了键盘操作方式，则变频器在接通电源后，可以通过操作键盘来控制变频器的运行。键盘及基本接线电路如图12-4所示。

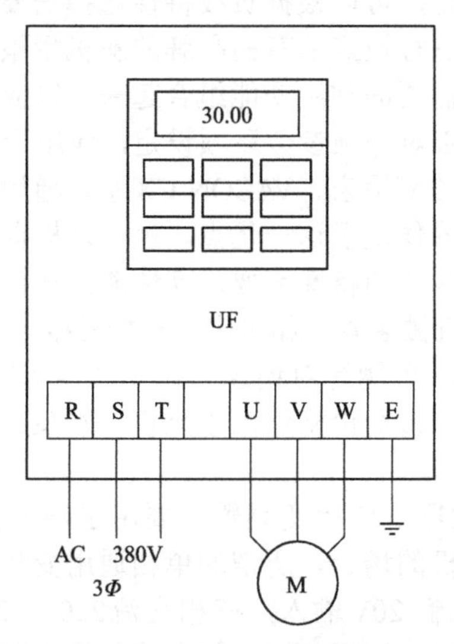

图12-4 键盘及基本接线电路

（2）外接输入正转控制 如果变频器通过功能预置，选择了“外接端子控制”方式，则其正转控制如图12-5所示。

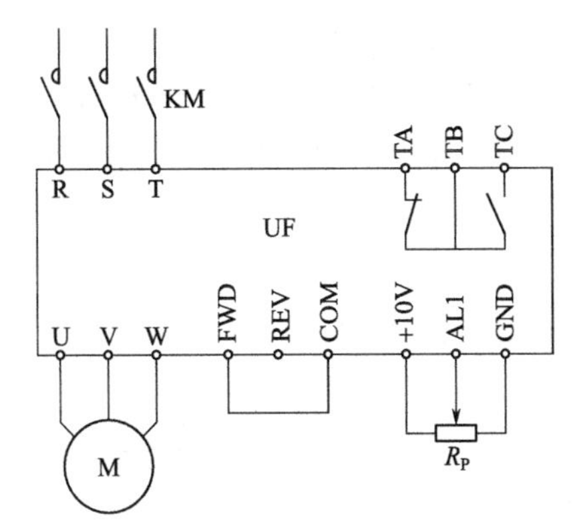

图12-5 外接控制电路

首先应把正转输入控制端“FWD”和公共端“COM”相连，当变频器通过接触器KM接通电源后，变频器便处于运行状态。如果这时电位器R_P并不处于“0”位，则电动机将开始启动升速。

但一般来说，用这种方式来使电动机启动或停止是不适宜的。具体原因如下。

① 容易出现误动作。变频器内，主电路的时间常数较短，故直流电压上升至稳定值也较快。而控制电源的时间常数较长，控制电路在电源未充电至正常电压之前，工作状态有可能出现紊乱。所以，不少变频器在说明书中明确规定：禁止用这种方法来启动电动机。

② 电动机不能准确停机。变频器切断电源后，其逆变电路将立即“封锁”，输出电压为0。因此，电动机将处于自由制动状态，而不能按预置的降速时间进行降速。

③ 容易对电源形成干扰。变频器在刚接通电源的瞬间，有较大的充电电流。如果经常用这种方式来启动电动机，将使电网经常受到冲击而形成干扰。

正确的控制方法如下。

a．接触器KM只起变频器接通电源的作用。

b．电动机的启动和停止通过由继电器KA控制的“FWD”和“COM”之间的通、断进行控制。

c. KM和KA之间应该有互锁：一方面，只有在KM动作，使变频器接通电源后，KA才能动作；另一方面，只有在KA断开，电动机减速并停止后，KM才能断开，切断变频器的电源。

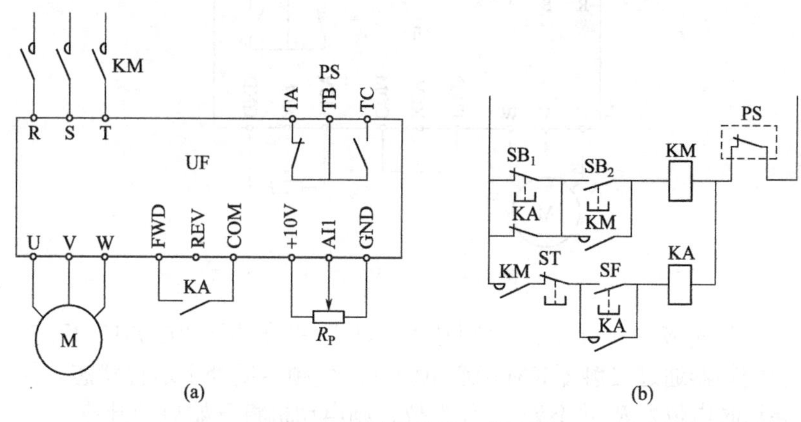

图12-6 正确的外接正转控制

具体电路如图12-6所示，按钮开关SB_1、SB_2用于控制接触器KM，从而控制变频器的通电；按钮开关SF和ST用于控制继电器KA，从而控制电动机的启动和停止。

（3）外部控制时“STOP”键的功能 在进行外部控制时，键盘上的“STOP”键（停止键）是否有效，要根据用户的具体情况来决定。主要有以下几种情况。

①“STOP”键有效，有利于在紧急情况下的“紧急停机”。

② 有的机械在运行过程中不允许随意停机，只能由现场操作人员进行停机控制。对于这种情况，应预置“STOP”键无效。

③ 许多变频器的“STOP”键常常和“RESET”（复位）键合用，而变频器在键盘上进行“复位”操作是比较方便的。

12.2.1.2 电动机旋转方向的控制功能

（1）旋转方向的选择 在变频器中，通过外接端子可以改变电动机的旋转方向，如图12-7所示；继电器KA_1接通时为正转，KA_2接通时为反转。此外，通过功能预置，也可以改变电动机的旋转方向。

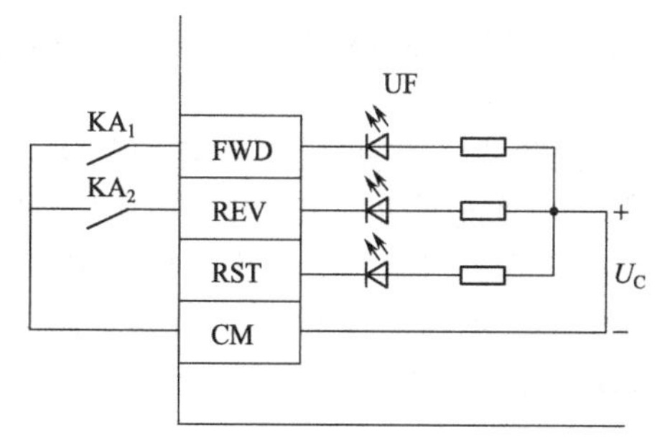

图12-7　电动机的正、反转控制

因此，当KA_1闭合时，如果电动机的实际旋转方向反了，可以通过功能预置来更正旋转方向。

（2）控制电路示例　如图12-8所示。按钮开关SB_1、SB_2用于控制接触器KM，从而控制变频器接通或切断电源；按钮开关SF用于控制正转继电器KA_1，从而控制电动机的正转运行；按钮开关SR用于控制反转继电器KA_2，从而控制电动机的反转运行；按钮开关ST用于控制停机。

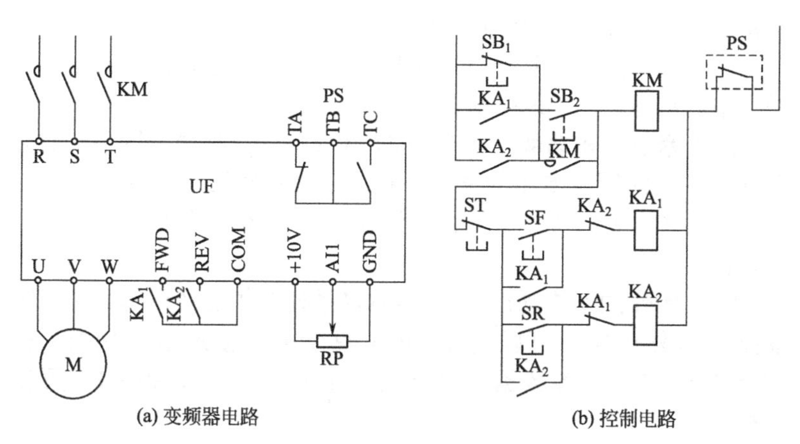

(a) 变频器电路　　(b) 控制电路

图12-8　电动机正反转控制电路

正转与反转运行只有在接触器KM已经动作、变频器已经通电的状态下才能进行。与动断（常闭）按钮开关SB_1并联的KA_1、

KA_2触点用于防止电动机在运行状态下通过KM直接停机。

12.2.1.3 其他控制功能

（1）运行的自锁功能 和接触器控制电路类似，自锁控制电路如图12-9（a）所示，当按下动合（常开）按钮SF时，电动机正转启动，由于EF端子的保持（自锁）作用，松开SF后，电动机的运行状态将能继续下去；当按下动断按钮ST时，EF和COM之间的联系被切断，自锁解除，电动机将停止。

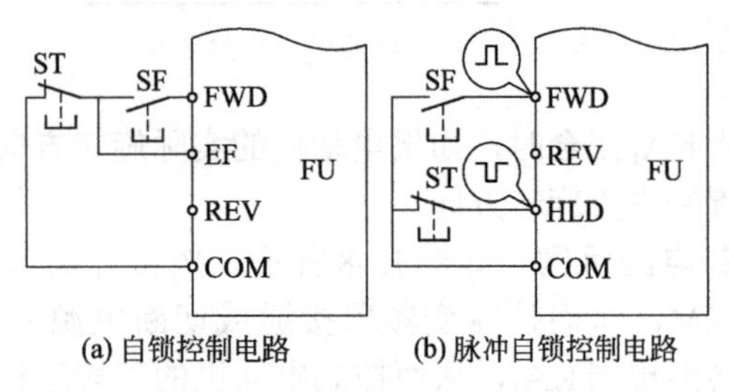

(a) 自锁控制电路　(b) 脉冲自锁控制电路

图12-9 运行的自锁控制电路

图12-9（b）脉冲自锁控制电路所示是自锁功能的另一种形式，其特点是可以接受脉冲信号进行控制。

由于自锁控制需要将控制线接到三个输入端子，故在变频器说明书中，常称为“三线控制”方式。

（2）紧急停机功能 在明电VT230S系列变频器（日本）的输入端子中，配置了专用的紧急停机端子“EMS”。由功能码C00-3预置其工作方式，各数据码的含义如下：1—闭合时动作；2—断开时动作。

（3）操作的切换功能 在安川G7系列变频器（日本）中，键盘操作和外接操作可以通过MENU键十分方便地进行切换。在功能码b1-07中，各数据码的含义如下：0—不能切换；1—可以切换。

12.2.2 起重机械专用变频器电路分析

近年来，不少变频器生产厂推出了专门针对起升机械的起重机械专用变频器，使起升机构的变频调速问题更加方便和可靠，这里以日本三菱公司生产的FR-241E系列变频器为例进行介绍。

FR-241E系列变频器控制起升机构的基本控制电路如图12-10所示。

12.2.2.1 变频器各输入端子的功能

①“STOP”当控制制动电磁铁通电的接触器KMB得电并吸合时，“STOP”与“SD”之间闭合，变频器的运行状态将被自锁（保持原状态，并非停止）。这是因为，在主令开关SA换挡过程中，各控制信号将可能出现瞬间的断开状态，变频器的自锁功能可以避免其运行状态受到控制信号瞬间切断的影响。反之，当接触器KMB失电并断开后，自锁功能也随之结束。

②“STF”、“STR”正、反转控制，由继电器K_3与K_4进行控制。

③“RL”、“RM”、“RH”由主令控制器SA通过继电器K_2、K_5、K_6进行多挡转速控制，升速与降速都只有3挡减速（也可以通过PLC进行更多挡调速）。

④“RT”第2加、减速控制端，它与低速挡端子“RL”同受继电器K_2的控制，以设定低速挡的升、降速时间。

⑤“RES”复位端，用于变频器出现故障并修复后的复位。

12.2.2.2 变频器各输出端子的功能

①“RUN”当变频器预置为升降机运行模式时，其功能为：变频器从停止转为运行机制时，其输出频率到达由功能码“Pr.85”预置的频率时，内部的晶体管导通，从而使继电器K_7得电并吸合→接触器K_{MB}得电并吸合→制动电磁铁MB得电并开始释放；变频器从运行转为停止，其输出频率到达由功能码“Pr.89”预置的频率时，内部的晶体管截止，从而使继电器K_7失电，接触器K_{MB}失电，制动电磁铁MB失电并开始抱紧。

② 继电器K_1的作用。当变频器运行时，继电器K_1吸合并自锁。当SA的手柄转到“0”位时，继电器K_7并不立即失电，继续接受变频器“RUN”端的控制。

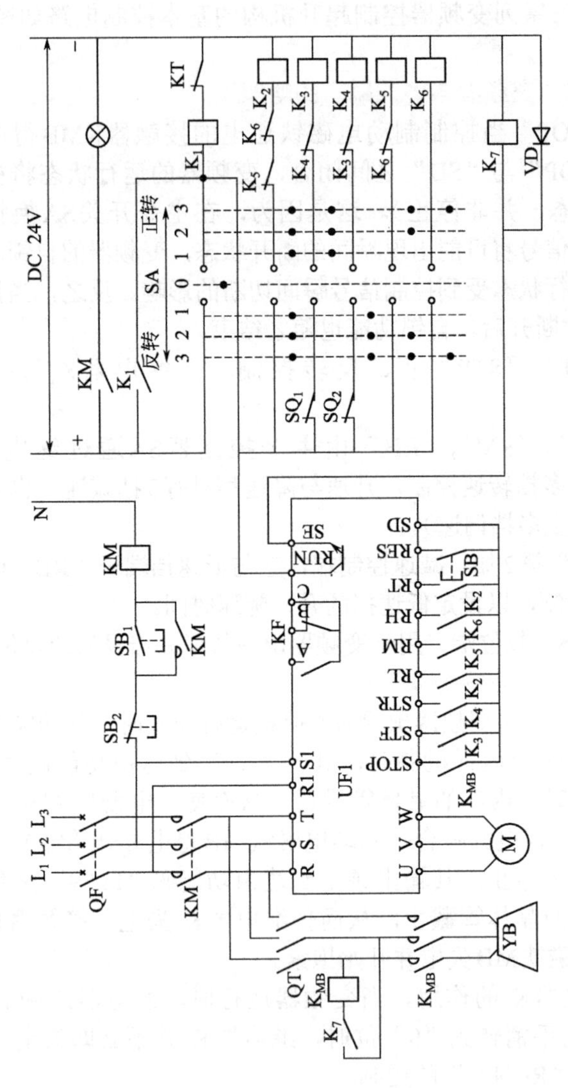

图12-10　FR-241E系列变频器控制起升机构的基本控制电路

12.2.3 车床变频调速系统电路分析

12.2.3.1 变频器的容量

考虑到车床在低速车削毛坯时，常常出现较大的过载现象，且过载时间有可能超过1min。因此，变频器的容量应比正常的配用电动机容量加大一挡。上述实例中的电动机容量是2.2kW，故选择：

变频器容量　$S_N=6.9kV\cdot A$（配用$P_{MN}=3.7kW$的电动机）

额定电流　$I_N=9A$

12.2.3.2 变频器控制方式的选择

（1）V/F控制方式　车床只在车削毛坯时，负荷大小有较大变化，在以后的车削过程中，负荷的变化通常很小。因此，就切削精度而言，选择V/F控制方式是能够满足要求的。但在低速切削时，需要预置较大的U/f，在负载较轻的情况下，电动机的磁路常处于饱和状态，励磁电流较大。因此，从节能的角度看，并不理想。

（2）无反馈矢量控制方式　新系列变频器在无反馈矢量控制方式下，已经能够做到在0.5Hz时稳定运行，所以完全可以满足普通车床主拖动系统的要求。由于无反馈矢量控制方式能够克服V/F控制方式的缺点，故可以说是一种最佳选择。

（3）有反馈矢量控制方式　有反馈矢量控制方式虽然是运行性能最为完善的一种控制方式，由于需要增加编码器等转速反馈环节，但增加了费用，而且对编码器的安装也比较麻烦。所以，除非该车床对加工精度有特殊需要，一般没有必要选择此种控制方式。

目前国产变频器大多只有V/F控制功能，但在价格和售后服务等方面较有优势，可以作为首选对象；大部分进口变频器的矢量控制功能都是既可以无反馈、也可以有反馈，也有的变频器只配置了无反馈控制方式，如日本日立公司生产的SJ300系列变频器。如采用无反馈矢量控制方式，则进行选择时需要注意其能够稳定运行的最低频率（部分变频器在无反馈矢量控制方式下实际稳定运行的最低频率为5～6Hz）。

12.2.3.3 变频器的频率给定

变频器的频率给定方式有多种，可根据具体情况进行选择。

（1）无级调速频率给定　从调速的角度看，采用无级调速方案

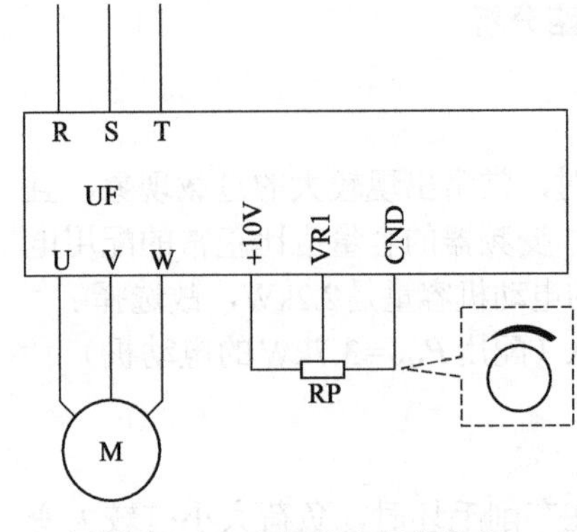

图12-11　无级调速频率给定

不但增加了转速的选择性，而且电路也比较简便，是一种理想的方案。它既可以直接通过变频器的面板进行调速，也可以通过外接电位器调速，如图12-11所示。

（2）分段调速频率给定 由于该车床原有的调速装置是由一个手柄旋转9个位置（包括0位）控制4个电磁离合器来进行调速的。为了防止在改造后操作员难以掌握，用户要求调节转速的操作方法不变。故采用电阻分压式给定方法如图12-12所示。

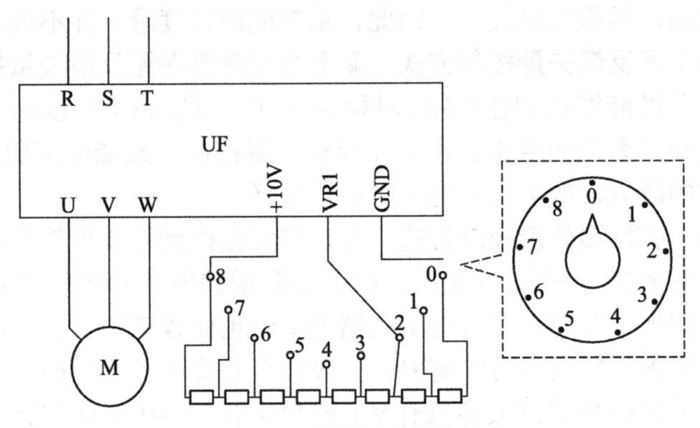

图12-12　分段调速频率给定

图中，各挡电阻值的大小应计算得使各挡的转速与改造前相同。

（3）配合PLC的分段调速频率给定 如果车床由于需要进行较为复杂的程序控制而应用了可编程序控制器（PLC），则分段调速频率给定可通过PLC结合变频器的多挡转速功能来实现，如图12-13所示。

图中，转速挡由按钮开关（或触摸开关）来选择，通过PLC控制变频器的外接输入端子X1、X2、X3的不同组合，得到8挡转速。电动机的正转、反转和停止分别由按钮开关SF、SR、ST进行控制。

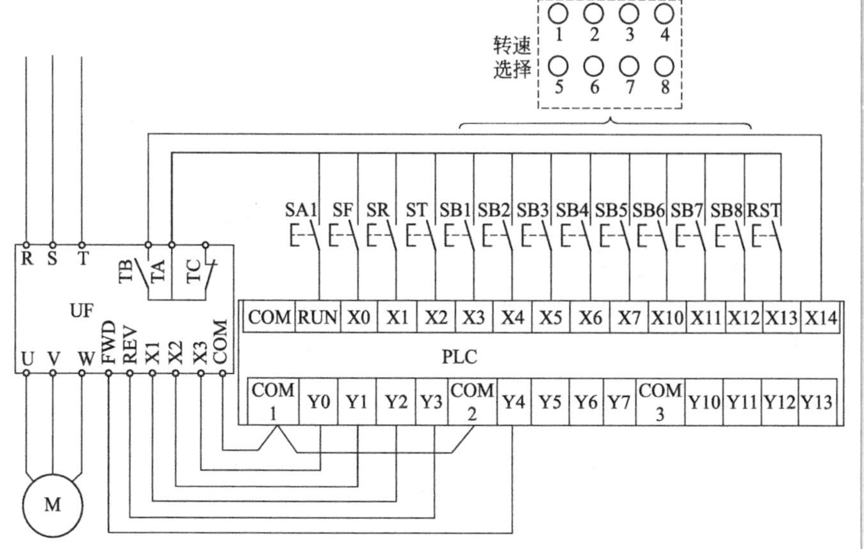

图12-13　通过PLC进行分段调速频率给定

12.2.3.4　变频调速系统的控制电路

以采用外接电位器调速为例，控制电路如图12-14所示。其中，接触器KM用于接通变频器的电源，由SB_1和SB_2控制。继电器KA_1用于正转，由SF和ST控制；KA_2用于反转，由SR和ST控制。

正转和反转只有在变频器接通电源后才能进行；变频器只有在正、反转都不工作时才能切断电源。由于车床要有点动环节，故在电路中增加了点动控制按钮SJ和继电器KA_3。

12.2.4　龙门刨床控制电路分析

12.2.4.1　主电路的电路分析

龙门刨床的主电路如图12-15所示。其电路工作过程如下所述。

（1）刨台往复电动机（MM） 由变频器UF_1控制，变频器的通电和断电由空气断路器Q_1和接触器KM_1控制；刨台前进和后退的转速大小分别由电位器R_{P1}和R_{P2}控制，正、反转及点动（刨台步进和步退）则由PLC控制。

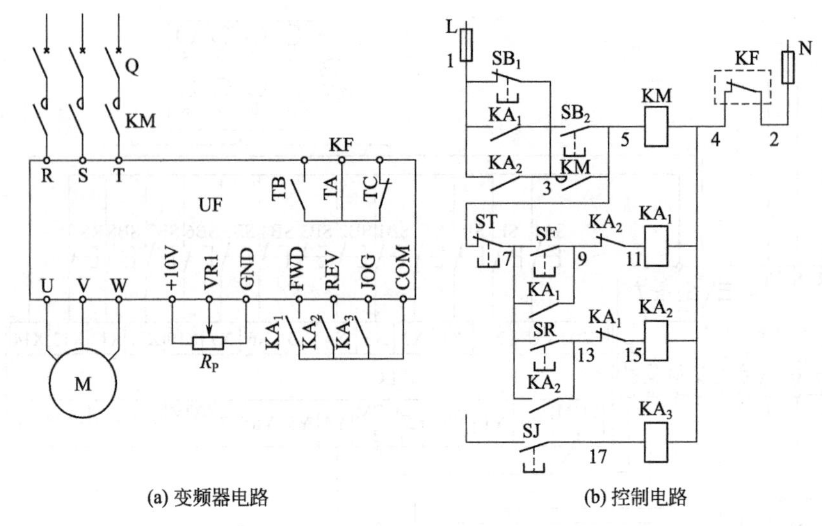

图12-14　车床变频调速的控制电路

（2）垂直刀架电动机（MV） 由变频器UF_2控制，变频器的通电和断电由空气断路器Q_2和接触器KM_2控制；转速大小直接由电位器控制，正、反转及点动（刀架的快速移动）则由PLC控制。

（3）左、右刀架电动机（ML和MR） 由同一台变频器UF_3控制，变频器的通电和断电由空气断路器Q_3和接触器KM_3控制；与垂直刀架电动机一样，其转速大小直接由电位器控制，正、反转及点动（刀架的快速移动）则由PLC控制。

（4）横梁升降电动机（ME）和横梁夹紧电动机（MP） 由于横梁的移动不需要调速，因此并不通过变频器来控制。但其工作过程也由PLC控制。

12.2.4.2　控制电路

所有的控制动作都由PLC完成，其框图如图12-16所示。

（1）PLC的输入信号

① 各变频器通电控制信号：各变频器的通电和断电按钮；刀架电动机的方向选择开关；变频器的故障信号。

② 磨头的控制信号：来自于左、右磨头的运行和停止按钮。

③ 横梁控制信号：横梁上升和下降按钮；横梁放松完毕时的行程开关；横梁夹紧后的电流继电器；横梁上下的限位开关。

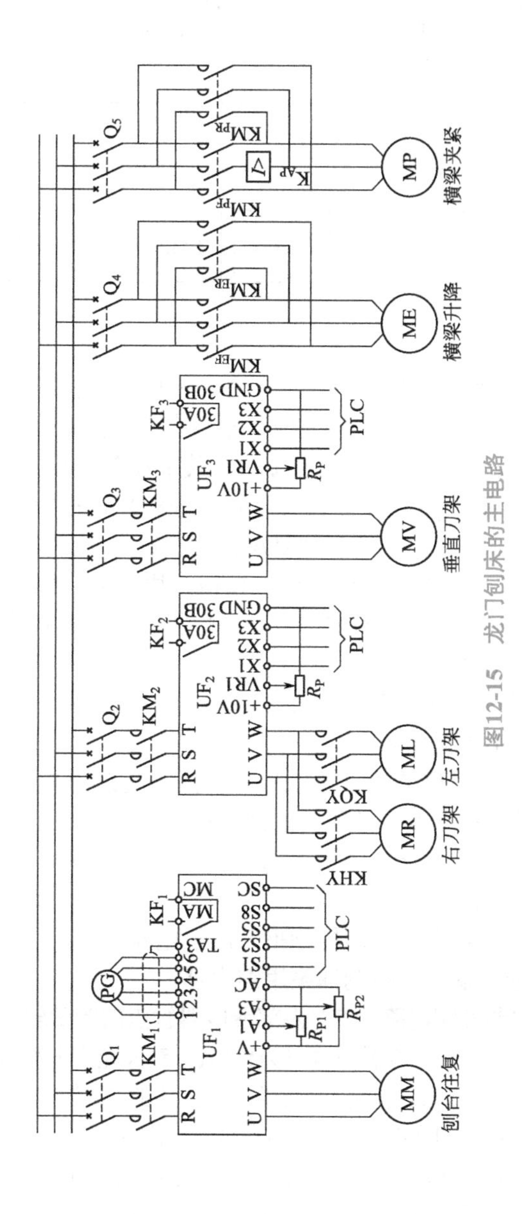

图12-15 龙门刨床的主电路

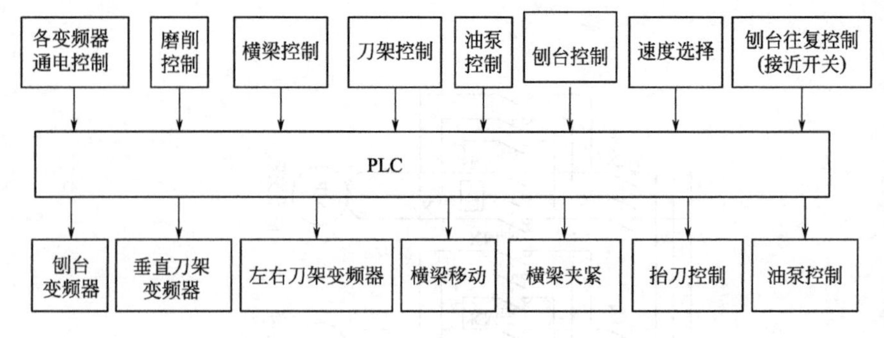

图12-16　PLC控制图

④ 架快移信号：来自于各刀架的快速移动按钮；刀架和自动进刀将在刨台往复运动中自动完成，不再有专门的信号。

⑤ 泵控制信号：油泵工作的旋钮开关；油泵异常的信号。

⑥ 刨台的手动控制信号：刨台的步进和步退按钮；刨台的前进和后退按钮（用于控制刨台往复运行的按钮）；刨台的停止按钮。

⑦ 停按钮：也叫“紧急停机”按钮，用于处理紧急事故。刨床在工作过程中，发生异常情况，必须停机时，按此按钮。

（2）PLC的输出信号

① 到各变频器的控制信号：控制信号的电源由各变频器自行提供，故外部不再提供电源。

② 控制各变频器的接触器信号：包括各变频器的通电接触器、通电指示灯及变频器发生故障时的故障指示灯。

③ 横梁控制接触器：包括横梁上升、横梁下降、横梁夹紧和横梁放松用接触器。

④ 抬刀控制继电器：即控制抬刀用继电器。

⑤ 油泵继电器：即控制油泵用继电器。

（3）接触器控制电路　PLC内部继电器触点的容量较小，当使用于交流220V电路中时，其触点容量为80VA，最大允许电流为360mA。

另一方面，触点电流较大的接触器的线圈电流为100～500mA，并且在刚开始吸合时，还有较大的冲击电流。因此，PLC不常用来直接控制较大容量的接触器，而是通过中间继电器来过渡，如图12-17所示的电路中，K_{U1}、K_{U2}、K_{U3}、K_{EF}、K_{ER}、K_{PF}、

K_{PR}、K_G、K_P等都是过渡用的中间继电器，它们接受PLC内门电路继电器的控制，然后控制各对应的接触器。

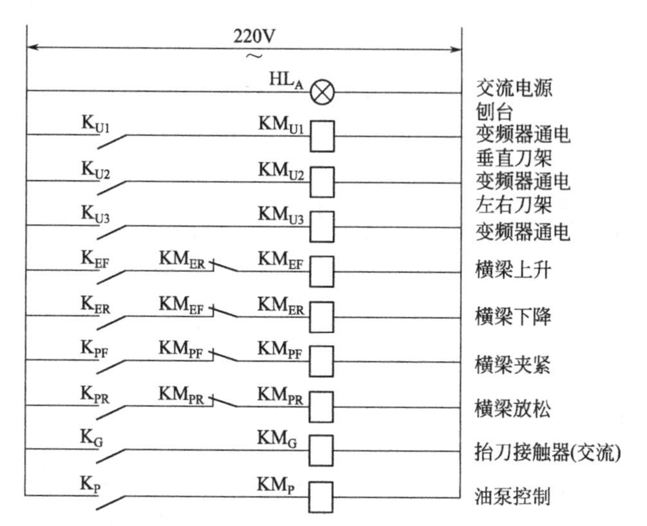

图12-17　龙门刨床的接触器控制电路

12.2.5　风机变频调速电路分析

燃烧炉鼓风机的变频调速控制电路如图12-18所示。图中，按钮开关SB_1和SB_2用于控制接触器KM，从而控制变频器的通电与断电。

SF和ST用于控制继电器KA，从而控制变频器的运行与停止。

KM和KA之间具有连锁关系：一方面，KM未接通之前，KA不能通电；另一方面，KA未断开时，KM也不能断电。

SB_3为升速按钮；SB_4为降速按钮；SB_5为复位按钮；HL_1是变频器通电指示；HL_2是变频器运行指示；HL_3和HA是变频器发生故障时的声光报警。H_z是频率指示。

12.2.6　变频器一控多电路分析

12.2.6.1　主电路分析

以1控3为例，其主电路如图12-19所示，其中接触器$1KM_2$、

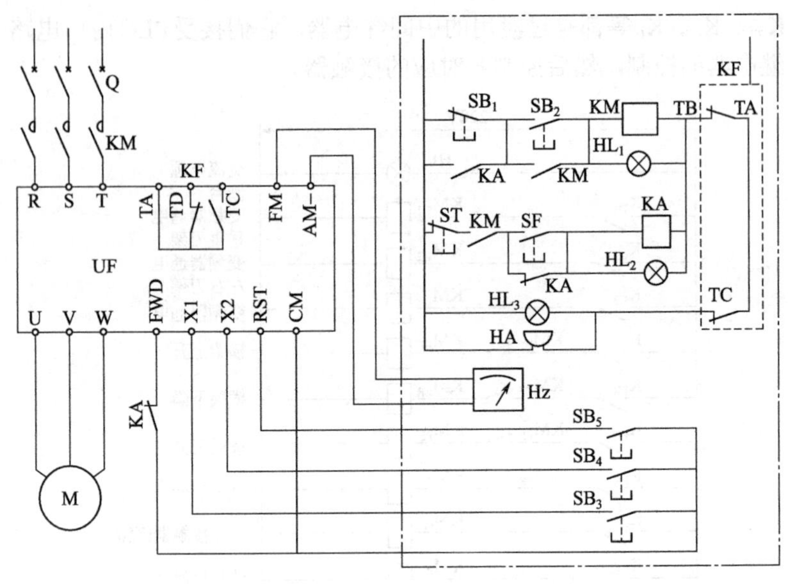

图12-18　燃烧炉鼓风机的变频调速控制电路

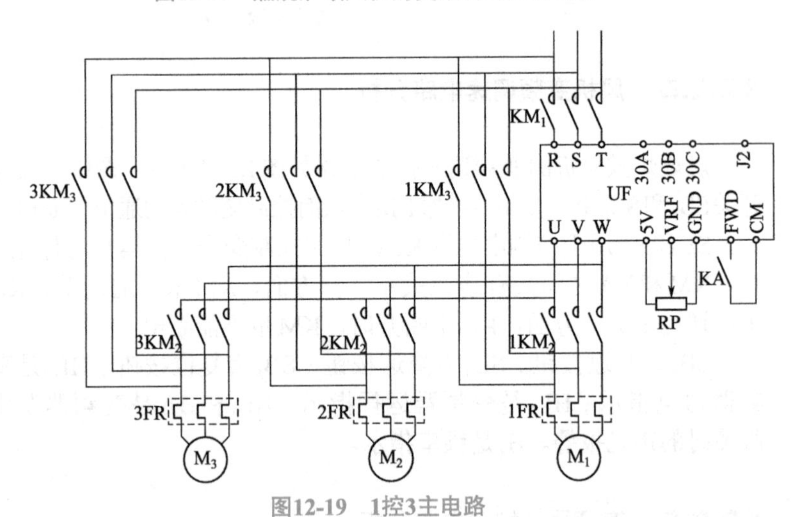

图12-19　1控3主电路

$2KM_2$、$3KM_2$分别用于将各台水泵电动机接至变频器，接触器$1KM_3$、$2KM_3$、$3KM_3$分别用于将各台水泵电动机直接接至工频电源。

12.2.6.2 控制电路

一般来说，在多台水泵供水系统中，应用PLC进行控制是十分灵活且方便的。但近年来，由于变频器在恒压供水领域的广泛应用，各变频器制造厂纷纷推出了具有内置“1控X”功能的新系列变频器，简化了控制系统，提高了可靠性和通用性。

现以国产的森兰B12S系列变频器为例，说明其配置及使用方法如下。

森兰B12S系列变频器在进行多台切换控制时，需要附加一块继电器扩展板，以便控制线圈电压为交流220V的接触器。具体接线方法如图12-20所示。

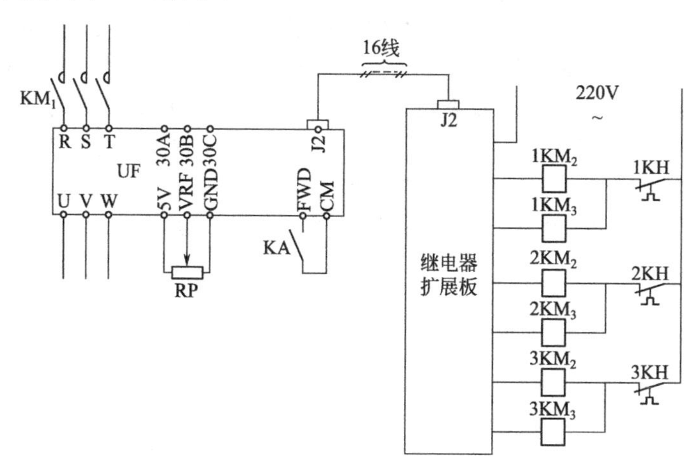

图12-20 1控多的扩展控制电路

在进行功能预置时，要设定如下功能：

① 电动机台数（功能码：F53）。本例中，预置为“3”（1控3模式）。

② 启动顺序（功能码：F54）。本例中，预置为“0”（1号机首先启动）。

③ 附属电动机（功能码：F55）。本例中，预置为“0”（无附属电动机）。

④ 换机间隙时间（功能码：F56）。如前述，预置为100ms。

⑤ 切换频率上限（功能码：F57）。通常，以49～50Hz为宜。

⑥ 切换频率下限（功能码：F58）。在多数情况下，以30～50Hz为宜。

只要预置准确。在运行过程中，就可以自动完成上述切换过程了。可见，采用了变频器内置的切换功能后，切换控制变得十分方便了。

12.3 变频器的维护与保养

12.3.1 通用变频器的维护保养

通用变频器长期运行中，由于温度、湿度、灰尘、振动等使用环境的影响，内部零部件会发生变化或老化，为了确保通用变频器的正常运行，必须进行维护保养，维护保养工作可分为日常维护和定期维护，定期维护检查周期一般为1年，维护保养项目与定期检查的周期标准见表12-1。从表12-1可以看出，对重点部位应重点检查，重点部位是主回路的滤波电容器、控制回路、电源回路、逆变器驱动及保护回路中的电解电容器、冷却风扇等。

表12-1 通用变频器维护保养与定期检查的周期标准

检查部位	检查项目	检查事项	检查周期		检查方法	使用仪器	判定基准
			日常	定期1年			
整机	周期环境	确认周围温度、湿度、有毒气体、油雾等	√		注意检查现场情况是否与变频器防护等级相匹配。是否有灰尘水汽、有害气体影响变频器。通风或换气装置是否完好	温度计、湿度计、红外线温度测量仪	温度在-10～+40℃内，湿度在90%以下，不凝露。如有积尘应用压缩空气清扫并考虑改善安装环境
	整机装置	是否有异常振动、温度、声音等	√		观察法和听觉法，振动测量仪	振动测量仪	无异常

续表

检查部位	检查项目	检查事项	检查周期		检查方法	使用仪器	判定基准
			日常	定期1年			
整机	电源电压	主回路电压、控制电源电压是否正常	√		测定变频器电源输入端子排上的相间电压和不平衡度	万用表、数字式多用途仪表	根据变频器的不同电压级别，测量线电压、不平衡≤3%
主回路	整机	① 检查接线端子与接地端子间电阻		√	① 拆下变频器接线，将端子R、S、T、Y、V、W一齐短路，用绝缘电阻表测量它们与接地端子间的绝缘电阻 ②加强紧固件 ③ 观察连接导体、导线 ④ 清扫各个部位	500V绝缘电阻表	① 接地端子之间的绝缘电阻应大于5MΩ ②、③ 没有异常 ④ 无油污
		② 各个接线端子有无松动		√			
		③ 各个零件有无过热的迹象		√			
		④ 清扫	√				
	连接导体、电线	① 导体有无移位		√	观察法		①、② 没有异常
		② 电线表皮有无破损、劣化、裂缝、变色等		√			
	变压器、电抗器	有无异步、异常声音	√	√	观察法和听觉法		没有异常
	端子排	有无脱落、损伤和锈蚀		√	观察法		没有异常。如有锈蚀应清洁，并减少湿度
	IGBT模块整流模块	检查各端子间电阻。测漏电流		√	拆下变频器接线，在端子R、S、T与PN间，U、V、W与PN间用万用表测量，OHz运行时测量	指针式万用表整流型电压表	

续表

检查部位	检查项目	检查事项	检查周期		检查方法	使用仪器	判定基准
			日常	定期1年			
主回路	滤波电容器	① 有无漏液	√		①、② 观察法 ③ 用电容表测量	电容表、LCR测量仪	①、② 没有异常 ③ 额定容量的85%以上。与接地端子的绝缘电阻不少于5MΩ。有异常时及时更换新件，一般寿命为5个
		② 安全阀是否突出、表面是否有膨胀现象	√				
		③ 测定电容量和绝缘电阻		√			
	继电器接触器	① 动作时是否有异常声音		√	观察法、用万用表测量	指针式万用表	没有异常。有异常时及时更换新件
		② 接点是否有氧化、粗糙、接触不良等现象		√			
	电阻器	① 电阻的绝缘是否损坏		√	① 观察法 ② 对可疑点的电阻拆下一侧连接，用万用表测量	万用表、数字式多用途仪表	① 没有异常 ② 误差在标称阻值的±10%以内 有异常应及时更换
		② 有无断线	√	√			
控制回路、电源、驱动与保护回路	动作检查	① 变频器单独运行		√	① 测量变频器输出端子U、V、W相间电压。各相输出电压是否平衡 ② 拟故障，观察或测量变频器保护回路输出状态	数字式多用途仪表、整流型电压表	① 相间电压平衡200V级 在4V以内、400V级在8V以内。各相之间的差值应在2%以内 ② 显示正确、动作正确
		② 顺序做回路保护动作试验、显示，判断保护回路是否异常		√			
	零件	全体：① 有无异味、变化		√	观察法		没有异常。 如电容器顶部有凸起，体部中间有膨胀现象应更换
		全体：② 有无明显锈蚀		√			
		铝电解电容器：有无漏液、变形现象		√			

续表

检查部位	检查项目	检查事项	检查周期		检查方法	使用仪器	判定基准
			日常	定期1年			
冷却系统	冷却风扇	① 有无异常振动、异常声音 ② 接线有无松动 ③ 清扫	√	√	① 有不通电时用手拨动旋转 ② 加强固定 ③ 必要时拆下清扫		没有异常。 有异常时及时更换新件，一般使用2～3年应考虑更换
显示	显示	① 显示是否缺损或变淡	√		① LED的显示是否有断点 ② 用棉纱清扫		确认其能发光。显示异常或变暗时更换新板
		② 清扫		√			
	外接仪表	指示值是否正常	√		确认盘面仪表的指示值满足规定值	电压表、电流表等	指示正常
电动机	全部	① 是否有异常振动、温度和声音 ② 是否有异味 ③ 清扫	√	√	① 听觉、触觉、观察 ② 由于过热等产生的异味 ③ 清扫		①、②没有异常 ③ 无污垢、油污
	绝缘电阻	全部端子与接地端子之间、外壳对地之间	√		拆下U、V、W的连接线，包括电动机接线在内	500V绝缘电阻表	应在5MΩ以上

日常检查和定期检查的主要目的是尽早发现异常现象，清除尘埃，紧固检查，排除事故隐患等。在通用变频器运行过程中，可以从设备外部目视检查运行状况有无异常，通过键盘面板转换键查阅变频器的运行参数，如输出电压、输出电流、输出转矩、电动机转速等，掌握变频器日常运行值的范围，以便及时发现变频器及电动机的问题。

（1）日常检查 日常检查包括不停止通用变频器运行或不拆卸其盖板进行通电和启动试验，通过目测通用变频器的运行状况，确认有无异常情况，通常检查如下内容。

① 键盘面板显示是否正常，有无缺少字符。仪表指示是否正

确、是否有振动、振荡等现象。

② 冷却风扇部分是否运转正常，是否有异常声音等。

③ 通用变频器及引出电缆是否有过热、变色、异味、噪声、振动等异常情况。

④ 通用变频器周围环境是否符合标准规范，温度与湿度是否正常。

⑤ 通用变频器的散热器温度是否正常，电动机是否有过热、异味、噪声、振动等异常情况。

⑥ 通用变频器控制系统是否有聚集尘埃的情况。

⑦ 通用变频器控制系统的各连接线及外围电器元件是否有松动等异常现象。

⑧ 检查通用变频器的进线电源是否异常，电源开关是否有电火花、缺相、引线压接螺栓是否松动，电压是否正常等。

振动通常是由电动机的脉动转矩及机械系统的共振引起的，特别是当脉动转矩与机械共振点恰好一致时更为严重。振动是对使用变频器的电子器件造成机械损伤的主要原因。对于振动冲击较大的，应在保证控制精度的前提下，调整通用变频器的输出频率和载波频率尽量减小脉冲转矩，或通过调试确认机械共振点，利用通用变频器的跳跃频率功能，将共振点排除在运行范围之外。除此之外，也可采用橡胶垫避振等措施。

潮湿、腐蚀性气体及尘埃等将造成电子器件生锈、接触不良、绝缘性能降低甚至形成短路故障。作为防范措施，必要时可对控制电路板进行防腐、防尘处理，并尽量采用封闭式开关柜结构。

温度是影响能用变频器的电子器件寿命及可靠性的重要因素，特别是半导体开关器件，若温度超过规定值将立刻造成器件损坏，因此，应根据装置要求的环境条件使通风装置运行流畅并避免日光直射。另外，通用变频器输出波形中含有谐波，会不同程度地增加电动机的功率损耗，再加上电动机在低速运行时冷却能力下降，将造成电动机过热。如果电动机有过热现象，应对电动机进行强制冷却通风或限制运行范围，避开低速区。对于特殊的高寒场合，为防止通用变频器的微处理器因温度过低而不能正常工作，应采取设置空间加热器等必要措施。如果现场的海拔高度超过1000m，气压降低，空气会变稀薄，将影响通用变频器散热，系统冷却效果降低，因此需要注意负载率的变化。一般海拔高度每升高1000m，应将负载电流下降10%。

引起电源异常的原因很多，如配电线路因风、雪、雷击等自然因素造成的异常；有时也因为同一供电系统内，其他地点出现对地短路及间接短路造成异常；附近有直接启动的大容量电动机及电热设备等引起电压波动。除电压波动外，有些电网或自发电供电系统，也会出现频率波动，并且这些现象有时在短时间内重复出现。如果经常发生因附近设备投入运行时造成电压降低的情况，应使通用变频器供电系统分离，减小相互影响。对于要求瞬时停电后仍能继续运行的场合，除选择合适规格的通用变频器外，还应预先考虑负载电动机的降速比例，当电压恢复后，通过速度追踪和测速电动机的检测来防止再加速中的过电流。对于要求必须连续运行的设备，要对通用变频器加装自动切换的不停电电源装置。对于维护保养工作，应注意检查电源开关的接线端子、引线外观及电压是否有异常，如果有异常，根据上述判断排除故障。

由自然因素造成的电源异常因地域和季节有很大差异。雷击或感应雷击形成的冲击电压有时能造成通用变频器的损坏。此外，当电源系统变压器一次侧带有真空断路器时，当断路器通断时也会产生较高的冲击电压，并耦合到二次侧形成很高的电压波峰。为防止因冲击电压造成过电压损坏，通常需要在通用变频器的输入端加装压敏电阻等吸收器件，保证输入电压不高于通用变频器主回路元器件所允许的最大电压。因此，维护保养时还应试验过电压保护装置是否正常。

（2）定期检查 定期检查时要切断电源，停止通用变频器运行，并卸下通用变频器的外盖。主要检查不停止运转而无法检查的地方或日常检查难以发现问题的地方，电气特性的检查、调整等，都属于定期检查的范围。检查周期根据系统的重要性、使用环境及设备的统一检查计划等综合情况来决定，通用为6～12个月。

开始检查时应注意，通用变频器断电后，主电路滤波电容器上仍有较高的充电电压，放电需要一定时间，一般为5～10min，必须等待充电指示灯熄灭，并用电压表测试确认充电电压低于DC25V以下后才能开始作业。每次维护完毕后，要认真检查其内部有无遗漏的工具、螺钉及导线等金属物，然后才能将外盖盖好，恢复原状，做好通用准备。典型的检查项目简单介绍如下。

① 内部清扫　首先应对通用变频器内部各部分进行清扫，最好用吸尘器吸取内部尘埃，吸不掉的东西用软布擦拭，因为在运行过程中可能有灰尘、异物等落入，清扫时应自上而下进行，主回路元件的引线、绝缘端子以及电容器的端部应该用软布小心地擦拭。冷却风扇系统及通用道部分应仔细清扫，保持变频器内部的整洁及风道的畅通。但如果是故障维修前的清扫，应一边吸尘一边观察可疑的故障部位，对于可疑的故障点应做好标记，保留故障印迹，以便进一步判断故障，有利于维修。

② 紧固检查　由于通用变频器运行过程中常因温度上升、振动等引起主回路元器件、控制回路各端子及引线松动/腐蚀、氧化、接触不良、断线等，所以要特别注意进行紧固检查。对于有锡焊的部分、压接端子处应检查有无脱落/松弛、断线、腐蚀等现象。还应检查框架结构有无松动，导体、导线有无破损、变异等。检查时可用螺丝刀、小锤轻轻地叩击给以振动，检查有无异常情况产生，对于可疑点应采用万用表测试。

③ 电容器检查　检查滤波电容器有无漏液，电容量是否降低。高性能的通用变频器带有自动指示滤波电容容量的功能，面板可显示出电容量及出厂时该电容器的容量初始值，并显示容量降低率，推算电容器寿命等。若通用变频器无此功能，则需要采用电容测量仪测量电容量，测出的电容量应大于初始电容量的85%，否则应予以更换。对于浪涌吸收回路的浪涌吸收电容器、电阻器应检查有无异常、二极管限幅器、非线性电阻等有无变色、变形等。

④ 控制电路板检查　对于控制电路板的检查应注意连接有无松动、电容器有无漏液、板上线条有无锈蚀、断裂等。控制电路板上的电容器，一般是无法测量其实际容量的，只能按照其表面情况、运行情况及表面温升推断其性能优劣和寿命。若其表面无异常现象发生，则可判定为正常。控制电路上的电阻、电感线圈、继电器、接触器的检查，主要看有无松动和断线。

⑤ 绝缘电阻的测定　通用变频器出厂时，已进行过绝缘测试，用户一般不再进行绝缘测试。但经过一段运行时间后，检修时需要

做绝缘电阻测试时，应按下列步骤进行，否则可能会损坏通用变频器。测定前应拆除通用变频器的所有引出线。

a．主回路绝缘电阻的测试。在做主回路绝缘电阻的测试时，应保证断开主电源，并将全部主电路端子，包括进线端（R、S、T或L_1、L_2、L_3）和出线端（U、V、W）及外接电阻端子短路，以防高压进入控制电路。将500V绝缘电阻表接于公共线和大地（PE端）间，绝缘电阻表指示值大于5MΩ为正常。

电动机电缆绝缘的测量方法是将电动机电缆从变频器的U、V、W端子和电动机上拆下，测量相间和相对地（外皮）绝缘电阻，其绝缘电阻应大于5MΩ。

电源电缆绝缘检测的方法是将电源电缆与变频器的R、S、T或L_1、L_2、L_3端子及电源分开，测量相间和相对地绝缘电阻，其绝缘电阻应大于5MΩ。

电动机绝缘检测的方法是将电动机与电缆拆开连接，在电动机接线盒端子间，测量电动机各绕组绝缘电阻，测量电压不得大于1000V，但也不得小于电源电压，绝缘电阻应大于1MΩ。

b．控制电路绝缘电阻的测量。为防止高压损坏电子元件，不要用绝缘电阻表或其他有高电压的仪器进行测量，应使用万用表的高阻挡测量控制电路的绝缘电阻，测量值大于1MΩ为正常。

c．外接线路绝缘电阻的测量。为了防止绝缘电阻表的高压加到变频器上，测量外接线路的绝缘电阻时，必须把需要测量的外接线路从变频器上拆下后再进行测量，并应注意检查绝缘电阻表的高压是否有可能通过其他回路施加到变频器上，如有，则应将所有有关的连线拆下。

⑥ 保护回路动作检查　在上述检查项目完成后，应进行保护回路动作检查。使保护回路经常处于安全工作状态，这是很重要的。因此必须检查保护功能在给定值下的动作可靠性，通常应主要检查的保护功能如下。

a．过电流保护功能的检测。过电流保护是通用变频器控制系统发生故障动作最多的回路，也是保护主回路元件和装置最重要的回路。一般是通过模拟过载，调整动作值，试验在设定过电流值下能可靠动作并切断输出。

b．缺相、欠电压保护功能检测。电源缺相或电压非正常降低时，将会引起功率单元换流失败，导致过电流故障等，必须立刻检测出缺相、欠电压信号，切断控制触发信号进行保护。可在通用变频器电源输入端通过调压器给通用变频器供电，模拟缺相、欠电压等故障，观察通用变频器的缺相、欠电压等相关的保护功能是否正确工作。

12.3.2 通用变频器的基本检测

由于通用变频器输入/输出侧的电压和电流中均含有不同程度的谐波含量，用不同类别的测量仪表会测量出不同的结果，并有很大差别，甚至是错误的。因此，在选择测量仪表时应区分不同的测量项目和测试点，选择不同类型的测量仪表，如图12-21所示，推荐采用的仪表类型见表12-2。此外，由于输入电流中包括谐波，测量功率因数时不能用功率因数表测量结果，而应当采用实测的电压、电流值通过计算得到。

表12-2 主电路测量时推荐使用的仪表

测定项目	测定位置	测定仪表	测定值的基准
电源侧电压U_1和电流I_1	R-S、S-T、T-R间和R、S、T中的线电流	电磁式仪表	通用变频器的额定输入电压和电流值
电源侧功率P_1	AT-R、S、T和R-S、S-T、T-R	电动式仪表	P_1=P_{11}+P_{12}+P_{13}（3功率表法）
电源侧功率因数	测定电源电压、电源侧电流和功率后，按有功功率计算，即$\cos\varphi=P_1/\sqrt{3U_1I_1}$		
输出侧电压U_2	U-V、V-W、V-U间	整流式仪表	各相间的差应在最高输出电压的1%以下
输出侧电流I_2	U、V、W的线电流	电磁式仪表	各相的差应在变频器额定电流的10^5以下
输出侧功率P_2	U、V、W和U-V、V-W	电动式仪表	P_2=P_{21}+P_{22}，2功率表法（或3功率表法）
输出侧功率因数	计算公式与电源侧的功率因数一样：$\cos\varphi=P2/\sqrt{3U_1I_1}$		
整流器输出	DC+和DC−间	动圈式仪表（万用表等）	1.35U_1，再生时最大850V（380V级），仪表机身LED显示发光

（1）通用变频器主电路电气量的测量　对通用变频器主电路电气量的测量电路如图12-21所示。通用变频器输入电源是50Hz的交流电源，其测量方法与通用电气测量方法基本相同，但通用变频器的输入/输出侧的电压和电流中均含有谐波分量，应按表12-2选择不同的测量仪表和测试方法，还应注意校正。

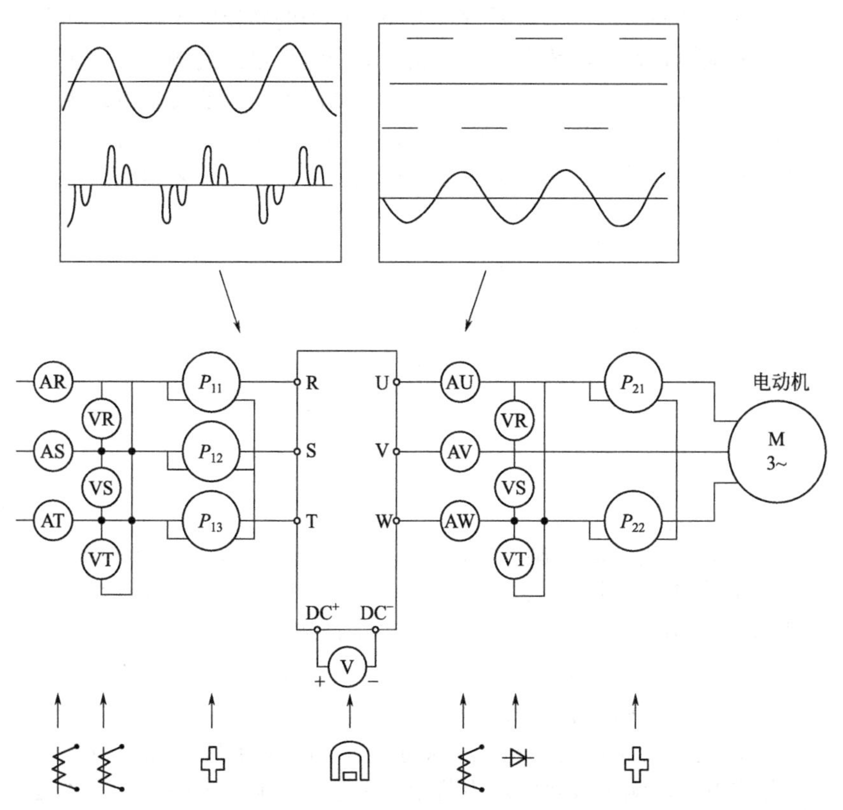

图12-21　通用变频器主电路电气量的测量电路

① 通用变频器输出电流的测量　通用变频器输出电流中含有较大的谐波，而所说的输出电流是指基波电流的均方根值，因此应选择能测量畸变电流波形有效值的仪表，如0.5级电磁式（动铁式）电流表和0.5级电热式电流表，测量结果为包括基波和谐波在内的有效值，当输出电流不平衡时，应测量三相电流并取其算术平均

值，当采用电流互感器时，在低频情况下电流互感器可能饱和，应选择适当容量的电流互感器。

② 通用变频器电压的测量　由于通用变频器的电压平均值正比于电压基波有效值，整流式电压表测得的电压值是基波电压均方根值，并且相对于频率呈线性关系。所以，整流式电压表（0.5级）最适合测量输出电压，需要时可考虑用适当的转换因子表示其实际基波电压的有效值。数字式电压表不适合输出电压的测量。为了进一步提高输出电压的测量精度，可以采用阻容滤波器与整流式电压表配合的方式，如图12-22所示。输入电压的测量可以使用电磁式电压表或整流式电压表。考虑会有较大的谐波，推荐采用整流式电压表。

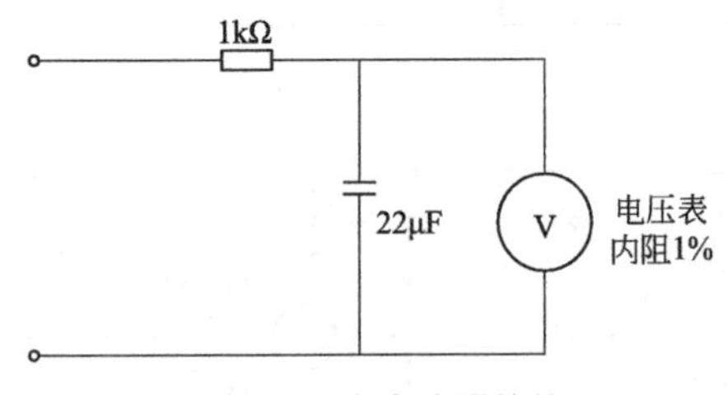

图12-22　阻容滤波器的使用

③ 通用变频器的输入/输出功率的测量　通用变频器的输入/输出功率应使用电动式功率表或数字式功率表测量，输入功率采用3功率表法测量，输出功率可采用3功率表法或2功率表法测量。当三相不对称时，用2功率表法测量将会有误差。当不平衡率>5%额定电流时，应使用3功率表测量。

④ 通用变频器输入电流的测量　通用变频器输入电流应使用电磁式电流表测量有效值。为防止由于输入电流不平衡时产生的测量误差，应测量三相电流，并取三相电流的平均值。

⑤ 功率因数的测量　对通用变频器而言，由于输入电流中包括谐波，功率因数表测量会产生较大误差，因此应根据测量的功率、电压和电流计算实际的功率因数。另外，因为通用变频器的输出随着频率而变化，除非必要，测量通用变频器输出功率因数无太大意义。

⑥ 直流母线电压的测量　在对通用变频器进行维护时，有时

需要测量直流母线电压。直流母线电压的测量是在通用变频器带负载运行下进行的，在滤波电容器或滤波电容组两端进行测量。把直流电压表置于直流电压正、负端，测量的直流母线电压应等于线路电压的1.35倍，这是实际的直流母线电压。一旦电容器被充电，此读数应保持恒定。由于是滤波后的直流电压，还应将交流电压表置于同样位置测量交流纹波电压，当读数超过5VAC时，则预示滤波电容器可能失效，应采用LCR自动测量仪或其他仪器进一步测量电容器的容量及其介质损耗等，如果电容量低于标称容量的85%时，应予以更换。

⑦ 电源阻抗的影响　当怀疑有较大谐波含量时应测量电源阻抗值，以便确定是否需要加装输入电抗器，最好采用谐波分析仪进行谐波分析，并对系统进行分析判断，当电压畸变率大于4%以上时，应考虑加装交流电抗器抑制谐波，也可以加装直流电抗器，它具有提高功率因数、减小谐波的作用。

⑧ 压频比的测量　测量通用变频器的压频比可以帮助查找通用变频器的故障。测量时应将整流式电表（万用表、整流式电压表）置于交流电压最大量程，在变频器输出为50Hz情况下，在变频器输出端子（U、V、W）处测量送至电动机的线电压，读数应等于电动机的铭牌额定电压；接着，调节变频器输出为25Hz情况下，电压读数应为上一次读数的1/2；再调节变频器输出为12.50Hz运行下，电压读数应为电动机铭牌额定电压的25%。如果读数偏离上述值较大，则应该进一步检查其他相关项目。

⑨ 功率模块漏电流的测量　通用变频器中功率模块的泄漏电流过大，将导致变频器工作不正常或损坏，通过测量功率模块关断时的漏电流，可以判断功率模块是否有故障预兆。功率模块漏电流的测量是在变频器通电并按给定指令运行时，调节变频器输出为0Hz运行下，测量电动机端子间的线电压，这时变频器中的功率模块不应被驱动，但在电动机上可有40V左右的电压或较少的漏电流。如果电压超过60V则应判断功率模块存在故障或表明功率模块有故障预兆，应对其进一步检查。

⑩ 通用变频器效率的测量　通用变频器的效率需要测量输入功率P_1和输出功率P_2，由$\eta=(P_2/P_1)\times100\%$计算。另外，测量时

应注意电压畸变率小于5%，否则应加入交流电抗器或直流电抗器，以免影响测量结果。

（2）主回路整流器和逆变器模块的测试 在通用变频器的输入输出端子R、S、T、U、V、W及直流端子P、N上，如图12-23所示，用万用表电阻挡，变换测试笔的正负极性，根据读数即可判定模块的好坏。一般不导通时，读数为“∞”，导通时为几十欧姆以内。模块的好坏可按表12-3进行判定。

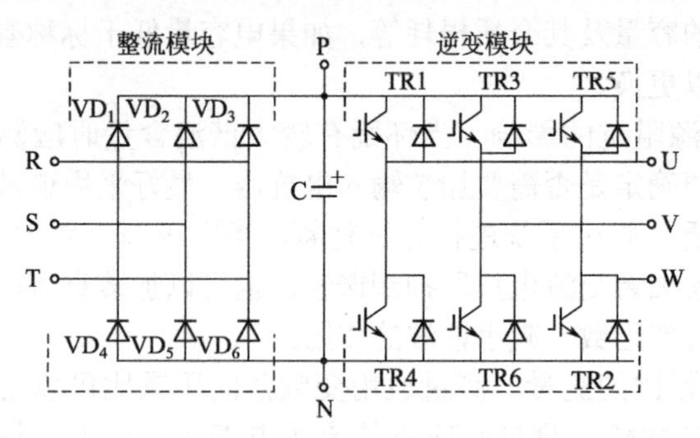

图12-23 主回路整流器和逆变器模块的测试

表12-3 模块测试判别表

测试项目 \ 测试点		电表极性 +	电表极性 −	测定值	测试项目 \ 测试点		电表极性 +	电表极性 −	测定值
整流模块	U1	R	P	不导通	逆变模块	TR1	U	P	不导通
		P	R	导通			P	U	导通
	U2	S	P	不导通		TR3	V	P	不导通
		P	S	导通			P	V	导通
	U3	T	P	不导通		TR5	W	P	不导通
		P	T	导通			P	W	导通
	U4	R	N	导通		TR4	U	N	导通
		N	R	不导通			N	U	不导通
	U5	S	N	导通		TR6	V	N	导通
		N	S	不导通			N	V	导通
	U6	T	N	导通		TR2	W	N	导通
		N	T	不导通			N	W	不导通

（3）异步电动机的日常检查测量 异步电动机是通用变频器控制系统中的重要组成部分，它在运行中由于输入电压、电流和频率的变化，以及摩擦、振动、绝缘老化等原因，难免发生故障。这些故障如果能及时检查、发现和排除，就能有效地防止事故的发生，否则将直接影响通用变频器的安全运行，引发通用变频器故障，甚至损坏。对于异步电机的日常维护检查，主要靠声音、嗅觉和手感判断其是否有异常存在，以便进一步采取措施，相关检查参见电动机相关章节。

12.3.3 常见变频器故障诊断和处理措施

（1）安邦信AMB-G9/P9故障异常诊断和处理措施 当AMB-G9检测出一个故障时，在键盘上显示该故障，同时故障接点输出和电动机自由停车。此时须检查下表内的故障原因和采取纠正措施。

为了重新启动，接通复位输入信号或按STOP/RESET键，或者使主回路电源断开一次，使该故障停止或复位。当输入正向（反向）运行命令时，变频器是不能接收故障复位信号的。一定要在断开正向（反向）运行命令后复位。在故障显示中若要改变监视参数，首先按DSPL进入监视状态，再按▲或▼键选择监视参数代码，后按ENTER键，察看故障时的参数值。

故障异常诊断及纠正措施见表12-4。

表12-4 故障异常诊断及纠正措施

故障显示	内 容	说 明	对 策
UV1	主回路欠电压	运转中直流主回路电压不足检测电平：$U \leqslant 320V$	
UV2	控制电路欠电压	运行期间控制电路的电压不足	检查电源电压并改正
UV3	充电回路不良	可控硅未全开启	检查充电回路
OC	过电流	输出超过OC的检测标准	① 检查电机 ② 加长加减速时间

续表

故障显示	内容	说明	对策
OV	过电压	主回路直流电压超过OV标准	加长减速时间
GF	接地	输出侧接地电流超过额定的50%	① 检查电动绝缘有无劣变 ② 检查变频器和电机之间 ③ 连线有无损坏
PUF	主回路故障	晶体管故障或者快熔烧断	检查是否输出短路、接地
OH1*	散热器过热	散热器温度超过允许值（散热器温度≥OH1检测值）	检查风机和周围温度
OH2	散热器过热	散热器温度超过允许值（散热器温度≥OH2检测值）	检查风机和周围温度
OL1	电机过载	变频器输出超过电机过载值	减少负载
OL2	变频器过载	变频器输出超过变频器过载值	减少负载，延长加速时间
OL3*	过转矩检测	变频器输出电流超过转矩检测值（参数F062：过转矩检测基准）	减少负载，延长加速时间
SC	负载短路	变频器输出负载短路	① 检查电机线圈电阻 ② 检查电机绝缘
EF0	来自串行通讯的外部故障	外部控制电路内产生故障	检查外部控制电路
EF2	端子S2上的外部故障		
EF3	端子S3上的外部故障		
EF4	端子S4上的外部故障		

续表

故障显示	内容	说明	对策
EF5	端子S5上的外部故障	外部控制电路内产生故障	检查输入端子的情况，如果未使用此端子而其仍然有故障时，更换变频器
EF6	端子S6上的外部故障		
SP1	主回路电流波动过大	变频器输入缺相或输入电压不平衡	检查电源电压和输入端子线螺丝
SPO	输出缺相	变频器输出缺相	检查输出接线，电机绝缘和输出侧螺丝
CE*	MODBUS传送故障	未收到正常控制信号	检查传输设备或信号
CPF0	控制回路故障1	通电5s后变频器和键盘之间传输仍不能建立 MPU外部元件检查故障（刚送电时）	① 再次插入键盘 ② 检查控制电路的接线 ③ 更换插件板
CPF1	控制回路故障2	通电后变频器和键盘之间的传输连通了一次，但以后的传输故障连续了2s以上 MPU外部元件检查故障（在操作时）	① 再次插入键盘 ② 检查控制电路的接线 ③ 更换插件板
CPF4	E2PROM故障	变频器的控制部分故障	更换控制板
CPF5	A/D转换器故障		

（2）艾默生TD-1000故障诊断和处理方法 艾默生TD-1000故障类型和处理方法见表12-5。

表12-5 艾默生TD-1000故障类型和处理方法

故障代码	故障类型	可能的故障原因	对策
E001	加速中过电流	① 加速时间短 ② V/F曲线不合适 ③ 瞬停发生时，对旋转中电机实施再启动 ④ 外部接线错误	① 请延长加速时间 ② 检查并调整V/F曲线调整转矩提升量 ③ 等待电机停止后再启动 ④ 正确接线

续表

故障代码	故障类型	可能的故障原因	对策
E002	减速运行过电流	减速时间太短	请延长减速时间
E003	恒速运行中过电流	① 负载发生突变 ② 负载异常	① 减小负载的突变 ② 进行负载检查
E004	变频器加速中过电压	① 输入电压异常 ② 瞬停发生时，对旋转中电机实施再启动	请检查输入电源
E005	变频器减速运行过电压	① 减速时间短（相对于再生能量） ② 能耗制动电阻选择不合适 ③ 输入电压异常	① 延长减速时间 ② 重新选择制动电阻 ③ 检查输入电压
E006	变频器恒速运行过电压	① 输入电压发生了异常变动 ② 负载由于惯性产生再生能量	① 安装输入电抗器 ② 考虑能耗制动电阻
E007	变频器停机时控制电压过压	输入电压异常	检查输入电压
E008 E009 E010	保留		
E011	散热器过热	① 风扇损坏 ② 风道阻塞 ③ IGBT异常	① 更换风扇 ② 清理风道 ③ 寻求服务
E012	保留		
E013	变频器过载	① 进行急加速 ② 直流制动量过大 ③ V/F曲线不合适 ④ 瞬停发生时，对还在旋转中的电机进行了启动 ⑤ 负载过大 ⑥ 电网电压过低	① 请延长加速时间 ② 适当减小直流制动电压，增加制动时间 ③ 调整V/F曲线 ④ 等电机停稳后，再启动 ⑤ 选择适配的变频器 ⑥ 检查电网电压

续表

故障代码	故障类型	可能的故障原因	对　策
E014	电机过载	① V/F曲线不合适 ② 电机堵转或负载突变过大 ③ 通用电机长期低速大负载运行 ④ 电网电压过低	① 调整V/F曲线 ② 检查负载 ③ 长期低速运行，可选择专用电机 ④ 检查电网电压
E015	外部设备故障	通过XI端子输入的外部设备故障中断，非操作面板运行方式下，使用急停STOP键	检查相应外部设备
E016	E2PROM读写故障	控制参数的读写发生错误	寻求服务
E017	R-S485通讯错误	采用串行通信的通讯错误	寻求服务
E018	保留		
E019	电流检测电路故障	① 霍尔器件损坏 ② 辅助电源损坏	寻求服务
E020	CPU错误	干扰或主控板DSP读写错误	寻求服务
E021	闭环反馈故障	① 闭环反馈断线 ② 测速发电机损坏	① 检查反馈信号线 ② 检查测速发电机
E022	外部给定故障	外部电压/电流给定信号断线	检查处部电压/电流给定信号线

（3）中源矢量型变频器ZY-A900故障诊断和处理方法　变频器发生故障时，不要立即复位运行而要查找原因，彻底排除故障。中源矢量型变频器ZY-A900常见故障处理见表12-6。

表12-6 中源矢量型变频器ZY-A900常见故障处理

故障代码	故障类型	可能的故障原因	对策
OC	过电流保护	① 加速时间太短 ② 输出侧短路 ③ 电机堵转 ④ 电机负载过重 ⑤ 电机参数辨识不准确	① 延长加速时间 ② 电机电缆是否破损 ③ 检查电机是否超载 ④ 降低V/F补偿值 ⑤ 正确辨识电机参数
OL1	变频器过载保护	负载过重	① 降低负载 ② 检查机械设备装置 ③ 加大变频器容量
OL2	电机过载保护	负载过重	① 降低负载 ② 检查机械设备装置 ③ 加大变频器容量
OE	直流过电压保护	① 电源电压过高 ② 负载惯性过大 ③ 减速时间过短 ④ 电机惯量回升 ⑤ 能耗制动效果不理想 ⑥ 转速环P1参数设置不合理	① 检查是否输入额定电压 ② 加装制动电阻（选用） ③ 增加减速时间 ④ 检查制动电路 ⑤ 提升能耗制动效果 ⑥ 合理设置转速环P1参数
PF1	输入缺相保护	输入电源缺相	① 检查电源输入是否正常 ② 检查参数设置是否正确
LU	欠电压保护	输入电压偏低	① 检查电源电压是否正常 ② 检查参数设置是否正确
OH	变频器过热保护	① 环境温度过高 ② 散热片太脏 ③ 安装位置不利通风 ④ 风扇损坏 ⑤ 载波频率或者补偿曲线偏高	① 改善通风 ② 清洁进出风口及散热片 ③ 按要求安装 ④ 更换风扇 ⑤ 降低载波频率或者补偿曲线
ERR1	密码错误	在密码有效时，密码设置错误	请正确输入用户密码
ERR2	参数测量错误	参数测量时未接电机	请正确接上电机
ERR3	运行前电流故障	在运行前已经有电流报警信号	① 检查排线连接是否可靠 ② 请求厂家服务
ERR4	电流零点偏移故障	① 排线松动 ② 电流检测器件损坏	① 检查并重新插接排线 ② 请求厂家服务

第13章 电机维修实例图解

13.1 电机拆卸过程

13.1.1 接线盒拆卸

电机接线盒的拆卸如图13-1所示。

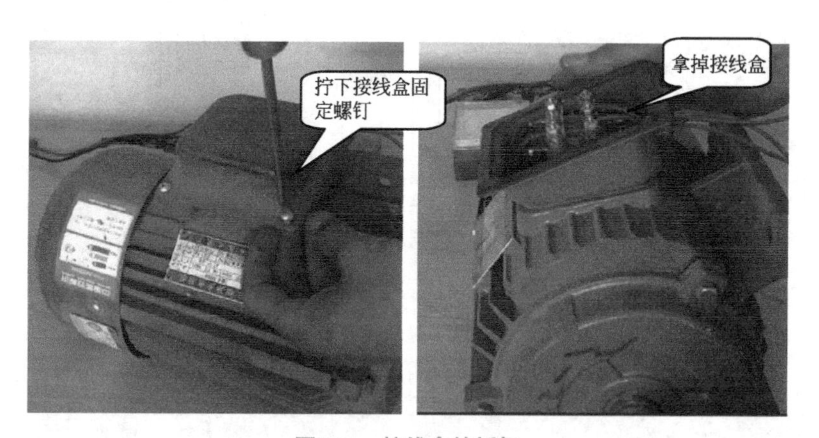

图13-1 接线盒的拆卸

13.1.2 风扇罩与风扇拆卸

风扇罩的拆卸如图13-2所示。

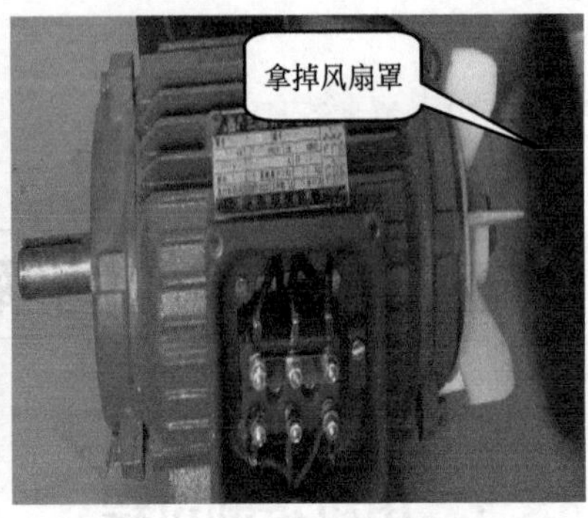

图13-2　风扇罩的拆卸

风扇的拆卸如图13-3所示。

图13-3　风扇的拆卸

13.1.3　端盖与转子拆卸

端盖与转子拆卸如图13-4所示。

图13-4　端盖与转子拆卸

13.2 电机定子线圈的拆卸与槽清理

13.2.1 绕组拆卸

绕组的拆卸如图 13-5 所示。

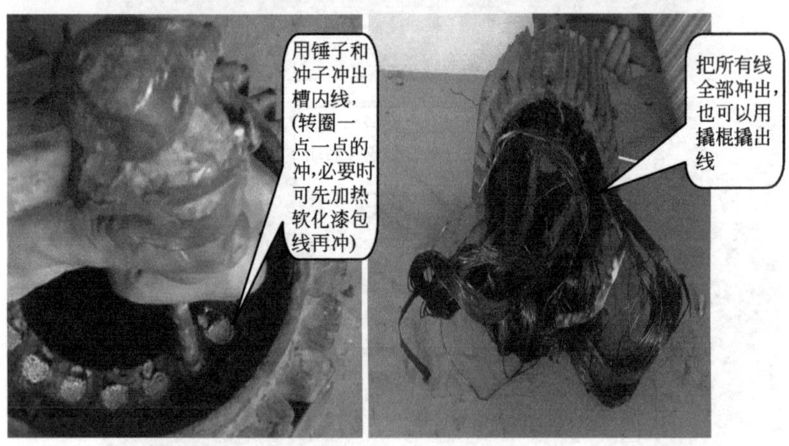

图13-5 绕组的拆卸

13.2.2 槽的清理

槽的清理如图13-6所示。

图13-6　槽的清理

13.3　线圈的绕制与绝缘槽楔的制备

13.3.1 线圈的绕制

（1）记录原始数据　记录原始数据过程如图13-7所示。

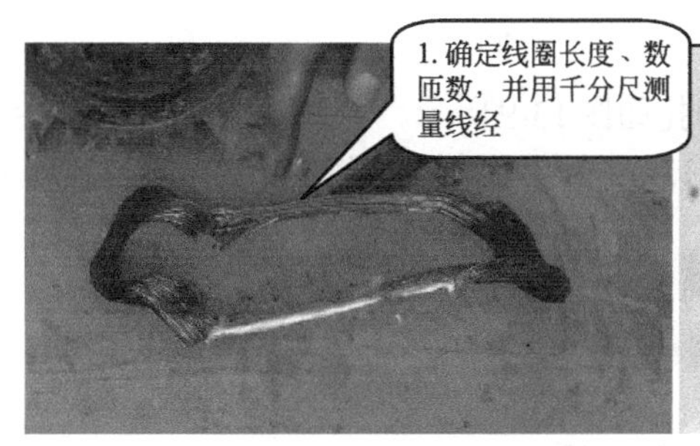

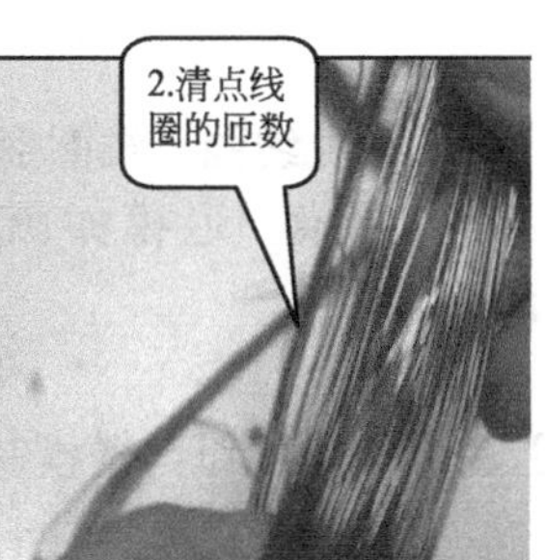

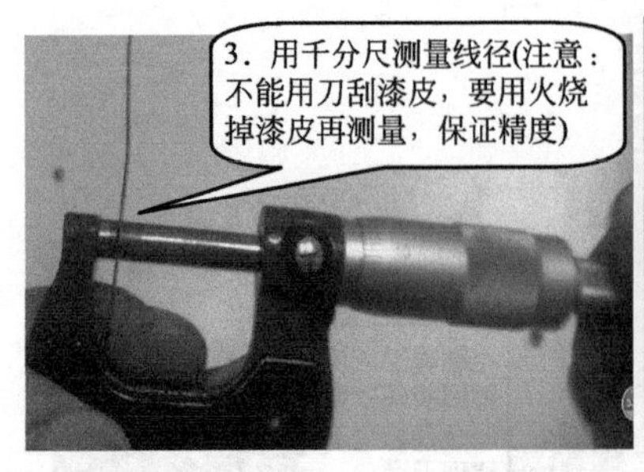

图13-7　记录原始数据过程

（2）线圈绕制　线圈绕制如图13-8所示。

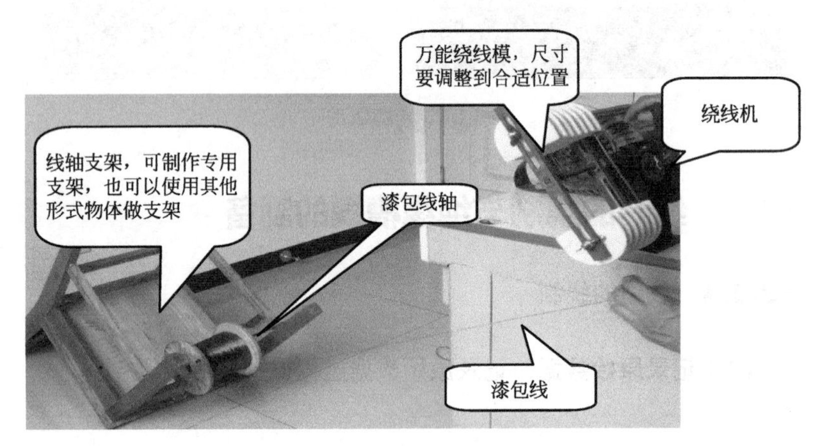

图13-8　线圈绕制

（3）捆扎线圈　线圈捆扎如图13-9所示。

（4）退模　退模如图13-10所示，绕制好的线圈如图13-11所示。

13.3.2　绝缘纸与槽楔制备

绝缘纸与槽楔制备如图13-12所示。

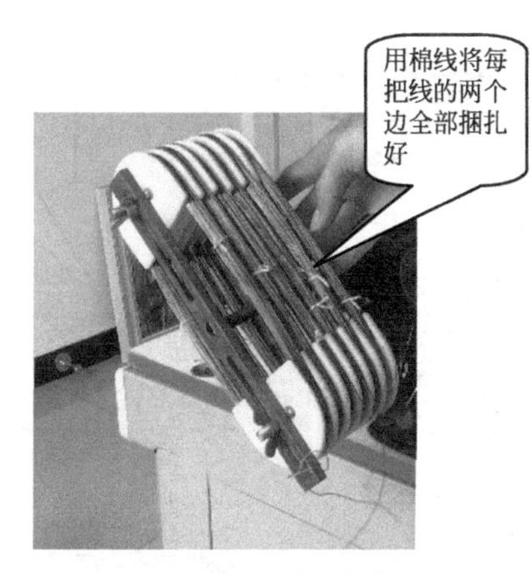

图13-9　线圈捆扎

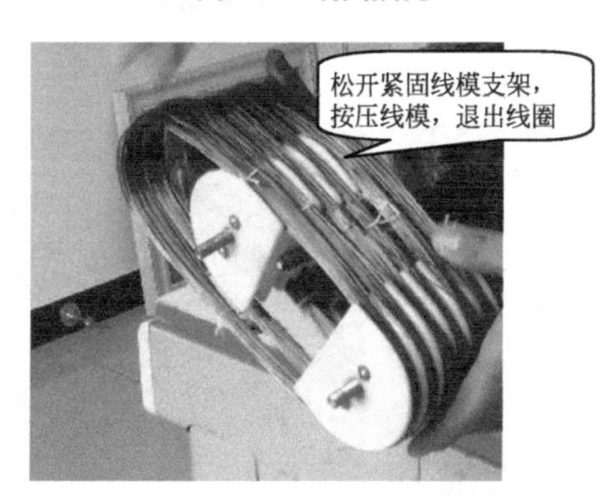

图13-10　退模

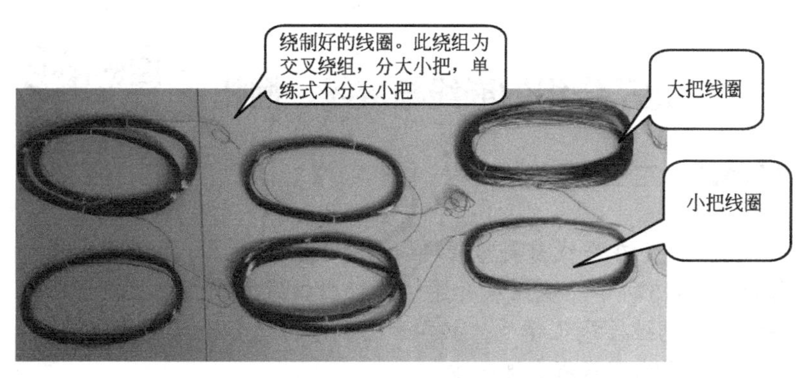

图13-11　绕好的线圈

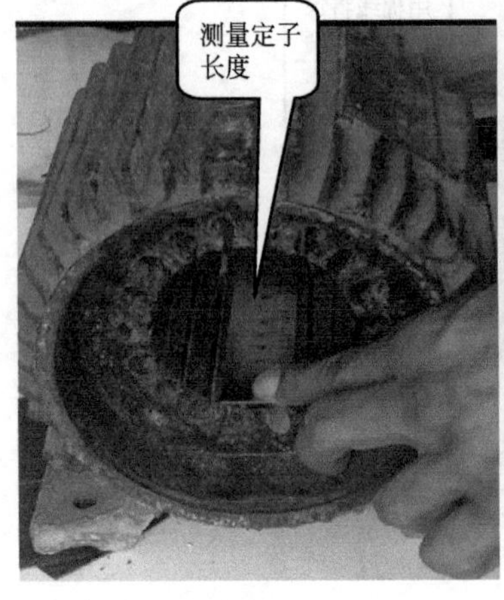

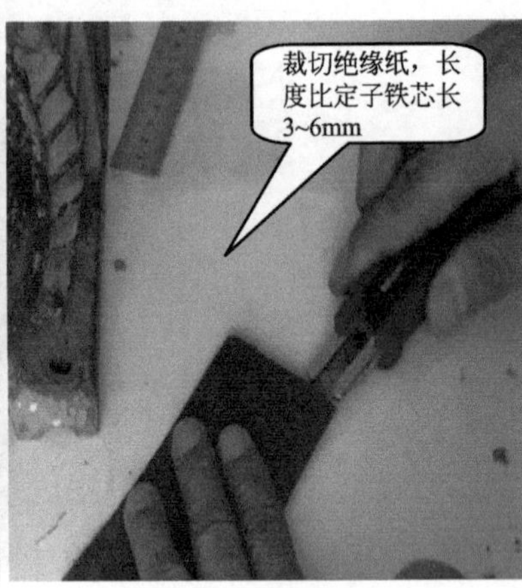

图13-12　绕制线绝缘处理

13.4　定子绕组的嵌线与接线、捆扎

13.4.1　定子绕组嵌线过程

【提示】 在嵌线前要掌握绕组展开图和布线图。展开图和布线图如图13-13所示。绕组展开图详细标出接线方式，绕组布线图可详细标出绕组接线几槽位，初学者要多学习掌握展开图和布线图，知道规律后就可以省去这一步。

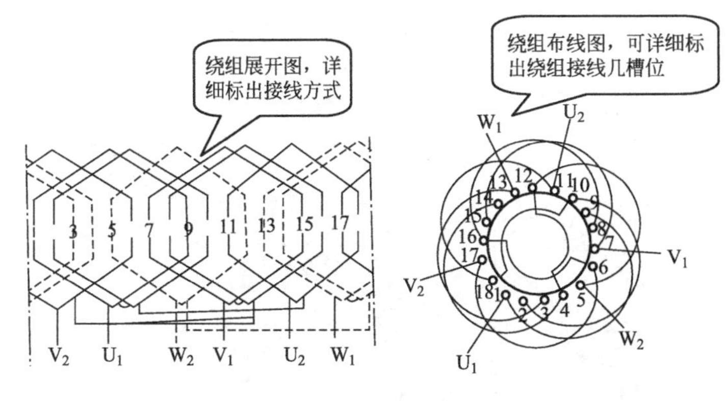

图13-13　展开图和布线图

13.4.2　嵌线

嵌线可以采用正嵌法，也就是1/2/3/4……以此类推。也可以采用倒嵌法 2、1/18/17/16……以此类推，依照个人习惯嵌线。下面采用正嵌法嵌线。

（1）嵌9/10槽线　如图13-14所示，嵌线方法如图13-15～图13-21所示。

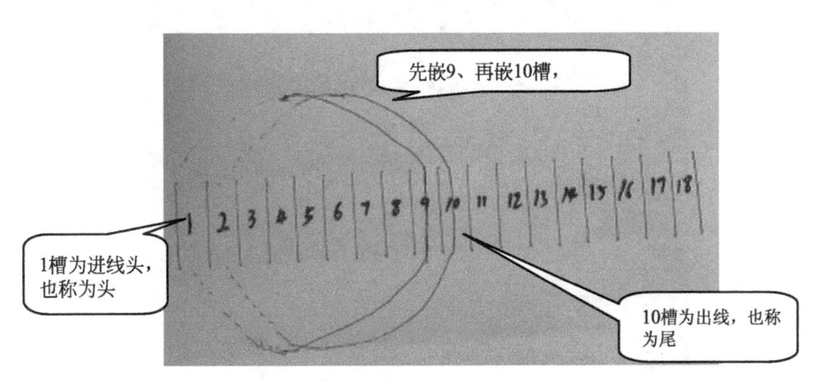

图13-14　先嵌A相9、10槽展开图

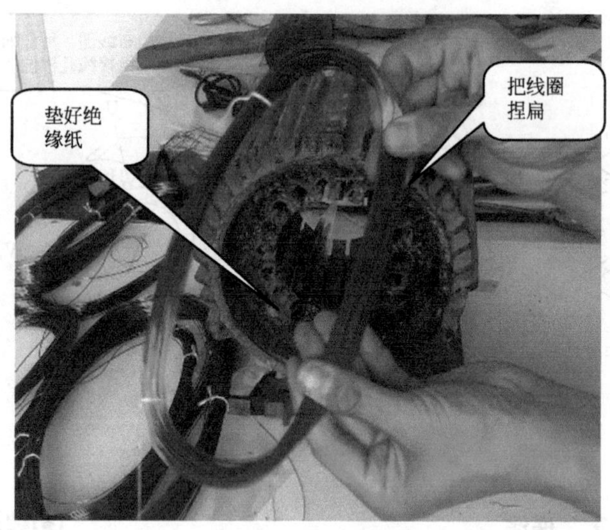

图13-15　捏线

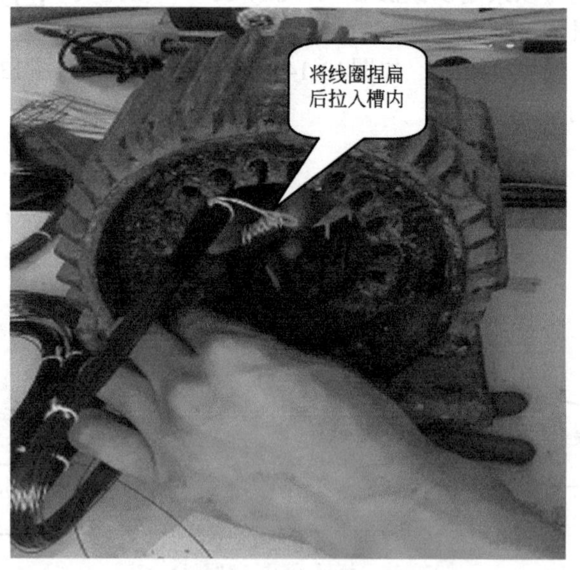

图13-16　拉线

图13-17　划线

图13-18　裁切绝缘纸

图13-19 嵌入槽楔

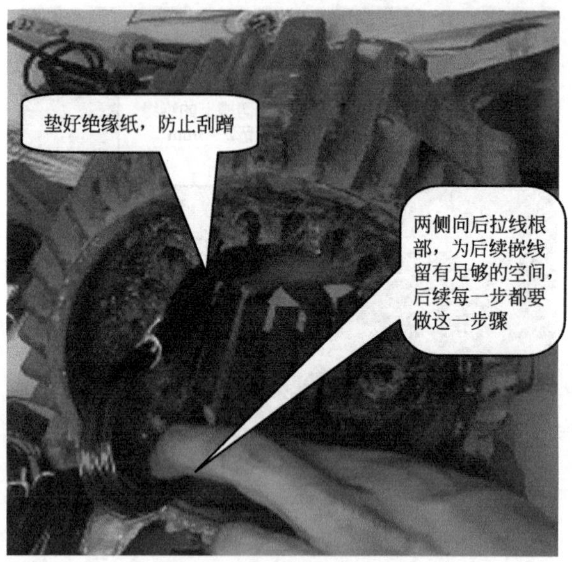

图13-20 向后拉线根

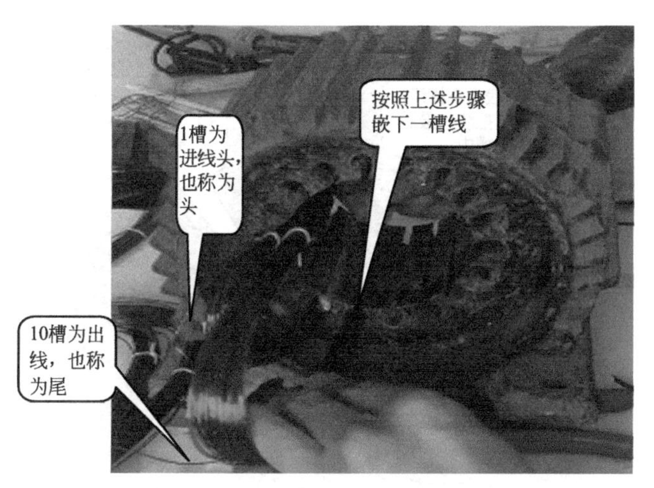

图13-21　嵌入后槽线

（2）隔开1槽嵌C相12槽　如图13-22和图13-23所示。

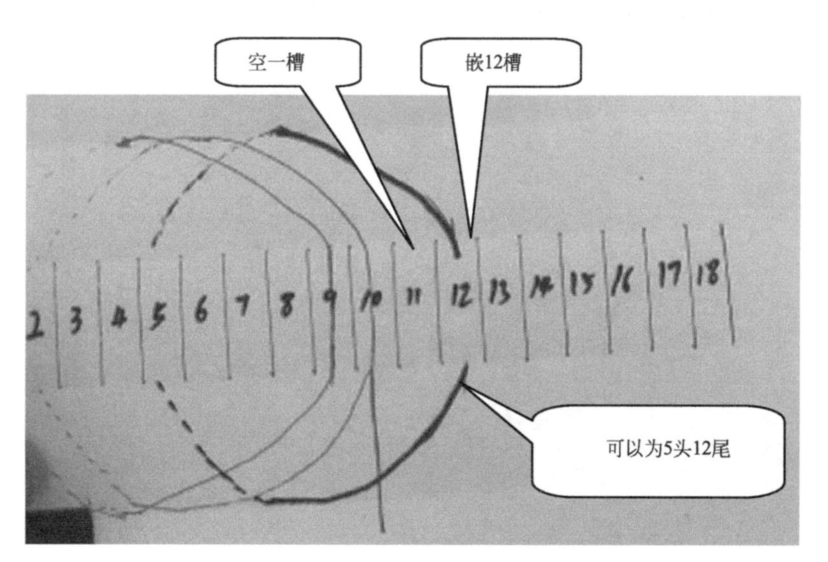

图13-22　隔开1槽嵌C相12槽展开图

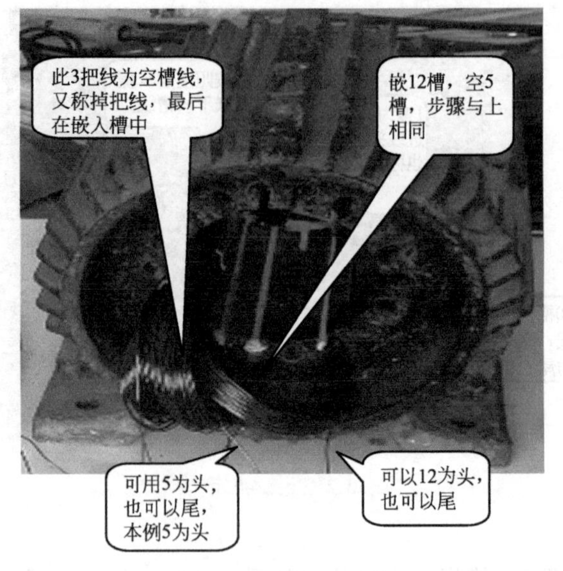

图13-23　嵌好的12槽

（3）隔开2个槽嵌B相15/16、7、8槽　如图13-24～图13-26所示。

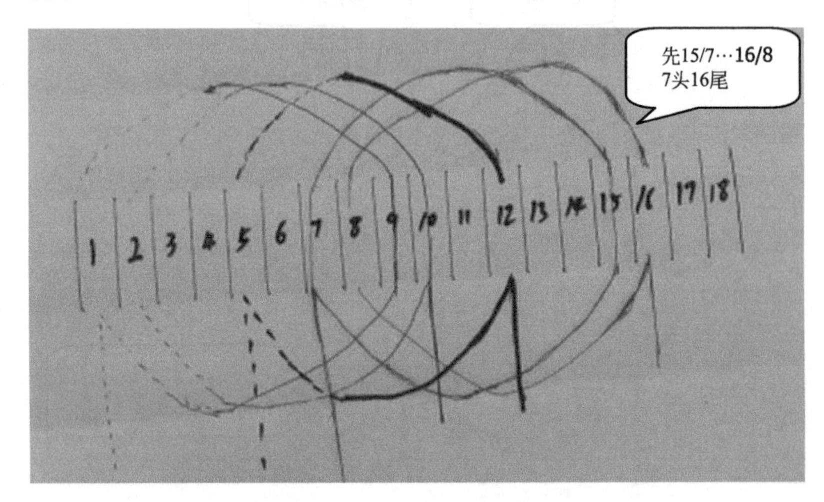

图13-24　嵌15/7、16/8展开图

图13-25　嵌好15/7

图13-26　嵌好的16 /8

（4）隔开一槽嵌A相18/11槽　10槽为出线，称为尾，进18槽，出线在11槽。如图13-27和图13-28所示。

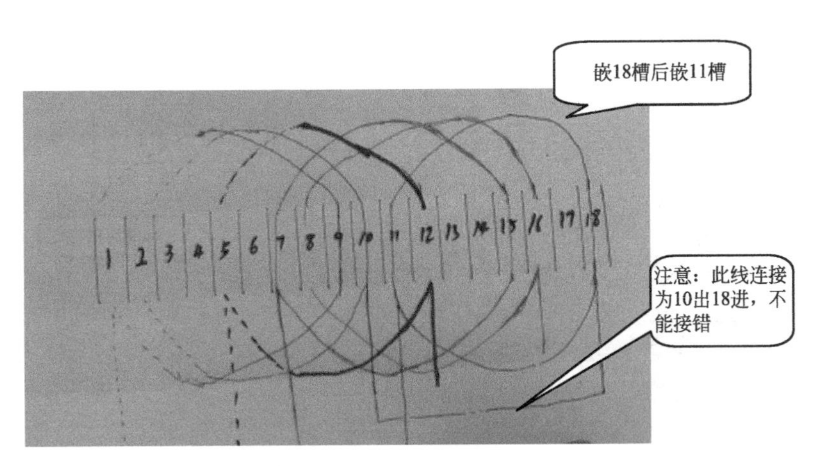

图13-27　嵌18/11展开图

图13-28　嵌好18/11

（5）隔开两个槽，嵌C相的13、14，3、4槽，注意接线不能错　如图13-29、图13-30所示。

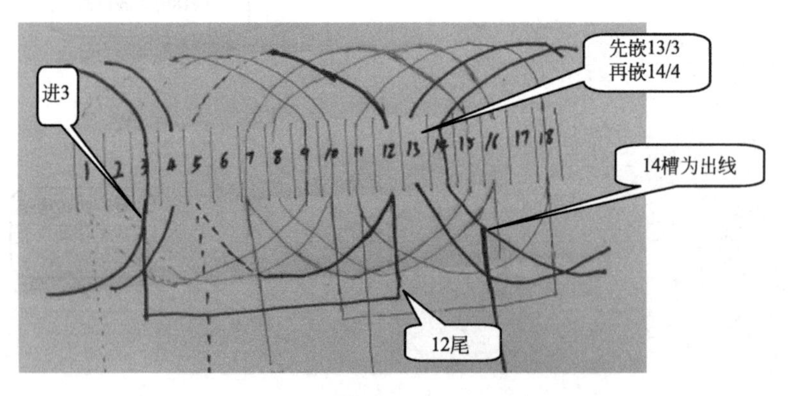

图13-29　嵌13 /3、14/4展开图

图13-30 嵌好13/14、3/4

（6）隔开一个槽嵌B相的6、17线圈、注意接线不能错 如图13-31和图13-32所示。

（7）嵌A相的1 2槽，压槽 如图13-33和图13-34所示。

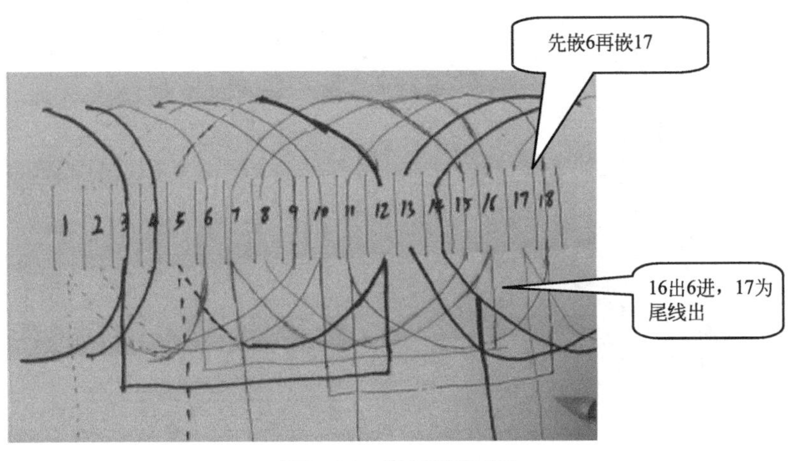

图13-31 嵌17/6展开图

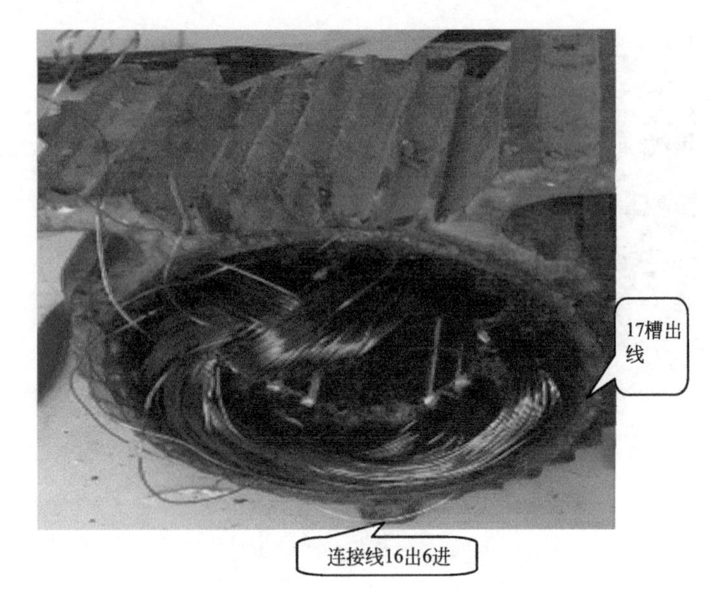

图13-32　嵌好的17/6

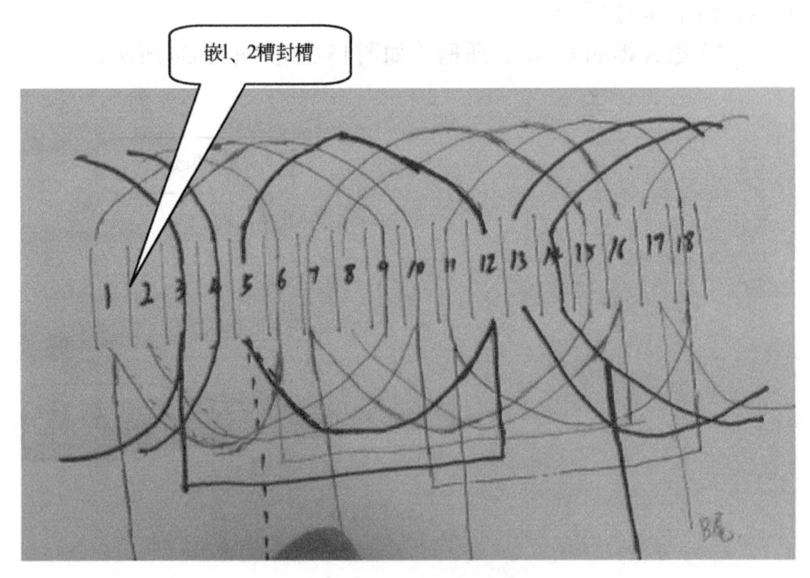

图13-33　嵌1、2展开图

图13-34　嵌好的1、2槽

（8）嵌C相的5槽封槽　如图13-35和图13-36所示。

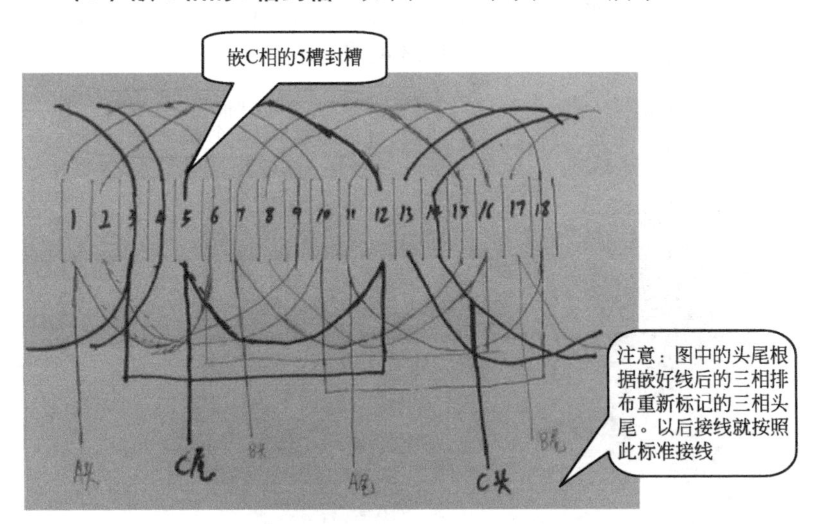

图13-35　嵌C相的5槽封槽展开图

图13-36　嵌好5槽线后全部封槽

13.4.3　绕组判断与接线

当所有线全部嵌好后，就可以用万用表测量每个线头，找出每项绕组的头尾。如图13-37～图13-41所示。

图13-37　万用表测量每个线头

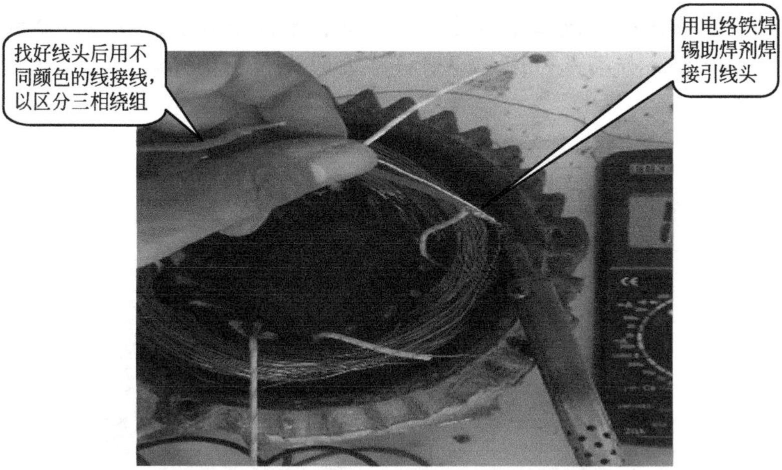

找好线头后用不同颜色的线接线，以区分三相绕组
用电络铁焊锡助焊剂焊接引线头

图13-38　焊接引线头

焊接好的连线
套绝缘管
注意：线焊接好后，根据每个绕组找出头和尾

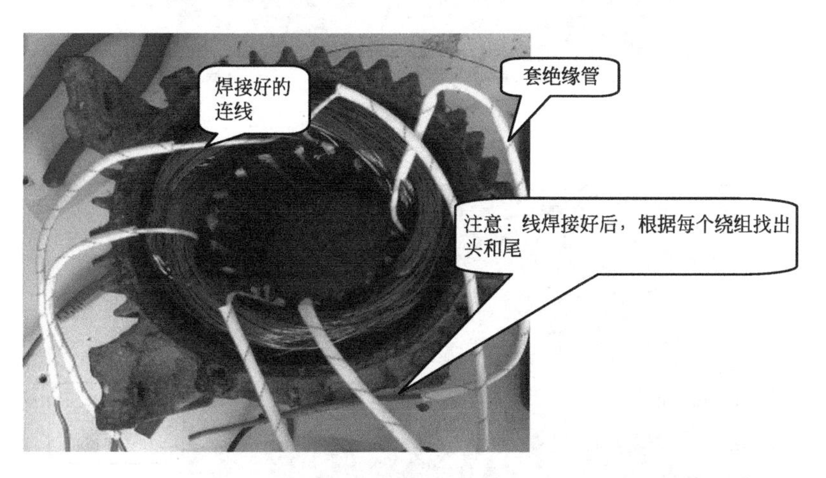

图13-39　套绝缘管

【窍门】焊接好线后，根据每个绕组找出头和尾，先假定一个绕组的头，找到此线圈的另一个边槽，其槽内侧的第一个头就是第二相的头，找到第二相头后，找到对应的另一边线槽，其内侧对一个头即为第三相的头，此方法非常方便。后续如果为星型连

接，则将三个头或三个尾连接在一起，来做中线点，另外三个线头接相线。如果是△连接，则将临近的头和尾相接后接相线就可以了。

图13-40　整理连接线

图13-41　穿出接线

13.4.4 垫相间绝缘与绕组的捆扎

（1）垫相间绝缘 如图13-42和图13-43所示。

图13-42 裁切绝缘纸

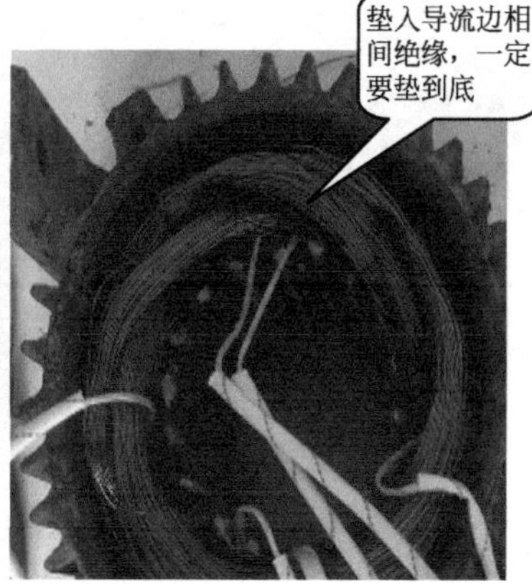

图13-43 垫入相间绝缘

（2）捆扎与整理 如图13-44～图13-47所示。

图13-44 线端的捆扎

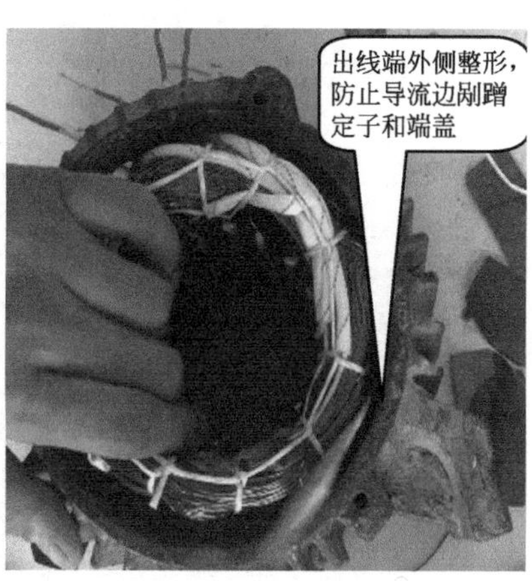

图13-45 外侧整形

图13-46　内侧整形

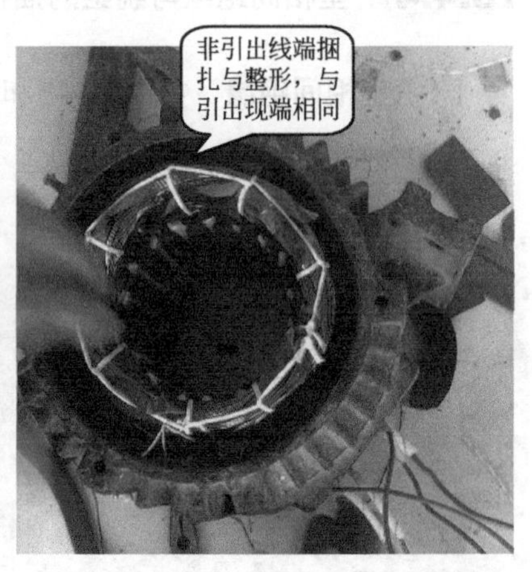

图13-47　非引出线端捆扎

13.4.5　绕组的浸漆

（1）预加热　如图13-48所示。

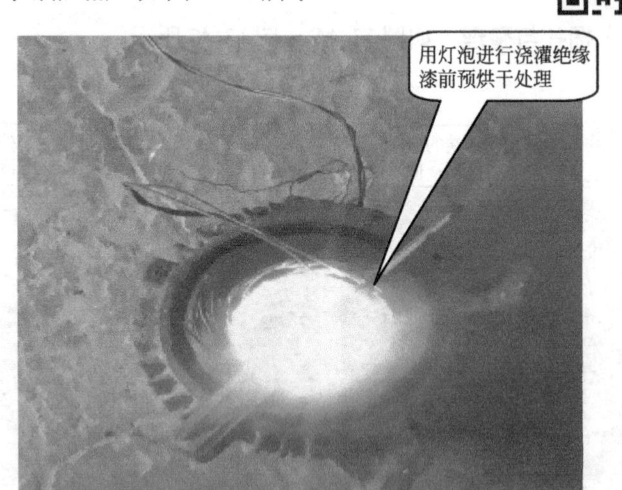

图13-48　预烘干处理

（2）浇灌绝缘漆　如图13-49所示。

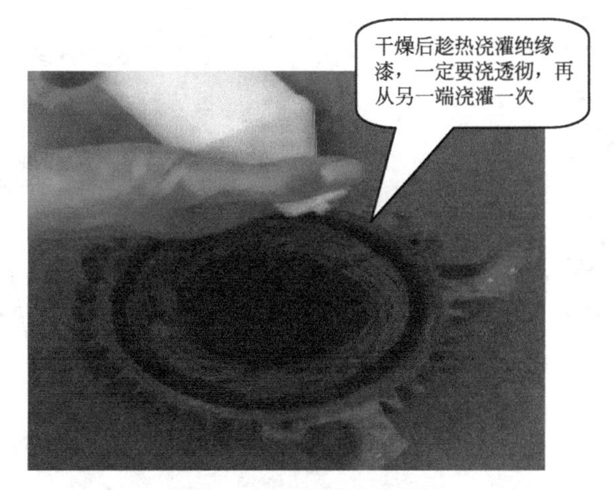

图13-49　干燥后趁热浇漆

（3）烘干处理　如图13-50所示。

图13-50　烘干处理

13.4.6　绝缘检测

绝缘检测如图13-51所示，三相、单相电动机绝缘判断可扫二维码学习。

图13-51　绝缘检测

13.5　电机的组装

13.5.1　端盖与转子的组装

端盖与转子组装如图13-52～图13-56所示。

图13-52　组装端盖与转子

图13-53　安装端盖

图13-54　安装端盖紧固螺钉

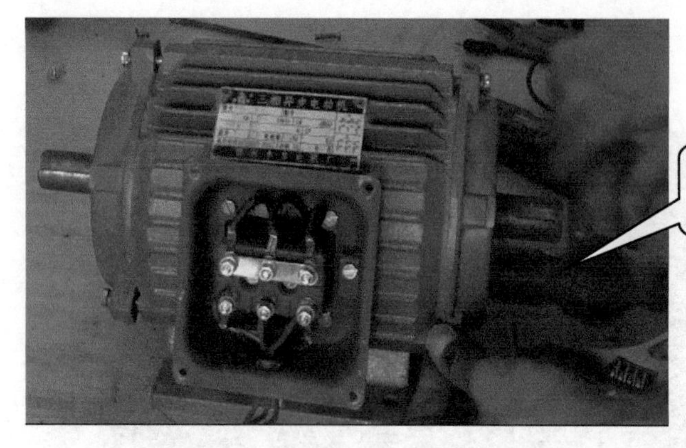

图13-55　用手锤转圈敲打端盖

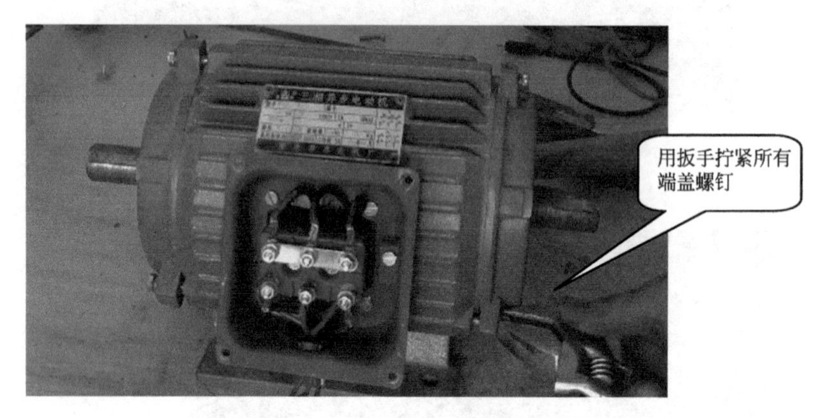

图13-56　用扳手拧紧所有端盖螺钉

13.5.2　风扇与风扇罩的组装

风扇与风扇罩组装如图13-57、图13-58所示。

13.5.3　出线端子接线与线端盖安装

出线端子接线与线端盖安装如图13-59、图13-60所示。

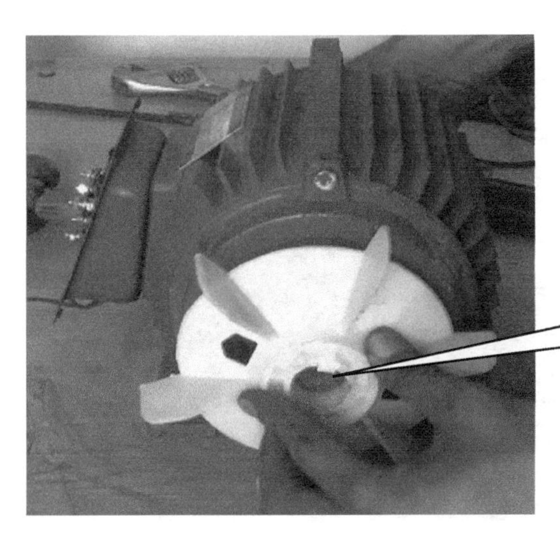

图13-57　安装风扇

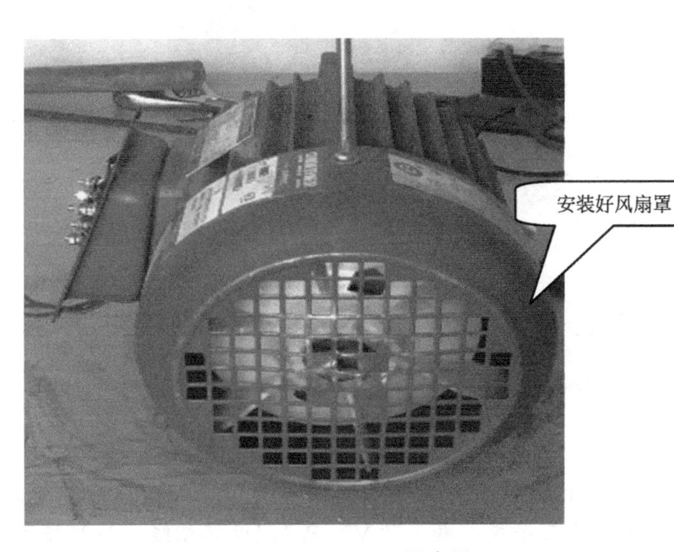

图13-58　风扇罩

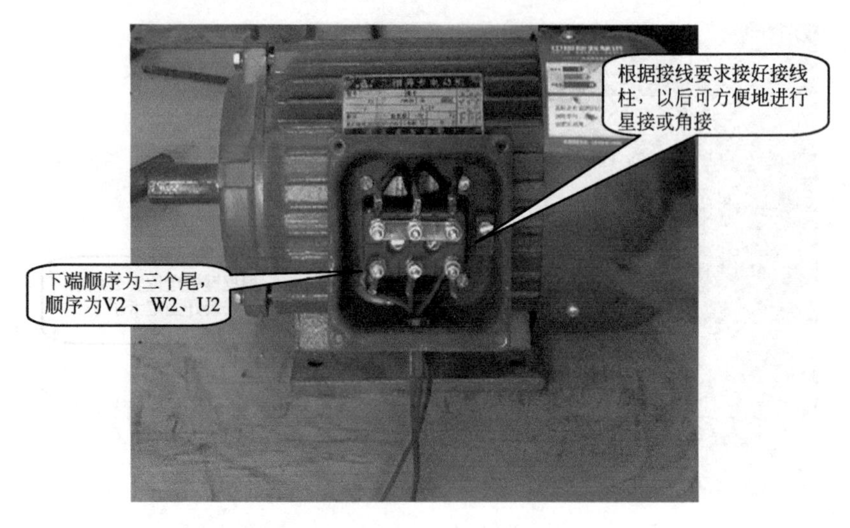

图13-59 端子接线

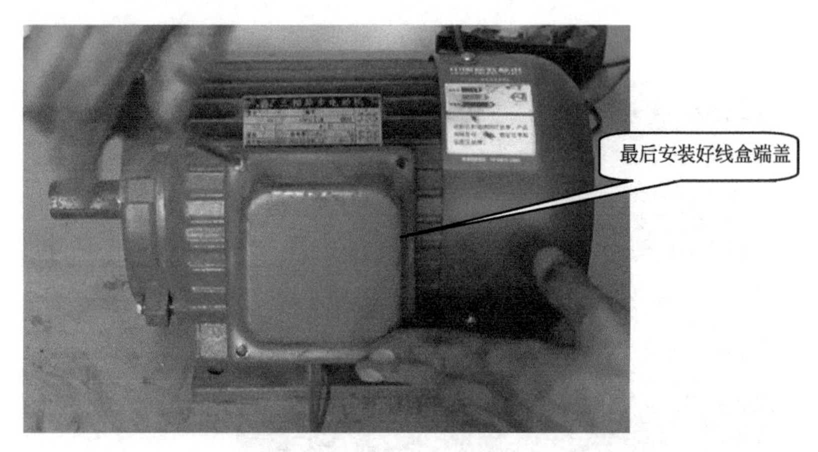

图13-60 线端盖安装

【注意】 ①上端顺序为三个头，顺序为U1、V1、W1连接在一起。下端顺序为三个尾，顺序为V2、W2、U2接相线，为Y接法。

②上端顺序为三个头，顺序为U1、V1、W1，下端顺序为三个尾，顺序为将U1V2、V1W2 、W1 U2接在一起再接相线，为△接法。

附　录

附录一　电动机启动控制线路的计算

1. 三相异步电动机直接启动条件的计算

$$\frac{I_{st}}{I_N} \leqslant \frac{3}{4} + \frac{\text{电源变压器容量（kW）}}{\text{某台电动机功率（kW）}}$$

式中，I_s为电动机全电压启动电流，A；I_N为电动机额定电流，A。

上式是经验公式，满足上式情况，可以直接启动。

【例1】 某厂变电所的变压器容量为1200kW，问新装一台40kW的三相笼式电动机投入运行时，是否可以直接启动？

解：根据式得

$$\frac{I_{st}}{I_N} = \frac{3}{4} + \frac{1200}{4 \times 40} = 8.25$$

由电动机产品样本查得这台电动机的

$$\frac{I_{st}}{I_N} = 5$$

故这台电动机可以直接启动。

2. 三相异步电动机电阻降压启动控制线路的计算

① 启动电流I'_{st}：

$$I'_{st} = kI'_{st}$$

式中，I_{st}为全电压时启动电流，I_{st}=（4～7）I_N，某些电动机可达I_{st}=（8～12）I_N；k为小于1的系数。

② 启动转矩T'_{st}：

$$T'_{st} = k^2 T_{st}$$

式中，T_{st}为电动机额定电压时的启动转矩，N·m。

③ 定子对称串接的启动电阻R_{st}的计算：

$$R_{st} = \sqrt{(a^2-1)\ x^2 + a^2 r^2} - r$$

$$R_{st} = \sqrt{(b-1)\ x^2 + br^2} - r$$

其中

$$a=\frac{I_{st}}{I'_{st}},\quad b=\frac{T_{st}}{T'_{st}}$$

a、b值由生产机械的要求决定，必须保证降压启动时，$T_{st}>T$，T是负载转矩，一般取$a=2$。

$$r=(0.25\sim0.4)|Z|$$

定子绕组星形接法：

$$|Z|=U_N\frac{U_N}{\sqrt{3}I_{st}}$$

定子绕组三角形接法：

$$|Z|=\frac{\sqrt{3}U_N}{I_{st}}$$

$$x=\sqrt{|Z|^2-r^2}=(0.91\sim0.97)|Z|$$

也可用下面近似公式计算：

$$R_{st}=\frac{220}{I_{st}}\sqrt{\left(\frac{I_{st}}{I'_{st}}\right)^2-1}$$

④ 定子不对称串接的启动电阻R_{st}的计算：

$$R_{st}=R_{dx}-2r+\sqrt{R^2{}_{dx}-R_{dx}r+r^2}$$

其中

$$R_{dx}=\sqrt{(a^2-1)\ x+a^2r^2}$$

$$R_{dx}=\sqrt{(b-1)\ x^2+br^2}$$

也可近似计算，即

$$R_{st}（不对称）=1.5R_{st}（对称）$$

⑤ 启动电阻的功率计算：

$$P=I_N^2R_{st}$$

一般选用启动电阻的功率为计算值的1/2 ～ 1/3。

【例2】 有一台三相笼型异步电动机，功率为17kW，额定电流为30.9A，额定电压为380V，星形连接，采用定子串对称电阻减压启动，求启动电阻R_{st}。

解：由电动机产品样本查得$I_{st}=164A$，取$a=2$。

$$|Z|=\frac{380}{\sqrt{3}\times164}=1.3\Omega$$

$$r=0.4|Z|=0.52\Omega$$

$$x=0.91|Z|=0.91\times1.3=1.18\Omega$$

$$\begin{aligned}R_{st}&=\sqrt{(a^2-1)\ x^2+a^2r^2}-r\\&=\sqrt{(2^2-1)\ \times1.18^2+2^2\times0.52^2}-0.52\\&=1.76\Omega\end{aligned}$$

电阻功率：

$$P=I_N^2R_{st}=30.9^2\times1.76=1.68\text{kW}$$

取二分之一，则电阻功率为0.84kW，取1kW。

3. 三相异步电动机自耦变压器减压启动控制线路的计算

① 自耦变压器的一次侧电压U_1和二次侧电压U_2的关系：

$$\frac{U_2}{U_1}=K_A=\frac{N_2}{N_1}$$

式中，N_1，N_2为变压器的原绕组及副线组匝数（N_2是抽头部分的匝数）；K_A为小于1的数，有0.85、0.65供选择使用。

② 启动电流I'_{st}：

$$I'_{st}=K_AI_{st}$$

式中，I'_{st}为一电压启动时的启动电流，A；I_{st}为电动机减压启动电流，即变压器二次电流，A。

自耦变压器一次电流I，就是减去启动时从电网索取的电流。

$$I=K_A^2I_{st}$$

③ 启动转矩T'_{st}：

$$T'_{st}=K_A^2\,T_{st}$$

式中，T_{st}为全电压启动转矩，N · m。

④ 自耦变压器的容量P_T：

$$P_T\geqslant\frac{P_NK_IU_T^2nt}{T_1}$$

式中，P_N为电动机额定容量，kW；K_I为直接启动时的启动电流I_{st}与额定电流I_N的比值，即$K_I=\frac{I_{st}}{I_N}$；U_T为自耦变压器的抽头电压，以额定电压的百分数表示，如65%、85%等；n为启动次数；t为启动一次的时间，min。

自耦变压器的启动功率P_{Tst}为

$$P_{Tst}=P_N K_I U_T^2$$

【例3】 有一台电动机额定功率为80kW，K_I为5，按生产机械的要求，电动机启动时容许最低电压为额定电压的60%，设启动器启动次数n=2，每次启动的时间t=0.5min，选择最大启动时间T=63s的类型，试计算并选择自耦变压器。

解：由式得

$$P_T \geqslant \frac{80\times5\times\left(\frac{65}{100}\right)\times2\times0.5}{\frac{63}{60}}=161\text{kW}$$

选择QJ2-125自耦变压器，其容量为164.5kW。

4. 三相异步电动机星形-三角形减压启动控制线路的计算

① 启动电压：

$$U_{stY}=\frac{1}{\sqrt{3}}U_{st\triangle}$$

式中，U_{stY}为定子绕组星形连接时的启动电压，V；$U_{st\triangle}$为定子绕组采用三角形连接直接启动电压，V。

② 启动电流：

$$I_{stYP}=\frac{1}{\sqrt{3}}I_{st\triangle P}$$

式中，I_{stYP}为定子绕组星形连接时每相定子绕组的启动电流，A；$I_{st\triangle P}$为定子绕组采用三角形连接直接启动时每相定子绕组的启动电流，A。

$$I_{stYL}=\frac{1}{3}I_{st\triangle L}$$

式中，I_{stYL}为星形连接启动时的线电流，A；$I_{st\triangle L}$为三角形连接启动时的线电流，A。

③ 启动转矩：

$$T_{stY}=\frac{1}{3}T_{st\triangle}$$

式中，T_{stY}为星形连接时的启动转矩，N·m；$T_{st\triangle}$为三角形连接时的启动转矩，N·m。

【例4】 有一台Y2255M-4型三相异步电动机，其额定功率为40kW，额定转速为1480r/min，额定电压380V，额定电流为80A，采用三角形连接，$\frac{I_{st\triangle}}{I_N}=5$。求：采用Y-△降压启动方法，启动电流和启动转矩为多少？当负载转矩为额定转矩的80%和50%两种情况时，电动机能否启动？

解：

$$I_{st\triangle}=5I_N=5\times80=400A$$

$$I_{stY}=\frac{1}{3}I_{st\triangle}=\frac{1}{3}\times400=133A$$

$$T_N=9550\frac{P_N}{n_N}=9550\times\frac{40}{1480}=258N\cdot m$$

$$T_{st\triangle}=2T_N=2\times258=516N\cdot m$$

$$T_{stY}=\frac{1}{3}T_{st\triangle}=\frac{1}{3}\times516=172N\cdot m$$

负载转矩$=80\%T_N=206N\cdot m>T_{stY}=172N\cdot m$，所以不能启动。

负载转矩$=50\%T_N=129N\cdot m<T_{stY}=172N\cdot m$，所以能启动。

5. 三相异步电动机延边三角形减压启动控制线路的计算

附图1是电动机定子绕组延边三角形减压启动控制线路原理图。

① 延边（△）接法时，相电压U_P的计算：

$$\begin{cases}U_P=\left(1+\frac{1}{\sqrt{3}}\times\frac{N_2}{N_1}\right)U_L\\U_P^2+U_L^2+U_PU_L=U_L^2\end{cases}$$

式中，U_L为线电压，V；N_1为定子绕组Y部分匝数；N_2为定子绕组△部分匝数。

U_L、N_1、N_2均已知，根据上述方程可求得U_P。

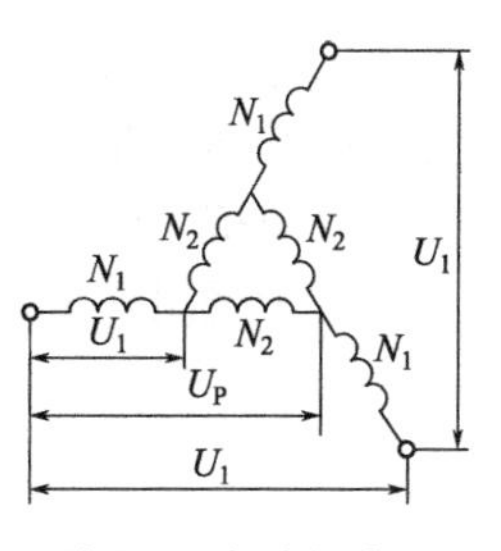

附图1 电动机定子绕组延边三角形减压启动控制线路原理图

【例5】 设$\frac{N_2}{N_1}=1$，$U_L=380V$，求U_P。

解：

$$U_P=\left(1+\frac{1}{\sqrt{3}}\times1\right)U_1=1.577U_1$$

$$U_1=\frac{U_P}{1.577}$$

$$U_P^2+U_1^2+U_PU_1=U_L^2$$

$$U_P^2+\left(\frac{U_P}{1.577}\right)^2+U_P\frac{U_P}{1.577}=380^2$$

则U_P=266V

【例6】 设$\frac{N_2}{N_1}$=3，U_L=380V，求U_P。

解：

$$U_P=\left(1+\frac{1}{\sqrt{3}}\times3\right)U_1=2.732U_1$$

$$U_1=\frac{U_P}{2.732}$$

$$U_P^2+\left(\frac{U_P}{2.732}\right)^2+U_P\frac{U_P}{2.732}=380^2$$

则U_P=310V

② 启动电流的计算：

$$\dot{I}_{st}=\frac{\frac{\dot{U}_1}{\sqrt{3}}}{Z_1+\frac{1}{3}Z_2}$$

式中，$\dot{I}_{st}$为△接法时的启动电流，A；$\dot{U}_1$，为电源线电压，V；Z_1为△接法时，Y部分每相复数阻抗，Ω；Z_2为△接法时，△部分每相复数阻抗，Ω。

定子绕组接成△时启动电流$I_{st\triangle}$为

$$\dot{I}_{st\triangle}=\frac{\sqrt{3}\dot{U}_1}{Z_1+Z_2}=\frac{\sqrt{3}\dot{U}_1}{Z}$$

$$\dot{I}_{st\triangle}=\frac{\sqrt{3}U_1}{|Z|}$$

式中，$Z=Z_1+Z_2$，为电动机定子绕组每相复数阻抗，Ω。

$$\frac{\dot{I}_{st}}{\dot{I}_{st\triangle}}=\frac{\frac{\dot{U}_1}{\sqrt{3}}}{Z_1+\frac{1}{3}Z_2}\Bigg/\frac{\sqrt{3}\dot{U}_1}{Z}$$

$$=\frac{Z}{3\times\left(Z_1+\frac{1}{3}Z_2\right)}$$

【例7】 某台电动机采用△-△降压启动，定子绕组抽头之比为$\frac{N_2}{N_1}=2$，求降压启动电流和全电压启动电流之比。

解：

$$\dot{I}_{st}=\frac{\frac{\dot{U}_1}{\sqrt{3}}}{Z_1+\frac{1}{3}Z_2}$$

$$\dot{I}_{st\triangle}=\frac{\sqrt{3}\dot{U}_1}{Z}=\frac{\sqrt{3}\dot{U}_1}{Z_1+Z_2}$$

$$\frac{N_2}{N_1}=\frac{Z_2}{Z_1}=2$$

则

$$\dot{I}_{st}=\frac{\frac{\dot{U}_1}{\sqrt{3}}}{Z_1+\frac{2}{3}Z_1}=\frac{\dot{U}_1}{\sqrt{3}\times\frac{5}{3}Z_1}=\frac{3\dot{U}_1}{5\sqrt{3}Z_1}$$

$$\dot{I}_{st\triangle}=\frac{\sqrt{3}\dot{U}_1}{Z_1+Z_2}=\frac{\sqrt{3}\dot{U}_1}{3Z_1}$$

$$\frac{\dot{I}_{st}}{\dot{I}_{st\triangle}}=\frac{3\dot{U}_1}{5\sqrt{3}Z_1}\Bigg/\frac{\sqrt{3}\dot{U}_1}{3Z_1}=\frac{3}{5}=0.6$$

③ 启动转矩的计算：

$$\frac{T_{st}}{T_{st\triangle}}\approx\frac{I_{st}}{I_{st\triangle}}$$

式中，$T_{st\triangle}$为△接法全电压启动的启动转矩，N·m；T_{st}为△接法启动的启动转矩，N·m。

6. 三相绕线式异步电动机启动控制线路的计算

① 转子绕组外接启动电阻的计算　在计算启动电阻的阻值前，首先确定启动电阻的级数，启动电阻级数根据附表1来选择。

附表1　启动电阻级数

电动机容量/kW	启动电阻级数			
	半负荷启动	全负荷启动		
	平衡短接法	不平衡短接法	平衡短接法	不平衡短接法
100以下	2～3	4级以上	3～4	4级以上
100～200	3～4	4级以上	4～5	5级以上
200～400	3～4	4级以上	4～5	5级以上
400～800	4～5	5级以上	5～6	6级以上

转子绕组中每相串接的各级电阻值可用下式计算：

$$R_n = K^{m-n} r$$

$$K = \sqrt[m]{\frac{1}{s}}$$

式中，K为常数；s为电动机额定转差率；m为启动电阻的级数；n为各级电阻的序号，如$m=4$，序号为1，2，3，4，最后一级启动电阻的序号n在数值上与m相等；r为m级启动电阻中，序号为最后一级的电阻值，即平衡短接法中最后被短接的那一级电阻，Ω。

$$r = \frac{U_2(1-s)}{\sqrt{3}\, I_2} \times \frac{K-1}{K^m - 1}$$

式中，U_2为电动机转子电压，V；I_2为电动机转子电流，A。

【例8】 一台三相绕线型异步电动机容量为150kW，定子额定电压为380V，额定转速为1460r/min，转子电压为180V，转子电流为400A，这台电动机在半负荷启动时，采用平衡短接法，求启动电阻R_{st}。

解：查附表1，确定启动电阻的级数m为3。

$$s=\frac{1500-1460}{1500}=0.026$$

$$K=\sqrt[m]{\frac{1}{s}}=\sqrt[3]{\frac{1}{0.026}}=3.376$$

$$r=\frac{U_2（1-s）}{\sqrt{3}\,I_2}\times\frac{K-1}{K^m-1}$$

$$=\frac{80（1-0.026）}{\sqrt{3}\times400}\times\frac{3.376-1}{3.376^3-1}=0.023$$

第一级启动电阻：

$$R_{st1}=K^{m-n}=3.376^{3-1}\times0.023=0.26\Omega$$

第二级启动电阻：

$$R_{st2}=3.376^{3-2}\times0.023=0.078\Omega$$

第三级启动电阻：

$$R_{st3}=3.376^{3-3}\times0.023=0.023\Omega$$

每相启动电阻的功率：

$$P=I_2^2R_{stp}$$

式中，I_2为转子电流，A；R_{stp}为每相总的启动电阻，即为每相各级电阻的和。

$$R_{stp}=R_{st1}+R_{st2}+R_{st3}+\cdots+R_{stn}$$

实际选用的功率，对频繁启动的场合，一般选用计算值的二分之一，对不频繁启动，可选计算值的三分之一。

【例9】 某生产机械用三相绕线型异步电动机拖动，其电动机的P_N=28kW，U_N=380V，I_{2N}=70A，E_2=220V，n_N=1420r/min，生产机械要求全负荷启动，采用不平衡短接法，求启动电阻R_{st}和每相启动电阻的功率P。

解：查附表1，取启动电阻级数$m=4$。

$$s=\frac{1500-1420}{1500}=0.053$$

$$K=\sqrt[m]{\frac{1}{s}}=\sqrt[4]{\frac{1}{0.053}}=2.08$$

$$r=\frac{E_2（1-s）}{\sqrt{3}I_{2N}}\times\frac{K-1}{K^m-1}$$

$$\frac{220（1-0.053）}{\sqrt{3}\times 70}\times\frac{2.08-1}{2.08^4-1}=0.10\Omega$$

第一级启动电阻：

$$R_{st1}=K^{m-n}r=2.08^{4-1}\times 0.10=0.9\Omega$$

第二级启动电阻：

$$R_{st2}=2.08^{4-2}\times 0.10=0.43\Omega$$

第三级启动电阻：

$$R_{st3}=2.08^{4-3}\times 0.10=0.21\Omega$$

第四级启动电阻：

$$R_{st4}=r=0.10\Omega$$

每相启动电阻的功率

$$P=I_2^2R_{st}$$

$$R_{st}=R_{st1}+R_{st2}+R_{st3}+R_{st4}$$

$$=0.9+0.43+0.21+0.1=1.64\Omega$$

$$P=70^2\times 1.64=8.036\text{kW}$$

如果不频繁启动，则可取计算值的二分之一，即取启动电阻的功率为5kW。

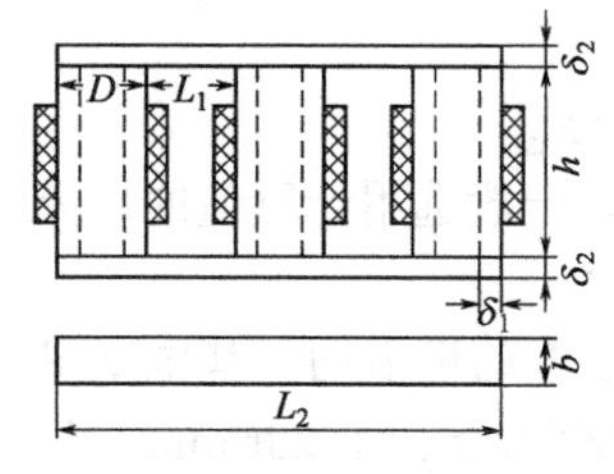

附图2　管式频敏变阻器结构简图

② 转子绕组外接频敏变阻器启动的控制线路中频敏变阻器的计算　频敏变阻器的结构简图如附图2所示，其各项参数的计算如下。

钢管的选择：钢管外径D是由电动机容量及生产现场条件决定的，电动机容量愈大，所需钢管外径也就愈粗；管壁厚度δ_1由市场产品而定。

钢管高度h：

$$h=\frac{C_1P_N}{2D\delta_1^2}$$

式中，C_1为常数，查附表2确定；P_N为电动机额定功率，kW；δ_1为钢管的壁度，cm。

线圈匝数N及导线截面积S：

$$N=C_2\frac{\delta_1 h}{I_{2N}}$$

式中，C_2为常数，查附表2确定；I_{2N}为电动机转子绕组额定电流，A。

$$S=C_3 I_{2N}$$

式中，C_3为常数，查附表2确定。

窗口宽度L_1：

$$L_1 \geqslant 6\frac{NS}{h}$$

式中，S单位取mm^2，h单位取mm。

铁轭厚度δ_2和宽度b及长度L_2：

$$\begin{cases}\delta_2 \geqslant \dfrac{3}{4}\delta_1 \\ b \geqslant D \\ L_2 \geqslant 3D+2L_1\end{cases}$$

附表2　常数C的选择

常数	轻载	重轻载	重载
C_1	4.3	8.6	8.6
C_2	692	390	292
C_3	0.05	0.08	0.10

【例10】 一台YR-280M-A全封闭式绕线式转子三相异步电动机，$P_N=75kW$，$I_{2N}=128.5A$，在重轻载下启动，自制管式频敏变阻器作启动设备，试计算频敏变阻器各参数。

解：查附表2，$C_1=8.6$，$C_2=390$，$C_3=0.08$。由现场条件，选择无缝钢管的外径$D=60mm$，管壁厚度$\delta_1=10mm$。

钢管高度：

$$h=\frac{C_1 P_N}{2D\delta_1^2}=\frac{8.6\times 75}{2\times 6\times 1^2}=53.75cm$$

取54cm。

线圈匝数：

$$N=C_2\frac{\delta_1 h}{I_{2N}}=390\times\frac{1\times 54}{128.5}=163.9\text{匝}$$

取164匝。

导线截面积：

$$S=C_3 I_{2N}=0.08\times 128.5=10.3\text{mm}^2$$

取11mm^2。

窗口宽度：

$$L_1\leqslant 6\frac{NS}{h}=6\times\frac{164\times 11}{540}=20.04\text{mm}$$

取21mm。

铁轭厚度：

$$b\geqslant D=60\text{mm}$$

铁轭长度：

$$L_2\geqslant 3D+2L_1=3\times 6+2\times 2.1=22.2\text{cm}$$

7. 直流电动机启动控制线路的计算

直接启动电流：

$$I_{ast}=\frac{U}{R_a}$$

式中，I_{ast}为启动时电枢电流，A；U为电源电压，V；R_a为电枢电阻，Ω。

$$I_{ast}=(10\sim 20)\,I_{aN}\text{（额定电流）}$$

一般规定：

$$I_{ast}\leqslant(1.5\sim 2.5)\,I_{aN}$$

以他励（或并励）直流电动机、恒转矩负载、各级启动电阻切换时电枢电流恒定及电枢绕组电感不考虑等情况，对控制线路进行计算。

① 启动电流I_{ast}：

$$I_{ast}=(1.5\sim 2.5)\,I_{aN}$$

式中，I_{aN}为电枢额定电流，即电动机铭牌上的电流，A。

② 启动转矩T_{st}：

$$T_{st}=(1.5\sim 2.5)\,T_N$$

式中，T_N为电动机额定转矩，N·m。

③ 启动电阻R_{st}　启动电阻的计算，主要计算启动电阻的级数m和每级的分段电阻值。

启动电阻级数m由附表3确定。

附表3　启动电阻级数m的选择

电动机容量/kW	手动控制			继电-接触器控制				
	并励	串励	复励	并　励			串励	复励
				全负荷	半负荷	通风机离心泵		
0.75～2.5	2	2	1	1	1	1	1	1
3.5～7.5	4	4	4	2	1	2	2	2
10～20	4	4	4	3	2	2	2	2
22～35	4	4	4	4	2	3	2	3
35～55	7	7	7	4	3	3	2	3
60～90	7	7	7	5	3	4	3	4
100～200	9	9	9	6	4	4	3	4

各级启动电阻：

$$R_m=\sum R_{st}+R_a=\frac{U}{I_{st}}$$

式中，R_m为电枢电路总电阻，Ω；$\sum R_{st}$为总的启动电阻，Ω；R_a为电枢绕组的电阻，Ω；U为电源电压；I_{st}为启动电流，取$I_{st}=$（1.5～2.5）I_N，A。

$$\beta=\sqrt[m]{\frac{S_m}{R_a}}$$

式中，m为启动电阻级数；β为电流比例系数。

第一级启动电阻：

$$R_{st1}=R_1-R_a$$

式中，$R_1=\beta R_a$，是用一级启动电阻R_{st1}时，电枢电流总电阻。

第二级启动电阻：

$$R_{st2}=R_2-R_1$$

式中，$R_2=\beta R_1$，是用二级启动电阻时，电枢电流总电阻。

第三级启动电阻：

$$R_{st3}=R_3-R_2$$

式中，$R_3=\beta R_2$，是用三级启动电阻时，电枢电流总电阻。

第m级启动电阻：

$$R_{stm}=R_m-R_{m-1}$$

式中，$R_m=\beta R_{m-1}$，是用m级启动电阻时，电枢电流总电阻；R_{m-1}是用$m-1$级启动电阻时，电枢电路总电阻。

【例11】 有一台他励直流电动机，$P_N=37kW$，$U_N=440V$，$I_N=95A$，电枢绕级电阻$R_a=0.35\Omega$，$n_N=1000r/min$，采用继电-接触器控制启动电阻切换，二分之一负荷启动，试计算启动电阻。

解：由附表3查得$m=3$。

$$I_{st}=2I_N=2\times95=190A$$

$$R_m=R_3=\frac{U}{I_{st}}=\frac{440}{190}=2.316\Omega$$

$$\beta=\sqrt[3]{\frac{R_3}{R_a}}=\sqrt[3]{\frac{2.316}{0.35}}=1.877$$

$$R_1=\beta R_a=1.877\times0.35=0.657\Omega$$

$$R_{st1}=R_1-R_a=0.657-0.35=0.307\Omega$$

$$R_2=\beta R_1=1.877\times0.657=1.233\Omega$$

$$R_{st2}=R_2-R_1=1.233-0.657=0.576\Omega$$

$$R_3=\beta R_2=1.877\times1.233=2.314$$

$$R_{st3}=R_3-R_2=2.314-1.233=1.081\Omega$$

④ 启动时间　各级启动时间：

$$t_{stn}=\tau_m\ln\frac{I_{st}-I（\infty）}{I_m-I（\infty）}$$

式中，t_{stn}为各级启动时间，s；I_{st}为启动过程中的最大电流，取$I_{st}=$（1.5～2.5）I_N，A；I（∞）为稳定电流，即启动结束正常运行后的电流，一般取$I（\infty）=I_N$，A；I_m为启动电阻切换时的电流，各级电阻切换时的电流都取相同值，取$I_m=$（1.1～1.20）I_N，A；τ_m为电力拖动系统的机电时间常数。

$$\tau_m=\frac{GD^2R}{375K_eK_T\Phi^2}$$

式中，GD^2为机械惯性矩，$N \cdot m^2$；R为各级启动时电枢电路总电阻，即$R=R_a+\sum R_{st}$，Ω；R_a为电枢绕组电阻，Ω；$\sum R_{st}$为各级启动时电枢电路启动电阻之和，Ω；K_e，K_T为电动机结构常数，取$K_e=1.03K_T$或$K_e\Phi=1.03K_T\Phi$；Φ为磁场的磁通，Wb。

总的启动时间：

$$t_{st}=\sum_{n=1}^{m} t_{stn}+（3\sim4）\tau_m$$

式中，m为启动电阻级数；τ_m为当$R=R_a$时，算出的时间常数，s。

一般认为启动电阻切换到末级，由末级到达稳定转速n_N的时间$t=（3\sim4）\tau_m$。

【例12】 求例11中各级启动时间和总的启动时间。

解：

$$K_e\Phi=\frac{U_N-I_NR_a}{n_N}$$

$$=400-95\times0.35\frac{400-95\times0.35}{1000}=0.367$$

$$K_T\Phi=\frac{K_e\Phi}{1.03}=\frac{0.367}{1.03}=0.356$$

第一级启动时间常数：

$$\tau_{m1}=\frac{GD_2（R_a+R_{st1}+R_{st2}+R_{st3}）}{375K_eK_T\Phi^2}$$

$$=\frac{37.24\times（0.35+0.307+0.576+1.081）}{375\times0.367\times0.356}$$

$$=1.76s$$

第一级启动时间：

$$t_{st1}=\tau_{m1}\ln\frac{I_{st}-I（\infty）}{I_m-I（\infty）}$$

取$I（\infty）=I_N$，$I_{st}=2I_N$，$I_m=1.2I_N$

则

$$t_{st1}=1.76\times\ln\frac{2I_N-I_N}{1.2I_N-I_N}$$

$$=1.76\times1.61=2.83s$$

第二级启动时间：

$$t_{st2}=\tau_{m2}\ln\frac{I_{st}-I（\infty）}{I_m-I（\infty）}$$

$$\tau_{m2}=\frac{GD_2（R_a+R_{st1}+R_{st2}）}{375K_eK_T\Phi^2}$$

$$=\frac{37.24\times1.233}{49}=0.94s$$

$$t_{st2}=0.94\times1.61=1.5s$$

第三级启动时间：

$$t_{st3}=\tau_{m3}\ln\frac{I_{st}-I（\infty）}{I_m-I（\infty）}$$

$$\tau_{m3}=\frac{GD^2（R_a+R_{st1}）}{375K_eK_T\Phi^2}$$

$$=\frac{37.24\times0.657}{49}=0.5s$$

$$t_{st3}=0.5\times1.61=0.8s$$

总的启动时间：

$$t_{st}=t_{st1}+t_{st2}+t_{st3}+（3\sim4）\tau_m$$

$$\tau_m=\frac{GD_2R_a}{375K_eK_T\Phi^2}=\frac{37.24\times0.35}{49}=0.275$$

则 $t_{st}=2.83+1.5+0.8+4\times0.27=6.21s$

电动机制动控制线路的计算

1．反接制动电阻的计算

① 三相定子绕组串对称制动电阻　每相串联的电阻为

$$R=K\frac{U_P}{I_{st}}$$

式中，K为系数，要求最大的反接制动电流不超过全电压启动电流时，K取1.3；如果要求最大的反接制动电流不超过全电压启动电流的一半时，K取1.5；U_P为全电压启动定子绕组相电压，V；I_{st}为全电压启动电流，A。

② 三相定子绕组中两相串制动电阻　每相串联电阻的1.5倍。

③ 反接制动电阻的功率P：

$$P=I_N^2R$$

式中，I_N为电动机额定电流，A；R为每相串联的制动电阻，Ω。

实际选用时，如果仅用于制动，而且不频繁反接制动，可选用计算值的1/4；如果仅用于限制启动电流，并且电动机较为频繁启动，选用电阻功率为计算值的1/3～1/2。

【例13】 一台Y200L三相笼型异步电动机，$P_N=30kW$，$I_N=60A$，$U_N=380V$，Y接法，要求反接制动电流的最大值$<I_{st}/2$（全电压启动电流），采用串接对称制动电阻，试计算反接制动电阻。如果两相串制动电阻，求制动电阻。

解：由有关产品手册查得

$$I_{st}=7I_N=7\times60=420A$$

取$K=1.5$，则

$$U_P=\frac{U_L}{\sqrt{3}}=\frac{380}{\sqrt{3}}=220V$$

$$R=K\frac{U_P}{I_{st}}=1.5\times\frac{220}{420}=0.786\Omega$$

电阻功率：

$$P=I_N^2R=60^2\times0.786=2830W$$

取计算值的四分之一，即取0.7kW。

如果两相串制动电阻，制动电阻：

$$R=0.786\times1.5=1.18\Omega$$

电阻功率：

$P=60^2\times1.18=4248W$，取4.5kW。

2. 三相异步电动机能耗制动控制线路的计算　能耗制动所需要的直流电压和直流电流的计算与定子绕组接法有关，附表4表示能耗制动直流电压U_d和直流电流I_d的计算，表中R_d是电动机定子绕组两根进线通直流电流的直流电阻，R_1是一相定子绕组的直流电阻，I_1是定子绕组相电流的有效值（可由I_N求得）。

附表4　制动的直流电压、直流电流的计算

接线图	直流电阻R_d	直流电流I_d	直流电压U_d
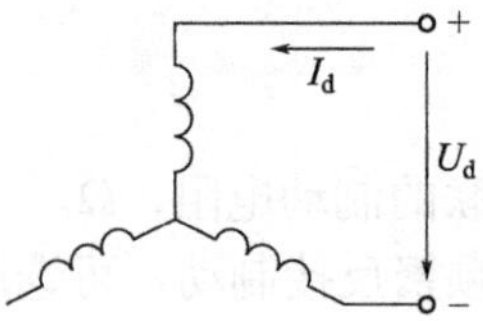	$2R_1$	$1.22I_1$	$2.44I_1R_1$
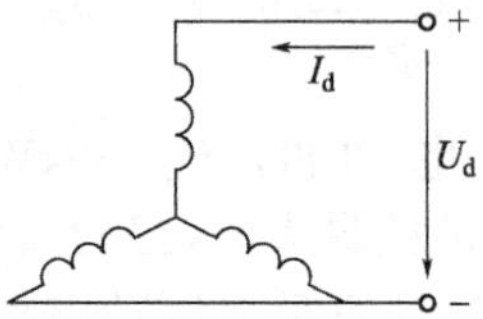	$1.5R_1$	$1.41I_1$	$2.12I_1R_1$
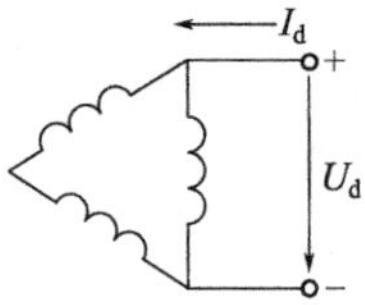	$\frac{2}{3}R_1$	$2.12I_1$	$1.41I_1R_1$
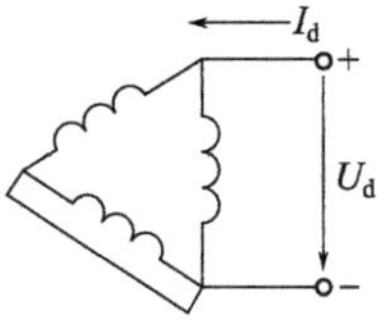	$\frac{1}{2}R_1$	$2.45I_1$	$1.22I_1R_1$
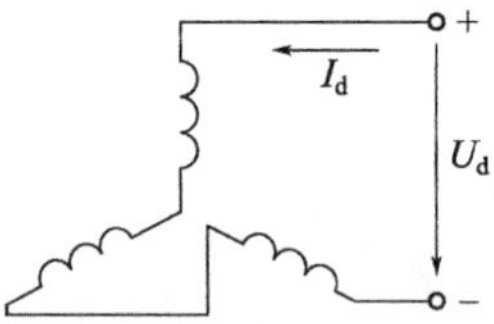	$3R_1$	$1.05I_1$	$3.15I_1R_1$

【例14】 附图3是能耗制动电气控制线路，电动机的P_N=13kW，U_N=380V，I_N=9.7A，Y接法，制动电流通过两相定子绕组，另一相定子绕组悬空，如附图4所示，测得每相绕组的电阻为0.32Ω，试计算直流电源的电压U_d、制动的直流电流I_d及桥式整流

电路各元器件的规格。

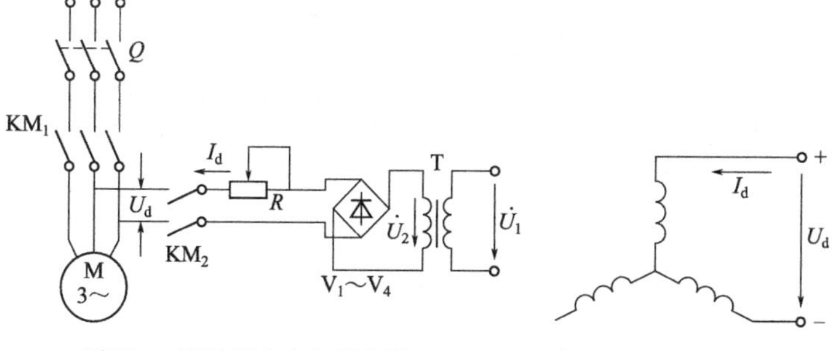

附图3　能耗制动电气控制线路　　附图4　另一相绕组悬空

解：计算I_d、R_d、U_d：

$$I_1=I_N=9.7\text{A}$$

$$I_d=1.22I_1=1.22\times9.7=11.83\text{A}$$

$$R_d=2R_1=2\times0.32=0.64\Omega$$

$$U_d=2.44I_1R_1=2.44\times9.7\times0.32=7.57\text{V}$$

变压器的计算如下。

变压比：

$$U_1=220\text{V}$$

$$U_2=\frac{U_d}{0.9}=\frac{7.57}{0.9}=8.4\text{V}$$

$$K=\frac{U_1}{U_2}=\frac{220}{8.4}=26$$

变压器二次侧电流有效值：

$$I_2=1.11\text{I}_d=1.11\times11.83=13\text{A}$$

变压器容量：

$$S=I_2U_2=13\times8.4=110\text{W}$$

实际选用时，变压器容量允许比计算值小，对于制动频繁的场合，取计算值的1/2，制动不频繁的场合，取计算值的1/3 ～ 1/4。

半导体二极管的选择计算如下。

反向电压的峰值：

$$U_{DR}=\sqrt{2}\,U_2=\sqrt{2}\times8.4=12\text{V}$$

正向电流：

$$I_D=\frac{1}{2}I_d=\frac{1}{2}\times 11.83=5.9A$$

由U_{DR}和I_D选择半导体二极管：选ZP10硅整流二极管。

对星形连接、二相定子绕线串联通直流能耗制动，可用下面经验公式近似计算：

$$U_d=I_dR$$

$$I_d=(3.5\sim 4)\ I_0$$

$$I_d=1.5I_N$$

式中，U_d为直流电压，V；I_d为直流电流，A；I_0为电动机空载线电流，A；R为两相定子绕组串联后总电阻，Ω；I_N为电动机额定电流，A。

3. 他励直流电动机制动电阻的计算

① 能耗制动（附图5）：

$$R_Z\geqslant\frac{U_N}{2I_N}-R_a$$

式中，U_N为电动机额定电压，V；I_N为电动机额定电流，A；R_a为电枢绕组电阻，Ω。

② 反接制动（附图6）：

$$R_Z\geqslant\frac{U_N}{I_N}-R_a$$

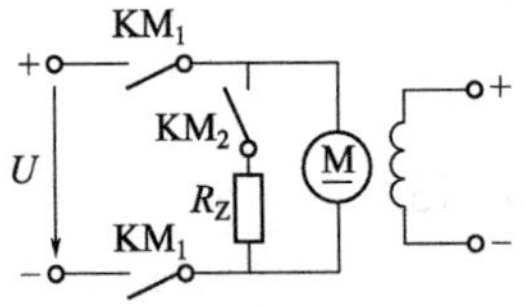

附图5　能耗制动

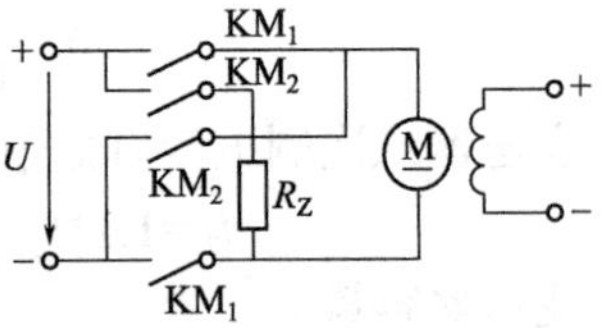

附图6　反接制动

式中的电枢绕组电阻R_a可用伏安法测出，也可用下面经验公式计算：

$$R_a=\frac{U_NI_N-P_N}{2I_N^2}$$

式中，P_N为电动机额定功率，W。

附录三 电动机调速控制线路的计算

1. 调速系统主要技术指标的计算

① 调速范围D　在额定功率P_N、额定转矩T_N条件下，电动机的最高转速n_{max}与最低转速n_{min}之比，称为调速范围，即

$$D=\frac{n_{max}}{n_{min}}$$

② 静差率s：

$$s=\frac{n_0-n_N}{n_0}=\frac{\Delta n_N}{n_0}\times 100\%$$

式中，n_0为电动机理想空载转速；n_N为电动机额定转速。

③ D、s、n_{max}、Δn_N四者关系：

$$D=\frac{n_{max}s_{max}}{\Delta n_N（1-s_{max}）}$$

或

$$D=\frac{n_N s}{\Delta n_N（1-s）}$$

【例15】 B2012A型龙门刨床的主电动机的额定功率P_N=60kW，额定电压U_N=220V，额定电流I_N=405A，电枢绕组电阻R_a=0.038Ω，额定转速n_N=1000r/min，采用改变电枢电压调速，能否满足调速范围D=10，最大静差率$s_{max}\leqslant 0.1$的技术要求？若要求满足上述要求，则电动机在额定负载下的转速降落Δn_N值应为多少？

解：

$$n_N=\frac{U_N-I_N R_a}{C_e\Phi}$$

$$C_e\Phi=\frac{U_N-I_N R_a}{n_N}=\frac{220-405\times 0.038}{1000}=0.20$$

$$n_0=\frac{U_N}{C_e\Phi}=\frac{220}{0.20}=1100\text{r/min}$$

$$\Delta n_N=n_0-n_N=1100-1000=100\text{r/min}$$

$$n_{max}=n_N=1000\text{r/min}$$

当$D=10$时，$n_{min}=\frac{n_{max}}{D}=\frac{1000}{10}=100\text{r/min}$

$$此时的s_{max}=\frac{\Delta n_N}{n_{min}+\Delta n_N}=\frac{100}{100+100}=0.5$$

因$s_{max}>0.1$

故不满足$s_{max}\leqslant 0.1$的要求。

如果要满足$s_{max}\leqslant 0.1$和$D=10$的要求，则

$$\Delta n_N=\frac{n_{max}s_{max}}{D(1-s_{max})}=\frac{1000\times 0.1}{10(1-0.1)}=11.1\text{r/min}$$

【例16】 某调速系统中的电动机的$n_N=1000\text{r/min}$，$\Delta n_N=60\text{r/min}$，要求$s<0.3$及$s<0.2$，试求$D$和$n_{min}$。

解：$s<0.3$时：

$$D=\frac{n_N s}{\Delta n_N(1-s)}=\frac{1000\times 0.3}{60(1-0.3)}=7.14$$

$$n_{min}=\frac{n_{max}}{D}=\frac{n_N}{D}=\frac{1000}{7.14}=140.1\text{r/min}$$

$s<0.2$时：

$$D=\frac{n_N s}{\Delta n_N(1-s)}=\frac{1000\times 0.2}{60(1-0.2)}=4.2$$

$$n_{min}=\frac{n_N}{D}=\frac{1000}{4.2}=238\text{r/min}$$

2. 直流电动机转速的计算

① 一般计算公式：

$$n=\frac{U}{K_e\Phi}-\frac{R}{K_eK_T\Phi^2}T$$

式中，n为直流电动机转速，r/min；U为电源电压，V；R为电枢电路电阻，Ω；Φ为磁能，Wb；T为电磁转矩，$T=T_2+T_0$，N·m；T_2为电动机输出转矩，N·m；T_0为电动机空载转矩，N·m；K_e、

K_T为电动机结构常数；$\dfrac{U}{K_e\Phi}$为等于电动机空载转速n_0，r/min。

② 他励直流电动机转速的计算　电枢电路串电阻R_w（附图7）调速：

$$n=\frac{U}{K_e\Phi}-\frac{R_a+R_w}{K_eK_T\Phi^2}T$$

式中，n为转速，r/min；R_a为电枢绕组电阻，Ω。

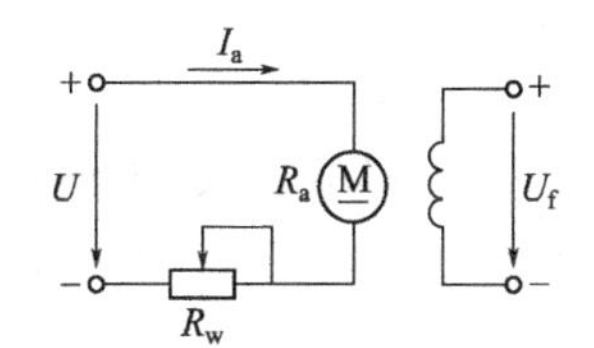

附图7　电枢电路串电阻调速

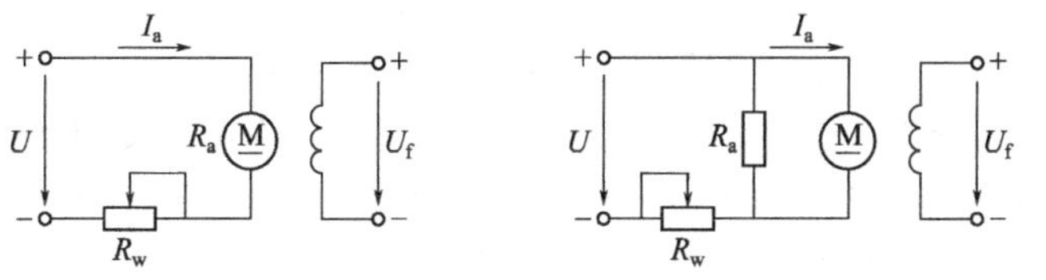

附图8　电枢电路串并电阻调速

电枢电路串并电阻（附图8）调速：

$$n=K\frac{U}{K_e\Phi}-\frac{R_a+KR_w}{K_eK_T\Phi^2}T$$

式中，K为系数，$K=\dfrac{R_B}{R_B+R_w}$。

【例17】 有一台100kW他励直流电动机，$I_N=517$A，$U_N=220$V，$n_N=1200$r/min，这台电动机恒转矩负载运行，用电枢电路串电阻的方法调速，如果将转速调到600r/min，试问在电枢电路中应串多大电阻R_w。

解：当$n=600$r/min时，电动机在U_N、I_N下运行，这时电枢电路电压平衡方程为

$$U_N=E_{反2}+I_N(R_a+R_w)$$

当未串电阻时，$n_N=1200$r/min，这时电压平衡方程为

$$U_N=E_{反1}+I_NR_a$$

$$E_{反1}=U_N-I_NR_a$$

由式可知

$$R_a=\frac{U_NI_N-P_N}{2I_N^2}=\frac{220\times517-100000}{2\times517^2}=0.0257\Omega$$

$$E_{反1}=220-517\times0.0257=206.71\text{V}$$

因为$E_{反}=K_e\Phi_n$

$$所以\frac{E_{反1}}{E_{反2}}=\frac{1200}{600}=2$$

$$E_{反2}=\frac{E_{反1}}{2}=103.36\text{V}$$

$$R_a+R_w=\frac{U_N-E_{反2}}{I_N}=\frac{220-103.36}{517}=0.225\Omega$$

$$R_w=0.225-R_a=0.225-0.0257=0.199\Omega$$

【例18】 有一台他励电动机，$P_N=10\text{kW}$，$n_N=1500\text{r/min}$，$U_N=220\text{V}$，$I_N=50.0\text{A}$，$R_a=0.4\Omega$，今将电枢电压降低一半，而负载转矩不变，励磁电流不变，问转速降低多少？

解：由$T=K_T\Phi I_a$可知，T、Φ不变，I_a保持不变。

当电压为U_N时：

$$E_{反}=U_N-I_NR_a=220-50.0\times0.4=220\text{V}$$

当电压为$U_N/2$时：

$$E'_{反}=\frac{1}{2}U_N-I_NR_a=110-50.0\times0.4=90\text{V}$$

$$E_{反}=K_e\Phi n_N，E'_{反}=K_e\Phi n'$$

$$n'=\frac{E'_{反}}{E_{反}}n_N=\frac{90}{200}\times1500=675\text{r/min}$$

转速降低：

$$\Delta n=n_N-n'=1500-675=825\text{r/min}$$

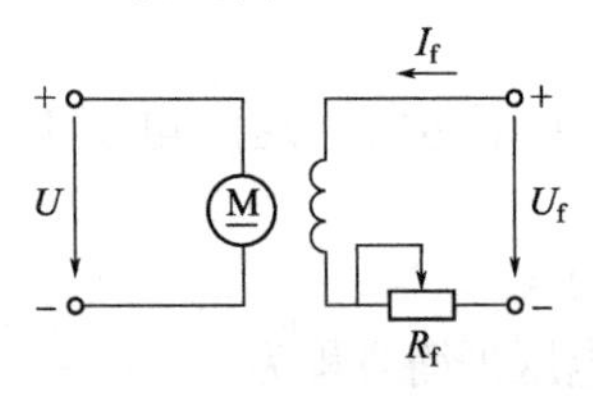

附图9　改变励磁磁通调速

改变励磁磁通Φ调速（附图9）：此调速一般用于恒功率负载，使电枢电流I_a不变，则

$$n=\frac{U_N-I_NR_aU}{K_e\Phi}$$

式中，I_N为电枢额定电流，$I_N=I_a$。

【例19】 有一台他励直流电动机，容量为19kW，$U_N=230\text{V}$，$I_N=82.5$，$n_N=900\text{r/min}$，$R_a=0.1\Omega$，励磁额定电压$U_{fN}=220\text{V}$，励磁额定电流$I_{fN}=3.13\text{A}$，现要使电动机在拖动恒功率负

载下运行，调速范围在500～900r/min，试问可变电阻R_f的变化范围。

解：磁通变化范围

$$\frac{\Phi'}{\Phi}=\frac{n}{n'}=\frac{900}{500}=1.8$$

即Φ变化范围是：Φ_N～$1.8\Phi_N$。

如果不考虑励磁绕组电阻，则

$$I_{fN}=\frac{U_{fN}}{R_{fN}}$$

$$R_{fN}=\frac{220}{3.13}=70.3\Omega$$

Φ正比于I_f，当$\Phi=\Phi_N$时：

$$I_f=I_{fN}=\frac{U_{fN}}{R_{fN}}$$

$\Phi=1.8\Phi_N$时：

$$I_f'=\frac{U_{fN}}{R_f'}=1.8I_{fN}$$

$$\frac{1.8I_{fN}}{I_{fN}}=\frac{U_{fN}}{R_f'}\Bigg/\frac{U_{fN}}{R_{fN}}$$

$$R_f'=\frac{R_{fN}}{1.8}=\frac{70.3}{1.8}=39.0\Omega$$

则励磁回路电阻R_f的变化范围是39.0～70.3Ω。

3. 直流电动机调速时功率和转矩的计算

① 他励直流电动机的转矩T与功率P的关系：

$$P=\frac{Tn}{9550}$$

式中，T为转矩，N·m；n为转速，r/min。

② 恒转矩负载（$T=T_N=$常数）：

$$P_N=\frac{T_N n_N}{9550}$$

式中，P_N为电动机额定输出功率，kW；T_N为额定转矩，N·m；n_N为额定转速，r/min。

当转速改变到n时，因为$T=T_N=$常数，即有

$$P=\frac{T_N n}{9550}=K_1 n$$

式中，K为常数，$K_1=\frac{T_N}{9550}$。

对于恒功率负载（$P=P_N=$常数）：

$$T=9550\frac{P_N}{n}=K_2\frac{1}{n}$$

式中，K_2为常数，$K_2=9550P_N$。

【例20】 B2012A型龙门刨床，其最高切削速度$v_{max}=90$m/min，最大切削力$F_{max}=40000$N，试计算电动机输出功率P_2及电动机额定功率P_N。

解：

$$\frac{P_2=F_{max}v_x}{1000\times 60}$$

式中，v_x为恒功率切削区的最低切削速度，称为计算速度，B2012A龙门刨床的$v_x=12\sim15$m/min，取$v_x=15$m/min，得

$$P_2=\frac{40000\times 15}{1000\times 60}=10\text{kW}$$

电动机额定功率一般按下式选取：

$$P_N=DP_2$$

式中，D为调速范围，$D=\frac{n_{max}}{n_{min}}$；$n_{max}$为负载要求的最高转速，r/min；$n_{min}$为负载要求的最低转速，r/min；$P_2$为负载功率，kW。

$$P_N=\frac{n_{max}}{n_{min}}P_2=\frac{90}{15}\times 10=60\text{kW}$$

③ 调磁调速时功率和转矩的计算　调磁调速一般用于恒功率负载，即$P_2=P_N=$常数。如果调磁调速用于恒转矩负载，电动机的P_N为

$$P_N=\frac{T_2 n_{max}}{9500}$$

式中，T_2为负载转矩，N·m；n_{max}为负载最高转速，r/min。

对恒功率负载，转矩T按式$T=9550\frac{P_N}{n}$计算。

4. 三相异步电动机转速的计算

$$n=n_1（1-s）=\frac{60f}{p}（1-s）$$

式中，n为转子转速，r/min；n_1为旋转磁场转速，又称同步转速，r/min；f为交流电源频率，Hz；p为旋转磁场的磁极对数；s为转差率。

【例21】 有一台三相异步电动机的磁极对数为3，三相电源的频率f=50Hz，转差率s变化范围是1～0.05，试求转子转速变化范围。

解：

$$s=1时，n=\frac{60\times 50}{3}（1-1）=0$$

$$s=0.05时，n=\frac{60\times 50}{3}（1-0.05）=950r/min$$

故电动机转子转速变化范围是：0～950r/min。

5. 三相异步电动机变极调速的计算

① 恒转矩负载调速（Y-YY变换） Y接法（附图10）时，电源输入功率：

$$P_Y=3\times\frac{U_1}{\sqrt{3}}I_1\cos\varphi_{pY}=\sqrt{3}U_1I_1\cos\varphi_{pY}$$

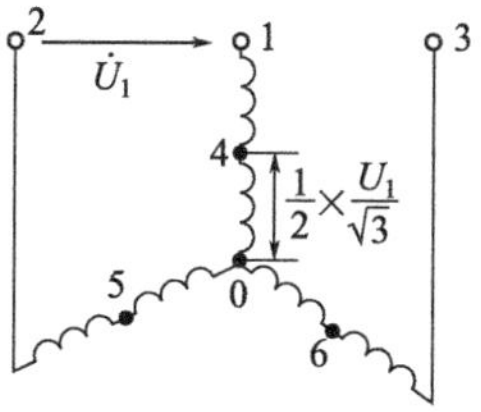

式中，φ_{pY}为Y接法时每相电压和电流的相位差。

电动机定子每半相绕组两端电压为$\frac{1}{2}\times\frac{U_1}{\sqrt{3}}$。

附图10 Y接法

YY接法（附图11）时，电源输入功率：

$$P_{YY}=3\times\frac{U_1}{\sqrt{3}}\times 2I_p\cos\varphi_{pYY}$$

式中，I_p为流入半相绕组上的电流，A；φ_{pYY}为YY接法时每相电压和电流的相位差。

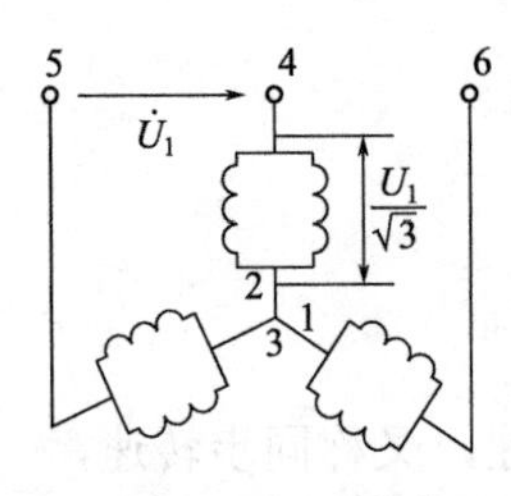

附图11 YY接法

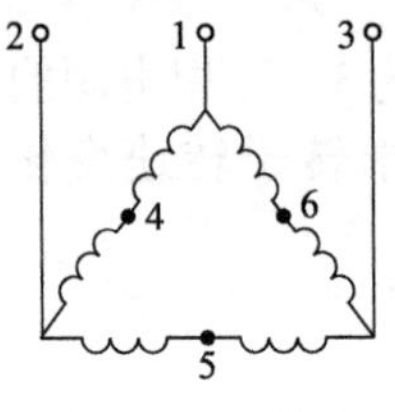

附图12 △接法

电动机定子每半相绕组两端电压为$\frac{U_1}{\sqrt{3}}$。

② 恒功率负载调速（△-YY变换） △接法（附图12）时，电源输入功率为

$$P_{\triangle}=3U_1I_1\cos\varphi_{p\triangle}$$

比较式得：

$$\cos\varphi_{p\triangle}\approx\cos\varphi_{pYY}$$

$$P_{YY}=\frac{2}{\sqrt{3}}P_{\triangle}=1.15P_{\triangle}\approx P_{\triangle}$$

△和YY接法转速和转矩的关系：

$$n_{YY}=2n_{\triangle}$$

$$T_{YY}=\frac{1}{2}T_{\triangle}$$

参考文献

[1] 钟汉如. 注塑机控制系统. 北京：化学工业出版社，2004.
[2] 李中文. 实用电机控制电路. 北京：化学工业出版社，2003.
[3] 刘光源. 实用维修电工手册. 上海：上海科学技术出版社，2004.
[4] 张伯虎. 机床电气识图200例. 北京：中国电力出版社，2012.
[5] 王鉴光. 电机控制系统. 北京：机械工业出版社，1994.
[6] 曹振华. 实用电工技术基础教程. 北京：国防工业出版社，2008.
[7] 曹祥. 工业维修电工通用教材. 北京：电力出版社，2008.
[8] 芮静康. 实用机床电路图集. 北京：中国水利水电出版社，2000.
[9] 曹祥. 电动机原理维修与控制电路. 北京：电子工业出版社，2010.
[10] 杨杨. 电动机维修技术. 北京：国防工业出版社，2012.
[11] 赵清. 电动机. 北京：人民邮电出版社，1988.
[12] 松柏. 三相电动机修理自学指导. 北京：北京科学技术出版社，1997.
[13] 曹祥. 电动机维修与控制电路. 北京：电子工业出版社，2010.

化学工业出版社专业图书推荐

ISBN	书　　名	定　　价
33098	变频器维修从入门到精通	59
32026	从零开始学万用表检测、应用与维修（全彩视频版）	78
32132	开关电源设计与维修从入门到精通（视频讲解）	78
32953	物联网智能终端设计及工程实例	49.8
30600	电工手册（双色印刷+视频讲解）	108
30660	电动机维修从入门到精通（彩色图解+视频）	78
30520	电工识图、布线、接线 与维修（双色+视频）	68
29892	从零开始学电子元器件（全彩印刷+视频）	49.8
31214	嵌入式MCGS串口通信快速入门及编程实例	49.8
31701	空调器维修技能一学就会	69.8
31311	三菱PLC编程入门及应用	39.8
29111	西门子S7-200 PLC快速入门与提高实例	48
29150	欧姆龙PLC快速入门与提高实例	78
29084	三菱PLC快速入门及应用实例	68
28669	一学就会的130个电子制作实例	48
28918	维修电工技能快速学	49
28987	新型中央空调器维修技能一学就会	59.8
28840	电工实用电路快速学	39
29154	低压电工技能快速学	39
28914	高压电工技能快速学	39.8
28923	家装水电工技能快速学	39.8
28932	物业电工技能快速学	48
28663	零基础看懂电工电路	36
28866	电机安装与检修技能快速学	48
28459	一本书学会水电工现场操作技能	29.8

续表

ISBN	书　　名	定　　价
28479	电工计算一学就会	36
28093	一本书学会家装电工技能	29.8
28482	电工操作技能快速学	39.8
28544	电焊机维修技能快速学	39.8
28303	建筑电工技能快速学	28
24149	电工基础一本通	29.8
24088	电动机控制电路识图200例	49
24078	手把手教你开关电源维修技能	58
23470	从零开始学电动机维修与控制电路	88
22847	手把手教你使用万用表	78

欢迎订阅以上相关图书　欢迎关注 - 一起学电工电子
图书详情及相关信息浏览：请登录http:// www.cip.com.cn